Michael R. Genesereth
Nils J. Nilsson

Logische Grundlagen der Künstlichen Intelligenz

Artificial Intelligence
Künstliche Intelligenz

herausgegeben von Wolfgang Bibel und Walther von Hahn

Künstliche Intelligenz steht hier für das Bemühen um ein Verständnis und um die technische Realisierung intelligenten Verhaltens.
Die Bücher dieser Reihe sollen Wissen aus den Gebieten der Wissensverarbeitung, Wissensrepräsentation, Expertensysteme, Wissenskommunikation (Sprache, Bild, Klang, etc.), Spezialmaschinen und -sprachen sowie Modelle biologischer Systeme und kognitive Modellierung vermitteln.

Bisher sind erschienen:

Automated Theorem Proving
von Wolfgang Bibel

Die Wissensrepräsentationssprache OPS 5
von Reinhard Krickhahn und Bernd Radig

Prolog
von Ralf Cordes, Rudolf Kruse, Horst Langendörfer,
Heinrich Rust

LISP
von Rüdiger Esser und Elisabeth Feldmar

Logische Grundlagen der Künstlichen Intelligenz
von Michael R. Genesereth und Nils J. Nilsson

Michael R. Genesereth
Nils J. Nilsson

Logische Grundlagen der Künstlichen Intelligenz

Übersetzt und bearbeitet von Michael Tarnowski

Friedr. Vieweg & Sohn   Braunschweig / Wiesbaden

Dieses Buch ist die deutsche Übersetzung von
Michael R. Genesereth und Nils J. Nilsson,
Logical Foundations of Artificial Intelligence.
Morgan Kaufmann Publishers, Los Altos, California 94022
Copyright © 1987 by Morgan Kaufmann Publishers Inc.

Übersetzt aus dem Amerikanischen von Michael Tarnowski, Stuttgart

Das in diesem Buch enthaltene Programm-Material ist mit keiner Verpflichtung oder Garantie irgendeiner Art verbunden. Die Autoren, die Herausgeber der Reihe, der Übersetzer und der Verlag übernehmen infolgedessen keine Verantwortung und werden keine daraus folgende oder sonstige Haftung übernehmen, die auf irgendeine Art aus der Benutzung dieses Programm-Materials oder Teilen davon entsteht.

Der Verlag Vieweg ist ein Unternehmen der Verlagsgruppe Bertelsmann.

Umschlaggestaltung: Peter Lenz, Wiesbaden

ISBN 978-3-528-04638-5   ISBN 978-3-322-92881-8 (eBook)
DOI 10.1007/978-3-322-92881-8

DANKSAGUNG

Wir danken der Universität Stanford und unseren zahlreichen Kollegen und Studenten für ihre Hilfe und Unterstützung. Der zweite Autor dankt auch SRI International für die hervorragende Forschungsatmosphäre über viele Jahre hinweg sowie dem Palo Alto Laboratory des Rockwell Scientific Center für die wertvolle Hilfe.

Viele Leute haben die ersten Entwürfe dieses Buches gelesen. Einige schlugen wesentliche Veränderungen vor, andere entdeckten kleine, aber gefährliche Fehler. Ihnen allen danken wir und hoffen, daß die nachfolgende Liste nicht allzu viele von ihnen unerwähnt läßt.

James Allen	Benjamin Grosof	Karen Myers
Mario Aranha	Haym Hirsch	Pandu Nayak
Marianne Baudinet	Jane Hsu	Eunok Paek
Edward Brink	Josef Jacobs	Judea Pearl
Peter Cheeseman	Leslie Pack Kaelbling	Donald Perlis
Jens Christensen	Doanld Knuth	Liam Peyton
Lai-Hen Chuan	Kurt Konolige	Charles Restivo
Michael Dixon	Ami Kronfeld	Stan Rosenschein
David Etherington	Vladimir Lifschitz	Dave Singhal
David Fogelsong	John Lowrance	David Smith
Peter Friedland	Kim McCall	Devida Subramanian
Matthew Ginsberg	Bill McClung	Tom Strat
Andrew Golding	Andreas Modet	Richard Waldinger
Jamie Gray	John Mohammed	Elizabeth Wolf
	Yoram Moses	

VI

Dieses Buch basiert auf zwei zentralen Annahmen: Für den wissenschaftlichen und technischen Fortschritt einer wissenschaftlichen Disziplin ist erstens ein geeignetes mathematisches Handwerkszeug zur Formulierung und Zusammenfassung neuer Ideen nötig. Zweitens ist die symbolische Logik ein sehr wesentlicher Bestandteil der in der Forschung über Künstliche Intelligenz (KI) verwendeten Mathematik. Beide Behauptungen müssen begründet werden.

Man sollte allerdings meinen, unser erster Grundsatz fände eigentlich allgemeine Zustimmung. Dennoch gibt es in neuen Wissenschaftsgebieten, in denen das Wissen hauptsächlich an die Praxis und empirische Fallstudien gebunden ist, vehemente Einwände gegen die Versuche einer Mathematisierung. (Einer der Autoren erinnert sich beispielsweise daran, wie sich in den 50-er Jahren einige Elektroingenieure darüber beklagten, daß zum Verständnis von elektrischen Schaltkreisen und Kontrollsystemen Differentialgleichungen doch völlig unnötig seinen!) Wir behaupten nicht, daß das Wissen um die mathematischen Grundlagen und Techniken einer Disziplin *allein ausreicht*, um in der Forschung oder in der Praxis erfolgreich zu sein. Wir sind allerdings der Meinung, daß zu einem erfolgreichem Studium der modernen, insbesonders technisch orientierten Wissenschaftsdisziplinen immer auch ein solides mathematisches Handwerkszeug der jeweiligen Disziplin gehört. Das Studium dieser Grundlagen bietet die Voraussetzungen, um die jeweilige Disziplin interpretieren, verstehen und ausbauen zu können.

Da die KI eine noch relativ junge Disziplin ist, ist es nicht verwunderlich, daß es hitzige und geistreiche Debatten zwischen "Formalisten" und "Experimentalisten" gibt. Die Formalisten meinen, die Experimentalisten kämen schneller voran, wenn sie ein tieferes Verständnis der theoretischen Grundlagen der KI besäßen. Die Experimentalisten sind dagegen der Ansicht, die Formalisten täten besser, sich weniger mit den formalen als vielmehr mit den inhaltlichen Problemen zu beschäftigen. Auch wenn wir zugeben, daß die meisten Fortschritte in der KI (oder in einer anderen technischen Disziplin) durch Experimentalisten angeregt worden sind und die Formalisten meist nachträglich dazu dienten, "aufzuräumen und zu glätten", so sind wir dennoch der Überzeugung, daß die bedeutenden und neuen Ergebnisse in der KI von Forschern erzielt wurden, die ihren Experimenten eine fundierte theoretische Grundlage zugrundegelegt hatten.

Die theoretischen Gedanken der älteren Ingenierswissenschaften sind in der Sprache der Mathematik formuliert. Wir behaupten, daß für die KI die mathematische Logik die Grundlage jeder Theorie bildet. Obwohl zahlreiche Informatiker die Logik als grundlegend ansehen, stufen wir jedoch die Bedeutung der Logik noch sehr viel höher ein. In den Kapiteln 1 und 2 behaupten wir, daß sich die KI hauptsächlich mit dem Problem der Repräsentation und des Gebrauchs von *deklarativem* (im Gegensatz zum *prozeduralen*) Wissen befaßt. Dieses deklarative Wissen wird in Sätzen formuliert. Die KI verlangt daher nach einer Sprache, in der diese Sätze auch darstellbar sind. Weil die Sprachen (natürliche Sprachen wie Deutsch und Englisch), in denen diese Sätze gewöhnlich ausgedrückt sind, für eine Computerrepräsentation ungeeignet sind, muß man andere Sprachen mit den benötigten Eigenschaften verwenden. Unserer Meinung nach wir es sich zeigen, daß diese Eigenschaften *mindestens* auch dieselben sind, die die Logikern bei der Entwicklung formalisierter Sprachen wie dem Prädikatenkalkül intendierten. Unserer Ansicht nach muß daher jede Sprache, die in KI-Systemen bei der Wissensrepräsentation Verwendung findet, mindestens auch die Ausdrucksstärke des Prädikatenkalküls besitzen.

Wenn wir also zur Repräsentation von Wissen eine Sprache wie den Prädikatenkalkül verwenden, so muß die Theorie, die wir über solche Systeme bilden, auch Teile der Beweistheorie und der logischen Modelltheorie enthalten. Unsere Ansichten sind in diesem Punkt sehr strikt: jeder, der ohne die Berücksichtigung der theoretischen Ergebnisse der Logiker versucht, einen theoretischen Beschreibungsapparat für Systeme aufzustellen, die deklarativ repräsentiertes Wissen benützen und manipulieren sollen, der läuft Gefahr, (bestenfalls) die Arbeit der besten Köpfe noch einmal zu wiederholen, und (schlimmstenfalls) dieses falsch zu machen!

Von diesen beiden Voraussetzungen ausgehend stellt das Buch in der Sprache und mit der Technik der Logik die zentralen Gebiete der KI dar. Dies sind die Wissensrepräsentation *(knowledge representation)*, Schlußfolgern *(reasoning)*, die Induktion *(induction)* als eine Form des Lernens und verschiedene Architekturen für schlußfolgernde, wahrnehmende und handelnde Agenten. Allerdings zeigen wir nicht die einzelnen Anwendungsmöglichkeiten dieser Gebiete, wie beispielsweise in Expertensystemen *(expert systems)*, bei der Verarbeitung natürlicher Sprache *(natural language processing)* oder beim Bildverstehen *(vision)*. Hierüber gibt es spezielle Bücher. Unser Ziel ist es vielmehr, uns auf die all diesen Gebieten gemeinsamen und grundlegenden Gedanken zu konzentrieren.

Als Repräsentationssprache für das Wissen, das ein schlußfolgernder Agent über seine Welt besitzt, schlagen wir den Prädikatenkalkül erster Stufe vor. Dabei gehen wir davon aus, daß der Agent in einer Welt von Objekten, Funktionen und Relationen existiert, die die Basis für ein *Modell* der Sätze des Agenten im Prädikatenkalkül bilden. Als zentrale Inferenztechnik eines intelligenten Agenten stellen wir die deduktive Inferenz vor. Die Kapitel 1 bis 5 sind daher einer kurzen aber vollständigen Darstellung der Syntax und Semantik des Prädikatenkalküls erster Stufe, der logischen Deduktion im allgemeinen und der Resolution im besonderen gewidmet.

Der Stoff der Kapitel 1 bis 5 und der Kapitel 11, 12 (der sich mit Schlußfolgerungen über Handlungen und Pläne befaßt) gehört heute schon zum klassischen Lehrgut der KI. Viele Aspekte aus den restlichen Kapiteln stammt aus der aktuellen Forschung. Wir haben dabei versucht, solche aktuellen Ergebnisse zusammenzustellen, von denen wir glauben, daß sie in nächster Zeit ebenfalls zu den Klassikern gehören werden. Wir glauben, daß unser Buch, das erste Lehrbuch ist, welches diese neuen Themen behandelt. Sie umfassen nicht-monotones Schließen *(nonmonotonic reasoning)*, Induktion *(induction)*, Schlußfolgern bei unsicheren Information *(reasoning with uncertain information)*, Schließen über Wissen- und über Überzeugungen *(reasoning about knowledge and belief)*, Repräsentation und Schlußfolgern auf einer Metaebene *(metalevel representation and reasoning)* und Architekturen für intelligente Agenten. Wir sind überzeugt, daß die Dynamik und Entwicklung einer Wissenschaftsdisziplin durch einen frühen Einzug zentraler Gedanken aus den Forschungspapieren in die Lehrbücher vorangetrieben wird. Wir sind uns aber auch der Tatsache bewußt (und der Leser sollte es auch sein), daß man mit solch einer frühen Übernahme auch Riskiken eingeht.

Wir sollten noch einiges dazu sagen, warum das Thema *Suche (search)* in diesem Buch nicht behandelt wird. Suchalgorithmen und -heuristiken zählt man meist zu den Eckpfeilern der KI. (Einer von uns unterstrich diesen Vorrang auch in einem früheren Buch). Wie der Titel es schon andeutet, soll das vorliegende Buch keine allgemeine Einführung in das gesamte Gebiet der KI darstellen. Eine Behandlung des Themas 'Suche' hätte von dem Schwerpunkt Logik, den wir für dieses Buch beibehalten wollten, weggeführt. In jedem Fall ist das Thema Suche aber in anderen Büchern über KI ausführlich behandelt.

Das Buch setzt einige Kenntnisse über Computerprogrammierung voraus, obwohl niemand programmieren können muß, um es mit Gewinn zu lesen. Wir setzen auch einige mathematische Kenntnisse voraus. Der ein wenig mit Wahrscheinlichkeitstheorie, Logik, lineare Algebra, Listennotation und Mengentheorie vertraute Leser wird es an einigen Stellen des Buches leichter haben als ein mit diesen Themen weniger vertrauter Leser. Die mit einem Stern (*) hinter der Überschrift gekennzeichneten weiterführenden Abschnitte eines Kapitels können beim ersten Lesen übersprungen werden. Am Ende jedes Kapitels sind Übungsaufgaben angeführt. (Die Lösungen zu den Übungen finden sich am Ende des Buches). Einige Themen sind nicht im Text selbst, sondern in den Übungen dargestellt. Die meisten Aufgaben haben sich in Seminaren, welche die Autoren an der Universität Stanford hielten, bewährt. Besonders der Leser, der das Buch zum Selbststudium verwendet, ist aufgefordert, die Übungen zu bearbeiten. Selbst wenn der Leser die Aufgabenstellungen nicht durcharbeitet, so sollte er sich doch zumindest die von uns ausgearbeiteten Musterlösungen anschauen. Er sollte sie als ergänzende Beispiele für die im Buch behandelten Themen heranziehen.

Am Ende eines jeden Kapitels stellen wir in einem Abschnitt "Literatur und historische Bemerkungen" die wichtigsten zitierten Quellen vor. Die angegebene Literatur ist am Ende des Buches zusammengestellt. Zusammen mit diesen Quellenangaben kann man die Kapitel 6 bis 10 und 13 als Einführung in die Literatur der weiterführenden Themen betrachten.

In diesem Buch finden mindestens drei verschiedene Sprach-
ebenen Verwendung. Wir haben uns bemüht, einige typographische Regeln streng einzuhalten, um es dem Leser zu erleichtern, die jeweils verwendete Sprachebene zu erkennen. Herkömmliche deutsche
Sätze sind in Prestige und zur besonderen Akzentuierung in Kursiv-
schrift gedruckt. Sätze des Prädikatenkalküls sind in einer
schreibmaschinenähnlichen Type gesetzt. Mathematische Formeln und
Gleichungen sind in einer kursiven Schrift gedruckt. Einige typographische Hinweise findet man auf Seite xix abgedruckt.

Für Verbesserungsvorschläge, Kommentare und Korrekturen sind
die Autoren dankbar. Diese können direkt an sie oder an den Ver-
leger gesandt werden.

VORWORT DES ÜBERSETZERS

MIT DIESEM BUCH VERFOLGEN die Autoren zwei Anliegen: den Leser in die logischen Grundlagen der *Künstlichen Intelligenz* einzuführen und ihn mit der aktuellen Forschung bekannt zu machen.

Beiden Aspekten versucht die Übersetzung Rechnung zu tragen. Es wurden daher so wenig englische KI-Fachtermini wie möglich verwendet, um das Verständnis zu erleichtern. Gleichzeitig sollte die Lektüre der englischen Originalliteratur nicht durch deutsche Begriffe erschwert werden, die nicht mehr mit den englischen Termini zu identifizieren sind. Nur sehr wenig KI-Literatur erscheint in Deutsch, aktuelle Forschungsergebnisse werden primär in Englisch veröffentlicht. Außerdem gibt es für die wenigsten KI-Fachbegriffe in der deutschen KI-Gemeinde einen Konsens für eine Übersetzung. Daher wurde ein Kompromiß gewählt: Beim erstmaligen Vorkommen wird ein Begriff in der deutschen Übersetzung und in Englisch angeführt. Konnte keine passende deutsche Übersetzung gefunden werden, oder hatte sich der englische Begriff als *terminus technicus* etabliert, so wurde das englische Original belassen. Am Ende des Buches findet man einen Index der englischen Termini mit der gewählten deutschen Übersetzung. Das Stichwort-Verzeichnis wurde gegenüber dem Original überarbeitet und ergänzt.

INHALTSVERZEICHNIS

KAPITEL 3

KAPITEL 4

KAPITEL 5

TYPOGRAPHISCHE HINWEISE

(1) Objekte, Funktionen und Relationen (d.h. die Elemente einer Konzeptualisierung) sind in kursiv gedruckt:

> Die Extension der Relation *Auf* ist die Menge $\{\langle a,b\rangle, \langle b, c\rangle, \langle d,e\rangle\}$.

(2) Ausdrücke und Teilausdrücke des Prädikatenkalküls sind in einer fetten, schreibmaschinenähnlichen Type gedruckt, wie

$$(\forall x\ \mathrm{Apfel(x)}) \lor (\exists x\ \mathrm{Pfirsich(x)})$$

(3) Griechische Kleinbuchstaben dienen als Meta-Variablen für Ausdrücke und Teilausdrücke des Prädikatenkalküls. Sie treten manchmal gemischt mit objektsprachlichen Ausdrücken des Prädikatenkalküls auf:

$$(\phi(\alpha) \lor \mathrm{P(A)} \implies \psi)$$

Dem besseren Verständnis wegen verwenden wir, wie in dem folgenden Beispiel, kursive Großbuchstaben als Meta-Variablen für Relationen- und Objektkonstanten

> Angenommen, wir haben eine Relationskonstante *P* und eine Objektkonstante *A*, so daß $P(A) \implies \mathrm{P} \land \mathrm{Q(B)}$.

(4) Griechische Großbuchstaben bezeichnen Mengen von Formeln des
Prädikatenkalküls, wie:

> Gibt es einen Beweis des Satzes ϕ aus einer Prämissen-
> menge Δ und den logischen Axiomen mithilfe des Modus
> Ponens, so sagt man, ϕ sei *beweisbar* aus Δ (geschrieben
> als $\Delta \vdash \phi$).

Da Klauseln Mengen von Literalen sind, verwenden wir griechische Großbuchstaben auch als Variablen für Klauselmengen:

> Angenommen, Φ und Ψ seien zwei standardisierte Klauseln.

(5) Für meta-logische Formeln *über* Aussagen des Prädikatenkalküls
verwenden wir den normalen mathematischen (keinen schreibmaschinenähnlichen) Schriftsatz:

> Falls σ eine Objektkonstante ist, so gilt $\sigma^I \in |I|$.

Manchmal enthalten meta-logische Formeln auch Ausdrücke des
Prädikatenkalküls:

$$A^I = a$$

(6) Wir benützen große Schreibschriftbuchstaben $\mathcal{T}$ zur Bezeichnung
einer "Theorie" im Prädikatenkalkül.

(7) Algorithmen und Programme sind in einer schreibmaschinenähnlichen Type gedruckt:

```
Procedure Resolution (Gamma)
        Repeat Termination(Gamma) ==> Return(Success),
                Phi <— Choose(Gamma), Psi <— Choose(Gamma),
                Chi <— Choose(Resolvents(Phi,Psi)),
                Gamma <— Concatenate(Gamma,[Chi])
        End
```

(8) Wir benützen die Schreibweise {x/A} zur Bezeichnung der Substitution, in der die Variable x durch die Objektkonstante A

subsitutiert wird. Griechische Kleinbuchstaben verwenden wir als Variablen für Substitutionen:

Betrachten Sie die zusammengesetzte Substitution $\sigma\rho$.

(9) Kleine p's und q's dienen der Bezeichnung von Wahrscheinlichkeiten:

$$p(\mathrm{P} \wedge \mathrm{Q})$$

(10) Mengen möglicher Welten werden durch große Schreibschriftbuchstaben (z.B. $\mathscr{W}$) bezeichnet.

(11) Vektoren und Matrizen werden durch Großbuchstaben im Fettdruck (z.B. **V** und **P**) bezeichnet.

(12) Zur Bezeichnung von Modaloperatoren (z.B. **B** und **K**) verwenden wir ebenfalls Großbuchstaben im Fettdruck (und Folgen von Großbuchstaben).

KAPITEL 1
EINFÜHRUNG

KÜNSTLICHE INTELLIGENZ (KI) befaßt sich mit dem Studium intelligenten Verhaltens. Ihr letztes Ziel ist eine Theorie der Intelligenz, die das Verhalten natürlicher Lebewesen erklären und zur Konstruktion von Maschinen, die zu intelligentem Verhalten fähig sind, beitragen kann. Die KI besitzt daher sowohl einen naturwissenschaftlichen als auch einen ingenieurwissenschaftlichen Zweig.

Als *Ingenieurwissenschaft* befaßt sich die KI mit den Konzepten, der Theorie und der praktischen Konstruktion intelligenter Maschinen. Derzeit kann man schon als Beispiele der auf dem Gebiet der KI entwickelten Maschinen, nennen: *Expertensysteme*, die zur Beratung in speziellen Anwendungsgebieten (wie in der Medizin, der Mineralöl- und Erzsuche und im Finanzwesen) eingesetzt werden; natürlichsprachliche Frage-Antwort-Systeme, die in einer zwar eingeschränkten, aber doch leistungsfähigen Teilmenge der deutschen, englischen oder einer anderen natürlichen Sprache gestellte Fragen beantworten können; sowie theorembeweisende Systeme zur Verifikation von Soft- und Hardwareanforderungen. An erster Stelle steht

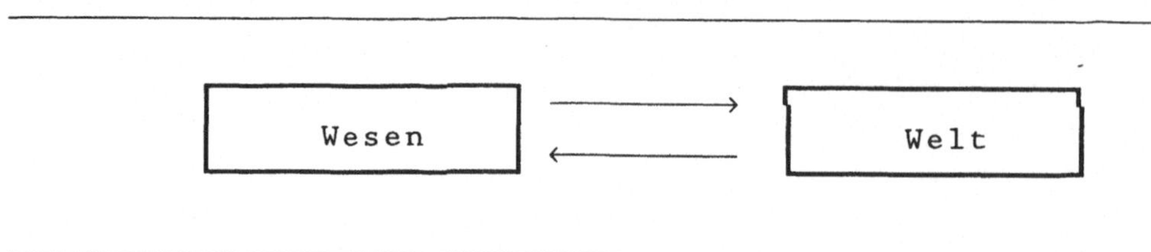

Abb. 1.1   Ein Wesen in seiner Umgebung

dabei die Entwicklung von flexibler reagierenden und leistungs-
fähigeren Roboter und Computersystemen, die auf eine natürliche
Art und Weise mit dem Menschen interagieren können, sowie von Maschinen, die in der Lage sind, vieles der alltäglichen "Denk-
arbeit" durchzuführen.

Als *Naturwissenschaft* entwickelt die KI Konzepte und Begriffe,
für das Verständnis menschlich und tierischen intelligenten Verhaltens. Psychologen und Neurologen leisten zwar ebenfalls in diesem wissenschaftlichen Gegenstandsbereich wichtige und notwendige
Beiträge, wir berufen uns jedoch auf den Wahlspruch des italie-
nischen Philosophen Vicos aus dem 16. Jahrhundert: *Certum quod
factum* (nur das ist sicher, was auch gebaut wird). Die Aerodynamik
wurde beispielsweise zu dem, was sie heute ist, weil sie sich mit
der Konstruktion fliegender Maschinen befaßte. Erst danach half
sie uns auch bei der Erklärung und dem Verständnis des Flugs der
Tiere. Das letzte Ziel der KI ist daher — neben ihrer ingenieurwissenschaftlichen Orientierung — eine umfassende Theorie der
menschlichen und tierischen Intelligenz.

Beachten Sie bitte, daß wir die Welt implizit in zwei Hälften
aufgeteilt haben, als wir über das Verhalten eines intelligenten
Wesens in seiner Umgebung sprachen. Wir haben quasi eine Hülle um
das Wesen gezogen, die es von seiner Umwelt abtrennt und wir haben
uns auf die durch sie hindurchgehenden Wechselwirkungen beschränkt. (Vgl. Abb. 1.1.) Natürlich darf eine Theorie der Intelligenz diese Wechselwirkungen nicht nur beschreiben, sondern sie

muß auch ein klares Bild der für diese Wechselwirkungen verantwortlichen Struktur des Wesens liefern. Ein intelligentes Lebewesen scheint an seiner Umgebung und an den Folgen seiner Handlungen teilzuhaben. Es handelt, als würden es in gewisser Weise
die Resultate seiner Handlungen kennen. Wenn wir also von der Annahme ausgehen, daß intelligente Wesen Wissen über ihre Umgebung
besitzen, so können wir diese Teilhabe in unsere Theorie berücksichtigen.

Was können wir über dieses Wissen aussagen? Welche Formen kann
es annehmen? Wie wird Wissen erworben? Insofern diese Fragen natürliche, biologische Organismen betreffen, können wir leider
nicht viel zu ihrer Klärung beisteuern. Auch wenn wir erst langsam
die neuronale Verarbeitung einfacher Signale verstehen lernen, so
ist doch unser Verständnis darüber, wie ein tierisches Gehirn —
das ja aus Neuronen aufgebaut ist — Wissen über seine Welt repräsentiert und verarbeitet, bedauernswert dürftig.

Die Situation liegt allerdings ganz anders, wenn wir künstliche
Gebilde wie Computersysteme betrachten, die zu einem rudimentären
intelligenten Verhalten fähig sind. Zwar haben wir noch keine Maschine gebaut, die eine dem Menschen vergleichbare Intelligenz besitzt. Trotzdem können wir aber überlegen, in welcher Form man von
einer solchen Maschine sagen könnte, sie würde über Wissen verfügen. Da wir diese Maschinen entwerfen und bauen, sollten wir
auch in der Lage sein, zu entscheiden, was es für sie bedeutet, um
ihre Umgebung zu *wissen*.

Eine Maschine kann im wesentlichen auf zwei Arten Wissen über
die sie umgebende Welt besitzen. Zwar müssen wir die Unterschiede
dieser zwei Sichtweisen noch näher erläutern, dennoch können wir
aber an dieser Stelle schon sagen, daß es so aussieht, als wäre
bei einigen Maschinen das Wissen implizit, bei anderen dagegen explizit repräsentiert.

Das in einem Computerprogramm zur Matrizeninvertierung codierte
mathematische Wissen bezeichnen wir hier als implizites Wissen,

das in der Reihenfolge der auszuführenden Operationen "gespeichert wird". Wissen, das in dieser Form repräsentiert ist, ist manifest im aktuellen Ablauf oder in der Ausführung des Programmes zur Matrizeninvertierung enthalten. Es wäre sehr schwer, dieses Wissen für andere Zwecke aus dem Code zu extrahieren. Die Informatiker bezeichnen derart repräsentiertes Wissen als *prozedurales Wissen*, denn es ist unauflösbar in den Prozeduren enthalten, die es benützen.

Betrachten Sie auf der anderen Seite einmal eine tabellarische Datenbank mit Lohndaten. Dieses Wissen würden wir explizit nennen. Programme, die daraufhin entworfen wurden, Wissen explizit zu repräsentieren, haben sich bei solch komplexen Aufgabenstellungen, von denen wir meist sagen, ihre Lösung erfordere Intelligenz, besonders flexibel gezeigt. Besonders eignen sich dabei explizite Repräsentationen, die sich als deklarative Aussagen interpretieren lassen. Derart repräsentiertes Wissen bezeichnen wir als *deklaratives Wissen*, weil es in Beschreibungen der Welt enthalten ist. Im allgemeinen sind solche Aussagen in symbolischen Strukturen gespeichert, auf die Prozeduren, die das Wissen benützen, zugreifen können.

Bei der Konstruktion intelligenter Maschinen sollte man aus aus mehreren Gründen deklarativ repräsentiertes Wissen vorziehen. Einer der Vorteile besteht darin, daß man dieses Wissen sehr leicht verändern kann. Um das deklarative Wissen einer Maschine nur ein wenig abzuändern, braucht man meist nur einige wenige Aussagen zu verändern. Bei prozeduralem Wissen dagegen erfordern selbst kleine Änderungen weitreichende Eingriffe in das Programm. Deklarativ gespeichertes Wissen läßt sich auch für verschiedene Zwecke, die selbst bei der Zusammenstellungen des Wissens noch gar nicht explizit vorauszusehen sind, verwenden. Die Wissensbasis muß weder bei jeder neuen Anwendung wiederholt abgearbeitet, noch braucht sie für jeden Einsatz speziell neu entworfen zu werden. Deklaratives Wissen kann man auch durch sogenannte *Schlußfol-*

gerungsprozesse, die zusätzliches Wissen ableiten können, erweitern. Schließlich kann auch von *introspektiven* Programmen auf deklaratives Wissen zugegriffen werden, so daß eine Maschine für sich (und für andere) Fragen über das stellen kann, was sie weiß. Für all diese Vorteile muß man allerdings einen Preis bezahlen. Die Anwendung von deklarativem Wissen ist aufwendiger und langsamer, als wenn man prozedurales Wissen direkt einsetzt. Wir geben damit die Effizienz auf, um Flexibilität zu erzielen.

Es ist verlockend, einmal über die Bedeutung dieser beiden Wissensformen in biologischen Organismen zu spekulieren. Viele Insekten und andere Lebewesen, die nicht gerade über ein hochentwickeltes Gehirn verfügen, scheinen an ihre Umgebung so gut angepaßt zu sein, daß es schwierig ist zu sagen, sie besäßen ein umfangreiches Wissen über ihre Welt. Eine Spinne benötigt zum Weben ihres Netzes beispielsweise nur wenig Wissen über die verwendeten Materialien und Strukturen. Haben wir diese Lebewesen erst einmal besser verstanden, so werden wir eventuell feststellen, daß das von ihnen über ihre speziellen Nischen entwickelte Wissen prozedural ist. Denkt aber andererseits ein menschlicher Ingenieur bewußt über den Entwurf einer neuen Brücke nach, so wird er wohl auf deklarativ gespeichertes Wissen über die nötigen Materialien und Strukturen zurückgreifen. Zugegeben, wir Menschen benützen oft (vielleicht sogar immer) auch prozedurales Wissen. Das Wissen, das von einem Tennis-Champion *gebraucht* wird, scheint prozedural zu sein, während das Wissen, das von einem guten Lehrer *gelehrt* wird, deklarativ zu sein scheint. Vielleicht erleichtert es den Biologen und Psychologen die Beschreibung des Wissens biologischer Lebewesen, wenn diese Unterscheidung zwischen deklarativem und prozeduralem Wissen auch von den Informatikern besser verstanden wird.

Intelligente Maschinen werden auf jeden Fall werden beides benötigen: sowohl prozedurales als auch deklaratives Wissen. Wenn wir also diese beiden Wissensformen studieren möchten, so scheinen wir vor dem Problem zu stehen, uns mit der *gesamten* Bandbreite der

Informatik befassen zu müssen. Allerdings hat es sich gezeigt, daß die flexibelsten Formen von Intelligenz wohl sehr stark mit dem deklarativem Wissen zusammenhängen und die KI hat sich daher auch mehr und mehr damit befaßt. Man sollte allerdings den Stellenwert, den das deklarative Wissen in diesem Buch einnimmt, nun nicht soweit verstehen, als würde daraus folgen, daß wir prozedurales Wissen als zweitrangig erachten würden. Beispielsweise empfiehlt es sich, deklaratives Wissen, das für ein und denselben Zweck immer wieder benötigt wird, in einer auf diese spezielle Anwendung zugeschnittenen Prozedur zusammenzufassen. Nichts desto weniger ist das Studium der Repräsentation und des Gebrauchs von deklarativem Wissen ein so umfangreiches und zentrales Thema, daß es eine getrennte Betrachtung in separaten Büchern verdient.

Das vorliegende Buch gliedert sich grob in vier Teile auf. In den ersten fünf Kapiteln stellen wir die Hauptmerkmale dessen vor, was man im allgemeinen den *logizistischen* KI-Ansatz nennt. Wir beginnen mit der Beschreibung der *Konzeptualisierung* des Gegenstandsbereiches, über den unser intelligentes System Wissen besitzen soll. Danach stellen wir die Syntax und Semantik des *Prädikatenkalküls erster Stufe* vor, einer deklarativen Repräsentationssprache, mit der wir die Sätze unserer Konzeptualisierung formulieren werden. Dann formalisieren wir den Prozeß des Schlußfolgerns. Abschließend diskutieren wir die sogenannte *Resolution* und zeigen, wie sie sich in schlußfolgernden Systemen einsetzen läßt.

In den nächsten drei Kapiteln erweitern wir dann unseren logischen Ansatz in mehrfacher Hinsicht, um verschiedene Unzulänglichkeiten der strikten logischen Deduktion zu beheben. Als erstes werden wir einige Methoden für *nicht-monotones Schliessen* beschreiben, d.h. für Schlußfolgerungen, bei denen vorläufige Ableitungen durchgeführt werden. Danach behandeln wir Erweiterungen, die es den Systemen ermöglichen, neue Fakten hinzuzulernen. Daran anschließend zeigen wir, wie unsicheres Wissen repräsentierbar ist und wie man mit diesem Wissen schlußfolgern kann.

In den darauf folgenden zwei Kapiteln erweitern wir unsere Sprache und deren Semantik durch die Einführung neuer Konstrukte, sogenannter *Modaloperatoren*, die es uns erleichtern werden, über das Wissen oder über die Überzeugungen von anderen Agenten Aussagen zu machen und zu schlußfolgern. Wir zeigen dann, wie sich der gesamte Vorgang der Formulierung prädikatenlogischer Sätze zur Repräsentation von Konzeptualisierungen reflexiv auf sich selbst beziehen läßt, und so auf einer *Meta-Ebene* Sätze über Sätze und Schlußfolgerungen über Prozesse des Schlußfolgerns möglich werden.

In den letzten drei Kapiteln befassen wir uns mit Agenten, die ihre Umgebung wahrnehmen und in der Welt Handlungen ausführen können. Wir erörtern dabei zuerst, wie sich solches Wissen zur Ableitung von Plänen zum Erreichen bestimmter Ziele verwenden läßt. Abschließend stellen wir dann einen größeren theoretischen Rahmen vor, mit dem wir sensorisches und inferiertes Wissen miteinander verknüpfen und Aussagen darüber machen können, wie dieses Wissen einen Agenten bei der Wahl seiner Handlungen beeinflußt.

1.1 LITERATUR UND HISTORISCHE BEMERKUNGEN

Der Wunsch, Maschinen zu konstruieren, die so ähnlich wie der Mensch denken können, hat eine lange Tradition. Gardner [Gardner 1982] schreibt Leibniz den Traum "einer universalen Algebra, mit Hilfe der eines Tages das ganze Wissen, Moral und metaphysische Wahrheiten eingeschlossen, in ein einziges Ableitungssystem einbezogen werden kann", zu. Frege, einer der Begründer der symbolischen Logik, schlug ein Notationssystem für mechanisches Schlußfolgern vor [Frege 1879]. Als die ersten Digitalcomputer in den 40-er und 50-er Jahren entwickelt wurden, schrieben verschiedene Forscher Computerprogramme, die einfache Ableitungsprozesse wie das Beweisen mathematischer Theoreme durchführen, einfache Fragen beantworten und Brettspiele wie Schach und Dame spielen konnten. Im Jahre 1956 nahmen mehrere dieser Wissenschaftler an einem Workshop über KI am Dartmouth College teil, der von John McCarthy, (der in diesem Zusammenhang den Namen *Artificial Intelligence* für dieses Forschungsgebiet vorschlug) organisiert worden war, [Mc-

Corduck 1979]. (McCorducks Buch ist eine interessante und informelle Geschichte der frühen KI-Arbeiten und ihrer Forscher). Eine
Reihe der wichtigsten ersten Aufsätze über KI sind in dem Sammelband *Computer and Thought* [Feigenbaum 1963] enthalten.

Seit den ersten Anfängen der KI sind viele Forschungsansätze
vorgeschlagen worden. Einer davon, der auf der Konstruktion paralleler Rechner zur Mustererkennung basierte, hat in den frühen
60-er Jahren viele KI-Wissenschaftler beschäftigt. Hieraus entwickelte sich dann das, was heute als *Konnektionismus* bekannt ist.
Man vgl. [Nilsson 1965] als ein Beispiel für einige der ersten
Arbeiten, die diesen Ansatz verwendet haben und [Rumelhart 1986]
als eine Sammlung neuerer konnektionistischer Aufsätze.

Im Zentrum zahlreicher KI-Arbeiten steht die Manipulation beliebiger symbolischer Strukturen durch den Computer (im Gegensatz
zu der numerischen Verarbeitung von Zahlen). Der Grundgedanke, daß
symbolische Manipulationen ein hinreichendes Phänomen zur Erklärung der Intelligenz sei, wurde machtvoll in der *physical symbol
hypothesis* von Newell und Simon [Newell 1976] vertreten. Die Notwendigkeit der Manipulation von Symbolen führte zu der Entwicklung spezieller Computersprachen. LISP, von McCarthy [McCarthy
1960] in den späten 50-er Jahren entwickelt, wurde die bekannteste
dieser Sprachen. Auch PROLOG [Colmerauer 1973, Warren 1977], das
aus Arbeiten von Green [Green 1969a], Hayes [Hayes 1973b] und Kowalski [Kowalski 1979a] entstanden ist, gewinnt immer mehr Anhän-
ger. Auch heute noch ist der Ansatz vieler KI-Arbeiten eine hoch-
entwickelte Symbolmanipulationen zur Durchführung komplexer Ver-
standesaufgaben.

Ein Anwendungsgebiet des Symbolmanipulationsansatzes sind sogenannte *Produktionssysteme* (engl. *production systems*), ein Begriff,
der in der KI ziemlich frei verwendet wird. Produktionssysteme
stammen von den Formalismen Posts [Post 1943] aus der Berechenbar-
keitstheorie ab. Sie basieren auf Ersetzungsregeln für Zeichenketten. Der eng mit ihnen verwandte Ansatz des *Markow-Algorithmus*
[Markow 1954, Galler 1970] setzt für die Auswahl der als nächsten
anzuwendenden Regel eine den Ersetzungsregeln auferlegte Ordnungsstruktur voraus. Newell und Simon [Newell 1972, Newell 1973] haben
Produktionsregel zur Manipulation von Zeichenketten zusammen mit
einer einfachen Kontrollstrategie verwendet, um so bestimmte Arten
menschlichen Problemlösungsverhalten zu modellieren. Produktionssysteme sind auch der thematische Leitfaden eines Sammelbands von
Nilsson [Nilsson 1980]. In letzter Zeit ist die OPS-Familie der
symbolmanipulierenden Programmierung auf der Idee der Produktionssysteme entwickelt worden [Forgy 1981, Brownston 1985]. Die Arbeiten an SOAR von Laird, Newell und Rosenbloom [Laird 1987] und an
Blackboard-Systemen von verschiedenen Forschern [Erman 1982, Hayes-Roth 1985] kann man als Nachfolger des Produktionssystemsan-
satzes verstehen.

Ein weiterer wichtiger Forschungsansatz innerhalb der KI ist
die *heuristische Suche*. Suchmethoden werden als eine Kontrollstra-

tegie für Produktionssysteme in [Nilsson 1980] beschrieben. Pearls Buch [Pearl 1984] bietet eine tiefgehende mathematische Behandlung der heuristischen Suche, und sein Überblicksartikel [Pearl 1987] faßt dieses Thema zusammen. Die Arbeiten von Lenat [Lenat 1982, Lenat 1983a, Lenat 1983b] über die Natur von Heuristiken führten zu Systemen, die allgemeine heuristische Eigenschaften für spezielle Problemstellungen ausnutzten.

Die in dem vorliegenden Buch vertretene Ansicht bezüglich der KI folgt dem schon hinter Leibniz und Frege stehenden Gedanken, der dann im wesentlichen von McCarthy ausgebaut und in präzisen Vorschlägen vorgebracht wurde [McCarthy 1958 (der Bericht über den sogenannten *advice taker*), McCarthy 1963]. Der Ansatz fußt auf zwei miteinander verwandten Thesen: Zum einen, lasse sich das von einem intelligenten Programm benötigte Wissen in einer bestimmten Form deklarativer Sätze ausdrücken, die vom späteren Verwendungszweck des Wissens mehr oder weniger unabhängig seien. Zum anderen beruhe das von einem intelligenten Programm durchgeführte Schlußfolgerungsverhalten auf logischen Operationen über diesen Sätzen. Hayes [Hayes 1977], Israel [Israel 1983], Moore [Moore 1982, Moore 1986] und Levesque [Levesque 1986] haben gute Darstellungen der Bedeutung der Logik für die KI, für die Repräsentation und die Schlußfolgerungen geschrieben.

Mehrere Autoren wandten aber auch ein, daß die Logik als eine Grundlage der KI verschiedene Grenzen besitzt. McDermotts Artikel enthält mehrere zwingende Kritikpunkte gegen die Logik [McDermott 1982a], während Simon die Rolle der Suchstrategien in der KI hervorhebt [Simon 1983]. Viele KI-Forscher haben die Bedeutung spezieller Prozeduren und die der prozeduralen (gegenüber der deklarativen) Wissensrepräsentation betont (vgl. zum Beispiel [Winograd 1975, Winograd 1980]. Minsky behauptet, Intelligenz sei beim Menschen das Ergebnis einer Interaktion einer sehr großen und komplexen Ansammlung von lose miteinander verknüpften autonomen Teilbereichen, die sich ähnlich wie eine *Gemeinschaft*, aber auch wie ein Individuum verhielten [Minsky 1986].

Ungeachtet der zahlreichen Kritiken an der Logik scheint aber doch unter den Wissenschaftlern ein Konsens darüber zu bestehen, daß das Handswerkzeug der Logik für die Analyse und zum Verständnis von KI-Systemen zumindest sehr wichtig ist. Newell [Newell 1982] drückt dies so in seinem Artikel über den sogenannten *knowledge level* aus. Die Arbeiten von Rosenschein und Kaelbling [Rosenschein 1986] über *situated automata* sind ein gutes Beispiel für den Versuch, in der KI den analytischen Nutzen der Logik anzuerkennen, auch wenn für die Implementierung eine andere Strategie eingeschlagen wird. Die Behauptung, der Prädikatenkalkül und die logischen Operationen ließen sich auch sinnvoll direkt bei der Implementierung von KI-Systemen als Repräsentationssprache und für Inferenzprozessen einsetzen, ist dagegen eine sehr viel schärfere These.

Verschiedene Autoren vertraten die Ansicht, daß keine der mo-

mentan verfolgten Techniken in der KI jemals wahre, menschliche
Intelligenz erzeugen werde. Führend unter ihnen sind die Brüder
Dreyfus, die gegen den KI-Ansatz einwenden, daß die Operationen
der Symbolmanipulation nicht die Grundlagen von Intelligenz seien
[Dreyfus 1972, Dreyfus 1981, Dreyfus 1986] (obwohl ihre Vor-
schläge, was man stattdessen benötigen würde, mit den Vorstellungen der Konnektionisten vereinbar erscheint). Winograd und
Flores führen hauptsächlich dagegen an, daß, welche mechanistische
Prozesse auch immer mit dem Denken verbunden seien, diese zu
kompliziert seien, als daß man sie ganz in künstlichen Maschinen
zum Ausdruck bringen könnte, die von menschlichen Ingenieuren entworfen und gebaut würden, Winograd 1986]. Searle versucht zwischen
wirklichen Gedanken und den bloßen *Simulationen* von Gedanken durch
regelgesteuerte Berechnungen zu unterscheiden [Searle 1980]. Er
behauptet, computerähnliche Maschinen aus Silikon würden beispielsweise das gesteckte Ziel nicht erreichen, während Maschinen,
die nach anderen Prinzipien aus Protein aufgebaut seien, dies könnten. Von einem anderen Standpunkt aus argumentiert Weizenbaum,
daß selbst wenn wir in der Lage wären, solche intelligente Maschinen zu konstruieren, die viele menschliche Funktionen übernehmen könnten, wir dies aus ethischen Gründen nicht tun sollten
[Weizenbaum 1976].

Es sind verschiedene gute KI-Lehrbücher erhältlich. Viele von
ihnen unterscheiden sich von dem vorliegenden dadurch, daß sie die
Logik nicht so stark betonen, wie wir es hier tun. Sie beschreiben
Anwendungen der KI, wie zum Beispiel die Verarbeitung natürlicher
Sprache, Expertenssyteme und Bildverstehen. Die Bücher von Charniak und McDermott, Winston und Rich sind drei dieser Art [Char-
niak 1984, Winston 1977, Rich 1983]. Das Buch von Boden [Boden
1977] behandelt einige der mit der KI zusammenhängenden philosophischen Fragestellungen. Außer diesen Büchern kann der Leser auch
auf Lexikonartikel über zentrale Themen der KI zurückgreifen [Sha-
piro 1987, Barr 1982, Cohen 1982].

Viele wichtige KI-Fachartikel werden in der Zeitschrift *Artificial Intelligence* veröffentlicht. Desweiteren gibt es noch andere
bedeutende Fachzeitschriften, wie das *Journal of Automated Reasoning*, *Machine Learning* und *Cognitive Science*. Verschiedene Artikel sind auch in speziellen Sammelbänden erschienen. Die American
Association of Artificial Intelligence und andere Organisationen
veranstalten jährliche Konferenzen und veröffentlichen Tagungsbe-
richte [AAAI 1980].[1] Die International Joint Conferences for Arti-

---

1   In Europa und im deutschsprachigen Raum werden die folgenden
    Konferenzen (mit Tagungsberichten) veranstaltet:
        ECAI *European Conference on Artificial Intelligence,*
        GWAI *German Workshop on Artificial Intelligence.*
    Deutschsprachige KI-Zeitschriften sind die *KI* (ein Mitteilungs-
    organ der Gesell. f. Informatik, Oldenburg Verlag) und die Mit-

ficial Intelligence, Inc. veranstaltet alle zwei Jahre Tagungen und veröffentlicht ebenfalls Konferenzberichte, z.B. [IJCAI 1969]. Einige Universitäten und industrielle Laboratorien, die KI-Forschungen betreiben, veröffentlichen ebenfalls technische Berichte und Memoranden. Diese sind bei der Scientific DataLink (einer Abteilung der Comtex Scientific Corporation) in New York erhältlich.

Für eine interessante Zusammenfassung der Ansichten zahlreicher KI-Forscher über den Zustand ihrer Disziplin in der Mitte der 80-er Jahre vergleiche man [Bobrow 1985]. Das Buch von Trappl [Trappl 1986] enthält eine Reihe von Artikeln über die sozialen Implikationen der KI.

ÜBUNGEN:

1. *Struktur und Verhalten*. Bei der Betrachtung von Maschinen trennt man im allgemeinen die Bauart von der Struktur.

   a. Beschreiben Sie kurz einen Thermostaten. Legen Sie sein äußeres Verhalten und seine innere Struktur dar. Erklären Sie, wie die Struktur das Verhalten bestimmt.

   b. Kann man den Zweck eines Apparates eindeutig aus seinem Verhalten bestimmen? Geben Sie Beispiele, die Ihre Antwort untermauern.

   c. In seinem Artikel "Ascribing Mental Qualities to Machines" schlägt McCarthy vor, daß es angebracht sei, über künstliche Apparate (wie Thermostaten und Computer) so zu sprechen, als besässen sie mentale Qualitäten. Nach McCarthy *glaubt* ein Thermostat beispielsweise, es sei zu heiß, zu kalt, und er *wünscht*, daß die Temperatur gerade angenehm sei. Versuchen Sie, McCarthys Standpunkt zu übernehmen, und zeigen Sie die Wünsche und Vorstellungen auf,

---

teilungen der *ÖGAI* (Österr. Gesell. f. Artif. Intel.) [Anm.d. Übers.].

die Ihrer Meinung nach ein Wecker hat.

2. *Missionare und Kannibalen*. Drei Missionare und drei Kannibalen versuchen, einen Fluß zu überqueren. Sie besitzen ein Boot, das zwei Personen aufnehmen und von ein oder zwei Personen gesteuert werden kann. Falls irgendwann die Zahl der Kannibalen größer ist als die der Missionare, geben die Kannibalen ihren fleischlichen Gelüsten nach und fressen die Missionare auf.

   a. Bestimmen Sie die einfachste Kombination für eine Überfahrt, bei der sichergestellt ist, daß alle Missionare und Kannibalen wohlbehalten an das andere Ufer gelangen.

   b. Formulieren Sie mindestens drei Fakten über die Welt, die Sie bei der Lösung des Problems benützt haben. Zum Beispiel wissen Sie, daß eine Person nicht zur gleichen Zeit an zwei verschiedenen Orten sein kann.

   c. Beschreiben Sie die Schritte, wie Sie zur Lösung gelangten. Beschreiben Sie die von Ihnen verwendeten Fakten oder Annahmen, und die Folgerungen, die Sie zogen. Der Zweck dieses Abschnittes ist es, daß Sie über den Weg zur Lösung eines Problem nachdenken, und nicht nur zu der abschliessenden Lösung gelangen. Tun Sie dies gerade so weit, daß Sie ein Gespür für diese Unterscheidung erhalten.

KAPITEL 2
DEKLARATIVES WISSEN

WIE WIR SCHON DARLEGTEN, wird das intelligente Verhalten eines Individuums durch das Wissen bestimmt, das es von seiner Umgebung besitzt. Vieles von diesem Wissen ist deskriptiv und kann in deklarativer Form ausgedrückt werden. Das Ziel dieses Kapitels ist es, die für die formale Darstellung deklarativen Wissens relevanten Aspekte zu erörtern.

Unser Ansatz zur Formalisierung von Wissen entspricht in vielem dem Vorgehen eines Naturwissenschaftlers, der die physikalische Welt beschreibt. Tatsächlich gleicht unsere Sprache der zur Darstellung mathematischer und naturwissenschaftlicher Ergebnisse verwendeten Sprache. Der Unterschied besteht aber darin, daß wir uns in diesem Buch mit der Frage der Formalisierung und nicht mit der der Erhebung des zu formalisierenden Wissens befassen.

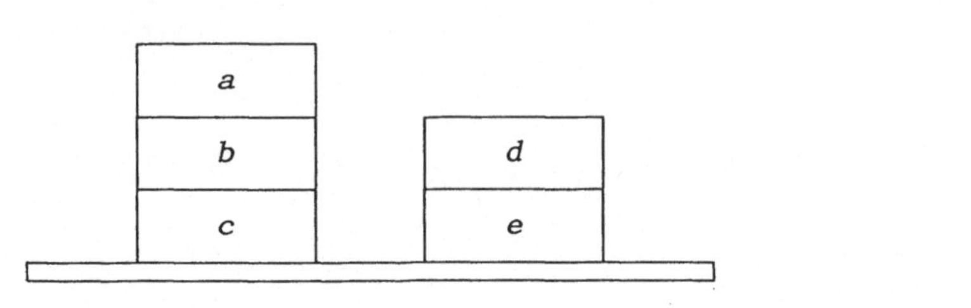

Abb.2.1 Szene aus der Klötzchenwelt

2.1 KONZEPTUALISIERUNG

Bei der Formalisierung deklarativen Wissens beginnen wir mit einer *Konzeptualisierung*. Diese umfaßt zum einen die Objekte, welche als in der Welt existierend vorausgesetzt oder angenommen werden, zum anderen enthält sie deren wechselseitigen Beziehungen zueinander.

Der Begriff *Objekt* ist dabei sehr weit gefaßt. Objekte können konkret (z.B. dieses Buch, Konfuzius, die Sonne) oder abstrakt sein (z.B. die Zahl 2, die Menge aller ganzen Zahlen, der Begriff der Gerechtigkeit). Objekte können einfach oder zusammengesetzt sein (z.B. besteht ein Schaltkreis aus vielen einzelnen Teilkreisen). Objekte können sogar fiktiv sein (z.B. ein Einhorn, Sherlock Holmes, Justitia). Kurzum, ein Objekt kann all das sein, über das wir etwas aussagen möchten.

Nicht alle Aufgaben der Wissensrepräsentation erfordern, sämtliche Objekte in der Welt zu berücksichtigen. In einigen Fällen sind nur Objekte einer bestimmten Menge bedeutsam. Ein Zahlentheoretiker befaßt sich beispielsweise mit den Eigenschaften von Zahlen und gewöhnlich nicht mit physikalischen Dingen wie Widerständen oder Transistoren. Ein Elektrotechniker befaßt sich dagegen meist mit Widerständen und Transistoren, nicht aber mit Brücken und Gebäuden. Die Menge der Objekte, über die Wissen ausgedrückt werden soll, nennt man im allgemeinen die *Diskurswelt* (engl. *universe of discourse*).

Als Beispiel nehmen wir die in Abb. 2.1. beschriebene Szene aus der Klötzchenwelt. Die meisten Betrachter dieser Abbildung sehen eine Anordnung von Bauklötzchen. Einige erkennen den Tisch, auf dem die Klötzchen stehen, als ein selbständiges Objekt an. Aus Gründen der Einfachheit wollen wir ihn hier aber weglassen.

Die mit dieser Konzeptualisierung verbundene Diskurswelt ist die aus den folgenden fünf Bauklötzchen bestehende Menge.

$$\{a,b,c,d,e\}$$

In dieser Diskurswelt existieren endlich viele Elemente. Dies braucht aber nicht immer der Fall zu sein. In der Mathematik ist es beispielsweise allgemein üblich, die Menge der ganzen Zahlen oder die der reellen Zahlen oder die Menge aller n-Tupel der reellen Zahlen als Diskurswelte mit unendlich vielen Elementen aufzufassen.

Eine *Funktion* ist eine Art Beziehung zwischen Objekten der Diskurswelt. Obwohl wir für eine gegebene Menge von Objekten zahlreiche Funktionen definieren können, heben wir in der Konzeptualisierung eines Weltausschnittes nur bestimmte Funktionen hervor, während wir andere auslassen. Die Menge der in einer Konzeptualisierung betrachteten Funktionen nennt man die *funktionale Basismenge*.

Betrachten wir zum Beispiel unsere Klötzchenwelt, so ist es sinnvoll, eine partielle Funktion *Dach* zu definieren, die ein Klötzchen auf das Klötzchen abbildet, welches auf ihm steht (falls dieses existiert). Die folgenden Tupel entsprechen dieser partiellen Funktion.

$$\{\langle b,a\rangle,\langle c,b\rangle,\langle e,d\rangle\}$$

Betrachten wir dagegen räumliche Beziehungen, so ignorieren wir alle Funktionen, die keine räumliche Bedeutung besitzen, wie zum Beispiel die Funktion *Rotation*, die Klötzchen entsprechend der alphabetischen Reihenfolge ihrer Beschriftungen aufeinander abbildet

$$\{\langle a,b\rangle,\langle b,c\rangle,\langle c,d\rangle,\langle d,e\rangle,\langle e,a\rangle\}.$$

Eine *Relation* ist eine Beziehung zwischen Objekten der Diskurswelt. Wie schon bei den Funktionen, so betonen wir mit der Konzeptualisierung eines Weltausschnittes einige Relationen besonders,
andere lassen wir unberücksichtigt. Die Menge aller Relationen
einer Konzeptualisierung bezeichnet man als die *relationale Basismenge*.

Bei einer räumlichen Konzeptualisierung der Klötzchenwelt gibt
es eine Reihe sinnvoller Relationen. Zum Beispiel kann man an eine
Relation *Auf* denken, die genau dann zwischen zwei Klötzchen besteht, wenn das eine unmittelbar auf dem anderen steht. Für die
Szene in Abb. 2.1 ist *Auf* durch die folgende Tupelmenge definiert.

$$\{\langle a,b\rangle ,\langle b,c\rangle ,\langle d,e\rangle\}$$

Wir können uns aber auch eine Relation *Über* vorstellen. Sie
gilt genau dann zwischen zwei Klötzchen, wenn das eine irgendwo
über dem anderen steht.

$$\{\langle a,b\rangle ,\langle b,c\rangle ,\langle a,c\rangle ,\langle d,e\rangle\}$$

Die Relation *Frei* gilt für ein Klötzchen genau dann, wenn kein
anderes Klötzchen auf ihm drauf steht. Für die Szene in Abb. 2.1
hat diese Relation die folgenden Elemente.

$$\{a,d\}$$

Die Relation *Tisch* gilt für ein Klötzchen genau dann, wenn
dieses direkt auf dem Tisch steht.

$$\{c,e\}$$

Die Allgemeinheit einer Relation kann man durch einen Vergleich
ihrer Elemente bestimmen. Die Relation *Auf* ist also weniger allgemeingültig als die Relation *Über*, denn als Tupelmenge betrachtet
ist sie eine Teilmenge der Relation *Über*. Natürlich können einige
Relationen leer sein (wie z.B. die Relation *Steht_auf_sich_selbst*)
während andere aus allen n-Tupeln der Diskurswelt bestehen können
(wie z.B. die Relation *Klötzchen*).

Es ist zu beachten, daß es bei einer endlichen Diskurswelt eine obere und eine untere Schranke für die Zahl der möglichen n-stelligen Relationen gibt. Für eine Diskurswelt mit b Elementen gibt es b^n verschiedene n-Tupel. Jede n-stellige Relation ist damit eine Teilmenge dieser b^n Tupel. Eine n-stellige Relation muß also eine der maximal $2^{(b^n)}$ möglichen Mengen sein.

Formal ist eine *Konzeptualisierung* ein Tripel, das aus der Diskurswelt sowie aus der funktionalen und der relationalen Basismenge dieser Diskurswelt besteht. Beispielsweise ist das folgende Tripel eine Konzeptualisierung der Welt aus Abb. 2.1..

$$\langle\{a,b,d,e\},\{Dach\},\{Auf,Über,Frei,Tisch\}\rangle$$

Beachten Sie bitte, daß die Konzeptualisierung aus den Objekten, Funktionen und Relationen selbst besteht, obwohl wir die *Namen* der Objekte, Funktionen und Relationen hingeschrieben haben.

Es ist auch wichtig zu beachten, daß gleichgültig, welche Konzeptualisierung der Welt gewählt wurde, es noch viele andere Konzeptualisierungen gibt. Desweiteren braucht auch keine Entsprechung zwischen den Objekten, Funktionen und Relationen der einen und den Objekten, Funktionen und Relationen der anderen Konzeptualisierung zu bestehen.

Unter Umständen verhindert die Änderung einer Konzeptualisierung der Welt die Darstellung bestimmter Sachverhalte. Ein bekanntes Beispiel hierfür ist die Kontroverse in der Physik, ob Licht als ein Wellenphänomen oder als Teilchen zu verstehen ist. Jede einzelne Konzeptualisierung erlaubt dem Physiker, spezielle Aspekte des Verhalten von Licht zu erklären, aber keine reicht allein aus. Erst die Zusammenführung beider Sichtweisen in der modernen Quantenmechanik hat diese Schwierigkeiten beseitigt.

In anderen Fällen erschwert zwar eine Änderung der Konzeptualisierung die Darstellung von Wissen, macht diese aber nicht unbedingt ganz unmöglich. Ein gutes Beispiel hierzu stammt wiederum aus der Physik: der Wechsel von einem Inertialsystem zu einem anderen. Die Astronomen konnten nur sehr schwer die Bewegungen des Mondes und anderer Planeten mit dem geozentrischen Weltbild von

Aristoteles zu beschreiben. Zwar ließen sich die Beobachtungen mit der aristotelischen Konzeptualisierung erklären (durch Epizyklen, u.ä.), allerdings war dies ziemlich umständlich. Der Wechsel zum heliozentrischen Weltbild lieferte dann eine verständlicherere Theorie.

Dies wirft nun die Frage auf, welche Eigenschaften eine Konzeptualisierung gegenüber einer anderen auszeichnet. Zwar gibt es zur Zeit auf diese Frage keine erschöpfende Antwort, man kann aber einige Aspekte anführen, die beachtet werden sollten.

Einer davon ist die sogenannte *Granularität* der mit der Konzeptualisierung verbundenen Objekte. Wählt man für die Konzeptualisierung ein zu feines Raster, so kann dies die Formalisierung des Wissens behindern und zu weitschweifig machen. Wählt man dagegen ein zu grobes Raster, so kann sie aber auch völlig unmöglich werden. Als Beispiel zu unserem vorherigen Problem betrachten wir eine Konzeptualisierung der Szene in Abb. 2.1, bei der die Objekte der Diskurswelt die Atome sind, aus denen die Klötzchen bestehen. Auf dieser detailierten Stufe wäre die Szene zwar prinzipiell beschreibbar, es wäre aber wenig sinnvoll, wenn wir nur an der vertikalen Relation zwischen den aus den Atomen bestehenden Klötzchen, interessiert wären. Natürlich ist für einen Chemiker, der an der Zusammensetzung der Klötzchen interessiert ist, die atomare Perspektive eher sinnvoll. Für dessen Zwecke wäre dagegen unsere Konzeptualisierung zu grob.

Abschließend sei noch die mögliche *Reifikation* von Funktionen und Relationen der Diskurswelt erwähnt. Der Vorteil einer Reifikation liegt darin, daß wir die Eigenschaften von Eigenschaften betrachten können. Als Beispiel betrachten Sie einmal eine Konzeptualisierung der Klötzchenwelt, in der es fünf Klötzchen gibt, keine Funktionen und drei, den einzelnen Farben entsprechenden einstellige Relationen. Mit dieser Konzeptualisierung können wir zwar die Farbe der Klötzchen, aber nicht die Eigenschaften dieser Farben erörtern.

$$\langle \{a,b,c,d,e\}, \{\}, \{rot,wei\beta,blau\}$$

Diesem Nachteil können wir abhelfen, wenn wir die verschiedenen Farbrelationen als eigenständige Objekte *reifizieren* (d.h.
vergegenständlichen) und eine partielle Funktion — *Farbe* — hinzufügen, die die Klötzchen den Farben zuzuordnet. Da jetzt die
Farben Objekte sind, können wir nun Relationen hinzufügen — wie
zum Beispiel *schön* —, die sie beschreiben.

$$\langle \{a,b,c,d,e,rot,wei\beta,blau\},\{Farbe\},\{sch\ddot{o}n\}\rangle$$

Beachten Sie, es geht bei diesen Erörterungen nicht darum, ob
bei einer Konzeptualisierung der Welt die Objekte wirklich existieren. Wir haben weder den Standpunkt des *Realismus* eingenommen,
der besagt, daß die Objekte in einer Konzeptualisierung wirklich
existieren, noch haben wir den *Nominalismus* vertreten, der besagt,
Begriffe hätten nicht notwendigerweise eine Existenz außerhalb von
uns selbst. Die Konzeptualisierungen sind unsere eigene Erfindung
und ihre Rechtfertigung liegt allein in ihrer Zweckmäßigeit. Diese
fehlende Festlegung zeigt die ontologische Unverbindlichkeit der
KI: jede Konzeptualisierung der Welt ist angemessen, und wir
suchen diejenige, die für unsere Zwecke passend ist.

2.2 DER PRÄDIKATENKALKÜL

Haben wir eine Konzeptualisierung der Welt gefunden, so können wir
mit der Formalisierung des Wissens in den Sätzen einer Sprache beginnen, die unserer Konzeptualisierung angemessen ist. In diesem
Abschnitt definieren wir eine formale Sprache, den sogenannten
Prädikatenkalkül.

Im Prädikatenkalkül sind alle Sätze Zeichenketten aus Buchstaben, die nach präzisen Regeln einer Grammatik angeordnet werden. Wir können zum Beispiel die Tatsache, daß Klötzchen *a* über
Klötzchen *b* steht, durch die Wahl eines Relationssymbols Über und

durch die Objektsymbole **A** und **B** ausdrücken, indem wir sie mit entsprechenden runden Klammern und Kommata wie folgt versehen.

$$\text{Über}(A, B)$$

Ein Grund für die Ausdruckstärke des Prädikatenkalküls liegt in der möglichen Verwendung logischer Operatoren, mit denen wir aus einfachen Sätzen komplexe bilden können, ohne dabei die Wahrheit oder Falschheit der Konstituentensätze angeben zu müssen. Zum Beispiel besagt der folgende mit dem Operator $\vee$ gebildete Satz, daß entweder Klötzchen a über Klötzchen b ist oder Klötzchen b über Klötzchen a. Er macht aber keine Aussage darüber, was nun tatsächlich der Fall ist.

$$\text{Über}(A, B) \vee \text{Über}(B, A)$$

Die Flexibilität rührt aber auch von der Verwendung von Quantoren und Variablen her. Mit dem Quantor $\forall$ können wir über alle Objekte der Diskurswelt Fakten aussagen, ohne sie einzeln aufzuzählen. Zum Beispiel besagt in der folgenden Menge der erste Satz, daß jedes Klötzchen, welches auf einem anderem Klötzchen steht, auch über diesem steht. Der Quantor $\exists$ gestattet uns, die Existenz eines Objektes mit bestimmten Eigenschaften anzunehmen, ohne das Objekt selbst zu identifizieren. Der zweite Satz sagt also aus, daß es ein Klötzchen gibt, welches sowohl unbedeckt ist als auch direkt auf dem Tisch steht.

$$\forall x \forall y \; \text{Auf}(x, y) \implies \text{Über}(x, y)$$
$$\exists x \; \text{Frei}(x) \wedge \text{Tisch}(x)$$

Um eine Sprache wie den Prädikatenkalkül zu benützen, müssen wir sowohl deren Syntax als auch deren Semantik kennen. In diesem Abschnitt beschreiben wir detailliert die Syntax der Sprache. Indem wir jedes Konstrukt der Sprache vorstellen, schlagen wir auch informell eine Semantik vor. Im nächsten Abschnitt definieren wir dann die Semantik der Sprache formal.

Das Alphabet unserer Version des Prädikatenkalküls besteht aus den nachfolgenden *Zeichen*. Die Leerzeichen und der Zeilenumbruch haben keine spezielle Bedeutung und werden allein zu Formatierungszwecken gebraucht.

A B C D E F G H I J K L M N O P Q R S T U V W X Y Z
a b c d e f g h i j k l m n o p q r s t u v w x y z
1 2 3 4 5 6 7 8 9 0 . , ( ) { } + - * / ↑
$\in$ $\cup$ $\cap$ = < > $\leq$ $\geq$ $\subset$ $\supset$ $\subseteq$ $\supseteq$ $\neg$ $\wedge$ $\vee$ $\forall$ $\exists$ $\Longrightarrow$ $\Longleftarrow$ $\Longleftrightarrow$

Im Prädikatenkalkül gibt es zwei Arten von *Symbolen*: Variablen und Konstanten. Konstanten lassen sich weiter unterteilen in Objekt-, Funktions- und Relationskonstanten.

Eine *Variable* ist eine Folge aus Kleinbuchstaben und numerischen Zeichen, deren erstes Zeichen ein Kleinbuchstabe ist. Wie wir schon erwähnten, werden Variablen benötigt, um Eigenschaften von Objekten der Diskurswelt darzustellen, ohne diese dabei explizit zu benennen.

Zur Benennung eines bestimmten Elementes der Diskurswelt verwenden wir *Objektkonstanten*. Jede Objektkonstante ist eine Folge aus Buchstaben oder Ziffern, deren erstes Zeichen entweder ein Großbuchstabe oder eine Ziffer ist. Die nachfolgenden Symbole dienen als einfache Beispiele mit wohl naheliegender Bedeutung.

Konfuzius	Elefant	32456
Stanford	Gerechtigkeit	MCMXII
Kalifornien	Widerstand14	Zwölf

Zur Darstellung einer Funktion über den Elementen der Diskurswelt benützen wir *Funktionskonstanten*. Jede Funktionskonstante ist entweder ein funktionaler Operator (+, -, /, ↑, $\cap$, $\cup$) oder eine Folge aus Buchstaben oder Ziffern, deren erstes Zeichen ein Großbuchstabe ist. Die nachstehenden Symbole dienen als Beispiel.

Alter	Sin	Kardinalität
Gewicht	Cos	Präsident
Farbe	Tan	Gehalt

Mit jeder Funktionskonstante ist eine *Stelligkeit* verbunden, die die Zahl der Argumente der Funktion angibt. Sin hat beispielsweise gewöhnlich ein Argument und ↑ hat zwei Argumente. Symbole, die für assoziative Funktionen wie + stehen, besitzen beliebig viele Argumente.

Für die Darstellung einer in der Diskurswelt geltenden Relation verwenden wir *Relationskonstanten*. Jede Relationskonstante ist entweder ein mathematischer Operator (=, <, >, ≤, ≥, ∈, ⊂, ⊃, ⊆, ⊇) oder eine Folge aus Buchstaben oder Ziffern, deren erstes Zeichen ein Großbuchstabe ist. Die folgenden Symbole dienen wieder als Beispiele.

Gerade	Eltern	Über
Ungerade	Verwandte	Zwischen
Primzahl	Nachbar	Nahe_bei

Ähnlich wie bei den Funktionskonstanten ist auch mit jeder Relationskonstanten eine Stelligkeit verbunden. Außerdem kann auch jede n-stellige Funktionskonstante als $(n+1)$-stellige Relationskonstante verwendet werden, was wir aber noch genauer erläutern. Die Umkehrung gilt allerdings nicht unbedingt.

Man beachte auch, daß der Typ und die Stelligkeit einer alphanumerischen Konstanten nur aus ihrer Verwendung in den Sätzen erkennbar ist. Diese Eigenschaften können nicht aus den konstituierenden Zeichen allein abgelesen werden. Verschiedene Menschen können ja das gleiche Symbol in unterschiedlicher Weise verwenden.

Im Prädikatenkalkül wird ein *Term* als Name für die Objekte der Diskurswelt verwendet. Es gibt drei Sorten von Termen: Variablen, Objektkonstanten und funktionale Ausdrücke. Variablen und Objektkonstanten haben wir schon besprochen.

Ein *funktionaler Ausdruck* besteht aus einer n-stelligen Funktionskonstanten π und n Termen $\tau_1, \ldots, \tau_n$, die mit runden Klammern und Kommata folgendermaßen verknüpft sind.

$$\pi(\tau_1, \ldots, \tau_n)$$

Sind zum Beispiel **Alter** und **Kardinalität** beides einstellige Funktionskonstanten und ist **Log** eine zweistellige Funktionskonstante, so sind die folgenden Ausdrücke zulässige Terme.

Alter(Konfuzius)

Kardinalität(Elefant)

Log(3246,2)

Obwohl diese Syntax sehr allgemein ist, ist aber die Darstellung von Ausdrücken, welche herkömmliche mathematische Operatoren enthalten, sehr unhandlich. Aus diesem Grunde definieren wir die Klasse der funktionalen Ausdrücke so, daß auch die folgenden Infixterme alle mit eingeschlossen sind. Der Operator ist immer die Funktionskonstante, die umgebenden Terme bezeichnen dessen Argumente.

$$(\tau_1 + \tau_2) \qquad (\tau_1 \uparrow \tau_2)$$
$$(\tau_1 - \tau_2) \qquad (\tau_1 \cap \tau_2)$$
$$(\tau_1 * \tau_2) \qquad (\tau_1 \cup \tau_2)$$
$$(\tau_1 / \tau_2) \qquad (\tau_1 \cdot \tau_2)$$

Die Verwendung der geschweiften Klammern dient zur Bezeichnung einer ungeordneten Menge von Elementen, die aus den in den Klammern stehenden Termen besteht. Eckige Klammern werden dagegen zur Bezeichnung einer Folge verwendet.

$$\{\sigma_1, \sigma_2, \ldots, \sigma_n\}$$
$$[\sigma_1, \sigma_2, \ldots, \sigma_n]$$

Aus den Definitionen läßt sich ablesen, daß sich funktionale Ausdrücke aus anderen zusammensetzen lassen, wie in den nachfolgenden Beispielen.

Log(Kardinalität(Elefanten),2)

(2 * (A ↑ 3))

(Log(A) + Log(B))

Im Prädikatenkalkül werden Fakten in der Form von Ausdrücken, manchmal *Sätze* oder auch *wohlgeformte Sätze* (engl. *wellformed for-*

mulas, *wff*) genannt, dargestellt. Es gibt drei verschiedene Satzarten: atomare, logische und quantifizierte Sätze.

Ein *atomarer Satz* oder ein *Atom* wird aus einer n-stelligen Relationskonstante ρ und n Termen $\tau_1, \ldots, \tau_n$ durch die folgende Kombination gebildet.

$$\rho(\tau_1, \ldots, \tau_n)$$

Schreibt man atomare Sätze, die mathematische Relationen enthalten, in dieser Notation, so ist dies wiederum relativ umständlich. Die Klasse der atomaren Sätze definieren wir daher derart, daß die folgenden Infixterme dazu gehören.

$$(\tau_1 = \tau_2) \qquad\qquad (\tau_1 \in \tau_2)$$
$$(\tau_1 < \tau_2) \qquad\qquad (\tau_1 \subset \tau_2)$$
$$(\tau_1 > \tau_2) \qquad\qquad (\tau_1 \supset \tau_2)$$
$$(\tau_1 \leq \tau_2) \qquad\qquad (\tau_1 \subseteq \tau_2)$$
$$(\tau \geq \tau) \qquad\qquad (\tau \supseteq \tau)$$

Manchmal haben atomare Sätze mit diesen Relationen besondere Namen. Zum Beispiel nennt man den Satz $(\tau = \tau_2)$ eine *Gleichung*.

Wenn man noch einen Ausdruck als letztes Argument für den Funktionswert hinzufügt, so lassen sich Funktionskonstanten auch als Relationskonstanten verwenden. Beispielsweise sind die folgenden zwei Ausdrücke zulässig und die durch sie ausgedrückten Fakten identisch.

$$(\text{Alter}(\text{Konfuzius}) = 100)$$
$$\text{Alter}(\text{Konfuzius}, 100)$$

Allerdings wollen wir aber auch Fakten ausdrücken können, die sich nicht durch atomare Sätze darstellen lassen. Oftmals müssen wir ja auch Negationen, Disjunktionen, Implikationen u.ä. darstellen. Im Prädikatenkalkül können atomare Sätze mit logischen Operatoren kombiniert werden, um daraus *logische Sätze* zu bilden.

Eine *Negation* wird durch die Verwendung des ¬ Operators gebildet. Ein Satz der folgenden Form ist genau dann wahr, wenn der eingebettete Satz falsch ist (unabhängig von der Interpretation des eingebetteten Satzes).

$$(\neg\phi)$$

Eine *Konjunktion* ist eine Menge von Sätzen, die durch den $\wedge$ Operator verknüpft sind. Die einzelnen Konstituenten nennt man *Konjunkte*. Eine Konjunktion ist genau dann wahr, wenn alle ihre Konjunkte wahr sind.

$$(\phi_1 \wedge \ldots \wedge \phi_2)$$

Eine *Disjunktion* ist eine Menge von Sätzen, die durch den $\vee$ Operator verknüpft sind. Die einzelnen Konstituenten nennt man *Disjunkt*. Eine Disjunktion ist genau dann wahr, wenn mindestens eines ihre Disjunkte wahr ist. Man beachte dabei, daß auch mehr als ein Disjunkt wahr sein kann.

$$(\phi_1 \vee \ldots \vee \phi_n)$$

Die *Implikation*, auch *Konditional* genannt, wird durch die Verwendung des $\Rightarrow$ Operators gebildet. Der Satz auf der linken Seite heißt *Antezedenz*, der auf der rechten Seite *Konsequenz*. Eine Implikation ist eine Aussage, die besagt, daß das Konsequenz genau dann wahr ist, wenn das Antezedenz wahr ist. Nach einer Konvention gilt, daß bei einem falschen Antezedenz die Implikation immer wahr ist, unabhängig davon, ob das Konsequenz wahr ist.

$$(\phi \Rightarrow \psi)$$

Das *umgekehrte Konditional* wird durch den $\Leftarrow$ Operator gebildet. Es ist ein Konditional mit vertauschten Argumenten. Das Antezedenz steht rechts und das Konzequenz links.

$$(\psi \Leftarrow \phi)$$

Das *Bikonditional*, auch *Äquivalenz* genannt, wird durch den $\Leftrightarrow$ Operator gebildet. Es steht für diejenige Aussage, die besagt, daß die Komponentensätze entweder beide wahr oder beide falsch sind.

$$(\phi \Leftrightarrow \psi)$$

Die folgenden Sätze sind alles logische Sätze. Die intendierte Bedeutung des erstens ist, Konfuzius sein nicht 100 Jahre alt gewesen. Der zweite Satz besagt, Elefanten seien entweder Pflanzen- oder Fleischfresser. Der dritte sagt aus, wenn Georg zuhause ist, dann ist er krank.

$$(\neg \text{Alter}(\text{Konfuzius}, 100))$$
$$((\text{Elefanten} \subset \text{Pflanzenfresser}) \vee$$
$$(\text{Elefanten} \subset \text{Fleischfresser}))$$
$$(\text{Ort}(\text{Georg}, \text{Zuhause}) \implies \text{Krank}(\text{Georg}))$$

Mit unser soweit entwickelten Syntax können wir Objekte nur durch die Verwendung einer Objektkonstante bei ihrem Namen nennen, oder sie durch einen funktionalen Ausdruck beschreiben. *Quantifizierte Sätze* bieten einen flexibleren Weg, um über alle Objekte unserer Diskurswelt zu sprechen oder einem bestimmten Objekt eine Eigenschaft zuzuordnen, ohne daß wir dieses Objekt dabei zu identifizieren brauchen.

Ein *allquantifizierter Satz* wird durch die Kombination des *Allquantors* $\forall$ zusammen mit einer Variablen ν und einem Satz ϕ gebildet. Die intendierte Bedeutung dabei ist, daß der Satz ϕ wahr ist, unabhängig davon, welches Objekt die Variable ν darstellt.

$$(\forall \nu \; \phi)$$

Die folgenden zwei Sätze dienen als Beispiele. Der erste besagt, alle Äpfel seien rot. Der zweite drückt aus, alle Objekte in der Diskurswelt seien rote Äpfel.

$$(\forall \text{x} \; (\text{Apfel}(\text{x}) \implies \text{Rot}(\text{x})))$$
$$(\forall \text{x} \; (\text{Apfel}(\text{x}) \wedge \text{Rot}(\text{x})))$$

Ein *existenzquantifizierter Satz* wird durch die Kombination des *Existenzquantors* $\exists$ zusammen mit einer Variablen ν und einem Satz ϕ gebildet. Die intendierte Bedeutung ist, daß der Satz ϕ für mindestens ein Objekt in der Diskurswelt wahr ist.

$$(\exists \text{x} \; \phi)$$

Von den folgenden zwei Sätzen besagt der erste, daß es in der Diskurswelt einen roten Apfel gibt. Der zweite Satz besagt, daß es ein Objekt gebe, das entweder ein Apfel oder ein Pfirsich sei.

$$(\exists x \ (Apfel(x) \land Rot(x)))$$
$$(\exists x \ (Apfel(x) \lor Pfirsich(x)))$$

Ein *quantifizierter Satz* ist entweder ein all- oder ein existenzquantifizierter Satz. Der *Geltungsbereich* (engl. *scope*) des Quantors eines quantifizierten Satzes ist der im quantifizierten Satz eingebettete Satz.

Wie die atomaren und die logischen Sätze, so lassen sich auch quantifizierte Sätze zur Bildung komplexer Sätze miteinander kombinieren, wie die folgenden Beispiele zeigen.

$$((\forall x \ Apfel(x)) \lor (\exists x \ Pfirsich(x)))$$
$$(\forall x \ (\forall y \ Liebt(x,y)))$$

Wird ein quantifizierter Satz in einen anderen quantifizierten Satz eingebettet, so ist die Reihenfolge dieser Einbettung zu beachten.

$$(\forall x \ (\exists y \ Liebt(x,y)))$$
$$(\exists y \ (\forall x \ Liebt(x,y)))$$

Der erste Satz sagt aus, jeder habe jemanden, den er liebt. Der Satz macht keine Aussage darüber, ob das Objekt der Liebe des einen Menschen das gleiche ist, wie das Objekt der Liebe eines anderen Menschen. Der zweite Satz besagt, es gebe eine einzelne Person, die von allen geliebt wird — was ja ein ganz anderer Satz ist.

Innerhalb eines Satz kann eine Variable auch als Term vorkommen, ohne von einem Quantor eingeschlossen zu sein. Eine solche Variable heißt *freie Variable*. Eine in einem Satz innerhalb des Geltungsbereiches eines Quantors auftretende Variable wird dagegen *gebundene Variable* genannt. Zum Beispiel ist in den folgenden Sätzen die Variable **x** im ersten Satz frei, im zweiten Satz gebunden und im dritten Satz sowohl frei als auch gebunden.

Tab.2.1 Die Rangordnung der Operatoren (in der Reihenfolge von oben nach unten)

$$\uparrow$$
$$* \ / \ \cap$$
$$+ \ - \ \cup$$
$$= \ < \ > \ \leq \ \geq \ \in \ \subset \ \supset \ \subseteq \ \supseteq$$
$$\neg$$
$$\wedge$$
$$\vee$$
$$\Longrightarrow \ \Longleftarrow \ \Longleftrightarrow$$
$$\forall \ \exists$$

$$(\text{Apfel}(x) \Longrightarrow \text{Rot}(x))$$
$$(\forall x \ (\text{Apfel}(x) \Longrightarrow \text{Rot}(x) \ )$$
$$(\text{Apfel}(x) \vee (\exists x \ \text{Pfirsich}(x)))$$

Enthält ein Satz keine freie Variablen, so ist er ein *geschlossener Satz* (engl. *closed sentence*). Wenn er weder freie noch gebundene Variablen enthält, so heißt er *Grundinstanz eines Satzes* (engl. *ground sentence*).

Beachten Sie bitte, daß sich in quantifizierten Sätzen die Variablen auf die Objekte der Diskurswelt und nicht auf die Funktionen oder auf die Relationen beziehen. Daher darf man sie in Sätzen nicht an Stelle von Funktionen und Relationen verwenden. Wir sagen, eine Sprache mit dieser Eigenschaft sei von erster Stufe. Eine Sprache zweiter Stufe enthält dagegen Funktions- und Relationsvariablen. Wir wollen uns auf eine Sprache erster Stufe beschränken, weil sich mit dieser Sprache einige Ergebnisse beweisen lassen, die in einer Sprache zweiter Stufe nicht gelten, und weil außerdem diese Sprache für die meisten Zwecke der KI auch völlig ausreicht.

Beachten Sie außerdem, daß runde Klammern um Ausdrücke mit

funktionalen, relationalen und logischen Operatoren wesentlich zur Eindeutigkeit beitragen. Würden sie einfach achtlos weglassen, so wären einige Terme auf unterschiedliche Weise interpretierbar. Beispielsweise kann A*B+C die Summe eines Produktes und einer Konstanten sein, aber auch das Produkt einer Summe mit einer Konstanten. Glücklicherweise lassen sich solche Mehrdeutigkeiten durch eine Rangordnung der Operatoren vermeiden.

Eine Tabelle der Rangordnung von Operatoren ist in Tab. 2.1. angegeben. Das Symbol ↑ hat Vorrang vor * und /. Die Symbole * und / haben einen höheren Rang als + und -. Ein Ausdruck, der zwischen Operatoren mit unterschiedlichem Rang steht, wird dem höherrangigen Operator zugeordnet. Der Ausdruck A*B+C ist zum Beispiel die Summe des Produktes A*B und der Konstanten C. Steht ein Ausdruck zwischen gleichrangigen Operatoren, so wird er dem links stehenden Operator zugewiesen. Beispielsweise ist der Ausdruck A*B/C der Quotient des Produktes A*B und der Konstanten C. Diese Regeln für die Rangordnung von Operatoren gelten im ganzen Buch, und wir haben runde Klammern immer dann weggelassen, wenn es keine Möglichkeit des Mißverständnisses geben kann.

Bei der mathematischen Notation ist es außerdem üblich, die runden Klammern auch bei den nullstelligen Funktions- und Relationskonstanten wegzulassen. Aus Einfachheitsgründen erlauben wir uns dies auch in unserer Sprache. Der Term F() kann daher auch als F und der atomare Satz R() als R geschrieben werden.

Ein weiteres Zugeständnis zur Standardnotation ist die Abkürzung der Negation atomarer Sätze mit mathematischen Operatoren. Anstatt den Negationsoperator wie angedeutet in Präfixschreibweise zu verwenden, wird die Tatsache, ein atomarer Satz sei negiert, mittels eines Schrägstrichs durch den Operator angezeigt. Wir schreiben deshalb meist den Satz $\phi \neq \psi$ anstelle von $\neg(\phi = \psi)$.

In diesem Abschnitt haben wir die Syntax des Prädikatenkalküls vollständig beschrieben. Jeder Satz, der durch diese Regeln und Konventionen zugelassen wird, ist syntaktisch korrekt, und jeder Satz, der nicht ausdrücklich zugelassen wird, ist syntaktisch

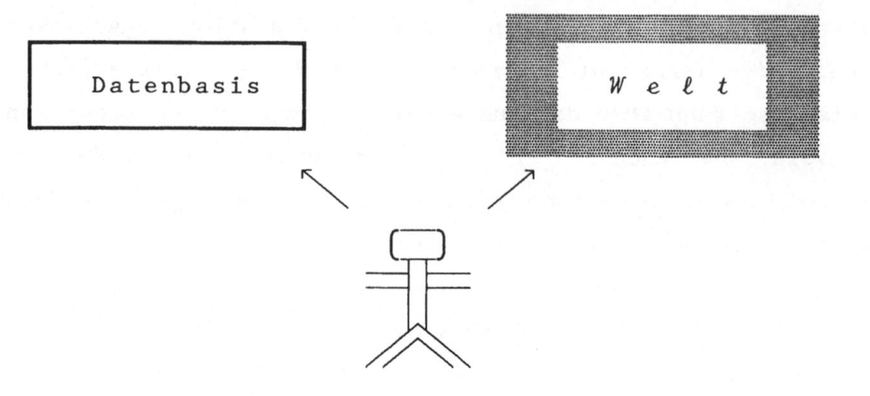

Abb.2.2 Deklarative Semantik

falsch. In späteren Kapiteln werden wir die Syntax dann noch etwas
erweitern, um weitere Satztypen zuzulassen.

2.3 SEMANTIK

Im vorherigen Abschnitt wurde eine präzise Definition der Syntax
des Prädikatenkalküls vorgestellt. Die Semantik war dagegen mehr
informell behandelt worden. In diesem Abschnitt liefern wir nun
eine genaue Definition der Bedeutung, die man *deklarative Semantik*
nennt.

In unserer Definition nehmen wir die Perspektive des Beobach-
ters aus Abb. 2.2 ein. Uns ist eine Menge von Sätzen und eine Konzeptualisierung der Welt gegeben, und wir ordnen den in den Sätzen
verwendeten Symbolen die Objekte, Funktionen und Relationen unserer Konzeptualisierung zu. Die Wahrheit der Sätze werten wir
nach dieser Zuordnung aus, indem wir sagen, ein Satz sei genau
dann wahr, wenn er genau die Welt beschreibt, die auch unserer
Konzeptualisierung entspricht.

Beachten Sie bitte wiederum, daß diese Definition der Semantik unabhängig ist von der Verwendungsweise der Sätze der Sprache des Prädikatenkalküls. In dieser Hinsicht unterscheidet sich dieser Ansatz erheblich von dem herkömmlichen Vorgehen der Informatik, wo die Datenstrukturen durch die Form der Operationen definiert werden, die über ihnen ausgeführt werden.

Eine *Interpretation I* ist eine Abbildung zwischen den Elementen der Sprache und den Elementen der Konzeptualisierung. Diese Abbildung stellen wir als eine Funktion $I(\sigma)$ dar, wobei σ ein Element der Sprache ist. Gewöhnlich kürzen wir $I(\sigma)$ auch durch σ^I ab. Die Diskurswelt bezeichnen wir mit $|I|$. Um I eine Interpretation zu nennen, muß es die folgenden Bedingungen erfüllen:

(1) Falls σ eine Objektkonstante ist, dann gilt $\sigma^I \in |I|$.

(2) Falls π eine n-stellige Funktionskonstante ist, dann gilt $\pi^I : |I|^n \longmapsto |I|$.

(3) Falls ρ eine n-stellige Relationskonstante ist, dann gilt $\rho^I \subseteq |I|^n$.

Beachten Sie, daß wir bei der Darstellung der Semantik des Prädikatenkalküls Symbole wie I und σ verwenden, die nicht eigentliche Bestandteile der beschriebenen Sprache sind. I, σ und andere Symbole, die wir später noch einführen werden, sind Teile unserer *Metasprache*, mit der wir *über* den Prädikatenkalkül sprechen. Nach einiger Übung können wir unterscheiden, welche Symbole und Ausdrücke Bestandteil des Prädikatenkalküls und welche Teile der Metasprache sind.

Als Beispiel für eine Interpretation ziehen wir nochmal die Szene der Klötzchenwelt aus Abb. 2.1 heran. Angenommen, die Sprache des Prädikatenkalküls verfüge über die fünf Objektkonstanten A, B, C, D und E, über die Funktionskonstante Dach und über die Relationskonstanten Auf, Über, Tisch und Frei. Die folgende Abbildung entspricht dann unserer herkömmlichen Interpretation dieser Symbole.

$$A^I = a$$

$$B^I = b$$
$$C^I = c$$
$$D^I = d$$
$$E^I = e$$
$$\text{Dach}^I = \{\langle b,a\rangle,\langle c,b\rangle,\langle e,d\rangle\}$$
$$\text{Auf}^I = \{\langle a,b\rangle,\langle b,c\rangle,\langle d,e\rangle\}$$
$$\text{Über}^I = \{\langle a,b\rangle,\langle b,c\rangle,\langle a,c\rangle,\langle d,e\rangle\}$$
$$\text{Tisch}^I = \{c,e\}$$
$$\text{Frei} = \{a,d\}^I$$

Dies ist die *intendierte Interpretation*, die durch die Namen der Konstanten nahegelegt wird. Trotzdem können diese Konstanten auch genau so gut in einer anderer Weise interpretiert werden, beispielsweise mit der folgenden Interpretation J. J stimmt mit I in den Objekt- und Funktionskonstanten überein, unterscheidet sich aber in den Relationskonstanten. Mit dieser Interpretation bedeutet **Auf** *Unter*, **Über** bedeutet *Unterhalb*, Tisch bedeutet *Frei* und **Frei** bedeutet *Tisch*.

$$A^J = a$$
$$B^J = b$$
$$C^J = c$$
$$D^J = d$$
$$E^J = e$$
$$\text{Dach}^J = \{\langle b,a\rangle,\langle c,b\rangle,\langle e,d\rangle\}$$
$$\text{Auf}^J = \{\langle b,a\rangle,\langle c,b\rangle,\langle e,d\rangle\}$$
$$\text{Über}^J = \{\langle b,a\rangle,\langle c,d\rangle,\langle c,a\rangle,\langle e,d\rangle\}$$
$$\text{Tisch}^J = \{a,d\}$$
$$\text{Frei} = \{c,e\}^I$$

Aus Gründen, die gleich einsichtig werden, ist es zweckmäßig, die Variablen in Sätzen getrennt von den anderen Symbolen zu interpretieren. Eine *Variablenzuordnung U* ist eine Funktion, die die Objekte der Diskurswelt auf die Variablen einer Sprache abbildet.

Die folgende partielle Abbildung dient als Beispiel. (Für $U(\sigma)$

schreiben wir σ^U.) Die Variable **x** wird auf Klötzchen *a*, die Variable **y** wird ebenfalls auf Klötzchen *a* und die Variable **z** wird auf Klötzchen *b* abgebildet.

$$\mathbf{x}^U = a$$
$$\mathbf{y}^U = a$$
$$\mathbf{z}^U = b$$

Ganz allgemein kann man eine Interpretation I und eine Variablenzuordnung U zu einer gemeinsamen Abbildung T_{IU} der Terme zusammenfassen. Dabei entspricht die Abbildung jedes nicht-variablen Symbols der Interpretation I und die Abbildung jeder Variablen der Variablenzuordnung U. Die Abbildung eines Ausdruckes ist das Ergebnis der Anwendung der durch die Funktionskonstanten bezeichneten Funktion auf die durch die Terme bezeichneten Objekte.

Sei I eine Interpretation und U eine Variablenzuordnung. Die die zu I und U gehörende *Termzuordnung* T_{IU} ist dann eine Abbildung von der Menge der Terme in die Menge der Objekte. Sie ist folgendermaßen definiert:

(1)   Falls τ eine Objektkonstante ist, dann gilt $T_{IU}(\tau)=I(\tau)$.

(2)   Falls τ eine Variable ist, dann gilt $T_{IU}(\tau)=U(\tau)$.

(3)   Falls τ ein Term der Form $\pi(\tau,\ldots,\tau)$ und $I(\pi)=g$ und $T_{IU}(\tau_i)=\mathbf{x}_i$, dann gilt $T_{IU}(\tau)=g(\mathbf{x}_1,\ldots,\mathbf{x}_n)$.

Als Beispiel betrachten wir die der oben definierten Interpretation I und Variablenzuordnung U entsprechende Termzuordnung. Der Term **Dach(C)** bezeichnet unter diesen Zuordnungen das Klötzchen *b*. I bildet **C** auf das Klötzchen *c* ab, und das Tupel $\langle c,b\rangle$ ist ein Element der durch **Dach** bezeichneten Funktion. Der Term **Dach(z)** bezeichnet Klötzchen *a*, weil U **z** auf *b* abbildet, und das Tupel $\langle b,a\rangle$ in der durch **Dach** ausgewählten Tupelmenge enthalten ist.

Die Begriffe der Interpretation und der Variablenzuordnung sind sehr wichtig, weil wir mit ihnen einen relativen Begriff von Wahrheit, die sogenannte *Erfüllbarkeit* (engl. *satisfaction*) definieren

können. Diese Definition ist von Satztyp zu Satztyp verschieden,
und wir stellen sie in den folgenden Paragraphen für jeden einzelnen Fall getrennt vor. Die Tatsache, daß ein Satz ϕ durch eine
Interpretation I und eine Variablenzuordnung U erfüllt wird, wird
nach einer Konvention als $\vDash_I \sigma[U]$ geschrieben. In diesem Fall sagen
wir, der Satz ϕ sei *wahr* relativ zu der Interpretation I und der
Variablenzuordnung U.

Eine Interpretation und eine Variablenzuordnung erfüllen eine
Gleichung genau dann, wenn die dazugehörige Termzuordnung die ent-
sprechenden Terme auf das gleiche Objekt abbildet. Ist dies der
Fall, so nennt man die beiden Terme *koreferentiell*.

$$(1) \quad \vDash_I (\sigma{=}\tau)[U] \text{ genau dann, wenn } T_{IU}(\sigma){=}T_{IU}(\tau).$$

Im Gegensatz zu einer Gleichung erfüllen eine Interpretation
und eine Variablenzuordnung einen atomaren Satz genau dann, wenn
das aus den Objekten, die durch die Terme der Sätze bezeichnet
werden, bestehende Tupel ein Element der Relation ist, welche
durch die Relationskonstante bezeichnet wird.

$$(2) \quad \vDash_I \rho(\tau_1, \ldots, \tau_n)[U] \text{ genau dann, wenn } \langle T_{IU}(\tau_1), \ldots,$$
$$T_{IU}(\tau_n)\rangle \in I(\rho).$$

Als Beispiel betrachten wir die im vorangegangenen Abschnitt
definierte Interpretation I. Da die Objektkonstante **A** das Klötzchen a und **B** das Klötzchen b bezeichnen und das Tupel $\langle a,b \rangle$ ein
Element der Menge ist, die durch die Relationskonstante **Auf** bezeichnet wird, so gilt $\vDash_I \text{**Auf**}(A,B)[U]$. Wir können daher sagen, daß
Auf(A,B) unter dieser Interpretation wahr ist.

Würde die Abbildung auf das Relationssymbol **Auf** in den Wert der
Interpretation J abgeändert, (in der **Auf** die Relation *Unter* bezeichnet), so wäre der Satz **Auf(A,B)** nicht erfüllbar. Das Tupel
$\langle a,b \rangle$ ist kein Element dieser Relation, daher wäre **Auf(A,B)** unter
dieser Interpretation falsch.

Diese Beispiele zeigen, wie die Erfüllbarkeit von der Interpretation abhängt. Unter einigen Interpretationen kann ein Satz wahr sein, unter anderen Interpretationen kann er dagegen falsch sein.

Die Erfüllbarkeit logischer Sätze hängt von ihren logischen Operatoren ab. Die Negation eines Satzes ist genau dann erfüllt, wenn der Satz selbst nicht erfüllt ist. Eine Konjunktion ist genau dann erfüllt, wenn alle Konjunkte erfüllt sind. Eine Disjunktion ist genau dann erfüllt, wenn mindestens ein Disjunkt erfüllt ist. Bitte beachten Sie, daß hier die inklusive Lesart der Disjunktion verwendet wird. Ein einfaches Konditional ist genau dann erfüllt, wenn das Antezedenz falsch oder das Konsequenz wahr ist. Ein Bikonditional ist genau dann erfüllt, wenn beide Konditionale, aus denen es besteht, erfüllt sind.

(3) $\models_I (\neg\phi)[U]$ genau dann, wenn $\nvDash_I (\phi)[U]$.

(4) $\models_I (\phi_1 \wedge \ldots \wedge \phi_n)[U]$ genau dann, wenn $\models_I \phi_i[U]$ für alle $i = 1, \ldots n$.

(5) $\models (\phi_1 \vee \ldots \vee \phi_n)[U]$ genau dann, wenn $\models_I \phi_i[U]$ für einige i, $1 \leq i \leq n$.

(6) $\models_I (\phi \implies \psi)[U]$ genau dann, wenn $\nvDash_I \phi[U]$ oder $\models_I \psi[U]$.

(7) $\models_I (\phi \impliedby \psi)[U]$ genau dann, wenn $\models_I \phi[U]$ oder $\nvDash_I \psi[U]$.

(8) $\models_I (\phi \iff \psi)[U]$ genau dann, wenn $\models_I (\phi \implies \psi)[U]$ und $\models_I (\phi \impliedby \psi)[U]$.

Ein allquantifizierter Satz ist genau dann erfüllt, wenn der eingebettete Satz für alle Zuordnungen der quantifizierten Variable erfüllt ist. Ein existenzquantifizierter Satz ist genau dann erfüllt, wenn der eingeschlossene Satz für einige Zuordnungen der quantifizierten Variablen erfüllt ist.

(9) $\models_I (\forall\nu\phi)[U]$ genau dann, wenn für alle $d \in |I|$ gilt, daß $\models_I \phi[V]$, wobei $V(\nu)=d$ und $V(\mu)=U(\mu)$ für $\mu \neq \nu$.

(10) $\models_I (\exists\nu\phi)[U]$ genau dann, wenn für einige $d \in |I|$ gilt, daß $\models_I \phi[V]$, wobei $V(\nu)=d$ und $V(\mu)=U(\mu)$ für $\mu \neq \nu$.

Erfüllt eine Interpretation I einen Satz ϕ für alle Variablenzuordnungen, so sagt man, I sei ein *Modell* von ϕ, geschrieben als $\vDash \phi$. Die Interpretation I unserer Klötzchenwelt ist ein Beispiel eines Modelles des Satzes $\mathbf{Auf(x,y)} \Longrightarrow \mathbf{Über(x,y)}$. Betrachtet man die Variablenzuordnung U, die $\mathbf{x}$ auf Klötzchen a und $\mathbf{y}$ auf Klötzchen b abbildet, so sind unter dieser Variablenzuordnung und der Interpretation I der Satz $\mathbf{Auf(x,y)}$ und der Satz $\mathbf{Über(x,y)}$ beide erfüllt. Gemäß unserer Definition der Erfüllbarkeit erfüllen daher beide das Konditional. Als eine andere Möglichkeit betrachten Sie die Variablenzuordnung V, die sowohl $\mathbf{x}$ als auch $\mathbf{y}$ auf das Klötzchen a abbildet. Unter ihr ist weder $\mathbf{Über(x,y)}$ noch $\mathbf{Auf(x,y)}$ erfüllt. Das Konditional ist also wiederum erfüllt.

Es ist einleuchten, daß eine Variablenzuordnung keinen Einfluß auf die Erfüllbarkeit eines Satzes hat, der keine freien Variablen enthält (wie zum Beispiel ein Grundsatz oder ein geschlossener Satz). Jede Interpretation, die für eine Variablenzuordnung einen Grundsatz erfüllt, ist daher ein Modell dieses Satzes.

Ein Satz wird genau dann *erfüllbar* genannt, wenn es *mindestens eine* Interpretation und *mindestens eine* Variablenzuordnung gibt, die ihn erfüllen. Anderenfalls heißt er *unerfüllbar*. Ein Satz heißt genau dann *allgemeingültig*, wenn er durch *jede* Interpretation und *jede* Variablenzuordnung erfüllt wird. Allgemeingültige Sätze sind solche Sätze, die allein aufgrund ihrer logischen Form wahr sind. Sie liefern uns deshalb keine Informationen über die Domäne, die sie beschreiben. Der Satz $\mathbf{P(A)} \lor \neg\mathbf{P(A)}$ ist allgemeingültig, weil jede Interpretation entweder $\mathbf{P(A)}$ oder $\neg\mathbf{P(A)}$ erfüllt.

Wir können die Definitionen aus diesem Abschnitt ebenso leicht wie auf einzelne Sätze auch auf Mengen von Sätzen anwenden. Eine Satzmenge Γ ist genau dann durch eine Interpretation I und eine Variablenzuordnung U erfüllt (geschrieben als $\vDash_I \Gamma[U]$), wenn jedes Element von Γ durch I und U erfüllt ist. Eine Interpretation I ist genau dann ein Modell einer Satzmenge Γ (geschrieben $\vDash_I \Gamma$), wenn sie ein Modell jedes einzelnen Elementes der Satzmenge ist. Eine Satzmenge ist genau dann erfüllbar, wenn es eine Interpretation

und eine Variablenzuordnung gibt, die jedes einzelne Element erfüllen. Anderenfalls heißt sie unerfüllbar oder *inkonsistent*. Eine
Satzmenge ist genau dann allgemeingültig, wenn jedes ihrer Elemente allgemeingültig ist.

Leider ist unsere Definition der Erfüllbarkeit in gewisser
Weise verwirrend, weil sie den Wahrheitsbegriff immer auf den Begriff der Erfüllbarkeit relativiert. Daher können im Endeffekt
vielleicht verschiedene Leute mit unterschiedlichen Interpretation
nicht mehr bezüglich der Wahrheit ein und desselben Satzes übereinstimmen.

Im allgemeinen wächst mit der Zahl der Sätze auch die Zahl der
möglichen Modelle. Dies wirft nun die Frage auf, ob es nicht auch
möglich ist, die Symbole so zu definieren, daß keine andere Interpretation mehr zugelassen ist, außer derjenigen, die intendiert
ist. Es zeigt sich aber, daß unabhängig von der Anzahl der Sätze,
die Festlegung einer Interpretation, allgemein unmöglich ist.

In diesem Zusammenhang ist der Begriff der einfachen Äquivalenz
wichtig. Er besagt, daß zwei Interpretationen durch Sätze des Prädikatenkalküls nicht unterscheidbar sind. Genauer gesagt sind zwei
Interpretationen I und J genau dann *semantisch äquivalent* ($I = J$),
wenn der Ausdruck $\vDash_I \phi$ für jeden Satz ϕ sowohl $\vDash_J \phi$ impliziert als
auch von diesem impliziert wird.

Betrachten wir die wie folgt definierten Interpretationen I und
J. Die Diskurswelt von I seien die reellen Zahlen. I bilde das
Relationssymbol R in die Relation *größer_als* über den reellen
Zahlen ab. Die Diskurswelt von J bestehe aus den rationalen Zahlen
und I bilde R in die Relation *größer_als* über den Brüche ab. Es
zeigt sich nun, daß I und J semantisch äquivalent sind. Außer der
Tatsache, daß die beiden Welten verschiedene Kardinalität besitzen, gibt es keinen Satz, der nicht von der einen und von der
anderen Interpretation erfüllt würde.

Neben dem Problem der Mehrdeutigkeit bei der Symboldefinition
tritt das gleiche Problem auch bei der Definierbarkeit der Elemente einer Konzeptualisierung (z.B. bei den Objekten, Funktionen

und Relationen) auf. Ein Element x einer Konzeptualisierung ist genau dann durch die Elemente $x_1, \ldots, x_n$ *definierbar*, wenn es einen Satz erster Stufe ϕ mit den nicht-logischen Symbolen $\sigma_1, \ldots, \sigma_n$ und σ gibt, für den jedes Modell der Konzeptualisierung, welche die σ_i auf die x_i abbildet, σ auch auf x abbildet.

Beispielsweise läßt sich die Relation *Frei* durch die Relation *Auf* definieren. Mit einer Interpretation *I*, die das Symbol **Auf** auf die Relation *Auf* abbildet, können wir die Relation *Frei* durch den Satz $\neg\exists x$ **Auf**(x,y) definieren. Ein Gegenstand ist genau dann frei wenn kein anderer Gegenstand auf ihm steht.

Leider lassen sich nicht alle Relationen einer Diskurswelt durch alle Interpretationen definieren. Für eine Interpretation einer unendlichen Diskurswelt gibt es überabzählbar viele Relationen, aber die Sprache des Prädikatenkalküls verfügt nur über abzählbar viele endliche Sätze. Letztendlich müssen also einige Relationen notwendigerweise ausgelassen werden.

Beispielsweise kann man nicht die Relation *Auf* durch die Relation *Frei* definieren. Bei einer festen Interpretation von **Frei** ist der Satz $\neg\exists x$ **Auf**(x,y) zwar auf eine Menge möglicher Interpretationen für **Auf** beschränkt, er ist damit aber nicht eindeutig bestimmt.

Bevor wir noch weitere Beispiele untersuchen, sollten wir hier einhalten, um die Bedeutung dieser Gedanken für die Wissensrepräsentation in Maschinen zu bedenken. Wie wir schon erwähnten, ist die Festlegung der Konzeptualisierung des Anwendungsgebietsder erste Schritt in der Codierung deklarativen Wissens. Danach legen wir das Vokabular der Objektkonstanten, der Funktionskonstanten und der Relationskonstante unserer Konzeptualisierung fest. Erst dann können wir beginnen, Sätze zu formulieren, welche das deklarative Wissen der Maschine ausmachen.

Wollen wir eine sinnvolle Maschine konstruieren, so versuchen wir natürlich wahre Sätze zu formulieren, d.h. die von unserer intendierten Interpretation auch erfüllt werden. Die intendierte Interpretation stellt dann das Modell der von uns formulierten Sätze

dar. Beachten Sie bitte, daß bei falschen Annahmen die niedergeschriebenen Sätze in der Wirklichkeit nicht wahr sind.

Beachten Sie auch, daß wir bei der Beschreibung eines Anwendungsgebietes selten mit einer vollständigen Konzeptualisierung
beginnen. In den wenigsten Fällen können wir wir zum Beispiel von
einer Liste aller Tupel jeder einzelnen Funktion und Relation
ausgehen. Vielmehr beginnen wir mit dem Entwurf einer Konzeptualisierung und versuchen dann, diese durch mehr und mehr Sätze, die
wir niederschreiben, immer weiter zu verfeinern.

2.4 EIN BEISPIEL AUS DER KLÖTZCHENWELT

Als Beispiel für die Repräsentation von Wissen im Prädikatenkalkül
betrachten wir noch einmal die Szene der Klötzchenwelt in Abb.
2.1. Wir setzen dabei eine Konzeptualisierung der Szene mit fünf
Objekten und den Relationen *Auf*, *Frei*, *Tisch* und *Über* voraus. Für
unsere Vokabular im Prädikatenkalkül benützen wir die fünf Objektkonstanten A, B, C, D und E und die Relationskonstanten Auf, Frei,
Tisch und Über. Zur Codierung von Fakten über unsere Konzeptualisierung mit diesen Symbolen gehen wir von der Standardinterpretation *I* aus.

Die folgenden Sätze codieren die wesentlichen Informationen
über diese Szene: Klötzchen *a* steht auf Klötzchen *b*, Klötzchen *b*
steht auf Klötzchen *c* und Klötzchen *d* steht auf Klötzchen *e*.
Klötzchen *a* steht über *b* und *c*, Klötzchen *b* steht über *c*, und *d*
steht über *e*. Schließlich sind die Klötzchen *a* und *d* beide frei
und die Klötzchen *c* und *e* stehen auf dem Tisch.

Auf(A,B)	Über(A,B)	Frei(A)
Auf(B,C)	Über(B,C)	Frei(D)
Auf(D,E)	Über(A,C)	Tisch(C)
	Über(D,E)	Tisch(E)

Alle diese Sätze sind unter der intendierten Interpretation wahr. Weil A Klötzchen *a* und B Klötzchen *b* bezeichnen und *a* auf *b* steht, ist der erste Satz der ersten Zeile wahr. Weil D Klötzchen *d* und E Klötzchen *e* bezeichnen und das Paar $\langle d, e \rangle$ ein Element der durch das Symbol Auf bezeichneten Relation ist, ist der letzte Satz der zweite Zeile wahr. Aus den gleichen Gründen sind die übrigen Sätze ebenfalls wahr.

Zusätzlich können wir zu der Codierung dieser einfachen Sätze auch generelle Fakten darstellen. Steht in der Klötzchenwelt ein Klötzchen auf einem anderen Klötzchen, dann steht dieses Klötzchen über dem anderen. Weiterhin ist die Relation *Über* transitiv: wenn ein Klötzchen über einem zweiten steht und das zweite über einem dritten steht, dann steht auch das erste über dem dritten.

$$\forall x \; \forall y \; (\text{Auf}(x,y) \implies \text{Über}(x,y))$$
$$\forall x \; \forall y \; (\text{Über}(x,y) \land \text{Über}(y,z) \implies \text{Über}(x,z))$$

Ein Vorteil der Formulierung solcher generellen Sätze liegt in deren Ökonomie. Wenn wir für jedes Objekt die Informationen für *Auf* notieren und die Beziehung zwischen der Relation *Auf* und der Relation *Über* codieren, so brauchen wir die Informationen bezüglich der Relation *Über* nicht mehr explizit niederzuschreiben.

Ein weiter Vorteil besteht darin, daß diese generellen Sätze auch bei anderen als der dargestellten Szenen der Klötzchenwelt gelten. So können wir durchaus auch eine Klötzchenwelt konstruieren, in der keiner der niedergeschriebenen singulären Sätze gültig ist, aber alle generellen Sätze gelten. Viele dieser generellen Sätze sind redundant, weil sie aus den vorhergehenden Sätzen folgen. Dieser Begriff der logischen Folgerung (engl. *logical entailment*) wird im nächsten Kapitel noch genauer definiert werden.

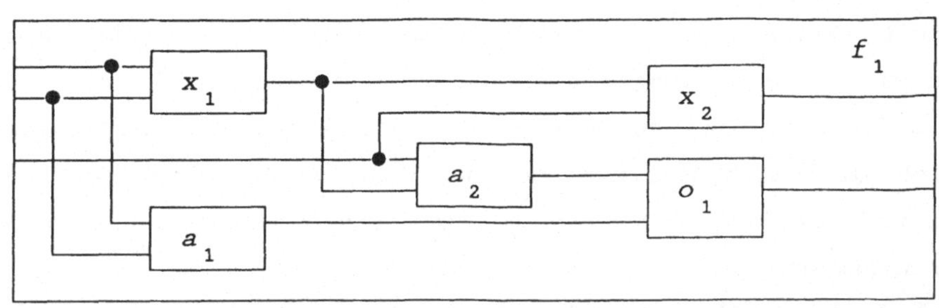

Abb.2.3 Ein Volladdierer

2.5 EIN BEISPIEL AUS DER WELT DER SCHALTKREISE

In Abb. 2.3 ist ein digitaler Schaltkreis, ein sogenannter Volladdierer, schematisch dargestell. Wir wollen nun untersuchen, wie
man einen solchen Schaltkreis konzeptualisieren und seine Struktur
durch eine Menge prädikatenlogischer Sätzen beschreiben kann.

Den Schaltkreis f_1 können wir uns als aus einzelnen Teilkompo-
nenten, sogenannten Gattern, zusammengesetzt denken. Es gibt zwei
XOR-Gatter x_1 und x_2, zwei *AND*-Gatter a_1 und a_2 und ein *OR*-Gatter
o_1. Jedes dieser Teile besitzt eine bestimmte Anzahl von Ein- und
Ausgängen, durch die die Daten fließen. Auf der linken Seite des
Rechteckes, das den Apparat symbolisiert, befinden sich die Ein-
und auf der rechten Seite die Ausgangsgänge. Im Ganzen besteht die
Diskurswelt also aus 26 Objekten: den 6 Komponenten und den 20
Ein- und Ausgängen.

Zur logischen Verknüpfung der Ein- und Ausgänge mit den einzelnen Komponenten verwenden wir nun Funktionen. Die zweistellige
Funktion *Eingabe* bildet eine Integerzahl und eine der Komponenten
auf den entsprechenden Eingang ab. Die zweistellige Funktion
Ausgabe bildet eine Integerzahl und eine der Komponenten auf den
entsprechenden Ausgang ab. Auf diese Weise können wir die erste
Ein- gabe oder die zweite Ausgabe eines Addierers repräsentieren.

Die durchgezogenen Linien, welche die einzelnen Ein- und Aus-

gänge miteinander verbinden, stellen die Leitungen für den Daten-
transport zwischen den Komponenten dar. Ähnlich wie die Gatter
können wir diese Leitungen als Objekte mit eigenen Ein- und Ausgaben auffassen. Dies würde aber nicht unsere Frage beantworten,
wie sich die Beziehungen zwischen den Ein- und Ausgaben jener Leitungen und der Ein- und Ausgänge, mit denen sie verbunden sind,
codieren lassen.

Stattdessen wollen wir die Anwesenheit der Leitungen einmal
beiseite lassen und die Verbindungsmöglichkeiten innerhalb des
Schaltkreises durch eine zweistellige Relation darstellen, die
diejenigen Ein- und Ausgänge einander zuordnet, die auch untereinander verbunden sind. Beispielsweise ist die dritte Eingabe von
f_1 mit der ersten Eingabe von a_2 verbunden. Die Verbindung verlaufe dabei unidirektional von links nach rechts .

Zur Repräsentation der Struktur von f_1 im Prädikatenkalkül benötigen wir Symbole, die die Elemente unserer Konzeptualisierung
bezeichnen. Das nachstehende Vokabular erfüllt diesen Zweck.

- **F1, X1, X2, A1, A2, 01** bezeichnen die sechs Komponenten.
- **Adder(x)** bedeutet, **x** ist ein Addierer.
- **Xorg(x)** bedeutet, **x** ist ein *XOR*-Gatter.
- **Andg(x)** bedeutet, **x** ist ein *AND*-Gatter.
- **Org(x)** bedeutet, **x** ist ein *OR*-Gatter.
- **E(i,x)** bezeichnet den i-ten Eingang von Gerät **x**.
- **A(i,x)** bezeichnet den i-ten Ausgang von Gerät **x**.
- **Verbindg(x,y)** bedeutet, daß Ein- bzw. Ausgang **x** mit Ein- bzw.
  Ausgang **y** verbunden ist.

Wir stellen nun unsere Konzeptualisierung des Schaltkreises in
den folgenden Sätzen des Prädikatenkalküls dar. Die ersten sechs
Sätze geben den Typ der Komponenten und die restlichen die Verbindungen innerhalb des Schaltkreises an.

Adder(F1)

Xorg(X1)

Xorg(X2)

Andg(A1)

Andg(A2)

Org(O1)

Verbindg(E(1,F1),E(1,X1))

Verbindg(E(2,F1),E(2,X1))

Verbindg(E(1,F1),E(1,A1))

Verbindg(E(2,F1),E(2,A1))

Verbindg(E(3,F1),E(2,X2))

Verbindg(E(3,F1),E(1,A2))

Verbindg(A(1,X1),E(1,X1))

Verbindg(A(1,X1),E(2,A2))

Verbindg(A(1,A2),E(1,O1))

Verbindg(A(1,A1),E(2,O1))

Verbindg(A(1,X2),A(1,F1))

Verbindg(E(1,O1),A(2,F1))

Fügen wir zu unserer Konzeptualisierung noch hohe und niedrige Werte (d.h. Bits) und eine Relation hinzu, die einem Ein- oder Ausgang den an ihm anliegenden Wert zuordnet, so können wir nun den Zustand eines Schaltkreises wie f_1 beschreiben. Das nachstehende Vokabular enthält diese zusätzlichen konzeptuellen Elemente.

- **V(x,z)** bedeutet, daß am Ein- oder Ausgang x der Wert z anliegt.
- **1** und **0** bezeichnen hohe bzw. niedrige Werte.

Mit diesen Begriffen können wir jetzt Aussagen über die einzelnen Werte der verschiedenen Ein- und Ausgänge im Schaltkreis machen. Die folgenden Sätze besagen beispielsweise, daß die Eingaben in dem Schaltkreis hoch bzw. niedrig sind und daß die Ausgaben niedrig bzw. hoch sind.

V(E(1,F1),1)

V(E(2,F1),0)

V(E(3,F1),1)

$$V(A(1,F1),0)$$
$$V(A(1,F1),1)$$

Diese Begriffe können wir auch zur Beschreibung des allgemeinen Verhaltens einer Komponenten des Schaltkreises verwenden. Die ersten zwei Sätze geben eine Beschreibung des Verhaltens eines *AND*-Gatters. Das zweite Satzpaar beschreibt das Verhalten eines *OR*-Gatters und das dritte Paar beschreibt das Verhalten eines *XOR*-Gatters. Der letzte Satz beschreibt das Verhalten einer idealen Verbindungsmöglichkeit.

$$\forall x \; (Andg(x) \land V(E(1,x),1) \land V(E(2,x),1) \implies V(A(1,x),1)$$
$$\forall x \forall n \; (Andg(x \land V(E(n,x),0) \implies V(A(1,x),0))$$

$$\forall x \forall n \; (Org(x) \land V(E(n,x),1) \implies V(A(1,x),1))$$
$$\forall x \; (Org(x) \land V(E(1,x),0) \land V(E(2,x),0) \implies V(A(1,x),0))$$

$$\forall x \forall z \; (Xorg(x) \land V(E(1,x),z) \land V(E(2,x),z) \implies V(A(1,x),0))$$
$$\forall x \forall y \forall z \; (Xorg(x) \land V(E(1,x),y) \land V(E(2,x),z) \land y \neq z$$
$$\implies V(A(1,x),1))$$

$$\forall x \forall y \forall z \; (Verbindg(x,y) \land V(x,z) \implies V(y,z)$$

Beachten Sie, daß durch diese Sätze die digitale Struktur und das Verhalten von f_1 vollständig beschrieben werden. Um noch weitere Eigenschaften auszudrücken, müßten wir unsere Konzeptualisierung und unser Vokabular erweitern. Beispielsweise könnten wir die Tatsache darstellen wollen, daß a_1 nicht korrekt funktioniert. Wir müßten nur eine zusätzliche Relation hinzufügen und einen passenden Satz formulieren. Die Aussage, daß eine Verbindung nicht korrekt funktioniert, ist dagegen etwas komplizierter zu formulieren, weil die Verbindungen keine eigenständigen Objekte sind. Damit wir eine solche Information ausdrücken können, müßten wir die Verbindungsmöglichkeiten reifizieren. Für den in Abb. 2.3 dargestellten Schaltkreis würde dies zu 12 neuen Objekten führen. Um diese neuen Verbindungsobjekte mit denjenigen Ein- und Ausgänge, mit denen sie verbunden sind, zu verknüpfen, müßten wir die zweistellige Relation der Verbindungsmöglichkeit zu einer dreistel-

ligen Relation erweitern, die einem Ein- oder Ausgang die mit ihm
verbundenen Ein- und Ausgänge und die entsprechende Verbindung zuordnet. Bei der Formalisierung von Wissen ist es also besonders
wichtig, zu erkennen, wann eine neue Konzeptualisierung und ein
neues Vokabular gewählt werden soll.

2.6 BEISPIELE AUS DER WELT DER ALGEBRA

Wie die Beispiele dieses Abschnittes noch zeigen werden, kann man
mit dem Prädikatenkalkül auch Definitionen und Eigenschaften ge-
wöhnlicher mathematischer Funktionen und Relationen darstellen.

Die folgenden Sätze drücken die Eigenschaften der Assoziativität, der Kommutativität und der Identität der + Funktion aus. Der
erste Satz besagt, daß diejenige Zahl, die man nach der Addition
von x zu dem Ergebnis der Addition von y zu z erhält, dieselbe ist
wie diejenige Zahl, die man nach der Addition von z zu dem Ergebnis der Addition von x und y erhält. Der zweite Satz besagt, daß
die Reihenfolge der Addition beliebig ist, und der dritte gibt an,
daß 0 ein neutrales Element für + ist.

$$\forall x \forall y \forall z \ \ x+(y+z)=(x+y)+z$$
$$\forall x \forall y \ \ x+y=y+x$$
$$\forall x \ \ x+0=x$$

In seiner herkömmlichen Interpretation steht das $\leq$ Symbol für
eine partielle Ordnung. D.h. es ist reflexiv, antisymmetrisch und
transitiv. Der erste der folgenden Sätze besagt, daß diese Relation für alle Objekte auch auf sich selbst anwendbar ist. Der
zweite Satz besagt, wenn die Relation zwischen einem Objekt x und
einem Objekt y und zwischen y und x gilt, dann x und y gleich sein
müssen. Der dritte Satz gibt an, daß die Relation auch zwischen
dem Objekt x und dem Objekt z gilt, wenn sie zwischen den Objekten
x und y und zwischen dem Objekt y und dem Objekt z gilt.

$$\forall x \; x{\leq}x$$

$$\forall x \forall y \; x{\leq}y \wedge y{\leq}x \implies x{=}y$$

$$\forall x \forall y \forall z \; x{\leq}y \wedge y{\leq}z \implies x{\leq}z$$

Auf ähnliche Weise können wir auch Funktionen und Relationen über Mengen charakterisieren. Mit der Elementrelation $\in$ können wir zum Beispiel die Schnittmengenfunktion $\cap$ wie folgt definieren. Ein Objekt ist genau dann ein Element der Schnittmenge zweier Mengen, wenn es ein Element beider Mengen ist.

$$\forall s \forall t \forall x \; (x{\in}s \wedge x{\in}t) \iff x{\in}s{\cap}t$$

Die folgenden Sätze drücken die Assoziativität, die Kommutativität und die Idempotenz der Schnittmengenfunktion aus. Alle drei Eigenschaften lassen sich mit der oben angeführten Definition beweisen.

$$\forall r \forall s \forall t \; r{\cap}(s{\cap}t){=}(r{\cap}s){\cap}t$$

$$\forall s \forall t \; s{\cap}t{=}t{\cap}s$$

$$\forall s \; s{\cap}s{=}s$$

Falls Ihnen die Sätze in diesem Abschnitt irgendwie vertraut erscheinen, so war dies auch beabsichtigt. Der Prädikatenkalkül ist nämlich ursprünglich entwickelt worden, um mathematische Fakten auszudrücken, und noch heute wird er dazu verwendet.

2.7 BEISPIELE AUS DER WELT DER LISTEN

Sind $\tau_1, \ldots, \tau_n$ zugelassene Terme unserer Sprache, dann ist eine *Liste* ein Term der folgenden Form, wobei n eine beliebige ganze Zahl größer oder gleich Null ist.

$$[\tau_1, \ldots, \tau_n]$$

Zur Repräsentation einer Objektfolge sind Listen besonders geeignet. Verwenden wir beispielsweise Ziffern zur Bezeichnung von Zahlen, so benützen wir die folgende Liste dazu, diejenige Folge zu bezeichnen, die aus den ersten drei ganzen Zahlen in aufsteigender Reihenfolge besteht.

$$[1,2,3]$$

Weil Listen selbst Terme sind, können wir Listen ineinander einbetten. Zum Beispiel ist die nachfolgende Liste eine Liste aller Permutationen der ersten drei ganzen Zahlen.

$$[[1,2,3],[1,3,2],[2,1,3],[2,3,1],[3,1,2],[3,2,1]]$$

Um über Listen beliebiger Länge sprechen zu können, verwenden wir den zweistelligen funktionalen Operator "." in Infixschreibweise. Insbesondere bezeichnet ein Term der Form $\tau_1 . \tau_2$ eine Folge, in der τ_1 das erste Element und τ_2 die restlichen Elemente der Liste sind. Mit diesem Operator können wir die Liste [1,2,3] wie folgt neu schreiben.

$$(1.(2.(3.[])))$$

Der Vorteil dieser Repräsentation besteht darin, daß wir Funktionen und Relationen über Listen beliebiger Länge betrachten können.

Als Beispiel betrachten wir einmal die Definition der zweistelligen Funktion **Member**, die für ein Objekt und eine Liste genau dann gilt, wenn das Objekt ein Element der Liste ist. Es leuchtet ein, daß ein Objekt ein Element einer Folge ist, wenn es das erste Element der Liste ist. Allerdings ist es auch ein Element, wenn es ein Element des Restes der Liste ist.

$$\forall x \forall l \; \text{Member}(x, x.l)$$

$$\forall x \forall y \forall l \; \text{Member}(x, l) \implies \text{Member}(x, y.l)$$

Wir können auch Funktionen definieren, die in vielfältiger Weise Listen manipulieren. Die folgenden Axiome definieren zum Beispiel die Funktion **Append**. Der Wert von **Append** ist eine Liste, die durch Anhängen der zweiten Liste an die erste Liste entsteht. Append([1,2],[3,4]) bezeichnet also dieselbe Liste wie [1,2,3,4].

$$\forall m \; \text{Append}([\,], m) = m$$

$$\forall x \forall l \forall m \; \text{Append}(x.l, m) = x.\text{Append}(l, m))$$

Natürlich können wir auch Relationen definieren, die von der Struktur der Elemente einer Liste abhängen. Beispielsweise ist die Among Relation für ein Objekt und eine Liste wahr, wenn das Objekt ein Element der Liste ist; oder wenn es ein Element einer Liste ist, die selbst ein Element der Folge ist, usw.

$$\forall x \ \text{Among}(x, x)$$

$$\forall x \forall y \forall z \ (\text{Among}(x, y) \lor \text{Among}(x, z)) \implies \text{Among}(x, y.z)$$

Listen lassen sich sehr vielseitig bei der Repräsentation einsetzen. Der Leser sei aufgefordert, sich in der Formulierung von Definitionen für Funktionen und Relationen über Listen so vertraut wie möglich zu machen. Wie auch bei vielen anderen Dingen, so ist Übung der beste Weg, sich Fertigkeiten anzueignen.

2.8 BEISPIELE AUS DER WELT DER NATÜRLICHEN SPRACHE

Als abschließendes Beispiel der Verwendung des Prädikatenkalküls betrachten wir die Formalisierung der folgenden deutschen Sätzen. Wir wollen dabei annehmen, daß die zugrundeliegende Konzeptualisierung aller Sätze die gleiche sei. Die Diskurswelt sei die Menge aller Pflanzen. Es gebe eine einstellige Relation, die besagt, daß eine Pflanze ein Pilz ist, eine andere, welche die Farbe Rosa und eine dritte, welche das Giftigsein ausdrückt. Diese Relationen bezeichnen wir mit den einstelligen Relationssymbolen Pilz, Rosa und Giftig. Bei den nachstehenden Beispielen folgen jedem deutschen Satz eine oder mehrere Übersetzungen in den Prädikatenkalkül. Falls mehr als eine Übersetzung angegeben wird, so sind die Alternativen einander logisch äquivalent.

Alle rosa Pilze sind giftig.

$$\forall x \ \text{Rosa}(x) \land \text{Pilz}(x) \implies \text{Giftig}(x)$$

$$\forall x \ \text{Rosa}(x) \implies (\text{Pilz}(x) \implies \text{Giftig}(x))$$

$$\forall x \ \text{Pilz}(x) \implies (\text{Rosa}(x) \implies \text{Giftig}(x))$$

Das Wort *alle* weist in diesem Satz eindeutig auf eine Allquantifikation hin. Die Äquivalenz der drei Sätze ist wohl offensichtlich. Der erste besagt, wenn ein Objekt ein Pilz und rosa ist, so ist es auch giftig. Der zweite sagt aus, wenn ein Objekt rosa ist und es außerdem ein Pilz ist, so ist es giftig. Der dritte drückt aus, daß ein Objekt giftig ist, wenn es ein Pilz und außerdem rosa ist. Alle drei Aussagen geben die Giftigkeit eines jeden rosa Pilzes an.

> *Wenn ein Pilz giftig ist, dann ist er rosa.*
>
> $\forall x\ \text{Pilz}(x) \land \text{Giftig}(x) \Longrightarrow \text{Rosa}(x)$
>
> $\forall x\ \text{Pilz}(x) \Longrightarrow (\text{Giftig}(x) \Longrightarrow \text{Rosa}(x))$

Hier liegt jetzt die umgekehrte Beziehung vor. Das Argument für die Äquivalenz der Sätze untereinander ist das gleiche wie vorher. (Vorsicht: eine Konzeptualisierung der Welt, in der dieser Satz wahr ist, kann für Sie gefährliche Konsequenzen haben!)

> *Kein rosa Pilz ist giftig.*
>
> $\forall x\ \neg(\text{Rosa}(x) \land \text{Pilz}(x) \land \text{Giftig}(x))$
>
> $\neg \exists x\ \text{Rosa}(x) \land \text{Pilz}(x) \land \text{Giftig}(x)$

Die Verwendung des Wortes *kein* ist ein eindeutiges Zeichen dafür, daß etwas nicht wahr ist. Die Tatsache, daß für alle Objekte etwas nicht wahr ist (wie dies in der ersten Lesart vorgeschlagen wird) ist äquivalent mit der Nichtexistenz eines Objektes, für das etwas wahr ist (was in der zweiten Lesart vorgeschlagen wird).

> *Es gibt genau einen Pilz.*
>
> $\exists x\ \text{Pilz}(x) \land (\forall z\ z \neq x \Longrightarrow \neg\text{Pilz}(z))$

Der einfachste Weg zur Codierung von Informationen über die Anzahl von Objekten mit einer bestimmten Eigenschaft ist die explizite Angabe der Kardinalität der Menge aller Objekte mit dieser Eigenschaft. Obwohl die angegebene Konzeptualisierung weder diese Menge noch die Kardinalitätsfunktion enthält, kann man durch die Identitätsrelation ausdrücken, daß es nur einen Pilz gibt. Beachten Sie

π	τ_1	$\cdots$	τ_n
σ_1	α_{11}	$\cdots$	α_{1n}
$\vdots$	$\vdots$	$\ddots$	$\vdots$
σ_m	α_{m1}	$\cdots$	α_{mn}

Abb.2.4 Die Darstellung in einer binären Tabelle

dabei, daß wir dieses Faktum auch aussagen können, wenn wir die
Identität des Pilzes nicht kennen.

2.9 SPEZIELLE SPRACHEN

Einer der Nachteile des Prädikatenkalküls als Wissensrepräsentationssprache ist, daß er ähnlich wie die deutsche Sprache manchmal relativ unhandlich ist. Aus diesem Grund bevorzugen die KI-
Wissenschaftler oft spezielle Sprachen, von denen viele gra-
phischer Natur sind. In diesem Abschnitt stellen wir einige Beispiele vor und beschreiben deren Stärken und Schwächen für die
Codierung deklarativen Wissens.

Eine *binäre Tabelle* ist ein Beispiel für einen Satz einer graphischen Sprache. Wie auch in unserem schon oben entwickelten Alphabet des Prädikatenkalküls, so verwenden wir auch hier die Menge
der Groß- und Kleinbuchstaben, die der Zahlen sowie die der horizontalen und vertikalen Linien. Die Symbole sind die gleichen wie
im Prädikatenkalkül, allerdings unterteilen wir alle Symbole in
Objektkonstanten und in zweistellige Funktionskonstanten. Ein
wohlgeformter Satz in der Tabellensprache ist eine zweidimensionale Anordnung von Symbolen wie sie in Abb. 2.4 dargestellt ist,
wobei π eine zweistellige Funktionskonstante ist und die Symbole
$\sigma_1,\ldots,\sigma_m$, $\tau_1,\ldots,\tau_n$ und $\alpha_{11},\ldots,\alpha_{mn}$ alles Objektkonstanten sind.

Punktzahl	Quiz1	Quiz2	Quiz3	Finale
Gauß	92	94	89	100
Herbrand	86	79	92	85
Laurent	52	70	45	68

Abb.2.5 In einer binären Tabelle codiertes Wissen

Eine Interpretation I erfüllt einen Satz der Tabellensprache genau dann, wenn jeder Eintrag in der Tabelle denjenigen Wert der Funktion bezeichnet, der aus der Anwendung der Funktionskonstanten in der oberen linken Ecke auf das durch die entsprechenden Zeilen- und Spaltenindizes bezeichnete Objekt entsteht.

$$\pi^I(\sigma_i^I, \tau_j^I) = \alpha_{ij}^I$$

Wenn **Punktzahl** eine zweistellige Funktionskonstante ist und die anderen Symbole alle Objektkonstanten darstellen, so stellt Abb. 2.5 eine wohlgeformte binäre Tabelle dar.

Nehmen wir an, I sei eine Interpretation, welche die Symbole **Gauß**, **Herbrand** und **Laurent** auf die Studenten gleichen Namens abbildet. I bilde auch die Symbole **Quiz1**, **Quiz2**, **Quiz3** und **Finale** auf die vier Tests ab, die die Studenten absolviert haben. Außerdem bilde I die Ziffernfolge auf die entsprechenden ganzen Zahlen zur Basis 10 ab. Weiterhin bilde I die Funktionskonstante **Punktzahl** auf eine Funktion ab, die einen Studenten und die Punktzahl des Studenten in diesem Test einander zuordnet. I erfüllt dann diese Tabelle genau dann, wenn die durch diese Zuordnung bezeich-der KI entwickelt worden ist, ist das semantische Netz. Ein *semantisches Netz* ist ein gerichteter Graph mit bewerteten Knoten und Kanten. Das Alphabet besteht aus den Groß- und Kleinbuchstaben, den Ziffern, sowie aus Knoten und gerichteten Kanten beliebiger Länge und Richtung. Die Symbole der Sprache sind die gleichen wie

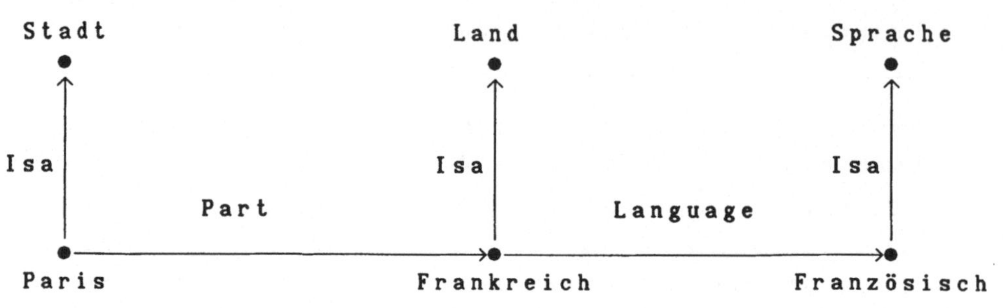

Abb. 2.6 Ein semantisches Netz

die im Prädikatenkalkül und sie sind in Objektkonstanten und zweistellige Relationskonstanten unterteilt. Eine zweidimensionale Anordnung von Elementen dieses Alphabets ist ein wohlgeformter gerichteter Graph genau dann, wenn jeder Knoten eine ihm zugeordnete
Objektkonstante besitzt, (die neben ihn geschrieben ist), wenn
jede Kante eine zugeordnete zweistellige Relationskonstante besitzt, (mit der sie bewertet ist), und wenn jede Kante an einem
Knoten beginnt und an einem anderen Knoten endet. Unter der Voraussetzung, daß **Isa**, **Part** und **Language** alles zweistellige Relationskonstanten und alle anderen Symbole Objektkonstanten sind,
ist Abb. 2.6 ein Beispiel für ein semantisches Netz.

Eine Interpretation erfüllt ein semantisches Netz genau dann,
wenn diejenige Relation, die durch die Bewertung an einem Knoten
bezeichnete wird, zwischen denjenigen Objekten besteht, die durch
die bewerteten und mit den Kanten verbundenen Knoten bezeichnet
werden. Das oben spezifierte semantische Netz wird durch die Standardinterpretation *I* erfüllt, weil Paris eine Stadt in Frankreich,
Frankreich ein Land und die in Frankreich gesprochene Sprache
Französisch ist.

Semantische Netze eignen sich besonders gut für die Repräsentation zweistelliger und daher auch für einstellige Relationen.
Relationen, die nicht zweistellig sind, lassen sich durch Kanten
mit mehr als zwei Endknoten darstellen.

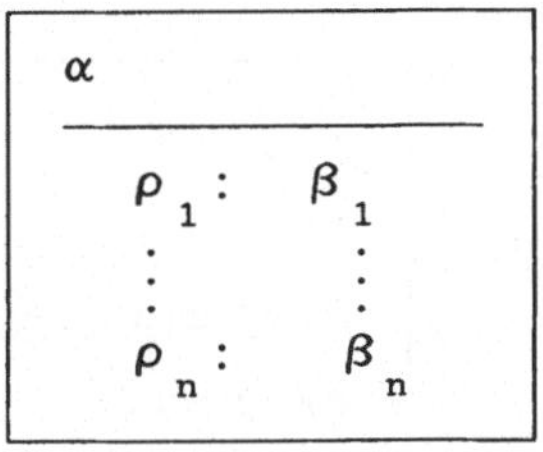

$$
\boxed{\begin{array}{l}
\alpha \\
\hline
\rho_1 : \quad \beta_1 \\
\quad\vdots \qquad \vdots \\
\rho_n : \quad \beta_n
\end{array}}
$$

Abb. 2.7 Die allgemeine Form eines Frames

Die Sprache der Frames (engl. *frames*) ist eine weitere Sprache, die in der KI-Gemeinde besondere Aufmerksamkeit gefunden hat, einmal wegen ihres semantischen Reichtums (dies wird später noch erörtert) aber auch ihrer Syntax wegen. Es gibt eine Vielzahl von Frame-Sprachen mit untereinander beträchtlichen Unterschieden in einzelnen Details. Trotz alledem ist die folgende Definition konsistent mit den meisten dieser Sprachen.

Das Alphabet unserer Frame-Sprache besteht aus Groß- und Kleinbuchstaben, Ziffern, dem Doppelpunkt und aus vertikalen und horizontalen Linien. Die Symbole der Frame-Sprache sind dieselben wie die im Prädikatenkalkül. Sie sind unterteilt in Objektkonstanten, einstellige Funktionskonstanten und in zweistellige Relationskonstanten. Jeder Satz ist ein strukturiertes Objekt in Form eines Frames (man vgl. Abb. 2.7). Das Symbol in der oberen linken Ecke ist eine Objektkonstante; die Symbole vor dem Doppelpunkt sind Funktions- oder Relationskonstanten und die Symbole nach dem Doppelpunkt sind wiederum Objektkonstanten. Die Sätze der Sprache nennt man *Frames*. Das Symbol in der oberen Ecke ist der *Framename*. Die Symbole vor dem Doppelpunkt nennt man meist *Fächer* (engl. *slots*) und die Symbole nach dem Doppelpunkt heißen *Werte*.

Eine Interpretation erfüllt einen Satz der Frame-Sprache genau dann, wenn das durch den Wert jedes Slots bezeichnete Objekt das gleiche Objekt ist, wie dasjenige Objekt, das durch die Anwendung der durch den Slot bezeichneten Funktion auf das durch den Framenamen bezeichnete Objekt entsteht.

<table>
<tr><td>

Jones

Isa: Erstsemester

Fachber.: Psychologie

Betreuer: Tversky

</td><td>

Tversky

Isa: Fakultätsmitgl.

Fachber.: Psychologie

Betreut: {Jones,Thorndyke}

</td></tr>
</table>

Abb. 2.8 In Frames codiertes Wissen

$$\langle \alpha^I, \beta_i^I \rangle \in \rho_i^I$$

Abb. 2.8 zeigt zwei Beispiele für die Codierung von Wissen mittels Frames. Jones ist ein Student im ersten Semester im Fachbereich Psychologie und wird von Tversky betreut. Tversky ist Fakultätsmitglied im Fachbereich Psychologie und betreut Jones und Thorndyke.

Ein Problem, das allen speziellen Sprachen wie Tabellen, semantischen Netzen und Frames gemeinsam ist, liegt in deren Unfähigkeit, partielle Informationen zu berücksichtigen. Zum Beispiel gibt es keine Möglichkeit, in der Tabellensprache auszudrücken, daß entweder Herbrand oder Laurent im ersten Quiz 90 Punkte bekommen haben, ohne zu sagen, wer von beiden es war. Mit einem semantischen Netz läßt sich nicht ausdrücken, daß Paris eine Stadt in irgendeinem Land ist, ohne auch zu sagen, in welchem. Es gibt keine Möglichkeit, auszudrücken, daß Tversky *nicht* der Betreuer von Jones ist, ohne zu sagen, wen er betreut.

Gerechterweise müssen wir aber sagen, daß für die Sprache der semantischen Netze verschiedene Ergänzungen vorgeschlagene worden sind, mit denen man logische Kombinationen von Fakten oder von quantifizierten Fakten ausdrücken kann. Allerdings beeinträchtigen diese Ergänzungen sehr stark die Einfachheit der Sprache.

Auch gegenüber der Frame-Sprache muß fairerweise zugegeben werden, daß die ursprüngliche Idee der Frames vorgesehen hatte,

prozedurales Wissen zusammen mit dem deklarativem Wissen als Slot-
werte zu speichern. Dies ermöglicht uns, Wissen über das hinaus,
was wir besprochen haben, darzustellen. Leider erlaubt es uns aber
nicht, dieses Wissen in deklarativer Form auszudrücken.

Um all diesen speziellen Sprachen gerecht zu werden, muß auch
gesagt werden, daß partielle Informationen sich immer durch die
Definition neuer Relationen berücksichtigen lassen. Zum Beispiel
können wir die Funktion *Punktzahl* aus Abb. 2.5 in eine zweistellige Funktion abändern, die Studenten und Quize auf die *Menge* der
Punktzahlen abbildet, wobei wir dabei zugrundelegen, daß die aktuelle Punktzahl ein Element der so bezeichneten Menge ist. Wir
könnten dann ausdrücken, daß Herbrand entweder 80 oder 90 Punkte
bekommen habe, indem wir die Menge {80,90} als seine Punktzahl notieren würden. Es ist zwar möglich, aber auch aufwendiger, weitere
partielle Informationen auszudrücken. Der Nachteil dieser Vor-
gehensweise ist allerdings, daß die neue Konzeptualisierung un-
handlicher ist und im Endeffekt die spezielle Sprache vieles von
ihrer ursprünglichen Klarheit verliert.

Die Sprache des Prädikatenkalküls geht das Problem der partiellen Information direkt an, weil sie über logische Operatoren
und Quantoren verfügt, mit denen man partielle Informationen darstellen kann. Im Endergebnis besteht also kein Bedarf (zumindest
prinzipiell nicht), deklaratives Wissens prozedural zu codieren
oder die Konzeptualisierung der Welt abzuändern.

Der größte Nachteil des Prädikatenkalküls liegt darin, daß er
nicht so kurz und prägnant ist wie dies für die speziellen
Sprachen zutrifft, die für die verschiedenen Formen von Wissen
entwickelten worden sind. Auf der anderen Seite ist aber keine der
speziellen Sprache für die Codierung aller Fakten ideal. Für
einige Arten von Informationen eignen sich Tabellen besser. Für
andere Informationen sind semantische Netze oder Frames besser geeignet. Für wieder andere Informationen sind Balken- oder Kuchendiagramme besser geeignet. Und für wieder andere sind es gar Farben oder Animationen.

Natürlich können wir die speziellen Sprachen wie Tabellen, semantische Netze und Frames sehr leicht durch Begriffe des Prädikatenkalküls definieren. Haben wir dies getan, so können wir diese Sprachen dort verwenden, wo sie am besten verwendbar sind. Wo sie nicht ausreichen, da können wir auf die Ausdrucksstärke des Prädikatenkalküls zurückgreifen.

Aus diesen Gründen haben wir für das vorliegende Buch den Prädikatenkalkül gewählt. Dies hat auch den pädagogischen Vorteil, daß wir verschiedene Sprachen vor einem gemeinsamen Hintergrund vergleichen und analysieren können. Es ist auch möglich, Inferenzprozeduren nur für eine Sprache zu beschreiben, die sich automatisch in allen anderen Sprachen verwenden lassen.

2.10 LITERATUR UND HISTORISCHE BEMERKUNGEN

Obwohl das eigentliche Thema dieses Buches Sprachen und Methoden zum Schlußfolgern mit deklarativen Wissensrepräsentationen ist, so liegt doch das größte Problem für die KI in der Konzeptualisierung des Anwendungsbereiches. Jede KI-Anwendung beginnt mit einer bestimmten Konzeptualisierung und der Leser sollte sich daher auch mit den verschiedenen Beispielen vertraut machen, damit er diesen Aspekt der KI richtig einschätzen kann.

Die bei Expertensystemen verwendete Konzeptualisierung ist streng auf eine kleine Menge von Objekten, Funktionen und Relationen begrenzt. Typische Beispiele sind die von MYCIN [Shortcliff 1976], PROSPECTOR [Duda 1984] und DART [Genesereth 1984] benutzten Konzeptualisierungen. Die Entwicklung von Konzeptualisierungen für größere Anwendungsbereiche, die auch herkömmliche alltägliche Phänomene beinhalten, hat sich als sehr schwierig herausgestellt. Zu diesen Versuchen der Formalisierung von Alltagswissen sind die von Hayes [Hayes 1985a] und die in [Hobbs 1985a, Hobbs 1985b] beschriebenen zu zählen. Das Granularitätsproblem einer Konzeptualisierung wurde von Hobbs [Hobbs 1985c] untersucht. Der vermutlich anspruchsvollste Versuch, einen umfangreichen Komplex von Alltagswissen in einer von ihrer späteren Anwendung unabhängigen Konzeptualisierung zu behandeln, wurde in CYC von Lenat und seinen Kollegen unternommen [Lenat 1986].

Unsere Darstellung des Prädikatenkalküls in diesem Buch folgt der von Enderton [Enderton 1972]. Weitere gute Logiklehrbücher sind die von Smullyan [Smullyan 1968] und Mendelson [Mendelson 1964]. Das Buch von Pospesel [Pospesel 1976] stellt eine gute Einführung mit vielen englischsprachlichen Beispielen dar, die im Prädikatenkalkül dargestellt sind.

Innerhalb der KI und der kognitiven Psychologie haben semantische Netze eine lange Tradition. In der Psychologie wurden sie als Modelle für die Gedächnisorganisation verwendet [Quillian 1968, Anderson 1973]. In der KI wurden sie als eine dem Prädikatenkalkül mehr oder weniger ähnliche deklarative Sprache eingesetzt [Simmons 1973, Hendrix 1979, Schubert 1976, Findler 1979, Duda 1978].

Eng verwandt mit den semantischen Netzen sind die Frame-Sprachen. Einem zentralen Aufsatz von Minsky [Minsky 1975] folgend wurden verschiedene framebasierte Sprachen entwickelt, unter ihnen KRL [Bobrow 1977, 1979, Lehnert 1979], FRL [Goldsten 1979], UNITS [Stefik 1979] und KL-ONE [Brachman 1985c].

Vergleiche zwischen Frames und semantischen Netzen auf der einen und herkömmlichem Prädikatenkalkül auf der anderen Seite wurden von Woods [Woods 1975], Brachman [Brachman 1979, 1983c], Hayes [Hayes 1979a] und Nilsson [Nilsson 1980, Kap.9] diskutiert. Obwohl viele Versionen der semantischen Netze nicht die volle Ausdruckskraft des Prädikatenkalküls erster Stufe besitzen, so verfügen sie doch über besondere Informationen zur Indizierung der Wissensbasis, mit denen man eine große Zahl von Inferenzen sehr leistungsfähig durchführen kann. (Jedoch gibt es Beispiele [Stickel 1982, 1986, Walther 1985], wie man eine ähnliche Indizierung bei einer Implementation von Systemen erreichen kann, die auf dem Prädikatenkalkül beruhen.) Es bestehen auch Beziehungen zwischen Repräsentationen in semantischen Netzen und den Methoden der sogenannten *objekt-orientierten Programmierung* [Stefik 1986]. In einigen Repräsentationssysteme wurden zur Darstellung taxonomischer Informationen den semantischen Netzwerken ähnliche Repräsentationen verwendet, und zur Darstellung anderer Informationen der herkömmliche Prädikatenkalkül eingesetzt [Brachman 1983a, 1983b, 1985a].

Aus den gleichen Gründen, aus denen sie zur Repräsentation von Informationen in KI-Programmen wichtig sind, stellen logische Sprachen auch interessante Zielsprachen zur Übersetzung natürlichsprachlicher Sätze bei der maschinellen Verarbeitung natürlicher Sprache dar. Ein von Grozs u.a. herausgegebener Sammelband enthält verschiedene wichtige Aufsätze zu diesem Thema [Grozs 1986].

ÜBUNGEN

1. *Das Granularitätsproblem.* Betrachten Sie eine Konzeptualisierung des Schaltkreises aus Abb. 2.3, in der 6 Objekte vorkommen: der Volladdierer und seine 5 Teilkomponenten. Ent-

werfen Sie eine relationale Basismenge, mit der Sie die Verbindungen des Schaltkreises definieren können.

2. *Reifikation.* Entwerfen Sie eine Konzeptualisierung des
   Schaltkreises aus Abb. 2.2., die es Ihnen gestattet, Eigenschaften der Verbindungen wie *unterbrochen* oder *periodisch
   wechselnd* zu betrachten.

3. *Syntax.* Geben Sie für jedes der nachstehenden Beispiele an,
   ob es sich um einen syntaktisch wohlgeformten Ausdruck des
   Prädikatenkalküls handelt oder nicht.

   a. 32456 > 32654

   b. 32456 > Frankreich

   c. p ∨ q

   d. Liebt(Artur,Frankreich ∧ Schweitz)

   e. ∀x (Nachbar(Frankreich,Schweitz) ⟹ Primzahl(x)

   f. ∀Länder Nachbar(Frankreich,Länder)

   g. ∀x∃x Nachbarn(x,x)

   h. (∀x P(x)) ⟹ (∃x P(x))

   i. (∀p p(A)) ⟹ (∃p p(A))

   j. (P(0) ∧ (∀x P(x) ⟹ P(x+1))) ⟹ (∀x P(x))

4. *Gruppentheorie.* Vielleicht wissen Sie, daß eine Gruppe eine
   Menge mit einer zweistelligen Funktion und einem wohlunter-
   schiedenen Element ist. Die Menge besitzt die Eigenschaften,
   daß (a) die Menge abgeschlossen unter der Funktion ist, (b)
   diese Funktion assoziativ ist, (c) das wohlunterschiedene
   Element das neutrale Element der Funktion ist, und (d) jedes
   Element ein Inverses besitzt. Drücken Sie diese Eigenschaften
   in Sätzen des Prädikatenkalküls aus.

5. *Listen.* Definieren Sie die Funktion **Reverse**, die die Reihenfolge der Elemente einer Argumentliste umkehrt.

6. *Übersetzung.* Verwenden Sie das folgende Vokabular, die Behauptungen der nachstehenden Sätzen auszudrücken.

   ● Männlich(**x**) bedeutet, daß das durch **x** bezeichnete Objekt
     männlich ist.

- **Weiblich(x)** bedeutet, daß das durch **x** bezeichnete Objekt weiblich ist.
- **Vegetarier(x)** bedeutet, **x** ist ein Vegetarier.
- **Metzger(x)** bedeutet, **x** ist ein Metzger.
    a. Kein Mann ist sowohl ein Metzger als auch ein Vegetarier.
    b. Alle Männer außer Metzgern lieben Vegetarier.
    c. Die einzigen vegetarischen Metzger sind Frauen.
    d. Kein Mann liebt eine Frau, die ein Vegetarier ist.
    e. Keine Frau liebt einen Mann, der nicht alle Vegetarier liebt.

7. *Rückübersetzung*. Übersetzen Sie die nachfolgenden Sätze des Prädikatenkalküls in die Umgangssprache. Sie können dabei davon ausgehen, daß alle Konstanten ihre offenkundige Bedeutung besitzen.
    a. $\forall x$ Zögern(x) $\implies$ Verlieren(x)
    b. $\neg \exists x$ Geschäft(x) $\wedge$ Liebt(x, Showgeschäft)
    c. $\neg \forall x$ Glänzt(x) $\implies$ Gold(x)
    d. $\exists x \forall t$ Person(x) $\wedge$ Zeit(t) $\wedge$ Veräppeln(x, t)

8. *Interpretation und Erfüllbarkeit*. Geben Sie den Symbolen der folgenden Sätze eine Interpretation derart an, welche die Sätze sinnvoll macht und diese die Welt angemessen repräsentieren (d.h. so daß Sie sie für wahr erachten).
    a. 2 > 3
    b. $\neg P \implies \neg Q$
    c. $\forall x \forall y \forall z$ R(x, y, z) $\implies$ R(y, z, x)

9. *Interpretation und Erfüllbarkeit*. Geben Sie für jeden der folgenden Sätze eine Interpretation an, welche jeweils einen Satz falsch, aber immer zwei andere wahr macht.
    a. P(x, y) $\wedge$ P(y, z) $\implies$ P(x, y)
    b. P(x, y) $\wedge$ P(y, x) $\implies$ x=y
    c. P(A, y) $\implies$ P(x, B)

10. *Erfüllbarkeit*.Geben Sie an, ob jeder der nachfolgenden Sätze
    unerfüllbar, erfüllbar oder allgemeingültig ist.

    a. $P \Rightarrow P$

    b. $P \Rightarrow \neg P$

    c. $\neg P \Rightarrow P$

    d. $P \Leftrightarrow \neg P$

    e. $P \Rightarrow (Q \Rightarrow P)$

11. *Definierbarkeit*. Definieren Sie die Relation *Über* in Be-
    griffen der Relation *Auf* und definieren Sie die Relation *Auf*
    in Begriffen der Relation *Über*.

12. *Tabellen*. Die in diesem Kapitel beschriebene Tabellen-
    sprache ist ideal geeignet für die Darstellung von Informa-
    tionen über zweistellige Funktionen. Entwerfen Sie eine
    Tabellensprache, die für die Darstellung zweistelliger *Rela-
    tionen* geeignet ist, und verwenden Sie sie zur Codierung der
    folgenden Informationen. Vergewissern Sie sich, daß Sie dies
    ohne Änderung der zugrundeliegendende Konzeptualisierung tun
    können.

    a. Die Fakten aus Abb. 2.6.

    b. Die Fakten aus Abb. 2.8.

13. *Frames*. Betrachten Sie die im Text behandelte Frame-Sprache.

    a. Erklären Sie, warum sich die Fakten aus Abb. 2.5. in
       dieser Sprache nur dann darstellen lassen, wenn man die
       zugrundeliegende Konzeptualisierung ändert.

    b. Drücken Sie die in Abb. 2.6. dargestellten Fakten in der
       Frame-Sprache aus.

14. *Kuchendiagramme und Stapelbalken*. Die folgenden Abbildungen
    geben dasselbe Wissen nur in zwei verschiedenen Sprachen co-
    diert wieder. Beide eignen sich gut, zur Darstellung rela-
    tiver Größenverhältnisse innerhalb einer Gesamtheit durch
    eine Menge von Teilkategorien.

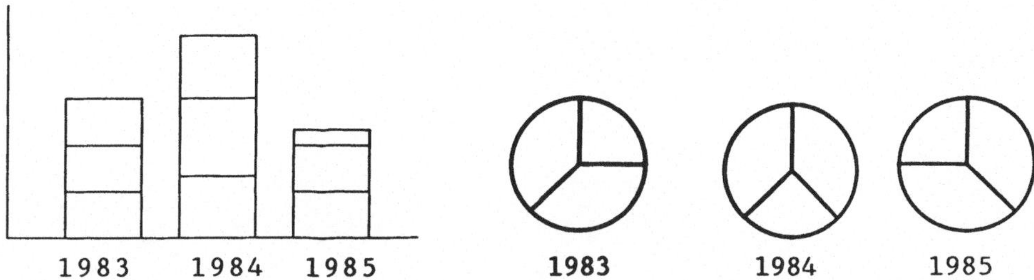

a. Welche Informationen **sind nicht** in Kuchendiagrammen darstellbar, werden **aber von Stapelbalken** ausgedrückt?

b. Entwerfen Sie **eine graphische Erweiterung** der Sprache der
   Kuchendiagramme, **die uns ermöglicht**, diese zusätzlichen
   Informationen auszudrücken.

KAPITEL 3
INFERENZ

UNTER EINER INFERENZ VERSTEHT man den Prozeß, aus Prämissen Konklusionen abzuleiten. Zum Beispiel können wir aus der Prämisse, Artur ist entweder zuhause oder im Büro, und der Prämisse, daß Artur nicht zuhause ist, ableiten, daß er im Büro sein muß. Die Fähigkeit, derartige Inferenzen durchzuführen, ist ein wesentlicher Bestandteil von Intelligenz.

Wir beginnen zuerst mit einer Diskussion des Begriffes der Inferenz und dem der Inferenzprozeduren im allgemeinen. Danach engen wir das Thema dann durch die Definition von Kriterien für die sogenannte Konsistenz und Vollständigkeit näher ein. Abschließend stellen wir eine Prozedur vor, die diese Kriterien erfüllt.

3.1 ABLEITBARKEIT

Im allgemeinen ist Inferenz ein mehrstufiger Prozeß. In einigen Fällen können wir mit einem einzigen Schritt eine Konklusion aus einer Menge von Prämissen ableiten. In anderen Fällen müssen wir erst Zwischenergebnisse erzeugen.

In solch einem Prozeß muß jeder Schritt durch eine anerkannte *Inferenzregel* abgesichert sein. Eine Inferenzregel besteht (1) aus einer Menge von Satzschemata, die man *Bedingungen* nennt, und (2) aus einer weiteren Menge von Satzschemata, *Konklusionen* genannt. Wann immer uns Sätze vorliegen, die mit den Bedingungen einer Regel übereinstimmen, können wir Sätze ableiten, die mit den Konklusionen übereinstimmen.

Ein Beispiel für eine solche Inferenzregel ist *Modus Ponens* (MP). Die Satzschemata oberhalb der Linie in der folgenden Graphik sind die Prämissen und das Satzschema unterhalb der Linie ist die einzige Konklusion. Die Regel besagt, daß immer, wenn Sätze der Form $\phi \Longrightarrow \psi$ und ϕ nachgewiesen worden sind, es erlaubt ist, den Satz ψ abzuleiten.

$$\frac{\phi \Longrightarrow \psi \\ \phi}{\psi}$$

Setzen wir beispielsweise die Sätze $\mathrm{Auf(A,B)}$ und $\mathrm{Auf(A,B)} \Longrightarrow \mathrm{Über(A,B)}$ voraus, so erlaubt uns Modus Ponens, mit einem einzigen Schritt $\mathrm{Über(A,B)}$ abzuleiten.

Die Umkehrung von Modus Ponens ist *Modus Tollens* (MT). Nehmen wir an, ϕ impliziere ψ und ψ sei falsch, so können wir schließen, daß ϕ ebenfalls falsch sein muß.

$$\frac{\phi \Longrightarrow \psi \\ \neg\psi}{\neg\phi}$$

Mit der *Und-Beseitigung* (UB) können wir aus der Annahme der Konjunktion von Sätzen auch auf jedes einzelne Konjunkt schließen.

$$\frac{\phi \wedge \psi}{\phi \\ \psi}$$

Mit der *Und-Einführung* (UE) können wir aus der Annahme einiger Sätze immer auch deren Konjunktion ableiten.

$$\frac{\phi \qquad \psi}{\phi \wedge \psi}$$

Mit der *universellen Instantiierung* ($\forall$E) können wir aus dem Allgemeinen auf das Einzelne schließen. Mit ihr können wir von einem allquantifizierten Satz ausgehend, immer auf eine nicht-quantifizierte Instanz dieses Satzes schließen, bei der die allquantifizierte Variable durch einen beliebigen geeigneten Term ersetzt wurde.

$$\frac{\forall \nu \; \phi}{\phi_{\nu/\tau}} \qquad \text{wobei } \tau \text{ frei für } \nu \text{ in } \phi$$

Betrachten wir einmal den Satz $\forall$y Haßt(Jane,y). Aus dieser Prämisse können wir ableiten, daß Jane Jill haßt, d.h. Haßt(Jane, Jill). Wir können auch schließen, daß Jane sich selbst haßt, d.h. Haßt(Jane,Jane). Wir können sogar folgern, daß Jane ihre Mutter haßt, d.h. Haßt(Jane,Mutter(Jane)).

Desweiteren können wir die universelle Instantiierung auch zur Konstruktion von Konklusionen mit freien Variablen verwenden. Beispielsweise können wir Haßt(Jane,y) aus $\forall$y Haßt(Jane,y) folgern. Wir müssen dabei aber aufpassen, daß keine Probleme mit anderen Variablen des quantifizierten Satzes entstehen. Dies ist der Grund für die an den ersetzenden Term geknüpfte Bedingung. Als Beispiel betrachten wir den Ausdruck $\forall$y$\exists$z Haßt(y,z), d.h. jeder haßt jemanden. Von diesem Ausdruck kann man korrekterweise auf $\exists$z Haßt(Mutter(x), z) schließen, d.h. daß jedermanns Mutter irgendjemanden haßt. Allerdings wollen wir aber nicht $\exists$z Haßt(Mutter(z),z) ableiten, d.h., daß es jemanden gebe, der von seiner Mutter gehaßt wird.

Dieses Problem können wir vermeiden, wenn wir die an die Regel der universelle Instantiierung geknüpfte Bedingung beachten. Wir sagen, ein Term τ sei für eine Variable ν *frei* in einem Ausdruck ϕ, genau dann, wenn ν nicht im Geltungsbereich eines Quantors einer Variablen in τ liegt. Zum Beispiel ist der Term Mutter(x) in $\exists$z

Haßt(y,z) frei für y. Der Term Mutter(z) ist dagegen für y nicht frei, weil y im Geltungsbereich des Quantors von z vorkommt. Wir können also für y nicht Mutter(z) ersetzen —— obiges Problem ist somit vermieden.

Mit der *existentiellen Instantiierung* (∃E) können wir Existenzquantoren beseitigen. Ähnlich wie die universelle Instantiierung ermöglicht uns diese Regel, eine Instantiierung des quantifizierten Satzes abzuleiten, bei der die existenzquantifizierte Variable durch einen passenden Ausdruck ersetzt wurde.

$$\frac{\exists \nu \; \phi}{\phi_{\nu/\pi(\nu_1,\ldots,\nu_n)}},$$ wobei π eine neue Funktionskonstante und $\nu_1,\ldots,\nu_n$ freie Variablen in ϕ sind.

Liegt zum Beispiel die Prämisse ∃z Haßt(y,z) vor und ist **Widersacher** eine neue Funktionskonstante, so schließen wir mit der Existenzeinsetzung auf den Satz Haßt(y,Widersacher(y)). Der Term **Widersacher(y)** bezeichnet dabei die von y gehaßte Person.

Die Erwähnung von freien Variablen im Ersetzungsterm soll die Beziehung zwischen dem Wert der existenzquantifizierten Variablen und den Werten der freien Variablen des Ausdrucks verdeutlichen. Ohne diese Einschränkung könnten wir Einsetzungen für die Sätze ∀x∃y Haßt(x,y) und ∃y∀x Haßt(x,y) finden, unabhängig von deren unterschiedlichen Bedeutung.

Kommen in einem Ausdruck keine freien Variablen vor, so kann natürlich die Variable durch eine argumentlose Funktion, oder was äquivalent ist, durch eine neue Konstante, ersetzt werden. Liegt beispielsweise der Satz ∃y∀x Haßt(x,y) vor, und ist **Michael** eine neue Objektkonstante, so können wir ∀x Haßt(x,Michael) ableiten, d.h. daß Michael von jedem gehaßt wird.

Beachten Sie bitte, daß bei der existentiellen Einsetzung keine Objekt- und Funktionskonstanten verwendet werden dürfen, die schon benutzt worden sind. Ohne diese Bedingung könnten wir nämlich aus dem sehr viel schwächeren Faktum ∃z Haßt(Jill,z) auch auf Haßt(Jill, Jill) schließen.

Obwohl die genannten Regeln sehr viele Inferenzfälle abdecken, reichen sie trotz allem noch nicht aus. Wir werden später noch die Vollständigkeit definieren und auch Regeln vorstellen, die dieses Kriterium erfüllen werden.

Ist eine Menge von Inferenzregeln gegeben, so sagen wir, eine Konklusion ϕ sei *ableitbar* aus der Menge Δ der Prämissen genau dann, wenn (1) ϕ ein Element von Δ ist, oder (2) ϕ das Ergebnis der Anwendung einer Inferenzregel auf eine Satzfolge ist, die aus Δ ableitbar ist. Eine *Ableitung* von ϕ aus Δ ist eine Satzfolge, bei der jeder einzelne Satz entweder ein Element von Δ oder ein Ergebnis der Anwendung einer Inferenzregel auf vorherige Elemente der Folge ist.

Als Beispiel für diese Begriffe betrachten Sie das folgende Problem. Wir wissen, daß Pferde schneller sind als Hunde und wir kennen einen Windhund, der schneller ist als jeder Hase. Ferner wissen wir, daß Harry ein Pferd und Ralf ein Hase ist. Unsere Aufgabe ist es nun, abzuleiten, daß Harry schneller ist als Ralf.

Zuerst formalisieren wir unsere Prämissen. Nachstehend finden Sie die dazu notwendigen Sätze. Beachten Sie dabei, daß wir zwei Tatsachen über die Welt nicht explizit in das Problem eingeführt haben: daß Windhunde Hunde sind und daß die Geschwindigkeitsrelation transitiv ist.

$\forall x \forall y$ Pferd(x) $\wedge$ Hund(y) $\implies$ Schneller(x,y)

$\exists y$ Windhund(y) $\wedge$ ($\forall z$ Hase(z) $\implies$ Schneller(y,z))

$\forall y$ Windhund(y) $\implies$ Hund(y)

$\forall x \forall y \forall z$ Schneller(x,y) $\wedge$ Schneller(y,z) $\implies$ Schneller(x,z)

Pferd(Harry)

Hase(Ralf)

Unser Ziel ist es nun zu zeigen, daß Harry schneller ist als Ralf. Mit anderen Worten, aus den oben genannten Sätzen wollen wir den folgenden Satz ableiten.

Schneller(Harry,Ralf)

Die Ableitung dieser Konklusion geschieht wie unten dargelegt. Die ersten sechs Zeilen entsprechen den oben genannten Prämissen. Die siebte Zeile ist das Ergebnis der Anwendung der Existenzeinsetzung auf die zweite Zeile. Da keine freien Variablen
vorliegen, können wir die quantifizierte Variable durch die neue
Objektkonstante **Greg** ersetzen. Die achte und neunte Zeile entstehen aus der Undbeseitigung. Die zehnte Zeile ist die Universaleinsetzung bezüglich der neunten Zeile. In der elften Zeile verwenden wir Modus Ponens zur Ableitung, daß Greg schneller ist als
Ralf. Im nächsten Schritt benützen wir den Satz über Windhunde und
Pferde und leiten ab, daß Greg ein Hund ist. Der nächste Schritt
ist das Ergebnis der universelle Instantiierung des Satzes über
Pferde und Hunde. Mit der Und-Einführung erzeugen wir eine Konjunktion, die der Bedingung des instantiierten Satzes entspricht.
Dann leiten wir ab, daß Harry schneller ist als Greg. Im Schluß-
satz benützen wir wieder den Satz über die Transitivität der Ge-
schwindigkeit, und schließen dann mithilfe der entsprechenden Konjunktion auf die gewünschte Konklusion.

$$
\begin{array}{lll}
1. & \forall x \forall y \ \text{Pferd}(x) \wedge \text{Hund}(y) \implies \text{Schneller}(x,y) & \Delta \\
2. & \exists x \ \text{Windhund}(y) \wedge (\forall y \ \text{Hase}(z) \implies S(y,z)) & \Delta \\
3. & \forall y \ \text{Windhund}(y) \implies \text{Hund}(y) & \Delta \\
4. & \forall x \forall y \forall z \ \text{Schneller}(x,y) \wedge \text{Schneller}(y,z) & \\
   & \qquad \implies \text{Schneller}(x,y) & \Delta \\
5. & \text{Pferd}(\text{Harry}) & \Delta \\
6. & \text{Hase}(\text{Ralf}) & \Delta \\
7. & \text{Windhund}(\text{Greg}) \wedge (\forall z \ \text{Hase}(z) & \\
   & \qquad \implies \text{Schneller}(\text{Greg},z) & 2, \exists E \\
8. & \text{Windhund}(\text{Greg}) & 7, UB \\
9. & \forall z \ \text{Hase}(z) \implies \text{Schneller}(\text{Greg},z) & 7, UB \\
10. & \text{Hase}(\text{Ralf}) \implies \text{Schneller}(\text{Greg},\text{Ralf}) & 9, \forall E \\
11. & \text{Schneller}(\text{Greg},\text{Ralf}) & 10, 6, MP \\
12. & \text{Windhund}(\text{Greg}) \implies \text{Hund}(\text{Greg}) & 3, \forall E \\
13. & \text{Hund}(\text{Greg}) & 12, 8, MP \\
\end{array}
$$

14. Pferd(Harry) ∧ Hund(Greg)

        ⟹ Schneller(Harry,Greg)   1, ∀E

15. Pferd(Harry) ∧ Hund(Greg)   5, 13, UE

16. Schneller(Harry,Greg)   14, 15, MP

17. Schneller(Harry,Greg) ∧ Schneller(Greg,Ralf)

        ⟹ Schneller(Harry,Ralf)   4, ∀E

18. Schneller(Harry,Greg) ∧ Schneller(Greg,Ralf)   16, 11, UE

19. Schneller(Harry,Ralf)   17, 18, MP

Als Wichtigstes bei dieser Ableitung beachten Sie bitte, daß sie völlig mechanisch abläuft. Jede Konklusion folgt aus den vorherigen Konklusionen durch die Anwendung einer Inferenzregel. Allerdings mußten wir bei der Erzeugung dieser Ableitung sehr viele alternative Inferenzen zurückweisen. Diese Auswahl intelligent zu gestalten, ist eines der Hauptprobleme bei der Automatisierung des Inferenzprozesses.

3.2 INFERENZPROZEDUREN

Die im vorherigen Abschnitt gegebene Definition der Ableitbarkeit ist zu schwach. Bei der Ableitung von Konklusionen müssen wir oftmals zwischen den Inferenzen eine Auswahl treffen. Mit einer Inferenzprozedur kann man eine solche Auswahl automatisch durchführen.

Im folgenden werden wir oft den Begriff der *Datenbasis* zur Bezeichnung einer endlichen Satzfolge benützen. Wir gehen bei dem Versuch, einen gegebenen Satz zu beweisen, von einer Ausgangsdatenbasis aus, welche die Prämissen des Problems enthält. Wir führen dann einen Inferenzschritt durch, der uns zu einer neuen Datenbasis bringt. Dies wiederholen wir dann so oft, bis wir den gewünschten Satz erhalten haben. Auf diese Weise definiert der Inferenzprozeß Schritt für Schritt implizit eine Folge von Datenbasen.

Als Beispiel betrachten wir die nachstehende Datenbasis. Die Ausgangsdatenbasis enthält lediglich vier Sätze. Jede nachfolgende Datenbasis enthält einen weiteren Satz, der durch die Anwendung von Modus Ponens entsteht. Im ersten Schritt erhalten wir aus den ersten zwei Sätzen der Ausgangsdatenbasis den neuen Satz Q. Im zweiten Schritt werden dann der erste und dritte Satz zur Ableitung des neuen Satz R benützt.

$$
\begin{array}{ccccc}
P & & P & & P \\
P \Rightarrow Q & & P \Rightarrow Q & & P \Rightarrow Q \\
P \Rightarrow R & \longrightarrow & P \Rightarrow R & \longrightarrow & P \Rightarrow R \\
P \Rightarrow S & & Q \Rightarrow S & & Q \Rightarrow S \\
& & Q & & Q \\
& & & & R
\end{array}
$$

Andererseits können wir aber genauso gut auch die Reihenfolge der beiden Inferenzen umkehren, was uns zu der folgenden Ableitungsgeschichte führt.

$$
\begin{array}{ccccc}
P & & P & & P \\
P \Rightarrow Q & & P \Rightarrow Q & & P \Rightarrow Q \\
P \Rightarrow R & \longrightarrow & P \Rightarrow R & \longrightarrow & P \Rightarrow R \\
P \Rightarrow S & & Q \Rightarrow S & & Q \Rightarrow S \\
& & R & & R \\
& & & & Q
\end{array}
$$

Eine *Inferenzprozedur* ist nun eine Funktion *step*, die eine Ausgangsdatenbasis d aus der Menge $\mathcal{D}$ aller Datenbasen und eine positive Integerzahl n auf die Datenbasis des n-ten Inferenzschrittes abbildet.

$$step: \mathcal{D} \times N \longrightarrow \mathcal{D}$$

Beim ersten Schritt ist der Wert der Inferenzprozedur offensichtlich die Ausgangsdatenbasis.

$$step(\Delta,1) = \Delta$$

Für eine Inferenzprozedur gibt es außer dieser einen keine wei-

teren Bedingung. Beispielsweise können wir eine Prozedur definieren, die die erste der oben angeführten Folgen von Datenbasen
erzeugt. Wir können uns aber auch eine weitere Prozedur definieren, die die zweite Folge erzeugt. Wir können sogar eine Prozedur definieren, die aus unserer Datenbasis Sätze entfernt.

Unsere Definition ist ziemlich allgemein gehalten. Als wichtige
Spezialfälle betrachten wir zuerst die Markov-Inferenzprozeduren,
danach gehen wir dann zu inkrementellen Inferenzprozeduren über.

In einer *Markov-Inferenzprozedur* ist bei jedem Schritt die Auswahl einer Datenbasis vollständig durch die Datenbasis des letztes
Schrittes bestimmt. Eine Markov-Inferenzprozedur können wir daher
definieren als eine Funktion *next* aus der Menge der Datenbasen in
die Menge der Datenbasen. Sie bildet jede während einer Inferenz
erzeugte Datenbasis auf ihren direkten Nachfolger ab.

$$next: \mathcal{D} \longrightarrow \mathcal{D}$$

Mit der Markov-Inferenzprozedur *next* kann man jetzt sehr leicht
die entsprechende Inferenzprozedur *step* definieren. Der Wert des
ersten Schritts ist einfach wieder die Ausgangsdatenbasis. Danach
ist der Wert von *step* dann das Ergebnis der Anwendung von *next* auf
die vorangegangene Datenbasis.

$$step(\Delta,n) = \begin{cases} \Delta & , \text{ falls } n{=}1 \\ next(step(\Delta,n{-}1)), & \text{ sonst} \end{cases}$$

Weil bei jedem Inferenzschritt die Auswahl einer Datenbasis
vollständig durch die vorherige Datenbasis bestimmt ist, können
wir alle weiteren Informationen über die Ableitungsgeschichte vernachlässigen. Markov-Inferenzprozeduren sind deshalb verständlicher und einfacher zu implementieren als viele Nicht-Markov-In-
ferenzprozeduren.

Obwohl in einer Markov-Inferenzprozedur die Ableitungen nicht
explizit von ihrer Geschichte abhängen, können wir dennoch auch
Markov-Prozeduren definieren, die durch ihre Ableitungsgeschichte
bestimmt sind, indem wir die in jeder Datenbasis implizit durch

die Reihenfolge der Sätze enthaltene Information berücksichtigen.
In Kapitel 10 geben wir hierzu ein erläuterndes Beispiel.

Leider läßt sich nicht jede Inferenzprozedur auf dieser Art
formalisieren. Als Beispiel betrachten wir hierzu eine Inferenzprozedur, die Modus Ponens bei jedem ungeraden und Modus Tollens
bei jedem geraden Schritt verwendet. Startet man diese Prozedur
mit einer Datenbasis Δ_1, bei der es unter Umständen mehrere Möglichkeiten zur Anwendung einer der beiden Regeln geben kann, so
schreibt die Prozedur zuerst Modus Ponens vor. Dies erzeugt die
Datenbasis Δ_2. In Δ_2 diktiert sie dann Modus Tollens. Beginnen wir
statt dessen aber mit der Datenbasis Δ_2, so benützt die Prozedur
zuerst Modus Ponens, weil ein ungerader Schritt vorliegt. Die Prozedur erzeugt also für ein und dieselbe Datenbasis zwei verschiedene Nachfolger und kann deshalb nicht als eine Markov-
Inferenzprozedur definiert werden.

Eine *inkrementelle Inferenzprozedur* ist eine Inferenzprozedur,
bei der die Datenbasis eines jeden Inferenzschrittes aus der vorherigen Datenbasis durch Hinzufügen keiner oder mehrerer neuer
Konklusionen erzeugt wird. Eine inkrementelle Inferenzprozedur
können wir als eine Funktion *new* formalisieren, die eine Datenbasis und eine positive Integerzahl auf das Inkrement der Datenbasis abbildet.

$$new:\ \mathcal{D} \times N \longrightarrow \mathcal{D}$$

Bei einem gegebenem Wert für die Funktion *new*, ist der Wert von
step diejenige Datenbasis, die man aus der Erweiterung der vorherigen Datenbasis durch Hinzufügen der neuen Konklusionen erhält.

$$step(\Delta,n) = \begin{cases} \Delta & ,\ \text{falls } n=1 \\ append(step(\Delta,n\text{-}1),new(\Delta,n\text{-}1)), & \text{sonst} \end{cases}$$

Das charakteristische Merkmal einer inkrementellen Inferenzprozedur ist ein monotones Wachstum der Datenbasis. Wir löschen niemals eine Konklusion. Wollen wir aus irgendwelchen Gründen frühere
Konklusionen entfernen, so kann dies eventuell zu Probleme führen.

Trotzdem sind inkrementelle Inferenzprozeduren weit verbreitet und sehr sinnvoll. Man sollte ihnen daher genügend Aufmerksamkeit schenken.

Als Beispiel für eine inkrementelle Inferenzprozedur betrachten wir die folgende. Wir wenden nur eine einzige Inferenzregel an: Modus Ponens. Die Inferenzen werden in die Breite gehend breadth-first durchgeführt, d.h. zuerst werden alle Inferenzen, die nur die Anfangsprämissen erfordern, vollzogen, dann alle Inferenzen, die auf den Konklusionen der ersten Inferenz beruhen und danach alle Inferenzen, die die Konklusionen der zweite Runde verwenden, usw. Unsere Prozedur besitzt auch eine *statische Ordnung*, bei jeder Runde werden die Inferenzen nämlich in der Reihenfolge vollzogen, in der die Sätze in der Datenbasis vorliegen.[1]

Zur Verdeutlichung der Arbeitsweise dieser Prozedur stellen wir uns die Datenbasis als eine Satzfolge mit offenem Ende vor. Wir verwenden zwei Zeiger, im folgenden *slow* und *fast* genannt, die uns bei der Orientierung helfen. Bei jedem Schritt vergleichen wir die Sätze, auf die die Zeiger verweisen. Wenn wir aus diesen zwei Sätzen mit Modus Ponens den dritten Satz ableiten können, so fügen wir den neuen Satz an das Ende der Liste hinzu. Beim Start des Inferenzprozesses setzen wir beide Zeiger auf den Kopf der Liste. Während des Inferenzprozesses wandern sie dann die Liste herunter. Deuten beide Zeiger auf verschiedene Positionen, so lassen wir den *slow*-Zeiger, wo er steht, und bewegen nur den *fast*-Zeiger vorwärts. Wann immer die beiden Zeiger auf die gleiche Stelle zeigen, bewegen wir den *fast*-Zeiger an den Kopf der Liste und den *slow*-Zeiger eine Position in der Liste tiefer.

Die folgende Datenbasensequenz illustriert diese Methode. Beide Zeiger sind am Anfang auf den Kopf der Liste gesetzt. Weil wir Modus Ponens nicht auf P und sich selbst anwenden können, wird der Datenbasis keine Konklusion angehängt. Da die Zeiger auf dieselbe

---

[1] Im Orig. wird eine solche Inferenzprozedur *static biased* genannt. [Anm.d. Übers.].

Stelle weisen, wird der fast-Zeiger an den Anfang der Liste
gesetzt (was in diesem Falle zu keiner Veränderung führt), und der
slow-Zeiger wandert eine Stelle weiter. Beim zweiten Schritt können wir Q mit Modus Ponens ableiten, das der Datenbasis für den
nächsten Schritt hinzugefügt wird. Jetzt bleibt der slow-Zeiger an
seinem Platz, und der fast-Zeiger wird weitergerückt. Im dritten
Schritt können wir keine Inferenz ableiten, und deshalb wird der
Datenbasis auch nichts hinzugefügt. Die Zeiger verweisen aber
wieder auf die gleiche Position und so wird der fast-Zeiger zurückgesetzt und der slow-Zeiger weitergerückt. Jetzt können wir R
ableiten, das im nächsten Schritt der Datenbasis angefügt wird.

$$
\begin{array}{llll}
\rightarrow\rightarrow P & \rightarrow\ P & P & \rightarrow P \\
P \Rightarrow Q & \rightarrow\ P \Rightarrow Q & \rightarrow\rightarrow P \Rightarrow Q & P \Rightarrow Q \\
P \Rightarrow R \longrightarrow & P \Rightarrow R \longrightarrow & P \Rightarrow R \longrightarrow & \rightarrow P \Rightarrow R \\
Q \Rightarrow S & Q \Rightarrow S & Q \Rightarrow S & Q \Rightarrow S \\
 & & Q & Q
\end{array}
$$

Diese Methode läßt sich folgendermaßen formalisieren. Zuerst
definieren wir eine Funktion *fast*, die die Ausgangsdatenbasis und
eine positive Integerzahl auf denjenigen Teil der Datenbasis abbildet, auf den der fast-Zeiger zeigt.

$$
fast(\Delta,n) = \begin{cases}
\Delta & , \text{ falls } n=1 \\
append(step(\Delta,n{-}1),new(\Delta,n)), & \text{ falls } fast(\Delta,n{-}1) \\
& \qquad = slow(\Delta,n{-}1) \\
append(rest(fast(\Delta,n{-}1)), & \\
\qquad new(\Delta,n)), & \text{ sonst}
\end{cases}
$$

Die Funktion *slow* bildet die Ausgangsdatenbasis und eine positive Integerzahl auf denjenigen Teil der Datenbasis ab, auf den
der slow-Zeiger zeigt.

$$
slow(\Delta,n) = \begin{cases}
\Delta & , \text{ falls } n=1 \\
append(rest(slow(\Delta,n{-}1)), & \\
\qquad new(\Delta,n)) & , \text{ falls } fast(\Delta,n{-}1) \\
& \qquad = slow(\Delta,n{-}1) \\
append(slow(\Delta,n{-}1),new(\Delta,n)), & \text{ sonst}
\end{cases}
$$

Zum Schluß definieren wir noch *new*. Wenden wir Modus Ponens auf den Kopf der beiden Teile der Datenbasis an, so ist die neue Datenbasis die nur aus den Konklusionen bestehenden Menge. Anderenfalls ist er die leere Menge. Die Relation *mp* gilt zwischen drei Sätzen genau dann, wenn der dritte Satz aus der Anwendung von Modus Ponens auf die ersten beiden Sätze entsteht.

$$
new(\Delta,n) = \begin{cases}
\Delta & , \text{ falls } n=1 \\
[\chi] & , \text{ falls } mp(first(fast(\Delta,n{-}1)), \\
 & \qquad\qquad first(slow(\Delta,n{-}1)),\chi) \\
[] & , \text{ sonst}
\end{cases}
$$

Man kann nun zeigen, daß diese Methode systematisch den Raum aller möglichen Konklusionen durchsucht, die aus der Anwendung von Modus Ponens entstehen können. Natürlich kann man die Methode noch effizienter gestalten, wenn wir weitere Inferenzregeln hinzunehmen.

3.3 LOGISCHE IMPLIKATION

Im Verlauf eines Inferenzprozesses müssen wir aufpassen, welche Konklusionen wir ableiten. Es gibt gute, aber es gibt auch schlechte Inferenzen. Unser Beispiel zu Beginn des Kapitels zeigte eine gute Inferenz. Aus der Prämisse, Artur ist entweder zuhause oder im Büro, konnten wir schließen, daß er im Büro ist. Auf der anderen Seite wollen wir aus diesen Prämissen nicht schließen, daß Artur notwendigerweise auch arbeitet, zumindest wollen wir dies nicht bei so wenig Informationen tun. Wir wollen sicherlich aber genauso wenig schließen, daß Artur irgendwo anders ist, zum Beispiel in seinem Auto. In diesem Abschnitt führen wir den wichtigen Begriff der inferentiellen Korrektheit ein, der auf dem Gedanken der logischen Implikation beruht.

In Kapitel 2 sahen wir, daß wir bei der Formalisierung von In-

formationen über die Welt immer eine bestimmte Interpretation der
Symbole unserer Sprache vor Augen haben. Wir sahen auch, daß wir
diese Interpretation im allgemeinen für einen anderen Agenten
nicht eindeutig dadurch fixieren können, daß wir immer mehr Fakten
notieren. Wie kann nun aber ein Agent wissen, welche der möglichen
Mengen von Konklusionen in unserer Interpretation wahr sind? Für
den Agenten ist eine Antwort auf diese Frage, nur solche Konklusionen abzuleiten, die in *allen* Interpretationen, die die Prämissen erfüllen, wahr sind. Solange der Agent an dieser Bedingung
festhält, braucht er auch gar nicht genau zu wissen, welche Interpretation wir intendiert haben. Wenn die Prämissen wahr sind, dann
sind auch die Konklusionen des Agenten wahr. Dies ist die Grundlage für den Begriff der logischen Implikation.

Eine Satzmenge Γ *impliziert logisch* einen Satz ϕ (geschrieben
als $\Gamma \models \phi$)[2] genau dann, wenn jede Interpretation und Variablenzuordnung, die die Sätze in Γ erfüllen, auch ϕ erfüllen. D.h. $\Gamma \models \phi$
gilt genau dann, wenn $\models_I \Gamma[U]$ für alle I und U auch $\models_I \phi[U]$ impliziert. Ein geschlossener Satz ϕ folgt aus einer Menge abgeschlos-
sener Sätze Γ genau dann, wenn jede Interpretation, die die Sätze
in Γ erfüllt, auch ϕ erfüllt.

Betrachten wir hierzu die nachstehende Menge geschlossener
Sätze. Diese Sätze implizieren logisch den Satz Über(A,B). Jede
Interpretation, die diese Sätze erfüllt, erfüllt auch Über(A,B).

$$\forall x \forall y \ \text{Auf}(x,y) \implies \text{Über}(x,y)$$
$$\text{Auf}(A,B)$$

Unter der intendierten Interpretation für die Symbole sind

---

[2] Eine andere Formulierung ist: ϕ *folgt logisch aus* Γ (engl. Γ
logically entails ϕ). In der anglo-amerikanischen Logik-Litera-
tur bezeichnet der Begriff *rule of Entailment* den Modus Ponens.
Dementsprechend bedeutet die Formulierung, *derivable by entailment*, "mit Modus Ponens ableitbar". Im hier gemeinten Zusammenhang übersetzen wir *logical entailment* als allgemeine Ableitbarkeit mithilfe von Inferenzregeln, also als logische Folgerung. [Anm.d.Übers.]

diese Sätze zum Beispiel in unserem Standard-Klötzchenwelt-Bei-
spiel offensichtlich erfüllt (vgl. Abb. 2.1.). Der erste Satz ist
eine allgemeine Eigenschaft der Relationen *Auf* und *Über*. Der
zweite Satz ist in dieser Situation erfüllt, weil das Klötzchen *a*
auf dem Klötzchen *b* steht. Die Interpretation erfüllt Über(A, B),
weil das Klötzchen *a* über dem Klötzchen *b* steht.

Wir können versuchen, ein Gegenbeispiel zu konstruieren und
eine Interpretation anzugeben, welche die Prämissen, aber nicht
die Konklusionen erfüllt. Beispielsweise könnten wir eine Interpretation ausprobieren, die Auf auf die Relation *Unter* und Über
auf die Relation *Unterhalb* abbildet. Unter dieser Interpretation
ist Über(A, B) offensichtlich nicht erfüllt, weil *a* nicht unterhalb
von *b* steht. Der erste Satz aus der Menge ist nicht erfüllt, weil
Unter Unterhalb impliziert. Leider ist auch der zweite Satz in der
Menge nicht erfüllt, weil *a* nicht unmittelbar unterhalb von *b*
steht. Diese Interpretation ist also kein Gegenbeispiel, denn sie
erfüllt nicht alle Sätze der Menge.

Da wir nun über den Begriff der logischen Implikation verfügen,
können wir jetzt ein Kriterien für die Bewertung von Inferenzprozeduren definieren. Wir sagen genau dann, eine Inferenzprozedur
sei *konsistent* (engl. *sound*), wenn jeder Satz, der mit dieser Inferenzregel aus der Datenbasis abgeleitet werden kann, logisch
durch die Datenbasis impliziert wird. Wir sagen genau dann, eine
Inferenzprozedur sei *vollständig* (engl. *complete*), wenn jeder
Satz, der logisch durch die Datenbasis impliziert wird, auch mit
der Inferenzprozedur ableitbar ist. In den nächsten zwei Kapiteln
diskutieren wir eine Prozedur, die mehr anwendungsorientiert und
sowohl konsistent als auch vollständig ist.

Eine *Theorie* ist eine Menge von Sätzen, die unter der logischen
Implikation abgeschlossen ist. Da es unendlich viele Konklusionen
aus einer beliebigen Satzmenge gibt, dehnt sich eine Theorie notwendigerweise unendlich aus. Eine Theorie $\mathcal{T}$ ist *vollständig* genau
dann, wenn jeder Satz ϕ entweder selbst oder wenn seine Negation
ein Element von $\mathcal{T}$ ist.

3.4 BEWEISBARKEIT

Für die praktische Verwendung der logischen Implikation als einem
Kriterium für die Korrektheit einer Inferenz ist die in ihrer Definition versteckt enthaltene Unendlichkeit ein offenkundiges Problem. Die Definition im vorangegangenen Kapitel besagte ja, eine
Datenbasis Δ impliziere einen Satz ϕ logisch genau dann, wenn jede
Interpretation, die Δ erfüllt, auch ϕ erfüllt. Das Problem ist
nun, daß die Zahl der Interpretationen jeder Satzmenge unendlich
ist, so daß es also keine Möglichkeit gibt, sie alle in einem end-
lichem Zeitaufwand zu testen.

Glücklicherweise ist die Situation aber nicht allzu problema-
tisch. Ein wichtiges Theorem der mathematischen Logik besagt nämlich, daß wenn Δ logisch ϕ impliziert, es dann einen endlichen
"Beweis" von ϕ aus Δ gibt. Man kann daher das Problem, die logische Implikation zu bestimmen, auf das Problem zurückführen,
diesen Beweis zu finden. Es gibt nun ein Verfahren, um alle zulässigen Beweise aufzuzählen. Somit können wir also in endlich vielen
Schritten überprüfen, ob Δ logisch ϕ impliziert.

Ein *Beweis* eines Satzes ϕ aus einer Datenbasis Δ ist eine endliche Folge von Sätzen, in denen (1) ϕ ein Element der Folge ist
(meistens das letzte) und (2) jedes Element der Folge entweder ein
Element von Δ oder ein logisches Axiom oder aus der Anwendung von
Modus Ponens auf Sätze der Folge entstanden ist. Beachten Sie, daß
wir nur eine einzige Inferenzregel in unserer Definition zulassen.
Ein Beweis ähnelt daher einer Ableitung, mit der Ausnahme, daß wir
logische Axiome zulassen und wir nur eine einzige Inferenzregel
benützen. Wie wir noch sehen werden, können wir alle anderen Inferenzregeln vernachlässigen, wenn wir nur genügend viele logische
Axiome hinzunehmen.

Ein *logisches Axiom* ist ein Satz, der von allen Interpretationen allein aufgrund seiner logischen Form erfüllt wird. Durch
die Addition weiterer logischer Axiome zu unserer Prämissenmenge
(die wir später *nicht-logische Axiome* (engl. auch *proper axioms*)

nennen werden) können wir diejenigen Konklusionen ableiten, die wir nicht durch Modus Ponens alleine erhalten würden.

Obwohl die Zahl der logischen Axiome unendlich ist, lassen sie sich doch durch eine endliche Zahl von *Axiomenschemata* beschreiben. Ein Axiomenschema ist ein Satzschema, das Variablen (die hier in griechischen Buchstaben gesetzt sind) enthält, die über alle wohlgeformten Sätze laufen. Jedes Schema bezeichnet eine Satzmenge, die entweder dem Schema selbst entsprechen oder aber Generalisierungen des Schemas sind, wobei die Generalisierung eines Satzes ϕ ein Satz der Form $\forall v\ \phi$ ist.

Das Schema der *Implikationseinführung* (IE) ist ein Schema, mit dem wir zusammen mit Modus Ponens Implikationen ableiten können.

$$\phi \implies (\psi \implies \phi)$$

Die folgenden Sätze sind alles Einsetzungen dieses Schemas. Im ersten Satz steht P(x) für ϕ und Q(y) steht für ψ. Im zweiten Satz ist ϕ der nichtatomare Satz P(x) $\implies$ R(x). Die letzten drei Sätze sind Generalisierungen des zweiten Satzes.

$$P(x) \implies (Q(y) \implies P(x))$$
$$(P(x) \implies R(x)) \implies (Q(y) \implies (P(x) \implies R(x)))$$
$$\forall y\ (P(x) \implies R(x)) \implies (Q(y) \implies (P(x) \implies R(x)))$$
$$\forall z\ (P(x) \implies R(x)) \implies (Q(y) \implies (P(x) \implies R(x)))$$
$$\forall x \forall y\ (P(x) \implies R(x)) \implies (Q(y) \implies (P(x) \implies R(x)))$$

Mit dem Schema der *Implikationsdistribution* (ID) können wir eine Implikation über eine andere Implikation verteilen. Impliziert ϕ, daß χ von ψ impliziert wird, so impliziert ϕ auch χ, falls ψ von ϕ impliziert wird.

$$(\phi \implies (\psi \implies \chi)) \implies ((\phi \implies \psi) \implies (\phi \implies \chi))$$

Das Schema des *Beweis durch Widerspruch* (WR) gestattet uns, auf die Negation eines Satzes zu schließen, wenn der Satz sowohl einen anderen Satz als auch dessen Negation impliziert.

$$(\psi \implies \neg\phi) \implies ((\psi \implies \phi) \implies \neg\psi)$$
$$(\neg\psi \implies \neg\phi) \implies ((\neg\psi \implies \phi) \implies \psi)$$

Mit dem Schema der *universellen Distribution* (UD) können wir Quantifikationen über Implikationen verteilen.

$$(\forall v \ \phi \implies \psi) \implies ((\forall v \ \phi) \implies (\forall v \ \psi))$$

Das Schema der *universellen Generalisierung* (UG) erlaubt uns, allquantifizierte Aussagen abzuleiten. Enthält ein Satz ϕ die Variable v nicht als eine freie Variable, dann ist es erlaubt, auf $\forall v \ \phi$ zu schließen.

$$\phi \implies \forall v \ \phi \quad \text{wobei } v \text{ nicht frei in } \phi \text{ vorkommt}$$

Das Schema der *universellen Einsetzung* ($\forall$E) besagt, daß wir, falls die Datenbasis einen allquantifizierten Satz $\forall v \ \phi$ enthält, immer eine Kopie von ϕ hinzufügen können, bei der über all dort, wo v vorkommt, ein passender Term ersetzt wurde.

$$(\forall v \ \phi) \implies \phi_{v/\tau}, \quad \text{wobei } \tau \text{ für } v \text{ frei in } \phi \text{ vorkommt}$$

Beachten Sie bitte, daß das Schema der universelle Instantiierung der Inferenzregel der universelle Instantiierung sehr ähnlich ist. Tatsächlich können wir zusammen mit ihm und Modus Ponens auch die gleichen Konklusionen ableiten. Aus diesem Grund haben wir diese Inferenzregel aus unserer Definition des Beweises weggelassen. Die anderen Inferenzregeln können wir aus ähnlichen Gründen ignorieren.

Daß unsere logischen Axiome allgemeingültig sind, läßt sich mit Hilfe der Bedeutung von $\neg$, $\implies$ und $\forall$ zeigen. Auf die gleiche Weise können wir für $\neg$, $\implies$ und $\forall$ auch andere logische Axiome durch weitere Schemata definieren, die deren semantische Definitionen enthalten.

Der $\iff$ Operator besagt, daß seine zwei Argumente sich gegenseitig implizieren. Wir können ihn also leicht durch den $\implies$ Operator definieren.

$$(\phi \iff \psi) \implies (\phi \implies \psi)$$
$$(\phi \iff \psi) \implies (\psi \implies \phi)$$
$$(\psi \implies \phi) \implies ((\phi \implies \psi) \implies (\phi \iff \psi))$$

Der $\Leftarrow$ Operator ist gerade die Umkehrung des $\Rightarrow$ Operators. Diese Äquivalenz können wir mit Hilfe des $\Leftrightarrow$ Operators ausdrücken.

$$(\phi \Leftarrow \psi) \Leftrightarrow (\psi \Rightarrow \phi)$$

Die Operatoren $\wedge$ und $\vee$ lassen sich durch die Operatoren $\neg$ und $\Rightarrow$ definieren.

$$(\phi\vee\psi) \Leftrightarrow (\neg\phi\Rightarrow\psi)$$
$$(\phi\wedge\psi) \Leftrightarrow \neg(\neg\phi\vee\neg\psi)$$

$\exists$ läßt sich durch $\neg$ und $\forall$ definieren.

$$(\exists\nu\ \phi) \Leftrightarrow (\neg\forall\nu\ \neg\phi)$$

Als Beispiel für einen Beweis mit logischen Axiomen betrachten wir die Aufgabe, den Satz $P \Rightarrow R$ aus den Sätzen $P \Rightarrow Q$ und $Q \Rightarrow R$ zu beweisen. Der Beweis verläuft wie folgt.

1.	$P \Rightarrow Q$	Δ
2.	$Q \Rightarrow R$	Δ
3.	$(Q \Rightarrow R) \Rightarrow (P \Rightarrow (Q \Rightarrow R))$	IE
4.	$P \Rightarrow (Q \Rightarrow R)$	2,3,MP
5.	$(P \Rightarrow (Q \Rightarrow R)) \Rightarrow ((P \Rightarrow Q) \Rightarrow (P \Rightarrow R))$	ID
6.	$(P \Rightarrow Q) \Rightarrow (P \Rightarrow R)$	4,5,MP
7.	$P \Rightarrow R$	1,6,MP

Wie in dem vorherigen Beweis, so ist auch hier wieder jeder Schritt vollständig mechanisch. Trotzdem kann man nur schwer dem Beweis folgen. Die Schwierigkeit liegt besonders an der fehlenden intuitiven Klarheit der logischen Axiome. Die Axiomenschemata wählten wir aus Gründen der Knappkeit, nicht aus Gründen der Verständlichheit. In der Praxis sollte man daher versuchen, eine umfangreichere und verständlicherere Axiomenmenge zu verwenden. Man erleichtert sich damit das Verständnis der Beweise erheblich.

Existiert für einen Satz ϕ ein Beweis aus der Menge der Prämissen Δ mit Hilfe Modus Ponens und den logischen Axiomen, so sagt man, der Satz sei *beweisbar* aus Δ (geschrieben als $\Delta \vdash \phi$) und nennt ihn ein *Theorem* von Δ.

Wir erwähnten schon früher, daß zwischen der Beweisbarkeit und der logischen Implikation eine enge Verbindung bestünde. Tatsächlich sind beide äquivalent.

$$\Delta \vdash \phi \;\equiv\; \Delta \vDash \phi$$

Der Begriff der Beweisbarkeit ist sehr wichtig in der KI, denn er zeigt uns, wie wir die Bestimmung der logischen Implikation automatisieren können. Von der Prämissenmenge Δ ausgehend, können wir Konklusionen aus dieser Menge abzählen. Tritt ein Satz ϕ auf, so ist er beweisbar aus Δ und daher eine logische Folgerung. Tritt die Negation von ϕ auf, so ist $\neg\phi$ eine logische Folgerung aus Δ und ϕ wird nicht logisch von Δ impliziert (es sei denn, Δ wäre inkonsistent).

Für einige Sätze garantiert dieses Vorgehen, daß ein Beweis für einen Satz oder dessen Negation gefunden werden kann. Mit anderen Worten, für diese Sätze ist die Frage nach der logischen Implikation *entscheidbar*. Leider gilt dies nicht für alle Sätze. Es kann vorkommen, daß weder ϕ noch seine Negation durch Δ logisch impliziert werden. Falls dies der Fall ist, so kommt das gerade beschriebene Verfahren niemals zu einem Ende, so daß die Frage der logischen Implikation nur *semi-entscheidbar* ist.

Eine Theorie $\mathcal{T}$ ist *endlich axiomatisierbar* genau dann, wenn es eine endliche Datenbasis Δ gibt, die durch logische Implikation alle Elemente von $\mathcal{T}$ erzeugt, d.h. wenn $\phi \in \mathcal{T}$, dann gilt $\Delta \vDash \phi$. Ist eine Theorie endlich axiomatisierbar, so ist sie auch semi-entscheidbar. Wenn eine Theorie nicht nur endlich axiomatisierbar, sondern auch vollständig ist, dann kann man eine stärkere Aussage machen. (Eine Theorie $\mathcal{T}$ heißt genau dann vollständig, wenn für jeden Satz ϕ der Sprache entweder $\phi \in \mathcal{T}$ oder $\neg\phi \in \mathcal{T}$ gilt). In diesem Falle wird jeder Satz oder dessen Negation logisch durch die endliche Axiomatisierung impliziert. Eine vollständige Beweisprozedur terminiert also vielleicht, wenn wir von Anfang an bei jedem Schritt entweder den entsprechenden Satz oder dessen Negation überprüfen.

Diese Tatsache benutzte Gödel zum Beweis einer interessanten Eigenschaft der Arithmetik. Es stellte sich heraus, daß es in der Arithmetik Probleme gibt, die in der Sprache der Arithmetik ausgedrückt, nicht entscheidbar sind. Nach dem eben geschilderten Argument kann daher keine endliche (oder allgemeiner, keine entscheidbare) Axiomatisierung der Arithmetik vollständig sein. Oder kürzer gesagt, über die Arithmetik können wir niemals alles das aussagen, was wahr ist.

3.5 DAS BEWEISEN DER BEWEISBARKEIT [*]

Spricht man über die Beweisbarkeit, so kann man oft leichter nachweisen, daß ein Satz beweisbar ist, ohne den Beweis auch wirklich explizit auszuführen. Die folgenden Theoreme zeigen, wie sich die Beweisbarkeit eines Satzes auf die Beweisbarkeit anderer Sätze zurückführen läßt. Lassen sich dann diese beweisen, so ist auch der zu beweisende Satz bewiesen.

Das folgende Deduktionstheorem ist beim Beweis von Sätzen der Form $\phi \implies \psi$ recht nützlich. Es besagt: Wenn wir das Antezedenz *annehmen* können und es uns gelingt, das Konsequenz zu beweisen, dann ist auch die Implikation als ganze beweisbar.

THEOREM 3.1 (DEDUKTIONSTHEOREM) *Ist* $\Delta \cup \{\phi\} \vdash \psi$, *dann gilt* $\Delta \vdash (\phi \implies \psi)$.

BEWEIS: Angenommen, $\Delta \cup \{\phi\} \vdash \psi$ und n sei die Länge des Beweises von ψ. Das Theorem läßt sich dann durch Induktion bezüglich n beweisen. Im Fall $n=1$ ist dies trivial. Ist ψ identisch mit ϕ, so können wir zeigen, daß $\phi \implies \psi$ aus den logischen Axiomen folgt. Ist ψ ein logisches Axiom oder ein Element von Δ, so können wir mit Modus Ponens und einer einzigen Einsetzung der Implikationseinführung $\phi \implies \psi$ beweisen. Für den Induktionsschritt nehmen wir dabei an, das Theorem sei wahr für alle Beweise mit weniger als n Schritten und der letzte Schritt im Beweis sei die Anwendung von Modus Ponens' auf die zwei vorherigen Ergebnisse χ und $\chi \Rightarrow \psi$. Wegen der Induktionsvoraussetzung muß es dann einen Beweis von $\phi \Rightarrow \chi$ und $\phi \Rightarrow (\chi \Rightarrow \psi)$ aus Δ geben. Durch Anwendung nun Modus Ponens und der Implikationsdistribution erhalten den Beweis von $\phi \Rightarrow \psi$. $\square$

Die nachfolgende Regel T liefert eine Aussage über die Transitivität der Ableitbarkeit. Können wir aus einer Menge von Prämissen eine Satzmenge ableiten und können wir aus diesen Konklusionen eine andere Satzmenge ableiten, so können wir auch letztere aus ersteren ableiten.

THEOREM 3.2 (REGEL T) *Wenn* $\Delta \vdash \phi_1, \ldots, \Delta \vdash \phi_n$ *und* $\{\phi_1, \ldots, \phi_n\} \vdash \phi$, *dann gilt* $\Delta \vdash \phi$.

BEWEIS: Wenn $\{\phi_1, \ldots, \phi_n\} \vdash \phi$, dann $\Delta \cup \{\phi_1, \ldots, \phi_n\} \vdash \phi$. Mit der n-fachen Anwendung des Deduktionstheorems gilt $\Delta \vdash \phi_1 \Rightarrow \ldots \Rightarrow \phi_n$ und mit n-facher Anwendung von Modus Ponens erhalten wir $\Delta \vdash \phi$. $\square$

THEOREM 3.3 (KONTRAPOSITIONSTHEOREM). $\Delta \cup \{\phi\} \vdash \neg\psi$ *genau dann, wenn* $\Delta \cup \{\psi\} \vdash \neg\phi$.

BEWEIS: Wenn $\Delta \cup \{\phi\} \vdash \neg\psi$, dann gilt nach dem Deduktionstheorem $\Delta \vdash (\phi \Rightarrow \neg\psi)$. Mit den logischen Axiomen können wir zeigen, daß $\{\phi \Rightarrow \neg\psi\} \vdash (\psi \Rightarrow \neg\phi)$. Daher folgt mit Regel T, $\Delta \vdash (\psi \Rightarrow \neg\phi)$. Mit Modus Ponens gelangen wir schließlich zu $\Delta \cup \{\psi\} \vdash \neg\phi$. Der Beweis des Theorems in umgekehrte Richtung verläuft symmetrisch. $\square$

Das nachstehende Widerlegungstheorem bietet die Grundlage für die Technik des Widerspruchsbeweises. Können wir aus der hypothetischen Negation eines Satzes einen Widerspruch ableiten, so ist der zu beweisende Satz bewiesen. Eine Satzmenge Δ ist genau dann inkonsistent, wenn es einen Satz ψ gibt, für den $\Delta \vdash \psi$ und $\Delta \vdash \neg\psi$ gilt.

THEOREM 3.4 (WIDERLEGUNGSTHEOREM) *Ist* $\Delta \cup \{\phi\}$ *inkonsistent, dann gilt* $\Delta \vdash \neg\phi$.

BEWEIS: Ist $\Delta \cup \{\phi\}$ inkonsistent, so existiert ein Satz ψ mit $\Delta \cup \{\phi\} \vdash \psi$ und $\Delta \cup \{\phi\} \vdash \neg\psi$. Mit dem Deduktionstheorem erhalten wir $\Delta \vdash (\phi \Rightarrow \psi)$ und $\Delta \vdash (\phi \Rightarrow \neg\psi)$. Mit dem Beweis durch Widerspruch können wir zeigen, daß $\{\phi \Rightarrow \psi, \phi \Rightarrow \neg\psi\} \vdash \neg\phi$. Mit der Regel T folgt aber dann $\Delta \vdash \neg\phi$. $\square$

THEOREM 3.5 (GENERALISIERUNGSTHEOREM) *Gilt* $\Delta \vdash \phi$ *und ist* ν *eine Variable, die nicht frei in* Δ *vorkommt, so gilt* $\Delta \vdash \forall\nu\ \phi$.

BEWEIS: Angenommen, daß $\Delta \vdash \phi$, n sei die Länge des Beweises für ϕ und ν komme nicht frei in Δ vor. Das Theorem wird bewiesen durch Induktion bezüglich n. Im Falle $n=1$ ist dies leicht. Ist ϕ ein Element von Δ, so kommt ν nach Voraussetzung nicht frei in ϕ vor. Wir können daher mit der universellen Generalisierung zeigen, daß $\forall\nu\ \phi$. Ist ϕ aber ein logisches Axiom, so ist nach Definition auch $\forall\nu\ \phi$ ein logisches Axiom. Für den Induktionsschritt nehmen wir an, das Theorem sei wahr für alle Beweise mit weniger als n Schritten, und der letzte Schritt des Beweises sei die Anwendung von Modus Ponens auf die zwei vorherigen Ergebnisse χ und $\chi \Rightarrow \phi$. Mit der Induktionsvoraussetzung folgen dann $\Delta \vdash \forall\nu\ \chi$ und $\Delta \vdash (\forall\nu\ (\chi \Rightarrow \phi))$. Mit der Universaldistribution können wir zeigen, daß $\Delta \vdash ((\forall\nu\ \chi) \Rightarrow (\forall\nu\ \phi))$. Mit Modus Ponens ergibt sich daher $\Delta \vdash (\forall\nu\ \phi)$. $\square$

Als Anwendungsbeispiel dieser Theoreme beim Reduzieren der Beweisbarkeit eines Satzes auf die Beweisbarkeit von anderen Sätzen, betrachten wir die Aufgabe, den folgenden Satz zu beweisen.

$$(\exists x \forall y\ P(x,y)) \implies (\forall y \exists x\ P(x,y))$$

Nach dem Deduktionstheorem genügt es zu zeigen, daß aus dem Antezedenz das Konsequenz beweisbar ist.

$$(\exists x \forall y\ P(x,y)) \vdash (\forall y \exists x\ P(x,y))$$

Weil in der Menge der Prämissen keine freien Variablen vorkommen, wissen wir mit dem Generalisierungstheorem, daß die allquantifizierte Konklusion beweisbar ist, falls der entsprechende nicht quantifizierte Satz beweisbar ist.

$$(\exists x \forall y\ P(x,y)) \vdash \exists x\ P(x,y)$$

Durch die Einsetzung der Definition von $\exists$ läßt sich das Problem reduzieren auf

$$\neg \forall x \neg \forall y\ P(x,y) \vdash \neg \forall y\ \neg P(x,y).$$

Mit dem Kontrapositionstheorem können wir das Problem umformen zu

$$\forall x\ \neg P(x,y) \vdash \neg\neg \forall x \neg \forall y\ P(x,y).$$

Mit der Regel T und der Tatsache, daß $\neg\neg\phi$ genau dann beweisbar ist, wenn ϕ beweisbar ist, entfernen wir im nächsten Schritt die doppelte Negation.

$$\forall x\ \neg P(x,y) \vdash \forall x \neg \forall y\ P(x,y)$$

Wir verwenden wiederum das Generalisierungstheorem und können den Allquantor fallen lassen.

$$\forall x\ \neg P(x,y) \vdash \neg \forall y\ P(x,y)$$

Nach dem Widerlegungstheorem genügt es nun zu zeigen, daß die folgenden zwei Sätze inkonsist sind.

$$\forall x\ \neg P(x,y)$$

$$\forall y\ P(x,y)$$

Abschließend können wir mit der Univeraleinsetzung zeigen, daß

$$\forall x\ \neg P(x,y)\ \vdash\ \neg P(x,y)$$

und

$$\forall y\ P(x,y)\ \vdash\ P(x,y)$$

Mit anderen Worten, die beiden Sätze sind inkonsistent, und die Beweisbarkeit des Ausgangssatzes ist gezeigt.

Denkt man über dieses Beispiel nach, so ist es wichtig, sich dabei zu vergegenwärtigen, daß der Beweis der Beweisbarkeit einer Konklusion ein *Meta-Beweis* ist: Es handelt sich um einen Beweis, daß ein formaler Beweis existiert. Es ist nicht der formale Beweis selbst. Obwohl es möglich ist, ein Programm zu schreiben, das über die Beweisbarkeit auf der Meta-Ebene schlußfolgern kann, sind die meisten Prozeduren zum automatischen Theorembeweisen an der Erzeugung der formalen Beweise und weniger an den Meta-Beweisen orientiert.

3.6 LITERATUR UND HISTORISCHE BEMERKUNGEN

Die in diesem Kapitel vorgestellten Axiomenschemata sind logisches Allgemeingut und folgen der Darstellung bei [Enderton 1972]. Die Äquivalenz der Beweisbarkeit und der logischen Implikation wurde zuerst von Gödel bewiesen [Gödel 1930]. Die Beweise sind in den gängigen Logiklehrbüchern enthalten. Die Unvollständigkeit jeder endlichen Axiomatisierung der Arithmetik wurde ebenfalls von Gödel bewiesen [Gödel 1931]. Obwohl dieses Ergebnis in der mathemaschen Logik besonders wichtig ist, bedeutet es nicht (wie einige Leute behauptet haben, [Lucas 1961]), daß Maschinen in der Lage seien, wie Menschen zu schlußfolgern. Wir Menschen können aber auf mechanische Weise auch nicht die Konsistenz beliebiger komplexer Systeme beweisen!

ÜBUNGEN:

1. *Ableitbarkeit*. Nach dem Gesetz ist es ein Verbrechen, ein nicht registriertes Gewehr zu verkaufen. Red besitzt mehrere nicht

registrierte Gewehre, die er alle von Lefty gekauft hat. Leiten Sie mit den im Text angegebenen Inferenzregeln ab, daß Lefty ein Verbrecher ist.

2. *Inferenzprozeduren.* Definieren Sie eine Inferenzprozedur, die auf Modus Ponens basiert und bei der die Suche depth-first, d.h. zuerst in die Tiefe gehend, vollzogen wird.

3. *Verschiedenes und Verwirrendes.* Unterscheiden Sie die folgenden drei Aussagen.

   a. $P \Rightarrow Q$

   b. $P \vDash Q$

   c. $P \vdash Q$

4. *Beweise.* Geben Sie einen formalen Beweis des Satzes $\forall x\ P(x) \Rightarrow R(x)$ aus den Prämissen $\forall x\ p(x) \Rightarrow Q(x)$ und $\forall x\ Q(x) \Rightarrow R(x)$ an. Beachten Sie dabei, daß mit dem Generalisierungstheorem dieses Problem nicht lösbar ist. Wir müssen hier das generalisierte Axiomenschema anwenden.

5. *Substitution.* Zeigen Sie, daß es unter der Voraussetzung der Beweisbarkeit von $\phi \Leftrightarrow \psi$ möglich ist, $\chi \Leftrightarrow \chi_{\phi/\psi}$ zu beweisen. Dabei ist $\chi_{\phi/\psi}$ ein Satz, der aus der Einsetzung von ψ anstelle von ϕ in χ entsteht.

6. *Generalisierung von Konstanten.* Es gelte $\Delta \vdash \phi$, und α sei eine Objektkonstante, die zwar in ϕ, nicht aber in Δ vorkommt. Zeigen Sie, daß dann $\Delta \vdash \forall v\ \phi_{\alpha/v}$ gilt, wobei v eine Variable ist, die weder in Δ noch in ϕ vorkommt und wobei $\phi_{\alpha/v}$ derjenige Ausdruck ist, der durch eine konsistente Ersetzung von α durch v in ϕ entsteht.

7. *Existenzeinsetzung.* Es komme die Objektkonstante α nicht in ψ oder Δ vor, und ψ sei aus Δ beweisbar. Zeigen Sie, daß man dann ψ aus Δ und $\exists v\ \psi_{\alpha/v}$ beweisen kann. Hinweis: Benützen Sie hierzu Übung 6.

KAPITEL **4**

RESOLUTION

IN DIESEM KAPITEL BESCHREIBEN WIR eine Inferenzprozedur, die auf einer einfachen, aber dennoch sehr leistungsfähigen Inferenzregel — dem sogenannten *Resolutionsprinzip* — basiert. Da es sich nur um eine einzige Inferenzregel handelt, ist das Verfahren leicht verständlich und auch einfach zu implementieren. Es ist korrekt und in gewissem Sinne auch vollständig. Abschnitt 4.1 stellt eine Variante des Prädikatenkalküls vor, die in der sogenannten Resolution verwendet wird. Abschnitt 4.2 definiert den zentralen Begriff der Unifikation, und Abschnitt 4.3 führt dann die Resolution selbst ein. Der Abschnitt 4.5 zeigt, wie man diese Prozedur bei der Bestimmung der Erfüllbarkeit verwenden kann. Abschnitt 4.6 demonstriert ihre Anwendung bei der Beantwortung von Wahr/Falsch-Fragen. Abschnitt 4.7 zeigt die Verwendung der Resolution bei der Beantwortung von Einsetzungsfragen. Die Abschnitte 4.8 und 4.9 stellen Beispiele zur Verfügung. Abschnitt 4.10 diskutiert dann Fragen der Konsistenz und der Vollständigkeit. Der letzte Abschnitt zeigt, wie man mit der Resolution Gleichungen lösen kann.

```
Procedure  Convert  (x)
1            Begin    x <- Implications_out(x),
2                     x <- Negations_in(x),
3                     x <- Standardize_variables(x),
4                     x <- Existentials_out(x),
5                     x <- Universals_out(x),
6                     x <- Disjunctions_in(x),
7                     x <- Operators_out(x),
8                     x <- Rename_variables(x)
             End
```

Abb.4.1 Konvertierung in die Klauselform

4.1 KLAUSELFORM

Das Resolutionsverfahren verwendet als Argumente eine Menge von
Ausdrücken, die in einer vereinfachten Version des Prädikatenkalküls, der *Klauselform* vorliegen. Die Symbole, Terme und atomare
Sätze der Klauselform sind dieselben wie im gewöhnlichen Prädikatenkalkül. Anstelle der logischen und quantifizierten Sätze verfügt die Klauselform über sogenannte Literale und Klauseln.

Ein *Literal* ist ein atomarer Satz oder die Negation atomarer
Sätze. Ein atomarer Satz ist ein *positives Literal,* die Negation
eines atomaren Satzes heißt *negatives Literal*.

Eine *Klausel* ist eine Menge von disjunkt miteinander verknüpften Literalen. Die Mengen {Auf(A,B)} und {¬Auf(A,B), Über(A,B)}
sind beispielsweise beides Klauseln. Die erste besagt, daß das
Klötzchen mit dem Namen A auf dem Klötzchen mit dem Namen B steht.
Die zweite sagt aus, daß entweder A nicht auf oder über dem Klötzchen mit dem Namen B steht. Eine sogenannte *Horn-Klausel* ist eine
Klausel mit mindestens einem positiven Literal.

Auf den ersten Blick erscheint die Klauselform sehr restriktiv.
Dies ist aber ein Irrtum. Für jeden Satz des Prädikatenkalküls

gibt es eine Klauselmenge, die dem Originalsatz insofern äquivalent ist, daß der Satz genau dann erfüllbar ist, wenn die entsprechende Menge von Klauseln erfüllbar ist. Die in Abb. 4.1 definierte Prozedur skizziert eine Methode, um einen beliebigen geschlossenen Satz in seine Klauselform zu überführen.

Im ersten Schritt entfernen wir sämtliche $\Rightarrow$, $\Leftarrow$ und $\Leftrightarrow$ Operatoren und ersetzen sie durch äquivalente Sätze, die nur $\neg$, $\wedge$ und $\vee$
Operatoren enthalten.

- $\phi \Rightarrow \psi$ wird ersetzt durch $\neg\phi \vee \psi$.
- $\phi \Leftarrow \psi$ wird ersetzt durch $\phi \vee \neg\psi$.
- $\phi \Leftrightarrow \psi$ wird ersetzt durch $(\neg\phi \vee \psi) \wedge (\phi \vee \neg\psi)$.

Im zweiten Schritt werden die Negationen über die anderen logischen Operatoren so verteilt, daß jeder dieser Operatoren auf
einen einzelnen atomaren Satz angewendet wird. Die folgenden Ersetzungsregeln erfüllen diese Aufgabe:

- $\neg\neg\phi$ wird ersetzt durch ϕ.
- $\neg(\phi \wedge \psi)$ wird ersetzt durch $\neg\phi \vee \neg\psi$.
- $\neg(\phi \vee \psi)$ wird ersetzt durch $\neg\phi \wedge \neg\psi$.
- $\neg\forall v\ \phi$ wird ersetzt durch $\exists v\ \neg\phi$.
- $\neg\exists v\ \phi$ wird ersetzt durch $\forall v\ \neg\phi$.

Im dritten Schritt benennen wir alle Variablen um, so daß jeder
Quantor eindeutig einer Variable zugeordnet wird. In einem Satz
wird also über die gleiche Variable nicht mehr als ein Mal quantifiziert. Die Formel $(\forall x\ P(x,x)) \wedge (\exists x\ Q(x))$ können wir zum Beispiel können wir durch $(\forall x\ P(x,x)) \wedge (\exists y\ Q(y))$ ersetzen.

Im vierten Schritt entfernen wir alle Existenzquantoren. Die
dabei verwendete Methode ist etwas kompliziert, wir erklären sie
deshalb in zwei getrennten Schritten.

Wenn ein existenzquantifizierter Satz nicht im Geltungsbereich
eines Allquantors auftritt, lassen wir den Quantor einfach weg und
ersetzen alle quantifizierten Variablen durch eine neue Konstante,
d.h. durch eine, die noch nirgendwo ihn unserer Datenbasis vorkommt. Ist also die Objektkonstante **A** noch nicht verwendet worden,

so können wir zum Beispiel $\exists x\ P(x)$ durch $P(A)$ ersetzen. Die in diesem Falle zum Ersetzen einer existenzquantifizierten Variablen verwendete Konstante heißt *Skolemkonstante*.

Steht im Geltungsbereich eines Allquantors ein Existenzquantor, so hängt unter Umständen der Wert der existenzquantifizierten Variablen von dem Wert der gebundenen allquantifizierten Variablen ab. Die existenzquantifizierte Variable können wir deshalb nicht einfach durch eine Konstante ersetzen. Stattdessen entfernen wir den Existenzquantor und ersetzen die zugehörige Variable durch einen Term, der aus einem neuen Funktionssymbol gebildet wird, das auf die gebundenen Variablen des Allquantors angewendet worden ist. Wenn also F ein neues Funktionssymbol ist, so können wir $\forall x \forall y\ \exists z\ P(x,y,z)$ durch $\forall x \forall y\ P(x,y,F(x,y))$ ersetzen. Eine so definierte Funktion heißt *Skolemfunktion*.

Im fünften Schritt entfernen wir alle Allquantoren. Da die restlichen Variablen zu diesem Zeitpunkt allquantifiziert sind, können daraus keine Mißverständnisse entstehen.

Im sechsten Schritt überführen wir den Ausdruck in die *konjunktive Normalform*, d.h. in eine Konjunktion von Literalen. Dies wird durch die folgende Regel erreicht:

- $\phi \lor (\ \psi \land \chi)$ wird ersetzt durch $(\phi \lor \psi) \land (\phi \lor \chi)$

Im siebten Schritt entfernen wir die Operatoren, indem wir die im sechsten Schritt entstandene Konjunktion als eine Menge von Klauseln schreiben. Wir ersetzten zum Beispiel den Satz $P \land (Q \lor R)$ durch die Menge, die aus der einfachen Klausel $\{P\}$ und der zweielementigen Klausel $\{Q,R\}$ besteht.

Im letzten Schritt benennen wir dann alle Variablen um, so daß in keiner Klausel mehr als eine Variable auftritt. Dies nennt man *Variablen standardisieren*.

Als Beispiel für diesen Konvertierungsprozeß versuchen wir den nachstehenden Ausdruck in Klauselform umzuformen. Der Ausdruck, von dem wir ausgehen, steht in der obersten Zeile und die Ausdrücke in den numerierten Zeilen sind die Ergebnisse des entsprechenden Konvertierungsschrittes.

Ausgehend von: $\forall x\ (\forall y\ P(x,y)) \implies \neg(\forall y\ Q(x,y) \implies R(x,y))$

Schritt 1: $\forall x\ \neg(\forall y\ P(x,y)) \lor \neg(\forall y\ \neg Q(x,y) \lor R(x,y))$

Schritt 2: $\forall x\ (\exists y\ \neg P(x,y)) \lor (\exists y\ Q(x,y) \land \neg R(x,y))$

Schritt 3: $\forall x\ (\exists y\ \neg P(x,y)) \lor (\exists z\ Q(x,z) \land \neg R(x,z))$

Schritt 4: $\forall x\ \neg P(x,F1(x)) \lor (Q(x,F2(x)) \land \neg R(x,F2(x)))$

Schritt 5: $\neg P(x,F1(x)) \lor (Q(x,F2(x)) \land \neg R(x,F2(x)))$

Schritt 6: $(\neg P(x,F1(x)) \lor (Q(x,F2(x)))\ \land$

$(\neg P(x,F1(x)) \lor \neg R(x,F2(x)))$

Schritt 7: $\{\neg P(x,F1(x)), Q(x,F2(x))\}$

$\{\neg P(x,F1(x)), \neg R(x,F2(x))\}$

Schritt 8: $\{\neg P(x1,F1(x1)), Q(x1,F2(x1))\}$

$\{\neg P(x2,F1(x2)), \neg R(x2,F2(x2))\}$

4.2 UNIFIKATION

Die Unifikation ist ein Prozeß zur Überprüfung, ob zwei Ausdrücke durch eine geeignete Substitution ihrer Variablen identisch werden. Wie wir noch sehen werden, ist sie ein wesentlicher Bestandteil der Resolution.

Unter einer *Substitution* versteht man jede endliche Menge von Zuordnungen zwischen Variablen und Ausdrücken, in denen (1) jede Variable höchstens einem Ausdruck zugeordnet wird, und (2) keine Variable, der ein Ausdruck zugeordnet ist, innerhalb eines zugeordneten Ausdrucks vorkommt. Beispielsweise ist die folgende Menge von Paaren eine Substitution, die der Variablen **x** dem Symbol **A** zuordnet, die Variable **y** dem Term **F(B)** und die Variable **z** der Variablen **w** zugeordnet.

$$\{x/A,\ y/F(B),\ z/w\}$$

Jeder Variablen ist höchstens ein Ausdruck zugeordnet und keine Variable mit einem zugeordneten Ausdruck kommt in einem anderen Ausdruck vor.

Im Gegensatz dazu ist die folgende Menge von Paaren keine Substitution.

$$\{x/G(y),\ y/F(x)\}$$

Die Variable **x**, die mit G(y) verknüpft ist, tritt in dem Ausdruck F(x), der mit **y** verbunden ist, auf. Die Variable **y** kommt in dem mit **x** verbundenen Ausdruck G(y) vor.

Oftmals bezeichnen wir die Termen, die durch eine Substitution einer Variablen zugeordnet werden, als *Bindungen* dieser Variablen. Die Substitution selbst wird *Bindungsliste* genannt und die Variablen, die über Bindungen verfügen, heißen *gebunden*.

Eine Substitution läßt sich auf einen Ausdruck des Prädikatenkalküls *anwenden*, um einen neuen Ausdruck (die sogenannte *Substitutionsinstanz*) zu erzeugen, die aus der Ersetzung der gebundenen Variablen durch ihre Bindungen entsteht. Variablen ohne Bindungen bleiben dabei unverändert. Im Gegensatz zu der gewöhnlichen funktionalen Notation ist die Schreibweise $\phi\sigma$ zur Bezeichnung der Substitutionsinstanz, die durch die Anwendung der Substitution σ auf den Ausdruck ϕ entsteht, gebräuchlich. Zum Beispiel führt in der folgenden Gleichung die Anwendung der oben genannten zulässigen Substitution auf den linksstehenden Ausdruck zu dem rechtsstehenden Ergebnis. Beachten Sie dabei, daß die beiden Vorkommen der Variablen **x** durch **A** ersetzt wurden und die Variable **v** unverändert bleibt, weil sie keine Bindungen besitzt.

$$P(x,x,y,v)\{x/A,y/F(B),z/w\}\ =\ P(A,A,F(B),v)$$

Eine Substitution τ ist *distinkt* zu einer Substitution σ genau dann, wenn in τ keine von σ gebundene Variable vorkommt (in σ können aber Variablen mit Bindungen von τ auftreten). Betrachten wir einmal die Substitution σ und eine davon distinkte Substitution τ. Die *Komposition* von τ mit σ (wieder umgekehrt geschrieben als $\sigma\tau$) ist diejenige Substitution, die man durch die Anwendung von τ auf die Terme von σ und die Addition der Bindungen von σ zu denen von τ erhält. Im folgenden Beispiel sind nach der ersten Substitution die Bindungen für **x** und **y** in die Bindungen für **w** eingesetzt und die Bindungen der zweiten Substitution dann zu der Menge der resultierenden Zuordnungen hinzugefügt worden.

$$\{w/G(x,y)\}\{x/A,y/B,z/C\} = \{w/G(A,B),x/A,y/B,z/C\}$$

Eine Menge von Ausdrücken $\{\phi_1,\ldots,\phi_n\}$ ist *unifizierbar* genau dann, wenn es eine Substitution σ gibt, die die Ausdrücke identisch macht, d.h. $\phi_1\sigma =\ldots= \phi_n\sigma$. In diesem Fall nennt man σ den *Unifikator* dieser Menge. Beispielsweise unifiziert die Substitution $\{x/A,y/B,z/C\}$ die Ausdrücke $P(A,y,z)$ und $P(x,B,z)$ mit dem Ergebnis $P(A,B,C)$.

$$P(A,y,z)\{x/A,y/B,z/C\} = P(A,B,C) = P(x,B,z)\{x/A,y/B,z/C\}$$

Obwohl die beiden Ausdrücke durch diese Substitution unifiziert werden, ist sie nicht der einzige Unifikator. Um die beiden Ausdrücke zu unifizieren brauchen wir ja nicht C für z zu ersetzen. Genauso gut können wir auch D oder F(C) oder F(w) substituieren. Tatsächlich können wir beide Ausdrücke auch unifizieren, wenn wir z überhaupt nicht verändern. Wir sollten auch erwähnen, daß einige Substitutionen allgemeiner sind als andere. Zum Beispiel ist die Substitution $\{z/F(w)\}$ allgemeiner als $\{z/F(C)\}$. Wir sagen, eine Substitution σ sei gleich oder allgemeiner als eine Substitution τ genau dann, wenn es eine andere Substitution δ gibt, so daß gilt $\sigma\tau = \tau$. Es ist nun interessant, den Unifikator mit der größten Allgemeingültigkeit zu betrachten. Wenn σ ein beliebiger Unifikator der beiden Ausdrücke ist, dann hat der *allgemeinste Unifikator* γ, (engl. *most general unifier*, *mgu*) von ϕ und ψ hat die Eigenschaft, daß, es dann eine Substitution δ mit der Eigenschaft

$$\phi\gamma\delta = \phi\sigma = \psi\sigma$$

gibt.

Eine wichtige Eigenschaft des allgemeinsten Unifikators ist, daß er bis auf eine Umbenennung der Variablen eindeutig ist. Die Substitution $\{x/A\}$ ist für die Ausdrücke $P(A,y,z)$ und $P(x,y,z)$ der allgemeinste Unifikator. Einen weniger allgemeinen Unifikator $\{x/A,y/B,z/C\}$ erhält man durch die Komposition des allgemeinsten

---

```
Recursive Procedur Mgu (x,y)

    Begin   x=y ==> Return(),
            Variable(x) ==> Return(Mguvar(x,y)),
            Variable(y) ==> Return(Mguvar(y,x)),
            Constant(x) or Constant(y) ==> Return(False)
            Not(Length(x)=Length(y)) ==> Return(False)
            Begin   i <— 0,
                    g <— [],
            Tag     i=Length(x) ==> Return(g),
                    s <— Mgu(Part(x,i),Part(y,i))
                    s=False ==> Return(False),
                    g <— Compose(g,s),
                    x <— Substitute(x,g),
                    y <— Substitute(y,g),
                    i <— i+1,
                    Goto Tag

            End
    End


    Procedure Mguvar (x,y)

            Begin   Includes(x,y) ==> Return(False),
                    Return([x/y])
            End
```

Abb.4.2.   Prozedur zur Berechung des allgemeinsten
            Unifikators

Unifikators mit der Substitution {y/B,z/C}. Wegen dieser Eigenschaft sprechen wir oft von *dem* allgemeinsten Unifikator zweier Ausdrücke.

Abb. 4.2 zeigt eine einfache rekursive Prozedur zur Bestimmung des allgemeinsten Unifikators zweier Ausdrücke. Sind zwei Ausdrücke unifizierbar, so gibt die Prozedur den allgemeinsten Unifikator zurück. Andernfalls ist der Rückgabewert **False**. Die Prozedur verlangt, daß ein Ausdruck eine Konstante, eine Variable oder ein strukturiertes Objekt ist. Das Prädikat **Variable** ist wahr für Variablen und das Prädikat **Constant** ist wahr für Konstanten. Ein strukturiertes Objekt besteht aus einer Funktionskonstanten oder aus einer Relationskonstanten oder aus einem Operator und einer Zahl von Argumenten. Das Prädikat **Length** gibt die Zahl der Argumente eines strukturierten Objektes an. Die Funktionskonstante, die Relationskonstante oder der Operator auf der obersten Ebene eines strukturierten Objektes ist der nullte **Part** und die Argumente stellen die weiteren Teile dar. Beispielsweise kann der Ausdruck **F(A,G(y))** als ein strukturiertes Objekt der Länge 2 aufgefaßt werden. Der nullte Teil ist die Konstante **F**, der erste Teil ist die Konstante **A** und der zweite Teil ist der Term **G(y)**.

In der Definition werden verschiedene Unterprogramme verwendet, die in Abb. 4.2 nicht näher spezifiziert sind. **Substitute** erfordert als Argument einen Ausdruck und eine Substitution, die als Menge von Bindungen repräsentiert wird. Ihr Rückgabewert ist ein Ausdruck, der aus der Anwendung der Substitution auf den Eingangsausdruck entsteht. **Compose** verlangt als Argument zwei Substitutionen und gibt deren Komposition zurück. Das Prädikat **Includes** verlangt als Argument eine Variable und einen Ausdruck und gibt genau dann **True** zurück, wenn die Variable in dem Ausdruck enthalten ist.

Die Verwendung von **Includes** in **Mguvar** nennt man *occur check*, da es dazu dient, zu prüfen, ob die Variable in dem Term auftritt oder nicht auftritt. Ohne diesen Test würde der Algorithmus herausfinden, daß Ausdrücke wie **P(x)** und **P(F(x))** unifizierbar seien, obwohl es für **x** keine Substitution gibt, die beide identifiziert.

4.3 DAS RESOLUTIONSPRINZIP

Der Grundgedanke der Resolution ist recht einfach. Wenn wir wissen, daß P wahr oder Q wahr ist, und wir ebenfalls wissen, daß P falsch oder R wahr ist, dann muß Q wahr oder R wahr sein. Die allgemeine Definition ist etwas komplizierter. Wir führen sie deshalb in drei getrennten Schritten ein.

Der einfachste Fall ist die Resolution ohne Variablen. Ist eine Klausel mit einem Literal ϕ gegeben und enthält eine weitere Klausel das Literal $\neg\phi$, so können wir eine Klausel ableiten,

welche die Literale der beiden Klauseln abzüglich des komplementären Paares enthält.

$$\frac{\begin{array}{l}\Phi \\ \Psi\end{array}}{(\Phi - \{\phi\})\cup(\Psi - \{\neg\phi\})} \qquad \begin{array}{l}\text{mit } \phi \in \Phi \\ \text{mit } \neg\phi \in \Psi\end{array}$$

Als Beispiel betrachten wir die folgende Deduktion. Die erste
Prämisse besagt, daß entweder P wahr oder Q wahr ist. Die zweite
Prämisse sagt, daß entweder P falsch oder R wahr ist. Mit der Resolution können wir aus diesen Prämissen schliessen, daß entweder
Q wahr oder R wahr ist. Das Δ auf der rechten Seite zeigt an, daß
der entsprechende Satz in unserer Anfangsdatenbasis enthalten ist,
und die Nummer gibt an, von wo die entsprechende Klausel abgeleitet wurde.

1. {P,Q} Δ
2. {¬P,R} Δ
3. {Q,R}   1, 2

Da Klauseln Mengen sind, kann ein Literal nicht zweimal in
einer Klausel vorkommen. Nachdem wir eine Konklusion aus zwei
Klauseln abgeleitet haben, die ein gemeinsames Literal enthalten,
reduzieren wir deshalb das doppelte Auftreten zu einem einzigen,
wie in dem nachstehenden Beispiel gezeigt.

1. {P,Q} Δ
2. {¬P,Q} Δ
3. {Q}   1, 2

Ist eine der Klauseln eine Menge mit nur einem Element, so ist
die Zahl der resultierenden Literale kleiner als die Zahl der Literale in den übrigen Klauseln. Aus der Klausel {¬P,Q} und der
einelementigen Klausel {P} können wir die einfachen Klausel {Q}
ableiten. Beachten Sie bitte die Entsprechnung zwischen dieser Deduktion und Modus Ponens auf der rechten Seite.

1. {¬P,Q} Δ 1. P $\Longrightarrow$ Q Δ

2. {P}   Δ   2. P   Δ

3. {Q}   1, 2   3. Q   1, 2

Die Resolution zweier einelementiger Klauseln erzeugt die *leere Klausel*, d.h. eine Klausel, die keine Literale enthält. Die Ableitung der leeren Klausel bedeutet, daß die Datenbasis einen Widerspruch enthält.

1. {P}   Δ

2. {¬P}   Δ

3. {}   1, 2

Leider ist unsere einfache Definition der Resolution noch zu einfach. Sie bietet nämlich keine Möglichkeit, Variablen zu instantiieren. Glücklicherweise können wir dieses Problem durch eine neue Definition der Resolution lösen, in der wir die Unifikation verwenden.

Angenommen, Φ und Ψ seien zwei Klauseln. Wenn es nun ein Literal ϕ in Φ und ein Literal $\neg\psi$ in Ψ gibt, so daß ϕ und ψ einen allgemeinsten Unifikator γ besitzen, so können wir diejenige Klausel ableiten, die aus der Anwendung der Substitution γ auf die Vereinigung von Φ und Ψ abzüglich der komplementären Literale entsteht.

$$\frac{\Phi \qquad\qquad\qquad \Psi}{((\Phi - \{\phi\})\cup(\Phi - \{\neg\psi\}))\gamma, \quad \text{wobei } \phi\gamma = \psi\gamma} \qquad\begin{array}{l} \text{mit } \phi \in \Phi \\ \text{mit } \neg\psi \in \Psi \end{array}$$

Die folgende Deduktion zeigt den Einsatz der Unifikation bei der Anwendung der Resolutionsregel. In diesem Beispiel unifiziert das erste Disjunkt des ersten Satzes mit der Negation des ersten Disjunkts des zweiten Satzes durch den allgemeinsten Unifikator {x/A}.

1.   {P(x),Q(x,y)}   Δ

2.   {¬P(A),R(B,z)}   Δ

3.   {Q(A,y),R(B,z)}   1, 2

Wenn zwei Klauseln resolvieren, so können sie mehr als eine Resolvente besitzen, denn es kann ja mehrere Möglichkeiten geben, ϕ und ψ zu wählen. Als Beispiel betrachten wir hierzu die folgende Deduktion. Im ersten Fall ist $\phi = P(x,x)$ und $\psi = P(A,z)$ und der allgemeinste Unifikator ist $\{x/A\}$, $\{z/A\}$. Im zweiten Fall ist $\phi = Q(x)$ und $\psi = Q(B)$ und der allgemeinste Unifikator ist $\{x/B\}$. Glücklicherweise können zwei Klauseln aber höchstens endlich viele Resolventen besitzen.

1. $\{P(x,x),Q(x),R(x)\}$ Δ
2. $\{\neg P(A,z),\neg Q(B)\}$ Δ
3. $\{Q(A),R(A),\neg Q(B)\}$ 1, 2
4. $\{P(B,B),R(B),\neg P(A,z)\}$ 1, 2

Leider reicht diese Definition immer noch nicht aus. Sind uns nämlich die Klauseln $\{P(u),P(v)\}$ und $\{\neg P(x),\neg(y)\}$ gegeben, so sollten wir auch in der Lage sein, die leere Klausel, d.h. einen Widerspruch abzuleiten. Mit unserer vorangegangenen Definition ist dies aber unmöglich. Durch eine kleine Änderung in unserer Definition können wir dies allerdings beheben.

Besitzt eine Teilmenge von Literalen einer Klausel Φ einen allgemeinsten Unifikator γ, so nennt man diejenige Klausel Φ', die durch Anwendung von γ auf Φ entsteht, einen *Faktor* von Φ. Beispielsweise haben die Literale $P(x)$ und $P(F(y))$ den allgemeinsten Unifikator $\{x/F(y)\}$, so daß die Klausel $\{P(F(y)),R(F(y),y\}$ ein Faktor von $\{P(x),P(F(y)),R(x,y)\}$ ist. Natürlich ist jede Klausel ein trivialer Faktor von sich selbst.

Mit dem Begriff des Faktors können wir nun unsere endgültige Definition des *Resolutionsprinzips* formulieren. Angenommen, Φ und Ψ seien zwei Klauseln. Kommt in einem Faktor Φ' von Φ ein Literal ϕ vor und in einem Faktor Ψ' von Ψ ein Literal $\neg\psi$ vor, so daß ϕ und ψ den allgemeinsten Unifikator γ besitzen, dann sagen wir, daß die beiden Klauseln Φ und Ψ miteinander *resolvieren* und die neue Klausel $((\Phi' - \{\phi\} \cup (\Psi' - \{\neg\psi\}))\gamma$ eine *Resolvente* der beiden Klauseln sei.

$$\frac{\begin{array}{l}\Phi\\ \Psi\end{array}}{((\Phi' - \{\phi\})\cup(\Phi' - \{\neg\psi\}))\gamma}, \quad \text{wobei } \phi\gamma = \psi\gamma$$

mit $\phi \in \Phi'$
mit $\neg\psi \in \Psi'$

Die Standardisierung von Variablen können wir nun als eine triviale Anwendung der Faktorisierung auffassen. Inbesondere erlaubt uns unsere Definition, die Variablen in einer Klausel umzubenennen, damit keine Probleme mit den Variablen anderer Klauseln entstehen können. Die Situationen, in denen nicht-triviale Faktoren auftreten, sind in der Praxis extrem selten und keine der Klauseln in unseren Beispielen enthalten nicht-triviale Faktoren. Daher vernachlässigen wir, mit Ausnahme der Umbenennung von Variablen, im weiteren Verlauf unseren Betrachtungen die Faktoren.

4.4 RESOLUTION

Eine *Resolutionsableitung* einer Klausel Φ aus einer Datenbasis Δ ist eine Klauselfolge, bei der (1) Φ ein Element der Folge ist, und (2) jedes Element entweder ein Element von Δ ist oder durch die Anwendung des Resolutionsprinzips aus Klauseln, die früher in der Folge vorkommen, entstanden ist.

Die nachstehende Klauselfolge ist beispielsweise eine Resolutionsableitung der leeren Klausel aus der mit Δ bezeichneten Klauselmenge. Die Klausel in Zeile 5 ist aus den Klauseln der Zeilen 1 und 2 abgeleitet. Die Klausel in Zeile 6 ist aus Klauseln der Zeilen 3 und 4 entstanden, und die Konklusion (Zeile 7) ist durch Resolution dieser beiden Konklusionen (Zeile 5 und 6) abgeleitet worden.

1. $\{P\}$ Δ
2. $\{\neg P, Q\}$ Δ
3. $\{\neg Q, R\}$ Δ
4. $\{\neg R\}$ Δ

```
Procedure Resolution (Delta)
   Repeat     Termination(Delta) ==> Return(Success)
              Phi <— Choose(Delta), Psi <— Choose(Delta)
              Chi <— Choose(Resolvents(Phi,Psi)),
              Delta <— Concatenate(Delta,[Chi])
   End
```

Abb.4.3 Die Resolutionsprozedur

    5. {Q}   1, 2
    6. {¬Q}   3, 4
    7. {}   5, 6

Abb. 4.3 skizziert eine nicht-deterministische Resolutionsprozedur. In der ersten Zeile steht die Abbruchbedingung, die bei unterschiedlichen Anwendungen jeweils anders lauten kann. Die folgenden Abschnitte dieses Kapitels beschreiben nun verschiedene Anwendungen mit unterschiedlichen Abbruchbedingungen. Ist die Abbruchbedingung nicht erfüllt, so wählt die Prozedur die Klauseln **Phi** und **Psi** aus, fügt deren Resolventen zu der Klauselmenge **Delta** hinzu und wiederholt diesen Vorgang. Das Unterprogramm **Resolvents** berechnet alle Resolventen der beiden Klauseln und standardisiert deren Variablen (zum Beispiel durch die Einführung neuer Variablennamen).

Diese Prozedur kann man zur Erzeugung der oben dargestellten Resolutionsableitung verwenden. In unserem Beispiel trafen wir an jeder Stelle eine geeignete Wahl für **Phi** und **Psi**. Wir hätten aber auch genauso gut auch andere Resolutionen wählen können. Abb. 4.4 zeigt einen sich über drei Deduktionsebenen erstreckenden Graphen aller Resolutionen, die mit der Ausgangsdatenbasis möglich sind. Einen solchen Graphen nennt man *Resolutionsgraph*.

Eines der Probleme, das mit Inferenzgraphen, wie dem in Abb. 4.4, verbunden ist, besteht darin, daß sie in zwei Dimensionen schwierig darzustellen sind. Glücklicherweise können wir solche Graphen in linearer Form darstellen. Eine *Resolutionsspur* (engl.

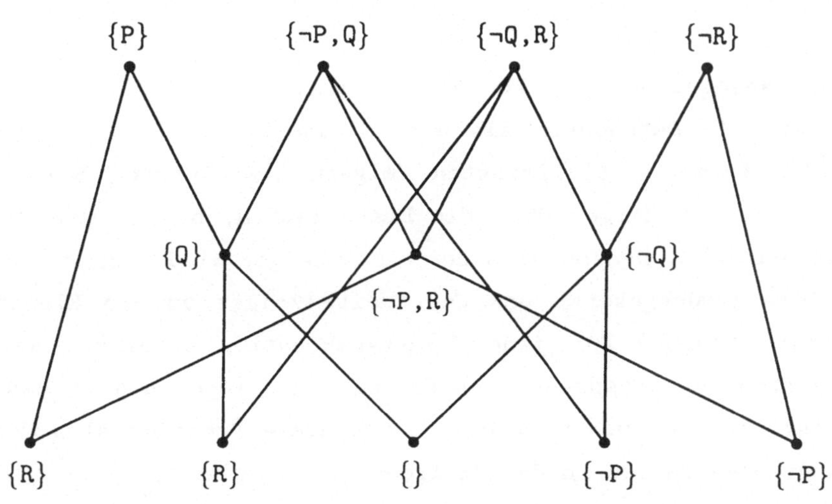

Abb. 4.4 Resolutionsgraph über drei Ebenen

resolution trace) ist eine in einzelne *Ebenen* aufgeteilte Folge von kommentierten Klauseln. Die erste Ebene enthält einfach die Klauseln der Ausgangsdatenbasis. Jede weitere Ebene enthält alle Klauseln, die auf der vorherigen Ebene mindestens ein Elternpaar besitzen. Genau wie bei einem Beweis verweisen die Kommentare auf die Klauseln aus denen die Ableitung vollzogen wurde. Beispielsweise enthält der folgende Resolutionstrace die Informationen des Resolutionsgraphen aus Abb. 4.4.

1.	{P}	Δ
2.	{¬P,Q}	Δ
3.	{¬Q,R}	Δ
4.	{¬R}	Δ
5.	{Q}	1, 2
6.	{¬P,R}	2, 3
7	{¬Q}	3, 4
8.	{R}	3, 4
9.	{R}	1, 6
10.	{¬P}	4, 6

11. {¬P}   2, 7
12. {}   5, 7

Eine Resolutionsspur können wir mechanisch leicht erzeugen, indem wir die Datenbasis als eine Klauselliste mit zwei auf den Kopf der Liste initialisierten Zeigern abspeichern. Wir lassen dann den ersten Zeiger über die Liste laufen, bis er den zweiten Zeiger erreicht. Danach wird der erste Zeiger wieder an den Anfang der Liste zurückgesetzt und der zweite Zeiger um ein Element in der Liste erhöht. Für jede Zeigerkombination berechnen wir die Resolventen der entsprechenden Klauseln und fügen sie an das Ende der Liste an. Im Endeffekt durchsucht diese Prozedur also den Inferenzgraphen zuerst in der Breite.

Obwohl es nicht eigentlicher Bestandteil der Resolutionsdefinition ist, ist es doch üblich, Resolutionsprozeduren (allgemein jede Deduktionsprozedur) durch sogenannte *prozedurale Auswertungen* (engl. *procedural attachment (PA)*[1] zu erweitern. Dies ist besonders dann recht nützlich, wenn der Computer bei der Laufzeit des Programmes verschiedene Spezialprogramme einsetzen kann, um die Wahrheit einzelner Literale unter den Standardinterpretationen auszuwerten. Normalerweise werden Grundinstanzen prozedural ausgewertet. Bezeichnet zum Beispiel das Prädikatensymbol > die Relation *größer_als* der natürlichen Zahlen, so kann man Grundinstanzen wie 7>3 sehr leicht zum Zeitpunkt ihres Auftretens auswerten, denn wir wollen sicherlich nicht unserer Basismenge eine Tabelle derjenigen Zahlen, hinzufügen, die die Relation erfüllen.

Es ist nun sehr interessant, sich einnal näher anzuschauen, was mit der Formulierung "Auswertung eines Ausdruckes" wie 7>3 über-

---

[1] Unter einer *prozeduralen Auswertung* versteht man eine Zuweisung prozeduraler Operationen zu funktionalen oder deklarativen Ausdrücken (hier des Prädikatenkalküls). Prozedurale Auswertungen sind zum Beispiel eine bekannte Technik in der KI-Programmiersprache LISP. Die Semantik einer prozeduralen Auswertung ist das Resultat der zugeordneten Prozedur. [Anm. d.Übers.].

haupt gemeint ist. Die Ausdrücke des Prädikatenkalküls sind ja sprachliche Konstrukte, die Objekte, Funktionen oder Relationen in der Anwendungsdomäne bezeichnen. Solche Ausdrücke lassen sich in Bezug auf ein Modell interpretieren, das die sprachlichen Entitäten mit den entsprechenden Entitäten der Domäne verknüpft.

Bei einem gegebenen Modell können wir jeden endlichen Interpretationsprozeß zur Entscheidung der Wahrheit oder Falschheit von Sätzen relativ zu diesem Modell verwenden. Leider sind — im allgemeinen zumeist — die Modelle und die Interpretationsprozesse unendlich, aber oftmals können wir partielle Modelle benützen. In unserem Beispiel mit der Ungleichheitsrelation können wir mit dem Prädikatensymbol > ein Computerprogramm verbinden, das im endlichen Bereich der Anwendungsdomäne des Programmes Zahlen vergleicht. Nennen wir dieses Programm **Größerp**. Wir sagen nun, das Programm **Größerp** sei dem Prädikatensymbol > *zugewiesen* (engl. *attached to*). In dieser Hinsicht können wir auch die sprachlichen Symbole 7 und 3 (d.h. die Ziffern) mit den Datenobjekten 7 und 3 des Computers verknüpfen. Wir sagen dann, daß die Zahl 7 dem Datenobjekt 7 zugewiesen und die Zahl 3 dem Objekt 3 zugewiesen sind und daß das Computerprogramm und die von **Größerp(7,3)** repräsentierten Argumente dem sprachlichen Ausdruck 7>3 zugewiesen seien. Jetzt können wir das Programm laufen lassen, um festzustellen, daß 7 wirklich größer ist als 3.

Auf diese Weise können wir auch den Funktionssymbolen Prozeduren zuweisen. Beispielsweise kann dem Funktionssymbol + ein Additionsprogramm zugewiesen werden. Auf diese Weise können wir eine Verknüpfung oder eine prozedurale Zuweisung zwischen dem ausführbarem Computercode und einigen sprachlichen Ausdrücken unseres Prädikatenkalküls herstellen. Die Auswertung der zugewiesenen Prozeduren kann man sich dabei als einen Interpretationsprozeß bezüglich eines partiellen Modells denken. Mit prozeduralen Auswertungen kann man den Suchaufwand, der anderenfalls für den Beweis von Theoremen benötigt würde, eventuell reduzieren.

Ein Literal wird ausgewertet, wenn es zur Laufzeit der zugewiesenen Prozeduren interpretiert wird. Normalerweise lassen sich zwar nicht alle Literale einer Klauselmenge auswerten, die Klauselmenge vereinfacht sich aber. Erweist sich ein Literal als falsch, so kann dieses Literal aus der Klauselmenge entfernt werden. Erweist sich allerdings ein Literal als wahr, so kann die gesamte Klausel entfernt werden, ohne daß die Unerfüllbarkeit der Restmenge davon betroffen wäre. Die Klausel $\{P(x),Q(x),7{<}3\}$ kann durch $\{P(x),Q(x)\}$ ersetzt werden, weil $7{<}3$ falsch ist. Die Klausel $\{P(x),Q(x),7{>}3\}$ kann ganz entfernt werden, denn das Literal $7{>}3$ ist wahr. Die Zuweisung von sprachlichen Objekten zu semantischen Elementen ist ein wichtiges Prinzip in der KI und hat einen weiten Anwendungsbereich.

4.5 UNERFÜLLBARKEIT

Der einfachste Anwendungfall der Resolution ist der Nachweis der Unerfüllbarkeit. Ist eine Klauselmenge unerfüllbar, so läßt sich aus ihr mit der Resolution immer ein Widerspruch ableiten. In der Klauselform stellt sich ein Widerspruch in Form der leeren Klausel dar, die äquivalent zu einer Disjunktion ohne Literale ist. Alles was wir deshalb tun müssen, um den Nachweis der Unerfüllbarkeit zu automatisieren, ist, die Resolution zum Testen aller Konsequenzen der zu prüfenden Menge zu verwenden und genau dann aufzuhören, wenn die leere Klausel erzeugt wurde.

Die in Abschnitt 4.4. beschriebene Ableitung ist ein gutes Beispiel für die Anwendung der Resolution bei der Bestimmung von Unerfüllbarkeit. Da die Resolutionen die leere Klausel erzeugen, ist die Ausgangsmenge unerfüllbar.

Den Nachweis der Unerfüllbarkeit einer Klauselmenge kann man auch benützen, um zu zeigen, daß eine Formel von einer Formelmenge logisch impliziert wird. Angenommen, wir wollten zeigen, daß die Formelmenge Δ die Formel ψ logisch impliziert. Wir können dies dadurch erreichen, daß wir für ψ aus Δ einen Beweis finden, d.h. daß wir zeigen, daß $\Delta \vdash \psi$. Mit dem Widerlegungstheorem (Kapitel 3), können wir durch den Nachweis, daß $\Delta \cup \{\neg\psi\}$ inkonsistent (unerfüllbar) ist, zeigen, daß $\Delta \vdash \psi$. Wenn wir also gezeigt haben, daß die Formelmenge $\Delta \cup \{\neg\psi\}$ unerfüllbar ist, so haben wir damit auch gezeigt, daß Δ logisch ψ impliziert.

Betrachten wir diese Technik einmal vom modelltheoretischen Standpunkt. Falls $\Delta \vDash \psi$, so sind alle Modelle von Δ auch Modelle von ψ. Daher kann keines davon ein Modell von $\neg\psi$ sein und deshalb ist $\Delta \cup \neg\psi$ unerfüllbar. Nehmen wir umgekehrt einmal an, $\Delta \cup \neg\psi$ sei unerfüllbar, aber Δ sei erfüllbar. I sei eine Interpretation, die Δ erfüllt. I erfüllt nicht $\neg\psi$, denn wenn es dies täte, wäre $\Delta \cup \neg\psi$ erfüllbar. Daher erfüllt I ψ. (Eine Interpretation muß entweder ψ oder $\neg\psi$ erfüllen). Weil dies für ein beliebiges I gilt, gilt es auch für alle I, die Δ erfüllen. Deshalb sind alle Modelle von Δ auch Modelle von ψ, und daher impliziert Δ logisch ψ.

Für die Anwendung dieser Technik — die logische Implikation über den Nachweis der Unerfüllbarkeit nachzuweisen — haben wir zuerst ψ negiert und es dann zu Δ addiert, was uns zu Δ' führte. Danach haben wir Δ' in die Klauselform überführt und die Resolution angewendet. Wurde dabei die leere Klausel erzeugt, so war das Original Δ' unerfüllbar, und wir hatten damit gezeigt, daß Δ ψ logisch impliziert. Diese Methode nennt man *Resolutionswiderlegung* (engl. *resolution refutation*). In den nächsten Abschnitten werden wir sie noch durch weitere Beispiele erläutern.

4.6 WAHR/FALSCH-FRAGEN

Eines der Anwendungsgebiete für den Beweis der logischen Implikation durch die Resolutionswiderlegung ist die Beantwortung von Wahr/Falsch-Fragen. Als Beispiel betrachten wir die folgenden Resolutionsspur. Unsere Datenbasis enthält die Fakten, daß Artur der

Vater von Johann, daß Robert der Vater von Isabell ist, und daß Väter ein Elterteil sind. Um zu beweisen, daß Artur ein Elternteil von Johann ist, negieren wir die entsprechende Formel und erhalten die Klausel 4, die besagt, daß Artur kein Elternteil von Johann ist. Das Γ gibt an, daß die entsprechende Klausel aus der Negation der zu beweisenden Formel abgeleitet wurde. Wie im vorherigen Beispiel steht Δ dafür, daß die entsprechende Klausel in der Ausgangsdatenbasis enthalten ist.

1.	$\{V(Artur, Johann)\}$	Δ
2.	$\{V(Robert, Isabell)\}$	Δ
3.	$\{\neg V(x,y), E(x,y)\}$	Δ
4.	$\{\neg E(Artur, Johann)\}$	Γ
5.	$\{E(Artur, Johann)\}$	1, 3
6.	$\{E(Robert, Isabell)\}$	2, 3
7.	$\{\neg V(Artur, Johann)\}$	3, 4
8.	$\{\}$	4, 5
9.	$\{\}$	1, 7

Oft nennt man die zu beweisende Formel *Ziel* (engl. *goal*) und die Klauseln, aus deren Negation das Ergebnis entsteht, *Ziel-Klauseln*. Im vorigen Beispiel gab es nur eine einzige Ziel-Klausel. Die Negation und die anschließende Umwandlung komplizierterer Fragen in die Klauselform kann aber auch zu mehreren Ziel-Klauseln führen, die dann alle der Datenbasis hinzugefügt werden müssen. In einigen Fällen muß man nur einige oder sogar auch alle dieser Ziel-Klauseln zur Ableitung des Ergebnisses benützen.

Nehmen wir zum Beispiel an, wir wüßten nichts über Artur oder über Johann und wir wollten die einfache Tautologie beweisen, daß Artur entweder der Vater von Johann ist oder dies nicht ist. Das Ziel ist also die Disjunktion $V(Artur, Johann) \vee \neg V(Artur, Johann)$. Die Negation dieses Satzes und deren Addition zu der Klauselmenge führt uns zu der nachfolgenden Resolutionsspur. Die zwei Klauseln können wir direkt miteinander resolvieren, um die leere Klausel zu erzeugen und damit das Ergebnis zu beweisen.

1. $\{\neg V(\text{Artur}, \text{Johann})\}$ Γ

2. $\{V(\text{Artur}, \text{Johann})\}$ Γ

---

3. $\{\}$ 1, 2

Außer der Beantwortung von Wahr/Falsch-Fragen über den Inhalt von Datenbasen kann man die Resolution auch zum Beweis mathematischer Theoreme und der Korrektheit von Computerprogrammen benützen. Beispiele hierzu finden Sie in Abschnitt 4.9. und in den Übungen.

4.7 EINSETZUNGSFRAGEN

In Abschnitt 4.6. sahen wir, wie man die Resolution zur Beantwortung von Wahr/Falsch-Fragen (zum Beispiel *Ist Artur einer der Eltern von Johann?*) verwenden kann. In diesem Abschnitt zeigen wir, wie man die Resolution auch zur Beantwortung von Einsetzungsfragen (engl. *fill-in-the-blank questions*) (wie zum Beispiel *Wer ist ein Elternteil von Johann?*) benützen kann.

Eine Einsetzungsfrage ist ein Satz des Prädikatenkalküls, der freie Variablen enthält, die die zu füllenden Leerstellen angeben. Die Aufgabe besteht nun darin, solche Bindungen für die freien Variablen zu finden, daß die Datenbasis denjengen Satz logisch impliziert, den man durch Einsetzen der Bindungen in den Originalsatz erhält. Um nach den Elternteilen von Johann zu fragen, würde man beispielsweise die Frage $P(x, \text{Johann})$ formulieren. Mit der Datenbasis aus dem vorherigen Abschnitt sehen wir, daß die Antwort auf diese Frage **Artur** ist, denn der Satz $P(\text{Artur}, \text{Johann})$ wird logisch durch diese Datenbasis impliziert.

Ein *Antwortliteral* für eine Einsetzungsfrage ϕ ist ein Term der Form $\text{Ans}(v_1, \ldots, v_n)$, wobei $v_1, \ldots, v_n$ in ϕ frei vorkommende Variablen sind. Zur Beantwortung von ϕ bilden wir eine Disjunktion aus der Negation von ϕ und des Antwortliterals und überführen sie in die Klauselform. Zum Beispiel kombinieren wir die Negation von P(x,Johann) mit dem Antwortliteral Ans(x), um die Disjunktion ¬P(x,Johann) ∨ Ans(x) zu bilden, was die Klausel {¬P(x,Johann), Ans(x)} ergibt.

Die Resolution wenden wir wie in Abschnitt 4.4. beschrieben an, benützen jetzt aber eine andere Abbruchbedingung. Anstatt zu warten bis die leere Klausel erzeugt wurde, stoppen wir die Prozedur, sobald sie eine Klausel abgeleitet hat, die nur ein Antwortliteral enthält. Die folgende Resolutionsspur zeigt, wie wir die Antwort auf *Wer ist Johanns Vater?* berechnen.

1.	{V(Artur,Johann)}	Δ
2.	{V(Robert,Isabell)}	Δ
3.	{¬V(x,y),E(x,y)}	Δ
4.	{¬E(z,Johann),Ans(z)}	Γ
5.	{E(Artur,Johann)}	1, 3
6.	{E(Robert,Isabell)}	2, 3
7.	{¬V(w,Johann),Ans(w)}	3, 4
8.	{Ans(Artur)}	4, 5
9.	{Ans(Artur)}	1, 7

Wenn die Prozedur nur ein Antwortliteral erzeugt, dann sind die darin vorkommenden Terme die einzige Antwort auf die Frage. In einigen Fällen hängt das Ergebnis der Einsetzungsresolution von der Widerlegung ab, durch die es erzeugt wurde. Im allgemeinen können zu ein und derselben Frage verschiedene Widerlegungen entstehen. In einigen Fällen, wie in diesem hier, sind die Antworten dieselben, in anderen Fällen sind sie verschieden.

Nehmen wir zum Beispiel an, wir würden die Identitäten sowohl des Vaters als auch der Mutter von Johann kennen und wir fragten *Wer ist einer von Johanns Eltern?* Die folgende Resolutionsspur zeigt, wie wir zwei Antworten zu dieser Frage ableiten können.

1.	{V(Artur,Johann)}	Δ
2.	{M(Ann,Johann)}	Δ

3.	$\{\neg V(x,y), E(x,y)\}$	Δ
4.	$\{\neg M(u,v), E(u,v)\}$	Δ
5.	$\{\neg E(z, \text{Johann}), Ans(z)\}$	Γ

6.	$\{E(\text{Artur}, \text{Johannann})\}$	1, 3
7.	$\{E(\text{Ann}, \text{Johann})\}$	2, 4
8.	$\{\neg V(s, \text{Johann}), Ans(s)\}$	3, 5
9.	$\{\neg M(t, \text{Johann}), Ans(t)\}$	4, 5

10.	$\{Ans(\text{Artur})\}$	5, 6
11.	$\{Ans(\text{Ann})\}$	5, 7
10.	$\{Ans(\text{Artur})\}$	1, 8
11.	$\{Ans(\text{Ann})\}$	2, 9

Leider können wir aber nicht feststellen, ob die in der Widerlegung erzeugten Antworten auch alle Möglichkeiten ausschöpfen oder dies nicht tun. Wir können die Suche immer weiter fortsetzen, bis wir genügend Antworten gefunden haben. Wegen der Unentscheidbarkeit der logischen Implikation können wir aber trotzdem nicht allgemein wissen, ob wir auch alle möglichen Antworten gefunden haben.

Ein anderer interessanter Aspekt der Einsetzungsresolution ist, daß in einigen Fällen die Prozedur eine Klausel liefern kann, die mehr als ein Antwortliteral enthält. Dies bedeutet dann, daß zwar die Richtigkeit der einzelnen Antworten nicht garantiert ist, eine der Antworten aber korrekt sein muß.

Die folgende Resolutionsspur verdeutlicht dies. Die Datenbasis enthält in diesem Falle die Disjunktion, daß entweder Artur oder Robert der Vater von Johann ist. Wir wissen aber nicht, welcher Mann es ist. Das Ziel ist nun, den Vater von Johann zu bestimmen. Durch die Resolution der Ziel-Klausel mit der Disjunktion aus der Datenbasis erhalten wir eine Klausel, die wiederum mit der Ziel-Klausel resolviert uns zwei Antwortliterale liefert.

1.	$\{F(\text{Artur}, \text{Johann}), F(\text{Robert}, \text{Johann})\}$	Δ
2.	$\{\neg F(x, \text{Johann}), Ans(x)\}$	Γ

3. $\{F(\text{Robert},\text{Johann}),\text{Ans}(\text{Artur})\}$ 1, 2

4. $\{\text{Ans}(\text{Artur}),\text{Ans}(\text{Robert})\}$ 2, 3

In solchen Situationen können wir die Suche in der Hoffung fortsetzen, eine präzisiere Antwort zu finden. Allerdings können wir wieder wegen der Unentscheidbarkeit der logischen Implikation nicht allgemein wissen, ob wir aufhören sollen oder ob wir sagen können, daß es keine weiteren Antworten mehr gibt.

4.8 Beispiele aus der Welt der Schaltkreise

Einer der Vorteile bei der Beschreibung eines Schaltkreises mithilfe des Prädikatenkalküls ist der Einsatz automatisierter Deduktionsprozeduren wie der Resolution, um auf verschiedenste Arten über Schaltkreise zu schlußfolgern. Wir können beispielsweise das Verhalten eines Schaltkreises bei gegebenen Eingabewerten simulieren, wir können dessen Fehler diagnostizieren oder wir können Tests entwickeln, die gewährleisten, daß er korrekt arbeitet.

Der erste Schritt bei der Durchführung einer dieser Aufgaben ist, die Umwandlung der Beschreibung des Schaltkreises in die Klauselform. Betrachten wir den in Abb.2.3. dargestellten Schaltkreis. Die strukturelle Beschreibung des Schaltkreises läßt sich leicht umwandeln, weil die Sätze alle atomar sind.

1. $\{\text{Xorg}(X1)\}$

2. $\{\text{Xorg}(X2)\}$

3. $\{\text{Andg}(A1)\}$

4. $\{\text{Andg}(A2)\}$

5. $\{\text{Org}(O1)\}$

6. $\{\text{Verbindg}(E(1,F1),E(1,X1))\}$

7. $\{\text{Verbindg}(E(2,F1),E(2,X1))\}$

8. $\{\text{Verbindg}(E(1,F1),E(1,A1))\}$

9. {Verbindg(E(2,F1),E(2,A1))}

10. {Verbindg(E(3,F1),E(2,X2))}

11. {Verbindg(E(3,F1),E(1,A2))}

12. {Verbindg(A(1,X1),E(1,X2))}

13. {Verbindg(A(1,X1),E(2,A2))}

14. {Verbindg(O(1,A2),E(1,O1))}

15. {Verbindg(O(1,A1),E(2,O1))}

16. {Verbindg(O(1,X2),A(1,F1))}

17. {Verbindg(O(1,O1),A(2,F1))}

Für jeden Satz dieser Beschreibung existiert eine Klausel, da sich das Verhalten jeder einzelnen Komponente durch eine einfache Implikation beschreiben läßt. Die Funktion (mit Namen) I bildet eine positive ganze Zahl und ein Gerät auf den entsprechenden Eingang und die Funktion O bildet eine positive ganze Zahl und ein Gerät auf den Ausgang des Geräts ab. Außerdem ist für einen Ein- oder Ausgang und ein Signal die Relation V genau dann wahr, wenn der angegebene Ein- oder Ausgang dieses Signal trägt.

18. $\{\neg Andg(d), \neg V(E(1,d),1), \neg V(E(2,d),1), V(A(1,d),1)\}$

19. $\{\neg Ang(d), \neg V(E(n,d),0), V(A(1,d),0)\}$

20. $\{\neg Org(d), \neg V(E(n,d),0), V(A(1,d),1)\}$

21. $\{\neg Org(d), \neg V(E(1,d),0), \neg V(E(2,d),0), V(A(1,d),0)\}$

22. $\{\neg Xorg(d), \neg V(E(1,d),y), \neg V(E(2,d),z), y=z, V(A(1,d),1)\}$

23. $\{\neg Xorg(d), \neg V(E(1,d),z), \neg V(E(2,d),z), V(A(1,d),0)\}$

24. $\{\neg Verbindg(x,y), \neg V(x,z), V(y,z)\}$

Wir müssen auch noch die Tatsache ausdrücken, daß die zwei möglichen digitalen Werte nicht untereinander gleich sein können. Gäbe es eine sehr viele oder gar unendliche viele mögliche Werte, so würden wir dies durch eine prozedurale Auswertung lösen. Da hier aber nur zwei Werte vorliegen, so reichen die folgenden Klauseln aus.

25. $\{1 \neq 0\}$

26. $\{0 \neq 1\}$

Von diesen Fakten über den Schaltkreis ausgehend, können wir nun mit der Resolution dessen Verhalten simulieren. Wie man dies macht, wird im folgenden Resolutionsbeweis gezeigt. Die Sätze der ersten drei Zeilen besagen, daß die Eingabewerte des Schaltkreises 1, 0 und 1 sind. Die Konklusion am Ende des Beweises sagt aus, daß die Ausgabewerte des Geräts 0 und 1 sind.

A1.	$\{V(E(1,F1),1)\}$	Δ
A2.	$\{V(E(2,F1),0)\}$	Δ
A3.	$\{V(E(3,F1),1)\}$	Δ
A4.	$\{\neg V(E(1,F1),z),V(E(1,X1),z)\}$	6, 24
A5.	$\{V(E(1,X1),1)\}$	A1, A4
A6.	$\{\neg V(E(2,F1),z),V(E(2,X1),z)\}$	7, 24
A7.	$\{V(E(2,X1),0)\}$	A2, A6
A8.	$\{\neg V(E(1,X1),y),\neg V(E(2,X1),z),y{=}z,$ $\quad V(A(1,X1),1)\}$	1, 22
A9.	$\{\neg V(E(2,X1),z),1{=}z,V(A(1,X1),1)\}$	A5, A8
A10.	$\{1{=}0,V(A(1,X1),1\}$	A7, A9
A11.	$\{V(A(1,X1),1)\}$	25, A10
A12.	$\{\neg V(A(1,X1),z),V(E(1,X2),z)\}$	12, 24
A13.	$\{V(E(1,X2),1)\}$	A11, A12
A14.	$\{\neg V(E(3,F1),z),V(E(1,X2),z)\}$	10, 24
A15.	$\{V(E(2,X2),1)\}$	A3, A14
A16.	$\{\neg V(E(1,X2),z),\neg V(E(2,X2),z),$ $\quad V(A(1,X2),0)\}$	A2, 23
A17.	$\{\neg V(E(2,X2),1),V(A(1,X2),0)\}$	A13, A16
A18.	$\{V(A(1,X2),0)\}$	A15, A17
A19.	$\{\neg V(E(3,F1),z),V(E(1,A2),z)\}$	11, 24
A20.	$\{V(E(1,A2),1)\}$	A3, A19
A21.	$\{\neg V(A(1,X1),z),V(I,2,A2),z)\}$	13, 24
A22.	$\{V(E(2,A2),1)\}$	A11, A21
A23.	$\{\neg V(E(1,A2),1),\neg V(E(2,A2),1),$ $\quad V(A(1,A2),1)\}$	4, 18
A24.	$\{\neg V(E(2,A2),1),V(A(1,A2),1)\}$	A20, A23

A25. $\{V(A(1,A2),1)\}$ A22, A24

A26. $\{\neg V(A(1,A2),z),V(E(1,01),z)\}$ 14, 24
A27. $\{V(E(1,01),1)\}$ A25, A26
A28. $\{\neg V(E(n,01),1),V(A(1,01),1)\}$ 5, 20
A29. $\{V(A(1,01),1)\}$ A27, A28

A30. $\{\neg V(A(1,X2),z),V(A(1,F1),z)\}$ 16, 24
A31. $\{V(A(1,F1),0)\}$ A18, A30
A32. $\{\neg V(A(1,01),z),V(A(2,F1),z)\}$ 17, 24
A33. $\{V(A(2,F1),1)\}$ A29, A32

Wir können aber auch die Fehler der Komponenten des Schaltkreises diagnostizieren. In unserem Beispiel wollen wir einmal annehmen, daß der ersten Ausgabwert des Schaltkreises eine 1 statt
einer 0 sei. Irgendein Bauteil muß daher fehlerhaft sein. Entweder
arbeitet ein Gatter nicht korrekt oder eine Verbindung ist falsch
gelegt. Einfachheitshalber wollen wir annehmen, daß alle Verbindungen fehlerfrei seien. Um Widersprüche zu vermeiden, müssen die
Typaussagen über die Komponenten aus der Wissensbasis entfernt
werden. Wenn wir von einer Aussage über das Symptom (der Negation
des eigentlich erwarteten Verhaltens) ausgehen, so können wir, wie
nachstehend gezeigt, die Menge der verdächtigen Komponenten ableiten. B17 besagt somit, daß entweder X1 oder X2 nicht wie ein
XOR-Gatter arbeitet, d.h. mindestens eines von beiden ist also defekt.

B1. $\{\neg V(A(1,F1),0)\}$ Δ
B2. $\{\neg Verbindg(x,A(1,F1)),\neg V(x,0)\}$ B1, 24
B3. $\{\neg V(A(1,X2),0)\}$ 16, B2
B4. $\{\neg Xorg(X2),0),\neg V(E(1,X2),z),\neg V(E(2,X2),z)\}$ 23, B3
B 5. $\{\neg Xorg(X2),\neg Verbindg(x,E(1,X2)),$ 24, B4
       $\neg V(x,z),\neg V(E(2,X2),z)\}$
B 6. $\{\neg V(Xorg(x2),\neg V(A(1,X1),z),\neg V(E(2,X2),z)\}$ 12, B5
B 7. $\{\neg Xorg(X2),\neg Xorg(X1),\neg V(E(1,X1),u),$ 22, B6
       $\neg V(E(2,X1),v),u{=}v,\neg V(E(2,X2),1)\}$
B 8. $\{\neg Xorg(X2),\neg Xorg(X1),\neg Verbindg(x,E(1,X1)),$ 24, B7

$$\neg V(x,u), \neg V(E(2,X1),v), u{=}v,$$
$$\neg V(E(2,X2),1)\}$$

B 9. $\{\neg Xorg(X2), \neg Xorg(X1), \neg V(E(1,F1),u),$ 6, B8
$\neg V(E(2,X1),v), u{=}v, \neg V(E(2,X2),1)\}$

B10. $\{\neg Xorg(X2), \neg Xorg(X1), \neg V(E(2,X1),v),$ A1, B9
$1{=}v, \neg V(E(2,X2),1)\}$

B11. $\{\neg Xorg(X2), \neg Xorg(X1), \neg Verbindg(x,E(2,X1)),$ 24, B10
$\neg V(x,v), 1{=}v, \neg V(E(2,X2),1)\}$

B12. $\{\neg Xorg(X2), \neg Xorg(X1), \neg V(E(2,F1),v),$ 7, B11
$1{=}v, \neg V(E(2,X2),1)\}$

B13. $\{\neg Xorg(X2), \neg Xorg(X1), 1{=}0,$ A2, B12
$\neg V(E(2,X2),1)\}$

B14. $\{\neg Xorg(X2), \neg Xorg(X1), \neg V(E(2,X2),1)\}$ 25, B13

B15. $\{\neg Xorg(X2), \neg Xorg(X1), \neg Verbindg(x,E(2,X2)),$ 24, B14
$\neg V(x,1)\}$

B16. $\{\neg Xorg(X2), \neg Xorg(X1), \neg V(E(3,F1),1)\}$ 10, B15

B17. $\{\neg Xorg(X2), \neg Xorg(X1)\}$ A3, B16

Bei der Diagnose digitaler Hardware nimmt man im allgemeinen
an, daß zu jedem Zeitpunkt ein Gerät mindestens eine fehlerhafte
Komponente enthält. Die folgenden Klauseln sind eine zwar einfache, aber auch umständliche Codierung dieser Annahme.

C1. $\{Xorg(X1), Xorg(X2)\}$

C2. $\{Xorg(X1), Andg(A1)\}$

C3. $\{Xorg(X1), Andg(A2)\}$

C4. $\{Xorg(X1), Org(O1)\}$

C5. $\{Xorg(X2), And(A1)\}$

C6. $\{Xorg(X2), Andg(A2)\}$

C7. $\{Xorg(X2), Org(O1)\}$

C8. $\{Andg(A1), Andg(A2)\}$

C9. $\{Andg(A1), Org(O1)\}$

C10. $\{Andg(A2), Org(O1)\}$

Unter der Voraussetzung, daß mindestens ein Fehler vorliegt,
und daß ein Fehler garantiert in einer der Teilkomponente auf-

tritt, können wir diejenigen Teile aussondern, die nicht in dieser Teilmenge enthalten sind. Wissen wir zum Beispiel, die Aussage von B17, daß entweder X1 oder X2 defekt ist, so können wir dann beweisen, daß die Komponenten A1, A2 und O1 fehlerfrei sind. Die folgenden Klauseln zeigen, wie man dies beweisen kann.

C11.	$\{\neg Xorg(X1),\neg Xorg(X2)\}$	Δ
C12.	$\{Andg(A1),\neg Xorg(X2)\}$	C2, C11
C13.	$\{Andg(A1)\}$	C5, C12
C14.	$\{Andg(A2),\neg Xorg(X2)\}$	C3, C11
C15.	$\{Andg(A2)\}$	C6, C14
C16.	$\{Org(O1),\neg Xorg(X2)\}$	C4, C11
C17.	$\{Org(O1)\}$	C7, C16

Und schließlich können wir auch noch Tests angeben, um möglicherweise fehlerhafte Teile einzugrenzen. Mit der Regel über das Verhalten einer kritischen Komponente können wir eine Prognose des Verhaltens des Gesamtgerätes ableiten, die dann die Teilmenge der verdächtigen Teile impliziert. Beispielsweise besagt Klausel D18, daß das Signal am zweiten Ausgang des Gerätes 1 sein muß, falls wir die gleichen Eingabewerte wie im vorherigen Beispiel verwenden und falls X1 ein *XOR*-Gatter ist. Diese Konklusion kannnun dazu benützt werden, die verdächtigen Teile auszusondern. Die Eingabewerte stellen wir wie oben ein und beobachten den Ausgabewert. Falls dieser nicht wie vorausgesagt 1 ist, so liegt dies an einer falschen Annahme. Die einzige Annahme, die wir vorausgesetzt hatten, war, daß X1 korrekt arbeite. Da dies aber nicht beobachtet wurde, ist X1 also defekt.

D1.	$\{\neg Xorg(X1),\neg V(E(1,X1),y),$	22
	$\neg V(E(2,X1),z),y{=}z,V(A(1,X1),1)\}$	
D2.	$\{\neg Xorg(X1),\neg V(E(1,X1),1),$	25, D1
	$\neg V(E(2,X1),0),V(A(1,X1),1)\}$	
D3.	$\{\neg Xorg(X1),\neg Verbindg(x,E(1,X1)),$	24, D2
	$\neg V(x,1),\neg V(E(2,X1),0),V(A(1,X1,1)\}$	
D4.	$\{\neg Xorg(X1),\neg V(E(1,F1),1),$	6, D3

$\neg V(E(2,X1),0), V(A(1,X1),1)\}$

D5. $\{\neg Xorg(X1), \neg V(E(1,F1),1),$ 24, D4
       $\neg Verbindg(x,E(2,X1)), \neg V(x,0),$
       $V(A(1,X1),1)\}$

D6. $\{\neg Xorg(X1), \neg V(E(1,F1),1),$ 7, D5
       $\neg V(E(2,F1),0), V(A(1,X1),1)\}$

D7. $\{\neg Xorg(X1), \neg V(E(1,F1),1),$ 24, D6
       $\neg V(E(2,F1),0), \neg Verbindg(A(1,X1),y),$
       $V(y,1)\}$

D8. $\{\neg Xorg(X1), \neg V(E(1,F1),1),$ 13, D7
       $\neg V(E(2,F1),0), V(E(2,A2),1)\}$

D9. $\{\neg Xorg(X1), \neg V(E(F1),1),$ 18, D8
       $\neg V(E(2,F1),0), \neg Andg(A1),$
       $\neg V(E(1,A2),1), V(A(1,A2),1)\}$

D10. $\{\neg Xorg(X1), \neg V(E(1,F1),1), \neg V(E(2,F1),0),$ 3, D9
        $\neg V(E(1,A2),1), V(A(1,A2),1)\}$

D11. $\{\neg Xorg(X1), \neg V(E(1,F1),1), \neg V(E(2,F1),0),$ 24, D10
        $\neg Verbindg(E(3,F1),E(1,A2)), \neg V(E(3,F1),1),$
        $V(A(1,A2),1)\}$

D12. $\{\neg Xorg(X1), \neg V(E(1,F1),1), \neg V(E(2,F1),0),$ 11, D11
        $\neg V(E(3,F1),1), \neg V(A(1,A2),1)\}$

D13. $\{\neg Xorg(X1), \neg V(E(1,F1),1), \neg V(E(2,F1),0),$ 24, D12
        $\neg V(E(3,F1),1), \neg Verbindg(A(1,A2),y), V(y,1)\}$

D14. $\{\neg Xorg(X1), \neg V(E(1,F1),1), \neg V(E(2,F1),0),$ 14, D13
        $\neg V(E(3,F1),1), V(E(3,F1),1)\}$

D15. $\{\neg Xorg(X1), \neg V(E(1,F1),1),$ 20, D14
        $\neg V(E(2,F1),0), \neg V(E(1,O1),1),$
        $\neg Org(O1), V(A(1,O1),1)\}$

D16. $\{\neg Xorg(X1), \neg V(E(1,F1),1), \neg V(E(2,F1),0),$ 5, D15
        $\neg V(E(3,F1),1), V(A(1,O1),1)\}$

D17. $\{\neg Xorg(X1), \neg V(E(1,F1),1), \neg V(2,F1),0),$ 24, D16
        $\neg V(E(3,F1),1), \neg Verbindg(A(1,O1),y), V(y,1)\}$

D18. $\{\neg Xorg(X1), \neg V(E(1,F1),1), \neg V(E(2,F1),0),$ 17, D17
        $\neg V(E(3,F1),1), V(A(2,F1),1)\}$

Die Anwendung des Prädikatenkalküls in diesem Anwendungsbereich bietet mehrere Vorteile. Der naheliegendste ist, daß eine einzige Designbeschreibung einer Schaltung für die unterschiedlichsten Zwecke verwendet werden kann. Wie hier gezeigt wurde, können wir einen Schaltkreis simulieren, ihn diagnostizieren und für alle Beschreibungen Fehlertests erstellen. Natürlich gilt dies auch für alle anderen Sprachen, die eine deskriptive Semantik besitzen. Die Ausdruckskraft des Prädikatenkalküls erlaubt aber auch, Designbeschreibungen auf abstrakteren Stufen zu erstellen und sie für diese Zwecke auch zu benutzen. Diese Aufgaben können wir mit abstrakteren Designbeschreibungen effizienter als auf der untersten Gatter-Ebene durchführen. Wegen der Flexibilität der Sprache und der Deduktionstechniken können wir letztendlich diese Aufgaben auch bei unvollständigen Informationen über die Struktur oder über das Verhalten des Schaltungsdesigns durchführen.

4.9 BEISPIELE AUS DER WELT DER MATHEMATIK

Die Mathematik bietet zahlreiche Probleme, die sich mit Inferenzmethoden wie der Resolution lösen lassen. Als einfaches Beispiel betrachten wir die Aufgabe, zu zeigen, daß die Schnittmenge zweier Mengen in jeder der beiden Mengen enthalten ist.

Wir beginnen mit unseren Definitionen. Das erste der folgenden Axiome stellt die Definition der Schnittmengenfunktion mithilfe des Elementoperators dar. Ein Objekt liegt in der Schnittmenge zweier Mengen genau dann, wenn es in beiden Mengen enthalten ist. Eine Menge ist eine Teilmenge einer anderen Menge genau dann, wenn jedes Element der ersten Menge ein Element der zweiten ist.

$$\forall x \forall s \forall t \; x \in s \wedge x \in t \iff x \in s \cap t$$

$$\forall s \forall t \; (\forall x \; x \in s \implies x \in t) \iff s \subseteq t$$

Unser Ziel sei es, zu zeigen, daß die Schnittmenge zweier Mengen in jeder der beiden Mengen enthalten ist. Wegen der Kommu-

tativität der Schnittmengenfunktion brauchen wir nur das Enthal-
tensein in einer der beiden Mengen zu beweisen.

$$\forall s \forall t \quad s \cap t \subseteq s$$

Die folgende Ableitung zeigt den Beweis des Theorems. Die
ersten drei Klauseln stammen aus der Definition der Schnittmenge.
Die nächsten zwei sind aus der Definition der Teilmengenfunktion
abgeleitet. Beachten Sie bitte die Anwendung der Skolemfunktion **F**.
Die sechste Klausel resultiert aus der Negation der Ziel-Klausel.
Dort setzen wir die Skolemkonstanten **A** und **B** ein.

1.	$\{x \notin s, x \notin t, x \in s \cap t\}$	Δ
2.	$\{x \notin s \cap t, x \in s\}$	Δ
3.	$\{x \notin s \cap t, x \in t\}$	Δ
4.	$\{F(s,t) \in s, s \subseteq t\}$	Δ
5.	$\{F(s,t) \notin s, s \subseteq t\}$	Δ
6.	$\{A \cap B \ A\}$	Γ
7.	$\{F(A \cap B, A) \in A \cap B\}$	4, 6
8.	$\{F(A \cap B, A) \notin A\}$	5, 6
9.	$\{F(A \cap B, A) \in A\}$	2, 7
10.	$\{\}$	8, 9

Der Beweis ist recht einfach. Die Klauseln in den Zeilen 7 und
8 wurden durch die Resolution der Ziel-Klausel mit den Klauseln
von Zeile 4 und 5 abgeleitet. Die Klausel 7 resolviert dann mit
Klausel 2 zu Klausel 9, die im Widerspruch steht mit der Konklusion aus Zeile 8.

4.10 KONSISTENZ UND VOLLSTÄNDIGKEIT[*]

Die Resolution ist insofern konsistent, als sie jede Klausel, die
aus einer Datenbasis angeleitet werden kann, auch logisch impliziert. Der Beweis ist wiederum recht einfach.

THEOREM 4.1. (KONSISTENZ ODER SOUNDNESSTHEOREM) *Gibt es eine Resolutionsableitung einer Klausel* Φ *aus einer Datenbasis* Δ *von Klauseln, dann impliziert* Δ *logisch* Φ.

BEWEIS: Der Beweis wird einfach durch Induktion über die Länge der Resolutionsschritte geführt. Für die Induktion müssen wir zeigen, daß jeder gegebene Resolutionsschritt korrekt ist. Angenommen, Φ und Ψ seien beliebige Klauseln, die zu der neuen Kausel $((\Phi - \{\phi_1, \ldots, \phi_m\}) \cup (\Psi - \{\neg\psi_1, \ldots, \neg\psi_n\}))\gamma$ resolvieren, wobei γ der entsprechende Unifikator ist. Angenommen, ϕ sei ein Literal, das durch Anwendung des Unifikators auf die Faktoren in Φ und Ψ entsteht, d.h. $\phi = \phi_i\gamma = \psi_i\gamma$. Sei nun I eine beliebige Interpretation und $[V]$ eine beliebige Variablenzuordnung, so daß $\vDash_I \Phi[V]$ und $\vDash_I \Psi[V]$. Falls $\vDash_I \phi[V]$, dann gilt $\nvDash_I \neg\phi[V]$ und daher folgt $\vDash_I (\Phi\gamma - \{\neg\phi\})[V]$. Wenn $\vDash_I \neg\phi\,[V]$, dann gilt auch $\nvDash_I \phi[V]$ und somit auch $\vDash_I (\Phi\gamma - \{\phi\})[V]$. Dann aber folgt $\vDash_I ((\Phi\gamma - \{\phi\}) \cup (\Psi\gamma - \{\neg\phi\}))[V]$ und $\vDash_I ((\Phi\gamma - \{\phi_1, \ldots, \phi_m\}) \cup (\Psi - \{\neg\psi_1, \ldots, \neg\psi_n\}))\gamma[V]$. $\square$

Als Spezialfall dieses Theorems sehen wir nun, daß eine Datenbasis Δ die leere Klausel logisch impliziert und deshalb unerfüllbar ist, wenn es eine Deduktion der leeren Klausel aus ihr gibt.

Die Resolution ist *nicht* in dem im Kapitel 3 definierten Sinne vollständig. Sie erzeugt von sich aus nicht jede Klausel, die logisch von einer gegebenen Datenbasis impliziert wird. Beispielsweise wird die Tautologie $\{P, \neg P\}$ von jeder Datenbasis logisch impliziert, aber die Resolution leitet sie nicht aus der leeren Datenbasis ab.

In der Resolution können wir auch keine Sätze verwenden, die Gleichheits- oder Ungleichheitsrelationen enthalten. Ist zum Beispiel eine Datenbasis gegeben, die nur aus den Sätzen P(A) und A=B besteht, so kann der Satz P(B) nicht abgeleitet werden. Dies liegt daran, daß — soweit es die Datenbasis betrifft — die Relationskonstante = beliebig ist. Es ist ein zusätzliches Axiomenschema nötig, um ihr die Standardinterpretation zuzuordnen.

Andererseits ist die Prozedur aber für Datenbasen, die Sätze ohne Gleichheits- oder Ungleichheitsrelation enthalten, *widerlegungsvollständig*. D.h., wenn eine unerfüllbare Satzmenge gegeben ist, dann wird garantiert die leere Klausel abgeleitet. Wie schon in Abschnitt 4.6 beschrieben, können wir deshalb mit dieser Prozedur die logische Implikation nachweisen, indem wir die Negation der zu beweisenden Klausel zu der gegebenen Datenbasis hinzuaddieren und so deren Unerfüllbarkeit zeigen.

Der Beweis der Widerlegungsvollständigkeit ist etwas komplizierter und bedarf der Einführung mehrerer neuer Begriffe und Lemmata. Zuerst stellen wir deshalb eine spezielle Klasse von Grundinstanzen von Klausel vor. Danach zeigen wir dann, daß die Resolution für Grundklauseln im allgemeinen und für unsere speziellen Einsetzungen im Besonderen vollständig ist. Abschließend verwenden wir diese Ergebnisse, um das Vollständigkeitstheorem allgemein zu beweisen.

Enthält eine Menge Δ Objektkonstanten, so sei $O(\Delta)$ die Menge aller in Δ vorkommenden Objektkonstanten. Andernfalls sei $O(\Delta)$ die Menge, die nur aus einer einzigen Objektkonstanten, zum Beispiel aus A, besteht. $F(\Delta)$ sei die Menge aller in Δ vorkommenden Funktionskonstanten. Das *Herbranduniversum* $H(\Delta)$ ist dann die Menge aller aus den Elementen von $O(\Delta)$ und $F(\Delta)$ bildbaren zulässigen Grundterme. Die folgenden dienen als Beispiele.

$H(\{\{P(A,B)\},\{Q(B),R(C)\}\}) = \{A,B,C\}$

$H(\{\{P(B)\},\{Q(F(x),G(y))\}\}) =$

$\qquad \{B,F(B),G(B),F(F(B)),F(G(B)),G(F(B)),G(G(B)),\ldots\}$

$H(\{\{P(x)\},\{\neg P(y)\}\}) = \{A\}$

Die *Herbrandbasis* einer Klauselmenge Δ ist die Menge aller Grundklauseln, in denen alle Variablen durch alle Elemente des Herbranduniversums von Δ ersetzt worden sind. Eine *Herbrandinterpretation* für eine Klauselmenge Δ ist eine Interpretation, die die

Grundterme auf sich selbst und die Grundatome auf wahr oder auf falsch abbildet. Genauer, eine Interpretation I ist eine Herbrandinterpretation von Δ genau dann, wenn sie die folgenden Bedingungen erfüllt.

(1) $|I|$ ist genau das Herbranduniversum von Δ.

(2) I bildet jede Objektkonstante auf sich selbst ab.

(3)   Ist π ein n-stelliges Funktionssymbol und sind τ_1, ...,τ_n Terme, dann bildet I den Term $\pi(\tau_1, ..., \tau_n)$ auf den Term $\pi(\tau_1^I, ..., \tau_n^I)$ ab, was gerade $\pi(\tau_1, ..., \tau_n)$ ist.

Beachten Sie, daß diese Definition für die Relationssymbole keine Einschränkung enthält. Wir können daher jede beliebige Interpretation wählen. Für jede erfüllbare Herbrandbasis können wir eine Herbrandinterpretation bilden, die sie folgendermaßen erfüllt: Weil die Herbrandbasis erfüllbar ist, besitzt sie ein Modell. Wir konstruieren nun unsere Herbrandinterpretation, indem wir diejenigen atomaren Sätze wahr machen, die im Modell wahr sind, und diejenigen atomaren Sätze falsch machen, die auch im Modell falsch sind. Mit dieser Beobachtung können wir nun unser erstes Theorem beweisen.

THEOREM 4.2. (HERBRANDTHEOREM) *Ist eine endliche Klauselmenge Δ unerfüllbar, dann ist auch die zu Δ gehörige Herbrandbasis unerfüllbar.*

BEWEIS: Sei Δ eine unerfüllbare Klauselmenge. Ist die Herbrandbasis von Δ erfüllbar, dann können wir eine Herbrandinterpretation konstruieren, welche die Herbrandbasis wie oben beschrieben erfüllt. Mit der die Herbrandbasis definierende Substitution können wir dann auch eine Variablenzuordnung konstruieren. Die entstehende Interpretation und die Variablenzuordnung erfüllen Δ, was aber der Annahme widerspricht. Die Herbrandbasis kann also nicht erfüllbar sein. $\Box$

Als *Anzahl der Literale* in einer Datenbasis bezeichnen wir die Summe der Anzahl der Literale jeder einzelnen Klausel der Datenbasis. Die *Zahl der überschüssigen Literale* einer Datenbasis ist die Anzahl der Literale abzüglich der Zahl der Klauseln. Die Zahl der überschüssigen Literale gibt daher die Zahl der Klauseln in der Datenbasis an, die mehr als ein Literal enthalten.

THEOREM 4.3. (VOLLSTÄNDIGKEITSTHEOREM FÜR GRUNDKLAUSELN - GROUND COMPLETENESS THEOREM) *Ist eine Menge Δ von Grundklauseln unerfüllbar, so existiert eine Resolutionsableitung der leeren Klausel aus Δ.*

BEWEIS: Enthält Δ die leere Klausel, so existiert eine triviale Resolutionsableitung der leeren Klausel aus Δ. Wir beweisen daher den Fall, daß Δ die leere Klausel nicht enthält, durch eine Induktion bezüglich der Zahl der überschüssigen Literale n. Falls $n=0$, so bestehen alle Klausel in Δ aus genau einem Literal. Ist also Δ unerfüllbar, so muß Δ mindestens ein Paar komplementärer Klauseln enthalten, das zu der leeren Klausel resolviert werden kann. Angenommen, das Theorem sei wahr für alle Datenbasen mit weniger als n überschüssigen Literalen. Da nun $n>0$ und Δ die leere Klausel nicht enthält, so existiert mindestens eine Klausel, sagen wir Φ, die mehr als ein Literal enthält. Aus dieser Klausel wählen wir nun das Literal ϕ aus und bilden eine neue Klausel $\Phi' = \Phi - \{\phi\}$. Φ' ist aussagekräftiger als Φ. Daher muß auch die Menge $(\Delta - \{\Phi\}) \cup \{\Phi'\}$ unerfüllbar sein. Diese Menge enthält ein überschüssiges Literal weniger. Wegen der Induktionsvoraussetzung gibt es eine Resolutionsableitung der leeren Klausel aus dieser Menge. Entsprechend ist auch die Menge $(\Delta - \{\Phi\}) \cup \{\{\phi\}\}$ unerfüllbar. Daher gibt es gemäß der Induktionsvoraussetzung auch eine Resolutionsableitung der leeren Klausel aus dieser Menge. Verwenden wir Φ' für die vorangegangene Widerlegung nicht, so gilt diese Widerlegung genauso für Δ. Anderenfalls können wir sie wie folgt konstruieren: Zuerst fügen wir ϕ und alle seine Vorgänger wieder zu Φ' hinzu, so daß diese Folge eine Widerlegung aus Δ bildet. Ist die leere Klausel immer noch ein Element dieser Folge, so sind wir fertig. Anderenfalls erzeugt die Addition von ϕ zu der leeren Kausel die einfache Klausel $\{\phi\}$. Nun können wir eine Deduktion der leeren Klausel aus $(\Delta - \{\Phi\}) \cup \{\{\phi\}\}$ bis zum Ende dieser erweiterten Deduktion bilden. □

Nachdem wir uns mit Grundklauseln befaßt haben, wenden wir uns nun dem allgemeinenen Fall der Resolution zu. Bevor wir aber das zentrale Ergebnis beweisen werden, zeigen wir zuerst, daß eine Deduktion ohne Grundklausel auf eine mit Grundklauseln zurückgeführt werden kann.

LEMMA 4.1: **(LIFTING LEMMA)** *Sind Φ und Ψ zwei Klauseln ohne gemeinsame Variablen, sind Φ' und ψ' Grundinstanzen von Φ und Ψ, und ist X' eine Resolvente von Φ' und Ψ', so gibt es eine Resolvente X von Φ und Ψ sodaß X' eine Substitutionsinstanz von X ist.*

BEWEIS: Falls X' eine Resolvente von Φ' und Ψ' ist, dann gibt es ein Literal ϕ' in Φ' und ein Literal $\neg\phi'$ in Ψ' so daß $X' = (\Phi' - \{\phi'\} \cup (\Psi' - \{\neg\phi'\})$. Da nun Φ' und Ψ' Grundinstanzen von Ψ und Φ sind, so gibt es eine Substitution θ, mit $\Phi' = \Phi\theta$ und $\Psi' = \Psi\theta$. Sei nun $\{\phi_1, \ldots, \phi_m\}$ eine Literalmenge aus Φ, die θ auf ϕ' abbildet, und sei $\{\psi_1, \ldots, \psi_n\}$ eine Literalmenge aus Ψ, die θ auf $\neg\phi'$ abbildet. Der allgemeinste Unifikator von $\{\phi_1, \ldots, \phi_m\}$, der das Literal ϕ'' erzeugt, sei σ. τ sei der allgemeinste Unifikator von $\{\psi_1, \ldots, \psi_n\}$, der das Literal ψ'' erzeugt. Sei $\delta = \sigma \cup \tau$ die Vereinigung der Substitutionen. Nach der Konstruktion und Definition des allgemeinen Unifikators muß nun ϕ' eine Instanz von ϕ'' und ψ' eine Instanz von ϕ'' sein. Daher gibt es einen Unifikator von ϕ'' und ψ''. Sei γ dieser allgemeinste Unifikator von ϕ'' und ψ''. Nun bilden wir die Resolvente von Φ und Ψ, so daß

$$X = (\Phi\delta\gamma - \{\phi_1, \ldots, \phi_m\}\delta\gamma) \cup (\Psi\delta\gamma - \{\neg\psi_1, \ldots, \neg\psi_n\}\delta\gamma)$$

Mit den von uns eingeführten Definitionen können wir den Ausdruck für X' wie folgt umschreiben.

$$X' = (\Phi\theta - \{\phi_1, \ldots, \phi_m\}\theta) \cup (\Psi\theta - \{\neg\psi_1, \ldots, \neg\psi_n\}\theta)$$

Da nun ϕ' eine Instanz von ϕ'' und ψ'' ist und θ weniger allgemein als $\delta\gamma$ ist, so muß X' eine Instanz von X sein, womit das Lemma bewiesen wäre. □

Im folgenden Theorem verwenden wir das Lifting-Lemma, um zu zeigen, daß alle Grunddeduktionen zu Deduktionen ohne Grundklauseln erweitert — sozusagen "geliftet" — werden können.

THEOREM 4.4. (LIFTING THEOREM) *Ist Δ' eine Menge von Grundinstanzen von Klauseln aus Δ und gibt es eine Resolutionsableitung einer Klausel X' aus Δ', so gibt es eine Resolutionsableitung einer Klausel X aus Δ, sodaß X' eine Substitutionsinstanz von X ist.*

BEWEIS: Wir brauchen nur eine Induktion über die Länge der Resolutionsableitungen durchzuführen. □

Fassen wir alle diese Ergebnisse zusammen, so können wir allgemein die Widerspruchsvollständigkeit der Resolutionsprozedur zeigen.

THEOREM 4.5. (VOLLSTÄNDIGKEITSTHEOREM) *Ist eine Klauselmenge Δ unerfüllbar, so gibt es eine Resolutionsableitung der leeren Klausel aus Δ.*

BEWEIS: Ist eine Klauselmenge Δ unerfüllbar, so folgt mit dem Herbrandtheorem, daß es eine unerfüllbare Menge von Herbrandinstanzen der Klauseln aus Δ gibt. Mit dem Vollständigkeitstheorem für Grundklauseln folgt dann daraus, daß eine Resolutionsableitung aus den Klauseln dieser Menge existiert. Mit dem Lifting-Theorem ergibt sich schließlich, daß diese Deduktion zu einer Deduktion der leeren Klausel aus Δ umgewandelt werden kann. □

Die Vollständigkeit der Resolution ist eine angenehme Eigenschaft, denn diese Prozedur bietet vom Aufwand her erhebliche computationelle Vorteile gegenüber den in Kapitel 3 vorgestellten Techniken. Außerdem können wir diese Prozedur noch durch restriktive Strategien, die wir in Kapitel 5 einführen werden, effizienter gestalten.

4.11 RESOLUTION UND GLEICHHEIT

Wie in dem vorangegangenen Abschnitt erwähnt, gilt die Widerspruchsvollständigkeit der Resolution nicht für Datenbasen, die die Relationskonstante = enthalten, die ja meist als Gleichheitsrelation interpretiert wird. Für die Ersetzung der als gleich geltenden nicht-variablen Terme gibt es einfach kein Verfahren. Auch wenn diese logisch durch die Prämissen impliziert werden, ist es deshalb unmöglich, irgendwelche Ergebnisse zu beweisen.

In vielen Fällen können wir diese Schwierigkeit aber umgehen, indem wir unsere Sätze so umändern, daß diejenigen nicht-variablen Terme, die möglicherweise gleich sein könnten, auf der obersten Ebene des Literals erscheinen, in dem sie vorkommen. Diese Terme sind dann also nicht in andere Termen eingebettet.

Als Beispiel für die beschriebene Methode betrachten wir die folgende Definition der *Fakultäts*-Funktion, **Fakt**. Das Problem bei dieser Definition von **Fakt** liegt darin, daß der zweite Satz eingebettete nicht-variable Terme wie **k-1** und **Fakt(k-1)** enthält. Obwohl

diese Terme ableitbare Werte besitzen, ist die Resolution für eine
Substitution dieser Werte zu schwach.

$$Fakt(0)=1$$

$$Fakt(k)=k*Fakt(k-1)$$

Die Alternative besteht darin, die Definition wie folgt umzu-
schreiben. Alle nicht-variablen Terme erscheinen auf der obersten
Ebene der Literale, in denen sie vorkommen. Mit dieser Formulierung ist die Resolution leistungsfähig genug, die Ergebnisse
abzuleiten, die in der vorigen Formulierung nicht ableitbar waren.

$$Fakt(0)=1$$

$$k-1=j \land Fakt(j)=m \land k*m=n \implies Fakt(k)=n$$

Als nächstes Beispiel betrachten wir die folgende Ableitung des
Wertes von Fakt(2). Die ersten zwei Zeilen enthalten die Klauseln
unserer Definition. Die dritte Zeile ist das negierte Ziel. Um die
Zeile 4 zu erhalten, setzten wir die Definition von Fakt aus Zeile
2 ein. Das erste Literal der Definition werten wir mit prozeduraler Auswertung (PA) des ersten Literals von Zeile 4 aus und erhalten eine Klausel, die Fakt(1) enthält. Dieser Vorgang wiederholt
sich, und wir erhalten eine Klausel mit Fakt(0). Daraufhin benützen wir die Definitionsbasis von Fakt. Nach zwei weiteren
Schritten, in denen wieder prozedurale Auswertungen durchgeführt
werden, erhalten wir schließlich die Antwort.

1. $\{Fakt(0)=1\}$		Δ
2. $\{k-1 \neq j, Fakt(j) \neq m, k*m \neq n, Fakt(k)=n\}$		Δ
3. $\{Fakt(2) \neq n, Ans(n)\}$		Γ
4. $\{2-1 \neq j1, Fakt(j1) \neq m1, 2*m1 \neq n, Ans(n)\}$	2,	3
5. $\{Fakt(1) \neq m1, 2*m1 \neq n, Ans(n)\}$	4,	PA
6. $\{1-1 \neq j2, Fakt(j2) \neq m2, 1*m2 \neq m1, 2*m1 \neq, Ans(n)\}$	2,	5
7. $\{Fakt(0) \neq m2, 1*m2 \neq m1, 2*m1 \neq n, Ans(n)\}$	6,	PA
8. $\{1*1 \neq m1, 2*m1 \neq n, Ans(n)\}$	1,	7
9. $\{2*1 \neq n, Ans(n)\}$	8,	PA
10. $\{Ans(2)\}$	9,	PA

Eine andere Möglichkeit, mit Sätzen, die Gleichheitsprädikate enthalten, umzugehen ist, die Gleichheitsrelation zu axiomatisieren und entsprechende Substitutionsaxiome bereitzustellen. Die nötigen Axiome für die Gleichheit folgen hier. Wir wissen ja, daß die Gleichheit reflexiv, symmetrisch und transitiv ist.

$$\forall x \ \ x=x$$
$$\forall x \forall y \ \ x=y \implies y=x$$
$$\forall x \forall y \forall z \ \ x=z \land y=z \implies x=z$$

Wir formulieren nun die Substitutionsaxiome, mit denen wir dann in jeder unserer Funktionen und Relationen Terme durch andere Terme ersetzen können. Die folgenden Axiome dienen als Beispiele.

$$\forall k \forall j \forall m \ \ k=j \land \text{Fakt}(j)=m \implies \text{Fakt}(k)=m$$
$$\forall k \forall j \forall m \forall n \ \ j=m \land k*m=n \implies k*j=n$$

Wenden wir die Resolution auf diese Axiome an, so können wir Konklusionen ohne eingebettete Terme ableiten. Die nachfolgende Resolutionsableitung erläutert dies anhand unseres Beispiels *Fakultät*. Die ersten beiden Zeilen enthalten die Klauseln unserer Definition der Fakt-Funktion. Die Zeile 3 ist das Transitivitätsaxiom für die Gleichheit. Die Zeilen 4 und 5 sind die Klauseln für unsere Substitutionsaxiome. Die Zeile 6 ist das negierte Ziel.

1.	$\{\text{Fakt}(0)=1\}$	Δ
2.	$\{\text{Fakt}(k)=k*\text{Fakt}(k-1)\}$	Δ
3.	$\{x \neq y, y \neq z, x=z\}$	Δ
4.	$\{k \neq j, \text{Fakt}(j) \neq m, \text{Fakt}(k)=m\}$	Δ
5.	$\{j \neq m, k*m \neq n, k*j=n\}$	Δ
6.	$\{\text{Fakt}(2) \neq n, \text{Ans}(n)\}$	Γ
7.	$\{\text{Fakt}(2) \neq y, y \neq n, \text{Ans}(n)\}$	3, 6
8.	$\{2*\text{Fakt}(2-1) \neq n, \text{Ans}(n)\}$	2, 7
9.	$\{\text{Fakt}(2-1) \neq j1, 2*j1 \neq n, \text{Ans}(n)\}$	5, 8
10.	$\{2-1 \neq m1, \text{Fakt}(m1) \neq j1, 2*j1 \neq n, \text{Ans}(n)\}$	4, 9
11.	$\{\text{Fakt}(1) \neq j1, 2*j1 \neq n, \text{Ans}(n)\}$	10, PA
12.	$\{\text{Fakt}(1) \neq y, y \neq j1, 2*j1 \neq n, \text{Ans}(n)\}$	3, 11

13. $\{1*\mathrm{Fakt}(1-1)\neq j1, 2*j1\neq n, \mathrm{Ans}(n)\}$ 2, 12

14. $\{\mathrm{Fakt}(1-1)\neq j2, 1*j2\neq j1, 2*j1\neq n, \mathrm{Ans}(n)\}$ 5, 13

15. $\{1-1\neq m2, \mathrm{Fakt}(m2)\neq j2, 1*j2\neq j1, 2*j1\neq n, \mathrm{Ans}(n)\}$ 4, 14

16. $\{\mathrm{Fakt}(0)\neq j2, 1*j2\neq j1, 2*j1\neq n, \mathrm{Ans}(n)\}$ 15, PA

17. $\{1*1\neq j1, 2*j1\neq n, \mathrm{Ans}(n)\}$ 1, 16

18. $\{2*1\neq n, \mathrm{Ans}(n)\}$ 17, PA

19. $\{\mathrm{Ans}(2)\}$ 18, PA

Bei der Anwendung dieses Methode müssen wir natürlich für jede einzelne Funktion oder Relation, in der Substitutionen vorgenommen werden sollen, die Substitutionsaxiome einzeln angeben. Dies hat zwar den Vorteil, daß wir den Inferenzprozeß implizit dadurch kontrollieren können, daß wir für ganz bestimmte Funktionen und Relationen Substitutionsaxiome bereitstellen, während andere ausgelassen werden. Der Nachteil ist aber, daß es meist sehr aufwendig ist, diese Axiome bei einer Vielzahl von Funktionen und Relationen zu formulieren.

Obwohl keine dieser Techniken optimal ist, ist die Lage doch auch nicht hoffnungslos. Es gibt nämlich eine Inferenzregel, *Paramodulation* genannt, die, wenn man sie der Resolution hinzufügt, die Widerspruchsvollständigkeit sogar in den Fällen garantiert, in denen Sätze mit Gleichheit auftreten. Es gibt auch eine schwächere Version der Paramodulation, die sogenannte *Demodulation*, die effizienter und verständlicher ist als die Paramodulation. Die Demodulation ist die Basis der Semantik von funktionalen Programmiersprachen wie zum Beispiel LISP. Trotz deren sicherlich großen Bedeutung für die KI haben wir uns entschlossen, diese Inferenzregeln hier nicht zu behandeln, so daß wir uns auf andere Aspekte innerhalb der logischen Begründung der KI konzentrieren können. Allerdings setzen wir in manchen unserer Beispiele die Existenz einiger Methoden für den Umgang mit Gleichheitsprädikaten voraus, und bilden daher auch Axiome mit beliebig eingebetteten Termen.

4.12 LITERATUR UND HISTORISCHE BEMERKUNGEN

Das Resolutionsprinzip wurde von Robinson [Robinson 1965] vorgestellt und basiert auf früheren Arbeiten von Prawitz [Prawitz 1960] und anderen. Die Bücher von Chang und Lee [Chang 1973], Loveland [Loveland 1978], Robinson [Robinson 1979] und Wos u.a. [Wos 1984a] beschreiben Resolutionsbeweismethoden und -systeme. Eine nützliche Sammlung mit Aufsätzen über das Theorembeweisen findet man bei Siekmann und Wrightson [Siekmann 1983a, Siekmann 1983b]. Man vergleiche auch die Überblicksartikel von Loveland [Loveland 1983] und von Wos [Wos 1985].

Unsere Prozedur zur Umwandlung von Sätzen in die Klauselform geht auf Arbeiten von Davis und Putnam zurück [Davis 1960]. Die Resolution kann auch auf Formeln und nicht nur auf Klauseln angewendet werden (vgl. [Manna 1979, Stickel 1982]).

Ein Unifikationsalgorithmus und ein Beweis für die Korrektheit wird bei Robinson [Robinson 1965] vorgestellt. Seither sind verschiedene Variationen erschienen. Raulef u.a. [Raulef 1978] bieten einen Überblick über die Unifikation und über Pattern Matching. Paterson und Wegmann [Paterson 1976] stellen einen in der Zeit (und im Speicherplatz) linearen Unifikationsalgorithmus vor. Die Unifikation hat immer mehr Bedeutung in der Computerwissenschaft und in der Computerlinguistik [Shieber 1986] gewonnen. Sie ist die der Computersprache PROLOG zugrundeliegende Operation [Clocksin 1981, Sterling 1986].

Die Verwendung von Antwortliteralen in der Resolution wurde erstmals von Green vorgeschlagen [Green 1969b] und detailiert durch Luckham und Nilsson [Luckham 1971] untersucht. Die Idee der prozedurale Auswertung ist sehr wichtig bei der Steigerung der Performanz von theorembeweisenden Systemen. Die Arbeiten von Weyrauch [Weyrauch 1980] erklären diese Technik, die er selbst *semantische Auswertung* (engl. *semantic attachment*) nennt, anhand des Begriffes eines *partiellen Modelles* eines Satzes. Semantisches Auswertung ist ein besonders gutes Beispiel für die wichtige Brükke, die zwischen dem deklarativen und dem prozeduralen Wissen bei komplexen KI-Systemen nötig ist. Stickel [Stickel 1985] zeigt, wie semantische Auswertungen mit dem zusammenhängt, was er selbst *"Theorie-Resolution"* (*"theory resolution"*) nennt.

Die Konsistenz wie auch die Vollständigkeit der Resolution wurde ursprünglich von Robinson [Robinson 1965] gezeigt. Unser Beweis der Vollständigkeit der Resolution basiert auf dem Theorem von Herbrand [Herbrand 1930].

ÜBUNGEN

1. *Klauselform.* Überführen Sie die folgenden Sätze in die Klauselform.

a. $\forall x \forall y \ P(x,y) \implies Q(x,y)$

b. $\forall x \forall y \ \neg Q(x,y) \implies \neg P(x,y)$

c. $\forall x \forall y \ P(x,y) \implies (Q(x,y) \implies R(x,y))$

d. $\forall x \forall y \ P(x,y) \wedge Q(x,y) \implies R(x,y)$

e. $\forall x \forall y \ P(x,y) \implies Q(x,y) \vee R(x,y)$

f. $\forall x \forall y \ P(x,y) \implies (Q(x,y) \wedge R(x,y))$

g. $\forall x \forall y \ (P(,y) \vee Q(x,y)) \wedge R(x,y)$

h. $\forall x \exists y \ P(x,y) \implies Q(x,y)$

i. $\neg \forall x \exists y \ P(x,y) \implies Q(x,y)$

j. $(\neg \forall x \ P(x)) \implies (\exists x \ P(x))$

2. *Unifikation.* Prüfen Sie, ob die Elemente der nachfolgenden
    Paare miteinander unifizieren oder nicht. Falls ja, geben
    Sie den allgemeinsten Unifikator an; falls nein, geben Sie
    eine kurze Begründung.

    a.   Farbe(Tweety,Gelb)   Farbe(x,y)

    b.   Farbe(Tweety,Gelb)   Farbe(x,x)

    c.   Farbe(Hut(Postbote),Blau)   Farbe(Hut(y),x)

    d.   R(F(x),B)   R(y,z)

    e.   R((y),y,z)   R(x,F(A),F(v))

    f.   Liebt(x,y)   Liebt(y,x)

3. *Resolution.* Kopf, ich gewinne; Zahl, du verlierst. Zeigen
    Sie mit der Resolution, daß ich gewinne.

4. *Resolution.* Wenn ein Kurs leicht ist, dann sind einige
    Studenten zufrieden. Ist ein Kurs zu Ende, dann ist kein
    Student zufrieden. Zeigen Sie mit der Resolution, daß ein
    Kurs nicht leicht war, wenn er zu Ende ist.

5. *Resolution.* Viktor ist ermordet worden und Arthur, Bertram
    und Carleton sind verdächtig. Arthur sagt, er hätte es
    nicht getan. Er sagt, daß Bertram der Freund des Opfers ge-
    wesen sei, aber daß Carleton das Opfer gehaßt habe. Bertram
    sagt, er wäre am Mordtag nicht in der Stadt gewesen und
    außerdem hätte er den Kerl gar nicht gekannt. Carleton
    sagt, daß er unschuldig wäre und daß er Arthur und Bertram

zusammen mit dem Opfer kurz vor dem Mord gesehen habe. Klären Sie mit der Resolution das Verbrechen auf, wobei Sie davon ausgehen können, daß —— außer dem Mörder —— alle die Wahrheit sagen.

6. *Logische Axiome*. Formulieren Sie eine Instanz für jedes der in Kapitel 3 vorgestellten Axiomenschemata und zeigen Sie mit der Resolution die Gültigkeit Ihrer Instanz.

KAPITEL 5
RESOLUTIONSSTRATEGIEN

EINER DER NACHTEILE EINER unkontrollierten Anwendung der Resolutionsregel liegt in der Erzeugung zahlreicher überflüssiger Inferenzen. Einige Inferenzen sind redundant in dem Sinne, daß ihre Konklusionen auch auf anderen Wegen ableitbar sind; andere Inferenzen sind überflüssig, weil sie das gewünschte Ergebnis gar nicht erst erzeugen.

Als Beispiel betrachten wir die Resolutionsspur aus Abb. 5.1. Hier sind die Klauseln 9, 11, 14 und 16 redundant. Die Klauseln 10 und 13 und die Klauseln 12 und 15 sind ebenfalls überflüssig. All diese Redundanzen führen dann bei späteren Deduktionen zu weiteren Redundanzen. Doppelt auftretende Klauseln können wir entfernen und so die Entstehung redundanter Konklusionen verhindern. Ihre alleinige Generierung ist aber schon ein Zeichen für die Ineffizienz einer unbeschränkten Anwendung des Resolutionsprinzips.

Dieses Kapitel stellt nun eine Reihe von Strategien vor, mit denen sich derart unnötige Arbeit vermeiden läßt. Dabei ist es

1.	{P,Q}	Δ
2.	{¬P,R}	Δ
3.	{¬Q,R}	Δ
4.	{¬R}	Γ
5.	{Q,R}	1,2
6.	{P,R}	1,3
7.	{¬P}	2,4
8.	{¬Q}	3,4
9.	{R}	3,5
10.	{Q}	4,5
11.	{R}	3,6
12.	{P}	4,6
13.	{Q}	1,7
14.	{R}	6,7
15.	{P}	1,8
16.	{R}	5,8
17.	{}	4,9
18.	{R}	3,10
19.	{}	8,10
20.	{}	4,11
21.	{R}	2,12
22.	{}	7,12
23.	{R}	3,13
24.	{}	8,13
25.	{}	4,14
26.	{R}	2,15
27.	{}	7,15
28.	{}	4,16
29.	{}	4,18
30.	{}	4,21
31.	{}	4,23
32.	{}	4,26

Abb. 5.1 Beispiel für eine unbeschränkte Resolution

wichtig im Gedächnis zu behalten, daß wir uns hier nicht mit der Reihenfolge befassen, in der die Inferenzen vollzogen werden, sondern ganz allein nur mit der Grösse des Resolutionsgraphen und wie man diese Grösse durch das Entfernen unnötiger Deduktionen verringern kann.

5.1 ELIMINATIONSSTRATEGIEN

Die *Eliminationsstrategie* ist eine Restriktionstechnik, bei der Klauseln, die bestimmte Eigenschaften besitzen, eliminiert werden, bevor sie überhaupt erst verwendet werden. Da diese Klauseln für die nachfolgende Deduktion dann gar nicht mehr verfügbar sind, verringert sich der Rechenaufwand.

Ein in einer Datenbasis vorkommendes Literal heißt genau dann *pur*, wenn es keine zu einer Instanz eines anderen Literals der Datenbasis komplementäre Instanz besitzt. Eine Klausel, die ein pures Literal enthält, ist für eine Widerlegung unbrauchbar, weil dieses Literal ja niemals resolviert werden kann. Das Entfernen von Klauseln mit puren Literalen definiert eine Eliminationsstrategie, die als *Eliminierung der puren Literale* bekannt ist.

Die nachfolgende Datenbasis ist unerfüllbar. Bei dem entsprechenden Beweis können wir die zweite und dritte Klausel weglassen, weil beide das pure Literal S enthalten.

$$\{\neg P, \neg Q, R\}$$
$$\{\neg P, S\}$$
$$\{\neg Q, S\}$$
$$\{P\}$$
$$\{Q\}$$
$$\{\neg R\}$$

Beachten Sie bitte, daß es mit der Resolution unmöglich ist, Klauseln mit puren Literale abzuleiten, wenn die Datenbasis keine puren Literale enthält. Im Endeffekt müssen wir also diese Strategie bei einer Datenbasis nicht öfter als ein Mal anwenden, und insbesonders müssen wir auch nicht jede einzelne erzeugte Klausel gesondert prüfen.

Eine *Tautologie* ist eine Klausel, die ein komplementäres Paar von Literalen enthält. Beispielsweise ist die Klausel {P(F(A)), ¬P(F(A))} eine Tautologie. Die Klausel {P(x),Q(y),¬Q(y),R(z)} enthält zwar zusätzliche Literale, ist aber ebenfalls eine Tautologie.

Die An- oder Abwesenheit von Tautologien in einer Klauselmenge hat also keinen Einfluß auf die Erfüllbarkeit dieser Klauseln. Eine erfüllbare Klauselmenge bleibt erfüllbar, unabhängig davon, welche Tautologien wir hinzufügen. Eine unerfüllbare Klauselmenge bleibt unerfüllbar, auch wenn alle Tautologien aus ihr entfernt werden. Wir können deshalb die Tautologien aus einer Datenbasis entfernen, weil sie in weiteren Inferenzen nie Verwendung finden. Die entsprechende Eliminationsstrategie nennt man *Eliminierung der Tautologien*.

Beachten Sie, daß beim Entfernen der Tautologien die Literale in einer Klausel exakte Komplemente sein müssen. Wir können nicht einfach zwei nicht-identische Literale entfernen, nur weil sie in Bezug auf die Unifikation komplementär sind. Die Klauseln {¬P(A), P(x)}, {P(A)} und {¬P(B)} sind zwar unerfüllbar; würden wir die erste Klausel entfernen, so würde die verbleibende Menge erfüllbar.

Bei der *Subsumptionseliminierung* hängt das Kriterium für die Eliminierung von einer bestimmten Beziehung zwischen zwei Klauseln einer Datenbasis ab. Eine Klausel Φ *subsumiert* eine Klausel Ψ genau dann, wenn es eine Substitution σ gibt mit $\Phi\sigma \subseteq \Psi$. Zum Beispiel subsumiert die Klausel {P(x),Q(y)} die Klausel {P(A), Q(v), R(w)}, weil es eine Substitution {x/A,y/v} gibt, die die erste Klausel zu einer Teilmenge der zweiten macht.

Wird ein Element einer Klauselmenge von einem anderen Element subsumiert, so bleibt nach der Eliminierung der subsumierten Klausel die Menge noch erfüllbar, wenn sie es vorher auch schon war.

Subsumierte Klauseln dürfen also entfernt werden. Weil der Resolutionsprozeß selbst Tautologien und subsumierte Klauseln erzeugen kann, müssen wir die Resolutionen bezüglich Tautologien und Subsumptionen überprüfen.

5.2 DIE UNIT-RESOLUTION

Eine *Unit-Resolvente* ist eine Resolvente, bei der mindestens eine der Elternklauseln eine sogenannte *Unit-Klausel* ist, d.h. eine Klausel, die nur ein einziges Literal enthält. Eine *Unit-Deduktion* ist eine Deduktion, in der alle abgeleiteten Klauseln Unit-Resolventen sind. Eine *Unit-Widerlegung* ist eine Unit-Deduktion der leeren Klausel {}.

Als Beispiel für eine Unit-Widerlegung betrachten wir den folgenden Beweis. Bei den ersten beiden Inferenzen werden aus der Ausgangsmenge die zweielementigen Klauseln mit den Unit-Klauseln resolviert. Diese bilden zwei neue Unit-Klauseln und werden dann mit der ersten Klausel zu zwei weiteren Unit-Klauseln resolviert. Zur Erzeugung eines Widerspruchs werden dann die Elemente dieser beiden Mengen alle einzeln miteinander resolviert.

1.	{P,Q}	Δ
2.	{¬P,R}	Δ
3.	{¬Q,R}	Δ
4.	{¬R}	Γ
5.	{¬P}	2,4
6.	{¬Q}	3,4
7.	{Q}	1,5
8.	{P}	1,6
9.	{R}	3,7
10.	{}	6,7
11.	{R}	2,8
12.	{}	5,8

Beachten Sie, daß der Beweis nur eine Teilmenge aller möglichen Anwendungen der Resolutionsregel enthält. Die Klauseln 1 und 2 können zum Beispiel können auch zu der Konklusion {Q,R} resolviert werden. Diese Konklusion — und alle ihre Nachfolger — wird aber nie erzeugt, weil keine ihrer Elternklauseln Teil einer Unit-Klausel ist.

Die auf der Unit-Resolution basierenden Inferenzregeln lassen sich relativ leicht implementieren und sind auch ziemlich effizient. Es ist auch interessant, daß bei der Resolution einer Klausel durch eine Unit-Klausel die Konklusion immer weniger Literale als ihre Elternklausel enthält. Dies hilft uns, den Suchaufwand auf die Generierung der leeren Klausel zu beschränken, was wiederum die Effizienz erhöht.

Leider sind die auf der Unit-Resolution basierenden Inferenzregeln nicht vollständig. Beispielsweise sind die Klauseln {P,Q}, {¬P,Q},{P,¬Q} inkonsistent. Mit der allgemeinen Resolution läßt sich die leere Klausel leicht ableiten. Mit der Unit-Resolution dagegen ist dies nicht möglich, weil keine der Ausgangsklauseln eine Unit-Klausel ist.

Beschränken wir uns andererseits aber auf Horn-Klauseln (d.h. auf Klauseln mit höchstens einem positiven Literal), so sieht die Lage schon sehr viel besser aus. In der Tat kann man zeigen, daß es eine Unit-Widerlegung genau dann gibt, wenn die Menge der Horn-Klauseln unerfüllbar ist.

5.3 DIE EINGABE-RESOLUTION

Eine *Eingabe-Resolvente* (engl. *input resolvent*) ist eine Resolvente, bei der mindestens eine der zwei Elternklauseln ein Element der Ausgangsdatenbasis (d.h. der "Eingabe"-Datenbasis) ist. Eine *Eingabe-Deduktion* (engl. *input deduction*) ist eine Deduktion, bei der alle abgeleiteten Klauseln Eingabe-Resolventen sind. Eine *Ein-

gabe-Widerlegung (engl. *input refutation*) ist somit eine Eingabe-Deduktion der leeren Klausel {}.

Als Beispiel betrachten wir die Klauseln 6 und 7 aus Abb. 5.1. Verwenden wir ohne irgendwelche Restriktionen die Resolution, so resolvieren diese Klauseln zu der Klausel 14. Hier liegt allerdings keine Eingabe-Resolution vor, weil keine der Elternklauseln in der Ausgangsdatenbasis enthalten ist.

Die Resolution der Klauseln 1 und 2 ist dagegen eine Eingabe-, aber keine Unit-Resolution. Ungeachtet solcher Unterschiede läßt sich zeigen, daß die Unit- und die Eingabe-Resolution in ihrer inferentiellen Leistung einander äquivalent sind, und daß es zu jeder Menge, zu der eine Unit-Resolution existiert, auch eine Eingabe-Resolution gibt —— und umgekehrt.

Eine Konsequenz aus dieser Tatsache ist, daß zwar für Horn-Klauseln die Eingabe-Resolution vollständig, im allgemeinen aber unvollständig ist. Die unerfüllbare Menge von Propositionen {P, Q}, {¬P,Q}, {P,¬Q} diene hier wiederum als Beispiel für eine Deduktion, bei der die Eingabe-Resolution fehlschlägt. Bei einer Eingabe-Widerlegung muß nämlich (insbesonders) eine der Elternklauseln von {} ein Element der Ausgangsdatenbasis sein. Um in unserem Beispiel aber die leere Klausel zu erzeugen, müssen wir entweder zwei einelementige Literalklauseln oder zwei Klauseln ableiten, deren Faktoren aus einem einzelnen Literal bestehen. Keines der Elemente der Basismenge erfüllt aber diese Kriterien, so daß in diesem Fall auch keine Eingabe-Widerlegung vorliegt.

5.4 LINEARE RESOLUTION

Die *lineare Resolution* (engl. *linear resolution* oder auch *ancestry-filtered resolution*) ist eine leicht verallgemeinerte Version der Eingabe-Resolution. Eine *lineare Resolvente* ist eine Resolvente, bei der mindestens eine Elternklausel entweder in der Aus-

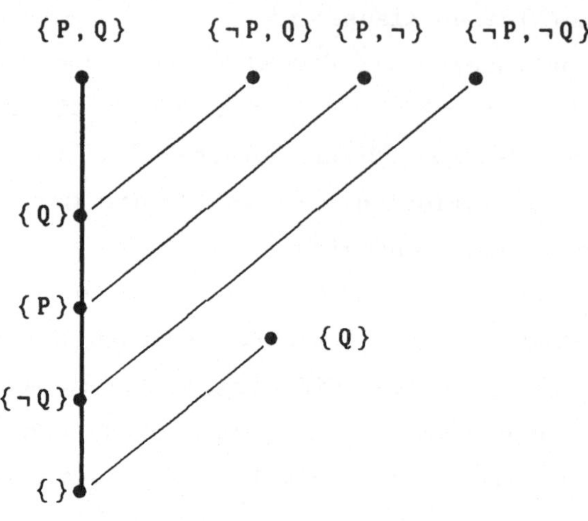

Abb.5.2 Resolutionskette einer linearen Deduktion

gangsdatenbasis enthalten aber ein Nachfahre einer anderen Elternklausel ist. Eine *lineare Deduktion* ist eine Deduktion, bei der
jede abgeleitete Resolvente eine lineare Resolvente ist. Eine
lineare Widerlegung ist dann eine lineare Deduktion der leeren
Klausel {}.

Ihren Namen hat die lineare Resolution von der linearen Gestalt
des Beweises, den sie erzeugt. Eine lineare Deduktion beginnt mit
einer Klausel der Ausgangsdatenbasis (*Start-Klausel* oder *top
clause* genannt) und erzeugt, wie in Abb. 5.2 dargestellt, eine
lineare Resolutionskette. Ausgehend von der ersten Resolvente
erhält man jede weitere Resolvente aus der letzten Resolventen
(auch *direkter Vorfahre* genannt) und aus einer weiteren Klausel
(*weiter entferntere Vorfahre* genannt). Bei der linearen Resolution
muß der weiter entferntere Vorfahre entweder in der Ausgangsdatenbasis enthalten, oder ein Nachfahre der letzten Resolventen sein.

Bei einer Resolution ohne Restriktionen entstehen zahlreiche
Redundanzen durch das Resolvieren von Konklusionen als Zwischenergebnisse aus früheren Zwischenergebnissen. Der Vorteil der line-

aren Resolution liegt nun darin, daß sie unsinnige Inferenzen verhindert, weil sie bei jedem Schritt die Deduktion auf die Vorfahren jeder Klausel und auf die Elemente der Ausgangsdatenbasis einschränkt.

Von der linearen Resolution weiß man, daß sie widerspruchsvollständig ist. Außerdem muß nicht jede einzelne Klausel der Ausgangsdatenbasis als Start-Klausel durchprobiert werden. Man kann zeigen, daß, eine lineare Widerlegung mit ϕ als Start-Klausel existiert, wenn eine Klauselmenge Γ erfüllbar und $\Gamma \cup \{\phi\}$ unerfüllbar ist. Wissen wir also, daß eine bestimmte Klauselmenge konsistent ist, so brauchen wir bei einer Widerlegung deren Elemente nicht zu verwenden.

Eine *Merge-Resolvente* ist eine Resolvente, die der Literale, die von den Elternklauseln vererbt wurden und nach der Anwendung des allgemeinsten Unifikators indentisch sind, zu einem einzigen Literal "verschmolzen" werden. Die Vollständigkeit der linearen Resolution bleibt auch dann erhalten, wenn nur Merge-Resolventen verwendet werden. Beachten Sie in dem Beispiel (Abb. 5.2), daß hier die erste Resolvente (d.h. die Klausel $\{Q\}$) eine Merge-Resolvente ist.

5.5 STÜTZMENGENRESOLUTION

Untersuchen wir eine Resolutionsspur wie die aus Abb. 5.1, so zeigt sich, daß viele Konklusionen aus Resolutionen zwischen Klauseln abstammen, die in einem Bereich der Datenbasis enthalten sind, von dem bekannt ist, daß er erfüllbar ist. Zum Beispiel ist in Abb. 5.1 die Menge Δ erfüllbar. Eine ganze Menge der Konklusionen des Protokolls erhalten wir durch das Resolvieren der Elementen von Δ mit anderen Elementen von Δ. Diese Resolutionen können wir, ohne die Widerspruchsvollständigkeit der gesamten Resolution zu beeinflussen, entfernen.

Eine Teilmenge Γ einer Menge Δ wird *Stützmenge* (engl. *set of support*) von Δ genannt genau dann, wenn $\Delta - \Gamma$ erfüllbar ist. Ist eine Klauselmenge Δ mit Stützmenge Γ gegeben, so ist eine *Stützmengenresolution* (engl. *set of support resolution*) eine Resolution, bei der mindestens eine Elternklausel aus Γ stammt oder ein Nachfahre von Γ ist. Eine *Stützmengendeduktion* (engl. *set of support deduction*) ist eine Deduktion, bei der alle abgeleiteten Klauseln Resolventen der Stützmenge sind. Eine *Stützmengenwiderlegung* (engl. *set of support refutation*) ist daher eine Deduktion der leeren Klausel {} aus der Stützmenge.

Die folgende Spur zeigt eine Stützmengenwiderlegung von Abb. 5.1. Die Klausel {¬R} resolviert mit {¬P,R} und {¬Q,R} zu {¬P} und {¬Q}. Diese resolvieren mit Klausel 1 zu {Q} und {P}, die dann zu der leeren Klausel resolvieren.

1.	{P,Q}	Δ
2.	{¬P,R}	Δ
3.	{¬Q,R}	Δ
4.	{¬R}	Γ
5.	{¬P}	2,4
6.	{¬Q}	3,4
7.	{Q}	1,5
8.	{P}	1,6
9.	{R}	3,7
10.	{}	6,7
11.	{R}	2,8
12.	{}	5,8

Diese Strategie hätte natürlich wenig Sinn, wenn sich die Stützmenge nicht sehr leicht bestimmen ließe. Glücklicherweise gibt es auch verschiedene Möglichkeiten, dies ohne großen Aufwand zu tun. Zum Beispiel ist es in Situationen, in denen wir versuchen, Konklusionen aus einer konsistenten Datenbasis zu beweisen, naheliegend, die aus dem negierten Ziel abgeleiteten Klauseln als passende Stützmenge zu wählen. Sofern die Datenbasis natürlich selbst erfüllbar ist, genügt diese Menge dann der Definition. Bei der derart bestimmten Stützmenge hat jede Resolution eine Verbindung mit dem übergeordneten Ziel, so daß man die Prozedur auch so auffassen kann, als arbeitete man sich "rückwärts" vom Ziel weg. Dies ist besonders bei solchen Datenbasen sinnvoll, bei denen die Zahl der möglichen "vorwärts erreichbaren" Konklusionen sehr groß ist. Durch den ziel-orientierten Charakter dieser Widerlegungen sind diese oftmals verständlicher als andere Widerlegungsstrategien.

5.6 GEORDNETE RESOLUTION

Eine *geordnete Resolution* (engl. *ordered resolution*) ist eine sehr restriktive Resolutionsstrategie, bei der jede einzelne Klausel in Form einer linear geordneten Menge gegeben ist. Eine Resolution wird nur für das erste Literal jeder Klausel zugelassen, d.h. nur für das in der Ordnung an niedrigster Stelle stehende Literal. In den Konklusionen behalten die Literale die Ordnung ihrer Elternklauseln, wobei die Literale der negativen Elternklausel (d.i. die, die negierte Atom enthält) nach denen der positiven Literale kommen.

Die nachfolgende Spur ist ein Beispiel einer geordneten Widerlegung. Klausel 5 ist die einzige geordnete Resolvente der Klauseln 1 bis 4. Die Klauseln 1 und 3 resolvieren nicht, weil die komplementären Literale in den Klauseln nicht an erster Stelle stehen. Die Klauseln 2 und 4 resolvieren aus dem gleichen Grunde nicht, ebenso die Klauseln 3 und 4. Sobald Klausel 5 erzeugt ist, resolviert sie mit Klausel 3, um Klausel 6 zu generieren, die mit Klausel 4 zu der leeren Klausel resolviert.

1. {P,Q}   Δ
2. {¬P,R}   Δ

3. $\{\neg Q, R\}$	Δ
4. $\{\neg R\}$	Γ
5. $\{Q, R\}$	1,2
6. $\{R\}$	3,5
7. $\{\}$	4,6

Die geordnete Resolution ist äußerst effizient. Im vorliegenden Beispiel wird die leere Klausel schon auf der dritten Resolutionsebene erzeugt. Bis dahin wurden insgesamt nur drei Resolventen berechnet. Die allgemeine Form der Resolution hätte bis zu diesem Punkt 24 Resolventen gebildet.

Leider ist die geordnete Resolution nicht widerlegungsvollständig. Beschränken wir uns aber wieder auf Horn-Klauseln, so ist die Widerlegungsvollständigkeit garantiert. Außerdem erhalten wir im allgemeinen Fall die Widerlegungsvollständigkeit, wenn wir solche Resolventen betrachten, bei denen die restlichen Literale der positiven Elternklausel den restlichen Literalen der negativen Elternklausel folgen — oder auch umgekehrt.

5.7　GERICHTETE RESOLUTION

Die *gerichtete Resolution* (engl. *directed resolution*) ist eine Anwendung der geordneten Resolution innerhalb einer wichtigen, aber eingeschränkten Klasse von Deduktionen. Bei der gerichteten Deduktion hat eine Anfrage die Form einer Konjunktion aus positiven Literalen, und die Datenbasis besteht vollständig aus *gerichteten Klauseln*. Eine gerichtete Klausel ist eine Horn-Klausel, in der das positive Literal entweder am Ende oder am Anfang der Klausel steht. Das Ziel ist nun, solche Bindungen für die Variablen zu finden, so daß die aus der Substitution dieser Bindungen entstehende Konjunktion aus der Datenbasis ableitbar ist.

Für die jetzt folgenden Betrachtung der gerichteten Resolution vereinfachen wir unsere Notation. Da alle Klauseln gerichtet sind, schreiben wir sie in *Infixform*. Klauseln, bei denen das positive Literal am Ende steht, schreiben wir mit dem $\Rightarrow$ Operator. Klausel, bei denen das positive Literal am Anfang steht, schreiben wir mit dem umgekehrten Implikationsoperator $\Leftarrow$. Das Literal in einer positiven Unit-Klausel steht für die ganze Klausel. Die negativen Literale einer Klausel ohne positive Literale schreiben wir als Antezedenzen beider Formen des Implikationsoperators.

$$\{\neg\phi_1,\ldots,\neg\phi_n,\psi\} \quad \longleftrightarrow \quad \phi_1,\ldots,\phi_n \Rightarrow \psi$$
$$\{\psi,\neg\phi_1,\ldots,\neg\phi_n\} \quad \longleftrightarrow \quad \psi \Leftarrow \phi_1,\ldots,\phi_n$$
$$\{\neg\phi_1,\ldots,\neg\phi_n\} \quad \longleftrightarrow \quad \phi_1,\ldots,\phi_n \Rightarrow$$
$$\{\neg\phi_1,\ldots,\neg\phi_n\} \quad \longleftrightarrow \quad \Leftarrow \phi_1,\ldots,\phi_n$$

Das charakteristische Merkmal der gerichteten Resolution ist eine Richtung der Klauseln innerhalb der Datenbasis. Einige der Klauseln lassen eine Resolution vorwärts (engl. *forward resolution*) zu, bei der die positiven Konklusionen aus den positiven Daten abgeleitet werden. Andere Klauseln lassen eine Resolution rückwärts (engl. *backward resolution*) entstehen, bei der die negativen Klauseln aus anderen negativen Klauseln abgeleitet werden. Wie es schon obige Äquivalenzen erahnen lassen, hängt die Richtung von der Stellung des positiven Literals innerhalb einer Klausel ab.

Eine *vorwärts gerichtete Klausel* (*Forward-Klausel*) ist eine Klausel, bei der das positive Literal am Ende steht. Bei der gerichteten Resolution entsteht bei einer Forward-Klausel eine Forward-Resolution. Um dies zu erklären, betrachten wir den nachstehenden Beweis. Angewendet auf die ersten beiden Klauseln führt die gerichtete Resolution zur Konklusion P(A). Diese resolviert dann mit der negativen Unit-Klausel zu der leeren Klausel. Stellt man das positive Literal an das Ende, so kann man vorwärts auf das positive Zwischenergebnis (Klausel 4) hinarbeiten, dies verhindert aber, daß man sich rückwärts auf die negative Klausel (Klausel 3) zuarbeiten kann.

1. $\{\neg M(x), P(x)\}$ $M(x) \implies P(x)$
2. $\{M(A)\}$ $M(A)$
3. $\{\neg P(z)\}$ $P(z) \implies$

---

4. $\{\neg P(A)\}$ $P(A)$

---

5. $\{\}$ $\{\}$

Aus Symmetriegründen ist eine Klausel *rückwärts gerichtet*, wenn das positive Literal am Anfang der Klausel steht. Schreiben wir obige Klauseln auf diese Weise um, so erhalten wir das entgegengesetzte Beweisverhalten. Im folgenden Beweis resolviert die negative Klausel mit der ersten Klausel und erzeugt die negative Konklusion $\{\neg M(z)\}$ als Zwischenergebnis. Dieses Ergebnis resolviert dann mit der zweiten Klausel zu der leeren Klausel.

1. $\{P(x), \neg M(x)\}$ $P(x) \impliedby M(x)$
2. $\{M(A)\}$ $M(A)$
3. $\{\neg P(z)\}$ $\impliedby P(z)$

---

4. $\{\neg M(z)\}$ $\impliedby M(z)$

---

5. $\{\}$ $\impliedby$

Richten wir einige Klauseln vorwärts, andere rückwärts, so können wir eine Mischung aus Forward- und Backward-Resolution erreichen. Als Beispiel betrachten wir hierzu den nachstehenden Beweis. Zuerst resolvieren die positiven Daten mit der Forward-Klausel 2 und erzeugen weitere positive Ergebnisse. Diese resolvieren dann mit Klausel 1 zu verschiedenen Zwischenergebnissen. Mit der rückwärts gerichteten Klausel 3 resolvieren diese dann und erzeugen zwei Teilziele, die beide N enthalten. Eines davon kann erfüllt werden, was zu dem positiven Ergebnis $\{R(B)\}$ führt. Dieses resolviert mit Klausel 7 und erzeugt die leere Klausel.

1. $\{\neg P(x), \neg Q(x), R(x)\}$ $P(x), Q(x) \implies R(x)$
2. $\{\neg M(x), P(x)\}$ $M(x) \implies P(x)$
3. $\{Q(x), \neg N(x)\}$ $Q(x) \impliedby N(x)$

4. {M(A)}	M(A)
5. {M(B)}	M(B)
6. {N(B)}	N(B)
7. {¬R(z)}	R(z) $\Longrightarrow$
8. {P(A)}	P(A)
9. {P(B)}	P(B)
10. {¬Q(A),R(A)}	Q(A) $\Longrightarrow$ R(A)
11. {¬Q(B),R(B)}	Q(B) $\Longrightarrow$ R(B)
12. {¬N(A),R(A)}	N(A) $\Longrightarrow$ R(A)
13. {¬N(B),R(B)}	N(B) $\Longrightarrow$ R(B)
14. {R(B)}	R(B)
15. {}	$\Longrightarrow$

Nachdem wir jetzt über die Stellung des positiven Literals am
Anfang oder am Ende einer Klausel, die Richtung der Resolution
beeinflussen können, wirft dies nun die Frage auf, welche Richtung
effizienter ist. Betrachten wir zum Vergleich die folgende Satzmenge.

$$\text{Insekt}(x) \Longrightarrow \text{Lebewesen}(x)$$
$$\text{Säugetier}(x) \Longrightarrow \text{Lebewesen}(x)$$
$$\text{Ameise}(x) \Longrightarrow \text{Insekt}(x)$$
$$\text{Biene}(x) \Longrightarrow \text{Insekt}(x)$$
$$\text{Spinne}(x) \Longrightarrow \text{Insekt}(x)$$
$$\text{Löwe}(x) \Longrightarrow \text{Säugetier}(x)$$
$$\text{Tiger}(x) \Longrightarrow \text{Säugetier}(x)$$
$$\text{Zebra}(x) \Longrightarrow \text{Säugetier}(x)$$

Angenommen, **Zeke** sei ein Zebra. Ist dann **Zeke** ein Lebewesen?
Der folgende Beweis zeigt, daß der Suchraum in diesem Falle sehr
klein ist.

1. {Zebra(Zeke)}

2. {¬Lebewesen(Zeke)}

3. {Säugetier(Zeke)}

---

5. {}

Leider liegen die Dinge nicht immer so günstig. Betrachten wir doch einmal die folgende Datenbasis mit Informationen über Zebras. Zebras sind Säugetiere, gestreift und von mittlerer Grösse. Säugetiere sind Lebewesen und Warmblüter. Gestreifte Dinge sind nicht massiv und nicht gepunktet. Mittelgroße Gegenstände sind weder klein noch groß.

$$\text{Zebra}(x) \implies \text{Säugetier}(x)$$
$$\text{Zebra}(x) \implies \text{Gestreift}(x)$$
$$\text{Zebra}(x) \implies \text{Mittelgroß}(x)$$
$$\text{Säugetier}(x) \implies \text{Lebewesen}(x)$$
$$\text{Säugetier}(x) \implies \text{Warmblüter}(x)$$
$$\text{Gestreift}(x) \implies \text{Nicht\_massiv}(x)$$
$$\text{Gestreift}(x) \implies \text{Nicht\_gepunktet}(x)$$
$$\text{Mittelgroß}(x) \implies \text{Nicht\_klein}(x)$$
$$\text{Mittelgroß}(x) \implies \text{Nicht\_groß}(x)$$

Der nachstehende Beweis zeigt, daß der Suchraum in diesem Fall schon etwas größer ist als im vorherigen Beispiel. Der Grund liegt darin, daß wir aus jeder Klausel mehr als eine Konklusion ableiten können.

1. {Zebra(Zeke)}
2. {¬Nicht_groß(Zeke)}

---

3. {Säugetier(Zeke)}
4. {Gestreift(Zeke)}
5. {Mittelgroß(Zeke)}

---

6. {Lebewesen(Zeke)}
7. {Warmblüter(Zeke)}
8. {Nicht_massiv(Zeke)}
9. {Nicht_gestreift(Zeke)}
10. {Nicht_klein(Zeke)}
11. {Nicht_groß(Zeke)}

---

12. {}

Beobachten wir, was passiert, wenn wir die Richtung der Klauseln wie folgt umkehren.

$$\text{Säugetier}(x) \Longleftarrow \text{Zebra}(x)$$
$$\text{Gestreift}(x) \Longleftarrow \text{Zebra}(x)$$
$$\text{Mittelgroß}(x) \Longleftarrow \text{Zebra}(x)$$
$$\text{Lebewesen}(x) \Longleftarrow \text{Säugetier}(x)$$
$$\text{Warmblüter}(x) \Longleftarrow \text{Säugetier}(x)$$
$$\text{Nicht\_massiv}(x) \Longleftarrow \text{Gestreift}(x)$$
$$\text{Nicht)gepunktet}(x) \Longleftarrow \text{Gestreift}(x)$$
$$\text{Nicht\_klein}(x) \Longleftarrow \text{Mittelgroß}(x)$$
$$\text{Nicht\_groß}(x) \Longleftarrow \text{Mittelgroß}(x)$$

Der nachstehende Beweis zeigt, daß der Suchraum der Backward-Resolution jetzt sehr viel kleiner ist als der der Forward-Resolution.

1. $\{\text{Zebra}(\text{Zeke})\}$
2. $\{\neg\text{Nicht\_groß}(\text{Zeke})\}$

---

3. $\{\neg\text{Mittelgroß}(\text{Zeke})\}$

---

4. $\{\neg\text{Zebra}(\text{Zeke})\}$

---

5. $\{\}$

Leider hat die Backward-Resolution genau wie die Forward-Resolution auch ihre Schattenseiten. Als Beispiel betrachten wir die Backward-Version der Klauseln unseres Tier-Problems.

$$\text{Lebewesen}(x) \Longleftarrow \text{Insekt}(x)$$
$$\text{Lebewesen}(x) \Longleftarrow \text{Säugetier}(x)$$
$$\text{Insekt}(x) \Longleftarrow \text{Ameise}(x)$$
$$\text{Insekt}(x) \Longleftarrow \text{Biene}(x)$$
$$\text{Insekt}(x) \Longleftarrow \text{Spinne}(x)$$
$$\text{Säugetier}(x) \Longleftarrow \text{Löwe}(x)$$
$$\text{Säugetier}(x) \Longleftarrow \text{Tiger}(x)$$
$$\text{Säugetier}(x) \Longleftarrow \text{Zebra}(x)$$

Der nachstehende Beweis zeigt, daß der Suchraum bei der Rückwärts-
richtung sehr viel größer ist als bei der Vorwärtsrichtung.

1. {Zebra(Zeke)}

2. {¬Lebewesen(Zeke)}

---

3. {¬Insekt(Zeke)}

4. {¬Säugetier(Zeke)}

---

5. {¬Ameise(Zeke)}

6. {¬Biene(Zeke)}

7. {¬Spinne(Zeke)}

8. {¬Löwe(Zeke)}

9. {¬Tiger(Zeke)}

10. {¬Zebra(Zeke)}

---

11. {}

Für bestimmte Klauselmengen ist die Forward-Resolution besser,
während die Backward-Resolution sich für andere Klauselmengen eher
eignet. Um nun festzustellen, welche Resolutionsrichtung für welche Klauselmenge besser ist, müssen wir die Anzahl der möglichen
Verzweigungen (engl. *branching factor*) der Klauseln betrachten. In
den vorangegangenen Beispielen verzweigte der Suchraum bei dem
Problem mit der Tierbestimmung rückwarts, während er bei dem
Problem mit dem Zebra vorwärts verzweigte. Wir sollten daher die
Backward-Resolution beim Tierproblem und die Forward-Resolution
beim Zebra-Problem wählen.

Natürlich liegen die Dinge nicht immer so einfach. Manchmal ist
es besser, bestimmte Klauseln vorwärts, andere rückwärts anzuwenden. Zu entscheiden, welche Klauseln nun in welcher Richtung
benützt werden sollen, ist ein schwieriges Berechnungsproblem. Beschränken wir uns auf eine *kohärente Datenbasis*, d.h. auf eine
Datenbasis, bei der alle für den Beweis eines Literals im Antezedenz einer Forward-Klausel verwendeten Klauseln selbst wiederum
Forward-Klauseln sind, so läßt sich dieses Problem in polynominalem Zeitaufwand lösen. Im allgemeinen ist das Problem aber NP-
vollständig.

5.8 DIE SEQUENTIELLE ERFÜLLUNG VON RANDBEDINGUNGEN

Unter der *sequentiellen Erfüllung von Randbedingungen* (engl. *se-quentiell constraint satisfaction*) versteht man die Anwendung der gerichteten Resolution bei einer anderen eingeschränkten, aber ebenfalls wichtigen Lösungsklasse von Einsetzungsfragen. Wie auch bei der gerichteten Resolution wird hier die Anfrage als eine Konjunktion positiver Literale formuliert, die verschiedene Vari-ablen enthält. Aber im Unterschied zur gerichteten Resolution be-steht die Datenbasis jetzt nur aus positiven Grundliteralen. Die Aufgabe besteht nun darin, solche Variablenbindungen zu bestimmen, so daß nach einer Substitution in der Anfrage jedes der ent-stehenden Konjunkte mit einem Literal der Datenbasis identisch wird.

Als Beispiel betrachten wir die folgende Datenbasis. Arthur und Anne sind die Eltern von Johann. Robert und Bea sind die Eltern von Walter. Lutz und Iris sind die Eltern von Fritz. Anne und Lutz sind Schreiner, Johann und Walter sind Bundestagsabgeordnete.

E(Anne, Johann)	Schreiner(Anne)	Abgeordneter(Johann)
E(Anne, Johann)	Schreiner(Lutz)	Abgeordneter(Walter)
E(Robert, Walter)		
E(Bea, Walter)		
E(Lutz, Fritz)		
E(Iris, Fritz)		

Die folgende Konjunktion ist eine typische Anfrage an eine der-artige Datenbasis. Wir suchen Bindungen für die Variablen x und y, so daß x ein Elternteil von y ist, x ein Schreiner ist und y ein Abgeordneter ist.

$$E(x,y) \land Schreiner(x) \land Abgeordneter(y)$$

Um die Resolution anwenden zu können, müssen wir die Anfrage zuerst negieren, in die Klauselform übersetzten und ein entspre-chendes Antwort-Literal hinzufügen. Dies führt uns zu der fol-genden Klausel.

$$\{\neg E(x,y), \neg Schreiner(x), \neg Abgeordneter(y), Ans(x,y)\}$$

Die Antwort leiten wir jetzt mit der gerichteten Resolution ab. Die nachstehende Deduktionsfolge zeigt eine Spur dieser Strategie zur Lösung der Anfrage mit obigen Daten.

1. $\{\neg E(x,y), \neg Schreiner(x), \neg Abgeordneter(y), Ans(x,y)\}$

2. $\{\neg Schreiner(Arthur), \neg Abgeordneter(Johann),$
    $Ans(Art, Johann)\}$

3. $\{\neg Schreiner(Anne), \neg Abgeordneter(Johann),$
    $Ans(Anne, Johann)\}$

4. $\{\neg Schreiner(Robert), \neg Abgeordneter(Walter),$
    $Ans(Robert, Walter)\}$

5. $\{\neg Schreiner(Bea), \neg Abgeordneter(Walter),$
    $Ans(Bea, Walter)\}$

6. $\{\neg Schreiner(Lutz), \neg Abgeordneter(Fritz),$
    $Ans(Lutz, Fritz)\}$

7. $\{\neg Schreiner(Iris), \neg Abgeordneter(Fritz),$
    $Ans(Iris, Fritz)\}$

8. $\{\neg Schreiner(Johann), Ans(Anne, Johann)\}$

9. $\{\neg Schreiner(Fritz), Ans(Lutz, Fritz)\}$

10. $\{Ans(Anne, Johann)\}$

Vom Gesichtspunkt der Effizienz her betrachtet ist die Reihenfolge der Literale innerhalb einer Anfrage eine der zentralen Fragen bei der sequentiellen Erfüllung von Randbedingungen. Obwohl mit dem vorliegenden Beispiel zwar schon einige Sucharbeit verbunden ist, ist diese doch noch nicht allzu groß. Zum Vergleich dazu ist es daher einmal interessant, zu betrachten, was bei einer umfangreicheren Datenbasis und einer anderen Ordnungsstruktur der Literale innerhalb der Anfrage passieren würde.

Betrachten wir doch einmal eine konkrete Datenbasis für eine Volkszählung mit den folgenden Eigenschaften. Es gibt ungefähr 100 Abgeordnete. Ist die Datenbasis nun vollständig und nicht redundant, so gibt es 100 Lösungen für die Anfrage $Abgeordneter(\nu)$, wobei ν eine beliebige Variable ist. Ferner gibt es ungefähr hun-

derttausend Schreiner und daher auch hunderttausend Lösungsmög-
lichkeiten für die Anfrage Schreiner(v). Eventuell gibt es mehrere
hundert Millionen Eltern-Kind-Beziehungen und deshalb auch mehrere
hundert Millionen Lösungen für die Anfrage E(μ,v), die zwei Variablen enthält. Trotzdem gibt es aber nur zwei Lösungen für die
Form E(v,γ), wobei jetzt γ eine Konstante ist, weil jede Person
nur zwei Eltern hat. Ebenso gibt es auch nur einige wenige Antworten für die Form E(γ,v), weil jede Person maximal einige wenige
Kinder hat. Die Größe der Lösungsmenge kennzeichnen wir wie folgt,
wobei die Schreibweise ‖Q(x)‖ die Zahl der Instanzen von Q(x) in
der Datenbasis angibt.

$$\|\text{Abgeordneter}(v)\| = 100$$
$$\|\text{Schreiner}(v)\| \approx 10^5$$
$$\|E(\mu,v)\| \approx 10^8$$
$$\|E(v,\gamma)\| = 2$$
$$\|E(\gamma,v)\| \approx 3$$

Betrachten Sie dagegen die Schwierigkeiten, die mit dieser aufge-
blähten Datenbasis bei der Beantwortung der obigen Anfrage entstehen. Wie im vorherigen Fall liefert ein Abarbeiten der Literale
der Reihe nach eine Aufzählung aller Eltern-Kind-Paare, der Suchraum enthält jetzt aber einige Millionen Möglichkeiten.

Ein sehr viel besserer Weg zur Beantwortung der Anfrage ist
folgende Umordnung der Literale. Da uns nur 100 Abgeordnete und
zwei Eltern vorliegen, schränkt dies den Suchraum auf maximal 200
Möglichkeiten ein.

$$\text{Abgeordneter}(y) \land E(x,y) \land \text{Schreiner}(x)$$

Dieses Beispiel legt uns eine nützliche Heuristik für die sequentielle Erfüllung von Randbedingungen nahe, die sogenannte *Ge-
ringster Aufwand zuerst*'-Regel. D.h., in einer Anfrage sollten die
Literale entsprechend der wachsenden Größe der Lösungsmenge abge-
arbeit werden. Leider liefert diese Regel aber nicht immer die optimale Reihenfolge. Betrachten Sie als Beispiel das nachstehende
Problem.

$$P(x) \; \wedge \; Q(y) \; \wedge \; R(x,y)$$

Angenommen, die Datenbasis hat die folgenden Eigenschaften. Die Symbole μ und ν beziehen sich wiederum auf beliebige Variablen, γ sei eine Konstante.

$$\| P(\nu) \| \; = \; 1000$$
$$\| Q(\nu) \| \; = \; 2000$$
$$\| R(\mu,\nu) \| \; = \; 100 \; 000$$
$$\| R(\gamma,\nu) \| \; = \; 100$$
$$\| R(\mu,\gamma) \| \; = \; 10$$

Jetzt ist P(x) das Literal mit der kleinsten Lösungsmenge. Zählen wir also mit der *'Geringsten Aufwand zuerst'*-Regel diese Lösungen alle zuerst auf, so haben wir ingesamt 1000 Möglichkeiten. Vergleichen wir dagegen die Größe der Lösungsmengen der verbleibenden zwei Literale für den Fall, daß x bekannt ist. Ist nun x bekannt, so gibt es 2000 Lösungen für Q, aber nur 100 Lösungen für R. Daher wird R als nächstes bearbeitet, was zu einem Suchraum der Größe 100 000 führt.

Das Problem liegt nun darin, daß es eine günstigere Reihenfolge gibt. Arbeiten wir nämlich zuerst mit Q(y), so führt dies zu einem Suchraum von 2000 Alternativen. Bei einem gegebenem Wert für y liegen aber nur 10 Lösungen für R vor, was nur zu einem Lösungsraum von 20 000 führt. Dieser Wert ist um den Faktor 5 kleiner, als der, den die *'Geringste Aufwand zuerst'*-Regel ergab.

Eine Möglichkeit, die optimale Reihenfolge für eine Literalmenge zu garantieren, ist, alle möglichen Reihenfolgen zu durchsuchen. Für jede Reihenfolge können wir die eventuellen Kosten oder den Aufwand berechnen. Danach vergleichen wir die Reihenfolgen und wählen diejenige mit dem geringsten Aufwand aus.

Die folgenden Gleichungen stellen den Aufwand für die sechs verschiedenen Reihenfolgen der Literale im vorherigen Problem zusammen. Aus diesen Schätzungen können wir leicht ablesen, daß es besser ist, das Literal Q zuerst und dann R und P zu verarbeiten.

$$\|P(x),Q(y),R(x,y)\| = 2\ 000\ 000$$

$$\|P(x),R(x,y),Q(y)\| = 100\ 000$$

$$\|Q(y),P(x),R(x,y)\| = 2\ 000\ 000$$

$$\|Q(y),R(x,y),P(x)\| = 20\ 000$$

$$\|R(x,y),P(x),Q(y)\| = 100\ 000$$

$$\|R(x,y),Q(y),P(x)\| = 100\ 000$$

Alle möglichen Reihenfolgen aufzuzählen und zu vergleichen, ist sehr ineffizient. Für eine Menge mit n Literalen gibt es $n!$ mögliche Reihenfolgen. Obwohl es bei drei Literalen nur sechs mögliche Reihenfolgen gibt, springt die Zahl bei acht Literalen schon auf über 40 000.

Glücklicherweise gibt es nun einige Ergebnisse, mit denen wir die notwendige Suche für die optimale Reihenfolge weiter einschränken können. Eins davon ist das Adjazenz-Theorem (Theorem 5.1).

Ist eine Menge von Literalen $1_1,\ldots,1_n$ gegeben, so definieren wir das Literal 1_i^j als dasjenige Literal, das wir durch die Einsetzung von Grundtermen in die 1_i der $1_1,\ldots,1_j$ erhalten. Ist beispielsweise die Anfrage $P(x) \wedge Q(x,y) \wedge R(x,y)$ gegeben, dann ist das Literal $P(x)^0$ gerade $P(x)$. Das Literal $Q(x,y)^1$ ist $Q(\gamma,y)$, wobei γ ein Grundterm ist. Das Literal $R(x,y)^0$ ist $R(x,y)$; $R(x,y)^1$ ist $R(\gamma,y)$ und $R(x,y)^2$ ist $R(\gamma_1,\gamma_2)$.

THEOREM 5.1. (ADJAZENZ—THEOREM) *Ist* $1_1,\ldots,1_n$ *eine optimale Reihenfolge der Literale, so gilt* $\|1_i^{i-1}\| \leq \|1_{i+1}^{i-1}\|$ *für alle* i *zwischen 1 und* $n{-}1$.

Dieses Theorem unterstützt unsere Vermutungen über die Reihenfolge der Literale in den einfachen Fällen, die von den folgenden Korollaren abgedeckt werden.

KOROLLAR 5.1. *Das Konjunkt mit dem größten Aufwand sollte nie zuerst bearbeitet werden.*

Tab.5.1 Reduktion des Suchraumes durch Adjazenz-Restriktion

	$G(n,0)$	$n!$
1	1	1
2	1	2
3	2	6
4	5	24
5	16	120
7	272	5040
8	1385	40 320
9	7936	362 880
10	7936	3 628 800

KOROLLAR 5.2. *Ist eine Konjunktfolge mit der Länge 2 gegeben, so sollte das Literal mit dem geringsten Aufwand zuerst bearbeitet werden.*

Das zentrale Ergebnis des Adjazenz-Theorems ist, daß wir bei der Bestimmung der garantiert optimalen Reihenfolge nicht alle möglichen Reihenfolgen zu durchsuchen brauchen. Im vorherigen Beispiel brauchten wir nur zwei Reihenfolgen zu betrachten. Wir konnten in diesem Fall zwei Drittel der Möglichkeiten eliminieren. Wird die Zahl der Literale größer, so ist auch diese Einsparung bedeutsamer. Eine kurze Analyse zeigt, daß die Zahl der möglichen Reihenfolgen, die man betrachten muß, durch $G(n,0)$ begrenzt ist, wobei n die Zahl der Literale und G wie folgt rekursiv definiert ist.

$$G(n,0) = \begin{cases} 0, & \text{falls } n = d \\ 1, & \text{falls } n = 1,\ d = 0 \\ \sum_{i=0}^{n-d-1} G(n\text{-}1,i), & \text{sonst} \end{cases}$$

Man kann sich hier d als die Zahl der restlichen Literale denken, die wegen der Adjazenzeinschränkung nicht als nächste Literale auftreten können. Beachten Sie, daß sich die Formel wie erwartet auf $n!$ reduziert, wenn das erste Argument von G weggelassen wird.

In Tabelle 5.1 sind für n Literale einige Werte dieser Funktion im Vergleich mit der Anzahl aller Reihenfolgen zusammengestellt. Im Fall von drei Literalen reduziert sich der Suchraum auf nur zwei Reihenfolgen; bei acht reduziert er sich von über 40 000 Alternativen auf weniger als 1400.

Das Adjazenz-Theorem ist ein Beispiel für ein sogenanntes *Reduktionstheorem*. Es reduziert den zu durchsuchenden Raum der möglichen Reihenfolgen von Literalen, um eine optimale Reihenfolge zu finden, und macht damit den Prozeß einer Optimierung effizienter.

5.9 LITERATUR UND HISTORISCHE BEMERKUNGEN

Für die Resolutionswiderlegung werden viele Restriktionsstrategien ausführlich bei Loveland [Loveland 1978], bei Chang und Lee [Chang 1973] und bei Wos u.a. [Wos 1984a] diskutiert.

Die gerichtete Resolution ähnelt der ursprünglich von Boyer [Boyer 1971] vorgeschlagenen *Lock-Resolution*, sowie der von Kowalski [Kowalski 1971] untersuchten *SL*-Resolution. Die depth-first Backward-Resolution wird von PROLOG [Clocksin 1981, Sterling 1986] und von vielen Expertensystemen verwendet. Moore [Moore 1975] war einer der ersten, der die Effizienz betonte, die man erzielt, wenn man eine geeignete Richtung für eine Inferenz wählt. Treitel und Genesereth untersuchten das Problem, die optimale Richtung automatisch zu bestimmen [Treitel 1987]. Von Smith und Genesereth wurde das Adjazenz-Theorem für die optimale Reihenfolge der Literale bewiesen [Smith 1985]. Für die Resolution werden auch eine Reihe anderer Strategien in Kowalski [Kowalski 1970, 1971, 1972, Minker 1973, 1979, Smith 1986] erörtert.

Obwohl es in diesem Buch nicht besprochen wurde, ist es oftmals auch nützlich, alle möglichen Resolutionen, die von einer Klauselmenge durchgeführt werden können, im Voraus zu berechen und diese Ergebnisse in einem *Konnektionsgraphen* zu speichern. Die aktuelle Suche für eine Widerlegung läßt sich durch Operationen über diesem Graphen beschreiben. Die Anwendung von Konnektionsgraphen wurde

erstmals von Kowalski [Kowalsi 1975] vorgeschlagen. Andere Autoren, die zahlreiche Variationen von Konnektionsgraphen verwendet
haben, sind Sickel [Sickel 1976], Chang und Slagle [Chang 1979a,
1979b] und Stickel [Stickel 1982].

Zur Resolutionswiderlegung sind mehrere sehr effiziente Systeme
entwickelt worden, die große, nicht-triviale Probleme des inferentiellen Schließens, einschließlich einiger offener Probleme der
Mathematik, lösen können [Winker 1982, Wos 1984b]. Zum Testen und
zur Illustration der Eigenschaften von theorembeweisenden Programmen ist ein typisches herausforderndes Problem das sogenannte *Schubert steam-roller problem* [Stickel 1986].

Verschiedene andere theorembeweisende Systeme, die nicht auf
der Basis der Resolution arbeiten, sind ebenfalls entwickelt
worden. Beispiele hierzu findet man bei Bledsoe [Bledsoe 1977,
Ballantyne 1977] und bei Boyer und Moore [Boyer 1979]. Shankar benützte den Boyer-Moore-Theorembeweiser, um einzelne Schritte in
dem Gödel'schen Beweis des Unvollständigkeitstheorems zu verifi-
zieren [Shankar 1986].

ÜBUNGEN

1. *Eliminationstrategien.* Zeigen Sie, daß die Klauseln {E,Q},
   {¬E, Q}, {E,¬Q} und {¬E,¬Q} nicht alle gleichzeitig erfüllbar
   sind.

   a. Stellen Sie eine Resolutionsspur für dieses Problem auf,
      der Strategie die Elimierung von Tautologien verwendet.

   b. Stellen Sie eine Resolutionsspur für dieses Problem auf,
      der die Subsumption verwendet.

2. *Lineare Resolution.* Zeigen Sie mit der linearen Resolution,
   daß die folgende Klauselmenge unerfüllbar ist.

$$\{E,Q\}$$
$$\{Q,R\}$$
$$\{R,W\}$$
$$\{¬R,¬W\}$$
$$\{¬W,¬Q\}$$
$$\{¬Q,¬R\}$$

3. *Kombinierte Strategien.* Wir wissen, daß die Unit-Resolution
   nicht vollständig ist, daß es aber auch einige Probleme gibt,

bei denen sie in der Lage ist, die leere Klausel abzuleiten. Falls wir also die Unit-Resolution mit der gerichteten Resolution kombinieren, wird es dann unmöglich, Dinge zu beweisen, die mit der Unit-Resolution allein beweisbar waren? Falls dies so ist, geben Sie ein Beispiel dazu an. Falls nicht, beweisen Sie, daß kein Unterschied besteht.

4. *Kombinierte Strategien.* Geben Sie ein Gegenbeispiel an, um zu zeigen, daß die Kombination der gerichteten Resolution mit der Stützmengenresolution nicht vollständig ist.

5. *Kolorieren von Karten.* Betrachten Sie das Problem, die folgende Karte mit nur vier Farben so einzufärben, daß keine benachbarten Gebiete die gleiche Farbe erhalten.
Dieses Problem läßt sich als ein Problem zur Erfüllung spezieller Randbedingungen auffassen. (engl. *constraint satisfaction problem*). Schreiben Sie die Datenbasis und die Anfrage nieder.

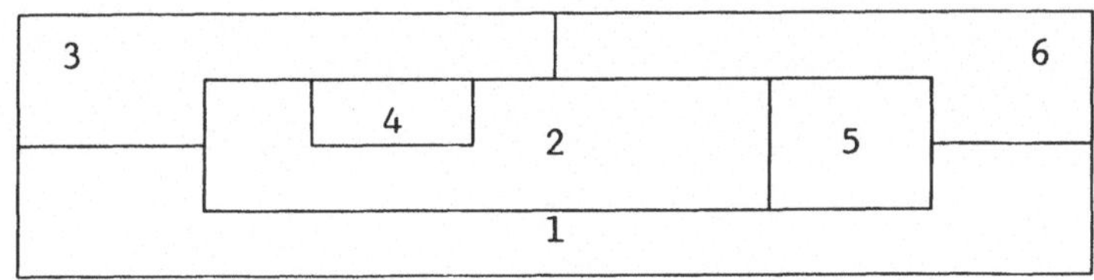

KAPITEL 6
NICHT-MONOTONES SCHLIESSEN

WIR HABEN EINIGE ASPEKTE des Prädikatenkalküls erster Stufe als Sprache zur deklarativen Wissensrepräsentation in KI-Systemen kennengelernt. Den Prädikatenkalkül können wir zur Darstellung jeder beliebigen Konzeptualisierung verwenden, die auf Objekten und deren Relationen in der Diskurswelt basiert. Mit dem, was uns bis jetzt zur Verfügung steht, können wir uns die Arbeitsweise eines typischen KI-Systems, das die Logik erster Stufe verwendet, folgendermaßen vorstellen: Die Informationen des Systems über das Anwendungsgebiet sind als endliche Formelmenge erster Stufe Δ repräsentiert. Wir nennen Δ die *Basismenge der Überzeugungen* des Systems. Zur Beantwortung von Fragen oder zur Ausführung passender Aktionen muß das System normalerweise entscheiden, ob aus seinen Überzeugungen eine Formel ϕ logisch folgt oder nicht. Dies können wir uns so vorstellen, daß das System diese Entscheidung durch logische Deduktionen über Δ durchführt, zum Beispiel durch eine Resolution der Klauselform der Formel $\Delta \wedge \neg\phi$. (Unsere Notation ist hierbei vereinfacht: Δ steht auch stellvertretend für die Konjunktion von Formeln aus der Menge Δ).

Obwohl sich dieses Modell zur Lösung einer Reihe von Aufgabenstellungen sehr eignet, die Wissen über einen Anwendungsbereich verlangen, so besitzt es doch auch einige Mängel. Die drei größten sind:

(1) Sprache (vermutlich *jede* Sprache) kann nicht all das ausdrücken, was wir über die Welt aussagen wollen. Eine endliche Satzmenge kann niemals mehr sein als eine näherungsweise Beschreibung der Dinge, wie sie wirklich sind. Jede allgemeine Regel, die wir aufstellen, ist einer unbegrenzten Zahl von Ausnahmen und Einschränkungen ausgesetzt. Beschreiben wir also die Welt mithilfe von Sprache, so müssen wir dies in einer Art und Weise tun, die widerstandsfähig gegenüber einer ständig wachsenden Menge immer spezialisierterer Aussagen ist.

(2) Die Inferenzregeln der herkömmlichen Logik (wie zum Beispiel Modus Ponens oder das Resolutionsprinzip) sind *konsistent*. Deduktionen aus einer Basismenge von Überzeugungen erzeugen daher *niemals* neues Wissen über die Welt. Folgt ϕ logisch aus Δ, so sind alle Modelle von Δ — unsere intendierte Interpretation eingeschlossen — ebenfalls Modelle von ϕ. Die Ableitung von ϕ entfernt keines dieser Modelle, und deshalb sagt uns ϕ nichts, was nicht auch schon durch Δ beschrieben worden wäre. Natürlich möchten wir unsere Beschreibung der Welt derart abändern können, daß implizite Fakten über die Welt explizit werden. Genau dies erledigen konsistente Inferenzregeln für uns. Allerdings wollen wir auch Formeln, die neue (oder geänderte Sachverhalte) über die Welt beschreiben, zu Δ hinzufügen. Die gewöhnliche Logik liefert uns aber keinen Hinweis, wie wir dies erreichen könnten. Wir benötigen also Methoden zum Schlußfolgern mit tentativen Aussagen, weil diese die ein-

zigen sind, die uns zur Verfügung stehen. Solche Inferenzmethoden müssen die Möglichkeit späterer Änderungen der
Wissensbasis vorwegnehmen.

(3) Die von uns bis jetzt verwendeten logischen Sprachen eignen
sich nur für die Darstellung solcher Aussagen, von denen
wir auch bereit sind, zu sagen, sie seien entweder völlig
wahr oder völlig falsch. Oftmals haben wir aber Informationen über eine Situation vorliegen, die bekanntermaßen
ungewiß ist. Beispielsweise wissen wir, daß meist (aber
nicht immer) am Neujahrstag in Pasadena die Sonne scheint.

In den nächsten Kapiteln wollen wir diese Einschränkungen auf-
greifen und versuchen, zu überwinden. Eine für diesen Zusammenhang
wichtige Technik wird verschiedene *nicht konsistente* Inferenzen
mit sich bringen. D.h. aus einer Datenbasis Δ wird es uns möglich
sein, sichere Inferenzen abzuleiten, die aber logisch nicht aus Δ
folgen. Diese Inferenzen hängen oftmals global von *allen* Sätzen
aus Δ und nicht nur von einer kleinen Teilmenge ab. Insbesonders
werden wir auch Inferenztechniken einführen, deren Anwendung von
solchen Sätzen abhängt, die *nicht* in Δ enthalten sind. Bei diesen
Inferenzregeln muß vielleicht später eine Inferenz wieder zurück-
genommen werden, wenn ein neuer Satz zu Δ hinzugefügt wird. Aus
diesem Grund nennt man diese Inferenzregeln *nicht-monoton*. Die
herkömmliche Logik ist demgegenüber monoton, denn die Menge der
aus den Prämissen ableitbaren Theoreme wird nicht durch die Addition neuer Prämissen eingeschränkt.

In vielen Situationen ist es für intelligente Systeme sinnvoll,
Überzeugungen durch neue zu ergänzen, die nicht logisch aus den
eigenen, expliziten folgen. Manchmal erforden bestimmte Ereignisse
einige Handlungen, bevor alle relevanten Fakten vorliegen. Für die
Systeme wäre es dann sicherlich sehr nützlich, davon ausgehen zu
können, daß die Überzeugungen, die sie über einen bestimmten Sachverhalt besitzen, auch alle für den Sachverhalt relevanten sind.
Natürlichsprachliche Dialoge zwischen uns Menschen hängen zum Bei-

spiel davon ab, daß sowohl der Sprecher als auch der Hörer von allgemeinen, ergänzenden Konventionen ausgeht. (Beispiel: "Er sagte nicht, daß Johann sein Bruder sei. Ich nehme daher an, daß dieser es auch nicht ist.").

Wie wir früher schon erwähnten, ist grundsätzlich jeder Versuch unmöglich, das *gesamte* Wissen über die reale Welt in einer endlichen Satzmenge auszudrücken. Die Konzeptualisierung eines bestimmten Gegenstandsbereichs ändert sich mit unserem eigenen Wissen (und das der Wissenschaften). Jede für einen bestimmten Zweck aufgestellte Konzeptualisierung ist Gegenstand ihrer eigenen Infragestellung. Betrachten wir als Beispiel die folgende Aussage über Vögel: "Alle Vögel fliegen.". Mit der naheliegenden intendierten Interpretation können wir diesen Satz als $\forall x \ \text{Vogel}(x) \implies \text{Fliegt}(x)$ darstellen. Für einige begrenzte Zwecke ist dieser Satz sicherlich sehr zweckmäßig. Wollen wir ihn aber allgemein anwenden, so stoßen wir auf die Tatsache, daß Strauße — die in der Tat ja Vögel sind — nicht fliegen. Nachdem wir dieses Problem erkannt haben, ändern wir unser Axiom wie folgt ab.

$$\forall x \ \text{Vogel}(x) \ \land \ \neg\text{Strauß}(x) \implies \text{Fliegt}(x)$$

Aber selbst dieser Satz beschreibt die reale Welt nicht exakt. Wir können uns nämlich verschiedene Arten von Vögeln denken, die nicht fliegen können: junge Vögel, tote Vögel, flügellose Vögel, usw. Die Liste solcher *Vorbedingungen* (engl. *qualifications*) ist ziemlich lang, eventuell sogar unendlich, was uns unter Umständen an der Anwendbarkeit von Sprache zur Wissensrepräsentation zweifeln läßt. Dieses Problem nennt man das *Problem der Vorbedingungen* (engl. *qualification problem*). Will man die meisten allquantifizierten Sätze als exakte Aussagen über die Welt auffassen, so werden sie sicherlich eine unendliche Menge von Vorbedingungen enthalten. Sogar in unseren alltäglichen Schlußfolgerungen verwenden wir Menschen Sätze, die wir als wahr voraussetzen. Wir benötigen für unsere Maschinen also eine Inferenzregel, mit der zeitweilig oder *standardmäßig* (engl. *defaults*) Annahmen vorausgesetzt werden können, die dann nachträglich, wenn zusätzliche Ausnahmen bedeutsam werden, korrigiert werden können.

Es gibt nun verschiedene Möglichkeiten, solche nicht-monotonen Effekte zu erreichen. In diesem Kapitel untersuchen wir drei Methoden. Bei der ersten gehen wir von einer besonderen Konvention aus, mit der auf die Negation eines Grundterms geschlossen werden kann, falls wir diesen selbst nicht beweisen können. Die zweite Methode demonstriert die Berechnung einer Formel, die zu Δ hinzugefügt, alle Objekte, die ein bestimmtes Prädikat erfüllen, auf genau diejenigen einschränkt, von denen Δ auch besagt, daß sie es erfüllen müssen. Mit der dritten Methode führen wir nicht-monotone Inferenzregeln ein, die man *Defaults* nennt, und wir zeigen, wie man sie zur Ableitung standardmäßiger Konklusionen verwenden kann.

Diese Methoden haben viele potentielle Anwendungsbereiche. Mit den Beispielen in diesem und dem nächsten Kapitel zeigen wir, wie man Annahmen darüber machen kann, was vernünftigerweise aus einer endlichen Satzmenge folgerbar ist. Wir sehen in diesen nicht-monotonen Techniken vielversprechende Kandidaten, mit denen sich der Anwendungsbereich der Logik über die oben aufgezählten Beschränkungen hinaus erweitern läßt.

6.1 DIE CLOSED-WORLD ANNAHME

Eine Theorie $\mathcal{T}$ heißt genau dann *vollständig*, wenn entweder jedes Grundatom einer Sprache oder dessen Negation in der Theorie enthalten ist. Der logische Abschluß der Formel $P(A) \wedge (P(A) \Rightarrow Q(A)) \wedge P(B)$ ist also keine vollständige Theorie, denn weder $Q(B)$ noch $\neg Q(B)$ sind in der Theorie enthalten. Eine Möglichkeit zur Erweiterung einer Theorie ist ihre Vervollständigung.[1]

Am einfachsten und direktesten läßt sich eine Theorie durch die

---

[1] Diese Ergänzungen stellen eine syntaktische Erweiterung der Li-

sogenannte *Annahme der Welt-Abgeschlossenheit* (engl. *closed-world
assumption (CWA)*) erweitern. Die Konvention der CWA vervollständigt genau dann eine durch eine Basismenge von Überzeugungen Δ definierte Theorie durch die Addition der *Negation* eines Grundatoms
zu der vervollständigten Theorie, wenn dieses Grundatom nicht logisch aus Δ folgt. Die CWA verhält sich also so, als würden wir
die Basismenge der Überzeugungen durch die negativen Grundliterale
all derjenigen positiven Literale ergänzen, die nicht aus Δ ableitbar sind. Die CWA ist nicht-monoton, weil bei der Addition eines neuen positiven Grundliterals zu Δ die Menge der erweiterten
Überzeugungen kleiner wird.

Die Wirkung der CWA definieren wir in der uns vertrauten
Schreibweise der Logik. Unsere Überzeugungsmenge Δ nennen wir die
echten Axiome der Theorie. Die durch $\mathcal{I}[\Delta]$ bezeichnete Theorie ist
der Abschluß von Δ unter der logischen Folgerung. Die CWA *erweitert* $\mathcal{I}[\Delta]$ durch die Addition der Menge der *vorausgesetzten Überzeugungen* $\Delta_{v\ddot{u}}$. Der Abschluß der Vereinigungsmenge dieser vorausgesetzten Überzeugungen und von Δ unter der logischen Folgerung umfaßt dann die CWA-erweiterte Überzeugungsmenge CWA$[\Delta]$. Kurz gesagt läßt sich die CWA wie folgt beschreiben:

- Die Formel ϕ (aus Elementen der schon definierten Sprache
  des Prädikatenkalküls gebildet) ist genau dann in $\mathcal{I}[V]$
  enthalten, wenn $\Delta \vDash \phi$. (Dies ist die herkömmliche Definition einer Theorie $\mathcal{I}[\Delta]$ mithilfe der Basismenge Δ).

- $\neg P$ ist in $\Delta_{v\ddot{u}}$ genau dann enthalten, wenn das Grundatom P
  nicht in $\mathcal{I}[\Delta]$ enthalten ist. ($\Delta_{v\ddot{u}}$ ist die Menge der zusätzlich hinzugefügten vorausgesetzen Überzeugungen von
  CWA.)

- ϕ ist in CWA$[\Delta]$ genau dann enthalten, wenn $\{\Delta \cup \Delta_{v\ddot{u}}\} \vDash \phi$.

---

teralmenge der Theorie dar, die aber den Anwendungsbereich semantisch einschränken. [Anm.d.Übers.]

(Die erweiterte Theorie, CWA[Δ] ist der Abschluß aller
Überzeugungen, sowohl der expliziten als auch der vorausgesetzten.)

In unserem Beispiel, in dem Δ die Menge P(A) ∧ (P(A) ⟹ Q(A)) ∧
P(B) ist, addiert die CWA den Ausdruck ¬Q(B) zu Δ, weil Q(B) in Δ
nicht logisch enthalten ist.

Die CWA wird oft bei Datenbanksystemen angewendet. Nehmen wir
einmal an, wir haben eine Datenbank, die die Paaren aller geogra-
phisch benachbarter Länder enthält.

Nachbarn(USA, Kanada)

Nachbarn(USA, Mexiko)

Nachbarn(Mexiko, Guatemala)

⋮

Bei einer derartigen Datenbank wäre es nun sinnvoll, noch die
Vereinbarung hinzuzufügen, daß alle Länder, die nicht extra als
Nachbarn aufgeführt sind, auch keine Nachbarn sind. Diese Vereinbarung ist ein Beispiel für die CWA. Wollten wir eine Frage wie
"Sind Brasilien und Kanada benachbart?", beantworten, so müßten
wir ohne diese Konvention auch alle nichtbenachbarten Paare explizit aufzählen.

Beachten Sie bitte, daß die CWA auf einer syntaktischen Eigenschaft der Überzeugungsmenge beruht: ob nähmlich ein *positives*
Grundliteral ableitbar ist. Würden wir systematisch jeden Prädi-
katnamen P_i durch $¬Q_j$ ersetzen, (wobei $P_i \equiv ¬Q_i$), so bliebe die
Theorie zwar die gleiche, aber in Bezug auf die Originalprädikate
würde die CWA andere Ergebnisse liefern. Am effizientesten ist die
CWA, wenn die Zahl der "positiven Fakten" gegenüber der Zahl der
"negativen Fakten" vergleichsweise klein ist. Ein Datenbankent-
wickler einer Datenbank, der die CWA verwendet, wird deshalb das
Anwendungsgebiet so konzeptualisieren wollen, daß diese Forderung
erfüllt ist.

Wir können uns die Frage stellen, ob die CWA immer zu einer
konsistent erweiterten Theorie CWA[Δ] führt. Das folgende Bei-

spiel zeigt, daß dem nicht so ist.

Angenommen, Δ bestehe nur aus den Klauseln $P(A) \vee P(B)$. Dann ist weder $P(A)$ noch $P(B)$ in $\mathcal{T}[\Delta]$ enthalten, so daß *beide* Negationen wegen der CWA in CWA$[\Delta]$ enthalten sind. Beide Negationen zusammen sind allerdings mit $P(A) \vee P(B)$ nicht konstistent.

Die Ursache dieses Problems liegt darin, daß Δ zwar eine Disjunktion aus Grundatomen (positiven Grundliteralen), aber keine Möglichkeit zur Ableitung eines von ihnen enthält. Die Konjunktion der beiden Negationen, die der ursprünglichen Disjunktion widerspricht, ist deshalb in der erweiterten Theorie enthalten. Das folgende Theorem verknüpft dieses Problem mit der möglichen Inkonsistenz von CWA$[\Delta]$.

THEOREM 6.1 CWA$[\Delta]$ *ist genau dann konsistent, wenn für jede aus Δ folgende positive Klausel der Grundliterale $L_1 \vee L_2 \vee ... \vee L_n$ auch mindestens ein Grundliteral L_i existiert, das in Δ enthalten ist und sie subsumiert. (Äquivalent hierzu ist: Die CWA-Erweiterung CWA$[\Delta]$ einer konsistenten Menge Δ ist genau dann inkonsistent, wenn es positive Grundliterale $L_1, ..., L_n$ gibt, so daß $\Delta \vDash L_1 \vee L_2 \vee ... \vee L_n$, aber $\Delta \nvDash L_i$, für $i=1, ..., n$.)*

BEWEIS: CWA$[\Delta]$ ist nur dann inkonsistent, wenn $\Delta \cup \Delta_{v\ddot{u}}$ inkonsistent ist. Nach dem Kompaktheitstheorem der Logik existiert daher eine endliche Teilmenge von $\Delta_{v\ddot{u}}$, die Δ widerspricht. Diese Teilmenge sei $\{\neg L_1, ..., \neg L_n\}$. Dann impliziert Δ aber auch die Negation der Konjunktion dieser Formeln. D.h. $\Delta \vDash L_1 \vee ... \vee L_n$. Weil nun jedes $\neg L_i$, gemäß der Definition von $\Delta_{v\ddot{u}}$, in $\Delta_{v\ddot{u}}$ enthalten ist, so folgt keines der L_i aus Δ. Der Beweis in umgekehrter Richtung ist offensichtlich. $\square$

Die Anwendung von Theorem 6.1 hängt entscheiden davon ab, welche Terme als Teil der Sprache zugelassen sind. Sind beispielsweise A und B die einzigen Objektkonstanten einer Sprache, dann

haben die folgenden Klauseln keine inkonsistente Erweiterung (obwohl eine von ihnen eine Disjunktion positiver Literale ist)

$$P(x) \lor Q(x)$$

$$P(A)$$

$$Q(B)$$

Die einzigen aus Δ (durch universelle Einsetzung) beweisbaren
Grundklauseln der Form $L_1 \lor L_2 \lor ... \lor L_n$ sind hier die Klauseln
$P(A) \lor Q(A)$ und $P(B) \lor Q(B)$. Jede von ihnen wird aus Δ durch eine
Klausel subsumiert. Lassen wir dagegen die Objektkonstante C zu,
so können wir zwar $P(C) \lor Q(C)$ beweisen. Für diese Subsumption
können wir aber weder $P(C)$ noch $Q(C)$ beweisen. Die CWA erzeugt
also eine inkonsistente Erweiterung.

Im ersten Fall dieses Beispiels haben wir die Objektkonstanten
der Sprache auf die in Δ vorkommenden Objektkonstanten eingeschränkt. Manchmal wollen wir aber auch annehmen, die einzigen Objektkonstanten des Anwendungsbereiches seien diejenigen, die mithilfe der in der Sprache vorkommenden Objekt- und Funktionskonstanten benennbar sind. Man nennt dies die *Annahme der Domänenab-
geschlossenheit* (engl. *domain-closure assumption (DCA)*). Kommen in
der Sprache keine Funktionskonstanten vor, so kann man die DCA als
das folgende Axiom schreiben (Domain-closure Axiom)

$$\forall x \quad x{=}t_1 \lor x{=}t_2 \lor ... \, ,$$

wobei die t_i die Objektkonstanten der Sprache sind. (Enthielte die
Sprache Funktionskonstanten, so gäbe es eine unendliche Zahl von
konstruierbaren Termen. Die DCA ließe sich dann nicht mehr in
einer Formel erster Stufe ausdrücken.) Dieses Axiom ist eine starke Voraussetzung. Es erlaubt uns beispielsweise, jeden Quantor
durch endliche Konjunktionen oder Disjunktionen zu ersetzen. Die
Überzeugungsmenge ist dann äquivalent zu der aussagenlogische Kombination der Grundliterale.

Eine andere oftmals in Verbindung mit nicht-monotonen Schlußfolgerungen verwendete Annahme ist die *Annahme der eindeutigen Na-
mensverwendung* (engl. *unique-names assumption (UNA)*): Sind Grund-

terme nicht als einander gleich beweisbar, so darf man annehmen, sie seien ungleich. Die UNA ist eine Konsequenz der CWA. Sie ist nämlich die Anwendung der CWA bezüglich dem Gleichheitsprädikat. Die DCA wird manchmal zusammen mit der CWA benützt, um eine Erweiterung noch weiter zu spezifizieren.

Da es unter Umständen schwierig ist, die Bedingungen von Theorem 6.1 zu testen, ist das folgende Korollar wichtig. (Eine *Horn-Klausel* ist definiert als eine Klausel, die mindestens ein positives Literal enthält.)

KOROLLAR 6.1 *Ist die Klauselform von Δ eine Menge konsistenter Horn-Klauseln, so ist die CWA-Erweiterung* CWA[Δ] *konsistent.*

BEWEIS: Angenommen, das Gegenteil gilt, d.h. Δ sei eine konsistente Menge von Horn-Klauseln, CWA[Δ] sei aber inkonsistent. Dann können wir nach Theorem 6.1 aus Δ eine Grundklausel $L_1 \vee L_2 \vee \ldots \vee L_n$ ableiten, die nur positive Grundliterale enthält, von denen keines aus Δ ableitbar ist. $\Delta \cup \{\neg L_1, \ldots \neg L_n\}$ ist deshalb inkonsistent. Weil Δ nur aus Horn-Klauseln besteht, so muß dann aber die Menge $\Delta \wedge \neg L_i$ für einige i inkonsistent sein (vgl. Übung 3). Oder anders ausgedrückt, für einige i gilt $\Delta \vDash L_i$. Dies steht aber in Widerspruch zur Wahl der L_i. $\square$

Wir sehen also, daß eine bedeutende Klasse von Theorien — die sogenannten Horn-Theorien — konsistente Erweiterungen besitzen. Aus Theorem 6.1 ist aber auch ersichtlich, daß die Bedingung, Δ müsse Horn sein, für die Konsistenz der CWA-Erweiterung von Δ nicht unbedingt notwendig ist.

Die CWA ist für viele Anwendungen zu restriktiv. Wir müssen ja nicht immer annehmen, daß *jedes* nicht aus Δ ableitbare Grundatom auch falsch sei. Schwächen wir diese Annahme ein wenig ab, so führt uns dies zu dem Begriff der CWA *relativ zu einem Prädikat P.*

Bei dieser Konvention werden nur Grundatome eines bestimmten Prädikats P, das nicht aus Δ beweisbar ist, als falsch angenommen. Die vorausgesetzten Überzeugungen $\Delta_{v\ddot{U}}$ enthalten in diesem Fall dann nur negative Grundliterale von P.

Angenommen, Δ sei

$$\forall x \; Q(x) \implies P(x)$$
$$Q(A)$$
$$R(B) \lor P(B) \; .$$

Wenden wir jetzt auf Δ die CWA nur für P an, so können wir auf $\neg P(B)$ schließen, weil $P(B)$ aus Δ nicht ableitbar ist. Damit können wir aber auch von Δ auf $R(B)$ schließen. (Eine uneingeschränkte Anwendung der CWA auf Δ hätte zugelassen, sowohl $\neg R(B)$ als auch $\neg P(B)$ abzuleiten, was Δ widerspricht).

Wir können die CWA auch für eine Prädikat*menge* postulieren. Bei Datenbankanwendungen erlaubt uns diese Annahme dann die Voraussetzung, bestimmte Relationen in der Datenbank seien vollständig und andere seien dies nicht. Besteht diese Menge aus allen Prädikaten von Δ, so erhalten wir das gleiche Ergebnis, als wenn wir die herkömmliche CWA benützt hätten.

Interessanterweise kann die CWA für eine Prädikatmenge eine inkonsistente Erweiterung erzeugen, auch wenn die CWA bezüglich jedem einzelnen Prädikat der Menge eine konsistente Erweiterung erzeugt. Die CWA bezüglich der Menge $\{P,Q\}$ ist zum Beispiel inkonsistent mit der Überzeugungsmenge $(P \lor Q)$, obwohl die CWA für P und Q konsistent mit dieser Überzeugungsmenge ist.

Wir könnten nun versucht sein, zu vermuten, die Ursache dieses Problems läge darin, daß $(P \lor Q)$ nicht Horn in der Menge $\{P,Q\}$ ist. (Wir sagen, eine Klauselmenge sei *Horn im Prädikat P*, wenn in jeder Klausel das Prädikat P mindestens einmal positiv vorkommt. Wir sagen, eine Klauselmenge Δ sei Horn in einer Menge Π von Prädikaten genau dann, wenn nach einer Einsetzung des Buchstabens P in die Klauseln von Δ für jeden in Π vorkommenden Buchstaben jede einzelne Klausel Horn in P ist.) Aber sogar dann, wenn die Über-

zeugungsmenge Horn in einer Menge von Prädikaten ist, kann unter
Umständen die CWA für die Prädikaten dieser Menge eine inkonsistente Erweiterung erzeugen. Betrachten wir doch einmal das
folgende Δ: $\{P(A) \vee Q, P(B) \vee \neg Q\}$. Diese Menge ist Horn in $\{P\}$.
Mit der CWA für die Prädikaten von $\{P\}$ (d.h. nur für P) erhalten
wir sowohl $\neg P(A)$ als auch $\neg P(B)$. Beide zusammen sind aber mit Δ
inkonsistent.

6.2 PRÄDIKATVERVOLLSTÄNDIGUNG

Oftmals kommt es vor, daß wir in einem einzelnen logischen Satz
die Annahme ausdrücken wollen, daß die einzigen Objekte, die das
Prädikat erfüllen können, diejenigen seien, die dies auch — entsprechend unseren Überzeugungen — tun *müssen*. In diesem Abschnitt
werden wir verschiedene Methoden dafür beschreiben — sie gehören
alle mit wachsender Aussagekraft und Allgemeingültigkeit zusammen.

Betrachten wir zuerst den einfachen Fall, daß $P(A)$ die *einzige*
Formel in Δ ist. $P(A)$ ist äquivalent mit dem folgenden Ausdruck.

$$\forall x \ x=A \implies P(x)$$

Eine solche Formel kann man als die "Wenn"-Hälfte einer *Definition
von* P verstehen. Die Annahme, es gebe keine weiteren Objekte, die
P erfüllen, läßt sich dann mit der Formulierung der "Genau dann"-
Hälfte schreiben als

$$\forall x \ P(x) \implies x=A \ .$$

Dies nennt man die *Vervollständigungsformel* (engl. *completion formula*) von P. Innerhalb von Δ *vervollständigt* sie die explizite Information über P.

Die Konjunktion von Δ mit der Vervollständigungsformel nennt
man die *Vervollständigung von* P *in* Δ und schreibt sie als COMP$[\Delta;$
P]. Im hier vorliegenden Falle lautet sie

$$COMP[\Delta;P] \equiv (\forall x\ P(x) \implies x{=}A) \wedge \Delta$$
$$\equiv \forall x\ P(x) \iff x{=}A\ .$$

In diesem Beispiel hat die Vervollständigung des Prädikats (zusammen mit UNA) die gleiche Wirkung wie die CWA für **P**.

Würde Δ nur zwei Formeln mit **P** enthalten, zum Beispiel **P(A)** und **P(B)**, so wäre die Vervollständigung

$$\forall x\ P(x) \implies x{=}A \vee x{=}B\ .$$

Auch hier hat die Vervollständigung des Prädikats (zusammen mit UNA) die gleiche Wirkung wie die CWA nur für **P**.

Falls Δ Formeln enthält, in denen ein Prädikat **P** disjunkt mit anderen Prädikaten vorkommt oder in denen **P** Variablen enthält, so ist die Prädikatvervollständigung aufwendiger. Wir definieren die Prädikatvervollständigung deshalb auch nur für bestimmte Klauseltypen.

Wir sagen, eine Klauselmenge sei *solitär* in P, wenn P in jeder Klausel, in der es positiv vorkommt, höchstens *einmal* vorkommt. Beachten Sie bitte, daß Klauseln, die solitär in P sind, auch Horn in P sind, aber daß die Umkehrung nicht unbedingt gilt. Zum Beispiel ist $Q(A) \vee \neg P(B) \vee P(A)$ Horn in **P**, aber nicht solitär in **P**.

Die Vervollständigung des Prädikats P definieren wir nur für in P solitäre Klauseln. Angenommen, Δ sei eine in P solitäre Klauselmenge. Jede Klausel aus Δ, die ein positives P-Literal enthält, können wir dann als

$$\forall y\ Q_1 \wedge \ldots \wedge Q_m \implies P(t),$$

schreiben, wobei t ein Tupel von Termen, $[t_1, t_2, \ldots, t_n]$, ist, und die Q_i Literale sind, die P nicht enthalten. Gibt es keine Q_i, so lautet die Klausel einfach nur $P(t)$. In Q_i und t können auch Variablen vorkommen, sagen wir einmal, das Tupel der Variablen **y**.

Dieser Ausdruck ist nun äquivalent mit

$$\forall y \forall x\ (x{=}t) \wedge Q_1 \wedge \ldots \wedge Q_m \implies P(\mathbf{x}),$$

wobei **x** das Tupel der nicht in t vorkommenden Variablen und $(\mathbf{x}{=}t)$

eine Abkürzung für $(x_1 = t_1 \wedge \ldots \wedge x_n = t_n)$ sind. Weil nun die Variablen **y** nur im Antezedenz der Implikation auftreten, ist dieser Ausdruck letztlich äquivalent zu

$$\forall x \ (\exists y \ (x = t) \wedge Q_1 \wedge \ldots \wedge Q_m) \implies P(x) \ .$$

Diese Form der Schreibweise einer Klausel nennt man die *Normalform* der Klausel. Nehmen wir an, es gebe in Δ genau k Klauseln mit einem positiven P-Literal, $(k > 0)$. Die Normalformen dieser Klauseln sind dann

$$\forall x \ E_1 \implies P(x) \ ,$$
$$\forall x \ E_2 \implies P(x) \ ,$$
$$\vdots$$
$$\forall x \ E_k \implies P(x) \ .$$

Jedes der E_i ist, wie im obigen allgemeinen Fall, eine existenz-quantifizierte Konjunktion von Literalen. Fassen wir jetzt diese Klauseln zu einer einzigen Implikation zusammen, so erhalten wir

$$\forall x \ E_1 \vee E_2 \vee \ldots \vee E_k \implies P(x) \ .$$

Wir haben also einen Ausdruck vorliegen, den man als eine "wenn"-Hälfte einer Definition von P verstehen kann. Er legt im Sinne des "genau dann" die folgende *Vervollständigung der Formel* für P nahe.

$$\forall x \ P(x) \implies E_1 \vee E_2 \vee \ldots \vee E_k$$

Da P nicht in den E_i vorkommt, kann man sich den "Wenn"- und den "Genau dann"-Teil zusammen als eine *Definition* für P denken.

$$\forall x \ P(x) \iff E_1 \vee E_2 \vee \ldots \vee E_k$$

Weil nun der "wenn"-Teil schon logisch aus Δ folgt, so können wir die *Vervollständigung von P in Δ* definieren als

$$\mathrm{COMP}[\Delta;P] \equiv_{def} \Delta \wedge (\forall x \ P(x) \iff E_1 \vee E_2 \vee \ldots \vee E_k),$$

wobei die E_i die Antezedenzen der Normalformen der Klauseln von Δ sind (die wir oben schon definiert hatten).

Betrachten wir ein jetzt einfaches Beispiel zur Prädikatvervollständigung eines Prädikats. Angenommen, Δ sei

$$\forall x \; \text{Strauß}(x) \implies \text{Vogel}(x) \; ,$$
$$\text{Vogel}(\text{Tweety}) \; ,$$
$$\neg \text{Strauß}(\text{Sam}) \; .$$

(Alle Strauße sind Vögel, Tweety ist ein Vogel, Sam ist kein Strauß.) Wir beachten, daß Δ solitär in **Vogel** ist. **Vogel** wollen wir nun in Δ vervollständigen. Schreiben wir alle Klauseln, die **Vogel** enthalten, in Normalform so ergibt dies

$$\forall x \; \text{Strauß}(x) \lor x{=}\text{Tweety} \implies \text{Vogel}(x) \; .$$

Die Vervollständigung von **Vogel** in Δ ist dann einfach

$$\text{COMP}\,[\Delta;\text{Vogel}] \; \equiv \; \Delta \land (\forall x \; \text{Vogel}(x) \iff \text{Strauß}(x) \lor x{=}\text{Tweety}) \; .$$

(Die einzigen Vögel sind Strauße oder Tweety). Fügen wir die Vervollständigungsformel (und UNA) zu Δ hinzu, so können wir beispielsweise $\neg\text{Vogel}(\text{Sam})$ beweisen.

Welche Vorteile bietet uns in diesem Falle die Prädikatvervollständigung? Δ sagt uns, daß Tweety ein Vogel ist, daß Sam kein Strauß ist und daß alle Strauße Vögel sind. Die Vervollständigung von **Vogel** in Δ ist eine Möglichkeit, um die Annahme auszudrücken, daß es keine weiteren Vögel gibt außer denen, über die Δ uns Aussagen macht. D.h. die einzigen Vögel sind Tweety und Strauße. Weil nun Sam kein Strauß ist, und wir mit der UNA annehmen können, Sam sei nicht Tweety, so können wir schließen, daß Sam kein Vogel ist.

Wenn wir Δ nicht auf die in P solitären Klauseln einschränken, so führt dieser Vervollständigungsprozeß eventuell zu zirkulären Definitionen von P. Diese würden dann die P erfüllenden Objekte nicht auf diejenigen einschränken, die es gemäß Δ auch tun müßten. Formal läßt sich der Vervollständigungsprozeß auf Klauseln anwenden, die Horn (aber nicht solitär) in P sind, und wir erhalten trotzdem sinnvolle Resultate. Betrachten wir also die folgenden Horn-Klauseln, die die Fakultäts-Relation beschreiben (wir setzen implizit die Allquantifikation voraus).

$$x=0 \implies \text{Fakultät}(x,1)$$

$$x \neq 0 \land \text{Fakultät}(\text{Minus}(x,1),y) \implies \text{Fakultät}(x,\text{Multipliziert}(x,y))$$

In Normalform geschrieben, erhalten wir

$$x=0 \land z=1 \implies \text{Fakultät}(x,z) \;,$$

$$(\exists y\; x \neq 0 \land z=\text{Multipiziert}(x,y) \land \text{Fakultät}(\text{Minus}(x,1),y)) \implies$$

$$\text{Fakultät}(x,z) \;.$$

Auf das Prädikat **Fakultät** wenden wir jetzt rein formal die Prädikatvervollständigung an (auch wenn die Klauseln nicht solitär in **Fakultät** sind). Das Ergebnis lautet

$$\text{Fakultät}(x,z) \implies$$

$$(x=0 \land z=1) \lor$$

$$(\exists y\; x \neq 0 \land z=\text{Multipliziert}(x,y) \land \text{Fakultät}(x\text{-}1,y)) \;.$$

Dieses Resultat läßt sich leicht als eine rekursive Definition der Fakultät interpretieren. Es zeigt uns, daß die Einschränkung der Vervollständigung eines Prädikats auf solitäre Prädikate manchmal unnötig restriktiv ist. Nicht alle Definitionen eines Prädikats, die in seinen eigenen Terme formuliert sind, sind zirkulär — einige sind rekursiv.

Es gibt nun zwei Spezialfälle der Prädikatvervollständigung, die zu interessanten Formen der Vervollständigungsformel führen. Nehmen wir an, Δ sei von der Form $(\forall x\; P(x))$. Diese Klausel können wir mit dem Atom T [2] schreiben als $(\forall x\; T \implies P(x))$, was eine allgemeingültige Formel ist und daher unsere Theorie nicht weiter einschränkt. (Schränken wir die ein Prädikat P erfüllenden Objekte auf alle Objekte des Anwendungsgebietes ein, so ist dies keine Einschränkung.)

Existieren andererseits in Δ *keine* in P positiven Klauseln, so können wir jede beliebige allgemeingültige Formel annehmen, zum Beispiel auch $(\forall x\; F \implies P(x))$. Die Vervollständigung von P liefert

---

[2]   Die Atome T und F haben die Wahrheitswerte wahr bzw. falsch. [Anm.d.Übers.]

dann die Vervollständigungsformel $(\forall x\ P(x) \Rightarrow F)$, die äquivalent ist zu $(\forall x\ \neg P(x))$. In diesem Fall sagt Δ nichts darüber aus, ob es irgendwelche Objekte gibt, die P erfüllen. Wir können daher annehmen, es gebe keine.

Obwohl bei diesen einfachen Beispielen die Prädikatvervollständigung und die CWA die gleiche Wirkung hatten, so sind sie doch im allgemeinen zwei verschiedene Dinge. Enthalte Δ beispielsweise Δ nur die Formel $P(A)$ und die Sprache enthalte auch noch die Objektkonstante B. Die CWA-Erweiterung enthält dann noch $\neg P(B)$; die Vervollständigungsformel lautet $(\forall x\ P(x) \Rightarrow (x{=}A))$. Diese beiden Ausdrücke sind nicht äquivalent zueinander, obwohl aus $\neg P(B)$ mit der DCA zusammen $(\forall x\ P(x) \Rightarrow (x{=}A))$ folgt. Und aus $(\forall x\ P(x) \Rightarrow (x{=}A))$ folgt zusammen mit der UNA $\neg P(B)$. ([Lifschitz 1985b] leitete allgemeine Bedingungen zwischen diesen beiden Erweiterungskonventionen ab.)

Genau wie die CWA, so ist auch die Prädikatvervollständigung nicht-monoton. Würde nämlich zu Δ eine weitere in P positive Klausel hinzugefügt werden, so ergäbe sich für P eine andere Vervollständigungsformel. Im allgemeinen wäre diese ausdrucksschwächer, d.h. die erweiterte Theorie würde mehr Objekte, die P erfüllen, zulassen als es in der ursprünglichen Theorie der Fall war. Für Ausdrücke der Form $\neg P$ ließen sich daher nicht mehr alle Beweise, die vorher noch erzeugbar waren, bilden. Für unser vorheriges Beispiel über die Vögel würde dies bedeuten, daß, falls wir Δ durch die Addition von $Pinguin(x) \Rightarrow Vogel(x)$ erweitern würden, die neue Vervollständigungsformel für $Vogel$ lauten würde

$$Vogel(x) \quad \Rightarrow \quad Strauß(x) \lor Pinguin(x) \lor x{=}Tweety \ .$$

Jetzt könnten wir nicht mehr länger $\neg Vogel(Sam)$ ableiten. (Sam könnte ja ein Pinguin sein.)

Erweitern wir eine Überzeugungsmenge mit der Vervollständigung eines Prädikats, so bleibt ihre Konsistenz erhalten.

THEOREM 6.2 *Ist Δ eine konsistente Menge von in P solitären Klauseln, dann ist die Vervollständigung von P in Δ konsistent.*

Dieses Theorem folgt aus stärkeren Ergebnissen, als wir sie bisher dargelegt haben, nämlich aus Theorem 6.7 oder auch aus Theorem 6.8, die wir etwas später in diesem Kapitel (ebenfalls ohne Beweis) noch anführen werden.

Die Prädikatvervollständigung können wir auch für mehrere Prädikate gleichzeitig durchführen. Bei der *parallelen Prädikatvervollständigung* einer Menge von Prädikaten ist jedes Prädikat der Menge völlig unabhängig (ohne Bezug zu den anderen Prädikaten). Die Konjunktion dieser getrennten Vervollständigungsformeln wird zu Δ addiert. Der Vervollständigungsprozeß für jedes einzelne Prädikat verwendet nur die Originalklauseln in Δ und nicht die Formeln, die durch den Vervollständigungsprozeß zu den anderen Prädikate hinzukommen. Mit der parallelen Prädikatvervollständigung können wir diejenigen Objekte, die eines von mehreren Prädikaten erfüllen, auf solche einschränken, die durch Δ auch gezwungen werden, dies zu tun.

Um in den verschiedenen Vervollständigungsformeln Zirkularität zu vermeiden, müssen wir für die Art und Weise in der die vervollständigten Prädikate in Δ auftreten können, eine Bedingung fordern. Um diese zusätzliche Bedingung plausibel zu machen, betrachten wir zunächst die in P, Q und R solitären Klauseln

$$Q(x) \implies P(x) \ ,$$
$$R(x) \implies Q(x) \ ,$$
$$P(x) \implies R(x) \ .$$

Die parallele Vervollständigung der Prädikate von $\{P,Q,R\}$ würde zu

$$P(x) \iff Q(x) \iff R(x) \iff P(x)$$

führen, was zirkulär ist.

In der Darstellung als Normalformen von in P solitären Klauseln können wir alle Klauseln aus Δ, die ein positives P-Literal enthalten, in einer einzigen Formel der Form

$$\forall x \ E_1 \lor E_2 \lor ... \lor E_k \implies P(x)$$

zusammenfassen. Bezeichnen wir jetzt das Antezedenz dieser Implikation einfach mit E, so erhalten wir

$$\forall x\ E\ \Longrightarrow\ P(x),$$

wobei P *nicht* in E enthalten ist.

Um in Δ die parallele Vervollständigung der Prädikatmenge $\Pi = \{P_1, P_2, \ldots, P_n\}$ durchzuführen, schreiben wir nun die Klauseln von Δ, welche Elemente von Π enthalten, zuerst in ihrer Normalform und fassen dann alle Klauseln, die die gleichen P_i's enthalten, in einer einzigen Formel zusammen.

$$\forall x\ E_1\ \Longrightarrow\ P_1(x)$$

$$\forall x\ E_2\ \Longrightarrow\ P_2(x)$$

$$\forall x\ E_3\ \Longrightarrow\ P_3(x)$$

$$\vdots$$

$$\forall x\ E_n\ \Longrightarrow\ P_n(x)$$

Durch die Addition der Vervollständigungsformeln $(\forall x\ P_i(x) \Longrightarrow E_i)$, für $i=1, \ldots, n$, zu Δ, erhalten wir dann die parallele Prädikatvervollständigung. Um zirkuläre Definitionen der P_i auszuschließen, müssen wir die P_i so anordnen können, daß in jedem einzelnen der E_i keine Elemente von $\{P_i, P_{i+1}, \ldots, P_n\}$ vorkommen (in E_i kommt auch keines der Elemente von $\{P_1, \ldots, P_{i-1}\}$ negativ vor). Können wir diese Ordnung erzeugen, so sagen wir, die Klauseln in Δ seien *in Π geordnet*. Im nächsten Abschnitt illustrieren wir die parallele Vervollständigung von Prädikaten anhand eines Beispiels.

Beachten Sie bitte, daß wenn Δ geordnet ist, es auch solitär in jedem der einzelnen P_i ist (die Umkehrung gilt aber nicht unbedingt).

Theorem 6.2 über die Konsistenz der Vervollständigung von Prädikaten läßt sich nun auch auf die parallele Prädikatvervollständigung verallgemeineren.

THEOREM 6.3 *Ist Δ konsistent und in Π geordnet, so ist die parallele Vervollständigung der Prädikate von Π in Δ konsistent.*

Dieses Theorem ist entweder eine Konsequenz der erweiterten Version von Theorem 6.7 oder der von Theorem 6.8, die wir beide später kennenlernen werden.

6.3. TAXONOMISCHE HIERARCHIEN UND DEFAULT-SCHLÜSSE

Zahlreiche KI-Systeme verfügen über einfache Mechanismen für eine besondere Form des Schlußfolgerns, das *Default-Schließen*. Weil beispielsweise Vögel typischerweise fliegen können, können wir (standardmäßig durch *Defaults*) annehmen, daß ein beliebiger Vogel fliegen kann — außer wenn wir genau wissen, daß er es nicht kann. In diesem Abschnitt beschreiben wir nun verschiedene Techniken für die Festlegung *typischer* Eigenschaften von Objekten und zeigen dann, wie man für solche Default-Ableitungen eine Variante der parallelen Prädikatvervollständigung einsetzen kann.

Diese Schlußfolgerungsart wird oft in taxonomischen Hierarchien verwendet, bei denen eine Teilklasse die Eigenschaften ihrer jeweiligen Oberklasse *erbt*, außer wenn diese Eigenschaften ausdrücklich aufgehoben sind. Nehmen wir beispielsweise an, unsere Überzeugungsmenge enthalte die folgenden Formeln, die eine taxonomische Hierarchie definieren

$$Ding(Tweety)$$
$$Vogel(x) \implies Ding(x)$$
$$Strauß(x) \implies Vogel(x)$$
$$Fliegender\_Strauß(x) \implies Strauß(x)$$

(Tweety ist ein Ding, alle Vögel sind Dinge, alle Strauße sind Vögel, alle fliegenden Strauße sind Strauße.)

Die Teilmenge von Δ, die die taxonomische Hierarchie definiert, bezeichnen wir mit Δ_H.

Angenommen, wir wollten in Δ auch Aussagen mit aufnehmen, die einige der Eigenschaften der Objekte einer taxonomischen Hierarchie beschreiben. Zum Beispiel könnten wir ausdrücken wollen, daß kein Ding — außer Vögeln — fliegen kann und daß alle Vögel — außer den Straußen — fliegen können. Dies ließe sich zum Beispiel durch die folgenden Formeln realisieren.

a. $Ding(x) \land \neg Vogel(x) \implies \neg Fliegt(x)$

b. $Vogel(x) \land \neg Strauß(x) \implies Fliegt(x)$

c. $Strauß(x) \land \neg Fliegender\_Strauß(x) \implies \neg Fliegt(x)$

d. $Fliegender\_Strauß(x) \implies Fliegt(x)$

Die Teilmenge von Δ, die die Eigenschaften der Objekte in einer Hierarchie beschreibt, bezeichnen wir mit Δ_E. Es bleibt uns überlassen, ob wir nun ein Prädikat als eine Definition einer taxonomischen *Art* oder als eine nicht-taxonomische *Eigenschaft* auffassen. In diesem Beispiel wollen wir, wenn wir an fliegen denken, damit eine Eigenschaft bezeichnen, die bestimmte Objekte besitzen — die aber keine Objektklasse definiert.

Auch hier sind die speziellen Ausnahmen einer allgemeinen Regel explizit in den Regeln enthalten. Wenn uns für fliegende Vögel außer den Straußen noch andere Ausnahmen bekannt wären, dann müßten wir jede einzelne gesondert in Regel b anführen. Natürlich müßte ein universelles System für Alltagsschlußfolgerungen noch weitere allgemeine Ausnahmen kennen, wie zum Beispiel Pinguine und Jungvögel. Wie wir schon früher bei der Diskussion des qualification problems erwähnt hatten, besteht prinzipiell keine Schwierigkeit darin, alle bekannten Ausnahmen in einer Regel aufzunehmen. Das Problem liegt vielmehr darin, daß der Systementwickler nicht an *alle* Ausnahmen, mit denen das System später konfrontiert werden könnte, *denken* kann — Ausnahmen wie flügellose Adler, gehirngeschädigte Möwen und gebratene Enten. Anstelle einer Liste all solcher Ausnahmen wollen wir dagegen eine Technik vorziehen, die es uns ermöglicht, zu sagen, daß Vögel (typischerweise) fliegen können, außer wenn sie in einer bestimmten Beziehung anormal sind — d.h. eine Anormalität besitzen, die von Straußen, Pinguinen, etc. geteilt wird. Ausnahmen, an die wir dann später denken, lassen sich dann einfach dadurch einführen, daß wir diese Anorma-

lität auf sie übertragen. Auf ähnliche Weise wollen wir vielleicht
sagen, daß Dinge (typischerweise) nicht fliegen können, es sei
denn, sie sind in einer bestimmten Hinsicht anormal — einer Anormalität, die von Vögeln, Flugzeugen und Stechmücken geteilt wird.
Eine Ausnahmenhierarchie würde daher verschiedene Arten von Anormalitäten umfassen. Wir machen diese Anormalitäten zu einem Bestandteil der taxonomischen Hierarchie.

Die folgende Regel umfaßt wohl alles, was wir über die Dinge im
allgemeinen aussagen wollen.

$$\text{Ding}(x) \land \neg \text{An1}(x) \implies \neg \text{Fliegt}(x)$$

Dabei ist **An1** ein Prädikat, das eine bestimmte Anormalität ausdrückt, die beweisbar nicht vorhanden sein muß, damit wir für die
Ableitung, daß ein Ding nicht fliegen kann, diese allgemeine Regel
anwenden können. Unsere Regel besagt also, daß Dinge nicht fliegen, außer sie besäßen eine Anormalität, sagen wir vom Typ erster
Art. (Im folgenden werden wir noch weitere Typen von Anormalitäten
zulassen).

Vögel sind unter den Objekten, die eine Anormalität des Typs 1
besitzen.

$$\text{Vogel}(x) \implies \text{An1}(x)$$

Eine solche Regel nennen wir eine *Regel zur Annullierung der Ver-
erbungen*. Mit der taxonomischen Regel **Vogel(x)** $\implies$ **Ding(x)** kann man
gewöhnlich schließen, daß Vögel meist die Eigenschaften von Dingen
erben — einschließlich der Unfähigkeit, zu fliegen (falls sie
nicht anormal sind). Annullierungsregeln blockieren daher durch
die Spezifikation gewisser Anormalitäten die Vererbung spezieller
Wesenszüge. Wir nehmen sie mit in die Formelmenge Δ_H auf, die die
taxonomische Hierarchie beschreibt, hinzu.

Sind solche Informationen verfügbar, so kann der Entwickler
eines Systems für Alltagsschlußfolgerungen in ihnen die Informationen über Objekte mit der Anormalität vom Typ 1 unterbringen —
Informationen wie z.B. über Flugzeuge, über bestimmte Insekten,
usw. Diese Art des Umgangs mit speziellen Ausnahmen hat die wich-

tige Eigenschaft, daß zu jeder Zeit zusätzliche Axiome über die Anormalitäten hinzugefügt werden können. Neues Wissen über fliegende Objekte kann durch *Hinzufügen* von Axiomen zu dem Überzeugungssystem repräsentiert werden, und nicht indem man Axiome *ändert!*

Fahren wir nun in unserem Beispiel fort und drücken das allgemeine Wissen, daß Vögel (typischerweise) fliegen können durch die Regel

$$\text{Vogel}(x) \,\land\, \neg\text{An2}(x) \;\Longrightarrow\; \text{Fliegt}(x)$$

aus. Das Prädikat **An2** steht hier für alle anormalen Fälle, die die Anwendung der Regel für die Schlußfolgerung verhindern, daß Vögel fliegen können. Auch Strauße gehören zu den Objekte mit dieser Form der Anormalität. Für sie erhalten wir eine weitere Annullierungsregel

$$\text{Strauß}(x) \;\Longrightarrow\; \text{An2}(x)$$

Normalerweise können Strauße nicht fliegen

$$\text{Strauß}(x) \,\land\, \neg\text{An3}(x) \;\Longrightarrow\; \neg\text{Fliegt}(x)$$

Das Prädikat **An3** macht Aussagen über eine Form von Anormalität, deren Anwesenheit bei Straußen uns hindert, zu schließen, daß diese Strauße nicht fliegen können. Fliegende Strauße (wenn es solche gibt) sind unter den Objekten, die diese Art von Anorma- lität besitzen

$$\text{Fliegender\_Strauß}(x) \;\Longrightarrow\; \text{An3}(x)$$

Mit diesen Ansatz besteht Δ aus den folgenden Regeln:

$$\text{Fliegender\_Strauß}(x) \Longrightarrow \text{Strauß}(x)$$
$$\text{Fliegender\_Strauß}(x) \Longrightarrow \text{An3}(x)$$
$$\text{Strauß}(x) \Longrightarrow \text{Vogel}(x)$$
$$\text{Strauß}(x) \Longrightarrow \text{An2}(x)$$
$$\text{Vogel}(x) \Longrightarrow \text{Ding}(x)$$
$$\text{Vogel}(x) \Longrightarrow \text{An1}(x)$$
$$\text{Ding(Tweety)}$$

Sie definieren die taxonomische Hierarchie. (Wir nehmen   hier   die

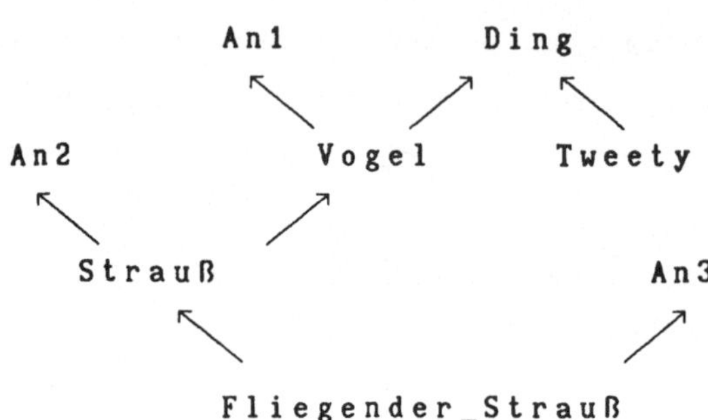

Abb.6.1 Eine taxonomische Hierarchie mit Anormalitäten

Information, Tweety sei ein "Ding", hinzu, um zu zeigen, wie sich mit unserem Ansatz nicht-monoton über die Eigenschaften von Tweety schlußfolgern läßt.)

Diese taxonomische Hierarchie ist graphisch in dem Netzwerk aus Abb. 6.1 dargestellt. Beachten Sie bitte, daß unsere Taxonomie kein Baum sein muß. (Für die Anwendung der parallelen Prädikatvervollständigung — was wir auch später noch tun werden — muß unsere Taxonomie eine partielle Ordnung aufweisen.)

Die nachstehenden Formeln von Δ_E beschreiben die Eigenschaften der Objekte in der Hierarchie.

$$\text{Ding}(x) \wedge \neg\text{An1}(x) \implies \neg\text{Fliegt}(x)$$

$$\text{Vogel}(x) \wedge \neg\text{An2}(x) \implies \text{Fliegt}(x)$$

$$\text{Strauß}(x) \wedge \neg\text{An3}(x) \implies \neg\text{Fliegt}(x)$$

$$\text{Fliegender\_Strauß}(x) \implies \text{Fliegt}(x)$$

Wir führen nun in Δ_H eine parallele Vervollständigung der Prädikate der Menge {An1, An2, An3, Fliegender_Strauß, Strauß, Vogel, Ding} durch, um so die Annahme auszudrücken zu können, daß Dinge, Vögel, Strauße, und fliegende Strauße die einzigen Objekte sind; oder anders ausgedrückt, daß die Objekte, die in irgendeiner Hinsicht anormal sind, genau diejenigen Objekte sind, die durch Δ_H gezwungen sind, so zu sein. In der Menge {An1, An2, An3, Fliegender_Strauß, Strauß, Vogel, Ding} besitzen die Klauseln von

Δ_H eine Ordnung. Die parallele Prädikatvervollständigung führt also nicht zu zirkulären Definitionen.

In diesem einfachen Beispiel erhalten wir (durch die Vervollständigung von {An1, An2, An3, Fliegender_Strauß, Strauß, Vogel, Ding} in Δ_H) die folgenden Vervollständigungsklauseln.

1. $Ding(x) \implies Vogel(x) \lor x=Tweety$
2. $Vogel(x) \implies Strauß(x)$
3. $Strauß(x) \implies Fliegender\_Strauß(x)$
4. $\neg Fliegender\_Strauß(x)$
5. $An1(x) \implies Vogel(x)$
6. $An2(x) \implies Strauß(x)$
7. $An3(x) \implies Fliegender\_Strauß(x)$

Das einzige erwähnte Objekt ist Tweety und Tweety ist ein Ding. Diese Klauseln sagen uns also, daß es außer Tweety keine anderen Dinge, keine Vögel, keine Strauße oder fliegenden Strauße gibt. Es gibt also keine in irgendeiner Weise anormalen Objekte. Können wir zuerst $\neg Fliegender\_Strauß(Tweety)$, $\neg Strauß(Tweety)$, $\neg Vogel(Tweety)$ und $\neg An1(Tweety)$ beweisen, dann können wir mit den in Δ_E beschriebenen Eigenschaften auch $\neg Fliegt(Tweety)$ ableiten.

Falls wir zu unserer taxonomischen Hierarchie $Vogel(Tweety)$ hinzuaddieren würden, so würde sich die Vervollständigungsformel 2 zu $Vogel(x) \implies Strauß(x) \lor (x=Tweety)$ ändern. Wir könnten dann immer noch $\neg An2(Tweety)$ beweisen (aber nicht mehr $\neg An1(Tweety)$), so daß wir auf $Fliegt(Tweety)$ usw. schließen könnten. Lernt das schlußfolgernde System jetzt noch mehr über andere Objekte und die Art und Weise, wie ein Objekt verschiedene Arten von Anormalitäten besitzen kann hinzu, so ändert sich damit auch die Taxonomien. Die Vervollständigungsformeln der Prädikate werden entsprechend neu berechnet und die Schlußfolgerungen, die das System ziehen kann, ändern sich.

Diesen Prädikatvervollständigungsprozeß innerhalb einer Teilmenge von Δ bezeichnen wir als eine *beschränkte Vervollständigung*. Wichtig ist hierbei zu beachten, daß eine beschränkte Vervollständigung einer Prädikatmenge im allgemeinen nicht das gleiche ist, wie die Vervollständigung derselben Prädikate in der ganzen Menge Δ. (Der Leser sollte im vorliegenden Beispiel einmal die gesamte Vervollständigung zur Übung durchführen.) Die beschränkte Prädikatvervollständigung erzeugt üblicherweise eine stärkere Annahme für die Erweiterung, als es die Vervollständigung der gleichen Prädikate in ganz Δ tun würde. Meist ist aber diese Annahme angemessen und sinnvoll. Dennoch muß man vorsichtig sein, denn die beschränkte Vervollständigung kann unter Umständen eine inkonsistente Erweiterung liefern (vgl. Übung 6 am Ende dieses Kapitels). Wir werden später noch eine allgemeinere und robustere Prozedur zur Erweiterung von Überzeugungen mit Default-Annahmen diskutieren.

6.4 DIE ZIRKUMSKRIPTION

Rekapitulieren wir noch einmal, was wir bis jetzt über die Konventionen zur Erweiterungen von Theorien gesagt haben. Wir haben gesehen, daß die CWA eine Überzeugungsmenge durch Addition der Negation derjenigen Grundatome erweitert, die nicht beweisbar sind. Die Prädikatvervollständigung ist für solche Überzeugungsmengen definiert, die aus Klauseln bestehen, die solitär in einem Prädikat sind. Sie erweitert diese Überzeugungsmengen durch diejenigen Formeln, die aussagen, daß die einzigen Objekte, die die Prädikate erfüllen, gerade solche sind, die es gemäß der gegebenen Überzeugungsmenge auch tun müssen.

Beide Erweiterungsideen basieren auf einem *Minimalisierungsprinzip*. Im Falle der Prädikatvervollständigung ist diese Minimalisierung offensichtlich. Schreibt man nämlich den Teil von Δ, der das zu vervollständigende Prädikat P enthält, als $(\forall x)\ [E \Longrightarrow P(x)]$, so ist P durch die Formel $(\forall x)\ [P(x) \Longrightarrow E]$ *vervollständigt*. D.h. kein Objekt hat die Eigenschaft P, außer Δ sagt, daß es sie haben müsse.

Die gleiche Minimalannahme (d.h., daß die einzigen Objekte, die P erfüllen, auch diejenigen sind, die es bei gegebenen Δ tun müssen) können wir auch in den Fällen anwenden, in denen Δ nicht durch eine in P solitäre Klauselmenge darstellbar ist. Nehmen wir beispielsweise an, Δ bestehe nur aus der Formel $(\exists y\ P(y))$. Was können wir in diesem Falle über die kleinste Menge von Objekten sagen, die P erfüllen? Diese Formel ist keine Klausel, wir können daher die Prädikatvervollständigung nicht durchführen. Wir wissen allerdings, daß es mindestens *ein* Objekt geben muß, das P erfüllt. In Δ gibt es aber nichts, was uns sagt, ob es nicht noch mehr Objekte geben kann. Mit der Addition der Formel $(\exists y \forall x\ (x{=}y) \Leftrightarrow P(x))$ können wir annehmen, daß es nur ein einziges Objekt gibt.

Nehmen wir nun an, Δ bestünde nur aus der Klausel $(P(A) \lor P(B))$. Diese Klausel ist nicht solitär in P, wir können hier also die Prädikatvervollständigung nicht anwenden. Intuitiv sieht es allerdings so aus, als ob die Formel

$$(\forall x\ P(x) \Leftrightarrow x{=}A) \lor (\forall x\ P(x) \Leftrightarrow x{=}B),$$

das ausdrückt, was wir über ein minimalisiertes P aussagen wollen.

Um nun solche Erweiterungen für beliebige Überzeugungsmengen abzuleiten, müssen wir uns etwas genauer mit diesem Minimalisierungsprozeß befassen. Dabei werden wir einen Prozeß definieren, den man *Zirkumskription* (engl. *circumscription*) nennt. Mit ihm können wir ähnlich wie bei der Prädikatvervollständingung, eine spezielle Formel berechnen, die, mit Δ vereinigt, besagt, daß die einzigen Objekte, die ein Prädikat erfüllen, gerade diejenigen sind, die es gemäß dem gegebenen Δ auch tun müssen.

Die Zirkumskription beruht auf dem Gedanken des *minimalen Modells*. Seien $M[\Delta]$ und $M^*[\Delta]$ zwei Modelle von Δ. (Vgl. Sie die Definition eines Modells aus Kapitel 2). Wir sagen, $M^*[\Delta]$ sei bezüglich dem Prädikat P kleiner als $M[\Delta]$, geschrieben als $M^*[\Delta] \preceq_P M[\Delta]$, wenn (1) M und M^* den gleichen Individuenbereich haben, (2) außer P alle anderen Relations- und Funktionskonstanten von Δ die gleichen Interpretationen in M und M^* besitzen, aber (3) die Ex-

tension von P (d.h. die P entsprechende Relation) in M^* eine Teilmenge der Extension von P in M ist. Gilt also $M^* \preceq_P M$, dann ist
die Erfüllungsmenge der Objekte von P in M^* eine Teilmenge der Erfüllungsmenge der Objekte von P in M. Für den Fall $M^* \preceq_P M$, und
$M \not\preceq_P M^*$ schreiben wir $M^* \prec_P M^*$.

Nun kann es Modelle von Δ geben, die gemäß der Ordnungsrelation
$\preceq_P$ *minimal in P* sind. M_m ist *P-minimal*, wenn $M = M_m$ für jedes $M \preceq_P$
M_m gilt. (Wir werden später noch sehen, daß es nicht immer mini-
male Modelle gibt. Ist nun ein Modell M_m von Δ *P-minimal*, so erfüllen keine anderen Objekte die Extension von P, außer denjenigen, die es bei gegebenem Δ sowieso tun müssen. Wir können daher
einen Satz ϕ_P finden, so daß für jedes M, das ein Modell von $\Delta \wedge$
ϕ_P ist, kein Modell M^* existiert, das auch ein Modell von Δ ist,
und für das $M^* \prec_P M$ gilt. D.h. die Modelle von $\Delta \wedge \phi_P$ sind *P*-
minimale Modelle von Δ. Mit Δ vereinigt besagt dieser Satz ϕ_P nun,
daß es keine Objekte gibt, die P erfüllen, außer denjenigen Objekten, die gemäß Δ dies auch tun müssen. Diese Konjunktion bezeichnen wir als die *Zirkumskription von P in Δ*.

Um für ϕ_P den durch P definierten Ausdruck zu finden, gehen wir
wie folgt vor. Sei P^* eine Relationskonstante derselben Stelligkeit wie P, und sei $\Delta(P^*)$ dasjenige Δ, in dem jedes Auftreten der
Relationskonstanten P aus Δ durch P^* ersetzt worden ist. Wir beachten nun, daß jedes Modell von

$$(\forall x \; P^*(x) \implies P(x)) \wedge \neg(\forall x \; P(x) \implies P^*(x)) \wedge \Delta(P^*)$$

kein P-minimales Modell von Δ ist, weil in solch einem Modell die
Extension von P^* eine echte Teilmenge der Extension von P ist (und
P^* erfüllt Δ). (Der Kürze halber sei x wieder ein Tupel von Variablen.) Daher *ist jedes* Modell von

$$\neg((\forall x \; P^*(x) \implies P(x)) \wedge \neg(\forall x \; P(x) \implies P^*(x)) \wedge \Delta(P^*))$$

ein *P*-minimales Modell von Δ.

Da P^* nun im vorangegangenen Ausdruck eine *beliebige* Relationskonstante derselben Stelligkeit wie P war, ist das gesuchte ϕ_P die

folgende Formel zweiter Stufe, die wir durch eine Allquantifikation der Relationsvariablen P∗ erhalten.

$$\forall P_* \; \neg((\forall x \; P_*(x) \implies P(x)) \land \neg(\forall x \; P(x) \implies P_*(x)) \land \Delta(P_*))$$

Diesen Ausdruck nennen wir die *Zirkumskriptionsformel von P* in Δ. Jedes Modell der Zirkumskriptionsformel ist ein *P*-minimales Modell von Δ. Die Konjunktion der Zirkumskriptionsformel mit Δ liefert uns die *Zirkumskription* von *P* in Δ.

$$\mathrm{CIRC}[\Delta;P] \equiv_{\mathrm{def}} \Delta \land \forall P_* \; \neg((\forall x \; P_*(x) \implies P(x)) \land$$
$$\neg(\forall x \; P(x) \implies P_*(x)) \land \Delta(P_*))$$

Der Gebrauch einer Formel zweiter Stufe ist zwar ungewöhnlich, (wir haben ja keine Inferenztechniken für Logiken zweiter Stufe erklärt), wir werden aber noch sehen, daß sich in vielen wichtigen Fällen diese Formel auf eine äquivalente Formel erster Stufe reduzieren läßt.

Bevor wir nun Methoden für die Vereinfachung der Zirkumskriptionsformel zweiter Stufe diskutieren, schreiben wir diese erst in einige alternative Darstellungen um.

Wenn man die Negation über die drei Konjunkte der Zirkumskriptionsformel verteilt und die daraus entstehende Disjunktion als eine Implikation schreibt, so ergibt sich die herkömmliche Form der Zirkumskription.

$$\mathrm{CIRC}[\Delta;P] \equiv \Delta \land \forall P_* \; (\Delta(P_*) \land (\forall x \; P_*(x) \implies P(x))) \implies$$
$$(\forall x \; P(x) \implies P_*(x)))$$

Eine andere Verständnisperspektive bekommen wir, wenn wir noch eine andere Schreibweise der Zirkumskription ableiten. Da obige Zirkumskriptionsformel in P∗ allquantifiziert ist, so gilt sie auch insbesondere für die Ersetzung von P∗ durch $P \land P'$.

$$\Delta(P \land P') \land (\forall x \; P(x) \land P'(x) \implies P(x)) \implies$$
$$(\forall x \; P(x) \implies P(x)) \land P'(x))$$

(P' ist eine Relationskonstante derselben Stelligkeit wie P.) Diese Formel reduziert sich auf

$$\Delta(P \wedge P') \implies (\forall x\ P(x) \implies P'(x)) \ .$$

Weil P' beliebig ist, besagt diese Formel, daß P' genau dann zirkumskribiert wird, wenn jede scheinbare Eingrenzung von P (sagen wir einmal $P \wedge P'$), die ebenfalls Δ erfüllt, keine echte Eingrenzung ist, denn P impliziert ja schon sowieso P'.

Es ist zweckmäßig, $(\forall x\ P^*(x) \implies P(x))$ durch den Ausdruck $P^* \leq P$ abzukürzen. Außerdem verwenden wir noch die Abkürzungen $P^* \leq P$ für $((P^* \leq P) \wedge \neg(P \leq P^*))$, sowie $(P^* = P)$ anstelle von $((P^* \leq P) \wedge \neg(P \leq P^*))$. Diese Abkürzungen sollen uns daran erinnern, daß die Extension von P^* bei $(\forall x\ P^*(x) \implies P(x))$ eine Teilmenge der Extension von P ist.

Mit diesen Abkürzungen können wir nun die Zirkumskriptionsformel schreiben als

$$\forall P_* \ (\Delta(P_*) \wedge (P_* \leq P)) \implies (P \leq P_*) ,$$

was äquivalent ist mit

$$\forall P^* \ \Delta(P^*) \implies \neg(P_* < P) ,$$

oder mit

$$\neg(\exists P_* \ \Delta(P_*) \wedge (P_* < P)) \ .$$

Diese letzte Form der Zirkumskription macht die intuitiv verständliche Aussage, daß kein P_* existiert, das nach einer Ersetzung durch P in Δ immer noch Δ erfüllt und das auch eine Extension besitzt, die eine echte Teilmenge der Extension von P ist.

Es gibt mehrere Fälle, bei denen sich die Zirkumskription vereinfachen läßt. Das folgende Theorem ist dabei oftmals sehr nützlich.

THEOREM 6.4. *Gegeben seien ein Prädikat P, eine beliebige Überzeugungsmenge $\Delta(P)$ (die das Prädikat P enthält) und ein beliebiges Prädikat P' von derselben Stelligkeit wie P, das aber nicht durch P definiert ist. Wenn dann $\Delta(P) \vDash \Delta(P') \wedge (P' \leq P)$ gilt, so ist* CIRC$[\Delta; P] \equiv \Delta(P) \wedge (P = P')$.

Wir diskutieren zuerst die Bedeutung dieses Theorems und geben dann den Beweis und ein Beispiel für seine Anwendung. Das Theorem besagt, daß $(P = P')$ äquivalent zu der Zirkumskriptionsformel von P in Δ ist, falls ein Prädikat P' von derselben Stelligkeit wie P gegeben ist, das aber P nicht enthält, und wir bei gegebenem Δ beweisen können, daß $\Delta(P') \wedge (P' \leq P)$. Dieses Theorem wird meist zur Bestätigung von Vermutungen über Zirkumskriptionsformeln verwendet. P' kann auch gebundene Prädikatvariablen enthalten, die Zirkumskriptionsformel bleibt auch dann noch eine Formel zweiter Stufe. In vielen Fällen handelt sich aber um eine Formel erster Stufe.

BEWEIS: Wir setzen die Bedingungen des Theorems voraus, also

$$\Delta[P] \models \Delta[P'] \wedge (P' \leq P)$$

Beweis der Behauptung von links nach rechts: Wir gehen davon aus, daß CIRC$[\Delta;P]$. D.h. wir nehmen an, daß

$$\Delta(P) \wedge (\forall\, P_* \; \Delta[P_*] \wedge P_* \leq P) \implies (P \leq P_*)$$

Mit der Bedingung des Theorems erhalten wir

$$\Delta(P') \wedge (P' \leq P) \; .$$

Die universale Spezialisierung der Zirkumskriptionsformel liefert

$$\Delta(P') \wedge (P' \leq P) \implies (P \leq P') \; .$$

Die Anwendung von Modus Ponens auf die letzten beiden Ausdrücke führt zu

$$(P \leq P') \; .$$

Zusammen mit $(P' \leq P)$ führt dies zu dem Ergebnis $(P = P')$.

Beweis von rechts nach links: Wenn die Zirkumskriptionsformel nicht aus den Bedingungen des Theorems folgt, so existiert ein P_*, mit $\Delta(P_*) \wedge (P_* < P)$. Nehmen wir an, $P = P'$ (das ist die rechte Seite der Äquivalenz in dem Theorem), so erhalten wir $\Delta(P_*) \wedge (P_* < P')$. Die Bedingungen des Theorems allerdings besagen, daß aus $\Delta(P_*)$ logisch $(P' \leq P_*)$ folgt —— was ein Widerspruch ist. $\square$

Als Anwendungsbeispiel für dieses Theorem betrachten wir den Ausdruck P(A) ∧ (∀x Q(x) ⟹ P(x)). Für eine Prädikatvervollständigung schreiben wir Δ als (∀x Q(x) ∨ (x=A) ⟹ P(x)). Die Prädikatvervollständigung würde zu der Vervollständigungsformel (∀x P(x) ⟹ Q(x) ∨ (x=A)) führen. Da die Prädikatvervollständigung als Technik zur Minimalisierung der das Prädikat erfüllenden Objekte motiviert war, so können wir vermuten, daß sie bei gleichen Bedingungen dasselbe Ergebnis wie die Zirkumskription liefert. Mit Theorem 6.4 können wir zeigen, daß dies für dieses Beispiel auch stimmt.

Wir setzten das im Theorem vorkommende P' als Konsequenz der Vervollständigungsformel Q(x) ∨ (x=A) voraus. Streng genommen müßten wir P' als einen *Lambda-Ausdruck*, nämlich als (λx Q(x) ∨ (x=A)) schreiben. Damit wir das Theorem anwenden können, müssen wir beweisen, daß aus Δ logisch $\Delta(P') \wedge (P' \leq P)$ folgt.

Setzen wir (λx Q(x) ∨ (x=A)) in Δ anstelle von P ein, so erhalten wir

$$\Delta(P') \equiv (\forall x\ Q(x) \implies Q(x) \vee (x{=}A) \wedge (Q(A) \vee A{=}A)$$

Wir sehen also, daß $\Delta(P')$ trivialerweise gültig ist. Es bleibt also noch zu zeigen, daß Δ logisch $(P' \leq P)$ impliziert, d.h. (∀x Q(x) ∨ (x=A) ⟹ P(x)). Die letzte Formel ist allerdings gerade die Normalform von Δ. Damit sind die Bedingungen des Theorems erfüllt und das Theorem bestätigt, daß CIRC[Δ;P] der Ausdruck (∀x Q(x) ⟹ Q(x) ∨ (x=A) ⟺ P(x) ist.

Dieses Beispiel läßt sich verallgemeinern, und man kann zeigen, daß die Prädikatvervollständigung zu dem gleichen Ergebnis führt, wie eine Zirkumskription, bei der Δ aus in P solitären Klauseln besteht.

In vielen Anwendungsgebieten der KI "kollabiert" CIRC[Δ;P] zu einer Formel erster Stufe. (Wir geben einige Beispiele, bei denen dies nicht der Fall ist, später an.) Der einfachste Fall, bei dem die Zirkumskription kollabieren kann, liegt vor, wenn P in Δ nur *positiv* vorkommt. (In einer Formel *kommt P positiv vor*, wenn P in

der Klauselform der Formel positiv vorkommt. *P kommt* in einer Formel *negativ vor*, wenn *P* in ihrer Klauselform negativ vorkommt.)

Als Beispiel betrachten wir einmal den Fall, wo Δ der Ausdruck
$(\exists y\ P(y))$ sei. Formen wir die logischen Ausdrücke zweiter Stufe
ein wenig um, so läßt sich zeigen, daß der Ausdruck $(\exists y \forall x\ (x{=}y) \Longleftrightarrow$
$P(x))$ die Zirkumskription von *P* in Δ ist. Wenden wir in diesem
Fall die Zirkumskription auf P an, so beschränkt sich die Extension von P auf eine minimale nicht-leere Menge, d.h. auf ein einziges Element.

Einen wichtigen Fall, bei dem die Zirkumskription kollabieren
kann, kann man sich am besten als eine einfache Verallgemeinerung
der Solitärbedingung vorstellen, die wir bei der Definition der
Prädikatvervollständigung verwendet haben. Wir haben ja schon an
anderer Stelle definiert, was es bedeutet, wenn eine Klausel in
einem Prädikat *P solitär* ist. Eine Klausel ist solitär in *P*, wenn
P in ihr genau einmal positiv vorkommt. Verallgemeinern wir nun
diese Definition, so können wir sagen, eine *Formel* sei *solitär in
P* genau dann, wenn sie in der folgenden *Normalform* darstellbar
ist.

$$N[P] \wedge (E \leq P),$$

wobei $N[P]$ eine Formel ist, die *P* nicht positiv enthält, *E* eine
Formel ist, in der *P* überhaupt nicht vorkommt, und $E \leq P$ unsere
gebräuchliche Abkürzung für $(\forall x\ E(x) \Longrightarrow P(x))$ ist (dabei kann **x**
wieder ein Tupel von Variablen sein).

Beachten Sie, daß die *Normalform* einer Konjunktion von in *P*
solitären Klauseln von der Form $E \leq P$ ist. Solitäre Klauseln sind
also ein Spezialfall von solitären Formeln.

Allgemein gilt für solitäre Formeln das folgende Theorem:

THEOREM 6.5 CIRC$[N[P] \wedge (E \leq P);P] \equiv N[E] \wedge (E = P)$, *wobei* $N[E]$
das $N[P]$ *ist, in dem jedes Vorkommen von P durch E ersetzt worden
ist.*

BEWEIS: Dieses Theorem folgt direkt aus Theorem 6.4. Beachten wir zunächst, daß aus $N[P] \wedge (E \le P)$ der Ausdruck $N[E]$ logisch folgt, weil P in $N[P]$ nicht positiv vorkommt. (Diese logische Folgerung kann man sich als eine Art "verallgemeinerte Resolution" vorstellen.) Damit sind die Bedingungen von Theorem 6.4 erfüllt. $\square$

Bei solitären Formeln kann daher die Zirkumskription zu einer Formel erster Stufe kollabieren. Wir sehen also, daß die Zirkumskription das gleiche Ergebnis liefert wie die Prädikatvervollständigung für den speziellen Fall der in P solitären Klauseln. Mit Theorem 6.5 können wir jetzt eine Zirkumskription für solche Theorien berechnen, die nicht in Klauselform vorliegen, solange sie nur in Normalform darstellbar sind.

Wir zeigen dies an einem Beispiel. Sei Δ gegeben durch

$$\exists x\; \neg \mathrm{Auf}(A,x) \wedge \mathrm{Auf}(A,B)\;.$$

Nun wollen wir die Zirkumskription von **Auf** in Δ berechnen. Wir können Δ in der Normalform schreiben und zeigen, daß es solitär in **Auf** ist.

$$\exists x\; \neg \mathrm{Auf}(A,x)) \wedge (\forall x \forall y\; x{=}A \wedge y{=}B \implies \mathrm{Auf}(x,y))$$

Das erste Konjunkt dieses Ausdrucks identifizieren wir als $N[\mathrm{Auf}]$ (**Auf** kommt nicht positiv in ihm vor) und das zweite als $(E \le \mathrm{Auf})$, wobei $E(x,y) \equiv (x{=}A) \wedge (y{=}B)$ ist (in E kommt **Auf** nicht vor). Nach dem Theorem ist $\mathrm{CIRC}[\Delta;\mathrm{Auf}]$ somit

$$(\forall x \forall y\; \mathrm{Auf}(x,y) \iff x{=}A \wedge y{=}B) \wedge (\exists x\; \neg(x{=}B))$$

(D.h. der einzige Gegenstand, der "auf" etwas steht, ist das durch **A** bezeichnete Objekt; es steht auf dem durch **B** bezeichneten Objekt, und es gibt mindestens ein Objekt, das nicht das gleiche ist wie das durch **B** bezeichnete.)

Wendet man nun die Zirkumskription auf Formeln an, die allgemeiner sind als die solitären Formeln, so treten einige interessante Probleme auf. Betrachten wir das Beispiel, wo Δ

$$\text{Strauß}(x) \implies \text{Vogel}(x) \;,$$
$$\text{Vogel}(\text{Tweety}) \lor \text{Vogel}(\text{Sam})$$

ist.

Zur Berechnung der Zirkumskription von **Vogel** in Δ können wir Theorem 6.5 nicht verwenden, denn Δ ist nicht solitär in **Vogel**. Bevor wir aber nun die Zirkumskription explizit berechnen, überlegen wir uns, welche Form von Erweiterung die Zirkumskription für **Vogel** liefern wird. Bei dem vorliegenden Δ können wir vermuten, daß es wohl zwei alternative Minimalisierungen von **Vogel** geben wird, nämlich

- $\forall x \; \text{Vogel}(x) \iff \text{Strauß}(x) \lor x{=}\text{Tweety}$,
- $\forall x \; \text{Vogel}(x) \iff \text{Strauß}(x) \lor x{=}\text{Sam}$.

Die Überzeugungsmenge ist nicht ausreichend genug "bestimmt", als daß wir entscheiden könnten, welches von den beiden gilt. Diese Indefinitheit macht es uns unmöglich, eine einzige Minimalisierung von **Vogel** anzugeben. Stattdessen können wir aber etwas *über* die Minimierung von **Vogel** sagen, daß es nämlich einer von den beiden Ausdrücken sein muß. Das Einzige, was wir momentan über die Minimalisierung von **Vogel** sagen können, ist

$$(\forall x \; \text{Vogel}(x) \iff \text{Strauß}(x) \lor x{=}\text{Tweety}) \lor$$
$$(\forall x \; \text{Vogel}(x) \iff \text{Strauß}(x) \lor x{=}\text{Sam}) \;.$$

In der Tat kann man diese Formel auch mit der Zirkumskription ableiten. Die allgemeine Zirkumskriptionsformel von **Vogel** in Δ lautet

$$\forall \text{Vogel}* \; \Delta(\text{Vogel}*) \land (\forall x \; \text{Vogel}*(x) \implies \text{Vogel}(x)) \implies$$
$$(\forall x \; \text{Vogel}(x) \implies \text{Vogel}*(x)) \;.$$

Ersetzen wir also zuerst $\text{Strauß}(x) \lor (x{=}\text{Tweety})$ anstelle von **Vogel*(x)**. Nach einer Vereinfachung ergibt dies

$$(\forall x \; \text{Strauß}(x) \lor x{=}\text{Tweety} \implies \text{Vogel}(x)) \implies$$
$$(\forall x \; \text{Vogel}(x) \implies \text{Strauß}(x) \lor x{=}\text{Tweety}) \;.$$

Als nächstes ersetzen wir Vogel∗(x) durch Strauß(x) ∨ (x=Sam).
Dies liefert

$$(\forall x\ \text{Strauß}(x) \lor x{=}\text{Sam} \implies \text{Vogel}(x)) \implies$$
$$(\forall x\ \text{Vogel}(x) \implies \text{Strauß}(x) \lor x{=}\text{Sam})\ .$$

Keine dieser Formeln verfügt über ein Antezedenz, das aus Δ folgt;
allerdings besitzt die Disjunktion eines. D.h. aus Δ können wir
beweisen, daß

$$(\forall x\ \text{Strauß}(x) \lor x{=}\text{Sam} \implies \text{Vogel}(x)) \lor$$
$$(\forall x\ \text{Strauß}(x) \lor x{=}\text{Tweety} \implies \text{Vogel}(x))\ .$$

(Um Δ in dieser Form zu schreiben, formen wir zuerst Vogel(Tweety)
und Vogel(Sam) um zu $(\forall x\ (x{=}\text{Tweety}) \implies \text{Vogel}(x))$ bzw. zu $(\forall x$
$(x{=}\text{Sam}) \implies \text{Vogel}(x))$. Mit dem Distributivgesetz und mit $(\forall x$
$\text{Strauß}(x) \implies \text{Vogel}(x))$ können wir dann die Konjunktion dieser Formeln in obiger Form schreiben.)

Da die Disjunktion der Antezedenzen der Instanzen der Zirkumskriptionsformeln aus Δ folgt, so folgt auch die Disjunktion der
Konsequenzen aus Δ. Die Disjunktion der Konsequenzen ist allerdings genau die Formel, die wir —— in diesem Beispiel —— als eine
Aussage über die Minimalisierung von Vogel geraten hatten.

Der interessante Punkt an diesem Beispiel ist, daß wir aus der
Zirkumskriptionsformel eine etwas einschränkendere Aussage über
das Prädikat Vogel ableiten können. Δ zwingt uns in diesem Beispiel nicht dazu, eine Formel über Vogel anzunehmen, die so allgemein ist, wie wir sie vorausgesetzt hatten. Der aufmerksame Leser
wird sicherlich schon gemerkt haben, daß die Disjunktion der Definitionen schärfer formuliert sein kann. Die Formel, die wir vorausgesetzt hatten, läßt aber, obwohl sie in allen Vogel-minimalen
Modellen wahr ist, ein Modell zu, das nicht Vogel-minimal ist:
wenn nämlich Tweety und Sam *beide* Vögel sind. Wir kommen auf dieses Beispiel noch einmal zurück, nachdem wir beschrieben haben,
wie die Zirkumskription für eine allgemeinere Klasse von Formeln
als die solitären kollabiert.

Als nächstes betrachten wir eine allgemeinere Klasse von For-

meln —— solche, die wir *separierbar* nennen möchten. Eine Formel
ist genau dann *separierbar* für einem Prädikat P, wenn sie den folgenden Bedingungen genügt:

(1) In ihr kommt P nicht *positiv* vor.

(2) Sie hat die Form $(\forall \mathbf{x}\ E(\mathbf{x}) \Rightarrow P(\mathbf{x}))$, wobei $\mathbf{x}$ ein Variablen-
    tupel und $E(\mathbf{x})$ eine Formel ist, die P nicht enthält (wir
    kürzen wieder ab zu $E \preceq P$).

(3) Sie besteht aus Konjunktionen und Disjunktionen separier-
    barer Formeln.

Beachten Sie: diese Definition impliziert, daß Formeln, die solitär in P sind, auch separierbar in P sind. Wir werden zeigen,
daß auch quantorenfreie Formeln separierbar sind.

Das positive Vorkommen von P ist bei Überzeugungsmengen dieser
Art in einzelne, voneinander getrennte Komponenten aufgeteilt.
Diese Trennung ermöglicht —— wie wir noch sehen werden —— eine
kollabierte Version der Zirkumskription.

Zunächst möchten wir betonen, daß eine sehr große Klasse von
Formeln in separierbarer Form darstellbar ist. Bei den folgenden
Paaren einander äquivalenter Formeln ist die Separierbarkeit (ge
mäß obiger Definition) der mit dem vorangestellten Punkt geschrie-
benen Formeln offenkundig. (In den ersten beiden Fällen sind die
Formel auch solitär in P.)

(1) $P(A)$

     $\bullet\ \forall \mathbf{x}\ \mathbf{x}{=}A \Rightarrow P(\mathbf{x})$

(2) $\forall y\ P(F(y))$

     $\bullet\ \forall \mathbf{x}\exists y\ \mathbf{x}{=}F(y) \Rightarrow P(\mathbf{x})$

(3) Vogel(Tweety) $\vee$ Vogel(Sam)

     $\bullet\ (\forall \mathbf{x}\ \mathbf{x}{=}\text{Tweety} \Rightarrow \text{Vogel}(\mathbf{x})) \vee (\forall \mathbf{x}\ \mathbf{x}{=}\text{Sam} \Rightarrow \text{Vogel}(\text{Sam}))$

(4) <jede nicht-quantifizierte Formel>

     $\bullet$ <man ziehe die Negationen in die Formel hinein und
    forme mit der in dem Beispiel beschriebenen Methode
    jedes positives Vorkommen von P um>

(5) $(\forall u\ P(u,A)) \lor (\forall u\ P(u,B))$

     ● $(\forall u \forall x\ x{=}A \implies P(u,B)) \lor (\forall u \forall x\ x{=}B \implies P(u,x))$

Allerdings ist $(\forall u\ P(u,A) \lor (\forall u\ P(u,B))$ *nicht* separierbar bezüglich P, weil es nicht als propositionale Kombination separierbarer Formeln geschrieben werden kann.

Obwohl sich unsere Definition der Separierbarkeit leicht (mit obigen Äquivalenzen) zum Testen einer Formel auf ihre Separierbarkeit verwenden läßt, so ist es bis jetzt nicht klar, wie diese Definition überhaupt mit der Zirkumskription zusammenhängt. Für separierbare Formeln existieren aber *Normalformen* — ähnlich der, die wir für die Definition solitärer Formeln verwendet hatten. Als nächstes beschreiben wir diese Normalformen und zeigen, wie sie sich bei der Berechnung der Zirkumskription verwenden lassen.

Aus der Definition der Separierbarkeit können wir direkt zeigen, daß jede in P separierbare Formel äquivalent ist zu einer Formel in der folgenden Normalform für P.

$$\bigvee_i \ [N_i[P]\,(E_i \leq P)]\,,$$

wobei jedes der E_i eine Formel ist, in der P nicht vorkommt, und jedes $N_i[P]$ eine Formel ist, in der P nicht positiv vorkommt.

Wir erhalten diese Standardform aus jeder Konjunktion oder Disjunktion (separierbarer) Formeln mithilfe des Distributivitätsgesetzes und den folgenden Regeln.

$$(\phi \implies P) \land (\psi \implies P) \ \equiv \ (\phi \lor \psi) \implies P$$
$$(\phi \implies P) \lor (\psi \implies P) \ \equiv \ (\phi \land \psi) \implies P$$
$$(\phi \implies P) \ \equiv \ T \land (\phi \implies P)$$
$$\phi \ \equiv \ \phi \land (F \implies P)$$

(Die letzten beiden Regeln benötigt man manchmal, um sicherzustellen, daß in der Normalform jedes Disjunkt die Terme N_i und E_i enthält. Die Anwendung dieser Regeln liefert T für N_i und F für E_i. Wenn wir $(E_i \leq P_i)$ nicht in der abkürzenden Notation schreiben, schreiben wir in diesem Fall $(\forall x\ F \implies P(x))$.)

Befindet sich Δ in einer Normalform für P, so kann die Zirkumskription von P in Δ zu einer Formel erster Stufe kollabieren, die durch das folgende Theorem definiert wird.

THEOREM 6.6 *Angenommen, Δ ist separierbar bezüglich P und besitzt bezüglich P eine Normalform, die durch*

$$\bigvee_i \; [N_i[P](E_i \leq P)]$$

definiert ist. Dann ist die Zirkumskription von P in Δ äquivalent zu

$$\bigvee_i \; [D_i \wedge (P = E_i)]$$

wobei D gegeben ist durch

$$N_i[E_i] \wedge \bigwedge_{j \neq i} \neg[N_j[E_j] \wedge (E_j < E_i)]$$

und jedes $N[E]$ ein $N[P]$ ist, wobei alle Vorkommen von P durch E ersetzt worden sind.

($[(E_j \leq E_i) \wedge \neg(E_i \leq E_j)]$ ist die vollständige Schreibweise von $(E_j < E_i)$, die, noch weiter erweitert, $(\forall x \; E_j(x) \implies E_i(x)) \wedge \neg(\forall x \; E_i(x) \implies E_j(x))$ ergibt.)

Für den Nachweis, daß die Zirkumskription wirklich eine Formel der Form $\bigvee_i [N_i[E_i] \wedge (P < E_i)]$ impliziert, brauchen wir nur den Beweis von Theorem 6.5 etwas zu verallgemeinern. Zu zeigen, daß in D_i die zusätzlichen Konjunkte enthalten sind, ist dagegen schon etwas schwieriger. Letztlich erlauben uns aber gerade diese zusätzlichen Konjunkte, daß wir aus der Definition von P solche Disjunktionen weglassen können, die unter bestimmten Bedingungen zusammen mit den anderen Disjunkten redundant sind. (Das Theorem ist in [Lifschitz 1987b] bewiesen.)

Die Bedeutung der D_i zeigen wir später anhand eines Beispiels.

In bestimmten Fällen vereinfacht die Aussage von Theorem 6.6 die Berechnung der Zirkumskription erheblich. Besteht die Normalform nämlich nur aus einem einzigen Disjunkt, so liegt der spezielle Fall einer in P solitären Klausel vor, und D_j ist dann $N[E]$. Oder, wenn alle N T sind, so wird D zu

$$\bigwedge_{j \neq i} (E_i \leq E_j) \vee \neg (E_j \leq E_i) \ .$$

Nehmen wir als Beispiel einmal an, Δ sei $P(A) \vee P(B)$. Wir schreiben dies in der Normalform für P.

$$(T \wedge (\forall x \ x{=}A \implies P(x))) \vee (T \wedge (\forall x \ x{=}B \implies P(x)))$$

Die Normalform hat hier zwei Disjunkte. D_1 und D_2 sind jeweils

$$(\forall x \ x{=}A \implies x{=}B) \vee (\exists y \ y{=}B \wedge \neg(y{=}A))$$

und

$$(\forall x \ x{=}B \implies x{=}A) \vee (\exists y \ y{=}A \wedge \neg(y{=}B)),$$

die beide wahr sind. Die Zirkumskriptionsformel ist also äquivalent zu

$$(\forall x \ P(x) \iff x{=}A) \vee (\forall x \ P(x) \iff x{=}B) \ .$$

(Die Verwendung der Äquivalenz $(\forall x \ (x{=}A) \implies P(x)) \iff P(A)$ erleichtert hier die Berechnung der einzelnen D_i.)

Im letzten Beispiel "verschwanden" die D_i, und wir behielten eine einfache Disjunktion von Definitionen für P zurück. Das folgende Beispiel zeigt, wie die D_i diese Disjunktionen einschränken können. Sei Δ gegeben durch $P(A) \vee (P(B) \wedge P(C))$. In Normalform ist Δ

$$(T \wedge (\forall x \ x{=}A \implies P(X))) \vee (T \wedge (\forall x \ x{=}B \vee x{=}C \implies P(x))) \ .$$

Daher

$$
\begin{aligned}
N_1 &\equiv N_2 \equiv T \\
E_1 &\equiv (\lambda x \ x{=}A) \\
E_2 &\equiv (\lambda x \ x{=}B \vee x{=}C) \\
D_1 &\equiv T \\
D_2 &\equiv A{=}B{=}C \vee (A{\neq}B \wedge A{\neq}C)
\end{aligned}
$$

Theorem 6.6 liefert

$$CIRC[\Delta; P] \equiv (\forall x \ P(x) \iff x{=}A) \vee$$
$$((\forall x \ P(x) \iff x{=}B \vee x{=}C) \wedge$$

$$((A{=}B{=}C \lor (A{\neq}B \land A{\neq}C)))\ .$$

Falls (A=B=C), so genügt das erste Disjunkt allein, und die Formel reduziert sich auf

$$CIRC[\Delta;P] \equiv (\forall x\ P(x) \Longleftrightarrow x{=}A) \lor$$
$$((\forall x\ P(x) \Longleftrightarrow x{=}B \lor x{=}C) \land (A{\neq}B \land A{\neq}C))\ .$$

Dieses Beispiel zeigt gut, welche Rolle die D_i spielen. Sie ketten hier die Definitionen von P fester aneinander, indem nämlich die Möglichkeit berücksichtigt wird, daß A gleich B oder A gleich C sein könnte. (Falls entweder A gleich B oder A gleich C, so gilt $\Delta \equiv P(A)$, und die Zirkumskription würde einfach $(\forall x\ P(x) \Longleftrightarrow (x{=}A))$ ergeben.)

Betrachten wir noch einmal das Beispiel, das wir früher schon erörtert hatten, als wir versuchten, das Ergebnis der Zirkumskription zu erraten. Δ war gegeben durch

$$(\forall x\ Strauß(X) \Longrightarrow Vogel(x)) \land (Vogel(Tweety) \lor Vogel(Sam)).$$

Die Normalform lautet

$$(T \land (\forall x\ Strauß(x) \lor x{=}Tweety \Longrightarrow Vogel(x))) \lor$$
$$(T \land (\forall x\ Strauß(x) \lor x{=}Sam \Longrightarrow Vogel(x)))$$

Hier verschwinden die einzelnen D_i allerdings nicht. Nach einigen Umformungen läßt sich

$$D_1 \equiv Sam = Tweety \lor \neg Strauß(Sam) \lor Strauß(Tweety)$$

ableiten, was mit der UNA zu

$$\neg Strauß(Sam) \lor Strauß(Tweety)$$

und

$$D_2 \equiv Tweety{=}Sam \lor \neg Strauß(Tweety) \lor Strauß(Sam)$$

führt, die beide ebenfalls mit der UNA

$$\neg Strauß(Tweety) \lor Strauß(Sam)$$

ergeben. Mit diesen Ergebnissen liefert Theorem 6.6

$$CIRC[\Delta;Vogel] \equiv ((\forall x\ Vogel(x) \Longleftrightarrow Strauß(x) \lor x{=}Tweety) \land$$

$$(\neg\text{Strauß}(\text{Sam}) \lor \text{Strauß}(\text{Tweety}))) \lor$$
$$((\forall x \; \text{Vogel}(x) \iff \text{Strauß}(x) \lor x{=}\text{Sam}) \land$$
$$(\neg\text{Strauß}(\text{Tweety}) \lor \text{Strauß}(\text{Sam}))) \; .$$

Die Zirkumskription ist restriktiver als die anfangs von uns erratene Formel. Sie besagt, daß es zwei alternative "Minimaldefinitionen" von **Vogel** gibt. Entweder ist etwas ein Vogel, wenn es ein Strauß oder wenn es Tweety ist (diese Definition ist nur dann möglich, wenn Sam kein Strauß oder Tweety ein Strauß ist), oder etwas ist ein Vogel, wenn es ein Strauß oder wenn es Sam ist (und diese Definition ist nur dann möglich, wenn Tweety kein Strauß oder Sam ein Strauß ist). In unserer früher geäußerten Vermutung schränkten wir unsere Definition dagegen nicht so stark ein, wie wir es jetzt für den Fall tun, daß Sam ein Strauß und Tweety kein Strauß ist. In diesem Fall muß eine Minimaldefinition von **Vogel** nicht unbedingt die Möglichkeit enthalten, die "vogelhafte Wesenheit" von Tweety erklären zu können (um Δ zu erfüllen), denn **Vogel(Tweety)** ∨ **Vogel(Sam)** wird ja schon durch Sam in seiner Eigenschaft, ein Strauß zu sein, erfüllt.

In all den betrachteten Fällen konnten wir eine Formel erster Stufe konstruieren, deren Addition zu Δ die gleiche Wirkung hatte, wie eine Zirkumskription des Prädikats in Δ. Allerdings gibt es auch Fälle, in denen die Zirkumskription nicht zu einer Formel erster Stufe kollabiert. Hier ist ein Beispiel: Angenommen, Δ enthält nur die eine Formel

$$(\forall u \forall v \; Q(u,v) \implies P(u,v)) \implies (\forall u \forall v \forall w \; P(u,v) \land P(v,w) \implies P(u,w))$$

Die Schwierigkeit liegt jetzt darin, sagen zu können, Δ drücke alle und nur alle Information über P aus, denn Δ macht ja eine Aussage über P. Δ besagt nämlich, P sei (mindestens) die transitive Hülle von Q. Wollten wir P in Δ zirkumskribieren, so würde dies erfordern, auszusagen, daß P identisch mit der transitiven Hülle von Q sei und dies ist nicht durch eine Formel erster Stufe darstellbar. Eine Möglichkeit, eine solche Aussage zu treffen, ist natürlich die Zirkumskription der Formel selbst.

$$(\forall P_*) \ (\forall u \forall v \ Q(u,v) \implies P_*(u,v))$$

$$\wedge \ (\forall u \forall v \forall w \ P_*(u,v) \wedge P_*(v,w) \implies P_*(u,w))$$

$$\wedge \ (\forall u \forall v \ P_*(u,v) \implies P(u,v))$$

$$\implies (\forall u \forall v \ P(u,v) \implies P_*(u,v))$$

Neben dem Problem, daß ein Quantor zweiter Stufe ins Spiel
kommt, ist diese Formel aber auch keine Definition für P. Mit
Theorem 6.4 können wir diese Zirkumskriptionsformel in die äquivalente Darstellung einer Definition umformen. Der Nachweis, daß der
folgende Ausdruck für P′ die Bedingungen von Theorem 6.4 erfüllt,
sei dem Leser überlassen.

$$P'(x,y) \iff (\forall P_* \ (\forall u \forall v \ Q(u,v) \implies P_*(u,v))$$

$$\wedge \ (\forall u \forall v \forall w \ (P_*(u,v) \wedge P_*(v,w) \implies P_*(u,w)) \implies P_*(x,y)))$$

Theorem 6.4 besagt, daß die Zirkumskription äquivalent ist zu der
folgenden Definition von P.

$$\forall u \forall v \ P(u,v) \iff P'(u,v)$$

Ein weiteres Beispiel für die Unzulänglichkeit der Darstellung
der Zirkumskription mit Hilfe einer Formel erster Stufe stammt aus
dem Bereich der algebraischen Axiome für die natürlichen Zahlen.
Nehmen wir an, Δ sei

$$NN(0) \wedge (\forall x \ NN(x) \implies NN(S(x))) \ .$$

D.h. 0 ist eine nicht-negative Integerzahl, und der Nachfolger
jeder nicht-negativen Integerzahl ist wieder eine nicht-negative
Integerzahl. Definieren wir NN durch eine Zirkumskription in Δ, so
erzeugt dies einen Ausdruck, der äquivalent ist zu der herkömmlichen Formel zweiter Stufe für die Induktion.

$$\forall NN_* \ (NN_*(0) \wedge (\forall x \ NN_*(x) \implies NN_*(S(x))))$$

$$\wedge \ (\forall x \ NN_*(x) \implies NN(x))$$

$$\implies (\forall x \ NN(x) \implies NN_*(x))$$

Ersetzen wir nun in diesem Ausdruck $NN_*(x)$ durch $[NN'(x) \wedge NN(x)]$,
so können wir schreiben

$$\forall NN' \ NN'(0) \land (\forall x \ NN'(x) \implies NN'(S(x))))$$
$$\implies (\forall x \ NN(x) \implies NN'(x)),$$

was der herkömmlichen Induktionsformel eher entspricht.

Die beiden Beispiele enthielten Überzeugungsmengen, die weder positiv noch separierbar in den Prädikaten waren, die durch die Zirkumskription definiert wurden. Es ist daher nicht überraschend, daß die Zirkumskription in diesen Fällen nicht zu einer Formel erster Stufe kollabierte.

Es kann aber auch möglich sein, daß Δ überhaupt keine minimalen Modelle besitzt. Betrachten wir die folgende Formelmenge.

$$\exists x \ NN(x) \land (\forall y \ NN(y) \implies \neg(x{=}S(y)))$$
$$\forall x \ NN(x) \implies NN(S(x))$$
$$\forall x \forall y \ S(x){=}S(y) \implies x{=}y$$

Eine mögliche Interpretation dieser Formeln ist, daß es eine Zahl gibt, die kein Nachfolger einer anderen beliebigen Zahl ist; daß jede Zahl einen Nachfolger besitzt, der eine Zahl ist, und daß zwei Zahlen gleich sind, wenn ihre Nachfolger gleich sind. Eine mögliche Interpretation für NN ist, daß jede ganze Zahl größer als k dieses Prädikat NN erfüllt. Eine "engere" Interpretation ist, daß jede Integerzahl größer als $k{+}1$ NN erfüllt — usw. Deshalb gibt es für Δ kein NN-minimales Modell. Weil nun kein NN-minimales Modell existiert, könnten wir vermuten, daß die Zirkumskription dieser Formeln inkonsistent für NN ist. Dies ist auch tatsächlich der Fall. (Besäße die Zirkumskriptionsformel ein Modell, so wäre dieses Modell ein Minimalmodell der Formeln.)

Für die Konsistenz der Zirkumskription einer konsistenten Überzeugungsmenge haben sich verschiedene hinreichende Bedingungen ergeben. Wir stellen die Ergebnisse hier ohne Beweis zusammen.

THEOREM 6.7 *Ist eine Überzeugungsmenge Δ konsistent und universal, dann ist die Zirkumskription von P in Δ konsistent. (Eine Formelmenge heißt universal, wenn sie entweder eine Klauselmenge ist* *oder wenn die konjunktive Normalform jeder ihrer Formeln keine Skolemfunktionen enthält.)*

THEOREM 6.8 *Ist eine Überzeugungsmenge Δ konsistent und separierbar bezüglich P, so ist die Zirkumskription von P konsistent.*

Weil die Klauselmengen universal sind und sich die Zirkumskription von P bei solitären (und deshalb auch separierbaren) Klauseln in P auf die Vervollständigung des Prädikates P reduziert, so folgt Theorem 6.2 entweder aus Theorem 6.7 oder aus Theorem 6.8. (Theorem 6.3 folgt aus Versionen dieser Theoreme, die für einen allgemeineren Fall der Zirkumskription erweitert worden sind, den wir noch in Abschnitt 6.7. diskutieren werden.)

Die Theoreme 6.7 und 6.8 lassen sich auf zwei verschiedene Formelarten anwenden, nämlich auf die universalen und auf die separierbaren Formeln. Diese beiden Klassen sind Instanzen einer allgemeineren Klasse — der Klasse der *fast universalen Formeln*. Eine Formel ist *fast universal relativ zu P*, wenn sie die Form $(\forall x)\ \varphi$ hat, wobei x ein Tupel von Objektvariablen ist und in φ das Prädikat P nicht im Bereich eines Quantors positiv vorkommt. Jede universale Formel ist natürlich fast universal in einem beliebigem P. Es ist nicht schwer, zu zeigen, daß jede Formel, die separierbar in P ist, auch fast universal in P ist.

Die Theoreme 6.7 und 6.8 sind daher beides Spezialfälle von Theorem 6.9.

THEOREM 6.9 *Ist eine Überzeugungsmenge Δ konsistent und fast universal relativ zu P, so ist die Zirkumskription von P in Δ konsistent.*

6.5 ALLGEMEINERE FORMEN DER ZIRKUMSKRIPTION

Es gibt allgemeinere Formen der Zirkumskription, die auch stärkere
Ergebnisse liefern. Zuerst einmal wollen wir festhalten, daß wir
nicht nur ein einziges Prädikat, sondern auch eine Menge von Prädikaten minimalisieren können. Die *parallele Zirkumskription* von
$\{P_1, P_2, \ldots, P_N\}$ in Δ ist durch die gleiche Formel wie oben gegeben,
außer, daß P jetzt für ein Tupel von Prädikaten steht.

$$\mathrm{CIRC}[\Delta; P] \equiv \Delta(P) \wedge \neg(\exists P_* \; \Delta(P_*) \wedge (P_* < P)),$$

dabei ist P_* ein Tupel von Prädikatvariablen derselben Stelligkeit
wie P und die Ausdrücke $(P_* < P)$ und $(P_* \leq P)$ sind Abkürzungen für
$(P_* < P) \wedge \neg(P < P_*)$ bzw. für $(P_{*_1} \leq P_1) \wedge \ldots \wedge (P_{*_N} \leq P_N)$. Schreiben wir diese Formel um, so erhalten wir

$$\mathrm{CIRC}[\Delta; P] \equiv \Delta(P) \wedge (\forall P_* \; (\Delta(P_*) \wedge (P_* \leq P)) \Longrightarrow (P \leq P_*))$$

Im Prinzip ist die Berechnung der parallelen Zirkumskription
nicht schwerer als die der herkömmlichen Zirkumskription für ein
einzelnes Prädikat. Theorem 6.4 ist beispielsweise sehr leicht zu
verallgemeinern. Kommen alle Prädikate des Tupels P in Δ positiv
vor, so erhalten wir Theorem 6.10.

THEOREM 6.10 *Sind alle Vorkommen von* $P_1, P_2, \ldots, P_N$ *in* Δ *positiv, so
ist* $\mathrm{CIRC}[\Delta; P]$ *äquivalent zu*

$$\bigwedge_{i=1}^{N} \mathrm{CIRC}[\Delta; P_i]$$

(Dieses Theorem ist ohne Beweis in [Lifschitz 1986c] angeführt und
in [Lifschitz 1987b] bewiesen.)

Als Beispiel wollen wir die Berechnung der parallelen Zirkumskription von $\{P1, P2\}$ in $(\forall x \; P1(x) \vee P2(x))$ mit Hilfe von Theorem
6.10 betrachten. Jedes der P1 und P2 kommt in Δ positiv vor, so
daß die parallele Zirkumskription gerade die Konjunktion der
einzelnen Zirkumskriptionen von P1 und P2 ist. Weil $\mathrm{CIRC}[\Delta; P1]$ und
$\mathrm{CIRC}[\Delta; P2]$ beide gleich dem Ausdruck $(\forall x \; P1(x) \Leftrightarrow \neg P2(x))$ sind, so
gilt dies auch für deren Konjunktion.

Die Definition von in P solitären oder separierbaren Formeln läßt sich ganz normal auf den Fall erweitern, daß P ein Prädikattupel ist. Zum Beispiel ist eine Formel Δ *solitär in einem Prädikattupel* P, wenn sie sich in der Form $N[P] \wedge (E \leq P)$ schreiben läßt, wobei in $N[P]$ kein Element von P und in keinem Element von E ein Element von P positiv vorkommt. Die Theoreme 6.5 und 6.6 kann man also auch zur Berechnung der parallelen Zirkumskription verwenden (wobei dann P als Prädikattupel aufzufassen ist).

Für die parallele Zirkumskription können wir jetzt ein aussagekräftigeres Ergebnis formulieren, als wir es erhalten würden, wenn wir Theorem 6.5 auf Formeln ausdehnen, die in einem Prädikattupel solitär sind. Verallgemeinern wir nämlich die in Abschnitt 6.2 gegebene Definition von in P geordneten *Klauseln*, so können wir nun sagen, daß eine *Formel in* $P = \{P_1, P_2, \ldots, P_N\}$ *geordnet ist*, wenn sie geschrieben werden kann als

$$N[P] \wedge (E_1 \leq P_1) \wedge (E_2 \leq P_2) \wedge \ldots \wedge (E_N \leq P_N),$$

wobei in $N[P]$ keines der Prädikate aus P positiv vorkommt und in jedem der E_i keines der $\{P_i, P_{i+1}, \ldots, P_N\}$ und keines der $\{P_1, \ldots, P_{i-1}\}$ positiv vorkommt.

Mit dieser Definition erhalten wir das folgende Theorem.

THEOREM 6.11 *Angenommen, Δ sei geordnet in P und läßt sich in der Form* $N[P] \wedge (E_1 \leq P_1) \wedge (E_2[P_1] \leq P_2) \wedge \ldots \wedge (E_N[P_1, P_2, \ldots, P_{N-1}] \leq P_N)$ *schreiben (wobei in N die P_i und in den E_i die $P_i, \ldots, P_N$ nicht positiv vorkommen).*

Die parallele Zirkumskription von P in Δ ist dann gegeben durch

$$\mathrm{CIRC}[\Delta;P] \equiv N[E_1, \ldots, E_N] \wedge (P_1 = E_1) \wedge (P_2 = E_2[E_1]) \wedge \ldots$$
$$\wedge (P_n = E_1[E_2, \ldots, E_{n-1}])$$

Der Beweis verläuft analog zu dem von Theorem 6.5, und basiert wie dieser auch auf Theorem 6.4.

Beachten Sie, daß die parallele Prädikatvervollständigung für in P geordneten *Klauseln* ein Spezialfall der parallelen Zirkumskription ist.

Bei einer anderen Verallgemeinerung der Zirkumskription können wir neben den zu minimalisierenden Prädikaten auch andere Prädikate "variieren". D.h. wir nehmen an, daß sich die Extensionen der variablen Prädikate während des Minimalisierungsprozesses verändert. Die durch die Zirkumskription definierten Prädikate können also Extensionen besitzen , die kleiner sind als sie es sonst sein würden. Das wiederum bedeutet, daß ein Objekt eines der variablen Prädikate erfüllen kann (um so Δ zu erfüllen), aber daß es nicht eines der zu minimalisierenden Prädikate erfüllen muß (um Δ zu erfüllen). Welches Prädikat nun variieren soll, hängt dabei vom Zweck des Zirkumskriptionsprozesses ab. Diese Entscheidung ist ein Teil von dem, was wir *Zirkumskriptionsstrategie* nennen. Normalerweise will man ja wissen, welche Auswirkung die Zirkumskription eines Prädikats (oder einer Menge von Prädikaten) P auf ein anderes variables Prädikat (oder auf eine andere Menge von variablen Prädikaten) Z hat. Mithilfe der Zirkumskription möchten wir die Zahl derjenigen Objekte, die P erfüllen, minimalisieren, auch wenn wir dabei auf zusätzliche oder andere Objekte verzichten müssen, die ebenfalls alle das variable Prädikat Z erfüllen. Wir werden jetzt die Zirkumskription mit variablen Prädikaten definieren und dann anschließend ein Anwendungsbeispiel dieses Prozesses geben.

Angenommen, P sei ein Tupel von zu minimalisierenden Prädikaten, und Z sei ein (von P disjunktes) Prädikattupel. Die parallele Zirkumskription von P in $\Delta(P;Z)$, wobei Z variieren kann, ist dann

$$\text{CIRC}[\Delta;P;Z] \equiv \Delta(P;Z) \wedge \neg(\exists P_* \exists Z_* \; \Delta(P_*;Z_*) \wedge (P_* \leq P)),$$

dabei sind P_* und Z_* Tupel von Prädikatvariablen (derselben Stelligkeit wie P und Z), und $\Delta(P_*;Z_*)$ ist die Überzeugungsmenge, die durch eine einzige wohlgeformte Formel, in der alle Vorkommen von P und Z durch P_* bzw. Z_* ersetzt worden sind, bezeichnet wird.

Nach einer Umformung erhalten wir

$$CIRC[\Delta;P;Z]$$

$$\equiv \Delta(P;Z) \wedge (\forall P* \forall Z* \ (\Delta(P*;Z*) \wedge (P* \leq P)) \Longrightarrow (P \leq P*))$$

$$\equiv \Delta(P;Z) \wedge (\forall P* \ (\exists Z* \ (\Delta(P*;Z*) \wedge (P* \leq P)) \Longrightarrow (P \leq P*))$$

$$\equiv \Delta(P;Z) \wedge CIRC[(\exists \forall Z* \ (\Delta(P*;Z*)));P] \ .$$

Aus dieser Darstellung kann man ablesen, daß die parallele Zirkumskription von P in $\Delta(P;Z)$, mit eventuell während der Minimalisierung variierendem Z, die gleiche ist, wie die herkömmliche parallele Zirkumskription von P in $(\exists Z* \ \Delta[P;Z*])$. Das größte Problem ist nun, wie wir mit den Quantoren zweiter Stufe in $(\exists Z* \ \Delta[P;Z*])$ umgehen sollen.

Dieses Problem läßt sich lösen, wenn Δ in Z solitär, separierbar oder geordnet ist. (Wenn Δ solitär in Z ist, kann man es als $N[Z] \wedge (E \leq Z)$ schreiben, wobei $N[Z]$ eine Formel ist, in der kein (Element von) Z positiv vorkommt und E eine Formel ist, in der (ein Element von) Z überhaupt nicht vorkommt. Wir können daher unmittelbar zeigen, daß $(\exists Z* \ N[Z*] \wedge (E \leq Z*)) \equiv N[E]$, wobei $N[E]$ das $N[Z*]$ ist, in dem E für $Z*$ ersetzt worden ist.

Wir halten dieses Ergebnis für den Fall fest, wo Δ solitär in Z ist.

THEOREM 6.12

$$CIRC[N(Z) \wedge (E \leq Z);P;Z] \equiv N(Z) \wedge (E \leq Z) \wedge CIRC[N(E);P],$$

wobei N kein positives Vorkommen von Z besitzt und in E überhaupt nicht vorkommt. E, P und Z können auch Prädikattupel sein.

KOROLLAR 6.2

$$CIRC[E_1 \wedge (E_2 \leq Z);P;Z] \equiv E_1 \wedge (E_2 \leq Z) \wedge CIRC[E_1;P],$$

wobei Z weder in E_1 noch in E_2 vorkommt. (D.h. in diesem Fall erlaubt uns das Variieren von Z, die Klausel $(E_2 \leq Z)$ aus Δ beim Berechnen der Zirkumskriptionsformel wegzulassen.)

Ein einfaches Beispiel für Default-Schlüsse soll uns die Wirkung der Variation eines Prädikates auf die Zirkumskription verdeutlichen. Sei Δ

$$\forall x \; Vogel(x) \wedge \neg An(x) \implies Fliegt(x)$$
$$\forall x \; Strauß(x) \implies An(x) \; .$$

Die herkömmliche Zirkumskription für An in Δ ergibt

$$CIRC[\Delta;An]$$
$$\equiv \Delta \wedge (\forall x \; An(x) \iff Strauß(x) \vee (Vogel(x) \wedge \neg Fliegt(x)))$$

(Die einzigen anormalen Dinge sind entweder Strauße oder Vögel, die nicht fliegen können.)

Eine genauere Beschreibung von An können wir erhalten, wenn wir **Fliegt** variieren. Mit Korollar 6.2 erhalten wir

$$CIRC[\Delta;An;Fliegt] \equiv \Delta \wedge CIRC[(\forall x \; Strauß(x) \implies An(x));An]$$
$$\equiv \Delta \wedge (\forall x \; An(x) \iff Strauß(x)) \; .$$

(Die einzigen anormalen Dinge sind Strauße. Wegen der Variation von **Fliegt** können wir ausschließen, daß Vögel nicht fliegen können.)

Als ein etwas komplexeres Beispiel betrachten wir die schon früher bei der beschränkten Vervollständigung von Prädikaten benützte taxonomische Hierarchie. Wir geben die Formeln dieses Beispiels noch einmal an.

$$Fliegender\_Strauß(x) \implies Strauß(x)$$
$$Fliegender\_Strauß(x) \implies An3(x)$$
$$Strauß(x) \implies Vogel(x)$$
$$Strauß(x) \implies An2(x)$$
$$Vogel(x) \implies Ding(x)$$
$$Vogel(x) \implies An1(x)$$
$$Ding(Tweety)$$
$$Strauß(x) \wedge \neg An3(x) \implies \neg Fliegt(x)$$
$$Ding(x) \wedge \neg An1(x) \implies \neg Fliegt(x)$$
$$Vogel(x) \wedge \neg An2(x) \implies Fliegt(x) \; .$$

Die Default-Schlußfolgerungen lassen sich durch eine parallele Zirkumskription für alle Prädikate außer **Fliegt** durchführen. **Fliegt** soll dabei variieren. Wir lassen **Fliegt** variieren, damit es bei einer Minimalisierung der anderen Prädikate alle nötigen Werte annehmen kann. Wir können jetzt im Minimalisierungsprozeß die gesamte Überzeugungsmenge Δ verwenden, um die gewünschte Default-Annahme zu erhalten (und nicht nur wie bei der beschränkten Vervollständigung den taxonomischen Anteil), weil wir uns nicht mehr um den Wert von **Fliegt** kümmern müssen.

Wir zirkumskribieren daher Δ (wie oben) in den Prädikaten $\{$Fliegender_Strauß, Strauß, An3, Vogel, An2, Ding, An1$\}$ und lassen **Fliegt** beliebig variieren. Bei der Anwendung der Prozedur für die parallele Zirkumskription beachten wir zuerst, daß Δ solitär in **Fliegt** ist. Wir sehen dies, daran, daß in allen, außer der letzten Klausel, **Fliegt** nicht positiv vorkommt und daß im Antezedenz der letzten Klausel **Fliegt** überhaupt nicht vorkommt. Wir können also Theorem 6.12 anwenden und $\text{Vogel}(x) \wedge \neg\text{An2}(x)$ für $\text{Fliegt}(x)$ in allen, außer der letzten Klausel ersetzen. Wir erhalten somit

$$\text{Fliegender\_Strauß}(x) \implies \text{Strauß}(x)$$
$$\text{Fliegender\_Strauß}(x) \implies \text{An3}(x)$$
$$\text{Strauß}(x) \implies \text{Vogel}(x)$$
$$\text{Strauß}(x) \implies \text{An2}(x)$$
$$\text{Vogel}(x) \implies \text{Ding}(x)$$
$$\text{Vogel}(x) \implies \text{An1}(x)$$
$$\text{Ding}(\text{Tweety})$$
$$\text{Strauß}(x) \wedge \neg\text{An3}(x) \implies \neg(\text{Vogel}(x) \wedge \neg\text{An2}(x))$$
$$\text{Ding}(x) \wedge \neg\text{An1}(x) \implies \neg(\text{Vogel}(x) \wedge \neg\text{An2}(x)) \ .$$

Die letzten beiden Klauseln werden durch die vierte und sechste Klausel subsumiert. Wir können sie also eliminieren. Die gewünschte Zirkumskription erhalten wir durch die herkömmliche parallele Zirkumskription von $\{$Fliegender_Strauß, Strauß, An3, Vogel, An2, Ding, An1$\}$ in der Konjunktion der ersten sieben Klauseln (ohne die variablen Prädikate).

Da nun diese Klauseln in {Fliegender_Strauß, Strauß, An3, Vogel, An2, Ding, An1} geordnet sind, so können wir durch die parallele Prädikatvervollständigung zirkumskribieren und erhalten (genau wie oben) die folgenden Vervollständigungsklauseln.

1. Ding(x) $\Longrightarrow$ Vogel(x) $\vee$ x=Tweety

2. Vogel(x) $\Longrightarrow$ Strauß(x)

3. Strauß(x) $\Longrightarrow$ Fliegender_Strauß(x)

4. ¬Fliegender_Strauß(x)

5. An1(x) $\Longrightarrow$ Vogel(x)

6. An2(x) $\Longrightarrow$ Strauß(x)

7. An3(x) $\Longrightarrow$ Fliegender_Strauß(x)

6.6 DEFAULT-THEORIEN

Das Problem des nicht-monotonen Schließens können wir auch durch die Definition einer Logik lösen, die nicht die herkömmlichen, sondern nicht-monotone Inferenzregeln benützt. Diese Inferenzregeln nennen wir *Default-Regeln* und die daraus entstehende Theorie *Default-Theorie*.

Eine Default-Regel ist eine Inferenzregel, die unter genau spezifierten Bedingungen, die wir gleich näher beschreiben werden, Δ erweitert. Ist D eine Menge solcher Regeln, so bezeichnen wir mit $\mathcal{E}[\Delta;D]$ die Erweiterung von Δ bezüglich D (dabei kann es mehr als eine Erweiterung geben). (Wie auch schon vorher, so schließt die Erweiterung Δ mit ein und ist abgeschlossen unter der herkömmlichen Deduktion.) Default-Regeln werden in der Form

$$\frac{\alpha(x):\beta(x)}{\gamma(x)}$$

geschrieben, wobei x als Schemavariable eines Satzes ein Tupel von Individuenkonstanten ist, sowie α, β und γ wohlgeformte Schemata sind. (Im laufenden Text schreiben wir diese Regel als $\alpha(x):\beta(x)/\gamma(x)$.)

Der Ausdruck oberhalb der Linie gibt dabei die Bedingungen für $\mathcal{E}[\Delta;D]$ an, die, wenn sie erfüllt sind, (grob gesagt) dann die Inklusion des *Konsequenz* in $\mathcal{E}[\Delta;D]$ unterhalb der Linie zulassen. Eine Default-Regel ist somit wie folgt zu verstehen: Gibt es eine Instanz X_0 von α, für die die Grundinstanz $\alpha(X_0)$ aus $\mathcal{E}[\Delta;D]$ folgt und für die $\beta(X_0)$ konsistent ist mit $\mathcal{E}[\Delta;D]$, dann schließt $\mathcal{E}[\Delta;D]$ $\gamma(X_0)$ mit ein.

Man nennt diese Regeln Default-Regeln, weil man mit ihnen Überzeugungen über Aussagen, die typischerweise, aber nicht notwendigerweise immer wahr sind, ausdrücken kann. Zum Beispiel läßt sich die Überzeugung, daß Vögel typischerweise fliegen können, durch die Default-Regel $\text{Vogel}(\alpha):\text{Fliegt}(\alpha)/\text{Fliegt}(\alpha)$ darstellen. D.h. falls α ein Vogel ist und es konsistent ist, anzunehmen, daß α fliegen kann, so darf man auch annehmen, daß α fliegen kann (oder α kann "durch Default" fliegen). Enthält Δ nur die Formeln $\text{Vogel}(\text{Tweety})$ und $\text{Strauß}(x) \implies \neg\text{Fliegt}(x)$, dann enthält $\mathcal{E}[\Delta;D]$ den Ausdruck $\text{Fliegt}(\text{Tweety})$. Würden wir zu Δ die Formel $\text{Strauß}(\text{Tweety})$ hinzufügen, so würde dies den Gebrauch der Default-Regel *blockieren*, denn $\text{Fliegt}(\text{Tweety})$ ist nicht mehr konsistent mit dem neuen Δ. Default-Theorien sind deshalb nicht-monoton.

Unsere Beschreibung der Erweiterung einer Theorie mit Default-Regeln ist vielleicht zu einfach und daher mißverständlich, denn Default-Theorien können mehr als eine Default-Regel enthalten, und diese Regeln können miteinander interferieren. Eine präzise Definition von $\mathcal{E}[\Delta;D]$ durch Δ und durch die Menge D der Default-Regeln muß daher sowohl die Beiträge aller Default-Regeln als auch des Abschlusses von $\mathcal{E}[\Delta;D]$ unter der herkömmlichen Deduktion berücksichtigen. Wie wir noch sehen werden, operieren diese Wechselwirkungen derart, daß sie manchmal die Existenz von mehr als einer Erweiterung garantieren.

Konventionen wie die CWA kann man folgendermaßen durch eine Default-Regel für ein Prädikat formulieren:

$$\frac{:\neg P(x)}{\neg P(x)} \ .$$

D.h. falls es konsistent ist, eine Instanz von $\neg P(x)$ anzunehmen, so darf man auch $\neg P(x)$ annehmen. Es besteht allerdings ein Unterschied zwischen der Wirkung der CWA für ein Prädikat und einer Default-Theorie mit diesem Default. Die CWA erlaubt nämlich, eine Instanz von $\neg P(x)$ abzuleiten, wenn diese Instanz konsistent mit Δ ist. Die Default-Regel gestattet dies nur, wenn die Instanz konsistent mit $\mathcal{E}[\Delta,D]$ ist. Da es noch andere Default-Regeln geben kann, die zu $\mathcal{E}[\Delta,D]$ beitragen, können diese beiden Techniken zu verschiedenen Erweiterungen führen.

Die meisten Anwendungen der Default-Regeln betreffen einen speziellen Fall, bei dem sie die Form $\alpha(x):\gamma(x)/\gamma(x)$ haben. Man nennt sie dann *normale* Default-Regeln und die Theorien, die sie verwenden, heißen *normale* Default-Theorien. Die oben erwähnte Default-Regel vom CWA-Typ, ist ein Beispiel für eine solche normale Default-Regel.

(Es lassen sich aber auch allgemeinere Default-Regeln definieren. Betrachten wir die Form $\alpha(x):\beta_1(x),\beta_2(x)\ldots,\beta_n(x)/\gamma(x)$. Die Interpretation hiervon ist, daß $\gamma(X_0)$ in $\mathcal{E}[\Delta,D]$ enthalten ist, falls eine Grundinstanz $\alpha(X_0)$ aus $\mathcal{E}[\Delta,D]$ folgt und *jedes* der $\beta_i(X_0)$ einzeln mit Δ konsistent ist. Von einer Regel der Form $\alpha(x):\beta_1(x) \wedge \beta_2(x) \wedge\ldots\wedge \beta_n(x)/\gamma(x)$ unterscheidet sich diese Regel dadurch, daß die Konjunktion mit $\mathcal{E}[\Delta,D]$ inkonsistent, jedes einzelne Konjunktion allerdings konsistent sein kann.)

Default-Theorien besitzen eine Reihe interessanter Eigenschaften. (Einige davon sind charakteristisch für normale Default-Theorien.) Die wichtigsten Eigenschaften stellen wir hier ohne Beweis zusammen und zeigen sie anhand einiger Beispiele.

(1) Ähnlich wie eine Zirkumskription manchmal keine eindeutige Definition eines Prädikates erzeugt, so kann auch eine Default-Theorie mehr als eine Erweiterung besitzen. Be-

trachten wir beispielsweise die folgenden (normalen) Default-Regeln:

$$:\neg A/\neg A$$

$$:\neg B/\neg B$$

Ist Δ nun einfach nur $\{A\vee B\}$, so gibt es zwei mögliche Erweiterungen von Δ, nämlich zum einen $\{A\vee B,\neg A\}$ und zum anderen $\{A\vee B,\neg B\}$. Bei Formeln, in denen die CWA sowohl für A als auch zu B eine inkonsistente Erweiterung erzeugt hätte, stehen uns mit den Default-Regeln zwei Erweiterungen zur Auswahl. Jede einzelne können wir als eine angemessene Erweiterung unserer Überzeugungsmenge betrachten.

(2) Die Vereinigungsmenge der beiden Erweiterungen aus dem vorherigen Beispiel ist inkonsistent. In der Tat liegt uns das folgende Ergebnis vor: Falls eine normale Default-Theorie distinkte Erweiterungen besitzt, so sind sie untereinander inkonsistent.

(3) Es gibt Default-Theorien, die keine Erweiterung besitzen. Betrachten wir einmal den Default $:A/\neg A$. Falls Δ leer ist, so ist es auch $\mathcal{E}[\Delta,D]$. Hierzu vergleiche man allerdings auch (4).

(4) Jede normale Default-Theorie besitzt eine Erweiterung.

(5) Eine Default-Theorie besitzt eine inkonsistente Erweiterung genau dann, wenn Δ selbst inkonsistent ist. Da aus einer inkonsistenten Erweiterung alles beweisbar ist und weil die Erweiterungen (ähnlich wie Theorien) unter der herkömmlichen Deduktion abgeschlossen sind, so ist, falls eine Default-Theorie eine inkonsistente Erweiterung besitzt, diese deren einzige Erweiterung.

(6) Falls D und D' Mengen normaler Default-Regeln mit $D'\subseteq D$ sind, dann gibt es für jedes $\mathcal{E}[\Delta,D']$ ein $\mathcal{E}[\Delta,D]$, so daß $\mathcal{E}[\Delta,D'] \subseteq \mathcal{E}[\Delta,D]$. Wir sagen daher, normale Default-Theorien sind *semi-monoton*. Fügt man neue normale Default-Regeln

hinzu, so ist es nicht nötig, Überzeugungen zurückzunehmen. Nimmt man allerdings neue Überzeugungen mit auf, so muß man Default-Regeln zurücknehmen.

Nachdem wir eine Reihe von Default-Regeln angegeben haben, stellt sich nun die Frage, wie wir diese anwenden können, um die Art nicht-monotonen Schließens durchzuführen, die ja inhärent in den Definitionen enthalten ist. Meistens müssen wir entscheiden, ob die Überzeugungsmenge Δ und die Default-Regeln D es gewährleisten, eine beliebige Formel ϕ zu den erweiterten Überzeugungen hinzufügen. D.h. wir müssen prüfen, ob es eine Erweiterung $\mathcal{E}[\Delta,D]$ gibt, die die Formel ϕ enthält.

Wir schränken unsere Definition des Default-Beweises auf den Fall der normalen Default-Theorien ein. (Die Berechnung von Erweiterungen für nicht-normale Default-Theorien kann unter Umständen sehr aufwendig sein; tatsächlich ist bis heute noch nicht bekannt, was überhaupt unter einer angemessenen Beweistheorie für nicht-normale Defaults zu verstehen ist.) Informell ist ein Default-Beweis von ϕ bei gegebenen Δ und D nichts anderes als ein herkömmlicher Beweis von ϕ aus Δ mit der Ausnahme, daß als Inferenzregeln (normale) Default-Regeln verwendet werden. Die Anwendung der Default-Regeln muß daher, in genauer Übereinstimung mit deren Definition, die notwendige Konsistenzüberprüfung berücksichtigen. In *Forward*-Beweisen kann diese Überprüfung dabei in zum Zeitpunkt der Anwendung der jeweiligen Regel erfolgen. *Backward*-Beweise sollte man dagegen am besten in zwei Durchgängen durchführen. Im ersten Schritt läßt man vorerst die Konsistenzüberprüfung einmal beiseite, um die überhaupt möglichen Inferenzketten zu bestimmen, und dann erst führt man in der Kette bei der jeweiligen Default-Regel die Konsistenzüberprüfung vorwärts gerichtet durch.

Nehmen wir einmal an, D bestehe aus den folgenden zwei Inferenzregeln: `Vogel(`x`):Fliegt(`x`)/Fliegt(`x`)` (nach Default können Vögel fliegen), und `Gefiedertes_Lebewesen(`x`):Vogel(`x`)/Vogel(`x`)` (nach Default sind gefiederte Lebewesen Vögel). Enthält Δ nun nur die Aussage `Gefiedertes_Lebewesen(Tweety)`, so existiert ein Default-

Beweis von **Fliegt(Tweety)**. Enthält allerdings Δ stattdessen die Aussagen **Strauß(Tweety)**, **Strauß(x)** $\Longrightarrow$ **¬Fliegt(x)** und **Strauß(x)** $\Longrightarrow$ **Gefiedertes_Lebewesen(x)**, so existiert kein Default-Beweis für **Fliegt(Tweety)**, weil keine Instanz der Regel **Vogel(Tweety)**: **Fliegt(Tweety)/Fliegt(Tweety)** konsistent anwendbar ist.

Weil Default-Regeln auf komplexe Weise miteinander interagieren können, müssen wir vorsichtig sein, wie das Wissen repräsentiert wird. Ein Beispiel für die Probleme, die bei der Wissensrepräsentation möglicherweise entstehen können, ist die Tatsache, daß Default-Regeln transitiv sein können. Nehmen wir einmal an, wir haben $D = \{R(x):E(x)/E(x), E(x):A(x)/A(x)\}$. Wir können dies interpretieren als: normalerweise sind Realschulabgänger Erwachsene und normalerweise sind Erwachsene Angestellte. Eine mögliche Konsequenz beider Regeln erhält man durch die Kombination $R(x):A(x)/A(x)$, deren Interpretation lauten würde: Realschulabgänger sind normalerweise Angestellte. Auch wenn wir den ersten beiden Regeln beipflichten, so müssen wir aber nicht unbedingt auch diese Kombination akzeptieren wollen.

Diese ungewollte Transitivität läßt sich auf zwei Möglichkeiten blockieren. Zum einen könnten wir die zweite Default-Regel in die nicht-normale Regel $E(x):[\neg R(x) \wedge A(x)]/A(x)$ abändern. Nicht-normale Defaults verfügen allerdings nicht über die erwünschten und einfachen Eigenschaften normaler Defaults. Andererseits können wir aber oftmals die Transitivität durch eine etwas vorsichtigerere Formulierung mit normalen Defaults blockieren: $\{R(x):E(x)/E(x), [E(x) \wedge \neg R(x)]:A(x)/A(x), E(x):\neg R(x)/\neg R(x)\}$. Nun können wir schlußfolgern, daß einige bestimmte Realschulabgänger auch Angestellte sind.

6.7 LITERATUR UND HISTORISCHE BEMERKUNGEN

Beinahe jede interessante Anwendung in der KI setzt in irgendeiner Weise nicht-monotones Schließen voraus, denn das Wissen, das KI-

Systeme über ihre Domänen besitzen, ist immer Gegenstand verschiedener Änderungen und Erweiterungen. KI-Systeme müssen daher das ihnen zur Verfügung stehende Wissen so weit wie möglich für ihre Schlußfolgerungen verwenden können. Eine sehr gute Zusammenfassung nicht-monotonen Schließens und seiner Anwendungen in der KI hat Reiter gegeben, [Reiter 1987b]. Eine charakteristische und bedeutende Anwendung ist die Diagnose von Fertigungs- und Computeranlagen [Reiter 1987a]. McCarthy diskutiert verschiedene Anwendungen eines bestimmten Typs nicht-monotonen Schließens [McCarthy 1986].

Die Annahme der Welt-Abgeschlossenheit (CWA) ist eine wichtige Konvention bei dem Entwurf von Datenbanken. Reiter [Reiter 1978] war der erste, der ihre Eigenschaften beschrieben und bewiesen hat. Das Theorem 6.1 wurde [Shepherdson 1984] entnommen. Die Annahme über die Abgeschlossenheit der Domäne (DCA) und über die Eindeutigkeit von Namen (UNA) sind von Reiter [Reiter 1980b] diskutiert worden.

Das *Problem der zahlreichen Vorbedingungen (qualification problem)* wurde von McCarthy [McCarthy 1980] erörtert. Es wird oft als einer der Gründe dafür angeführt, daß in der KI ein streng logisches Vorgehen nicht erfolgreich sein könnte, und es hat sehr viele der Arbeiten über nicht-monotones Schließen motiviert.

Die Vervollständigung einer Prädikatmenge wurde erstmals von Clark [Clark 1978] beschrieben. Die parallele Vervollständigung wurde durch eine Analogie über die parallele Zirkumskription nahegelegt. Taxonomische Hierarchien sind in der KI allgegenwärtig. Mehrere frame-basierte Systeme verfügen über Hilfsmittel zur Vererbung von Eigenschaften (engl. *property inheritance*) und zum Default-Schließen in diesen Hierarchien [Stefik 1986]. Unsere Anwendung des Prädikates **An** in diesem Zusammenhang beruht auf Vorschlägen von McCarthy [McCarthy 1986].

Die Zirkumskription wurde zuerst von McCarthy [McCarthy 1980] als eine Methode nicht-monotonen Schließens vorgeschlagen. Unsere Notation folgt der von Lifschitz [Lifschitz 1985a]. (Eine alternative Form der Zirkumskription — die besagt, daß jeder vermeintliche Inhalt von P durch P' kein wirklicher Inhalt sei, weil die Zirkumskription von P schon P' impliziert — wurde Reiter von Minker und Perlis [Minker 1984] vorgeschlagen). Die Zirkumskriptionsformel ist eine Formel der Logik zweiter Stufe. Wenn auch unsere Darstellung der Zirkumskription in diesem Buch im wesentlichen auf diejenigen Fälle beschränkt ist, in denen sie zu einer Formel erster Stufe kollabiert, mag der Leser vielleicht versucht sein, in das Kapitel bei Enderton über Logik zweiter Stufe hineinzuschauen [Enderton 1972].

Die Theoreme 6.4 bis 6.6 wurden von Lifschitz entwickelt. Ihre Beweise werden in [Lifschitz 1987b] angegeben. Die Theoreme 6.5 und 6.6 werden ohne Beweis in [Lifschitz 1985a] angeführt. Daß CIRC[$\Delta;P$] zu einer Formel erster Stufe kollabieren kann, falls alle Vorkommen von P positiv in Δ sind, folgt sofort aus den Ergebnissen in [Lifschitz 1986c] und wurde auch in [Lifschitz 1987b] bewiesen.

Etherington, Mercier und Reiter zeigten, daß die Zirkumskription einer Formel, die kein minimales Modell besitzt, inkonsistent ist. Sie bewiesen auch eine hinreichende Bedingung für die Konsistenz der Zirkumskription (Theorem 6.7) [Etherington 1985]. Das Theorem 6.8 wurde von Lifschitz [Lifschitz 1986b] entwickelt. Die Theoreme 6.7 und 6.8 sind beides Spezialfälle von Theorem 6.9, das ebenfalls von Lifschitz [Lifschitz 1986b] entwickelt worden ist. Auch Perlis und Minker [Perlis 1986] haben über verwandte Eigenschaften der Zirkumskription bei minimalen Modellen gearbeitet.

Die parallele Zirkumskription ist eine einfache Erweiterung der herkömmlichen Zirkumskription. Theorem 6.10, das von Lifschitz [Lifschitz 1986c, 1987b] entwickelt wurde, ist bei der Berechnung paralleler Zirkumskriptionen sehr hilfreich. Andererseits läßt sich für *geordnete* Formeln die parallele Zirkumskription mit Hilfe von Theorem 6.11 berechnen. (Die geordneten Formeln sind hier zum ersten Mal vorgestellt worden.) Theorem 6.12, das ebenfalls von Lifschitz [Lifschitz 1987b] entwickelt wurde, ist bei der Berechnung von Zirmkumskriptionen mit variablen Prädikaten recht nützlich.

Etherington [Etherington 1986] und Lifschitz [Lifschitz 1986b] erweiterten unabhängig voneinander Theorem 6.7 für den Fall von variablen Prädikaten. D.h. die parallele Zirkumskription allquantifizierter Theorien (auch mit variablen Prädikaten) ist konsistent, falls die Theorie selbst konsistent ist.

Mehrere Autoren haben sich mit der Beziehung zwischen der Zirkumskription und den Methoden nicht-monotonen Schließens befaßt. Beispielsweise gibt es Bedingungen, unter denen die parallele Zirkumskription und die CWA beide auf identische Art und Weise eine Überzeugungsmenge erweitern. Lifschitz [Lifschitz 1985b] zeigte, daß, die CWA, auf eine Überzeugungsmenge angewendet, zum gleichen Ergebnis führt wie die parallele Zirkumskription, angewendet auf alle Prädikate der Überzeugungsmenge, falls (1) die CWA auf eine Überzeugungsmenge konsistent anwendbar ist, und (2) alle möglichen Objekte der Domäne durch die konstanten Termen der Überzeugungsmenge benennbar sind (DCA) und (3) verschiedene konstante Terme der Überzeugungsmenge verschiedene Objekte der Domäne bezeichnen (UNA). Gelfond, Przymusinska und Przymusinski untersuchten die Beziehungen verschiedener Verallgemeinerungen der CWA und der Zirkumskription [Gelfond 1986]. Reiter war der erste, der zeigte, daß die Vervollständigung von Prädikaten ein Spezialfall der Zirkumskription ist (er verwendete dabei ein ähnliches Argument wie das im Beweis von Theorem 6.4) [Reiter 1982].

Przymusinski [Przymusinski 1986] schlug eine Methode vor zur Entscheidung, ob für eine Theorie $\mathcal{T}$ ein minimales Modell, das auch eine Formel ϕ erfüllt, existiert oder nicht existiert. Diese Theorie kann für die Beantwortung von Fragen in zirkumskribierten Theorien verwendet werden.

Imielinski und Grosof untersuchten die Beziehungen zwischen Default-Logik und Zirkumskription [Imielienski 1985, Grosof 1984].

Ursprünglich wurde die Default-Logik in einer Arbeit von Reiter vorgeschlagen und analysiert [Reiter 1980a]. Unsere Darstellung der Default-Theorien basiert auf dieser Arbeit. Er zeigte, daß die Default-Logik nicht einmal semi-entscheidbar ist. Er beschrieb aber einen Theorem-Beweiser, den man in Default-Beweisen für eine Top-down- oder Backward-Suche verwenden kann. Reiter und Criscoulo [Reiter 1983] gaben Beispiele für Formulierungen von Default-Regeln typischer Probleme des Alltagsschließens und sie zeigten, wie sich verschiedene Fallstricke nicht-normaler Defaults vermeiden lassen.

Andere Methoden nicht-monotonen Schließens sind ebenfalls vorgeschlagen worden. McDermott und Doyle [McDermott 1980, McDermott 1982] definierten eine Logik mit einem *Modaloperator* M. (Wir behandeln Modaloperatoren in Kapitel 9). In einer Semantik für eine solche Logik hat die Formel MP den Wert wahr genau für den Fall, daß P konsistent (mit der auf Δ basierenden Theorie) ist. Alle Ableitungen von MP oder seiner Konsequenzen sind nicht-monoton, weil die Bedeutung von M global von der Theorie abhängt. Falls wir zu Δ eine andere Formel addieren, so kann MP unter Umständen nicht länger konsistent sein. Eine etwas andere Anwendung hatte Moore vor Augen als er eine Variante vorschlug, die er *autoepistemische Logik* nannte und sie mit McDermott's und Doyle's nicht-monotoner Logik verglich, [Moore 1985b]. Konolige [Konolige 1987] analysierte die Verbindungen zwischen Default-Theorien und autoepistemischer Logik.

Weitere Arbeiten sind in den Proceedings des Workshops über nicht-monotones Schließen erschienen, [Nonmonotonic 1984].

ÜBUNGEN

1. *Idempotenz.* Die CWA-Erweiterung von Δ sei als CWA[Δ] bezeichnet. Zeigen Sie, daß

$$\text{CWA}[\text{CWA}[\Delta]] = \text{CWA}[\Delta]$$

   gilt. (Nehmen Sie dabei an, CWA[Δ] sei konsistent).

2. *Unempfindlichkeit gegenüber negativen Klauseln.* Angenommen, Δ sei Horn und konsistent. Zeigen Sie, daß es keinen Einfluß auf die CWA-Erweiterung von Δ hat, wenn man aus Δ eine negative Klausel (d.h. eine ohne irgendwelche positiven Literale) entfernt.

3. *Inkonsistenzen.* Zeigen Sie, daß entweder $\Delta \wedge \neg L_1$ oder $\Delta \wedge \neg L_2$ inkonsistent sind, wenn ein konsistentes Δ nur eine Horn-

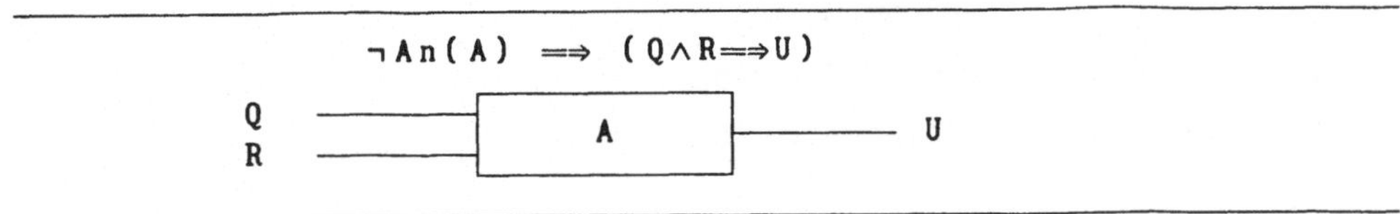

Abb.6.2 Ein AND-Gatter

Klausel enthält und in $\neg L_1 \wedge \neg L_2$ inkonsistent ist (wobei L_1 und L_2 positive Literale sind).

4. *Gerade und Ungerade.* Berechnen Sie die Vervollständigung von GERADE innerhalb der Konjunktion der folgenden Formeln:

$$\forall x \; \text{UNGERADE}(x) \wedge x{>}0 \implies \text{GERADE}(\text{Succ}(x))$$
$$\forall x \; \text{UNGERADE}(x) \wedge x{>}0 \implies \text{GERADE}(\text{Pred}(x))$$

5. *Integerzahlen.* Berechnen Sie die Vervollständigung von INT in
INT(0) $\wedge$ (INT(x) $\implies$ INT(Succ(x))).

6. *Beschränkte Vervollständigung von Prädikaten.* Diskutieren Sie, wie die Vervollständigung *beschränkter* Prädikate eine inkonsistente Erweiterung erzeugen könnte.

7. *Vervollständigung.* Berechnen Sie die Vervollständigung von P in den folgenden Klauseln:

$$\text{Q1}(x) \wedge \text{Q2}(x) \implies \text{P}(\text{F}(x))$$
$$\text{Q3}(x) \implies \text{P}(\text{G}(x))$$

8. *Gibt es ein Q, das kein P ist?* Drücken Sie in Worten die Wirkung einer Zirkumskription von Q in P < Q aus.

9. *Parallele Zirkumskription.* Berechnen Sie Sie CIRC[(∀x Q(x) $\implies$ P1(x) $\vee$ P2(x));P1,P2].

10. *Ritter und Spitzbuben.* Sei Δ die Konjunktion der folgenden Formeln:

$$\forall x \; \text{Ritter}(x) \implies \text{Person}(x)$$
$$\forall x \; \text{Spitzbube}(x) \implies \text{Person}(x)$$
$$\forall x \; \text{Spitzbube}(x) \implies \text{Lügner}(x)$$
$$\exists x \; \neg\text{Lügner}(x) \wedge \neg\text{Spitzbube}(x)$$
$$\text{Lügner}(\text{Mork})$$

Spitzbube(Bork)

a.) Berechnen Sie CIRC[Δ;Lügner].

b.) Berechnen Sie CIRC[Δ;Lügner;Spitzbube].

11. *AND-Gatter*. Das in Abb. 6.2 abgebildete AND-Gatter A läßt sich durch die folgenden Formel beschreiben:

$$\neg An(A) \implies (Q \wedge R \implies U)$$

(Außer wenn A anormal ist, wird U durch Q und R impliziert. Es bezeichne Q die Proposition, "Eingabe 1 ist eingeschalte", R die Proposition "Eingabe 2 ist eingeschaltet" und U die Proposition "Die Ausgabe ist eingeschaltet.")

a.) Angenommen, Q, R und U seien tatsächlich wahr. Benützen Sie dann die Zirkumskription von An in dieser Theorie, um zu zeigen, daß nichts anormal ist. Die "Theorie" ist in diesem Fall

$$Q \wedge R \wedge U \wedge (\neg An(A) \implies (Q \wedge R \implies U))$$

b.) Nehmen wir stattdessen an, Q und R seien wahr, aber U sei falsch. Verwenden Sie die Zirkumskription von An in *dieser* Theorie, um zu zeigen, daß A der *einzige* anormale Gegenstand A ist.

12. *Sowohl P als auch* Q. Δ bestehe aus den folgenden beiden Formeln und sei konsistent:

$$\forall x\ R(x) \implies P(x)$$
$$\forall x\ R(x) \implies Q(x)$$

Zeigen Sie, wie sich mit der Zirkumskription bestätigen läßt, daß die einzigen Objekte, die R erfüllen, auch genau diejenigen sind, die sowohl P als auch Q erfüllen. Hinweis: Benützen Sie dabei $(\forall x\ (P(x) \wedge Q(x)) \implies An(x))$ und minimalisieren Sie An, wobei P und Q variable sind.

KAPITEL 7
INDUKTION

EINES DER KENNZEICHEN VON Intelligenz ist die Fähigkeit, Beispiele zu verallgemeinern. Obwohl unsere Erfahrungen der Welt begrenzt sind, können wir trotzdem allgemeine Theorien aufstellen, die für die Vergangenheit gelten und die Zukunft voraussagen. Solche Schlußfolgerungen sind allgemein als *Induktion* bekannt.

Als ein Beispiel für die Induktion betrachten wir die folgende Problemstellung. Wir sollen von einem Kartenstapel eine beliebige Karte ziehen. Wenn wir eine "gute" Karten gezogen haben, erhalten wir eine Belohnung, anderenfalls erhalten wir nichts. Nun haben wir erfahren, daß man in der Vergangenheit für die Kreuz-Vier, die Kreuz-Sieben und für die Pik-Zwei eine Belohnung bekommen, aber für die Herz-Fünf oder den Pik-Buben gar nichts erhalten hat. Wenn wir weiter annehmen, daß wir eine gezogene Karten nicht noch einmal ziehen dürfen, welche Karte sollen wir dann wählen?

In dieser Situation würden viele Menschen eine schwarze Ziffernkarte wählen. Es gibt aber keine Möglichkeit, um mit Sicher-

heit abzuleiten, dies sei die richtige Wahl. Wir können aber argu-
mentieren, daß die uns bekannten Belohnungen alle für schwarze
Ziffernkarten ausgegeben worden sind, während für keine Karte, die
sowohl eine Ziffern- als auch eine rote Karte ist, eine Belohnung
verteilt wurde. Wir formulieren deshalb eine Theorie darüber, welche Karten belohnt und welche nicht belohnt werden und diese Theorie verwenden wir dann, unsere Wahl zu treffen.

7.1 INDUKTION

Bei der Induktion gehen wir von einer konsistenten Satzmenge aus,
die unsere Annahmen über die Welt repräsentiert. Wir stellen uns
dabei die Überzeugungen als aus zwei Teilmengen bestehend vor: die
eine Teilmenge sind die *Daten*, aus denen verallgemeinert werden
soll, und die andere ist die den Verallgemeinerungen *zugrundelie-*
gende Theorie. Bei dieser Unterscheidung gehen wir davon aus, daß
die zugrundeliegende Theorie Γ die Daten Δ nicht logisch impliziert.

$$\Gamma \nvdash \Delta$$

Bei einer gegebenen zugrundeliegenden Theorie Γ und einer Datenmenge Δ nennen wir den Satz ϕ eine *induktive Konklusion* (geschrieben als $\Gamma \cup \Delta \mathrel{K} \phi$) genau dann, wenn die folgenden Bedingungen gelten.

(1) Die Hypothese ist mit der zugrundeliegenden Theorie und den
    Daten konsistent.

$$\Gamma \cup \Delta \nvdash \neg\phi$$

(2) Die Hypothese erklärt die Daten.

$$\Gamma \cup \{\phi\} \vdash \Delta$$

Als Beispiel für diese Definition betrachten wir noch einmal das oben geschilderte Spielkartenproblem. Wir bezeichnen jede Karte im Stapel durch einen Term der Form $[\rho,\sigma]$, wobei ρ den Wert und σ die Art der Karte bezeichnet. Der Kartenwert wird durch Zahlen bei Ziffern- und durch **Bube**, **Dame** und **König** bei Bildkarten angeben. Die Art der Karte beschreiben wir mit den Konstanten **Pik** für Pik, **Karo** für Karo, **Kreuz** für Kreuz und **Herz** für Herz. Zur Beschreibung der Karten verwenden wir die einstelligen Relationen **Num**, **Bild**, **Rot** und **Schwarz**.

Diese vier Relationen sind in unseren zugrundeliegenden Theorie enthalten. Obwohl wir sie hier nicht extra angeführt haben, gibt es noch Axiome, die die $\leq$ und $>$ Operatoren definieren, sowie Ungleichheitsaxiome für die Kartenwerte und -arten.

$$\forall n \forall z \;\; n \leq 10 \iff \text{Num}([n,z])$$

$$\forall n \forall z \;\; n > 10 \iff \text{Bild}([n,z])$$

$$\forall n \forall z \;\; (z=\text{Pik} \lor z=\text{Kreuz}) \iff \text{Schwarz}([n,z])$$

$$\forall n \forall z \;\; (z=\text{Karo} \lor z=\text{H}) \iff \text{Rot}([n,z])$$

Unsere Datenmenge enthält Sätze, die aussagen, ob eine Karte belohnt wird oder nicht. Keiner der Sätze in dieser Liste wird logisch von der zugrundeliegenden Theorie impliziert.

$$\text{Belohnt}([4,\text{Kreuz}])$$

$$\text{Belohnt}([7,\text{Kreuz}])$$

$$\text{Belohnt}([2,\text{Kreuz}])$$

$$\neg\text{Belohnt}([5,\text{Herz}])$$

$$\neg\text{Belohnt}([\text{Bube},\text{Pik}])$$

Mit diesen Informationen ist es nun vernünftig, die induktive Konklusion vorzuschlagen, daß man für alle numerierten schwarzen Karten eine Belohnung erhält und auch daß nur die schwarzen numerierten Karten belohnt werden.

$$\forall x \;\; (\text{Num}(x) \land \text{Schwarz}(x) \iff \text{Belohnt}(x)$$

Diese Konklusion ist mit der zugrundeliegenden Theorie konsistent. Sie erklärt die Daten auch insofern, als wir mit ihr die uns bekannten belohnten und nicht belohnten Karten ableiten können.

Denkt man über die Induktion nach, so ist es dabei wichtig, im Gedächnis zu behalten, daß dieser Ansatz nicht unbedingt konsistent ist. Obwohl eine induktive Konklusion mit den Sätzen der zugrundeliegenden Theorie und der Datenmenge konsistent sein muß, so braucht sie aber doch keine logische Konsequenz dieser Sätze zu sein. Mit anderen Worten, bei einem Induktionsproblem können Modelle der Prämissen auftreten, die keine Modelle der Konklusion sind. Zum Beispiel ist die Konklusion, daß schwarze numerierte Karten belohnt werden, zwar plausibel, aber keine logische Konsequenz der zugrundeliegenden Theorie und der oben angeführten Daten.

Andererseits ist aber auch nicht jede Induktion inkonsistent. Haben wir beispielsweise alle Karten im Stapel gesehen, so ist jede induktive Konsequenz eine logische Konsequenz. Dies ist ein Beispiel dafür, was Aristoteles eine *summative Induktion* nannte, d.h. eine Inferenz eines universellen Satzes aus den Informationen über die Eigenschaften einer Individuenmenge und dem Wissen, daß diese Individuen die Menge der Möglichkeiten vollständig ausschöpfen.

Auch ein weiterer Punkt ist bei unserer Definition zu beachten. Für jede zugrundeliegende Theorie und Datenmenge gibt es eine Vielzahl von induktiven Konklusionen. Um nun dieser Vielfalt Herr zu werden und potentielle Konklusionen ausschließen oder diese ordnen zu können, haben sich die Forscher mit Techniken der *Modellmaximierung* und mit der Anwendung verschiedener Formen von *theoretischem Vorwissen* (engl. *theoretical bias*) befaßt.

Der Modellmaximierung liegt die Erkenntnis zugrunde, daß bestimmte induktive Konklusionen konservativer sind als andere, was

bedeutet, daß erstere eine kleinere Zahl von Modellen besitzen. In
unserem Kartenproblem schlossen wir beispielsweise, daß schwarze
numerierte Karten belohnt werden. Wir hätten aber auch genauso gut
schließen können, daß schwarze numerierte Karten belohnt werden
und daß es draußen regnet. Es stört in keiner Weise, diese zusätzliche Bedingung hinzuzufügen; die Konklusion erfüllt immer noch
die Bedingungen der Definition der Induktion. Andererseits ist
diese Bedingung aber auch völlig überflüssig.

Der zentrale Gedanke hinter der Modellmaximierung ist, die induktiven Konklusionen auf der Basis ihrer Modelle zu ordnen. Gemäß
dieser Ordnung ist eine Konklusion genau dann besser als eine
andere, wenn ihr Modell eine echte Teilmenge des Modells der anderen Konklusion ist. In unserem Beispiel sind beide Konklusionen
konsistent und erklären die Daten. Aber die *Nummern-und-Schwarz*-
Konklusion ist besser als die *Nummern-und-Schwarz-und-Regen*-Kon-
klusion, weil jedes Modell der ersten ein Modell der letzten ist.

Beachten Sie, daß die Modellmaximierung uns *nicht* bei der Auswahl miteinander konkurrierender und inkompatibler Konklusionen
hilft. Beispielsweise hilft sie uns nicht, zwischen der *Nummern-
und-Schwarz*-Konklusion und der Konklusion zu unterscheiden, daß
Belohnungen immer auf die Kreuz-Vier, die Kreuz-Sieben und die
Pik-Zwei beschränkt seien. Diese beiden Theorien sind insofern in-
kompatibel, als die eine kein Modell der anderen ist.

Eine andere Methode, die Vielfalt induktiver Konklusionen in
den Griff zu bekommen, ist theoretisches Vorwissen. Anstatt alle
Sätze des Prädikatenkalküls als potentielle Konklusionen in Be-
tracht zu ziehen, können wir unsere Kandidaten auf Formeln mit einem entsprechenden Vokabular (konzeptuelles Vorwissen) oder einer
bestimmten logischen Form (logisches Vorwissen) einschränken.

Konzeptuelles Vorwissen (engl. *conceptual bias*) ist ein Beispiel für eine Akzeptanzbedingung induktiver Konklusionen. Die
Idee dahinter ist, die Zahl der annehmbaren Konklusionen auf sol-

solche Sätze einzuschränken, die in Termen eines festen Vokabulars (der sogenannten *Basismenge*) formulierbar sind.

Als Beispiel betrachten wir das Kartenproblem mit einer aus den Relationssymbolen **Num**, **Bild**, **Schwarz** und **Rot** bestehenden Basismenge und dem Zielkonzept **Belohnt**. Beachten Sie, daß wir nicht die *Namen* der einzelnen Karten in die Basismenge mit aufgenommen haben. Unsere Theorie über schwarze numerierte Karten ist mit diesem Vorwissen akzeptabel, weil sie vollständig in den Termen der Basismenge formuliert ist. Im Gegensatz dazu wäre das Konzept einer Karte, die entweder die Kreuz-Vier, die Kreuz-Sieben oder die Pik-Zwei ist, nicht akzeptabel. Obwohl sie zwar auch mit der folgenden Formel beschrieben werden kann, verwendet diese Formel aber Symbole, die nicht in der Basismenge enthalten sind, nämlich die Namen der einzelnen Karten. Daher ist sie nicht akzeptabel.

$$\forall x \; (x=[4,C] \; \lor \; x=[7,C] \; \lor \; x=[2,S]) \iff Belohnt(x)$$

Wie man konzeptuelles Vorwissen anwenden kann, ist jetzt wohl klar. Allerdings ist die Frage noch offen, wie sich eine geeignete Basismenge bestimmen läßt. Dies ist tatsächlich eine schwer zu beantwortende Frage. Es mag zwar ein sicheres Verfahren zu sein, die Basismenge auf die in der zugrundeliegenden Theorie vorkommenden Symbole einzuschränken, aber gerade dies kann in solchen Situationen zu Problemen führen, wo wir hypothetisch die Existenz neuer Objekte annehmen müssen, um erschöpfende Erklärungen für die Daten zu erhalten.

Ein anderer Weg, zur Eingrenzung des Bereichs der möglichen Konsequenzen ist die Ausnutzung *logischen Vorwissens* (engl. *logical bias*). Zum Beispiel können wir unser Augenmerk auf *konjunktive Definitionen* beschränken, d.h. auf bidirektionale Implikationen, bei denen auf der einen Seite das zu definierende Konzept und auf der anderen Seite eine Konjunktion von Atomen steht.

$$\forall x \; \phi_1(x) \land ... \land \phi_n(x) \iff \rho(x)$$

Diese Restriktion schließt unsere Theorie über die schwarzen numerierten Karten nicht aus, denn diese Theorie ist in dieser Form formuliert. Die Theorie, daß eine Belohnung für Karten vergeben würde, die entweder numeriert *oder* schwarz seien, können wir nicht aufrechthalten, weil die entsprechende Formel (die daraus folgt) keine Konjunktion ist, und es auch keine äquivalente konjunktive Formel gibt (ohne die einzelnen Karten zu erwähnen.)

$$\forall x \; Num(x) \lor Rot(x) \Leftrightarrow Belohnt(x)$$

Die Einschränkung auf konjunktive Definitionen ist sehr restriktiv und macht die Definition gemeinsamer Konzepte, wie zum Beispiel ein "Paar" beim Pokern, unmöglich. Dieses Problem läßt sich aber beseitigen, wenn wir unserer Sprache dahingehend erweitern, daß auch *existenzielle konjunktive Definitionen*, d.h. solche Definitionen, die als existenzquantifizierte Konjunktionen mit Gleichheit oder Ungleichheit von Atomen, formuliert werden können. Die folgende Formel definiert in dieser Sprache den Begriff des Paares. Die **Teil_von**-Relation besteht dabei zwischen einer Karte und der Handvoll Karten, zu denen die Karte gehört.

$$\forall x \; (\exists n \exists s \exists t \; Teil\_von([n,s]),x) \land Teil\_von([n,t]) \land s \neq t) \Leftrightarrow Paar(x)$$

Die Beschränkung auf existenzielle konjunktive Definitionen ist in der Forschung über maschinelle Induktion weit verbreitet. Man ist sich allerdings bewußt, daß eigentlich eine größere Flexibilität gebräucht würde. Als teilweise Abhilfe und um auf diese Weise die eingeschränkte Disjunktion beseitigen zu können, hat Michalski [Michalski 1983c] einige Erweiterungen für die Definition eines Atoms im Prädikatenkalkül vorgeschlagen.

Das Hauptargument für die Verwendung logischen Vorwissens ist, daß eine Formel mit einer eingeschränkten logischen Struktur oftmals leichter verständlich ist und bei nachfolgenden Deduktionen eine größere Effizienz gewährt, als dies komplexere Formeln zu leisten imstande sind. Leider gibt es derzeit noch zu wenig formale Untersuchungen, die dieses Argument stützen würden.

7.2 KONZEPTBILDUNG

Unser Spielkartenproblem ist ein Beispiel für einen sehr weitverbreiteten Typ induktiver Inferenz. Man nennt ihn *Konzeptbildung* (engl. *concept formation*). Die Daten schreiben einigen Objekten eine gemeinsame Eigenschaft zu, anderen sprechen sie sie ab. Die induktive Hypothese ist dabei ein allquantifizierter Satz, der die Bedingungen zusammenfaßt, unter denen ein Objekt diese Eigenschaft besitzt. Das Induktionsproblem reduziert sich dann auf die Bildung des *Konzepts* aller Objekte mit dieser Eigenschaft.

Unsere Behandlung des Spielkartenproblems im vorangegangenen Abschnitt zeigte, daß wir mit Hilfe von Prämissen und Konklusionen ein Konzept bilden können. Es empfiehlt sich allerdings für eine einfache Darstellung der mit der Konzeptbildung verbundenen Probleme, über die Konzeptbildung in den Begriffen von Objekten, Funktionen und Relationen zu sprechen.

Formal definieren wir ein *Konzeptbildungsproblem* als Tupel $\langle P, N, C, \Lambda \rangle$, wobei P eine Menge von *positiven Instanzen* des Konzepts, N eine Menge *negativer Instanzen*, C eine Menge der in der Definition des Konzepts verwendeten Konzepte sind, und Λ die Sprache ist, in der die Definition ausgedrückt wird. Die Menge C umfaßt hier unser konzeptuelles und die Sprache Λ unser logisches Vorwissen.

Beachten Sie, daß es Lernsituationen gibt, bei denen fehlerhafte Annahmen oder Beobachtungen zu Situationen führen, in denen ein Agent glaubt, daß ein Objekt sowohl eine positive als auch eine negative Instanz des Konzeptes sei. In solchen Situationen kann P unter Umständen einige Elemente mit N gemeinsam haben. Wir wollen hier allerdings bei unserer Darstellung diese Situationen beiseite lassen und annehmen, P und N seien disjunkt.

In einem Konzeptbildungsproblem $\langle P, N, C, \Lambda \rangle$ nennen wir eine Relation genau dann *akzeptabel*, wenn sie sich in der Sprache Λ durch die Konzepte aus C definieren läßt. (Vgl. Sie Kapitel 2 für die Definition der Definierbarkeit.)

Dieses Akzeptanzkriterium schränkt die möglichen Relationen auf solche ein, die Lösungen des Konzeptbildungsproblems sind. Wir betrachten eine Version des Spielkartenproblems, bei der das konzeptuelle Vorwissen die Relationen *Numeriert*, *Bild*, *Schwarz* und *Rot* umfaßt und die Sprache für die Definition auf konjunktive Definitionen beschränkt ist. Für dieses Problem ist das Konzept der schwarzen *und* numerierten Karten akzeptabel, aber das der schwarzen *oder* numerierten Karten dagegen nicht.

Eine akzeptable Relation r ist in einem Konzeptbildungsproblem $\langle P, N, C, \Lambda \rangle$ genau dann *charakteristisch*, wenn sie von allen positiven Instanzen erfüllt wird. Eine akzeptable Relation r heißt *diskriminant* genau dann, wenn sie durch keine der negativen Instanzen erfüllt wird. Eine akzeptable Relation heißt *zulässig* genau dann, wenn sie sowohl charakteristisch als auch diskriminant ist.

Die Relation *Numeriert* ist in dem Kartenbeispiel zwar charakteristisch, nicht aber diskriminant, denn sie deckt alle positiven aber auch einige negativen Instanzen ab. Die Relation *Kreuz* ist diskriminant, aber nicht charakteristisch, denn sie schließt alle negativen und auch einige positive Instanzen aus. Die durch die Schnittmenge der Relationen *Numeriert* und *Schwarz* gebildete Relation ist sowohl charakteristisch als auch diskriminant, und somit zulässig.

Unter dem *Versionsraum* (engl. *version space*) eines Konzeptbildungsproblems versteht man die Menge aller zulässigen Relationen des Problems. Ein *Versionsgraph* (engl. *version graph*) ist

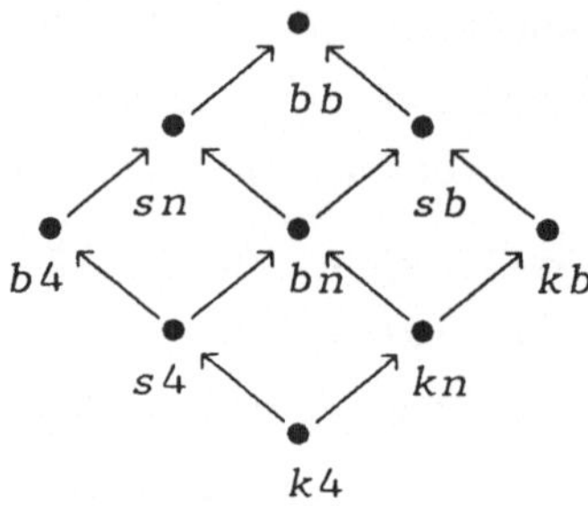

Abb. 7.1   Versionsgraph für das Spielkartenproblem mit
            der Kreuz-Vier als einziger positiver Instanz

ein gerichteter azyklischer Graph, dessen Kanten die Elemente des Versionsraums bilden und in dem es von dem Knoten p zu dem Knoten q genau dann eine Kante gibt, wenn (1) p weniger allgemein ist als q (d.h. die Relation p als Elementmenge betrachtet eine echte Teilmenge von q ist) und (2) es keinen Knoten r gibt, der allgemeiner als p und weniger allgemein als q ist. Falls die Relationen p und q beide diese Bedingungen erfüllen, so sagen wir, p *stehe unter* q, (geschrieben als *unter(p,q)*).

Als Beispiel betrachten wir noch einmal das Spielkartenproblem. Unsere Basismenge enthält die spezifischen Relationen für die einzelnen Kartenwerte und für jede Kartensorte, sowie die allgemeinen Relationen *Numeriert*, *Bild*, *Schwarz* und *Rot*. Unsere Sprache schränkt den Versionsraum der möglichen Definitionen auf eine Konjunktion von Atomen ein. Abb. 7.1 zeigt den Versionsraum für den Fall, daß die Kreuz-Vier die einzige positive Instanz ist und es keine negativen Instanzen gibt. Bei der Kantenbeschriftung haben wir die Relationen durch zwei Buchstaben abgekürzt. Der erste Buchstabe gibt die Sorte der Karte, der zweite den Wert der Karte an. In beiden Fällen steht der Buchstabe b für "beliebig", d.h. ohne irgendwelche Einschränkungen. Die Schreibweise *sb* bezeichnet also die von jeder schwarzen Karte erfüllte Relation.

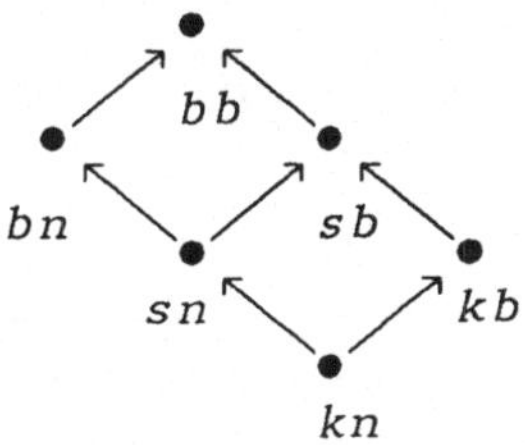

Abb.7.2 Revidierter Versionsgraph mit der Kreuz-
         Sieben als positiver Instanz

Der minimale Knoten in diesem Versionsgraphen ist die nur von
der Kreuz-Vier erfüllte einzelne Relation. Beachten Sie, daß der
Graph keine ähnliche Relation für eine andere Karte enthält. Jede
solche Relation würde nicht die Kreuz-Vier abdecken und wäre somit
nicht charakteristisch. Der maximale Knoten entspricht der allgemeinsten Relation, d.h. einer Relation, die wahr für alle Karten
ist.

In diesem Fall können wir sehen, daß es noch viele andere zulässige Relationen gibt. Weitere Instanzen können uns bei der Eingrenzung dieses Raumes helfen. Würden wir beispielsweise ent-
decken, daß die Kreuz-Sieben eine positive Instanz wäre, so könnten wir für den Wert 4 die drei Konzepte entfernen, was uns zu dem
revidierten Versionsgraphen von Abb. 7.2 führen würde. Eine negative Instanz wie die Herz-Fünf erlaubt uns, *bb* und *bn* abzu-

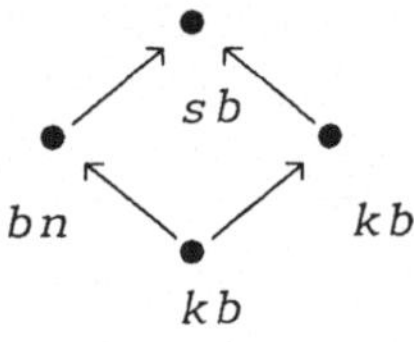

Abb.7.3 Revidierter Versionsgraph mit der Kreuz-
         Fünf als negativer Instanz

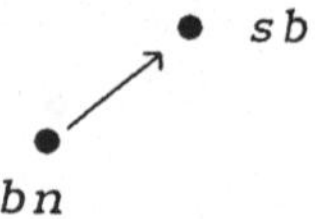

Abb. 7.4 Revidierter Versionsgraph mit der Pik-
         Zwei als positiver Instanz

schneiden, weil beide Konzepte diese Instanz abdecken. Dies führt
zu dem Graphen von Abb. 7.3. Die Pik-Zwei als eine weitere positive Instanz würde uns gestatten, die auf Kreuz eingeschränkte
Relationen abzuschneiden, und wir würden dann den Graphen von Abb.
7.4 erhalten. Schließlich würde die Tatsache, daß der Pik-Bube
eine negative Instanz ist, den Raum auf das alleinige Konzept *sn*
in Abb. 7.5 reduzieren, d.h. auf eine schwarze numerierte Karte.

Obwohl ein Versionsgraph mit mehr als einem Knoten bezüglich
des zu lernenden Konzepts mehrdeutig ist, läßt er sich dennoch unter der Annahme, daß die richtige Lösung wiederum ein Element des
Versionsgraphen ist, zur Klassifikation der noch nicht beobachte-
ten Instanzen verwenden.

Bei der Konzeptbildung liegt das Hauptproblem der Darstellung
und der Anwendung eines Versionsgraphen in der Größe des Graphens.
Sogar bei einer Sprache mit konjunktiven Theorien kann die Zahl
der Elemente des Raumes exponentiell mit der Kardinalität der
Basismenge wachsen. Wir können glücklicherweise den Aufwand aber
stark eingrenzen, wenn wir unsere Aufmerksamkeit auf die *Grenzmenge* des Raumes beschränken und diese Grenzmenge während der Kon-

Abb. 7.5 Revidierter Versionsgraph mit dem Pik-
         Buben als negativer Instanz

zeptbildung durch einen Prozeß, den man als *Kandidateneliminierung* bezeichnet, immer wieder revidieren.

Eine Relation heißt ein *minimal* (d.h. ein *maximal spezifisches*) Element des Versionsraums genau dann, wenn es keine andere Relation im Versionsraum gibt, die weniger allgemein ist. Eine Relation heißt ein *maximales Element* des Versionsraums genau dann, wenn es keine andere Relation gibt, die noch allgemeiner ist. Beispielsweise ist die *4k*-Relation ein minimales Element des Versionsraums aus Abb. 7.1 und die *bb*-Relation ein maximales Element.

Ein Versionsraum heißt genau dann *wohlstrukturiert*, wenn jede Kette von Relationen ein maximales und ein minimales Element besitzt. Es ist einleuchtend, daß jeder Versionsraum über einem endlichen Universum wohlstrukturiert ist.

Ist ein wohlstrukturierter Versionsraum V gegeben, so definieren wir die *spezifische Grenzmenge S* von V durch die Menge der minimalen Elemente von V sowie die *allgemeine Grenzmenge A* von V durch die Menge der maximalen Elemente von V.

Die spezifische Grenzmenge des Versionsraums aus Abb. 7.1 besteht aus der einzelnen Relation *k4*; die allgemeine Grenzmenge enthält die Relation *bb*. Obwohl in diesem Fall die Grenzmengen nur aus einem einzigen Element bestehen, ist dies nicht immer so.

Eine interessante Eigenschaft der Grenzmengen ist, daß sie den zugehörigen Versionsraum auch wirklich begrenzen.

THEOREM 7.1 (GRENZMENGEN—THEOREM) *Sei $\langle P,N,C,\Lambda \rangle$ ein Konzeptbildungsproblem bestehend aus dem wohlstrukturierten Versionsraum V und den Grenzmengen S und A. Dann existiert in V eine Relation r genau dann, wenn diese durch ein Element aus S von unten und durch ein Element aus A von oben begrenzt wird.*

Mit anderen Worten, man erhält ein Element des Versionsraums, indem man eine endliche Zahl von Kanten von einem Element der spe-

zifischen oder der allgemeinen Grenzmenge ausgehend, durchläuft.
Aus den Grenzmengen können wir also bestimmen, ob eine gegebene
Relation inner- oder außerhalb des Versionsraums liegt.

Eine weitere wichtige Eigenschaft der Darstellung eines Versionsraums mit Hilfe der Grenzmenge liegt darin, daß die Definition der Grenzmengen sich sehr vereinfacht, falls eine neue positive oder neue negative Instanz hinzugefügt worden ist.

Ist uns eine neue positive Instanz gegeben, so erhalten wir die
neue allgemeine Grenzmenge $pg(x,S,A)$, indem wir die alte Grenzmenge derart beschneiden, daß wir all diejenigen Elemente ausschließen, die nicht die neue Instanz abdecken.

$$pg(x,S,A) = \{g \in A \mid g(x)\}$$

Eine nachträgliche Revision der spezifischen Grenzmenge ist etwas komplizierter. Im einzelnen gehen wir wie folgt vor. Eine Relation r fügen wir genau dann zu der neuen Grenzmenge hinzu, wenn
sie (1) ein Element der alten spezifischen Grenzmenge oder eine
Verallgemeinerung derselben ist, (2) eine Spezialisierung einiger
Elemente der neuen allgemeinen Grenzmenge ist, (3) die neue Instanz abdeckt, und (4) es keine weitere Relation mit diesen drei
Eigenschaft gibt, die noch spezifischer ist. Besitzt eine Relation
alle diese Eigenschaften, so nennen wir sie eine *positive Revision*
(engl. *positive update*) (geschrieben als $pup(x,S,A,r)$).

$$ps(x,S,A) = \{r \mid pup(x,S,A,r)\}$$

Die Behandlung negativer Instanzen verläuft entsprechend. Nachdem wir eine neue negative Instanz beobachtet haben, erhalten wir
die neue spezifische Grenzmenge $ns(x,S,A)$ durch Beschneiden der
alten spezifischen Grenzmenge derart, daß die alte spezifische
Grenzmenge all diejenigen Elemente ausschließt, die die negative
Instanz abdecken.

$$ns(x,S,A) = \{s \in S \mid \neg s(x)\}$$

Bei der Revision der allgemeinen Grenzmenge $ng(x,S,A)$ fügen wir die Relation r genau dann hinzu, wenn sie (1) ein Element der alten allgemeinen Grenzmenge oder eine Generalisierung derselben ist, (2) eine Spezialisierung einiger Elemente der neuen spezifischen Grenzmenge ist, (3) die neue Instanz abdeckt, und (4) es keine weitere Relation mit diesen drei Eigenschaft gibt, die noch allgemeiner ist. Besitzt eine Relation alle diese Eigenschaften, so nennen wir sie eine *negative Revision* der Grenzmenge (engl. *negative update*) (geschrieben als $nup(x,S,A,r)$).

$$ng(x,S,A) = \{r \mid nup(x,S,A,r)\}$$

Das folgende Theorem gewährleistet, daß diese Revisionen für jedes wohlstrukturierte Konzeptbildungsproblem korrekt sind. Zusammen mit dem Grenzmengen-Theorem wissen wir nun, daß diese Revisonen auch in endlicher Zeit berechenbar sind.

THEOREM 7.2 (THEOREM ZUR KANDIDATEN—ELIMINIERUNG) *Sei $\langle P,N,C,\Lambda \rangle$ ein Konzeptbildungsproblem mit dem wohlstrukturierten Versionsraum V und den Grenzmengen S und A. Dann sind $ps(x,S,A)$ und $pg(x,S,A)$ die Grenzmengen des Versionsraums von $\langle P \cup \{x\},N,C,\Lambda \rangle$, sowie $ns(x, S,A)$ und $ng(x,S,A)$ die Grenzmengen des Versionsraums von $\langle P,N \cup \{x\},C,\Lambda \rangle$.*

An dieser Stelle empfehlen wir dem Leser, einmal die Grenzmengen unseres Spielkartenproblems zu betrachten und für jede Instanz einer Folge die Revisionen zu berechnen. Beachten Sie dabei, daß nach der fünften Instanz die allgemeine Grenzmenge gleich der spezifischen Grenzmenge ist. Mit anderen Worten, es gibt im Versionsraum nur einen einzigen Knoten, und weitere Instanzen sind nicht mehr nötig.

7.3 ERZEUGUNG VON EXPERIMENTEN

Bei der Konzeptbildung treten manchmal einige Situationen auf, in
denen wir die Instanzen, mit denen wir es zu tun haben, nicht kontrollieren können. Die Instanzen werden uns von anderen —— manchmal von einem Lehrer, manchmal durch die Natur —— präsentiert. In
vielen Fällen können wir aber die Instanzen auswählen und Informationen über ihre Klassifikation erhalten. Dies wirft nun die Frage
auf, welche Instanzen wir verwenden sollen, damit wir bei der Konzeptbildung das beste Ergebnis erzielen.

In solchen Situationen ist es eine weitverbreitete Strategie,
die Instanzen auszuwählen, die die Zahl der möglichen Formeln *hal-
biert*. D.h. eine Formel, die eine Hälfte der Kandidaten, nicht
aber die andere Hälfte erfüllt. Der Vorteil liegt darin, daß wir
mit der Klassifikation einer solchen Instanz immer eine Hälfte der
verbleibenden Kandidaten eliminieren können, unabhängig davon, ob
die Instanz sich nun als positiv oder als negativ herausstellt.

Nehmen wir beispielsweise einmal an, wir hätten schon gesehen,
daß die Kreuz-Vier und die Kreuz-Sieben positive Instanzen eines
Konzeptes seien, und wir besäßen keine negativen Instanzen. Dies
würde zu dem Versionsraum von Abb. 7.2 führen. Welche Karte sollten wir jetzt nun verlangen? Die Kreuz-Neun wäre wohl eine
schlechte Wahl, denn sie erfüllt alle Konzepte des Versionsraums.
Setzen wir voraus, daß das zu lernende Konzept ein Element des
Versionsraums ist, so wissen wir schon, daß die Instanz positiv
sein muß. Der Herz-Bube ist etwas besser, weil er eine der sechs
Kandidaten erfüllt. Zeigt es sich aber, daß er eine negative Instanz ist, so können wir als Ergebnis nur einen einzigen Kandidaten aus dem Versionraum herausnehmen und uns blieben noch fünf
übrig, die wir voneinander unterscheiden müßten. Es wäre daher
sehr viel besser, eine Instanz wie den Kreuz-Buben zu wählen, denn
diese Karte erfüllt drei Kandidaten und läßt die anderen drei un-
erfüllt. Mit dieser Klassifikation ist daher gewährleistet, min-

destens die Hälfte der Kandidaten eliminieren zu können, egal welche Ergebnisse die Klassifikation ergibt.

Diese Halbierungstrategie verringert die Menge der Kandidaten meist schneller als jede andere Technik. Sind die möglichen Konzepte einandern sehr ähnlich, so führt sie auch zu der kürzesten Experimentfolge, die für die Identifikation des richtigen Kandidaten nötig sind. Unter diesen Bedingungen können wir einen einzelnen Kandidaten aus n Alternativen in $O(\log n)$ Schritten isolieren.

In Situationen, in denen wir keine Instanz finden können, die die möglichen Alternativen in zwei gleichgroße Gruppen aufspaltet, sollten wir diejenige Instanz auswählen, die ihnen am nächsten kommt. Diese Strategie läßt sich formalisieren, indem wir den Informationswert jeder Instanz bezüglich der Kandidatenmenge berechnen und dann die Instanz mit der höchsten Information auswählen.

Bei der Halbierungsstrategie liegt das größte Problem im Berechnungsaufwand. Im schlimmsten Fall müssen wir zur Bestimmung, ob die Instanz das Konzept erfüllt oder nicht, jede Instanz mit jedem einzelnen Konzept vergleichen. Gibt es nun m Instanzen und n Kandidaten, so benötigen wir für die Bestimmung der besten Instanz schlimmstenfalls mn Schritte. Falls m oder n sehr groß sind, so ist dies untragbar.

In den Fällen, wo sich das zu lernende Konzept in mehrere unabhängige Konzepte "faktorisieren" läßt, sieht unsere Situation glücklicherweise besser aus. Beispielsweise ist der Wert einer Karte von deren Art unabhängig insofern, als die Menge aller Karten immer eine Instanz jeder Kombination von Wert und Art enthält. Viele Lösungen des Spielkartenproblems lassen sich in voneinander unabhängige Konzepte faktorisieren, wobei eines davon für den Kartenwert, das andere für die Kartenart gilt. Die Faktorisierung der möglichen Alternativen eines Konzeptbildungsproblems

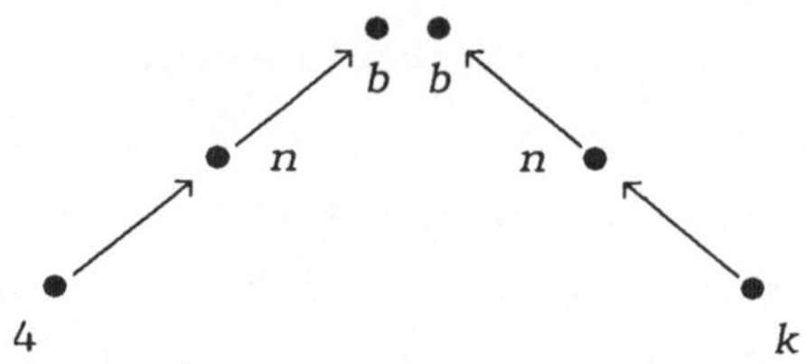

Abb.7.6 Faktoren des Versionsgraph aus Abb.7.1

führt zu der Faktorisierung des zugehörigen Versionsraums in einzelne kleinere Versionsräume. Der Vorteil liegt darin, daß die von
uns beschriebene Prozedur zur Erzeugung von Experimenten, auf
diese kleineren Versionsräume angewendet, sehr viel effizienter
sein kann, als sie es bei einem nicht-faktorisierten Versionsraum
ist.

Zwei Versionsräume U und V sind von einander *unabhängig* genau
dann, wenn es für jedes u aus U und für jedes v aus V ein Objekt
gibt, das sowohl u als auch v erfüllt. Anders ausgedrückt, sie
sind genau dann unabhängig, wenn die Schnittmenge von U und V
nicht leer ist.

Als Beispiel betrachten wir einen Versionsraum, der aus den
Relationen 4 (d.h. Wert 4), *Numeriert* und *Beliebiger-Wert*, und
einen anderen Versionsraum, der aus den Relationen *Kreuz*, *Schwarz*
und *Beliebige-Sorte* besteht. Diese zwei Versionsräume sind von
einander unabhängig, weil die Existenz eines Elements der Relationen des ersten Versionsraums weder die Existenz eines Elements
der Relationen des zweiten Versionsraums impliziert oder sie ausschließt.

Das *Produkt W* eines Versionsraums U mit einem unabhängigen
Versionsraum V ist die Menge der Relationen, die aus der Schnittmenge der Elemente von U mit denen von V entstehen. In diesem Fall
sagen wir, U und V seien *Faktoren* von W.

Zum Beispiel besteht der Produktraum der beiden Versionsräume unseres letzten Beispiels aus neun Elementen, eines für jedes Relationenpaar der beiden Räume.

Ein Versionsgraph $\langle W,C\rangle$ ist das *Produkt* der Versionsgraphen $\langle U, A\rangle$ und $\langle V,B\rangle$ genau dann, wenn (1) W ein Produkt von U und V ist, und (2) es in C eine Kante vom Knoten $w_m = u_i \cap v_k$ zu dem Knoten $w_n = u_j \cap v_l$ genau dann gibt, wenn es in A eine Kante von u_i nach u_j und in B eine Kante von v_k nach v_l gibt. Ein Versionsgraph heißt *prim* genau dann, wenn er keine nicht-trivialen Faktoren besitzt.

Beispielsweise läßt sich der in Abb. 7.1 dargestellte Graph zu den zwei in Abb. 7.6 gezeigten Graphen faktorisieren. Jeder Knoten in Abb. 7.1 entspricht einem Knoten in jedem der Graphen und umgekehrt. Außerdem stimmt die Reihenfolge überein.

Für das Problem der Faktorisierung eines Versionsgraphen gibt es einige sehr nützliche Ergebnisse aus der Graphentheorie. Ist eine eindeutige Faktorisierung für die Knoten eines gerichteten azyklischen Graphen gegeben, so existiert eine eindeutige Faktorisierung des Graphen in nicht weiter teilbare Teilgraphen. Desweiteren existiert ein Algorithmus zur Berechnung dieser Faktoren mit polynominalem Zeitaufwand.

Eine mögliche Anwendung der Faktoren eines Versionsgraphen liegt in der Durchführung von Experimenten mit jedem einzelnen Faktor. Die entstehenden "Teilinstanzen" faßt man dann als eine einzige Instanz zusammen, die anschließend getestet wird. Der auf diese Weise abgeleitete Wert einer Instanz hängt von der Art der von der Lernumgebung bereitgestellten Information ab.

Wir sagen, eine Experimentumgebung liefert ein *unabhängiges Credit Assignment* (engl. *independent credit assignment*) *(ICA)*, genau dann, wenn man der Umgebung eine Instanz des faktorisierbaren Versionsraums präsentiert und diese der Instanz einen positiven oder negativen Wert zuweist. Verlangen wir beispielsweise nach der

Herz-Fünf, so erhalten wir die Information, daß der Kartenwert zwar in Ordnung, die Kartenart aber ungünstig ist.

Eine Experimentumgebung, die ein ICA liefert, besitzt einige angenehme Eigenschaften. Erstens läßt sich zeigen, daß der Anfangs-Versionsgraph (der mit einer einzigen positiven Instanz gegeben ist) eines faktorisierbaren Konzepts auch faktorisierbar ist. Mit ICA behalten alle Revisionen eines Versionsgraphen ihre Faktorisierbarkeit und die zur Eliminierung der Kandidaten geeignetste Instanz ist diejenige, die aus den geeignetsten Instanzen der einzelnen Faktoren gewonnen werden kann.

Auch was den Rechenaufwand angeht sind die Vorteile der Faktorisierung überwältigend. Nehmen wir einmal an, wir könnten einen Versionsgraphen in k einzelne Faktoren mit jeweils p Knoten faktorisieren. Die Größe des unfaktorisierten Graphen beträgt dann p^k. Läßt sich der Graph faktorisieren, so können wir jede Instanz in k Teile "faktorisieren" — für jeden einzelnen Faktor des Graphen eines. Gibt es nun q Möglichkeiten für jeden Teil, so existieren q^k Instanzen. Wie wir oben schon erörtert haben, beträgt der Gesamtrechenaufwand für die Experimenterzeugung ohne Faktorisierung $p^k q^k$; mit Faktorisierung beläuft er sich dagegen nur auf kpg, was bei großen p und q eine erhebliche Einsparung bedeutet.

Ohne ICA liegen die Dinge dagegen nicht mehr so angenehm. Die Revisionen der Grenzmengen eines unfaktorisierten Graphen behalten nicht immer ihre Faktorisierbarkeit, und die aus den geeignetsten Instanzen der Faktoren gebildete Instanz ist auch nicht mehr unbedingt für den unfaktorisierten Graphen die geeignetste. Der Herz-Bube ist zum Beispiel zusammen mit ICA für den Graphen aus Abb. 7.1 ein guter Testfall. Ohne ICA hat er dagegen bei der Berechnung furchtbare Auswirkungen.

Dieses Problem können wir glücklicherweise auch ohne ICA beheben, wenn wir nämlich bereit sind, zusätzlich Experimente auszuführen. Angenommen, wir würden eine Instanz wählen, die für jeden Faktor am besten geeignet wäre. Falls diese Instanz positiv ist, so revidieren wir dann den Versionsgraphen entsprechend und fahren fort. Ist sie aber negativ, so brauchen wir nur noch festzustellen, welcher Faktor oder welche Faktoren dafür verantwortlich sind. D.h. für die Ursache des Versagens benötigen wir eine nähere Angabe (engl. *credit*). Diese können wir durch kontrollierte Experimente erzeugen, oder wenn wir für das Konzept eine Reihe von *Gegenbeispielen* bilden, die der positiven Instanz des gewünschten Konzepts ziemlich *ähnlich* sind. Wir nehmen dann eine positive Instanz und suchen für jeden Faktor eine Instanz, die (1) nur in diesem Faktor von der ersten Instanz abweicht, und (2) für diesen Faktor den Wert des negativen Testfalles liefert. Wenn wir also alle k Instanzen durchprobieren, so simulieren wir sozusagen die ICA und geben dem Versionsgraphen seine Faktorisierbarkeit zurück.

7.4 LITERATUR UND HISTORISCHE BEMERKUNGEN

Die wesentlichen Ergebnisse der KI-Forschung auf dem Gebiet der maschinellen Induktion sind in der Mitte der 60-er Jahre entstanden. Die ersten Versuche sind bei der psychologischen Modellbildung unternommen worden. Dabei waren die Aufgabenstellungen relativ einfach gehalten. Beispielsweise war das System CLS [Hunt 1966] auf die Klassifikation von Instanzen beschränkt, die auf der Basis einstelliger Prädikate gewonnen worden waren. Etwas später begannen dann die Forscher auch mit der Untersuchung komplexerer Problemstellungen.

Das von Winston in seiner Doktorarbeit [Winston 1975] beschriebene Konzeptbildungsproblem war ein Meilenstein auf dem Weg in diese Richtung. Als Eingabe akzeptierte es eine Folge von Beschreibungen komplexer Klötzchenweltkonfigurationen, die jede als eine positive oder negative Instanz des zu lernenden Konzepts klassifiziert war. Die Ausgabe war eine Definition der zulässigen Relation für dieses Konzept. Eine der Schwachstellen lag darin, daß das Programm immer eine einfache, nicht-disjunktive Hypothese vertrat und deshalb immer dann bei der Revision dieser Hypothese zu willkürlichen Züge gezwungen war, wenn es mit negativen Instanzen konfrontiert wurde, die in mehr als einem Punkt von dieser Hypothese abwichen. Das Programm war daher am erfolgreichsten bei

Fehlschlägen, die ihr Ziel nur knapp verfehlten und maximal um
einen Punkt von der Hypothese abwichen.

Mitchell wies auf diesen Fehler in Winstons Programm hin und
schlug in seiner eigenen Doktorarbeit [Mitchell 1978] vor, mehrere
Hypothesen zu speichern. Dies führte zu den Begriffen des Versionsraums, der Grenzmengen und zu dem Kandidateneliminierungs-
algorithmus, die wir alle in diesem Kapitel beschrieben haben.

Parallel dazu beschrieben auch anderere Forscher Methoden für
die Lösung von Spezialfällen des Konzeptbildungsproblems. Hayes-
Roth verwendete in seinem System SPROUTER die Technik des *Infe-
renz-Matching* [Hayes-Roth 1978], das aus positiven Instanzen existenzielle konjunktive Konzepte erzeugen konnte. Eine ähnliche Methode beschrieb Vere, um in seinem Programm THOTH [Vere 1975,
1978] die *maximal unifizierbare Generalisierung* zu bestimmen.
Quinlan [Quinlan 1983] benützte eine Variante von CLS für die Konstruktion von ID3, einem Programm, das Konzeptdefinitionen sowohl
aus Disjunktionen als auch aus Konjunktionen lernen konnte. In
seiner Arbeit über Generalisierung als Suchprozeß [Mitchell 1982]
zeigte Mitchell, in welcher Weise diese Methoden alles Spezialfälle seiner eigenen Methode waren.

Die Arbeit von Michalski und anderen an dem INDUCE-System
[Larson 1977, Michalski 1980] ist besonders erwähnenswert. In
ihrem Ansatz wurde die Kandidatenmenge in Form einer Beschreibung
star genannt, repräsentiert. Sie entsprach im großen und ganzen
einer Disjunktion aus existenzquantifizierten konjunktiven Theorien, ähnlich der spezifischen Grenzmenge eines Versionsraums. Die
induktive Inferenzmethode war aber insofern davon verschieden, als
eine umfangreiche Menge induktiver Inferenzregeln verwendet wurde,
wie zum Beispiel zur Generalisierung von Variablen und für die
Eliminierung von Quantoren.

Neben diesen Arbeiten über domänenunabhängige Konzeptbildung
gab es auch zahlreiche interessante Untersuchungen über domänenab-
hängiges induktives Schließen. Das Programm META-DENDRAL [Buchanan
1976] ist ein wesentliches Beispiel hierzu. Als Eingabe verwendete
es Massenspektrogramme und eine Menge von Beschreibungen der entsprechenden Moleküle und erzeugte daraus Klassifikationsregeln für
den Einsatz in DENDRAL [Lindsay 1980]. Bei der Erzeugung der möglichen Regeln benützte es eine Menge von Heuristiken, die auf be-
trächtlichem Wissen über die chemischen Zusammenhänge beruhten.
Das Ziel des BACON-Systems [Langley 1983] war die Hypothesenbil-
dung zur Erklärung wissenschaftlicher Daten. Seine Inferenzregeln
waren darauf spezialisiert, aus bestimmten Darstellungen mathematische Theorien zu gewinnen. Auf anderen Gebieten war das System
allerdings domänenunabhängig.

Ein wichtiger Aspekt für den Vergleich dieser induktiven Systeme ist die Art der Lernsituation. Einige der Systeme setzen voraus, daß alle Daten zu Beginn der Induktion bereitstehen. Dazu gehören zum Beispiel META-DENDRAL, BACON, INDUCE, und bis zu einem
gewissem Grade auch ID3. Aus unerfindlichen Gründen nennt man sie

modell-gesteuert (engl. *model-driven*). Die anderen Systeme werden *inkrementell* oder auch *datengesteuert* (engl. *data-driven*) genannt, weil sie aus einem Strom von Eingabedaten Zwischenhypothesen bilden und diese an laufend neue Instanzen anpassen können. Obwohl alle hier erwähnten inkrementellen Systeme passive Lerner sind, so wird gerade in letzter Zeit sehr viel über Experimenterzeugung diskutiert. Die in diesem Kapitel beschriebenen Ergebnisse über Faktorisierung und Experimenterzeugung sind von Subramanian und Feigenbaum [Subramanian 1986] entwickelt worden.

Auch wenn wir sie hier nicht extra besprochen haben, so ist die *konzeptuelle Clusterbildung* eine weitere wichtige Form der Induktion. Bei der konzeptuellen Clusterbildung besteht die Eingabe aus einer Menge von Objekten mit bekannten Eigenschaften. Das Ziel besteht nun darin, eine kleine Taxonomie dieser Objekte zu erstellen, d.h. eine Teilmengenhierarchie von Klassen ähnlicher Objekte aufzubauen, bei der sich die Teilklassen jeder Menge gegenseitig ausschließen oder vollständig vereinen. Auf diesem Gebiet gab es zwar in der Statistik schon sehr viele Arbeiten, die Resultate reichen aber für eine allgemeine Anwendung nicht aus, weil diese Methoden nicht immer Konzepte erzeugen, die durch die Begriffe schon bekannter Konzepte sinnvoll beschreibbar sind. Das Programm CLUSTER [Michalski 1983b] behandelt dieses Problem, indem es als Eingabe eine Grundmenge von Konzepten verwendet und seine Aufmerksamkeit nur auf solche Taxonomien richtet, die als Konjunktionen dieser Grundmenge definierbar sind.

Abschließend sei noch die *konstruktive Induktion* erwähnt, bei der durch induktive Konklusionen neue Begriffe in die Konzeptbildung eingeführt werden. Das INDUCE System von Winston und BACON sind Systeme, die — wenn auch in beschränktem Maße — konstruktive Induktion durchführen können.

Lenats Programm AM [Lenat 1976] ist derzeit vielleicht das interessanteste Programm auf dem Gebiet der konstruktiven Induktion. Seine Methode, neue Begriffe zu bestimmen, beruht auf einer Theorie des *Interessantheitsgrades*, die es ihm ermöglicht, seine Anstrengungen in bestimmte Richtungen zu lenken. Mit einer Anfangsdatenbasis mit Informationen über Mengen und Mengenoperationen kann AM sowohl einfache arithmetische Operationen wie auch komplizierte Begriffe wie Primzahlen konstruieren.

Für weitere Literatur über maschinelles Lernen sei der Leser auf Michalski 1983a, Michalski 1986 und Angluin 1983 verwiesen.

ÜBUNGEN

1. *Konzeptbildung.* Betrachten Sie das Konzeptbildungsproblem, bei dem die Kreuz-Vier, Kreuz-Sieben und die Pik-Zwei positive In-

stanzen, die Herz-Fünf und der Pik-Bube negative Instanzen sind. Die Extensionen der folgenden Relationen seien akzeptierbar. Sind sie zulässig, charakteristisch oder diskriminant?

   a. Alle Karten außer der Herz-Fünf und des Pik-Buben.

   b. Alle schwarzen Karten.

   c. Alle Kreuz.

   d. Alle Karten.

   e. Keine Karte.

2. *Grenzmengen.* Was wird bei der Darstellung der Grenzmengen falsch, wenn wir die Annahme fallen lassen, daß alle Kandidatenmengen wohlstrukturiert sind?

3. *Unabhängigkeit.* Betrachten Sie die folgende Menge von Relationen. Die erste Menge besteht aus den 13 Relationen für den Kartenwert (d.h. die Relationen, die durch alle Karten eines bestimmten Werts erfüllt werden), *Numeriert*, *Bild*, *Beliebiger-Wert*. Die zweite Menge besteht aus den den 13 Wertrelationen, *Gerade*, *Ungerade* und *Beliebiger-Wert*. Sind diese beiden Relationenmengen voneinander unabhängig?

4. *Experimenterzeugung.* Betrachten Sie den Versionsgraphen aus Abb. 7.3.

   a. Bestimen Sie geeigneten Testinstanzen, die zusammen mit ICA gute, aber ohne sie schlechte Instanzen sind.

   b. Bestimmen Sie eine Testinstanz, die unabhängig davon, ob die Umgebung ICA bereitstellt, eine gute Instanz ist.

KAPITEL 8

SCHLUSSFOLGERUNGEN BEI UNSICHEREN ÜBERZEUGUNGEN

WIR HABEN SCHON AN anderer Stelle erwähnt, daß man die einem intelligenten Agent über seine Welt zur Verfügung stehenden Informationen eher *Überzeugungen* und nicht *Wissen* nennen sollte. Ein Agent kann im allgemeinen niemals sicher sein, daß seine Überzeugungen *wahr* sind. Trotz dieser grundlegenden epistemologischen Unsicherheit sind wir bis jetzt aber immer davon ausgegangen, daß Agenten ihren Überzeugungen mit derselben Verbindlichkeit beipflichten, wie sie dies im Falle von Wissen tun würden. D.h., falls ein Agent von P und $P \Rightarrow Q$ überzeugt ist, dann darf er auch von Q überzeugt sein. Die Tatsache, daß P und $P \Rightarrow Q$ im Status von Überzeugungen (und nicht von Wissen) besitzen, schwächt in keinster Weise die Überzeugungskraft der Konklusion Q ab.

Nun gibt es allerdings auch Situationen, in denen es für einen Agenten nicht angemessen ist, mit dieser Verbindlichkeit an seinen Überzeugungen festzuhalten. Ein Agent kann eventuell feststellen, daß er nicht nur anscheinend von *P überzeugt ist*, anstatt *P* zu *wissen*, sondern, daß er darüber hinaus auch von *P* nicht sehr stark überzeugt ist. In vielen Situationen besitzen wir Menschen *un*-

sichere Überzeugungen und verwenden diese bei Schlußfolgerungen. Wir können zwar davon *überzeugt sein*, daß wir zu einer fest verabredeten Zeit einen alten Freund zum Mittagessen treffen werden, wir sind aber nicht völlig an diese Überzeugung gebunden, weil wir ja immer mit der Möglichkeit rechnen müssen, daß er zu spät kommen könnte (oder daß wir uns verspäten würden). Ein Arzt mag zwar davon *überzeugt sein*, Penizillin helfe bei der Behandlung einer bestimmten bakteriologischen Infektion. Seine Überzeugung würde er aber in einem bestimmten Sinne als *partiell* bezeichnen. Der Begriff der Stärke einer Überzeugung macht also offensichtlich einen intuitiven Sinn. Können wir dieser Intuition eine präzise technische Bedeutung geben?

Es ist dabei von großer Bedeutung, daß man sich darüber klar wird, daß der Begriff der partiellen oder unsicheren Überzeugung — so wie wir ihn hier verwenden — nicht zwangsläufig mit nicht-monotonem Schließen zusammenhängt. Beim nicht-monotonen Schließen glaubt ein Agent, so lange er etwas glaubt, dies auch total — selbst wenn er später einmal zugunsten neuer Überzeugungen seine alten zurücknimmt. Wie wir noch sehen werden, kann man auch Systeme für Schlußfolgerungen mit unsicheren Überzeugungen beschreiben, die in dem Sinne monoton sind, daß neue Überzeugungen den alten nicht widersprechen. Daher sind die beiden Begriffe — nicht-monotones Schließen und unsichere Überzeugungen — voneinander völlig unabhängig.

8.1 DIE WAHRSCHEINLICHKEIT VON SÄTZEN

Während wir versuchen, unsere Idee, daß Glaubenssätze Überzeugungskraft besitzen können, zu formalisieren, wollen wir eine Verallgemeinerung der Logik betrachten, bei der die Wahrheitswerte distinkte Werte zwischen wahr und falsch einnehmen können. *P* mit totaler Verbindlichkeit zu glauben, bedeutet jetzt, ihm den Wert wahr zuzuweisen. *P* vollständig nicht zu glauben (oder was damit äquivalent ist, ¬*P* vollständig zu glauben), bedeutet, ihm den Wert falsch zuzuordnen. Die Einführung von Wahrheitswerten *zwischen* wahr und falsch läßt verschiedene Arten von partiellen Überzeugungen zu. Es sind auch tatsächlich sogenannte *mehrwertige Logiken* untersucht worden —— einige mit dieser Anwendung vor Augen.

Natürlich wirft jede Erwähnung der Begriffe von Sicherheit oder Unsicherheit einer Proposition den Gedanken an Wahrscheinlichkeit auf. Für einige Ereignisse, wie zum Beispiel die Wirksamkeit von Penizillin gegen Pneumokokken, mögen Wahrscheinlichkeitsmaße, die auf Statistiken großer Datenmengen beruhen, zur Verfügung stehen. Für andere, weniger häufigere Ereignisse, wie etwa den Ausbruch des Anak Krakatoa-Vulkans im nächsten Jahr, können wir aber nur *subjektive Wahrscheinlichkeiten* (die aber ebenfalls auf einer axiomatischen Wahrscheinlichkeit basieren) verwenden. Die Behandlung unsicherer Überzeugungssätze in diesem Kapitel gehen in mehrerer Hinsicht auf eine Kombination der Wahrscheinlichkeitstheorie mit der Logik zurück.

Um den Apparat der Logik erster Stufe nun derart zu erweitern, daß wir bei Schlußfolgerungen mit unsicheren Überzeugungen die Wahrscheinlichkeitstheorie einsetzen können, müssen wir eine Verbindung zwischen dem Begriff des *Satzes* und dem aus der Wahrscheinlichkeitstheorie bekannten Begriff der *Zufallsvariablen* herstellen. Die herkömmliche wahrheitswerttheoretische Semantik der Logik erster Stufe ordnet jedem Satz den Wert wahr oder falsch zu. Für die Verwendung der Wahrscheinlichkeitstheorie ändern wir jetzt die Semantik so ab, daß jedem Satz eine *Wahrscheinlichkeitsverteilung* einer zweiwertigen Zufallsvariablen zugeordnet wird. Diese Wahrscheinlichkeitsverteilung ist dann die *Interpretation* des Satzes. Beispielsweise ordnen wir dem Satz *P* die Wahrscheinlichkeitsverteilung $\{(1-p),p\}$ zu. Damit wollen wir sagen, die Wahrscheinlichkeit, daß P wahr sei, habe den Wert p (Wir benützen hier oft die Formulierung, *die Wahrscheinlichkeit von P* als Abkürzung für *die Wahrscheinlichkeit, daß P wahr ist.*) Genau wie in der herkömmlichen Logik kann man natürlich den Sätzen nicht konsistent *beliebige* Interpretationen zuweisen. Zum Beispiel impliziert die Zuordnung der Wahrscheinlichkeitsverteilung $\{(1-p),p\}$ zu P, daß $\neg P$ die Wahrscheinlichkeit $(1-p)$ besitzt. Wir werden später noch den Begriff des konsistenten Wahrscheinlichkeitswertes eines Satzes präziser definieren. Es ist aber besser, unsere Darstellung erst auf einem mehr intuitiven Fundament zu beginnen.

Betrachten wir also die zwei Grundatome P und Q. Sind nun die Wahrscheinlichkeiten von P und Q gegeben, was können wir dann über die Wahrscheinlichkeit von $P \wedge Q$ sagen? Alles hängt von der *gemeinsamen Wahrscheinlichkeitsverteilung* von P und Q ab. Im weiteren werden wir dann sehen, daß das, was man als eine *wahrscheinlichkeitstheoretische Interpretation* einer Satzmenge bezeichnen kann, einen Begriff darstellt, der der gemeinsamen Wahrscheinlichkeitsverteilung der Grundinstanzen der Atome dieser Sätze entspricht. Die Interpretation der Satzmenge $\{P,Q\}$ besteht aus der gemeinsamen Wahrscheinlichkeitsverteilung von P und Q. D.h. wir müssen für jede der vier Kombinationen, für die P und Q wahr oder falsch sein können, die einzelnen Wahrscheinlichkeiten angeben.

Aus Gründen der einfacheren Darstellung seien die vier gemeinsamen Wahrscheinlichkeiten in diesem Beispiel gegeben durch

$$p(P \wedge Q) = p_1$$
$$p(P \wedge \neg Q) = p_2$$
$$p(\neg P \wedge Q) = p_3$$
$$p(\neg P \wedge \neg Q) = p_4 \ ,$$

wobei $p(\phi)$ die Wahrscheinlichkeit angibt, daß die Formel ϕ wahr ist.

Die Wahrscheinlichkeiten von P und Q alleine nennt man die *Mindestwahrscheinlichkeiten* (engl. *marginal probabilities*). Als Summe der gemeinsamen Wahrscheinlichkeiten sind sie gegeben durch

$$p(P) = p_1 + p_2$$
$$p(Q) = p_1 + p_3.$$

Die bloße Angabe der Einzelwahrscheinlichkeiten von P und Q (im Sinne von verallgemeinerten Wahrheitswerten) determiniert die vier gemeinsamen Wahrscheinlichkeiten nicht vollständig. Im Gegensatz zur traditionellen Logik können wir also nicht die Wahrscheinlichkeiten (als verallgemeinerte Wahrheitswerte) für komplexe Formeln, wie $P \wedge Q$, berechnen.

In der traditionellen Logik können wir mit Modus Ponens, von Q und $P \Longrightarrow Q$ auf Q schließen. In einer probabilistischen Logik können wir dagegen auf analoge Weise nicht aus den gegebenen Wahrscheinlichkeiten von Q und $P \Longrightarrow Q$ die Wahrscheinlichkeit von Q berechnen, weil die gemeinsamen Wahrscheinlichkeiten diese nicht vollständig festlegen. Dieses Fehlen einer entsprechenden Inferenzregel gestaltet die Schlußfolgerungen mit unsicheren Überzeugungen aufwendiger, als es Schlußfolgerungen mit sicheren Überzeugungen sind. Bei mehr als n Atomen enthalten die gemeinsamen Wahrscheinlichkeitsverteilungen 2^n Terme für die einzelnen Komponenten — was selbst bei einer kleinen Zahl von Atomen eine unmöglich große Zahl ist. Trotzdem gibt es aber für unsichere Überzeugungen einige Inferenzprozeduren, die unter gewissen Umständen auch intuitiv ausreichende Ergebnisse liefern. Wir werden einige davon in diesem Kapitel besprechen.

8.2 DIE ANWENDUNG DER BAYE'SCHEN REGEL BEI UNSICHEREN INFERENZEN

In bestimmten Fällen unsicheren Schließens können wir eine dem Modus Ponens verwandte Inferenzregel anwenden, wenn wir bei den Schlußfolgerungen auch uns zur Verfügung stehende Informationen über die Wahrscheinlichkeiten heranziehen. Nehmen wir einmal an, wir wollten die Wahrscheinlichkeit von Q berechnen, wenn bekannt wäre, daß P wahr ist und wir auch einige Informationen über die Beziehung zwischen P und Q hätten. Die Wahrscheinlichkeit von Q bei wahren P schreiben wir als $p(Q|P)$ und nennen sie die *konditionale Wahrscheinlichkeit von Q bei gegebenem P* (engl. *conditional probability*). Wenn sowohl P als auch Q wahr ist, ist sie einfach der Quotient aus beiden. Mit dem oben definierten Begriff der gemeinsamen Wahrscheinlichkeiten ist dieser Quotient durch $P_1/(P_1+P_2)$ oder durch $p(Q|P) = p(P,Q)/p(P)$ gegeben, wobei $p(P,Q)$ für die Wahrscheinlichkeit steht, daß sowohl P als auch Q beide wahr sind (was dasselbe ist wie $p(P \wedge Q)$).

Auf ähnliche Weise können wir auch $p(P|Q) = p(P,Q)/p(Q)$ berechnen. Fassen wir beide Ausdrücke zusammen, so ergibt dies

$$p(Q|P) = \frac{p(P|Q)p(Q)}{p(P)} .$$

Dieser Ausdruck ist als die *Baye'sche Regel* bekannt. $p(Q|P)$ nennt man die *konditionale* oder *Aposteriori-Wahrscheinlichkeit* von Q bei bekanntem P, $p(Q)$ und $p(P)$ wird die *Mindest-* oder *Apriori-Wahrscheinlichkeiten* von Q bzw. von P genannt. Die Bedeutung der Baye'schen Regel für unsichere Schlußfolgerungen liegt in der Tatsache, daß (1) oftmals die Apriori-Wahrscheinlichkeiten von P und Q gegeben sind (oder man diese zumindest vermuten kann), und (2), daß in Situationen, in denen für eine Hypothese Q eine gewisse Evidenz vorliegt, das Wissen über die Beziehungen zwischen P und Q in Form von $p(P|Q)$ gegeben ist. Mit der Baye'schen Regel kann man dann aus diesen Größen den entscheidenden *Inferenzschritt* durchführen: nämlich die Berechnung von $p(Q|P)$.

Ein Beispiel für die Anwendung der Baye'schen Regel bei unsicheren Schlußfolgerungen wird uns das Verständnis erleichtern. Nehmen wir einmal an, P stehe für den Satz "Die Räder des Autos quietschen" und Q stehe für den Satz "Die Bremsen des Autos müssen nachgestellt werden". P heißt meist das Symptom und Q Hypothese für die Ursache des Symptoms. Normalerweise läßt sich die Beziehung zwischen Ursache und Symptom durch die Wahrscheinlichkeit des Auftretens des Symptoms bei gegebener Ursache, also als $p(P|Q)$ ausdrücken. Nehmen wir daher einmal an, daß schlecht eingestellte Bremsen oft (aber nicht immer) quietschende Räder verursachen, sagen wir, mit der Wahrscheinlichkeit $p(P|Q) = 0.7$. Nehmen wir weiter an, daß $p(P) = 0.05$ und $p(Q) = 0.02$. Beobachten wir nun, daß die Räder quietschen und wollen wir daraus die Wahrscheinlichkeit berechnen, mit der die Bremsen nachgestellt werden müssen, so erhalten wir mit der Baye'schen Regel $p(Q|P) = 0.28$. Zahlreiche Schlußfolgerungen dieser Art verlaufen nach unserem Beispiel, wo Informationen über "Symptome" vorlagen, aus denen wir auf die "Ursachen" schließen wollen.

Für die Anwendung der Baye'sche Regel müssen wir den Wert von $p(P)$ besitzen. In der Praxis ist aber die Apriori-Wahrscheinlichkeit der "Symptome" oft schwieriger zu bestimmen als die der "Ursachen". Es ist also sinnvoll, sich einmal zu fragen, ob sich die Baye'sche Regel nicht auch durch Größen ausdrücken läßt, die einfacher zu ermitteln sind. Glücklicherweise gibt es auch eine andere Version der Baye'schen Regel, in der $p(P)$ nicht vorkommt. Zur Herleitung dieser Version beachten wir zuerst, daß zwar $p(\neg Q|P) = 1 - p(Q|P)$ gilt, dieser Ausdruck aber mit der Baye'schen Regel dargestellt werden kann als

$$p(\neg Q|P) = \frac{p(P|\neg Q)\,p(\neg Q)}{p(P)} \; .$$

Dividieren wir den Ausdruck der Baye'sche Regel für $p(Q|P)$ durch den Ausdruck in der Baye'schen Regel für $p(\neg Q|P)$, so erhalten wir

$$\frac{p(Q|P)}{p(\neg Q|P)} = \frac{p(P|Q)p(Q)}{p(P|\neg Q)p(\neg Q)} \ .$$

Die Wahrscheinlichkeit für das Eintreten eines Ereignisses, dividiert durch die Wahrscheinlichkeit, daß das Ereignis nicht eintritt, nennt man die *Chance* (engl. *Odds*) des entsprechenden Ereignisses. Bezeichnen wir die Chance von E mit $O(E)$, so gilt $O(E) =_{def} p(E)/p(\neg E) = p(E)/(1 - p(E))$. Mit dieser Schreibweise können wir den Quotienten umformen zu

$$O(Q|P) = \frac{p(P|Q)}{p(P|\neg Q)} \, O(Q) \ .$$

Der verbleibende Bruch in diesem Ausdruck ist eine wichtige statistische Größe, die man meist die *Likelihood* von P für Q nennt. Wie wollen sie mit λ bezeichnen. Somit gilt also

$$\lambda =_{def} \frac{p(P|Q)}{p(P|\neg Q)}$$

Die *Odds-Likelihood-Formulierung* der Baye'schen Regel läßt sich nun schreiben als

$$O(Q|P) = \lambda \, O(Q) \ .$$

Diese Formel hat eine intuitiv einleuchtende Bedeutung. Sie gibt an, wie sich die Aposteriori-Chancen von Q (bei gegebenem P) aus den Apriori-Chancen von Q (d.h. den Chancen, die vor der Beobachtung, daß P wahr ist, gelten) berechnen lassen. Wissen wir, daß P wahr ist, dann läßt sich die Stärke unserer Überzeugung Q (in Form seiner Chance gemessen) einfach durch eine Multiplikation der alten Chance mit λ revidieren. λ liefert also die Information, die den Einfluß von P auf die Umwandlung einer unbestimmten Chance von Q in eine präzisere Chance beschreibt. Für λ gleich Eins beeinflußt das Wissen um die Wahrheit von P überhaupt nicht die Chance von Q. In diesem Falle ist Q von der Wahrheit von P unabhängig. Werte von λ kleiner als Eins verringern die Chance von Q, und Werte größer als Eins erhöhen die Chance von Q. Beachten Sie, daß —— obwohl wir die Baye'sche Regel über die Chancen ausgedrückt haben ——, sich die zugrundeliegende Wahrscheinlichkeit über die Formel

$$p(Q) = O(Q)/(O(Q)+1)$$

rekonstruieren läßt.

Oftmals kann man das Wissen um den Zusammenhang zwischen den Ursachen und den Symptomen recht gut durch Schätzwerte der entsprechenden λ's angeben. Auch wenn die Fachleute, denen diese Zusammenhänge klar sind, vielleicht nicht die bedingten Wahrscheinlichkeiten abschätzen können, so sind sie doch oft in der Lage, ihr Wissen in einer Art und Weise darstellen, die den Einfluß neuer Informationen über ein Symptom auf die Chance einer möglichen Ursache beschreibt. Wahrscheinlichkeiten, die auf subjektiven Schätzwerten beruhen und Wahrscheinlichkeiten, die auf geschätzen Werten für λ basieren, nennt man *subjektive Wahrscheinlichkeiten*. Auch wenn diese sich nicht unbedingt auf Statistiken von großen Datenmengen stützen, sind sie trotzallem bei unsicheren Schlußfolgerungen recht nützlich.

Genauso, wie wir die Aposteriori-Chance von Q aus einem gegebenem P berechnen können, so sind wir auch in der Lage, die Chance zu berechnen, falls P falsch ist. Für diesen Fall lautet die Formulierung der Baye'schen Regel

$$O(Q|\neg P) = \frac{p(\neg P|Q)}{p(\neg P|\neg Q)} \, O(Q) \ .$$

Bezeichnen wir das Likelihood-Verhältnis von $\neg P$ für Q mit $\overline{\lambda}$, so erhalten wir

$$O(Q|\neg P) = \lambda \, O(Q)$$

Der Bruch $\overline{\lambda}$ ist ein Maß für den Einfluß des neu bekannten $\neg P$ auf die Chance von Q.

Die Brüche λ und $\overline{\lambda}$ sind Zahlen, die man meist von jemandem erhält, der spezielles Fachwissen über den Einfluß von P und $\neg P$ auf die Chance von Q besitzt. Schätzt man auf diese Weise die Auswirkungen ab, so geben die Sachbereichsexperten meist Zahlen an, die eher das Maß des Logarithmus der Likelihood als die Likelihood selbst darstellen. Wir definieren ℓ als den (natürlichen) Logarithmus von λ und $\overline{\ell}$ als den Logarithmus von $\overline{\lambda}$ ℓ kann man als *Suffizienzfaktor* bezeichnen, denn es gibt den Grad an, bis zu dem bekannt sein muß, ob P wahr ist, damit wir glauben können, daß auch Q wahr ist. Entsprechend können wir $\overline{\ell}$ den *Notwendigkeitsfaktor* nennen, weil dieses anzeigt, bis zu welchem Maße unbedingt bekannt sein muß, ob P wahr ist, um auch Q glauben zu können. Wird nämlich P als falsch vorausgesetzt, so verkleinert ein hoher negativer Wert von $\overline{\ell}$ entscheidend die Chance von Q.

Die Anwendung dieser Versionen der Baye'schen Regel zeigen wir anhand unseres Beispiels über Automobilbremsen. Nehmen wir an, die Apriori-Chance von Q (die Bremsen müssen nachgestellt werden) betrage $\overline{\lambda} = 0.020$. Ein Automobilexperte sagt uns, daß $\lambda = 19,1$ und $\overline{\lambda} = 0.312$ seien. (Diese Zahlen wurden so berechnet, daß sie mit denen aus dem vorherigen Beispiel konsistent sind. Gewöhnlich kann man nicht erwarten, daß ein Experte so genau ist.) Wir berechnen also

$$O(Q|P) = 0.39$$

(dies ist bei gegebenem Quietschen der Räder die Chance, daß die Bremsen nachreguliert werden müssen), und

$$O(Q|\neg P) = 0.00635$$

(dies ist die Chance, daß die Bremsen nachreguliert werden müssen, wenn bekannt ist, daß die Räder nicht quietschen).

Obwohl λ und $\overline{\lambda}$ unabhängig voneinander zur Verfügungen stehen müssen, lassen sich sie doch nicht getrennt voneinander bestimmen. Aus ihren Definitionen können wir die Beziehnung

$$\overline{\lambda} = \frac{1 - \lambda\, p(P \mid \neg Q)}{1 - p(P \mid \neg Q)}$$

herleiten. Für $0 < p(P|\neg Q) < 1$ ist ersichtlich, daß $\lambda > 1$ die Ungleichung $\overline{\lambda} < 1$ impliziert und daß $\lambda < 1$ die Ungleichung $\overline{\lambda} > 1$ impliziert. Ebenso gilt $\lambda = 1$ genau dann, wenn $\overline{\lambda} = 1$. Da die Sachreichsexperten, die für λ und $\overline{\lambda}$ die Schätzwerte angeben, sich dieser Bedingungen nicht bewußt sind, müssen diese Randbedingungen von dem Entwickler eines Inferenzsystems besonders betont werden.

Wiederholen wir kurz, was wir bis jetzt hergeleitet haben. Wenn zwei Ereignisse P und Q (die wir durch logische Sätze darstellen) über die wahrscheinlichkeitstheoretischen Maße λ und $\overline{\lambda}$ zusammenhängen, und falls entweder P oder $\neg P$ beobachtet werden, so können wir mit Hilfe der Baye'schen Regel die Aposteriori-Wahrscheinlichkeit von Q berechnen. Unter diesen Bedingungen ist diese Wahrscheinlichkeit ein Maß für unsere Sicherheit in der Überzeugung Q. Als nächstes müssen wir uns also fragen, was passiert, wenn wir bezüglich P selbst *unsicher* sind. Wie läßt sich dann die "Aposteriori-Wahrscheinlichkeit" von Q berechnen ? Ein Ansatz hierzu ist, einfach so zu tun, als würde unser System ein Ereignis, sagen wir einmal P', beobachten, das es dann dazu veranlaßt, P mit der Wahrscheinlichkeit $p(P|P')$ anzunehmen. Jetzt können wir die Aposteriori-Wahrscheinlichkeit für Q bei bekanntem P' (über das wir uns ja sicher sind) berechnen, um so zu erfahren, wie es von dem *unsicheren* P, das dazwischen liegt, abhängt. Wir wollen hier nicht weiter untersuchen, wie sich $p(P|P')$ berechnen läßt, wir nehmen einfach nur an, daß es genau das ist, was es auch sein soll, wenn wir sagen, ein Inferenzsystem komme dazu, P mit einer bestimmten Wahrscheinlichkeit zu glauben. (In unserem Beispiel über Autobremsen wäre **P'** ein Ereignis von der Art, daß irgendjemand so etwas sagen würde, wie "Ich denke, ich habe die Räder quietschen hören.") $p(P|P')$ ist die Wahrscheinlichkeit, daß sie gemäß dieser Aussage auch wirklich gequietscht haben.)

Formal müssen wir also

$$p(Q|P') = p(Q,P|P') + p(Q,\neg P|P')$$
$$= p(Q|P,P')p(P|P') + p(Q|\neg P,P')p(\neg P|P')$$

berechnen. Die Ausdrücke $p(Q|P,P')$ und $p(Q,\neg P|P')$ geben die Wahrscheinlichkeit von Q in Abhängigkeit von unserem Wissen *sowohl* über das beobachtete Ereignisse P' *als auch* über die Wahrheit oder Falschheit von P an. Die Voraussetzung, daß das beobachtete Ereignis P' keine weitere Informationen mehr hinzufügt, wenn wir schon wissen, daß P wahr oder nicht wahr war, scheint vernünftig zu sein. P' ist ja ein Ereignis, das wir extra deswegen eingeführt hatten, damit es uns etwas über P sagt. Salopp ausgedrückt, wenn wir P (oder $\neg P$) *sicher* wissen, so brauchen wir P' nicht mehr.

Nehmen wir also an, es gelte $p(Q|P,P') = p(Q|P)$ und $p(Q|\neg P, P') = p(Q|\neg P)$. Die Aposteriori-Wahrscheinlichkeit von Q (bei bekanntem P') wird dann zu

$$p(Q|P') = p(Q|P)p(P|P') + p(Q|\neg P)p(\neg P|P').$$

Um mit diesem Ausdruck arbeiten zu können, berechnen wir zuerst mit der Odds-Likelihood-Formulierung der Baye'schen Regel die Werte von $p(Q|P)$ und von $p(Q|\neg P)$. Diese Chancen rechnen wir dann in Wahrscheinlichkeiten um. $p(Q|P')$ ist eine lineare Interpolation zwischen den beiden Extremfällen, P als wahr bzw. als falsch zu wissen. Die Wahrscheinlichkeit von P ist dabei ein Wichtungsfaktor. Es ist interessant, zu beachten, daß in dem speziellen Fall von $p(P|P') = p(P)$ die Beziehung $p(Q|P') = p(Q)$ gilt. D.h., wenn es keine weiteren Informationen mehr über P gibt, als daß P eine Apriori-Wahrscheinlichkeit besitzt, dann stehen uns auch über

Q keine weiteren Informationen mehr zur Verfügung als, daß Q ebenfalls eine Apriori-Wahrscheinlichkeit besitzt.

Um auf unser Beispiel mit den Autobremsen zurückzukommen,
nehmen wir zu den schon gemachten Annahmen noch zusätzlich an, es
gelte $p(P|P') = 0.8$. (Die Person, die uns über das quietschende
Geräusch unterrichtet, ist ein bißschen schwerhörig). Nehmen wir
also bei bekanntem P oder ¬P an, Q sei konditional unabhängig von
P', so erhalten wir

$$p(Q|P') = 0.28 * 0.8 + 0.00639 * 0.2$$
$$= 0.225$$

und

$$O(Q|P') = 0.29 .$$

Liegt uns nur ein einziges "Symptom" oder nur eine einzige
andere "Evidenz", die sich auf eine "Hypothese" bezieht, vor, so
bietet die Interpolationsformel die Grundlage für die Berechnung
der Wahrscheinlichkeit und damit auch dafür, diese Evidenz in Be-
tracht zu ziehen. Bei unsicheren Überzeugungssätzen ist der gesamte Inferenzprozeß allerdings robuster, wenn wir mehrere Überzeugungen zusammen zur Inferenz der implizierten Überzeugung heranziehen können. Angenommen, wir haben eine Satzmenge $\{P_1, P_2, \ldots, P_n\}$
die mit dem Satz Q in irgendeiner Beziehung steht. Ein Überzeugungssystem sei von diesen Sätzen mit bestimmten Wahrscheinlichkeiten überzeugt. Welche Wahrscheinlichkeit weist es dann Q zu?
Gesucht ist also eine Technik, mit der wir die Wahrscheinlichkeit
von Q immer dann inkrementell neu berechnen können, wenn uns zusätzliche Informationen über die einzelnen P_i's zur Verfügung
stehen. Wenn wir sehr speziellen Annahmen über deren konditionale
Unabhängigkeit machen (die aber im allgemeinen nicht zu rechtfertigen sind, meist aber näherungsweise gelten), kann man zeigen,
daß die Wahrscheinlichkeit von Q bei bekannten P_i inkrementell aus
den P_i berechenbar ist. Dabei haben wir wieder vorausgesetzt, daß

die Wahrscheinlichkeiten der $\{P_1, P_2, \ldots, P_n\}$ von den entsprechenden Beobachtungen $\{P'_1, P'_2, \ldots, P'_n\}$ abhängen.

Betrachten wir das spezielle Problem, die Wahrscheinlichkeit des Satzes Q aus den gegebenen Beobachtungen P'_1 und P'_2 berechnen zu wollen. Diese bedingte Wahrscheinlichkeit drücken wir durch die nur von P'_1 abhängende Wahrscheinlichkeit von Q aus. D.h. wir nehmen an, daß wir $p(Q|P'_1)$ schon berechnet haben und wir es jetzt durch die Berücksichtigung der zusätzlichen Beobachtung P'_1 nur *revidieren* wollen. (Diese inkrementelle Berechnung läßt sich entsprechend auf Fälle mit mehr als zwei Beobachtungen verallgemeinern.) Außerdem machen wir noch die spezielle Voraussetzung, daß $p(P_2|P'_1,P'_2) = p(P_2|P'_2)$ gelte, d.h., daß P_2 nur von P'_2 allein und nicht auch von P'_1 abhängt. Es gilt also $p(\neg P_2|P'_1,P'_2) = p(\neg P_2|P'_2)$. Damit haben wir unsere Überzeugung in P_2 über die Wahrscheinlichkeit $p(P_2|P'_2)$ dargestellt.

Mit den zwei gegebenen Beobachtungen erhalten wir für die bedingte Wahrscheinlichkeit von Q

$$\begin{aligned}
p(Q|P'_1,P'_2) &= p(Q,P_2|P'_1,P'_2) + p(Q,\neg P_2|P'_1,P'_2) \\
&= p(Q|P_2,P'_1,P'_2)p(P_2|P'_1,P'_2) \\
&\quad + p(Q|\neg P_2,P'_1,P'_2)p(\neg P_2|P'_1,P'_2).
\end{aligned}$$

Wegen unserer Voraussetzung, P_2 sei unabhängig von P'_1, und wenn wir außerdem wieder annehmen, daß, bei bekanntem P_2 Q unabhängig von P'_1 ist, so können wir dann den Ausdruck schreiben als

$$p(Q|P',P') = p(Q|P,P')p(P|P') + p(Q|\neg P,P')p(\neg P|P') \; .$$

Diesen Ausdruck kann man als eine durch die Wahrscheinlichkeit von P_2 gewichtete Interpolation zwischen $p(Q|P_2,P'_1)$ und $p(Q|\neg P_2, P'_2)$ betrachten. Die Odds-Likelihood-Formulierung der Baye'schen Regel liefert uns die in dieser Interpolation verwendeten Extremwerte.

$$O(Q|P_2,P_1') = \frac{p(P_2|Q,P_1')}{p(P_2|\neg Q,P_1')} O(Q|P_1')$$

Da wir die Unabhängigkeit von P_2 von P_1' vorausgesetzt hatten, beträgt das Verhältnis der Wahrscheinlichkeiten $p(P_2|Q)/p(P_2|\neg Q)$. Wir definieren dies als λ_2. Entsprechend:

$$O(Q|\neg P_2,P_1') = \overline{\lambda}_2 O(Q|P_1')$$

Wir interpretieren und fassen diese Ergebnisse zusammen: Angenommen, es gibt zwei Sätze, die beide für Q von Bedeutung sind und wir erhalten Informationen über die Wahrscheinlichkeit P_2 eines dieser Sätze. Diese Information liegt dann in Form der bedingten Wahrscheinlichkeit $p(P_2|P_2')$ vor. Die Aposteriori-Chance von Q läßt sich mit dieser neuen Information (und bei gleichzeitiger Berücksichtigung der alten Information über den anderen Satz) berechnen durch

$$p(Q|P_2',P_1') = p(Q|P_2,P_1')p(P_2|P_2') + p(Q|\neg P_2,P_1')p(\neg P_2|P_2'),$$

wobei die durch P_2 und $\neg P_2$ bedingten Wahrscheinlichkeiten von Q aus deren Chancen berechnet werden, die durch

$$O(Q|P_2,P_1') = \lambda_2 O(Q|P_1')$$

und

$$O(Q|\neg P_2,P_1') = \overline{\lambda}_2 O(Q|P_1')$$

gegeben sind. Der Ausdruck $O(Q|P_1')$ nimmt den Platz der Apriori-Chance ein, die wir benützt hatten, als uns nur ein einziger Satz P gegeben war. Wenn wir nur P_2' berücksichtigen und anstelle der Chance von Q den gerade berechneten Wert von $O(Q|P_1')$ verwenden, dann können wir diese Berechnung inkrementell durchführen. Natürlich ist diese Methode nur in den Fällen gerechtfertigt, wo sowohl jedes einzelne P_i mit Ausnahme des einen, das zu dem entsprechenden P'_i gehört, von den einzelnen Beobachtungen P'_i, als auch Q bei gegebenen P von den P's unabhängig sind.

Gehen wir noch einmal zu unserem Beispiel über Automobilbremsen zurück. P2 bezeichne jetzt den Satz "das Bremspedal läßt sich zu weit durchtreten" und P2' den Satz "Meiner Ansicht nach, läßt sich das Bremspedal zu weit durchtreten". Nachdem wir schon die Informationen über das Quietschen der Räder berücksichtigt haben, müssen wir jetzt bei der nachträglichen Berücksichtigung der Information über das Bremspedal, mit unserem inkrementellen Ansatz voraussetzen, daß im Falle, daß uns ein Bericht über das Durchtreten der Bremspedale vorliegt, das Durchtreten des Bremspedals konditional unabhängig ist von dem Bericht über die quietschenden Räder. Obwohl diese Voraussetzung im Rahmen unseres Beispiels vernünftig klingt, würde allerdings eine genaue Betrachtung ergeben, daß unter Umständen diese Annahme mit den beteiligten Wahrscheinlichkeiten inkonsistent sein kann.

Im nächsten Abschnitt zeigen wir, wie man die eben beschriebenen bedingten Wahrscheinlichkeiten in Expertensystemen einsetzen kann.

8.3 UNSICHERES SCHLIESSEN IN EXPERTENSYSTEMEN

In vielen Anwendungsgebieten scheinen bei menschlichen Urteilen Inferenzmethoden im Spiele zu sein, die dem im vorherigen Abschnitt entwickelten probabilistischen Ansatz verwandt sind. Zur Ableitung der Konklusionen werden dabei Evidenzgrade in Form von Sätzen benützt, von denen man mehr oder weniger überzeugt ist. Die Evidenz fordert manchmal eine Konklusion streng, manchmal ist ihr Einfluß schwächer. Menschliche Experten besitzen oft subjektive Informationen über den Zusammenhang zwischen der Evidenz und der entsprechenden Konklusion (die wir dann als Logarithmen des Likelihood-Verhältnisses interpretieren können). Codiert man diese Informationen der Experten in einem Computersystem, das die eben beschriebenen Berechnungen ausführen kann, so ist ein *Benutzer*, der kein Experte zu sein braucht, in der Lage, mit dem System zu interagieren, indem er für die ihn interessierenden Evidenzen die Wahrscheinlichkeiten angibt. Die Berechnungen des Systems können dann dem Benutzer die Schätzwerte für die Wahrscheinlichkeiten der ihn interessierenden Konklusionen liefern. Ein solches System bezeichnet man oft als *regelbasiertes Expertensystem* (engl. *rule-based expert system*).

In solchen Systemen ist das Expertenwissen meist in Form von Regeln gespeichert. Jede Regel ist ein Satz der Form $P \longrightarrow Q$. Das Symbol "$\longrightarrow$" hat dabei in verschiedenen Systemen unterschiedliche Bedeutung. Im allgemeinen bedeutet es aber so etwas wie *vorschlagen*. In der oben vorgestellten Version des probabilistischen Schließens berücksichtigt $\longrightarrow$ auch die Werte für λ und $\overline{\lambda}$, so daß man aus der Apriori-Wahrscheinlichkeit von Q die Aposteriori-Wahrscheinlichkeit für Q berechnen kann.

Wie bei den Systemen, die herkömmliche logische Ausdrücke verwenden, so werden auch hier mehrere Ausdrücke der Form $P \longrightarrow Q$ miteinander verknüpft. Das Konsequenz der einen Aussage ist das Antezedenz der nächsten. In der einfachsten Version eines solchen Systems stellt das Netzwerk dieser Ausdrücke einen Baum dar, an dessen Spitze als Wurzel die letzte Konklusion, zum Beispiel Q_f, steht, die einzelnen Evidenzen stehen als Primitive an den Astenden. Vom System werden die dazwischenliegenden Knoten als die Konsequenzen einzelner Regeln und Antezedenzen anderer Regeln verwaltet. In solch einem Baum beginnen Forward-Inferenzen, indem alle Evidenzen von den Astenden aus durch den Baum *propagiert* werden (durch die Berechnung von λ und $\overline{\lambda}$), um so neue Wahrscheinlichkeiten für die im Baum höher gelegenen Antezedenzen zu etab-

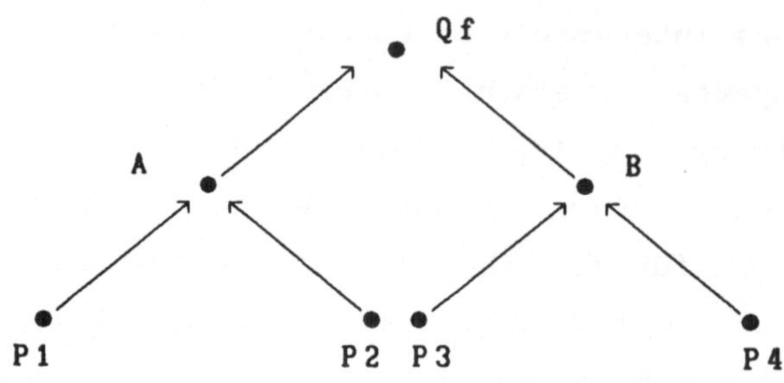

Abb. 8.1 Ein Inferenznetz

lieren. Auf diese Weise wird fortgefahren, bis die Wahrscheinlichkeit für Q_f berechnet worden ist. Wir haben in Abb. 8.1 einen solchen Baum dargestellt. Dieser Baum besteht aus den sechs Regeln: P1 $\longrightarrow$ A, P2 $\longrightarrow$ A, P3 $\longrightarrow$ B, P4 $\longrightarrow$ B, A $\longrightarrow$ Qf und B $\longrightarrow$ Qf. Es müssen also sechs Paare von λ und $\overline{\lambda}$ angeben werden. Sind P1, P2, P3 und P4 alle voneinander unabhängig, und hängt B allein von P3 und von P4 ab, so sind auch A und B voneinander unabhängig. Die von uns beschriebene Methode aus Abschnitt 8.2. läßt sich zur Berechnung der Aposteriori-Wahrscheinlichkeit von Qf verwenden.

Netzwerke wie die in Abb. 8.1 bezeichnet man als *Inferenznetze*. Der die Wahrscheinlichkeiten der im Baum höher gelegenen Aussagen berücksichtigende Inferenzprozeß verläuft analog zur herkömmlichen Forward-Inferenz. In solchen Netzwerken kann man auch eine Form von Backward-Inferenz durchführen. Das System überprüft dann den gesamten Baum, um festzustellen, welche Information aus den Astspitzen geeignet ist, die größte Wahrscheinlichkeit von Q_f zu etablieren, und erfragt dann vom Benutzer die Wahrscheinlichkeit dieser Information. Die Information des Benutzers wird dann durch das Netz propagiert. Dieser Prozeß wiederholt sich solange, bis der Benutzer der Meinung ist, daß weitere Interaktionen die Wahrscheinlichkeit von Q_f nicht mehr wesentlich verändern. Diese *interaktive* Arbeitsweise eignet sich besonders in den Fällen, wo nur der Benutzer die an den Enden des Baums stehenden Informationen liefern kann, und die Zeit des Benutzers nicht mit Fragen nach Informationen über nicht relevante Endknotenverschwendet werden soll.

Diese allgemeine Form von Inferenz mit Unsicherheiten wird in vielen Expertensysteme eingesetzt. Die einzelnen Systeme unterscheiden sich allerdings in der Art, wie sie die Werte für die *Unsicherheit* (die Wahrscheinlichkeit) durch das Netzwerk propagieren. Einigen Systemen verwenden Adhoc-Prozeduren, man damit rechtfertigt, daß der Ansatz bei richtiger Justierung in der Praxis funktioniere. Wenn das Netzwerk kein Baum ist, dann sind die Evidenzen, die auf manche Propositionen wirken, nicht mehr voneinander unabhängig. Diese Abhängigkeit (wo immer ihre Ursachen auch liegen mögen) erzeugt dann in den auf Unabhängigkeit basierenden Systemen bestimmte Anomalien. Diese Anomalien versucht man durch weitere Adhoc-Prozeduren und spezielle Abgleiche auszugleichen.

Eine zentrale Frage ist bei Expertensystemen dieser Art die Behandlung nicht-atomarer Antezedenzen in den Regeln. Ist eine Regel der Form $P \longrightarrow Q$ (mit den entsprechenden λ's) gegeben und stehen uns alle Informationen über P zur Verfügung, dann läßt sich die Aposteriori-Wahrscheinlichkeit von Q berechnen. Ist aber P nicht-atomar, dann können wir eventuell nicht mehr so einfach dessen Wahrscheinlichkeit bestimmen — außer, wenn uns die Wahrscheinlichkeiten jeder einzelnen Konstituenten vorliegen. Nehmen wir beispielsweise an, daß $P \equiv P_1 \wedge P_2 \wedge \ldots \wedge P_k$ und daß wir für jedes einzelne P_i einen Wahrscheinlichkeitswert besäßen. Wie hoch ist dann die Wahrscheinlichkeit von P? Ohne weitere Informationen läßt sich diese Frage im allgemeinen nicht beantworten. Wir möchten daran erinnern, daß wir unsere Betrachtungen über unsichere Schlußfolgerungen mit der Bemerkung begonnen hatten, daß die Wahrscheinlichkeit von Q aus den gegebenen Wahrscheinlichkeiten von P

und $P \Rightarrow Q$ zu berechnen, schwer ist. Ähnliche Probleme treten auch bei der Berechnung einer beliebigen Formel mit Hilfe anderer Formeln auf, aus denen die erste abzuleiten ist. Im nächsten Abschnitt werden wir für dieses Problem eine allgemeingültige Lösung angeben.

Da keine hinreichend allgemeine Lösung der probabilistischen Inferenz zur Verfügung steht, sind für die Berechnung der Wahrscheinlichkeit eines Satzes sowohl aus dessen konjunktiven wie auch aus dessen disjunktiven Konstituenten verschiedene Adhoc-Methoden vorgeschlagen worden. Besonders Expertensysteme verwenden oft Annahmen wie

$$p(P_1 \wedge P_2 \wedge \ldots \wedge P_k) = \min_i\{p(P_i)\}$$

und

$$p(P_1 \vee P_2 \vee \ldots \vee P_k) = \max_i\{p(P_i)\}.$$

Beachten Sie, wenn die einzelnen P_i statistisch voneinander unabhängig sind, so ist die gemeinsame Wahrscheinlichkeit durch das Produkt der Einzelwahrscheinlichkeiten gegeben —— dieser Wert ist im allgemeinen kleiner als der, den man durch die von uns angegebene Formel der Konjunktion erhält. Solche Formeln für Kombinationen entstehen in der *Theorie der Fuzzymengen*, [Zadeh 1975]. Für den Fall, daß die Wahrscheinlichkeiten entweder Null oder Eins sein sollen, reduzieren sie sich auf die Ergebnisse der herkömmlichen booleschen Wahrheitstabellen für Konjuktion und Disjunktion.

Die für die Konjuktion und Disjunktion angegebenen Regeln erlauben uns zusammen mit der Regel $p(\neg P) = 1 - p(P)$, die Wahrscheinlichkeit einer beliebigen Formel aus deren atomaren Konstituenten zu berechnen. Mit diesen atomaren Sätzen kann man dann die Inferenznetze konstruieren, und der Benutzer braucht nur noch die Informationen über die atomaren Sätze anzugeben.

Die bis hierher für Inferenznetze skizzierten Inferenzmethoden

gehen von den Voraussetzungen der konditionalen Unabhängigkeit und
der Konsistenz der subjektiven Wahrscheinlichkeiten aus, die beide
sehr einschränkend sind. Intuitiv spüren wir, daß die voneinander
unabhängigen Evidenzen einer bestimmten Konklusion eine stärkere
Überzeugungskraft gewährleisten, als es die einzelnen Evidenzen
für sich genommen tun. Ist die Evidenz aber nicht wirklich unabhängig, dann wirkt das Unabhängigkeitspostulat, als würde man einige Evidenzen doppelt zählen. Um diese Abhängigkeiten völlig zu
berücksichtigen, müssen die ihnen zugrundeliegenden gemeinsamen
Wahrscheinlichkeiten korrekt angewendet werden. Dies führt uns
aber sehr schnell zu Berechnungen, deren Aufwand exponentiell mit
der Zahl der Propositionen wächst — was wir später noch sehen
werden. Um die eben skizzierten einfachen Methoden auch in diesen
Fällen theoretisch zu rechtfertigen, kann man das gesamte Infe-
renzproblem auf Satzgruppen zurückzuführen, die "soweit wie möglich voneinander unabhängig sind".

Ein weiteres Problem entsteht aus der Tatsache, daß man auch
von den Sachbereichsexperten des Anwendungsgebiets nicht erwarten
kann, daß sie für ihr Wissensgebiet konsistente subjektive Wahrscheinlichkeiten angeben können. Beispielsweise ist es unwahr-
scheinlich, daß die Experten bei ihren Schätzungen dieser Werte
die zwischen λ und $\bar{\lambda}$ erforderlichen Beziehung einhalten. Ein weiteres Beispiel für subjektive Inkonsistenz tritt bei Inferenz-
netzen auf, in denen die Konsequenzen einer Regel Antezedenzen anderer Regeln sind. Betrachten wir zum Beispiel eine Regel der Form
$P \longrightarrow Q$. Ein Sachbereichsexperte sagt uns die Apriori-Wahrscheinlichkeit für das Antezedenz P. Nehmen wir also an, diese Regel sei
in ein Inferenznetz eingebettet, in dem Q das Antezedenz einer
weiteren Regel ist. Den Experten fragen wir auch nach der Apriori-
Wahrscheinlichkeit von Q. Diese zwei Apriori-Wahrscheinlichkeiten
hängen aber über die Bedingung zusammen, daß wenn die Aposteriori-
Wahrscheinlichkeit von P die gleiche ist wie dessen Apriori-Wahr-

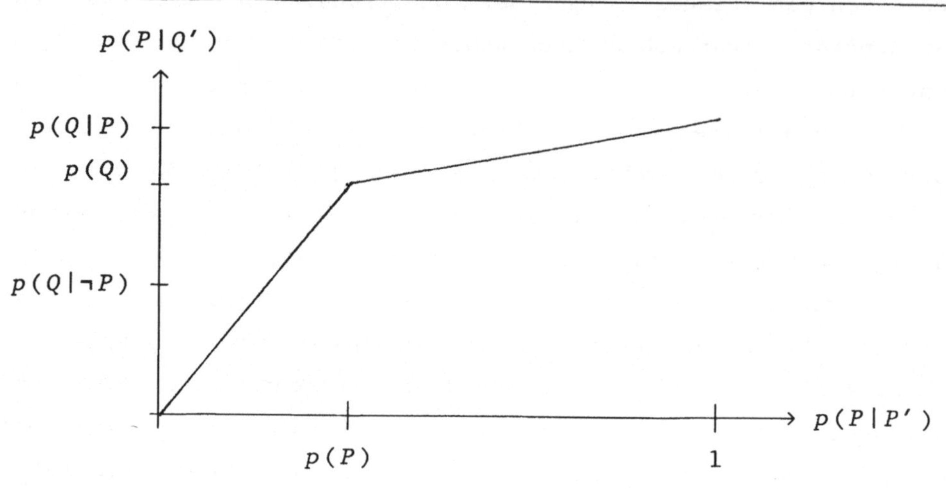

Abb. 8.2 Eine konsistente Interpolationsfunk

scheinlichkeit, dann die mit der Interpolationsformel berechnete
Aposteriori-Wahrscheinlichkeit von Q die gleiche sein muß, wie die
Apriori-Wahrscheinlichkeit von Q, die wir von dem Sachbereichsex-
perten erhalten haben. Natürlich wäre es ein bloßer Zufall, wenn
die subjektiven Werte der λ's und die Apriori-Wahrscheinlichkeiten
dieser Forderung entsprächen. Ist diese Bedingung aber im gesamten
Inferenznetz nicht erfüllt, dann sind die im Netz durchgeführten
Berechnungen sinnlos.

In Abb. 8.2. zeigen wir eine Möglichkeit, diese erforderliche
Beziehung zwischen den beiden Apriori-Wahrscheinlichkeiten zu erzwingen. Anstelle der herkömmlichen linearen Interpolation zwi-
schen $p(Q|¬P)$ und $p(Q|P)$ verwenden wir eine "geknickte" Kurve, die
erzwingt, daß die Aposteriori-Wahrscheinlichkeit von P gleich dessen Apriori-Wert ist. Im Anschluß daran verwenden wir dann die
lineare Interpolation zwischen dem Apriori-Wahrscheinlichkeits-
wert und den Extremwerten.

8.4 PROBABILISTISCHE LOGIK

Bis zu dieser Stelle haben wir uns primär auf ein intuitives Verständnis über den Begriff der *Wahrscheinlichkeit* eines Satzes berufen. Man kann diese Begriffen aber auch formaler betrachten und eine *probabilistische Logik* entwickeln, die die Ideen der Wahrscheinlichkeitstheorie und der Logik erster Stufe miteinander verbindet. Eine solche probabilistische Logik bietet ein solides theoretisches Fundament zur Entwicklung von Systemen, die mit unsicheren Informationen schlußfolgern können. Für die Definition der Wahrscheinlichkeit eines logischen Satzes müssen wir bei dem Stichprobenraum beginnen, über dem dann die Wahrscheinlichkeiten definiert werden.

Ein Satz ϕ kann entweder wahr oder falsch sein. Betrachten wir nur diesen einen Satz, dann können wir uns zwei Mengen von *möglichen Welten*[1] vorstellen —— sagen wir, W_1, enthalte die Welten, in denen ϕ wahr ist, und W_2 enthalte die Welten, in denen ϕ falsch ist. Die *aktuale Welt*, d.h. die Welt, in der wir uns tatsächlich befinden, muß dann in einer dieser Mengen enthalten sein. Unsere Unsicherheit über die aktuale Welt können wir nun dadurch modellieren, daß wir uns vorstellen, die aktuale Welt sei mit der Wahrscheinlichkeit p_1 in W_1 und mit der Wahrscheinlichkeit $p_2 = 1 - p_1$ in W_2 enthalten. In diesem Sinne können wir sagen, die Wahrscheinlichkeit von ϕ (wahr zu sein) sei p_1.

Liegen mehrere Sätze vor, so haben wir auch mehrere Mengen möglicher Welten. In einigen dieser Welten können die Sätze wahr und in anderen können sie falsch sein. Jede dieser Mengen enthält all diejenigen Welten, in denen eine bestimmte Kombination der Wahrheitswerte der Sätze konsistent ist. Bei L Sätze haben wir auch

---

[1] In Kapitel 9 wird der Begriff der "möglichen Welt" präzisiert (vgl. Kap.9). [Anm.d. Übers.]

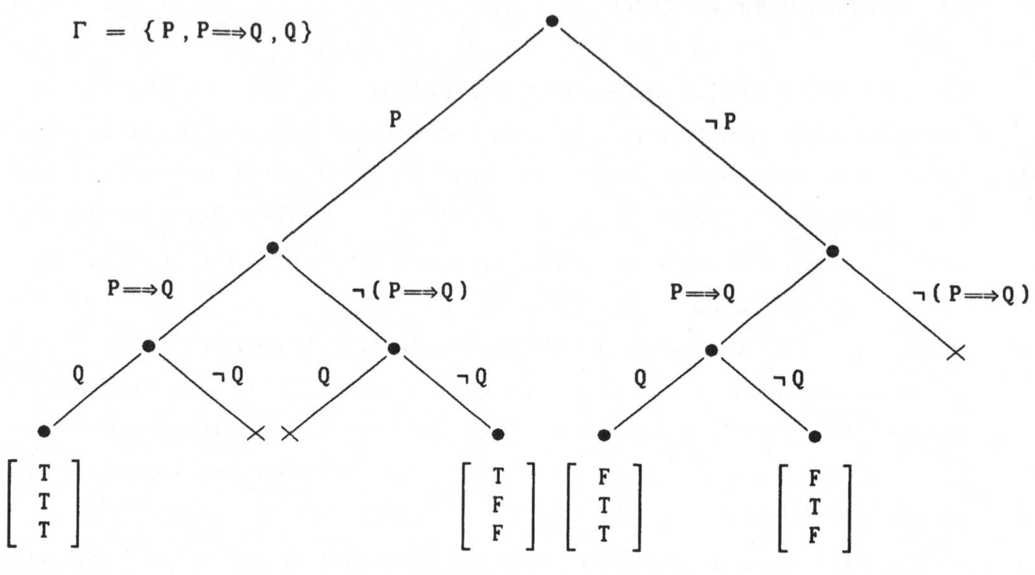

Abb. 8.3 Ein semantischer Baum

uns keine Welt vorstellen, in der ϕ_1 falsch, ϕ_2 wahr und $\phi_1 \wedge \phi_2$ wahr ist.

Als Beispiel betrachten wir die folgenden Sätze:

$$\{P, \ P \Rightarrow Q, \ Q\} \ .$$

Die konsistenten Mengen der Wahrheitswerte dieser drei Sätze sind durch die Spalten der nachstehenden Tabelle gegeben.

P	wahr	wahr	falsch	falsch
$P \Rightarrow Q$	wahr	falsch	wahr	wahr
Q	wahr	falsch	wahr	falsch

In diesem Fall existieren vier Mengen möglicher Welten, jede entspricht einer dieser vier Wahrheitswertmengen.

Eine Methode zur Bestimmung der Mengen konsistenter Wahrheitswerte einer gegebenen Satzmenge Γ ist die Entwicklung eines binären *semantischen Baums*. Je nachdem, ob wir einem der Sätze aus Γ

den Wert wahr oder falsch zuweisen, verzweigen wir an den Knoten
nach rechts oder links. Genau unterhalb der Wurzel verzweigen wir
dem Wahrheitswert eines Satzes aus Γ entsprechend, danach dann
entsprechend dem Wahrheitswert des nächsten Satzes aus Γ, usw.
Jeder Pfad im Baum entspricht einer eindeutigen Wahrheitswertzu-
weisung der Sätzen aus Γ. Während wir den Baum hinabwandern,
prüfen wir die Konsistenz dieser Wahrheitswertzuweisungen und
schließen diejenigen Pfade, die inkonsistenten Bewertungen entsprechen. Der zu unserem Beispiel gehörende semantische Baum ist
in Abb. 8.3 abgebildet. Die geschlossenen Pfade sind durch ein $\times$
gekennzeichnet und die konsistenten Bewertungsmengen sind durch
die Belegungen an den Enden der entsprechenden Pfade angeführt.

Den verschiedenen konsistenten Wahrheitswerten der Sätze von Γ
entsprechen verschiedene Mengen möglicher Welten. Diese bilden
einen Stichprobenraum, über dem wir eine Wahrscheinlichkeitsverteilung definieren können. Diese Wahrscheinlichkeitsverteilung
gibt für jede Menge W_i möglicher Welten die Wahrscheinlichkeit p_i
an, daß die reale Welt in der Menge W_i enthalten ist. (Manchmal
sagen wir einfach nur, p_i sei die Wahrscheinlichkeit der Menge W_i
der möglichen Welten.) Die einzelnen p_i addieren sich zu Eins,
denn die Mengen möglicher Welten schließen sich gegenseitig vollständig aus. Als Wahrscheinlichkeit eines Satzes ϕ aus Γ definiert
man sinnvollerweise die Summe der Wahrscheinlichkeiten aller
Mengen der Welten, in denen ϕ wahr ist. Da wir im allgemeinen den
herkömmlichen (wahr bzw. falsch) Wahrheitswert von ϕ in der aktualen Welt nicht kennen, definieren wir eine probabilistische Logik, die Wahrheitswerte zwischen wahr und falsch enthält. In
dieser Logik können wir dann den Wahrheitswert von ϕ als die Wahrscheinlichkeit von ϕ definieren. Bei der Darstellung unsicherer
Überzeugungen verwenden wir die Begriffe *Wahrscheinlichkeit von ϕ*
und *Wahrheitswert von ϕ (in der probabilistischen Logik)* synonym.

Da die Mengen der möglichen Welten mit den Menge der Wahrheitswerte der Sätze identifiziert werden, entsprechen ersteren auch Äquivalenzklassen von Interpretationen dieser Sätze. Alle Interpretation einer zu der Menge möglicher Welten gehörenden Äquivalenzklasse liefern für die Sätze aus Γ dieselbe Menge von Wahrheitswerten. Wir beziehen daher manchmal die möglichen Welten auch auf diese Interpretationen.

Für die mathematische Beschreibung des eben Gesagten ist eine Vektorschreibweise angebracht. Angenommen, es existierten für unsere L Sätze aus Γ K nicht-leere Mengen möglicher Welten. Diese Mengen sind in beliebiger Weise anordbar. Wir stellen die Wahrscheinlichkeiten der Mengen möglicher Welten durch den K-dimensionalen Spaltenvektor $\mathbf{P}$ dar. Die i-te Komponente p_i gibt dabei die Wahrscheinlichkeit der i-ten Menge W_i möglicher Welten an.

Die Menge der möglichen Welten ist charakterisiert durch die unterschiedlichen Wahrheitswerte, die wir einem Satz aus Γ zuordnen können. Wir stellen nun die Sätze von Γ in beliebiger Weise zusammen, dabei entsprechen die L-dimensionalen Spaltenvektoren $\mathbf{V}_1, \mathbf{V}_2, \ldots, \mathbf{V}_K$ allen konsistenten Wahrheitswertbelegungen der Sätze aus Γ. D.h. die Sätze aus Γ haben in der i-ten Menge W_i möglicher Welten die durch $\mathbf{V}_i$ angegebene Wahrheitswertbelegung. Dabei setzen wir voraus, daß die Komponenten jedes der $\mathbf{V}_i$ entweder gleich Eins oder gleich Null sind. Die j-te Komponente von $\mathbf{V}_i$, $v_{ji} = 1$, hat in den Welten von W_i den Wahrheitswert wahr, falls ϕ_i den Wert wahr besitzt. Die Komponente $v_{ji} = 0$, hat in den Welten von W_i den Wahrheitswert falsch, falls ϕ_i den Wert falsch besitzt.

Die K Spaltenvektoren $\mathbf{V}_1, \mathbf{V}_2, \ldots, \mathbf{V}_K$ lassen sich entsprechend der Reihenfolge der Mengen möglicher Welten zu einer $L \times K$-Matrix $\mathbf{V}$ zusammenfassen. Wir bezeichnen mit π_i die Wahrscheinlichkeit des Satzes ϕ_i aus Γ. Die π_i können wir nun in einem L-dimensionalen Spaltenvektor Π anordnen. Die Wahrscheinlichkeiten der Sätze und die Wahrscheinlichkeiten der möglichen Welten hängen über die einfache Matrixgleichung

$$\Pi = \mathbf{VP}$$

zusammen. Diese Gleichung drückt kurz und bündig das aus, was wir oben in Worten gesagt hatten: Die Wahrscheinlichkeit eines Satzes ist die Summe der Wahrscheinlichkeiten der Mengen möglicher Welten, in denen der Satz wahr ist.

Bei der Anwendung dieser Gedanken in Schlußfolgerungen mit unsicheren Überzeugungen verfügen wir meist nicht über die Wahrscheinlichkeiten p_i der verschiedenen Mengen möglicher Welten. Wir müssen sie statt dessen aus dem, was uns bekannt ist, induktiv erschließen. Wir betrachten zwei verwandte Fälle von Inferenzproblemen. Beim ersten, das wir *probabilistische Folgerung* (engl. *probabilistic entailment*) nennen wollen, ist uns eine Basismenge Δ von Sätzen (*Überzeugungssätze* genannt) mit den entsprechenden Wahrscheinlichkeiten gegeben. Von diesen leiten wir einen neuen Überzeugungssatz ϕ und die entsprechende Wahrscheinlichkeit ab. Mit der eben eingeführten Schreibweise besteht unsere Satzmenge Γ bei dieser Problemstellung aus $\Delta \cup \{\phi\}$. Sind die Wahrscheinlichkeiten der Sätze aus Δ bekannt, so müssen wir die Matrixgleichung für $\mathbf{P}$ lösen und mit ihr die Wahrscheinlichkeit von ϕ berechnen. Mit der Durchführung dieser Schritte sind verschiedene Schwierigkeiten verbunden. Wir werden sie gleich im Detail besprechen.

Bei der zweiten Problemstellung, die eher mit der Form von Schlußfolgerungen verwandt ist, die wir schon bei Expertensystemen kennengelernt hatten, sind uns die Überzeugungsmenge Δ und die zugehörigen Wahrscheinlichkeiten gegeben. (Beispielsweise könnten wir diese von einem Experten des entsprechenden Fachgebiets erhalten haben.) Bei dieser Problemstellung lernen wir neue Informationen über die aktuale Welt kennen. Wir erfahren zum Beispiel, daß in der aktualen Welt ein bestimmter Satz ϕ_0 aus Δ wahr (oder falsch) ist. Oder noch typischer, wir erhalten Informationen, die uns eine neue (posteriori) Wahrscheinlichkeit für ϕ_0 liefern. Mit diesen Informationen wollen wir nun die Aposteriori-Wahrscheinlichkeit eines betreffenden Satzes ϕ berechnen. Der Inferenzprozeß ist jetzt ein ganz anderer als der der probabilistischen Folgerung.

8.5 PROBABILISTISCHE FOLGERUNG

In der herkömmlichen Logik erlaubt uns Modus Pones, von $P \Rightarrow Q$ aus P auf Q zu schließen. Q ist also eine *logische Folgerung* der Menge $\{P, P \Rightarrow Q\}$. (Modus Ponens ist eine konsistente Inferenzregel.) In diesem Abschnitt untersuchen wir für die probabilistische Logik eine Analogie zur logischen Folgerung. Wir werden uns mit der Frage befassen, wie man die Wahrscheinlichkeit eines beliebigen Satzes ϕ aus einer gegebenen Satzmenge Δ und deren bekannten Wahrscheinlichkeiten bestimmen kann. D.h. wir befassen uns mit der probabilistischen Folgerung von ϕ aus Δ.

Wir beginnen unsere Untersuchung mit der Betrachtung der drei Sätze P, P $\Rightarrow$ Q und Q. Ähnlich wie wir diesen Sätzen nicht konsistent beliebige Wahrheitswerte zuweisen können, so können wir ihnen auch nicht konsistent beliebige Wahrscheinlichkeitswerte zuordnen. Die konsistente Wahrheitswertbelegung ist durch die Spalten der Matrix V gegeben, wobei wahr durch eine 1 und falsch durch eine 0 dargestellt wird.

$$
V = \begin{bmatrix} 1 & 1 & 0 & 0 \\ 1 & 0 & 1 & 1 \\ 1 & 0 & 1 & 0 \end{bmatrix}
$$

Die erste Matrixzeile gibt die Wahrheitswerte für P in den vier Mengen möglicher Welten an. Die zweite Zeile liefert die Wahrheitswerte für P $\Rightarrow$ Q, und die dritte Zeile enthält die Wahr-

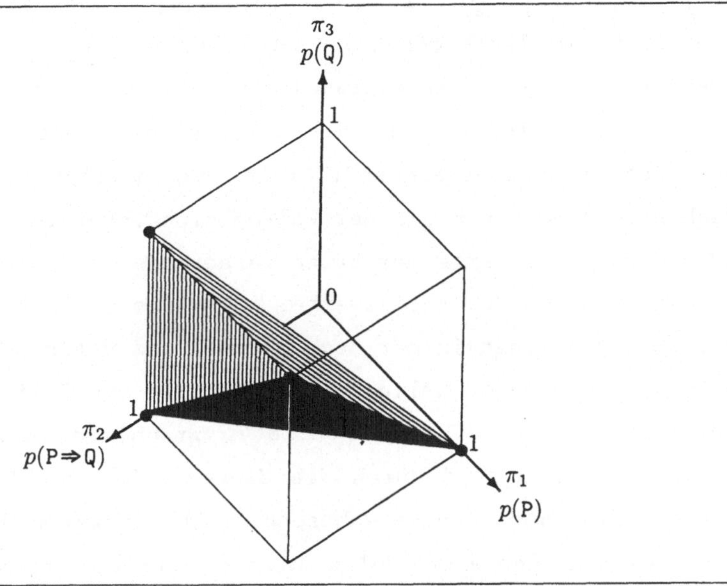

Abb. 8.4 Das konvexe Gebiet konsistenter Wahrscheinlichkeitswerte für P, P $\Longrightarrow$ Q und Q

heitswerte für Q. Die Wahrscheinlichkeitswerte für diese Sätze
werden durch die Matrixgleichung

$$\Pi = \mathbf{VP}$$

sowie durch die Formel $\sum_i p_i = 1$ für die Wahrscheinlichkeitswerte
bestimmt.

Diesen Randbedingungen entspricht eine einfache geometrische
Interpretation. Der Raum der Wahrscheinlichkeitswerte über den
Mengen der möglichen Welten wird durch die Matrixgleichung auf den
Raum der Wahrscheinlichkeitswerte über den Sätzen abgebildet.
Diese Abbildung ist linear, und die Extremwerte von **P** werden deshalb auf die Extremwerte von Π abgebildet. Die Extremwerte von **P**
sind die Werte, für die die einzelnen p_i gleich Eins sind. In **P**
kann aber nur ein einziges p_i gleich Eins sein, der Rest muß
gleich Null sein. Für **P** gibt es daher vier extremale Vektoren: [1,

$0,0,0]$, $[0,1,0,0]$, $[0,0,1,0]$ und $[0,0,0,1]$. (Dies sind zwar Spaltenvektoren, im laufenden Text schreiben wir sie jedoch als Zeilenvektoren.) Die zu den extremalen **P**-Vektoren gehörenden extremalen Π-Vektoren sind einfach die Spalten der **V**-Matrix. Dieses Ergebnis ist nicht überraschend. Ordnet man nämlich den Sätzen entsprechend den Mengen möglicher Welten eine Interpretation zu, dann
sind die Wahrheitswerte der Sätze gerade die in den möglichen Welten zugeordneten Wahrheitswerte. Der wesentliche Vorteil bei
dieser Analyse liegt in der Beobachtung, daß Π für beliebige Werte
von **P** in der konvexen Hülle der Extremwerte von Π liegen muß.

Dieser Abbildung ist in Abb. 8.4. graphisch dargestellt. Die
Extremwerte von Π sind durch die dicken schwarzen Punkte gekennzeichnet. Die konsistenten Wahrscheinlichkeitswerte der drei Sätze
liegen in der konvexen Hülle dieser Punkte, der geschlossenen
Fläche in der Graphik.

(Ein interessanter Aspekt an diesen konvexen Hüllen ist, daß
der nächstgelegene Schnittpunkt des Einheitswürfels mit einem
Punkt innerhalb der konvexen Hülle nicht unbedingt auch ein
Schnittpunkt mit der konvexen Hülle zu sein braucht. Betrachten
wir zum Beispiel in Abb. 8.4 den in der konvexen Hülle liegenden
Punkt $\pi_1 = 0.6$, $\pi_2 = 0.6$, $\pi_3 = 0.3$. Sein nächster Schnittpunkt mit
dem Einheitswürfel liegt bei $(1,1,0)$, was aber kein Schnittpunkt
mit Π ist.)

Angenommen, die Wahrscheinlichkeitswerte der Sätze **P** und **P** $\Rightarrow$ **Q**
sei gegeben. Die Wahrscheinlichkeit von **P**, die wir mit $p(\mathbf{P})$ bezeichnet hatten, ist in unserer Schreibweise π_i. Die Wahrscheinlichkeit von **P** $\Rightarrow$ **Q**, die wir mit $p(\mathbf{P} \Rightarrow \mathbf{Q})$ bezeichnet hatten, ist
π_2. Wir können sehen, daß π_3 bzw. $p(\mathbf{Q})$ zwischen den beiden in Abb.
8.4 angegeben Extremwerten liegen muß. Berechnen wir diese Grenzen
analytisch, so erhalten wir als Ergebnis die folgende Ungleichung.

$$p(\mathbf{P} \Rightarrow \mathbf{Q}) + p(\mathbf{P}) - 1 \leq p(\mathbf{Q}) \leq p(\mathbf{P} \Rightarrow \mathbf{Q})$$

(Diese Gleichungen für die obere und untere Grenzfläche aus Abb. 8.4 entsteht durch Gleichsetzen von $p(Q)$ mit seinen unteren und oberen Grenzen.)

Dieses Beispiel offenbart einige interessante Aspekte der probabilistischen Logik. Erstens, so wie es möglich ist, einer Satzmenge inkonsistente *wahr/falsch* Werte zuzuweisen, so ist es auch möglich, ihr inkonsistente Wahrscheinlichkeiten (d.h. *probabilistische Wahrheitswerte*) zuzuordnen. Für die Sätze $\{P, P \Longrightarrow Q, Q\}$ ist außerhalb des konvexen Gebietes in Abb. 8.4 jede Zuordnung inkonsistent. (Beim Design von Expertensystemen ist die Zuordnung konsistenter subjektiver Wahrscheinlichkeiten zu einer Satzmenge ein allgemein bekanntes Problem. Eine durch unsere geometrische Betrachtung nahegelegte Lösung wäre, einen inkonsistenten Π-Vektor "nahe zu" einem Punkt des konsistenten Gebietes zu verlegen und eventuell die Wahrscheinlichkeiten bestimmter Sätze stärker zu korrigieren als die von anderen Sätzen.) Zweitens, auch wenn P und $P \Longrightarrow Q$ konsistente Wahrscheinlichkeiten zugeordnet werden, bestimmen doch im allgemeinen die von uns angegebenen Ausdrücke nicht einheitlich die Wahrscheinlichkeit von Q. Wir können daher vermuten, daß die Wahrscheinlichkeit des zu folgernden Satzes durch die Inferenzregel der probabilistischen Folgerung eher bloß allgemein angegeben und nicht präzise spezifiert wird.

Probabilistische Folgerungsprobleme lassen sich durch die Addition des zu folgernden Satzes ϕ zu der Basismenge Δ lösen, indem man die konsistenten Mengen von Wahrheitswerten für diese erweiterte Menge (für die Spalten von V) berechnet, die konvexe Hülle dieser Punkte ermittelt und dann diese konvexe Hülle gemäß der durch die Wahrscheinlichkeiten der Sätze aus Δ gegebenen Koordinaten festlegt, um so die probabilistische Grenzen von ϕ zu bestimmen. Die drei Sätze unseres Beispiels bilden ein einfaches dreidimensionales probabilistisches Folgerungsproblem. Im allgemeinen müssen wir aber bei L gegebenen Sätzen und K Mengen von

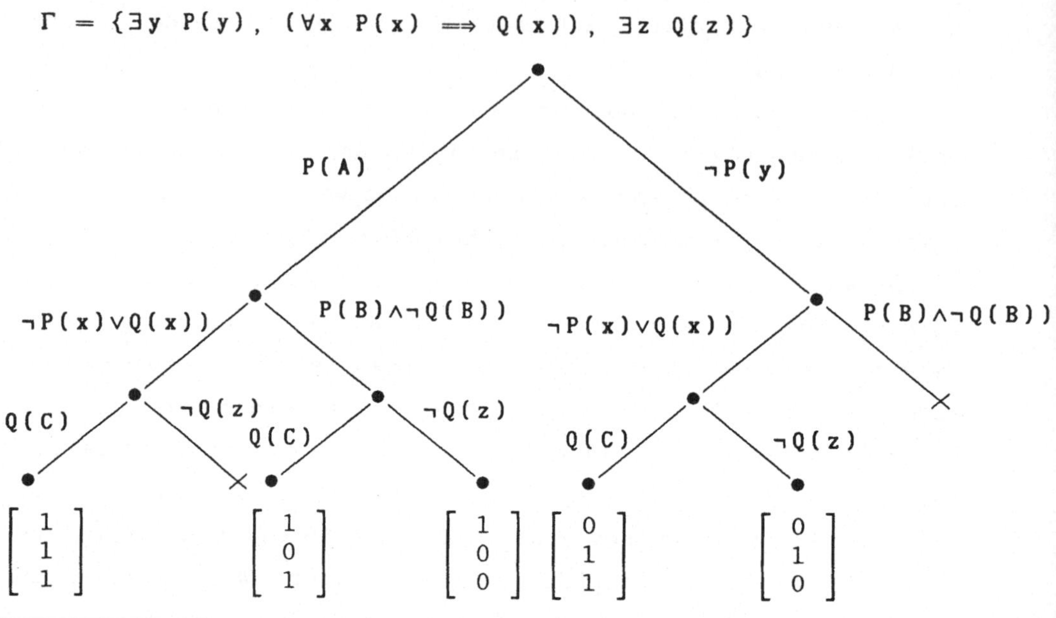

Abb.8.5 Ein semantischer Baum für ein Problem
der Logik 1.Stufe

möglichen Welten die begrenzenden Hyperflächen eines K-dimensionalen Schnittkörpers in L-Dimensionen bestimmen.

Bevor wir mit der Diskussion von Lösungsmethoden des probabilistischen Folgerungsproblems fortfahren, betrachten wir noch ein
Beispiel betrachten, das überschaubar genug ist, um es geometrisch
in drei Dimensionen zu betrachten. Dieses Mal wollen wir eine einfache Problemstellung aus der Logik erster Stufe erörtern.

Sei Δ die Menge {(∃y P(y)), (∀ P(x) ⟹ Q(x))} und sei ϕ der
Satz (∃z Q(z)). Es seien die Wahrscheinlichkeiten der Sätze aus Δ
bekannt und wir wollen nun die Grenzen der Wahrscheinlichkeit von
(∃z Q(z)) berechnen.

Zuerst bilden wir Γ durch die Addition von ϕ zu Δ und berechnen
dann wie in Abb. 8.5 gezeigt, die konsistente Menge der Wahrheitswerte für die Sätze in Γ mit Hilfe der Methode des semantischen

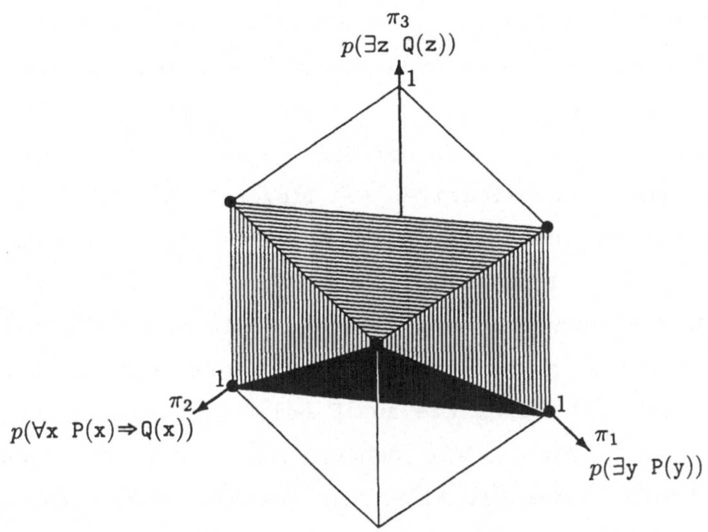

Abb. 8.6 Das Gebiet konsistenter Wahrscheinlichkeitswerte

Baums. In dieser Grafik sind die Sätze und deren Negationen in Skolemform dargestellt. A, B und C sind Skolemkonstanten. Die zu den inkonsistenten Wahrheitswertmengen gehörenden Pfade sind durch ein $\times$ geschlossen. Die konsistenten Mengen von Wahrheitswerten (in 0,1-Schreibweise) sind durch die Spaltenvektoren an den zugehörigen Astenden gekennzeichnet. In Abb. 8.6 sind diese Spaltenvektoren graphisch dargestellt und ihre konvexe Hülle ist besonders hervorgehoben. Dieses Gebiet enthält alle konsistenten Wahrscheinlichkeiten für die drei Sätze aus Γ. Über die konsistenten Wahrscheinlichkeitswerte für $(\exists y\ P(y))$ und $(\forall\ P(x) \Longrightarrow Q(x))$ sind die Grenzen von $p((\exists z\ Q(z)))$ gegeben durch

$$p((\exists y\ P(y))) + p((\forall\ P(x) \Longrightarrow Q(x))) - 1 \leq p((\exists z\ Q(z))) \leq 1 \ .$$

Wie aus Abb. 8.6. ersichtlich, verschwimmen diese Grenzen deutlich, falls wir uns von $p((\exists y\ P(y))) = 1$ und $p((\forall\ P(x) \Longrightarrow Q(x))) = 1$ weg bewegen.

Prinzipiell ist das probabilistische Folgerungsproblem mit den Methoden der linearen Programmierung lösbar. Meist ist aber die Komplexität der beim probabilistischen Schließen auftretenden Problemstellungen so groß, daß eine direkte Lösung unmöglich ist. Unser Schwerpunkt wird nun in der Suche von Lösungsmethoden — unter Umständen auch approximativen — liegen, die eine komplexe Problemstellung auf kleinere Probleme mit einer handhabbaren Größe reduzieren. Wir skizzieren zuerst eine kanonische Notation für unsere Darstellung probabilistischer Folgerungsprobleme. Daß wir für die Ermittlung der konsistenten Wahrheitswerte in Form von Spaltenvektoren V_i die Sätze aus Γ beliebig anordnen können, haben wir ja schon erwähnt. Wir nehmen jetzt noch die Randbedingung $\sum_i P_i = 1$ hinzu, indem wir einen nur aus Einsen bestehenden Zeilenvektor zu V als erste Zeile hinzufügen. Diese Zeile erhalten wir aus V durch die Addition des Satzes T als erstes Element zu Γ. (T hat den Wert wahr in allen möglichen Welten.) Konventionsgemäß fügen wir den abzuleitenden Satz ϕ als letzten Satz zu Γ hinzu. Die letzten Zeilen von V geben somit die konsistenten Wahrheitswerte von ϕ in den verschiedenen möglichen Welten wieder. Die übrigen Zeilen von V (außer der ersten und letzten) geben die konsistenten Wahrheitswerte der übrigen Sätze aus der Basismenge Δ der Überzeugungen an.

Wir setzen auch voraus, daß uns für alle Sätze außer für den letzten Satz von Γ konsistente Wahrscheinlichkeitswerte zur Verfügung stehen. (Die Wahrscheinlichkeit des ersten Satzes — nämlich T — ist Eins.) Der K-dimensionale Spaltenvektor P — wie auch das letzte Element von Π ist unbekannt. Um nun nach P aufzulösen, bilden wir zuerst die $(L-1) \times K$ Matrix V', indem wir in V die letzte Zeile, nennen wir sie den Vektor ϕ, entfernen. Den $(L-1)$-dimensionalen Spaltenvektor Π' konstruieren wir dann durch Entfernen des letzten Elements von Π. Jetzt versuchen wir die Gleichung $\Pi' = V'P$ für P' zu lösen. Danach können wir $\pi_L = p(\phi) = \phi\,P$ berechnen.

Im allgemeinen ist die Gleichung $\Pi' = V'P$ unterbestimmt und liefert für P mehrere Lösungen. In diesen Fällen sind wir dann eher an solchen Lösungen interessiert, die Grenzen für $p(\phi)$ angeben, vorausgesetzt, daß V klein genug ist, um diese Berechnungen durchführen zu können. Die Diskussion eines Lösungsansatzes für Probleme mit großen, unhandlichen V-Matrizen verschieben wir auf später.

8.6 BERECHNUNGEN MIT KLEINEN MATRIZEN

In der Notation aus Abschnitt 8.5 war die letzte Zeile von V durch den Zeilenvektor ϕ bezeichnet worden. Dieser Vektor gibt diejenigen Wahrheitswerte des abzuleitenden Satzes ϕ an, die konsistent mit den Wahrheitswerten der übrigen Sätze aus Γ sind. Die Wahrscheinlichkeit $p(\phi)$ von ϕ ist durch $\phi\,P$ gegeben, wobei P eine Lösung von $\Pi' = V'P$ ist. Analog können wir die übrigen Zeilen von V durch die Zeilenvektoren ϕ_i bezeichnen. Es gelten die folgenden Beziehungen: $\phi_1 = [1,1,\ldots,1]$ und $\phi_L = \phi$. (Diese Schreibweise ist suggestiv: die Zeilen von V geben die Sätze aus Γ in Form aller möglichen Wahrheitswerte wieder, die konsistent mit den Wahrheitswerten der übrigen Sätze sind.)

In besonders entarteten Fällen können wir aus den gegebenen V' und Π' ein eindeutiges $\phi\,P$ berechnen. Ist beispielsweise ϕ identisch mit der i-ten Zeile von V', so gilt $\phi\,P = \pi_i$. Allgemein kann man sagen, wenn ϕ als Linearkombination der Zeilen von V' darstellbar ist, so läßt sich $\phi\,P$ einfach als diese Linearkombination der π_i schreiben. Man kann diese Methode zum Beispiel zur Herleitung der folgenden Identitäten verwenden.

$$p(Q) = p(P) + p(P \Rightarrow Q) - p(Q \Rightarrow P)$$
$$p(Q) = p(P \Rightarrow Q) + p(\neg P \Rightarrow Q) - 1$$

(Zum besseren Verständnis: Hat man die Matrix **V** aufgestellt, so ist wohl offensichtlich, daß in der ersten dieser Identitäten P durch den Zeilenvektor $[1,1,0,0]$, $P \Rightarrow Q$ durch $[1,0,1,1]$, $Q \Rightarrow P$ durch $[1,1,0,1]$ und Q durch $[1,0,1,0]$ dargestellt werden kann. Der letzte Vektor ist die Summe der ersten beiden minus des dritten.)

Wir können uns auch vorstellen, daß, falls ϕ (irgendwie) durch eine Linearkombination der Zeilen von **V**$'$ approximiert werden kann, dann auch ϕ **P** durch die gleiche Linearkombination der π_i approximiert werden kann. Solche Approximationen sind unter Umständen ganz nützlich, man sollte nach ihnen Ausschau halten. Eine Approximation, die wir uns einmal etwas näher betrachten wollen, ist ϕ^*, die Projektion von ϕ auf den durch die Zeilenvektoren von **V**$'$ definierten Teilraum. Eine Projektion von ϕ auf einen durch die Zeilenvektoren von **V**$'$ definierten Teilraum ist ein Vektor $\phi^* = \sum_{i=1}^{L-1} c_i \phi_i$, mit $\phi = \phi^* + \phi_N$, wobei die c_i so gewählt sind, daß ϕ_N orthogonal zu jedem Zeilenvektor von **V**$'$ ist.

Wenden wir diese Methode doch einmal für eine näherungsweise Berechnung der Wahrscheinlichkeit von Q an. Uns seien die Sätze P mit der Wahrscheinlichkeit $\pi_2 = p(P)$ bzw. P $\Rightarrow$ Q mit $\pi_3 = p(P \Rightarrow Q)$ bekannt. (Erinnern Sie sich bitte, daß wir den Satz T mit der Wahrscheinlichkeit $\pi_1 = 1$ mit in Γ aufgenommen haben.) **V**$'$ und Π' sind dann gegeben durch

$$\mathbf{V}' = \begin{bmatrix} 1 & 1 & 1 & 1 \\ 1 & 1 & 0 & 0 \\ 1 & 0 & 1 & 1 \end{bmatrix} \quad , \quad \Pi' = \begin{bmatrix} 1 \\ \pi_2 \\ \pi_3 \end{bmatrix} .$$

Q läßt sich als Zeilenvektor (d.h. als letzte Zeile von **V**) darstellen: **Q** $= [1,0,1,0]$. Seine Projektion auf den durch die Zeilenvektoren von **V**$'$ definierten Teilraum ist **Q**$^* = [1,0,1/2,1/2]$. Die

Koeffizienten c_i sind durch $c_1 = -1/2$, $c_2 = 1/2$ und $c_3 = 1$ gegeben. Als Näherungswert für $p(Q)$ erhalten wir somit

$$-1/2 * \pi_1 + 1/2 * \pi_2 + 1 * \pi_3 = -1/2 + \frac{p(P)}{2} + p(P \Rightarrow Q) \ .$$

Interessanterweise kann man feststellen, daß diese Werte in der Mitte zwischen den zwei in unserem früheren Beispiel aufgestellten Grenzen von $p(Q)$ liegen.

Sind **V'** und **Π'** unterbestimmt (aber konsistent), so kann man auch eine andere Technik benützen: Aus der Menge aller möglichen Lösungen für **P** wählt man eine Lösung mit maximaler Entropie aus. Bei gegebenen Sätzen aus **Δ** und bei deren Wahrscheinlichkeiten setzt diese Verteilung eine minimale zusätzliche Information über **P** voraus.

Die *Entropie* einer Wahrscheinlichkeitsverteilung **P** ist definiert als

$$\mathbf{H} = -\sum_i p_i \log p_i = -\mathbf{P}^T \log \mathbf{P} \ ,$$

wobei $\mathbf{P}^T$ die *Transponierte* (das ist die Zeilenvektorform) des Spaltenvektors **P** und $\log$ **P** ein (Spalten-)Vektor ist, dessen Komponenten die Logarithmen der entsprechenden Komponenten von **P** sind.

Für die Maximierung von **H** bei variierenden **P** unter der Randbedingung **Π'** = **V'P** benützen wir aus der Variationsrechnung die Methode der Lagrange'schen Multiplikatoren. Zuerst schreiben wir **H** als

$$\mathbf{H} = -\mathbf{P}^T \log \mathbf{P} + l_1(\pi_1 - \phi_1 \mathbf{P}) + l_2(\pi_2 - \phi_2 \mathbf{P}) +$$
$$\ldots + l_{(L-1)}(\pi_{(L-1)} - \phi_{(L-1)} \mathbf{P}) \ ,$$

wobei die $l_1, \ldots, l_{(L-1)}$ die Lagrange'schen Multiplikatoren, die $\pi_1, \ldots, \pi_{(L-1)}$ die Komponenten von **Π'** und die $\phi_1, \ldots, \phi_{(L-1)}$ die Zeilenvektoren von **V'** sind.

Differenziert man diesen Ausdruck nach den p_i und setzt man das Ergebnis gleich Null, ergibt dies

$$-\log p_i - 1 - l_1 v_{1i} - \ldots - l_{(L-1)} v_{(L-1)i} = 0 \; ,$$

wobei die v_{ji} die i-te Komponente des j-ten Zeilenvektors von $\mathbf{V'}$ ist.

Die Entropie-maximierende Wahrscheinlichkeitsverteilung hat daher die Komponenten

$$p_i = e^{-1} \, e^{-(l_1 v_{1i})} \ldots e^{-(l_{(L-1)} v_{(L-1)i})} \; .$$

Die folgenden Definitionen dienen zur Vereinfachung dieses Ausdrucks

$$a_1 = e^{-1} \, e^{-(l_1)}$$

$$a_j = e^{-(l_j)} \, , \quad j = 2, \ldots, (L-1)$$

Wir sehen also, daß sich die p_i jeweils als ein Produkt aus bestimmten a_j schreiben lassen, wobei die a_j in den p_i enthalten sind, falls die v_{ji} gleich Eins sind; anderenfalls sind sie nicht enthalten. Wir sehen auch, daß a_1 in jedem der p_i enthalten ist, weil $v_{1i} = 1$ für alle i.

Jetzt können wir direkt nach den a_j auflösen, indem wir diese Ausdrücke anstellen der Komponenten von $\mathbf{P}$ für p_i einsetzen und dann die Gleichung $\mathbf{\Pi'} = \mathbf{V'P}$ nach den a_j auflösen.

Berechnen wir einmal aus den mit den Wahrscheinlichkeiten π_2 und π_3 gegebenen Sätzen P bzw. P $\Rightarrow$ Q die Wahrscheinlichkeitsverteilung mit maximaler Entropie. Wie oben sind $\mathbf{V'}$ und $\mathbf{\Pi'}$ gegeben durch

$$\mathbf{V'} = \begin{bmatrix} 1 & 1 & 1 & 1 \\ 1 & 1 & 0 & 0 \\ 1 & 0 & 1 & 1 \end{bmatrix} \, , \qquad \mathbf{\Pi'} = \begin{bmatrix} 1 \\ \pi_2 \\ \pi_3 \end{bmatrix} \; .$$

Um die (Entropie-maximierenden) p_i durch die Produkte der a_j auszudrücken, lesen wir aus den Spalten von $\mathbf{V}'$ ab

$$p_1 = a_1 a_2 a_3$$
$$p_2 = a_1 a_2$$
$$p_2 = a_1 a_3$$
$$p_4 = a_1 a_3 \ .$$

Setzen wir diese Werte in $\mathbf{\Pi}' = \mathbf{V}'\mathbf{P}$ ein, so erhalten wir die Gleichungen:

$$a_1 a_2 a_3 + a_1 a_2 + 2a_1 a_3 = 1$$
$$a_1 a_2 a_3 + a_1 a_2 = \pi_2$$
$$a_1 a_2 a_3 + 2a_1 a_3 = \pi_3$$

Lösen dieser Gleichungen führt zu

$$a_1 = (1 - \pi_2)(1 - \pi_3)/2(\pi_2 + \pi_3 - 1)$$
$$a_2 = 2(\pi_2 + \pi_3 - 1)/(1 - \pi_2)$$
$$a_3 = (\pi_2 + \pi_3 - 1)/(1 - \pi_3) \ .$$

Das Entropie-maximierte $\mathbf{P}$ ist somit gegeben durch

$$\mathbf{P} \ = \ \begin{bmatrix} \pi_2 + \pi_3 - 1 \\ 1 - \pi_3 \\ (1 - \pi_2)/2 \\ (1 - \pi_2)/2 \end{bmatrix} \ .$$

Bei dieser Wahrscheinlichkeitsverteilung sehen wir, daß die Wahrscheinlichkeit von Q durch $[1,0,1,0]\mathbf{P} = \pi_2/2 + \pi_3 - 1/2 = p(P)/2 + p(P \Rightarrow Q) - 1/2$ gegeben ist. (Es ist derselbe Wert, den wir über die "Projektions-Näherungsmethode" berechnet hatten!)

8.7 BERECHNUNGEN MIT GROSSEN MATRIZEN

Bei all den in Abschnitt 8.6 beschriebenen Techniken mußte der Wahrscheinlichkeitsvektor P der möglichen Welten aus den bekannten V' und Π' berechnet werden. Wenn aber V' größer wird — schon bei zwölf Sätzen — so wird diese Methode ziemlich unhandlich. Vielleicht gibt es ja für die Berechnung der approximierten Wahrscheinlichkeit eines aus Δ probalistisch folgenden Satzes ϕ auch noch einfachere Techniken.

Einige Näherungsmethoden basieren auf einer Aufspaltung von Δ in kleinere Teilmengen. Nehmen wir beispielsweise an, Δ könne in zwei Hälften geteilt werden — Δ_1 und Δ_2, — wobei kein Atom, das in Δ_1 vorkommt, in Δ_2 oder ϕ vorkommt. Man kann also Δ_1 aus Δ entfernen, ohne daß dies die Berechung der probabilistischen Folgerung von ϕ verändern würde. Wir sagen dann, die Teilmenge Δ_2 sei eine *hinreichende Teilmenge* für ϕ.

Oder nehmen wir an, wir könnten die zwei Sätze ϕ_1 und ϕ_2 so bestimmen daß eine Teilmenge von Δ, etwa Δ_1, hinreichend für ϕ_1 und eine weitere Teilmenge, Δ_2, hinreichend für ϕ_2 ist. Wir können dann die probabilistische Folgerung von ϕ aus Δ in die folgenden zwei Teilprobleme aufspalten. Zuerst berechnen wir die probabilistische Folgerung von ϕ_1 aus Δ_1 und dann die von ϕ_2 aus Δ_2. Danach berechnen wir aus $\{\phi_1, \phi_2\}$ die probabilistische Folgerung von ϕ. Die Idee dabei ist, solche Sätze ϕ_1 und ϕ_2 zu bestimmen, die gemeinsam "soviel Informationen wie möglich" über ϕ liefern, wie dies Δ tut. Δ_1 und Δ_2 sind dann mit sogenannten *lokale Ereignisgruppen* vergleichbar. Natürlich ist dies nur eine Näherungsmethode. Ihre Genauigkeit hängt davon ab, wie genau die Wahrscheinlichkeiten von ϕ_1 und ϕ_2 die Wahrscheinlichkeit von ϕ bestimmen.

Als nächstes beschreiben wir einen Prozeß zur Berechnung einer approximativen (und kleineren) Matrix V' bei gegebenen Δ, Π' und ϕ. Diese approximative Matrix, die wir mit V'^{*} bezeichnen wollen, läßt sich hinreichend klein machen, so daß sie in der Praxis auch durchführbare Berechnungen einer approximierten probabilistischen Folgerung gewährleistet. Im nicht-probabilistischen Fall, wenn Π' also nur aus Einsen und Nullen besteht, stellt diese Approximation eine exakte Lösung dar. Durch größere V'^* kann man sie immer genauer machen.

Zur Berechnung der Matrix V' verfahren wir nach der schon bekannten Methode —— mit der Ausnahme, daß wir bei der Berechnung von V'^* nicht *alle* konsistenten Wahrheitswertmengen hinzunehmen. Statt dessen konstruieren wir eine kleinere Menge, die nur Vektoren enthält, die "in der Nähe des gegebenen Π' liegen".

Als erstes berechnen wir die approximative Matrix V^*:

(1) Konstruiere aus Π' einen *Wahr/Falsch*-Vektor Π'_b, indem alle Komponenten π_i, deren Werte größer oder gleich 1/2 sind, durch eine Eins ersetzen. Alle anderen Komponenten setzen wir auf Null.

(2) Falls ϕ konsistent mit den Wahrheitswerten der Sätze aus Δ (gegeben durch Π'_b) den Wahrheitswert wahr einnehmen kann, dann füge zu V^* einen Vektor hinzu, der wie folgt aus Π'_b gebildet wird: Hänge an Π'_b als letzte Komponente eine Komponente an, die gleich Eins ist. Falls ϕ konsistent mit den Wahrheitswerten der Sätzen aus Δ (gegeben durch Π'_b) den Wahrheitswert falsch einnehmen kann, dann füge zu V^* den Vektor hinzu, der aus Π'_b wie folgt gebildet wird: Hänge an Π'_b als letzte Komponente eine Komponente an, die gleich Null ist. Falls Π'_b selbst einer inkonsistenten Wahrheitswertbelegung der Sätze aus Δ entspricht (was ja möglich ist), so gehe über zu Schritt (3).

(3) Drehe die Werte der Komponenten von Π'_b einen nach dem anderen um, beginnend mit denjenigen Komponenten, deren in Π_b korrespondierende Komponenten Werte besitzen, die mög-

lichst nahe an 1/2 liegen. Für jeden dieser so gewonnenen abgeänderten *Wahr/Falsch*-Vektoren, die ja in Δ konsistente Wahrheitswerte darstellen, addiere entsprechend der in Schritt (2) beschriebenen Prozedur einen oder mehrere neue Vektoren zu V^* hinzu.

Von diesen derart abgeänderten Vektoren benützen wir so viele, wie es unsere Rechenkapazitäten zulassen. Je mehr Vektoren wir verwenden, desto genauer ist die Approximation. (Die Reihenfolge der Spaltenvektoren in V^* ist beliebig.)

Als nächstes konstruieren wir die Matrix V'^* durch Entfernen der letzten Zeile von V^*. (Diese letzte Zeile fassen wir als eine approximierte Vektorrepräsentation ϕ^* des Satzes ϕ auf.)

Es sollte klar sein, daß je mehr Vektoren wir zu V^* hinzufügen, sich V^* immer mehr V und V'^* immer mehr V' nähert. Ebenso gilt $\Pi' = \Pi'_b$, falls Π' ein Vektor ist, dessen Komponenten alle gleich Eins sind. Im Falle, daß ϕ logisch aus Δ folgt, braucht V'^* nur aus einer einzigen Spalte (von Einsen) zu bestehen, und es gilt $P = [1]$, $\phi^* = [1]$ sowie $p(\phi) = 1$. Falls $\neg\phi$ logisch aus Δ folgt, so braucht V'^* ebenfalls nur eine einzige Spalte (von Einsen) zu besitzen, und es gelten weiterhin $P = [1]$, $\phi^* = [1]$ aber $p(\phi) = 0$. Sind ϕ und $\neg\phi$ beide inkonsistent mit Δ, so hat V'^* zwei identische Spalten (von Einsen) und P hat die zulässigen Lösungen

$$\begin{bmatrix} 1 \\ 0 \end{bmatrix} \quad \text{und} \quad \begin{bmatrix} 1 \\ 0 \end{bmatrix}$$

und es gilt $\phi^* = [1,0]$. $p(\phi)$ nimmt dann konsistent Werte zwischen Null und Eins an.

Unsere Approximation verhält sich also sowohl an den Grenzen großer V'^* als auch bei nicht-probabilistischen Extremwerten gutartig. Unseres Wissens nach ist diese Methode bisher noch nicht an großen Beispielen getestet worden. Kontinuitätsargumente lassen allerdings vermuten, daß die Leistung dieser Methode nur graduell

sinkt, wenn wir uns von diesen Grenzen entfernen. Wir rufen in Erinnerung, daß das Gebiet der konsistenten Wahrscheinlichkeits-
vektoren Π die konvexe Hülle des durch die extremalen (0,1)-Wahr-
scheinlichkeitsvektoren definierten Gebiets einnimmt. Deshalb
wollen wir noch anmerken, daß unsere Näherungsmethode ein approxi-
miertes Gebiet konstruiert — nämlich die konvexe Hülle gerade der
extremalen Vektoren, die dem gegebenen Wahrscheinlichkeitsvektor
Π' nahe kommen. Wir vermuten, daß, je unsicherer die Sätzen aus Δ
sind, desto mehr Vektoren zu V^* hinzugenommen werden müssen, um
eine exakte Folgerung zu erzielen.

8.8 BEDINGTE WAHRSCHEINLICHKEITEN SPEZIFISCHER INFORMATIONEN

Bei den für die oben entwickelten Ideen charakteristischen Anwendungsfällen geben uns meistens Sachbereichsexperten des jeweiligen
Fachgebietes die Basismenge Δ und die Wahrscheinlichkeiten Π an.
Mit diesen unsicheren Überzeugungssätzen können wir dann aus einer
gegebenen Information über einen Satz ϕ_0 die Wahrscheinlichkeit
eines anderen Satzes ϕ berechnen. Eine solche Information über ϕ_0
könnte zum Beispiel sein, daß ϕ_0 wahr oder falsch ist, oder auch,
daß es die Wahrscheinlichkeit $p(\phi_0)$ hat.

Nehmen wir einmal an, ϕ_0 sei wahr und wir wollten die *bedingte*
Wahrscheinlichkeit $p(\phi|\phi_0)$ berechnen. Aus der Herleitung der Baye'
schen Regel definieren wir die bedingte Wahrscheinlichkeit als

$$p(\phi|\phi_0) = \frac{p(\phi,\phi_0)}{p(\phi_0)} = \frac{p(\phi\wedge\phi_0)}{p(\phi_0)} \ .$$

Mit einer der in diesem Kapitel beschriebenen Methoden können wir
dann die Wahrscheinlichkeiten $p(\phi \wedge \phi_0)$ und $p(\phi_0)$ berechen.

Liefert das entsprechende Verfahren für diese Wahrscheinlichkeiten eindeutige Werte, so wird auch die bedingte Wahrscheinlichkeit eindeutig sein. Liefert die Methode Grenzwerte für die Wahrscheinlichkeiten, so wird auch die bedingte Wahrscheinlichkeit begrenzt sein.

Wissen wir allerdings, daß ϕ falsch ist, so können wir einen ähnlichen Ausdruck ableiten.

$$p(\phi|\neg\phi_0) = \frac{p(\phi,\neg\phi_0)}{p(\neg\phi_0)} = \frac{p(\phi\wedge\neg\phi_0)}{p(\neg\phi_0)}$$

Wie wir schon oben bei der Erörterung dieser bedingten Wahrscheinlichkeiten gesehen haben, wissen wir ja meist nicht, ob ϕ_0 wahr oder falsch ist. Statt dessen liegen uns nur die *Aposteriori*-Wahrscheinlichkeit von ϕ_0, sagen wir einmal, $p(\phi|\phi_0')$ vor. Wie also schon oben, so verbinden wir auch hier mit dem Satz ϕ_0' das Ereignis, die Informationen über ϕ_0' kurz vorher erhalten zu haben. Wir können also dem Satz ϕ_0 die Wahrscheinlichkeit $p(\phi|\phi_0')$ zuordnen. (Wir dürfen $p(\phi|\phi_0')$ nicht mit $p(\phi_0)$ verwechseln. Ersteres ist die neue oder die Aposteriori-Wahrscheinlichkeit, die berechnet worden ist, nachdem wir spezielle Informationen über einen bestimmten Fall kennengelernt haben. Letztere ist die Apriori-Wahrscheinlichkeit, die auf dem Wissen des Sachbereichsexperten basiert.)

Wir können jetzt $p(\phi|\phi_0')$ als das gewichtete Mittel aus $p(\phi|\phi_0)$ und $p(\phi|\neg\phi_0)$ berechnen. Nehmen wir an, es gelte $p(\phi|\phi_0,\phi_0') = p(\phi|\phi_0)$ und $p(\phi|\neg\phi_0,\phi_0') = p(\phi|\neg\phi_0)$. Die Aposteriori-Wahrscheinlichkeit von ϕ (bei gegebenem ϕ_0') beträgt dann

$$p(\phi|\phi_0') = p(\phi|\phi_0)p(\phi_0|\phi_0') + p(\phi|\neg\phi_0)p(\neg\phi_0|\phi_0') \ .$$

Einsetzen der oben für $p(\phi|\phi_0)$ und für $p(\phi|\neg\phi_0)$ hergeleiteten Ausdrücke liefert

$$p(\phi|\phi_0') = \frac{p(\phi\wedge\phi_0)}{p(\phi_0)} \, p(\phi_0|\phi_0') + \frac{p(\phi\wedge\neg\phi_0)}{p(\neg\phi_0)} \, p(\neg\phi_0|\phi_0') \ .$$

Wenn uns weitere noch spefizische Informationen über mehrere Sätze gegeben sind, und wir daraus die Wahrscheinlichkeit von ϕ berechnen wollen, dann können wir hierzu eine inkrementelle Revisionsmethode verwenden. Diese gleicht der am Ende von Abschnitt 8.2 beschriebenen Methode.

Im allgemeinen läßt sich unsere Methode nur auf die Berechnung von Wahrscheinlichkeitsgrenzen anwenden. Andererseits ist es uns aber auch nur möglich, die Grenzen der Wahrscheinlichkeiten der Sätze aus Δ wissen. Wenn bekannt ist, daß die Wahrscheinlichkeit eines Satzes ϕ nur zwischen einer unteren Grenze π_u und einer oberen Grenze π_o liegt, dann drückt die Differenz $\pi_o - \pi_u$ unsere *Unwissenheit* über ϕ aus. Benutzen wir *oberer* und *unterer* Wahrscheinlichkeitsgrenzen so können wir zwischen den Situationen zu unterscheiden, in denen unsere Überzeugungen durch einen einzelnen Wahrscheinlichkeitswert beschrieben wird, und solchen, in denen wir sogar noch weniger Informationen besitzen. Beispielsweise bedeutet, gute Gründe für die Annahme zu haben, bei einer bestimmten Krankheit sei in der Hälfte der Fälle eine besondere Behandlungsmethode erfolgversprechend, daß man argumentativ mehr Informationen besitzt, als wenn man über die Auswirkungen dieser Behandlungsmethode nichts wüßte. Im letzterem Fall betragen die entsprechenden unteren und oberen Grenzen der Wahrscheinlichkeit Null bzw. Eins.

Alle in diesem Kapitel beschriebenen Methoden lassen sich auch auf Sätze mit einer unteren und einer oberen Wahrscheinlichkeitsgrenze anpassen. Man verwendet dann zur Berechnung der Wahrscheinlichkeitsgrenzen eines Satzes ϕ zuerst die Extremwerte, die die eine Grenze, und dann die Extremwerte, die die anderen Grenze angeben.

8.9 LITERATUR UND HISTORISCHE BEMERKUNGEN

Über probabilistische und plausible Inferenzen gibt es zahlreiche mathematische Literatur. Für allgemeine Hintergrundinformationen sollte der interessierte Leser (beispielsweise) [Lukasiewicz 1970, Carnap 1950, Hempel 1965, Suppes 1966, Adams 1975] sowie als Lehrbücher über Wahrscheinlichkeitstheorie [Hoel 1971, DeFinetti 1974] heranziehen.

Eines der ersten Systeme, das für den Umgang mit unsicherem Wissen entwickelt worden ist, war MYCIN [Shortcliff 1976]. Unsere Darstellung der Anwendung der Baye'schen Regel bei Inferenzprozessen mit unsicheren Informationen beruht auf den in [Duda 1984] beschriebenen Techniken. Mehrere Autoren haben über die kohärente Propagierung von Wahrscheinlichkeiten in Baye'schen Inferenznetzen geschrieben. Eine erschöpfende Darstellung mit zahlreichen Literaturhinweisen findet man in [Pearl 1986a].

In Expertensystemen sind viele der Techniken für den Umgang mit unsicheren Informationen eingesetzt worden. Wir haben schon MYCIN, ein System zur Unterstützung der medizinischen Diagnosefindung und der Therapie ([Buchanan 1984, Clancey 1984]), und PROSPECTOR, ein System, das Industriegeologen bei der Gesteinsprobenuntersuchung unterstützt ([Campbell 1982]) erwähnt. Auch in zahlreichen anderen Spezialgebieten wie in der Wirtschaft [Reitman 1984, Reboh 1986, Winston 1984], in der Fehlerdiagnose [Genesereth 1984] und der Landwirtschaft [Roach 1985, Lemmon 1986] sind solche Systeme entwickelt worden.

Unsere Darstellung der probabilistischen Logik folgt einer Arbeit von Nilsson [Nilsson 1986]. (Dr. Gernot Kleiter aus Salzburg hat uns nachträglich darauf aufmerksam gemacht, daß zahlreiche der in dieser Arbeit entwickelten Gedanken — wie Wahrscheinlichkeitsräume, lineare Abhängigkeit und konvexe Hüllen — schon früher von DeFinetti [DeFinetti 1974, S.89-116, Bd.I] untersucht worden sind.) Die Einschränkung der gemeinsame Wahrscheinlichkeit auf verschiedene propositionale Variablen ist eine bekannte Technik, die auch von mehreren Autoren untersucht worden ist [Lemmer 1982a, Lemmer 1982b, Konolige 1982, Cheeseman 1983]. Unsere Technik der Berechnung der Entropiemaximierung ist aus [Cheeseman 1983] entnommen. (Für eine kurze Darstellung der Verwendung der Lagrange'schen Multiplikatoren vgl. [Margenau 1956].)

Es sind auch andere (nicht-probabilistische) Ansätze zur Behandlung unsicherer Überzeugungen vorgeschlagen worden. Wir haben sie hier nicht einzeln beschrieben, vergleichen Sie aber dennoch [Halpern 1983] für eine auf Modaloperatoren, [Zadeh 1975] für eine auf der Fuzzy-Logik basierende Darstellung und [Dempster 1968, Shafer 1979, Lowrance 1982, Lowrance 1983, Garvey 1981] für eine *evidenzorientierte Inferenz* (engl. *evidential reasoning*) genannte Methode, sowie [Shortcliff 1976] für ein auf sogenannten *Konfi-*

denzwerten (engl. *certainity factors*) beruhendes Verfahren. (Lee [Lee 1972] zeigte, wie man die Resolution in Fuzzy-Logiken einsetzen kann.)

Heckerman [Heckerman 1986] diskutiert, eine wahrscheinlichkeitstheoretische Interpretation der Konfidenzwerten in MYCIN. Horvitz und Heckerman [Horvitz 1986] stellen einen Vergleich zwischen zahlreichen nicht-probabilistischen und probabilistischen Techniken an. Grosof [Grosof 1986a, Grosof 1986b] beschreibt eine Verallgemeinerung der probabilistischen Logik, die die Dempster-Shafer-Theorie und die Baye'schen Revisionen von Inferenznetzen berücksichtigt, sowie Konfidenzwerte zuläßt. Auch Pearl [Pearl 1986b] vergleicht Baye'sche Netzwerke mit der Dempster-Shafer-Theorie.

Weitere Arbeiten sind in den Proceedings der Workshops über Inferenzen mit unsicheren Informationen [Uncertain 1985, Uncertain 1986] erschienen.

ÜBUNGEN

1. *Eine Ungleichung.* Beweisen Sie, daß $p(P) \geq p(Q)$, wenn $p(P|Q) = 1$.

2. *Poker.* In neun von zehn Fällen zwinkert Sam mit den Augen, bevor er die Karten ausspielt. Bei der Hälfte aller Spiele steigt Sam aus und zwinkert dabei in 60% der Fälle mit den Augen. Wie hoch ist die Wahrscheinlichkeit, daß Sam aussteigt, wenn er mit den Augen zwinkert ?

3. *Biologie.* Die neueste Statistik des Biologie-Seminars 15 ergab:

   - Fünfundzwanzig Prozent der Teilnehmer von Bio 15 schlossen mit einer 1 ab.

   - Achtzig Prozent der Teilnehmer von Bio 15 erhielten für ihre Hausarbeiten eine 1.

   - Sechzig Prozent der Teilnehmer von Bio 15 erhielten für ihre Hausarbeiten *keine* 1.

   - Fünfundsiebzig Prozent der Teilnehmer, die eine 1 erhielten, hatten das Vordiplom.

- Fünfzig Prozent der Teilnehmer, die keine 1 bekamen, besaßen das Vordiplom.

Wenn jetzt nur bekannt ist, daß John alle seine Hausarbeiten
für Bio15 gemacht hat, wie hoch sind dann seine Chancen, eine 1
zu bekommen? Wenn nur bekannt ist, daß Mary das Vordiplom hat,
wie groß sind ihre Chancen, eine 1 zu bekommen? Wie hoch sind
ihre Chancen, wenn ebenfalls bekannt ist, daß sie alle Hausarbeiten für Bio 15 gemacht hat? (Setzen Sie voraus, daß sowohl
bei Studenten, die eine als auch bei denen die keine 1 bekommen
haben, die Eigenschaft, das Vordiplom zu besitzen, konditional
unabhängig ist von der Anfertigung der Hausarbeiten.)

4. *Umrechnung von Wahrscheinlichkeiten.* Sei $p(P|Q) = 0.2$, $p(P|\neg Q)$
   $= 0.4$ und $p(P)$ gegeben. Wie hoch ist dann $p(P \Rightarrow Q)$?

5. *Noch eine Ungleichung.* Verwenden Sie die Matrixgleichung $\Pi = \mathbf{VP}$
   zum Beweis der folgenden Ungleichung: $p(\neg(P \Leftrightarrow Q)) \leq p(P) +$
   $p(Q)$.

6. *Folgerung.* Die Wahrscheinlichkeit von $(\exists x)\,[P(x) \wedge Q(x)]$ betrage 0.25 und die Wahrscheinlichkeit von P(A) sei 0.75. Wie
   hoch sind die Grenzen der Wahrscheinlichkeit von Q(A) ?

7. *Unabhängigkeit.* Gegeben seien die Sätze P mit der Wahrschein-
   lichkeit π_2 und Q mit π_3. Bestimmen Sie die Entropie-maxi-
   mierende Wahrscheinlichkeit von P ∧ Q. Berechnen Sie auch die
   Wahrscheinlichkeit von P ∧ Q, die durch die Approximationder
   Projektionsvektoren gegeben ist. Liefern in diesem Fall beide
   Methoden gleiche Ergebnisse?

8. *Nicht notwendig das gleiche.* Unter welchen Bedingungen gilt $p(P$
   $\Rightarrow Q) = p(Q|P)$

KAPITEL 9
WISSEN UND ÜBERZEUGUNGEN

DIE REPRÄSENTATIONEN EINES AGENTEN über seine Welt basieren auf einer Konzeptualisierung der Welt, die die Diskursobjekte und die zwischen ihnen bestehenden Relationen enthält. So lange diese Objekte und Relationen relativ "konkret" sind, entstehen daraus keine besonderen Probleme — weder bei deren Konzeptualisierung noch bei der Darstellung dieser Konzeptualisierung in der Sprache des Prädikatenkalküls erster Stufe. Über alle in der Welt existierenden Objekte — Klötzchen, Gesteine, Bakterien usw. — können wir Aussagen machen. In gewisser Weise können wir sogar recht sorglos mit dem Typ der Dinge, die wir uns als "Objekte" vorstellen, umgehen. Die Objekte sind nicht notwendig auf "physikalische" Objekte beschränkt — es kann sich auch um Zahlen, Krankheiten, Firmen oder andere Abstrakta handeln.

Sobald wir allerdings nicht mehr so streng auf die Typen achten, werden wir feststellen, daß es einige Objekte und Relationen gibt, die uns ernsthafte Schwierigkeiten bereiten. Maßeinheiten und Zeitintervalle, Aktionen, Ereignisse und Prozesse, Beweisbarkeit und Propositionen —— sie alle erfordern eine "besondere Behandlung". Im verbleibenden Rest dieses Buches werden wir uns mit Problemen der Repräsentation von Sachverhalten dieser Art befassen. In diesem Kapitel behandeln wir die Repräsentation von und die Inferenz mit Propositionen über Wissen und Überzeugungen von Agenten.

Wir Menschen empfinden es als zweckmäßig, anderen Menschen bestimmte *Überzeugungen* zuzuschreiben. Dabei ist es wichtig, festzuhalten, daß es nicht allzu bedeutsam ist, ob diese Überzeugungen (was immer diese auch sein mögen) irgendeine reale Existenz haben. Wir stellen hier bloß fest, daß unser eigener Inferenzprozeß anscheinend von solchen Abstraktionen Gebrauch macht. Der Begriff der Überzeugung könnte also auch für das Design intelligenter Agenten nützlich sein. Tatsächlich haben wir uns in diesem Buch ja schon auf den Ansatz festgelegt, daß das Wissen eines intelligenten Agent über seine Welt in Form einer Datenbasis repräsentierbar ist, die aus einer Menge von Sätzen der Logik erster Stufe besteht, die wir ja auch schon *Überzeugungen* nannten. Da nun unsere Agenten über Überzeugungen verfügen und andere Agenten zu der Welt gehören, über die unsere Agenten etwas wissen sollen, so müssen wir die Agenten in die Lage versetzen, Überzeugungen über die Überzeugungen anderer Agenten und auch über sich selbst bilden zu können. Beispielsweise muß ein Roboter, der mit anderen Robotern zusammenarbeitet, wissen, welche Überzeugungen die anderen Roboter haben. Ein eng mit einem menschlichen Benutzer interagierendes Expertensystem muß wissen, welche Vorkenntnisse der Mensch besitzt und wie die interessierende Fragestellung lautet.

Die Begriffe *Wissen* und *Glauben* hängen zwar eng miteinander zusammen, sie sind aber nicht das Gleiche. Beispielsweise würden wir nicht sagen, ein Agent könne etwas *wissen*, das falsch ist. Er kann aber etwas *glauben*, das falsch ist. Bezeichnenderweise werden wir uns auch mit den Überzeugungen (und nicht mit dem *Wissen*) eines

Agenten befassen, denn wir möchten die Möglichkeit zulassen, daß dieser Glaube falsch sein könnte. Der Gebrauch des Wortes "wissen" bedeutet ja auch im Deutschen auch mehr als nur "jemand glaubt etwas" (wie etwa in dem Satz "ein Agent weiß über seine Welt Bescheid"). Manchmal werden wir "wissen" in diesem Sinne verwenden. In diesem Kapitel wechseln wir zwischen der Erörterung von Wissen und der Erörterung von Überzeugungen ab, um jeweils deren Gemeinsamkeiten hervorzuheben und die Unterschiede zu unterstreichen. Wir werden uns dabei bemühen, diese beiden Begriffen auseinander zu halten, und dieses Bemühen wird deutlich werden.

9.1 VORBEMERKUNGEN

Bevor wir uns mit den Überzeugungen von Agenten beschäftigen, müssen wir erst erklären, was wir unter diesen Überzeugungen verstehen wollen. Diese Konzeptualisierung wird dann das Fundament für eine Semantik logischer Sätze über Wissen und Glauben bilden. Wir werden zwei alternative Konzeptualisierung beschreiben. Mit der *aussagenorientierten* Konzeptualisierung ordnen wir jedem Agenten eine Formelmenge zu, die wir die *Basisüberzeugungen* des Agenten nennen. Wir sagen, ein Agent sei von einer Proposition überzeugt — er glaube eine Proposition — genau dann, wenn der Agent die Proposition durch seine Basisüberzeugungen beweisen kann. Bei der Konzeptualisierung mit Hilfe der *Semantik möglicher Welten* ordnen wir jedem Agenten Mengen von möglichen Welten zu. Wir sagen genau dann, ein Agent sei von einer Proposition überzeugt, wenn diese Proposition in allen Welten gilt, die dem Agenten von seiner gegebenen Welt aus zugänglich sind. Für beide Konzeptualisierungen werden wir vollständige Semantiken vorstellen. Beide Konzeptuali-

sierungen sind von zentraler Bedeutung. Die erste stimmt jedoch
eher mit dem von uns für dieses Buch gewählten Ansatz überein.

Nachdem wir die Konzeptualisierung entwickelt haben, werden wir
dann eine Sprache definieren und so die Semantik dieser Sprache
auf dieser Konzeptualisierung aufbauen. Dabei wird es sinnvoll
sein, unsere Standardsprache des Prädikatenkalküls erster Stufe so
zu erweitern, daß wir auch Aussagen über Überzeugungen ausdrücken
können. Die dafür notwendigen Erweiterungen bringen sogenannte *Modaloperatoren* ins Spiel. In beiden Konzeptualisierung werden wir
sie verwenden.

Mit dem Gebrauch der Konnektive $\wedge$ und $\vee$ sind wir ja schon vertraut. Verknüpft ein Konnektiv, wie zum Beispiel $\vee$, zwei Formeln,
so bildet es eine neue Formel, deren Wahrheitswert von den Wahrheitswerten der Konstituenten und von den Eigenschaften von $\vee$ abhängt.

Die Aussagen über die Überzeugungen von Agenten repräsentieren
wir durch logische Formeln. In diesen Formeln werden allerdings
auch andere Formeln eingebettet sein (die für uns oder für den
Agenten die vom Agenten geglaubten Propositionen angeben.) In
unsere Sprache erster Stufe führen wir einen Modaloperator **B** für
die Darstellung von Aussagen über Überzeugungen ein. **B** nimmt zwei
Argumente: im ersten steht ein Term, der das Individuum bezeichnet, das die Überzeugung besitzt. Das zweite Argument ist eine
Formel, die die geglaubte Aussage ausdrückt. Möchten wir beispielsweise sagen, John glaubt, daß der Vater von Zeus Kronus sei,
so können wir dies schreiben als

$$\text{B(John, Vater\_von(Zeus, Cronus))}$$

Beachten Sie dabei, daß `Vater_von(Zeus,Cronus)` eine Formel ist.
Der aus **B**, John und `Vater_von(Zeus,Cronus)` gebildete Satz ist eine
neue Formel mit der intendierten Bedeutung: "John glaubt, Kronus
sei der Vater von Zeus."

Wir werden auch einen modalen Operator **K** für die Darstellung von Aussagen über Wissensinhalte einführen.[1] Die Aussage, daß John weiß, daß der Vater von Zeus Kronus ist, werden wir schreiben als

$$K(\text{John}, \text{Vater\_von}(\text{Zeus}, \text{Cronus})) \ .$$

Im laufenden Text werden wir auch manchmal statt $K(\alpha,\beta)$ die Abkürzung $K_\alpha(\phi)$ und anstelle von $B_\alpha(\alpha,\beta)$ die Abkürzung $B_\alpha(\phi)$ verwenden, dabei steht α für einen Agenten und ϕ für eine Formel.

Da man nichts wissen kann, was nicht wahr ist, muß **K** mit Hilfe von **B** über das Schema $K_\alpha(\phi) \equiv B_\alpha(\phi) \wedge \phi$ definiert werden. Zahlreiche Philosophen haben lange darüber diskutiert, wie man Wissen durch Glauben bzw. durch Überzeugungen darstellen könne. Diese Diskussionen sollen uns hier nicht weiter beschäftigen, wir werden einfach beide Konzepte benützen — manchmal behandeln wir sie dabei als Primitive[2].

Nun ist es an der Zeit, eine formalere Definition der Syntax dieser neuen Sprache anzugeben. Unsere erste Darstellung beruht auf der Aussagenkonzeptualisation.

9.2 DIE AUSSAGENLOGIK VON ÜBERZEUGUNGEN

Wir beginnen zuerst mit der Definition einer eingeschränkten Syntax der Sprache, mit der wir eine bestimmte Klasse von Sätzen über Überzeugungen ausdrücken wollen. Nachdem wir deren Grundzüge be-

---

[1] Die Namen **B** bzw. **K** für die Modaloperatoren kommen von den englischen Bezeichungen *belief* (Glauben, Überzeugung) und *knowledge* (Wissen). [Anm.d.Übers.]

[2] "Primitiv" steht hier für "elementar", im Sinne von "nicht komplex". [Anm. d.Übers.]

handelt haben, werden wir dann diese Syntax schrittweise weiter ausbauen. Dabei fangen wir mit dem Prädikatenkalkül erster Stufe an, den wir bis hierher in diesem Buch schon verwendet haben. Jede wohlgeformte Formel dieser Sprache wollen wir eine *herkömmliche* wohlgeformte Formel nennen (um sie von den wohlgeformten Formeln zu unterscheiden, die wir in diesem Abschnitt neu einführen werden). Unsere neue Sprache läßt nur die folgenden wohlgeformten Formeln zu:

(1) Alle herkömmlichen wohlgeformte Formeln sind wohlgeformte Formeln.

(2) Ist ϕ eine herkömmliche, geschlossene wohlgeformte Formel (eine ohne freie Variablen) und α ein Grundterm, dann ist **B**(α,ϕ) eine wohlgeformte Formel. Solche wohlgeformte Formeln nennen wir *Überzeugungsatome*.

(3) Sind ϕ und ψ beides wohlgeformte Formeln, dann sind auch alle Ausdrücke, die aus ϕ und ψ durch die normalen propositionalen Konnektive gebildet werden können, wohlgeformte Formeln.

Beachten Sie, daß die folgenden Ausdrücke keine wohlgeformten Formel sind:

(a) $\exists$x **B**(R,P(x))   (denn P(x) ist keine geschlossene wohlgeformte Formel).

(b) **B**(R1,**B**(R2,P(A)))   (denn **B**(R2,P(A)) ist keine herkömmliche wohlgeformte Formel).

(c) **B**(($\exists$x G(x,P(A))   (denn $\exists$x G(x)) ist kein Grundterm).

Die folgenden Ausdrücke sind dagegen wohlgeformte Formeln.

(d) **B**(R,($\exists$x P(x)))

(e) P(A) $\Longrightarrow$ **B**(R,P(A))

Später werden wir diese Syntax noch erweitern, um auch die Beispiele (a) und (b) in die Klasse der wohlgeformten Formeln aufzunehmen. Wir wollen aber zuerst die Semantik dieser eingeschränkten Sprache besprechen.

Die Semantik dieser Sprache basiert auf einer Konzeptualisierung, die auch die von den Agenten geglaubten Sätze mit einschließt. Wir beginnen mit der herkömmlichen Semantik einer Sprache erster Stufe, indem wir eine Abbildung zwischen den Elementen der herkömmlichen Sprache erster Stufe und den entsprechenden Objekten, Relationen und Funktionen der Domäne definieren. Für die herkömmlichen wohlgeformten Formeln können wir Wahrheitswerte definieren. Es bleibt uns also noch die Definition der Wahrheitswerte der Überzeugungsatome, d.h. der Ausdrücke der Form $B(\alpha,\phi)$. Mit diesen definieren wir dann über die herkömmliche Semantik der propositionalen Konnektive die Wahrheitswerte anderer wohlgeformter Formeln.

Daß die Eigenschaften der Semantik von Überzeugungsatomen auch ganz andere sein müssen als die der Semantik der klassischen Logik, ist uns einen kleinen Exkurs wert. In herkömmlichen Logiken erster (und höherer) Stufe hängen die Wahrheitswerte der Ausdrücke nur von den *Denotationen* ihrer Teilausdrücke ab. (Die Denotation eines Terms ist dasjenige Objekt, das er bezeichnet; die Denotation einer Relationskonstanten ist die Relation, die sie bezeichnet und die Denotation einer Formel ist ihr Wahrheitswert.) Würden wir daher den Regeln der klassischen Logik folgen, so hinge der Wahrheitswert von $B(\alpha,\phi)$ von dem Wahrheitswert von ϕ derart ab, daß ϕ durch jeden beliebigen Ausdruck ψ, der den gleichen Wahrheitswert wie ϕ besitzt wie ψ, ersetzt werden könnte, ohne daß sich der Wahrheitswert von $B(\alpha,\phi)$ selbst ändert. Diese Eigenschaft der klassischen Logik ist offensichtlich für den Umgang mit Modaloperatoren wie K und B ungeeignet. Ob ein Agent eine Proposition weiß oder sie nur glaubt, hängt sicherlich sowohl von der Proposition als auch von dem Wahrheitswert des Ausdrucks ab, dessen intendierte Bedeutung die Proposition darstellt.

Außerdem soll der Wahrheitswert eines Überzeugungs- oder Wissenssatzes bei der Ersetzung eines *Termes* durch einen anderen Term derselben Denotation nicht notwendigerweise erhalten bleiben. Beispielsweise denotieren **Zeus** und **Jupiter** dasselbe Individuum (den Vater). Ersetzen wir aber entweder **Jupiter** für **Zeus** oder **Saturn** für **Cronus**, so würden wir erwarten, daß sich der Wahrheitswert von **B(A,Vater_von(Zeus,Cronus))** ändert, falls **A** die griechische, aber nicht die römische Mythologie kennt.

Im allgemeinen können wir daher in Formeln einander äquivalente Ausdrücke *innerhalb* des **B**- (oder **K**-)Operators *nicht* austauschen. Wir sagen, daß diese Operatoren *opake* Kontexte eröffnen und daß Wissen und Überzeugungen *referentiell opak* sind. (Die herkömmlichen logischen Operatoren wie $\wedge$ und $\vee$ sind *referentiell transparent*. Innerhalb dieser Kontexte lassen sich äquivalente Ausdrücke ersetzen.) Die referentielle Opakheit von **B** und **K** muß also bei Logiken, die diese Operatoren enthalten, berücksichtigt werden.

Für die Definition der Semantik von **B** erweitern wir unseren Begriff der Anwendungsdomäne folgendermaßen. Innerhalb der Domäne identifizieren wir eine abzählbare Menge von *Agenten*. Jedem Agenten a ordnen wir eine Basismenge Δ_a von Überzeugungen zu, die aus herkömmlichen wohlgeformten Formeln und einer Menge ρ_a von Inferenzregeln besteht. Die aus dem Abschluß von Δ_a unter den Inferenzregeln aus ρ_a gebildete Theorie bezeichnen wir mit $\mathcal{T}_a$. Die Beweisbarkeit der Theorie eines Agenten a mit Hilfe der Inferenzregeln von a drücken wir durch das Symbol $\vdash_a$ aus. Daher gilt $P \in \mathcal{T}_a$ genau dann, wenn $\Delta_a \vdash_a P$. (Enthält unsere Sprache das Symbol A zur Bezeichnung des Agenten a, so weichen wir von dieser Notation ab und verwenden die Symbole $\vdash_A$, Δ_A, $\mathcal{T}_A$ und ρ_A anstelle von $\vdash_a$, Δ_a, $\mathcal{T}_a$ bzw. ρ_a.)

Die Grundlage dieser Semantik ist die Annahme, daß in einer Welt jeder schlußfolgernde Agent eine Theorie dieser (d.h. über diese) Welt besitzt, die aus herkömmlichen geschlossenen wohlgeformten Formeln besteht, die unter dem deduktiven Apparat des jeweiligen schlußfolgernden Agenten abge- schlossen sind. Beachten Sie, daß wir nicht voraussetzen, die Theorie eines Agenten sei unter der logischen Implikation abgeschlossen, sondern nur, daß sie unter den Inferenzregeln des schlußfolgernden Agenten abgeschlossen sei. Ein Agent kann ja unter Umständen eine unvollständige Menge von Inferenzregeln besitzen, seine Theorie wäre dann nicht logisch abgeschlossen. Diese Unterscheidung ist für Schlußfolgerungen über Agenten, die selbst nur begrenzte Fähigkeiten für Schlußfolgerungen besitzen, wichtig. Die Leistungsgrenzen eines Agenten zum Schlußfolgern kann man oft durch Einschränkungen der Inferenzregeln des jeweiligen Agenten angeben. Konstruiert beispielsweise ein Agent einen Beweis, der aus einer begrenzten Anzahl von Schritten besteht, so beziehen wir die Inferenzregeln auf einen Zählindex, der mitzählt, wie oft die Regeln angewendet worden sind. Soll ein Agent *logisch allwissend* sein, so brauchen wir bloß diesem Agenten eine vollständige Menge von Inferenzregeln bereitzustellen.

Für die Definition des Wahrheitswerts eines beliebigen Überzeugungsatoms schränken wir unsere Semantik so ein, daß der ersten Term eines Überzeugungsatoms einen Agent bezeichnet. $B(\alpha,\phi)$ ist also genau dann wahr, wenn ϕ in der dem durch *a* denotierten Agenten zugeordneten Theorie enthalten ist. D.h. ein durch *a* denotierter Agent glaubt die durch ϕ denotierte Proposition nur dann, wenn der Satz ϕ in seiner Theorie enthalten ist. Diese *aussagenlogische Semantik* ist konform mit den in diesem Buch entwickelten Gedanken. Die ganze Zeit schon nannten wir ja Formeln, die Informationen über die Welt ausdrücken, eine *Überzeugungsmenge*. Diese Sichtweise nutzen wir nun aus, um auszudrücken, was wir darunter verstehen wollen, wenn wir sagen, ein Agent sei von etwas überzeugt: Er ist genau dann von etwas überzeugt, wenn die entsprechende Formel in seiner Überzeugungsmenge enthalten ist.

Beachten Sie auch, daß, wie verlangt, die Semantik von **B** referentiell opak ist. Die Ersetzung eines äquivalenten Ausdruckes innerhalb des Kontextes eines **B**-Operators erhält nicht immer den Wahrheitswert, denn der äquivalente Ausdruck braucht ja nicht in der Theorie des Agenten enthalten zu sein. (Der Term ja kann nur ein Äquivalent in *unserer* Theorie sein.)

9.3 BEWEISMETHODEN

Da wir selten in der Lage sind, als Teile der Modelle unserer Sprache explizite Theorien über Überzeugungen zu bilden, betrachten wir jetzt Beweismethoden für die Umformung von Überzeugungssätzen. Die oben definierte Sprache besitzt eine besonders einfache vollständige Beweistechnik. Sie beruht auf dem Gedanken des *semantic attachment* eines *partiellen Modells* zu den Überzeugungen eines Agenten.[3] In ihrer einfachsten Form basiert diese Beweismethode auf der Idee, für den Beweis der Tatsache, daß ein Agent a, der von der durch ϕ denotierten Proposition überzeugt ist, auch die durch ψ denotierten Proposition glaubt, einen Deduktionsprozeß für $\phi \vdash_a \psi$ (mit den Inferenzregeln des Agenten) durchzuführen. Wie jede andere Anwendung von Inferenzregeln auch, ist natürlich dieser Deduktionsprozeß eine Berechnung, mit der wir von einem Ausdruck der Form $\mathbf{B}(\alpha,\phi)$ auf einen der Form $\mathbf{B}(\alpha,\psi)$ schließen kön-

---

[3] *Semantic attachment* ist sozusagen das Pendant zum *procedural attachment*, vgl. Kap.4. Da es im Deutschen keine sinnvolle Entsprechung gibt, die den technisch-formalen Charakter unterstreicht, lassen wir den Begriff unübersetzt. [Anm.d.Übers.]

nen. Diese Beweismethode setzt dabei voraus, daß wir (als Teil unseres Modelles) über Modelle der Deduktionsprozesse jedes einzelnen Agenten verfügen.

Diesen Gedanken halten wir in einer speziellen Inferenzregel
fest. Sie gleicht der Resolution und ist auch durch Formeln in der
Klauselform definiert. Bei der Umwandlung in die Klauselform gehen
wir davon aus, daß Überzeugungsatome Atome seien. Formeln innerhalb der **B**-Operatoren wandeln wir nicht um.

Das folgende Inferenzschema nennen wir *Attachment*. (α ist eine
Schemavariable, die durch jedes andere Symbol ersetzt werden kann,
das einen Agenten denotiert.)

Aus

$$\mathbf{B}(\alpha,\phi_1) \vee \psi_1$$

$$\mathbf{B}(\alpha,\phi_2) \vee \psi_2$$

$$\vdots$$

$$\mathbf{B}(\alpha,\phi_n) \vee \psi_n$$

$$\neg\mathbf{B}(\alpha,\phi_{n+1}) \vee \psi_{n+1}$$

und

$$\phi_1 \wedge \ldots \wedge \phi_n \vdash_a \phi_{n+1}$$

schließe auf

$$\psi_1 \vee \ldots \vee \psi_{n+1}.$$

Wir können diese Regel leichter verstehen, wenn wir erst einmal
einen Spezialfall betrachten, bei dem keine weiteren ψ_i vorliegen.
Für diesen Fall sagt die Regel, daß es für einen Agenten inkonsistent ist, die durch ϕ_i, $i = 1,\ldots,n$ denotierte und nicht die
durch ϕ_{n+1} denotierte Proposition zu glauben, wenn wir (mit den
dem durch a denotierten Agenten zugewiesenen Inferenzregeln) ϕ_{n+1}
aus $\phi_1 \wedge \ldots \wedge \phi_n$ beweisen können. Konolige [Konolige 1984] bewies
die Konsistenz und Vollständigkeit dieser sowie verwandter Regeln

von Logiken für Überzeugungen. Wir nennen diese Regel *Attachment-Regel*, weil wir bei ihrer Anwendung unser eigenes (dem Agenten zugewiesenes) Modell des Inferenzprozesses des Agenten benützen müssen.

Betrachten wir hierzu einige Beispiele. Zuerst erörtern wir ein Beispiel, bei dem keine ψ_i vorkommen. Angenommen, Nora glaubt $P \Rightarrow Q$, aber nicht Q. Nun wollen wir beweisen, daß Nora P nicht glaubt. Die folgenden Klauseln geben die bekannten Fakten und die Negation dessen an, was wir beweisen wollen.

1. $B(Nora, P \Rightarrow Q)$
2. $\neg B(Nora, Q)$
3. $B(Nora, P)$

Um den Widerspruch zwischen diesen Klauseln und der Attachment-Regel zu zeigen, bilden wir die Ableitung

$$(P \Rightarrow Q) \wedge P \vdash_{Nora} Q.$$

Wenn wir davon ausgehen, daß Nora diese Deduktion auch durchführen kann, so ist der Beweis dann vervollständigt.

Als weiteres Beispiel beachten Sie, daß wir aus $B(A, P(B)) \wedge (B{=}C)$ nicht $B(A, P(C))$ ableiten können. Es existiert einfach keine Deduktion, die mit den gegebenen Klauseln durchgeführt werden könnte. Ist allerdings $B(A, (B{=}C))$ gegeben, so können wir mit der Attachment-Regel in unserer Theorie und mit einer Inferenz über das Gleichheitsprädikat in $\vdash_A$ zeigen, daß die gegebenen Klauseln in Widerspruch stehen zu $\neg B(A, P(C))$.

Zum Schluß wollen wir noch die folgenden Axiome betrachten. Nehmen wir an, wir hätten

$$(\forall x\ R(x) \Rightarrow S(x)) \Rightarrow B(J, (\forall x\ R(x) \Rightarrow S(x))).$$

(Wenn alle Raben schwarz sind, so glaubt John, daß alle Raben schwarz sind.)

$$R(\text{Fred}) \implies B(J, R(\text{Fred}))$$

(Ist Fred ein Rabe, so glaubt John, daß Fred ein Rabe ist.)

$$\neg B(J, S(\text{Fred}))$$

(John glaubt nicht, daß Fred schwarz ist.)

In Klauselform heißt dies

1. $R(\text{Sk}) \lor B(J, (\forall x\ R(x) \implies S(x)))$
2. $\neg S(\text{Sk}) \lor B(J, (\forall x\ R(x) \implies S(x)))$
3. $\neg R(\text{Fred}) \lor B(J, R(\text{Fred}))$
4. $\neg B(J, S(\text{Fred}))$,

wobei Sk eine Skolemkonstante ist.

Mit der Attachment-Regel können wir entweder mit den ersten drei Klauseln oder mit der ersten und den letzten beiden Klauseln zeigen, daß $((\forall x\ R(x) \implies S(x)) \land R(\text{Fred})) \vdash_J S(\text{Fred})$ gilt. Setzen wir voraus, daß Johns Inferenzmechanismus diese einfache Deduktion zuläßt, so berechtigt uns die Attachment-Regel zu der Ableitung der folgenden zwei Konklusionen.

5. $\neg S(\text{Sk}) \lor \neg R(\text{Fred})$

(Entweder existiert ein spezielles nicht schwarzes Ding, oder Fred ist kein Rabe) und

6. $R(\text{Sk}) \lor \neg R(\text{Fred})$.

(Entweder gibt es einen besonderen Raben, oder Fred ist kein Rabe.)

Jede einzelne ist eine gültige Konklusion. Beide können zusammengefaßt werden zu

7. $(\neg S(\text{Sk}) \land R(\text{Sk})) \lor \neg R(\text{Fred})$.

(Entweder gibt es einen nicht schwarzen Raben, oder Fred ist kein Rabe.)

9.4 MEHRFACH EINGEBETTETE ÜBERZEUGUNGEN

Durch eine kleine Erweiterung der Syntax dieser Sprache können wir auch Aussagen über mehrfach eingebettete Überzeugungen (engl. *nested beliefs*) machen. Die folgenden Definitionen weichen von den früheren, restriktiveren insofern ab, als daß die Bedingung (2) jetzt für ϕ jede geschlossene wohlgeformte Formel zuläßt (anstatt wie oben nur die herkömmlichen wohlgeformten Formeln):

(1) Alle herkömmlichen wohlgeformte Formeln sind wohlgeformte Formeln.

(2) Ist ϕ eine geschlossene wohlgeformte Formel (eine ohne freie Variablen) und ist α ein Grundterm, so ist $B(\alpha, \phi)$ eine wohlgeformte Formel. Solche wohlgeformte Formeln werden *Überzeugungsatome* genannt.

(3) Sind ϕ und ψ beides wohlgeformte Formeln, dann sind auch alle Ausdrücke, die aus ϕ und ψ durch die normalen propositionalen Konnektive gebildet werden können, wohlgeformte Formeln.

Nach dieser Änderung sind nun auch Ausdrücke wie $B(R1, B(R2, P(A)))$ wohlgeformte Formeln.

Die Semantik dieser Sprache ist die gleiche wie vorher, ausgenommen, daß wir jeder Theorie $\mathcal{T}$, die einem Agenten zugeteilt ist, eine entsprechende Menge wohlgeformter Formeln zuordnen (statt wie bisher nur herkömmliche wohlgeformte Formeln.)

Bei der Untersuchung der Beweismethoden für diese erweiterte Sprache können wir voraussetzen, daß jeder Agent unter seinen Inferenzregeln auch eine Attachment-Regel besitzt. Mit dieser Voraussetzung können wir (bei der Berechnung von $\phi_1 \wedge \ldots \wedge \phi_n \vdash_a \phi_{n+1}$) die Attachment-Regel in das Deduktionssystem des Agenten a_j zu dessen Inferenzregeln aufnehmen. So wie wir für die Schlußfolgerungen über die Überzeugungen a_i *unser* Modell der Inferenzprozeduren des Agenten a_i verwendet haben, so müssen wir auch bei der Ausführung des *mehrfach eingebetteten Attachments* (engl. *nested attachment*), das bei den Schlußfolgerungen des Agenten a_i über das Wissen des Agenten a_j nötig ist, unser Modell des Modells von a_i über die Inferenzprozeduren von a_j benützen. Für die bei diesen eingebetteten Attachment-Regeln auftretende Inferenzprozedur verwenden wir das Symbol $\vdash_{ai,aj}$. Beim eingebetteten Attachment enthalten die Beweise diejenigen Inferenzregeln, von denen wir glauben, daß a_i glaubt, a_j würde sie verwenden. Solange wir die auf den jeweiligen Schachtelungsebenen benützten Inferenzprozeduren kennen, können wir die Attachment-Regel beliebig tief einbetten. Das Symbol $\vdash_{ai,aj,ak}$ bezeichnet dann Beweise, in denen unser Modell des Modells von a_i über das Modell, das a_j über die Inferenzregeln von a_k besitzt (usw.), verwendet werden.

Es gibt zahlreiche interessante Rätsel, die sich mit den Schlußfolgerungen von Agenten über die Schlußfolgerungen anderer Agenten befassen. Eines davon ist das sogenannte *Wise-Men-Puzzle*. Ein König teilt seinen drei weisen Männer mit, mindestens einer von ihnen hätte einen weißen Punkt auf der Stirn. In Wirklichkeit haben alle drei einen weißen Punkt auf der Stirn. Nehmen wir an, jeder der drei *Weisen* könne die Stirn der anderen, nicht aber seine eigene sehen und jeder der drei wüßte daher, ob die anderen einen weißen Punkt auf der Stirn haben. Es gibt zwar verschiedene Versionen dieses Rätsels, wir wollen aber davon ausgehen, daß der erste *Weise* sagt, "Ich weiß nicht, ob ich einen weißen Punkt auf meiner Stirn habe", und daß der zweite daraufhin sagt, "Ich weiß auch nicht, ob ich einen weißen Punkt habe." Mit unserer Logik können wir die in diesem Rätsel vorkommenden Überzeugungen formulieren und zeigen, daß der dritte Weise dann weiß, daß er den weißen Fleck auf der Stirn trägt.

Anhand einer einfacheren Version mit nur zwei Weisen erläutern wir die Darstellung der Glaubenssätze und zeigen den Verlauf des

Inferenzprozesses. Nennen wir die zwei Weisen A und B. Die folgenden Annahmen enthalten alle notwendigen Informationen, die aus der Beschreibung des Rätsels folgen:

(1) A und B wissen, daß jeder des anderen Stirn sehen kann.

Also gilt beispielsweise

(1a) Wenn A keinen weißen Punkt hat, dann weiß B, daß A keinen weißen Punkt hat,

(1b) A weiß (1a).

(2) A und B wissen beide, daß mindestens einer von ihnen einen weißen Punkt auf der Stirn hat und sie wissen auch, daß der andere dies weiß. Insbesonders gilt

(2a) A weiß, daß B weiß, daß entweder A oder B einen weißen Punkt hat.

(3) B sagt, er wisse nicht, ob er einen weißen Punkt hat. A weiß also, daß B es nicht weiß.

Die Aussagen (1b), (2a) und (3) formulieren wir in unserer Sprache für Überzeugungssätze.(Auch wenn wir das Wort "wissen" benützt haben, formalisieren wir es durch den **B**-Operator.)

1b. $\mathbf{B}_A(\neg \text{Weißer\_Punkt}(A) \implies \mathbf{B}_B(\neg \text{Weißer\_Punkt}(A)))$

2a. $\mathbf{B}_A(\mathbf{B}_B(\text{Weißer\_Punkt}(A) \lor \text{Weißer\_Punkt}(B)))$

3. $\mathbf{B}_A(\neg \mathbf{B}_B(\text{Weißer\_Punkt}(B)))$

Die Formel liegen in Klauselform vor. Es ist also zu beweisen: $\mathbf{B}_A(\text{Weißer\_Punkt}(A))$. Mit der Resolutionswiderlegung müssen wir daher zeigen, daß die Negation von $\mathbf{B}_A(\text{Weißer\_Punkt}(A))$ mit diesen Formeln inkonsistent ist. Nehmen wir zu den Inferenzregeln von A die Attachment-Regel hinzu, so läßt sich diese Inferenz durchführen. Durch Attachment ist also das folgende Beweisproblem entstanden.

$((\neg \text{Weißer\_Punkt}(A) \implies \mathbf{B} \ (\neg \text{Weißer\_Punkt}(A)))$

$$((\neg \text{Weißer\_Punkt}(A) \implies \mathbf{B} \ (\neg \text{Weißer\_Punkt}(A)))$$

$$\wedge \ \mathbf{B} \ (\text{Weißer\_Punkt}(A) \vee \text{Weißer\_Punkt}(B)) \wedge$$

$$\neg \mathbf{B}_B(\text{Weißer\_Punkt}(B))) \vdash_A \text{Weißer\_Punkt}(A)$$

Setzen wir für $\vdash_A$ sinnvolle Regeln voraus, so können versuchen, diesen Beweis (nachdem wir die Antezedenzen in die Klauselform umgewandelt haben) durchzuführen.

1b. $\mathbf{B}_B(\neg \text{Weißer\_Punkt}(A) \vee \neg \text{Weißer\_Punkt}(A)$

2a. $\mathbf{B}_B(\text{Weißer\_Punkt}(A) \vee \text{Weißer\_Punkt}(B))$

3. $\neg \mathbf{B}_B(\text{Weißer\_Punkt}(B))$

Wenn wir beweisen können, daß

$$(\neg \text{Weißer\_Punkt}(A) \wedge (\text{Weißer\_Punkt}(A) \vee \text{Weißer\_Punkt}(B)))$$

$$\vdash_{A,B} \text{Weißer\_Punkt}(B)),$$

dann folgt das gewünschte Ergebnis mit Attachment. Mit der Resolution ist dieser Beweis aber leicht durchzuführen, (sinnvolle Regeln für $\vdash_{A,B}$ vorausgesetzt). Damit haben wir dann auch unseren gesamten Beweis beendet.

Bei der Version mit den drei Weisen kommt noch eine zusätzliche Einbettungstiefe für die Schlußfolgerung hinzu. Die Lösungsstrategie ist aber die gleiche. Setzt man allgemein voraus, jeder $(k-1)$-erste Mann sage, er wisse nicht, ob er den Punkt habe oder nicht, so läßt sich auch das k-Weisen-Rätsel lösen.

9.5 QUANTIFIKATION IN MODALEN KONTEXTEN

In unseren bisherigen Beispielen operierten die Operatoren **K** und **B** nur in geschlossenen Formeln. Wendet man sie aber auf Formeln mit freien, von *außerhalb* des Operatorkontextes quantifizierten Variablen an, so entstehen daraus Probleme besonderer Art. In diesem

Falle sagen wir, daß wir *in* den Kontext des Modaloperators *hinein-
quantifiziert* haben. Wir erweitern nun unsere Sprache, um auch
Formeln wie (Qx) B$(\alpha,\phi(x))$ zuzulassen, wobei Q einer der Quantoren
∃ oder ∀ und $\phi(x)$ ein Schema wohlgeformter Formeln mit der freien
Variablen x ist.

Die Semantik dieser neuen Formeln ist relativ kompliziert und
bedarf einiger Erläuterungen. Betrachten wir daher einmal einen
Ausdruck wie

$$(∃x \ B(A,Vater\_von(Zeus,x))).$$

Auf diesen Ausdruck wenden wir eine Kombination der herkömmlichen
Semantik der existenzquantifizierten Sätze des Prädikatenkalküls
erster Stufe und unserer aussagenlogischen Semantik des B-Opera-
tors an. Die Formel $(∃x \ B(A,Vater\_von(Zeus,x)))$ ist immer dann
wahr, wenn es in unserer Domäne ein Objekt k gibt, so daß B(A,
Vater_von(Zeus,x)) wahr ist, wenn k durch x denotiert wird. Damit
nun auch entsprechend die Formel B(A,Vater_von(Zeus,x)) den Wert
wahr hat, falls x (nach unserer aussagenlogischen Semantik für B)
k denotiert, muß es in der Theorie von A eine geschlossene Formel
der Form Vater_von(Zeus,C) geben, wobei C ein Term ist, der für
den Agenten A das Objekt k denotiert.

Bei diesem Ansatz besitzt jeder Agent a_i eine eigene Abbildung
zwischen den Termen und den Domänenobjekten. Allerdings kann es
aber auch innerhalb der Domäne Objekte geben, für die ein Agent
keine Objektkonstanten besitzt. (Dann "weiß der Agent über diese
Objekte nichts".)

Auch wenn für alle Agenten (und auch für uns) die Denotation
der Terme die gleiche ist, so brauchen wir dennoch eine Möglichkeit, um auf die Konstanten zu referieren, die von den Agenten zur
Denotation der Objekte benützt werden (die von den Agenten benützten Konstanten müssen ja nicht in unserer eigenen Theorie enthalten sein). Betrachten wir einmal die Formel $(∃x \ B(A,P(x)))$. Angenommen, wir skolemisieren diese Formel, indem wir die existenz-

quantifizierte Variable durch eine Skolemkonstante **Sk** ersetzen. **Sk** denotiert dann ein Objekt — *wir* wissen nicht welches, aber **A** weiß es! (Wir wissen aber, daß **A** weiß, welches Objekt **Sk** denotiert, denn die Semantik von **B** sagt uns, daß es in der Theorie von **A** einen Ausdruck der Form P(*C*) gibt, so daß *C* genau das denotiert, was auch **Sk** denotiert.) Zur Denotation dessen, was **Sk** denotiert, benötigen wir eine besondere Konstante. Wir führen hierzu einen speziellen Operator ● ein, den sogenannten *Bullet-Operator*. Er überführt jeden Term innerhalb des Kontextes von **B** in eine Konstante, die für den Glaubenden dasjenige denotiert, was der Term auch für uns denotiert. Die skolemisierte Form von $(\exists x\ \mathbf{B}(\mathbf{A},\mathbf{P}(x)))$ lautet dann $(\exists x\ \mathbf{B}(\mathbf{A},\mathbf{P}(●\mathbf{Sk})))$. Setzen wir voraus, daß **A** für jedes Objekt aus der Domäne eine Objektkonstante besitzt, dann können wir die skolemisierte Form von $(\exists x\ \mathbf{Q}(x) \wedge \mathbf{B}(\mathbf{A},\mathbf{P}(x)))$ schreiben als $\mathbf{Q}(\mathbf{Sk}) \wedge \mathbf{B}(\mathbf{A},\mathbf{P}(●\mathbf{Sk}))$. (Die umgangsprachliche Interpretation dieses zweiten Satzes lautet: Es gibt ein Objekt, das wir mit der Skolemkonstanten bezeichnen, weil wir nicht wissen, welches Objekt dies ist, das aber die Eigenschaft Q erfüllt. Von diesem Objekt glaubt **A** — für das **A** eine Objektkonstante besitzt —, es erfülle die Eigenschaft P.)

Es ist sinnvoll, eine besondere Klasse von Konstanten, die sogenannten *Standardnamen*, einzuführen, die für alle Agenten und auch für uns, dieselben Objekte in der Domäne, denotieren. Ist eine Konstante *C* ein Standardname, dann gilt ●*C* = *C*. Weil Skolemkonstanten keine Standardnamen sind, erzeugt unabhängig von der Denotation der Skolemkonstante die Anwendung des Bullet-Operators auf eine Skolemkonstante *den* Standardnamen.

Jetzt können wir die Semantik von $(\exists x\ \mathbf{B}(\alpha,\phi(x)))$ formaler angeben: Ein Ausdruck dieser Form ist genau dann wahr, wenn es in der Domäne ein Objekt *k* gibt, für das in der Theorie des Agenten α ein Ausdruck der Form $\phi(C)$ enthalten ist, in dem *C* für α das Objekt *k C* denotiert.

Beachten Sie, daß bei diesem Ansatz der Semantik der Quantifikation in modale Kontexte hinein (und mit der Annahme, daß α eine Existenzgeneralisierung durchführen kann) das Schema

$$(\exists x \, B(\alpha,\phi(x))) \implies B(\alpha,(\exists x \, \phi(x)))$$

gültig ist. (Falls α glaubt, es existiere ein bestimmtes Objekt, das ϕ erfüllt, dann glaubt α sicherlich auch, daß es *irgendein* Objekt gibt, daß ϕ erfüllt.) Die Umkehrung gilt allerdings nicht.

Für den Fall, daß unsere Agenten nicht für alle Domänenobjekte Objektkonstanten besitzen, benötigen wir eine Möglichkeit, auszudrücken, für welche Objekte sie Namen haben. Wir verwenden die Formel $I(\alpha,x)$, um das Faktum darzustellen, daß der Agent α für das von uns durch x denotierte Objekt einen Namen besitzt. In dieser Notation ist $B(A,P(\bullet Sk)) \wedge I(A,Sk)$ die skolemisierte Form von $(\exists x \, B(A,P(x)))$. (Falls wir die vereinfachende Annahme zulassen, daß der Agent A für alles, für das wir einen Namen haben, auch einen Namen hat, so ist $I(A,x)$ identisch wahr für alle x.)

Was machen wir aber mit Ausdrücken der Form $(\forall x \, B(\alpha,\phi(x)))$? Gemäß der Semantik von $\forall$ und B ist solch ein Ausdruck genau dann wahr, wenn es für jedes Domänenobjekt k_i in der Theorie von a einen Ausdruck der Form $\phi(C_i)$ gibt, wobei jedes C_i für α ein k_i denotiert. Besitzt der durch α denotierte Agent für alle Objekte aus unserer Domäne Objektkonstanten (und enthalten die Inferenzregeln von a auch die Universaleinführung), so gilt die *Umkehrung der Barcan-Formel*:

$$B(\alpha,(\forall x \, \phi(x))) \implies (\forall x \, B(\alpha,\phi(x))).$$

Besitzt der durch α denotierte Agent nur für alle Objekte aus unserer Domäne und für keine anderen Objekte Objektkonstanten, so liegt die *Barcan-Formel* selbst vor:

$$(\forall x \, B(\alpha,\phi(x))) \implies B(\alpha,(\forall x \, \phi(x)))$$

Mit diesen beiden Schemata kann man Aussagen über das Vokabular der Objektkonstanten der Agenten machen.

9.6 BEWEISMETHODEN FÜR QUANTIFIZIERTE ÜBERZEUGUNGEN

Wir wollen jetzt die oben angegebene Definition der Attachment-Regel so erweitern, daß wir sie auch bei Sätzen über Überzeugungen anwenden können, die freie, außerhalb des Glaubensoperators quantifizierte Variablen enthalten. Die formale Erweiterung ist eine subtile Angelegenheit, wir können hier nur direkt eine informelle Darstellung geben. (Für weitere Details vgl. [Konolige 1984].)

Zur Motivierung betrachten wir das folgende Beweisproblem.

$$(\exists x\ B_A(P(x)))\ \implies\ B_A(\exists x\ P(x))$$

Für die Realisierung des Widerspruchs negieren wir diesen Ausdruck und wandeln ihn in seine Klauselform um. Wir erhalten also

$$(\exists x\ B_A(P(x)))\ \wedge\ \neg B_A(\exists x\ P(x)).$$

Nach einer Skolemisierung erhalten wir die folgenden Klauseln.

$$I(A, Sk)$$
$$B_A(P(\bullet Sk))$$
$$\neg B_A(\exists x\ P(x))$$

An dieser Stelle würden wir gerne die Attachment-Regel anwenden, um so den Widerspruch zu erhalten. Das Problem ist aber, was sollen wir bei der entsprechenden Deduktion mit dem Bullet-Term machen? Der Bullet-Operator ist ein Konstrukt *unserer* eigenen Sprache, mit dem *wir* auf solche Objekte referieren können, auf die die Sprache des Agenten referiert. Aber jetzt wollen wir eine Sprache und Inferenzprozeduren verwenden, die unserem Modell des Inferenzprozesses des Agenten entsprechen. Dafür benötigen wir aber in dieser Sprache Terme, die an die Stelle der mit dem Bullet-Operator versehenen Terme unserer Sprache treten. Außerdem müssen wir aufpassen, daß wir diese Terme nicht mit anderen Termen (in unserem eigenen Modell) der Sprache des Agenten verwechseln.

Zu diesem Zweck führen wir eine spezielle Funktionskonstante G_A ein, die nur bei der Ausführung einer Deduktion in einem dem Agenten A durch Attachment zugewiesenen Modell seines Inferenzprozesses verwendet wird. Bei dem Attachment zu dem Überzeugungsatom $B_A(\phi(\bullet t))$, wobei t ein beliebiger Term ist, bilden wir in der A zugewiesenen Theorie den Ausdruck $\phi(G_A(t))$. Somit nimmt G_A in der A über Attachment zugewiesenen Theorie die Stelle des Bullet-Operators ein. Salopp gesprochen, lassen wir G_A in der A durch Attachment zugewiesenen Theorie all das denotieren, was wir mit t denotieren. Mit der vereinfachenden Annahme, daß der Agent die gleiche Objektkonstante benützt wie wir, gilt dann $G_A(t) = t$ für alle t.

Wir fahren nun mit unserem Beispiel fort. Wenn wir also beweisen können, daß

$$P(G_A(Sk)) \vdash_A \exists x\, P(x) \quad,$$

dann können wir auf die letzten zwei Klauseln die Attachment-Regel anwenden, um den gewünschten Widerspruch zu erzeugen. Nehmen wir daher an, der Agent A könne diese Deduktion durchführen, dann erhalten wir unseren Widerspruch und haben damit erreicht, was wir beweisen wollten.

Die gleiche Technik läßt sich auch bei Überzeugungsatomen anwenden, die eine freie, außerhalb des Glaubensquantors allquantifizierte Variable enthalten. In diesem Fall ersetzen wir die freie Variable bei der Überführung in die Klauselform durch eine Variable ohne Bullet-Operator. Bei der Anwendung der Attachment-Regel wird die Bullet-Variable im G-funktionalen Ausdruck zu einer Schemavariablen. Wir versuchen dann solche Instanzen der Schemavariablen zu finden, mit denen wir die durch das Attachment zugewiesene Deduktion ausführen können. Diese Substitutionsinstanzen wenden wir dann auf die durch die Attachment-Regel abgeleitete Klauseln an.

Wir wollen diesen Ansatz anhand eines Beispiels erläutern. Aus $(\exists x \, \neg B_A(P(x)))$ und $(\forall x \, (B_A(P(x)) \vee B(Q(x))))$ wollen wir $B_A(\exists x \, Q(x))$ beweisen. Hierzu wandeln wir die Prämissen in die Klauselform

$$\neg B_A(P(\bullet Sk)) \wedge I_A(Sk)$$
$$(B_A(P(\bullet x)) \vee B_A(Q(\bullet x))) \wedge I_A(x)$$

um, wobei $I_A(\phi)$ eine Abkürzung für $I(A,\phi)$ ist. Ordnen wir diese Klauseln um, und addieren die negierte Zielklausel hinzu, so erhalten wir:

1. $I_A(x)$
2. $I_A(Sk)$
3. $B_A(P(\bullet x)) \vee B_A(Q(\bullet x))$
4. $\neg B_A(P(\bullet Sk))$
5. $\neg B_A(\exists x \, Q(x))$.

Auf Klausel 3 und 4 wenden wir die Attachment-Regel an. Die durch das Attachment zugewiesene Deduktion ist

$$P(G_A(\alpha)) \vdash_A P(G_A(Sk)) \quad ,$$

wobei α eine Schemavariable ist. Angenommen, die Regeln von A seien mächtig genug, diese Deduktion mit der Substitution $\{\alpha/Sk\}$ durchzuführen. Wenden wir also diese Substitution auf die verbleibenden Literale in Klausel 3 an, so läßt Attachment die Inferenz

$$B_A(Q(\bullet Sk))$$

zu.

Diese Klausel kann man nun zusammen mit Klausel 5 und der Attachment-Regel zum Aufbau der folgenden Deduktion verwenden.

$$Q(G_A(Sk)) \vdash_A \exists x \, Q(x)$$

Wenn man diese Deduktion ausführt (wir nehmen an, daß dies möglich ist), so ist der Beweis beendet und wir haben abgeleitet, was wir zu beweisen versuchten.

Die Barcan-Formel $\forall x\ B_A(P(x)) \Rightarrow B_A(\forall x\ P(x))$ können wir ohne zusätzliche Annahmen nicht beweisen. Die Negation dieser dieser Formel lautet in Klauselform:

$$I_A(x)$$
$$B_A(P(\bullet x))$$
$$\neg B_A(\forall x\ P(x))$$

Wir könnten versuchen, die Attachment-Regel auf die letzten beiden Klauseln anzuwenden, um so einen Widerspruch zu erzielen. Dies würde die folgende Deduktion aufbauen.

$$P(G_A(\alpha)) \vdash_A (\forall x\ P(x))$$

Diese Deduktion läßt sich aber nicht durchführen, außer wir würden die Äquivalenz von $G_A(\alpha) = \alpha$ für alle die α voraussetzen, die ein Objekt in der Domäne bezeichnen. Genau diese Voraussetzung ist aber für den Beweis der Gültigkeit der Barcan-Formel notwendig.

Wir können aber auch nicht die ungültige Formel

$$B_A(\exists x\ P(x)) \Rightarrow (\exists x\ B_A(P(x)))$$

beweisen. Die Umwandlung der Negation dieser Formel in die Klauselform ergibt:

$$B_A(\exists x\ P(x))$$
$$I_A(x)$$
$$\neg B_A(P(\bullet x))\ .$$

Der Versuch, einen Widerspruch aus der ersten und letzten Klausel abzuleiten, erzeugt die Deduktion

$$(\exists x\ P(x)) \vdash_A P(G_A(\alpha))\ ,$$

die sich nicht durchführen läßt, weil sich aus den Prämissen keine ableitbare Konklusion erzeugen läßt.

9.7 ZU WISSEN, WAS ETWAS IST

Nehmen wir einmal an, John weiß, daß Michael eine Telefonnummer hat. Wir können dies durch $B_J(\exists x\ TN(Michael,x))$ ausdrücken. Aus dieser Aussage wollen wir aber nun nicht auch schließen können, daß John weiß, *wie* die Telefonnummer von Michael lautet. Daß John aber unabhängig davon, wie die Telefonnummer von Michael lautet, weiß, daß sie die gleiche ist, wie die von Lennie, können wir dagegen sagen: $B_J(\forall x\ TN(Michael,x) \Longrightarrow TN(Lennie,x))$. Auch jetzt wollen wir wiederum nicht sagen, daß John die Telefonnummer von Lennie (oder die von Michael) kennt. Um sagen zu können, daß John die Telefonnummer kennt, müßten wir so etwas sagen (oder ableiten) können wie: "Es gibt eine Nummer und John weiß *von dieser Nummer*, daß sie Michaels Telefonnummer ist". Quantifizieren wir in den modalen Kontext hinein, so können wir dies über John aussagen, ohne die Nummer selbst dabei kennen zu müssen: $(\exists x\ B_J(TN(Michael,x))$.

Wenn wir zu dieser letzten Aussage noch die über Johns Wissen hinzufügen, daß egal wie die Nummer von Michael lautet, diese dieselbe ist wie die von Lennie, so können wir auch ableiten, daß John Lennies Telefonnummer weiß. Diese Deduktion führen wir jetzt als abschließendes Beispiel vor. Aus $(\exists x\ B_J(TN(Michael,x))$ und $B_J(\forall x TN(Michael,x) \Longrightarrow TN(Lennie,x))$ wollen wir $(\exists x\ B_J(TN(Lennie,x))$ beweisen. Die aus der negierten Konklusion und den Prämissen entstehenden Klauseln lauten:

1. $I_J(x)$
2. $\neg B_J(TN(Lennie,\bullet x))$
3. $I_J(Sk)$
4. $B_J(TN(Michael,\bullet Sx))$
5. $B_J(\forall x\ TN(Michael,x) \Longrightarrow TN(Lennie,x))$.

Die Attachment-Regel wenden wir auf die Klauseln 4, 5 und 2 an und bilden die folgende Deduktion. (α ist dabei eine Schemavariable.)

$$\begin{aligned}
& \text{TN(Michael},G_J(\text{Sk})) \wedge (\forall x\ \text{TN(Michael},x) \implies \text{TN(Lennie},x)) \\
& \qquad \vdash_J \text{TN(Lennie},G_J(\alpha))\ ,
\end{aligned}$$

Nehmen wir an, daß diese Deduktion durchführbar ist, so haben wir auch schon unseren Beweis.

9.8 LOGIKEN MÖGLICHER WELTEN

In diesem Abschnitt stellen wir eine andere wichtige Konzeptualisierung von Wissen vor. In unserer Konzeptualisierung nehmen wir jetzt noch die Objekte w_0, w_1, w_2, ..., w_i, ..., sogenannte *mögliche Welten* (*possible worlds*) auf. (Eine Konzeptualisierung muß nicht unbedingt auf Objekte beschränkt sein, die *wirklich existieren*. Sie kann auch Gegenstände enthalten, von denen wir es als sinnvoll erachten, ihre Existenz uns vorzustellen —— wie zum Beispiel Zahlen. Stören Sie sich im Moment nicht daran, daß Sie noch kein klares Bild davon haben, was mögliche Welten eigentlich sind, stellen Sie sie sich einfach als Alternativen zu der aktualen Welt vor.)

Mögliche Welten werden bei der Spezifikation der Semantik für Sätze mit dem Modaloperator **K** eine Schlüsselrolle spielen. Wir setzen voraus, daß die Sprache die gleiche ist wie die, die wir schon früher verwendet haben, nämlich eine herkömmliche Sprache erster Stufe, die durch **K**-Operatoren erweitert wird —— und die sowohl eingebettete Operatoren als auch mehrfaches modales Hineinquantifizieren zuläßt. Eine *herkömmliche wohlgeformte Formel* ist auch hier wiederum eine Formel ohne Modaloperatoren.

Zuerst definieren wir eine Semantik für die herkömmlichen wohlgeformten Formeln. Dabei sagen wir nicht mehr länger, eine wohlgeformte Formel sei absolut wahr oder falsch. Stattdessen führen wir den Begriff der Falschheit oder Wahrheit *bezüglich einer möglichen Welt* ein. Anstelle einer Interpretation, die aus einzelnen Mengen von Objekten, Funktionen und Relationen besteht, verwenden wir jetzt solche Mengen für jede einzelne mögliche Welt. Eine herkömmliche wohlgeformte Formel ϕ ist wahr bezüglich einer möglichen Welt w_i genau dann, wenn sie durch die zu w_i gehörenden Interpretation als wahr bewertet wird. (Natürlich können wir durch die Bewertung der wohlgeformten Formeln bezüglich zur aktualen Welt unsere frühere Vorstellung einer nicht-relativen Wahrheit weiter aufrechterhalten.) Salopp gesprochen, können wir sagen, daß der Ausdruck **Weiß(Schnee)** den Wahrheitswert wahr in w_0 und den Wahrheitswert falsch in einer imaginären Welt w_{16} hat (in der Schnee nämlich schwarz ist).

Bis jetzt ist es noch nicht ganz klar, wozu wir diese anderen Welten und die mit ihnen verbundenen Interpretation eigentlich benötigen. Wir werden sie aber für die Bewertung des Wahrheitswerts wohlgeformter Formeln mit Modaloperatoren brauchen. Zuerst führen wir aber noch einen wichtigen Begriff ein —— den Begriff des *Zugangs* zu einer Welt (engl. *accessibility*). Wir definieren eine *Zugangsrelation* $k(a,w_i,w_j)$ (engl. *accessibility relation*) zwischen Agenten und Welten. Ist $k(a,w_i,w_j)$ erfüllt, so sagen wir, die Welt w_j sei von der Welt w_i aus für den Agenten *a* zugänglich. Ein Wissensatom $K(\alpha,\phi)$ ist wahr bezüglich der Welt w_i genau dann, wenn ϕ wahr in *allen* möglichen Welten ist, die für den durch *a* denotierten Agenten von w_i aus zugänglich sind. Diese semantische Regel ist rekursiv auf jede wohlgeformte Formel anwendbar —— sogar auf solche mit eingebetteten Modaloperatoren. Für beliebige Formeln (solche, die aus komplexen Kombinationen von Wissensatomen und herkömmlichen propositionalen Konnektiven gebildet sind) ist die Semantik durch die gewöhnlichen rekursiven Regeln der Wahrheitswerte der Konnektive festgelegt.

Wir könnten uns eventuell vorstellen, auch eine ähnliche Zu-

gangsrelation *b* für Überzeugungssätze zu definieren. Wie wir aber
im nächsten Abschnitt noch sehen werden, impliziert die Semantik
möglicher Welten, daß Agenten logisch allwissend sind, d.h. daß
sie um alle logischen Konsequenzen ihres Wissens wissen. Obwohl
dies eine willkommene Idealisierung und daher für Wissen sehr angenehm ist, ist sie aber wohl offensichtlich ungeeignet für Überzeugungen. Wir beschränken uns daher bei der Diskussion der Semantik möglicher Welten nur auf Wissen.

Die intendierte Bedeutung von $K(\alpha,\phi)$ ist natürlich, daß der
durch α denotierte Agent die durch ϕ denotierte Proposition weiß.
Wir untersuchen jetzt, wie unsere Semantik möglicher Welten diese
intendierte Bedeutung unterstützt. Betrachten wir daher einen
(durch A denotierten) Wissenden. Nehmen wir an, A weiß die Wahrheit der durch P denotierten Proposition (in der Welt w_0). Die
Konzeptualisierung der möglichen Welten gibt diesen Zustand dadurch wieder, daß sie (in der Welt w_0) A einige Welten zuordnet,
in denen P wahr, und einige, in denen es falsch ist. Wir können
dann sagen, daß (in w_0) *alle* A *wissen*, daß es Welten geben kann,
in denen P wahr ist, und daß es Welten geben kann, in denen P
falsch ist. A kann nicht leugnen, daß diese verschiedenen Welten
nicht wirklich existieren könnten, da er ja (wie gesagt) nicht
wirklich weiß, ob P wahr oder falsch ist. Auf der anderen Seite,
falls A (in w_0) weiß, daß P wahr ist, dann muß P in *allen* Welten,
die mit A verbunden sind, den Wahrheitswert wahr haben. Die mit A
in einer Welt *assoziierten* Welten sind gerade diejenigen, die für
ihn aus seiner Welt heraus zugänglich sind. Wir beziehen uns nicht
explizit auf die Welt, in der ein Agent eine Proposition weiß,
sondern wir setzen einfach voraus, daß wir damit meinen, er wisse
die Proposition in der aktualen Welt w_0.

Diese Begriffe können besser an einem konkreten Beispiel
verdeutlicht werden. Angenommen, die Zugangsrelation verhält sich
für den Wissenden A wie in Abb. 9.1 durch die Pfeile dargestellt.

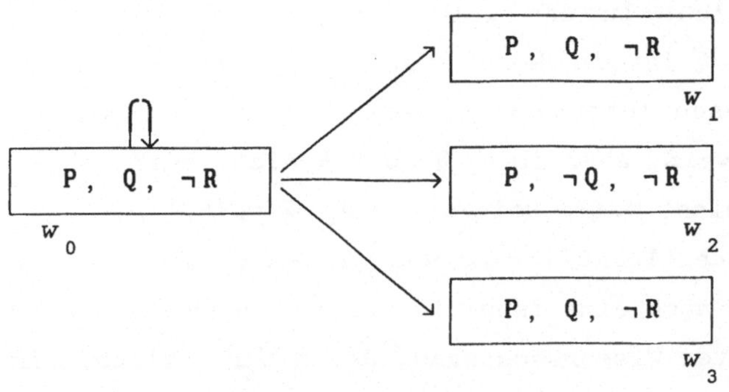

Abb.9.1 Die für **A** aus W_0 heraus zugänglichen Welten
(nach [Moore 1985a])

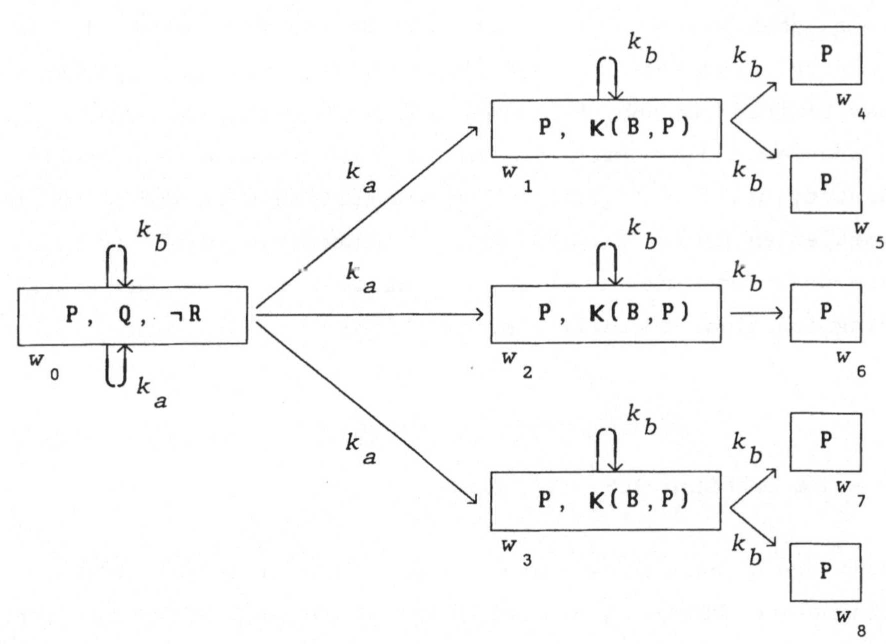

Abb.9.2   Die für **A** und **B** zugänglichen Welten (nach
[Moore 1985a])

Die Welten w_0, w_1, w_2, und w_3 sind also alle für A aus w_0 heraus zugänglich. In den Welten w_0, w_1, w_2 und w_3 ist P wahr und R falsch. Q ist in den Welten w_0, w_1, und w_3 wahr und in w_2 falsch. Mit diesen Informationen können wir nun schließen, daß in w_0 A P und ¬R weiß, aber in w_0 Q oder R nicht weiß. (Beachten Sie, daß in w_0 A R nicht weiß, weil er in w_0 ¬R weiß.)

Mit der Formulierung von Wissen durch eine Zugangsrelation haben wir auch eine intuitiv befriedigende Darstellung mehrfach eingebetteter Wissensaussagen. Sagen wir nämlich, (in der realen Welt w_0) wüßte ein (durch A denotierter) Agent, daß der Agent B die Proposition P weiß, so bedeutet dies das Gleiche als wenn wir sagen, K(B,P) habe in allen für A aus w_0 heraus zugänglichen Welten $\{w_i\}$ den Wahrheitswert wahr. Besitzt K(B,P) den Wahrheitswert wahr, so bedeutet dies dann natürlich, daß es in allen für B zugänglichen Welten P wahr ist. Wir können die Rolle, die die Zugangsrelationen bei eingebetteten Wissensaussagen spielen, durch das Diagramm in Abb. 9.2 wiedergeben. (Die Zugangsrelation für den Wissenden A ist durch die mit k_a gekennzeichneten Pfeile angedeutet; die für B gültige Zugangsrelation wird durch die mit k_b markierten Pfeile beschrieben.) Beachten Sie, daß P in allen Welten wahr ist, die für B aus den Welten, die auch für A aus w zugänglich sind, zugänglich sind.

9.9 DIE EIGENSCHAFTEN VON WISSEN

Wenn die K- und B-Operatoren unsere intuitiven Vorstellungen über Wissen und Überzeugungen wiedergeben sollen, so müssen sie auch bestimmte Eigenschaften besitzen. Viele dieser Eigenschaften lassen sich durch spezielle Randbedingungen angeben, die wir für die Zugangsrelation fordern. Da man von physikalisch realisierbaren

Agenten eher sagen kann, sie besäßen Überzeugungen und nicht so sehr Wissen, muß man die Eigenschaften von Wissen als Idealisierungen auffassen, die nicht unbedingt auch auf Überzeugungen übertragbar sind. Wir werden zuerst die Eigenschaften von Wissen besprechen und dann die von Überzeugungen behandeln.

Ein Agent sollte in der Lage sein, über sein Wissen schlußfolgern können. D.h. wenn der Agent α die durch ϕ denotierte Proposition und auch die durch $\phi \Longrightarrow \psi$ denotierte Proposition weiß, so weiß er dann auch die durch ψ denotierte Proposition. Diese Eigenschaft drückt das folgende Axiomenschema aus.

$$(K_\alpha(\phi) \wedge K_\alpha(\phi \Longrightarrow \psi)) \Longrightarrow K_\alpha(\psi) \qquad \text{(Axiom 9.1)}$$

Beachten Sie, daß dieses Axiomenschema manchmal in der äquivalenten Form

$$K_\alpha((\phi \Longrightarrow \psi)) \Longrightarrow (K_\alpha(\phi) \Longrightarrow K_\alpha(\psi))$$

geschrieben wird. Man nennt es auch *Distributionsaxiom*, weil es die Distribution des K-Operators über die Implikation zuläßt.

Die Semantik möglicher Welten impliziert für Wissen, daß ein Satz ϕ in jeder Welt w_2, die $k(a, w_1, w_2)$ erfüllt, wahr sein muß, falls ein Agent a in w_1 ϕ weiß. Nimmt man die Umkehrung davon an, so folgt als Konsequenz das Distributionsaxiom. Setzen wir nämlich voraus, daß ϕ in jeder Welt w_2, die $k(a, w_1, w_2)$ erfüllt, wahr ist, dann weiß a auch in w_1 ϕ. Somit folgt dieses Axiom direkt aus dem Ansatz der möglichen Welten —— unabhängig von irgendwelchen Bedingungen, die wir noch an k stellen werden.

Ein weiteres Axiomenschema, das uns auch nützlich erscheint, ist das sogenannte *Wissensaxiom*. Es besagt, daß ein Agent nichts Falsches *wissen* kann. Jemand kann zwar falsche *Überzeugungen* haben, aber falsches *Wissen* würde jede sinnvolle Definition von Wissen verletzten.

$$K_\alpha(\phi) \Longrightarrow \phi \qquad \text{(Axiom 9.2)}$$

Ist die Zugangsrelation (bei einem gegebenen Wissenden als zweistellige Relation aufgefaßt) *reflexiv*, d.h, gilt $k(a,w_1,w_1)$ für jeden Wissenden a und alle Welten w_1, so folgt daraus das Wissensaxiom. (Wenn a in w_1 ϕ weiß, so muß ϕ in w_1 wahr sein.)

(Axiom 9.2 impliziert, daß ein Agent keine Widersprüche weiß: $\neg K(\alpha,F)$. Diese Tatsache folgt sofort aus der Forderung, daß k *seriell* sein soll. Für einen bestimmten Wissenden a ist k seriell, wenn es für alle w_1 einige w_2 gibt, die $k(a,w_1,w_2)$ erfüllen. D.h. es gibt keine "Fallen" w_1, aus denen keine Welt mehr zugänglich ist. *Irgendeine* Welt ist immer kompatibel mit dem Wissen von a in w_1.)

Als dritte Eigenschaft scheint auch die Voraussetzung angemessen zu sein, daß falls ein Agent etwas weiß, er auch weiß, daß er dies weiß. Das *positive Introspektionsaxiom* gibt diese Eigenschaft wieder.

$$K_\alpha(\phi) \implies K_\alpha(K_\alpha(\psi)) \qquad \text{(Axiom 9.3)}$$

Das positive Introspektionsaxiom folgt aus einer *transitiven* Zugangsrelation, d.h., wenn für jedes a und alle w_1, w_2 und w_3 die Relationen $k(a,w_1,w_2)$ und $k(a,w_2,w_3)$ die Relation $k(a,w_1,w_3)$ implizieren. (Der Leser wird am Ende des Kapites in Übung 7 aufgefordert, dieses wie auch alle anderen Ergebnisse zu beweisen.)

Bei manchen Axiomatisierungen von Wissen behaupten wir auch, daß, wenn ein Agent etwas nicht weiß, er dies auch weiß — dies ist das *negative Introspektionsaxiom*.

$$\neg K_\alpha(\phi) \implies K_\alpha(\neg K_\alpha(\psi)) \qquad \text{(Axiom 9.3)}$$

Das negative Introspektionsaxiom folgt aus einer *euklidischen* Zugangsrelation. (k ist euklidisch, wenn für jedes a und alle w_1, w_2, w_3 die Relationen $k(a,w_1,w_2)$ und $k(a,w_1,w_3)$ die Relation $k(a,w_2,w_3)$ implizieren.)

(Ein weitere häufige Eigenschaft zweistelliger Relationen ist die Symmetrie. k ist symmetrisch, wenn $k(a,w_1,w_2)$ äquivalent ist zu $k(a,w_2,w_1)$. Man kann zeigen, daß eine symmetrische Zugangsrelation $\neg K(\alpha,\neg K(\alpha,\phi)) \implies \phi$ impliziert. Dies ist das Brouwer-Axiom. Es läßt durch einige noch weiter hinten erwähnte Axiomen ableiten. Vgl. Sie Übung 4 am Ende des Kapitels.)

Die nächste Eigenschaft, die wir fordern wollen, ist, daß jeder Agent alle diese Axiome weiß (genauso wie er auch alle anderen logischen Axiome weiß). Diese Eigenschaft können wir ausdrücken, indem wir zu unserer Logik eine weitere Inferenzregel hinzufügen. Diese Inferenzregel, *epistemische Necessitierung* genannt, erlaubt uns, $K_\alpha(\phi)$ abzuleiten, falls ϕ beweisbar ist. Sie läßt sich schreiben als:

$$\text{aus } \vdash \phi \text{ schließe auf } K_\alpha(\phi) \qquad \text{(Regel 9.5)}$$

Die Necessitierung folgt ebenfalls direkt aus der Semantik möglicher Welten. (Ist ϕ ein Theorem der Logik, so ist es wahr in *allen* möglichen Welten. Insbesonders ist es dann auch wahr in all den möglichen Welten, die für einen Agenten zugänglich sind. Der Agent weiß also auch ϕ.)

Regel 9.5 ist mit Vorsicht anzuwenden. Sie besagt, daß $K_\alpha(\phi)$ ableitbar ist, falls ϕ beweisbar (d.h. wenn ϕ ein Theorem) ist. Die Regel darf nicht dahin mißverstanden werden, daß sie die Inferenz von $K_\alpha(\phi)$ aus einigen *korrekten* oder aus der Konsequenz ϕ von korrekten Axiome gestatten würde. (Ein *korrektes* Axiom ist nicht dasselbe wie ein *logisches* Axiom. Letzteres ist unter allen Interpretationen gültig, während ersteres nur in einer Theorie über die Welt zur Darstellung eines Faktums oder einer allgemeinen Regel vorkommt.) Wir wollen also nicht sagen, daß ein Agent die Konsequenzen der korrekten Axiome unserer Theorie weiß.

Falls wir $K(\alpha,\phi)$ aus einem korrekten Axiom ϕ ableiten können, so ist auch (mit dem Deduktionstheorem) $\phi \implies K(\alpha,\phi)$ ableitbar. Man nennt dies manchmal ein *Beobachtungsaxiom*. Es besagt, daß ein Agent ϕ immer dann weiß, wenn ϕ zufällig in der Welt wahr ist (dies ist etwas anderes, als wenn man sagt, daß ein Agent ϕ immer dann weiß, wenn es ein logisches Theorem ist). Regel 9.5 besagt also nur, daß Agenten alle Konsequenzen ihrer *logischen* Axiome wissen.

Von einigen Agenten werden wir manchmal tatsächlich sagen wollen, sie wüßten, ob bestimmte Fakten wahr sind, weil sie über spezielle Mechanismen verfügen, die Wahrheit dieser Fakten wahrzunehmen. Nehmen wir beispielsweise an, Agent A besäße einen besonderen Wahrnehmungsapparat, mit dem er wissen kann, ob es regnet. Wir könnten dann die Beobachtungsformel **Regen** $\Longrightarrow$ **K(A, Regen)** aufstellen.

Da Modus Ponens die einzige Inferenzregel der propositionalen Logik ist, können wir aus Axiom 9.1 und Regel 9.5 schließen, daß ein Agent *alle* propositionalen Konsequenzen seines Wissen weiß, d.h. daß er *logisch allwissend* ist. Diese Tatsache läßt sich mit der folgenden Inferenzregel ausdrücken.

$$\text{aus } \phi \vdash \psi \text{ und aus } \mathbf{K}_\alpha(\phi) \text{ schließe auf } \mathbf{K}_\alpha(\psi) \qquad \text{(Regel 9.6)}$$

Eine äquivalente Formulierung dieser Regel ist:

$$\text{aus } \vdash \phi \Longrightarrow \psi \text{ schließe auf } \mathbf{K}_\alpha(\phi) \Longrightarrow \mathbf{K}_\alpha(\psi) \qquad \text{(Regel 9.7)}$$

Nach allem, was gesagt wurde, scheint die logische Allwissenheit für endliche Agenten, die nicht *alle* Konsequenzen dessen ableiten können, was sie explizit wissen, unrealistisch zu sein. Wenn ein Agent eine Proposition nicht ableiten kann (auch wenn sie aus ihm bekannten anderen Propositionen folgt), kann man dann wirklich sagen, er *wüßte* diese Proposition? Weiß jemand, der die Axiome der Zahlentheorie kennt, alle Theoreme? Es hängt ganz davon ab, was wir unter *wissen* verstehen wollen. Beispielsweise könnten wir ein platonisches Verständnis von Wissen haben, bei dem per definitionem ein Agent alle Konsequenzen seines Wissens *weiß* — auch wenn er sie nicht unbedingt explizit *glaubt*. Wenn also die logische Allwissenheit eine zu starke Forderung zu sein scheint, so ist sie doch als eine Näherung sinnvoll, denn intelligente Agenten führen ja zumindest *einige* Schlußfolgerungen durch. Aber ungeachtet dessen sind diese Belange für uns nicht sehr relevant, denn wir werden unser Hauptaugenmerk mehr auf Überzeugungen und nicht so sehr auf Wissen richten. Bei Überzeugungen werden wir daher die logische Allwissenheit nicht benötigen.

Aus der logischen Allwissenheit (Regel 9.6) können wir ableiten, daß

$$K(\alpha,\phi) \wedge K(\alpha,\psi) \iff K(\alpha,(\phi \wedge \phi)) \ .$$

D.h. der **K**-Operator distribuiert über Konjunktionen. Allerdings impliziert $K(\alpha,\phi) \vee K(\alpha,\psi)$ nicht $K(\alpha,(\phi \vee \psi))$. Wir können somit zwischen dem Wissen um eine Disjunktion von Wissensinhalten und einer Disjunktion von Wissensinhalten unterscheiden. Ebenso wird $\neg K(\alpha,\phi)$ durch $K(\alpha,\neg\phi)$ impliziert, aber nicht umgekehrt.

Durch den Ausdruck $K(\alpha,\phi) \vee K(\alpha,\neg\phi)$ können wir ausdrücken, daß ein Agent weiß, ob ϕ wahr oder falsch ist, ohne daß, wir wissen, ob ϕ wahr oder falsch ist. (Dies ist keine Tautologie.)

Zahlreiche Beweise lassen sich schon allein mit den Axiomen über die Eigenschaften von Wissen und mit der epistemischen Necessitierung (zusammen mit Modus Ponens) durchführen. Betrachten wir noch einmal das einfache Beispiel mit Nora. Nora weiß $P \Rightarrow Q$, aber sie weiß nicht Q. Mit unseren Axiomen können wir zeigen, daß Nora P nicht weiß.

1. $K_{Nora}(P \Rightarrow Q)$ gegeben
2. $K_{Nora}(P) \Rightarrow K_{Nora}(Q)$ Axiom 9.1
3. $\neg K_{Nora}(Q) \Rightarrow \neg K_{Nora}(P)$ Kontraposition
4. $\neg K_{Nora}(Q)$ gegeben
5. $\neg K_{Nora}(P)$ 3, 4, MP

Was wir hier als *Modallogiken des Wissens* bezeichnet haben, besteht aus zahlreichen Kombinationen der Axiome 9.1 bis 9.4 mit den

Axiomen der herkömmlichen propositionalen Logik, mit herkömmlichen
Inferenzregeln und mit der Regel 9.5. Die Axiome 9.1 bis 9.4 bilden für einen Agenten *A* ein System der Modallogik, das *S5* genannt
wird. Die Logiker haben den einzelnen modallogischen Systemen verschiedene Namen gegeben —— jedes besitzt andere Axiomenschemata.
Wenn wir Axiom 9.4 weglassen, so erhalten wir das System *S4*. Lassen wir die Axiome 9.3 und 9.4 weg, so erhalten wir das *System T*.
Lassen wir die Axiome 9.2, 9.3 und 9.4 weg, so bekommen wir das
System K.

Wir können aber nicht beliebig Axiome auswählen und zu einer
Logik des Wissens zusammenfügen. Die fünf Eigenschaften, die wir
für die Zugangsrelationen definiert haben (reflexiv, transitiv,
euklidisch und seriell) sind nicht voneinander unabhängig. Es gelten die folgenden Zusammenhänge:

P1: Symmetrie und Transitivität implizieren zusammen Euklidizität.

P2: Symmetrie, Transitivität und Serielität sind äquivalent zu
   der Vereinigung von Euklidizität und Reflexivität.

P3: Reflexivtät impliziert Serielität.

P4: Symmetrie impliziert Serielität.

Mit (*P2*) können wir zeigen, daß die Axiome 9.2 (Reflexivität)
und 9.4 (Euklidizität) zusammen Axiom 9.3 (Transitivität) implizieren. Wenn also Axiom 9.2 und Axiom 9.4 schon angeführt worden
sind, muß in *S5* das Axiom 9.3 nicht noch explizit betont werden.
Dies bedeutet natürlich auch, daß wir kein System haben können,
das die Axiome 9.2 und 9.4, aber nicht Axiom 9.3 enthält. Glücker-
licherweise können wir auf dem aufbauen, was die Logiker schon
über diese Systeme und ihre Eigenschaften wissen.

Betrachten wir Schluß noch einmal als Beispiel das Wise-Men-
Puzzle in der zwei Personen-Version, um zu zeigen, wie man bei In-

ferenzen über das Wissen von Agenten diese Axiomen verwenden kann. Wir führen hier noch einmal die Informationen an, die wir aus den Aussagen des Rätsels benötigen:

(1b) A weiß, daß, falls A keinen weißen Punkt hat, B weiß, daß A keinen weißen Punkt hat.

(2a) A weiß, daß B weiß, daß entweder A oder B einen weißen Punkt hat.

(3) A weiß, daß B nicht weiß, ob er einen weißen Punkt hat.

Die Aussagen (1b), (2a) und (3) stehen in den ersten drei Zeilen des folgenden Beweises von $K(A, \text{Weißer\_Punkt}(A))$.

1. $K_A(\neg\text{Weißer\_Punkt}(A) \implies K_B(\neg\text{Weißer\_Punkt}(A)))$

2. $K_A(K_B(\neg\text{Weißer\_Punkt}(A) \implies \text{Weißer\_Punkt}(B)))$

3. $K_A(\neg K_B(\text{Weißer\_Punkt}(B)))$

4. $\neg\text{Weißer\_Punkt}(A) \implies K_B(\neg\text{Weißer\_Punkt}(A))$ 1, Axiom 9.2

5. $K_B(\neg\text{Weißer\_Punkt}(A) \implies \text{Weißer\_Punkt}(B))$ 2, Axiom 9.2

6. $K_B(\neg\text{Weißer\_Punkt}(A) \implies K_B(\text{Weißer\_Punkt}(B)))$ 5, Axiom 9.1

7. $\neg\text{Weißer\_Punkt}(A) \implies K_B(\text{Weißer\_Punkt}(B))$ 4, 5

8. $\neg K_B(\neg\text{Weißer\_Punkt}(B) \implies \text{Weißer\_Punkt}(A))$ Kontraposition von 7

9. $K_A(\neg K_B(\text{Weißer\_Punkt}(B)) \implies \text{Weißer\_Punkt}(A))$ 1-5, 8, Regel 9.6

10. $K_A(\neg K_B(\text{Weißer\_Punkt}(B)) \implies K_A(\text{Weißer\_Punkt}(A)))$ Axiom 9.1

11. $K_A(\text{Weißer\_Punkt}(A))$ 3, 10 MP

Zur Ableitung der Zeile 9 benützen wir Regel 9.6, um auszusagen, daß A eine Konsequenz des Beweises (Zeile 8) aus den Prämissen (Zeilen 4 und 5) glaubt, wenn er diese Prämissen (Zeile 1 und 2) glaubt.

9.10 DIE EIGENSCHAFTEN VON ÜBERZEUGUNGEN

Obwohl unserer Ansicht nach sich die Semantik möglicher Welten für Überzeugungen nicht eignet, können wir aber doch einige interessante Eigenschaften von Überzeugungssätzen als Axiomenschemata festhalten, die wir dann mit denen von Wissen vergleichen können. Da ein Agent ja eventuell falsche Überzeugungen besitzen kann, wird eine Logik für Überzeugungsätze nicht das Wissensaxiom (Axiom 9.2) enthalten. Tatsächlich sind einige Leute der Meinung, der wesentliche Unterschied zwischen Glauben bzw. Überzeugungen und Wissen sei, daß ein Wissender auch über das Wissensaxiom verfüge. D.h. *wahre* Überzeugungen sind Wissen. Dieses Kriterium ist aber eine allzu großzügige Definition von Wissen, weil demnach ein Agent einige wahre Überzeugungen besitzen kann, die wir aber nicht als Wissen bezeichnen möchten. Jemand könnte beispielsweise *glauben*, es sei immer Mittag. Wir würden aber nicht sagen, daß er auch wirklich *weiß*, daß einmal am Tag Mittag ist. Eine einschränkendere Charakterisierung von Wissen durch den Begriff der Überzeugung ist, daß Wissen eine *berechtigte* wahre Überzeugung ist. Es ist allerdings schwierig, hinreichend genau anzugeben, wann ein Glaube berechtigt ist.

Da wir das Wissensaxiom nicht zugelassen haben, nehmen wir ein Axiom hinzu, das besagt, ein Agent glaube keine Widersprüche.

$$\neg B(\alpha, F) \qquad \qquad \text{(Axiom 9.8)}$$

Für eine Logik der Überzeugungssätze wäre es unangemessen, das Distributionsaxiom (Axiom 9.1) oder die Necessitierungsregel (Regel 9.5) zu enthalten, denn reale endliche Agenten glauben sicher nicht alle logischen Konsequenzen ihrer Überzeugungen, auch wenn ihre Überzeugungen unter den (unvollständigen) Inferenzregeln abgeschlossen sind.

Für Überzeugungen scheint es aber sinnvoll zu sein, ein dem positiven Introspektionsaxiom ähnliches Axiom anzugeben. Also:

$$B(\alpha,\phi) \implies B(\alpha,B(\alpha,\phi)) \qquad \text{(Axiom 9.9)}$$

Es scheint auch sicher zu sein, daß ein Agent, wenn er etwas glaubt, weiß, daß er etwas glaubt.

$$B(\alpha,\phi) \implies K(\alpha,B(\alpha,\phi)) \qquad (9.10)$$

Das negative Introspektionsaxiom scheint für Überzeugungen problematischer zu sein. Für einen Agenten kann es mit einem großen deduktivem Aufwand verbunden sein, festzustellen, daß er etwas nicht glaubt.

Würden wir aber über ein Axiom wie das Wissensaxiom verfügen, dann könnten wir $B(\alpha,\phi)$ aus $B(\alpha,B(\alpha,\phi))$ ableiten. Es scheint vernünftig zu sein, diese Ableitung (auch ohne das Wissensaxiom) zuzulassen, indem wir das Gegenteil von Axiom 9.9 aufnehmen, nämlich.

$$B(\alpha,B(\alpha,\phi)) \implies B(\alpha,\phi) \qquad (9.11)$$

Vertraut ein Agent den Überzeugungen anderer Agenten, so können wir sagen, ein Agent glaubt ϕ, wenn ein anderer Agent ϕ ebenfalls glaubt.

$$B(\alpha,B(\alpha,\phi)) \implies B(\alpha,\phi) \qquad (9.12)$$

9.11 DAS WISSEN VON AGENTENGRUPPEN

Oft enthalten die Schlußfolgerungen über Wissen auch eingebettete Wissenssätze. Im Wise-Men-Puzzle wußten beispielsweise wußten alle Weisen als Gruppe zusammen bestimmte Fakten und sie wußten auch, daß die anderen dies wußten, usw. Es gibt verschiedene Möglichkeiten, auszudrücken, daß eine endliche Gruppe G von Agenten ein

Faktum weiß. Für jede dieser Arten führen wir einen neuen Modaloperator[4] ein: $\mathbb{K}(G,\phi)$ soll bedeuten, daß die Gruppe G über das *implizite Wissen* ϕ verfügt. $\mathbb{K}(G,\phi)$ ist *wahr* genau dann, wenn es eine Menge von Formeln $\{\phi_i\}$ gibt, so daß $\{\phi_i\} \vdash \phi$ und es für jedes ϕ_i aus $\{\phi_i\}$ einen Agenten A_k aus G gibt, so daß $\mathsf{K}(A_k,\phi_i)$. Intuitiv kann man also sagen, eine Gruppe weiß ϕ genau dann implizit, wenn deren Agenten ϕ gemeinsam aus ihrem individuellen Wissen ableiten können.

$\mathsf{SK}(G,\phi)$ soll bedeuten, daß *einige* Agenten aus G die Proposition ϕ wissen, d.h.

$$\mathsf{SK}(G,\phi) \equiv \bigvee_{A_i \in G} \mathsf{K}(A_i,\phi)$$

$\mathsf{EK}(G,\phi)$ soll bedeuten, daß *jeder* Agent aus G die Proposition ϕ weiß, d.h.

$$\mathsf{EK}(G,\phi) \equiv \bigwedge_{A_i \in G} \mathsf{K}(A_i,\phi)$$

Wir können auch sagen, daß jeder Agent aus G $\mathsf{EK}(G,\phi)$ weiß. Dies bezeichnen wir mit $\mathsf{EK}^2(G,\phi)$. D.h.

$$\mathsf{EK}^2(G,\phi) \equiv \mathsf{EK}(G,\mathsf{EK}(G,\phi))$$

Die Aussage, daß jedes Mitglied der Gruppe weiß, daß jedes andere Gruppenmitglied wüßte, daß..., usw. läßt sich unendlich lange fortsetzen. Für $k \geq 1$ erhalten wir

$$\mathsf{EK}^{k+1}(G,\phi) \equiv \mathsf{EK}(G,\mathsf{EK}^k(G,\phi)) \; ,$$

wobei $\mathsf{EK}^1(G,\phi) \equiv \mathsf{EK}(G,\phi)$. Ist $\mathsf{EK}^k(G,\phi)$ wahr, so sagen wir, daß jedes Mitglied der Gruppe G die Proposition ϕ im k-ten Grad weiß.

$\mathsf{CK}(G,\phi)$ soll bedeuten, daß ϕ das *Gemeinschaftswissen* der Gruppe G ist. Eine Gruppe besitzt das Gemeinschaftwissen ϕ, wenn ϕ wahr

---

[4] Die Namen **SK**, **EK** und **CK** der folgenden Modaloperatoren stammen von den englischen Bezeichungen *some knowledge, every knowledge* und *common knowledge* her. [Anm.d.Übers.]

ist und jedes einzelne Mitglied von G die Proposition ϕ im k-ten Grad, für alle $k \geq 1$, weiß. D.h.

$$\mathbf{CK}(G,\phi) \equiv \phi \wedge \mathbf{EK}(G,\phi) \wedge \mathbf{EK}^2(G,\phi) \wedge \ldots \wedge \mathbf{EK}^k(G,\phi) \wedge \ldots$$

Diese Begriffe des Wissens einer Agentengruppe bilden eine Hierarchie:

$$\mathbf{CK}(G,\phi) \Longrightarrow \ldots \Longrightarrow \mathbf{EK}^k(G,\phi) \Longrightarrow \ldots \Longrightarrow \mathbf{EK}(G,\phi) \Longrightarrow$$
$$\mathbf{SK}(G,\phi) \Rightarrow \mathbf{K}(G,\phi) \Rightarrow \phi$$

Je nachdem wie die Agenten ihr Wissen untereinander austauschen, sind eventuell einige dieser Begriffe zueinander äquivalent. Haben zum Beispiel alle Agenten in der Gruppe an demselben Wissen teil, so gilt:

$$\mathbf{CK}(G,\phi) \Longleftrightarrow \ldots \Longleftrightarrow \mathbf{EK}^k(G,\phi) \Longleftrightarrow \ldots \Longleftrightarrow \mathbf{EK}(G,\phi) \Longleftrightarrow$$
$$\mathbf{SK}(G,\phi) \Longleftrightarrow \mathbf{K}(G,\phi)$$

Auch wenn $\mathbf{CK}$ ein "unendlicher" Operator ist, so können wir ihn (und $\mathbf{EK}$) dennoch als primitive Konzepte mit einer dem $\mathbf{K}$-Operator ähnlichen Axiomatisierung auffassen. (Aus Einfachheitsgründen lassen wir bei den folgenden Axiomen das Argument G weg.)

$$\mathbf{CK}(\phi) \wedge \mathbf{CK}(\phi \Longrightarrow \psi) \Longrightarrow \mathbf{CK}(\psi)$$
$$\mathbf{CK}(\phi) \Longrightarrow \phi$$
$$\mathbf{CK}(\phi) \Longrightarrow \mathbf{EK}(\mathbf{CK}(\phi))$$
$$\mathbf{CK}(\phi \Longrightarrow \mathbf{EK}(\phi)) \Longrightarrow (\phi \Longrightarrow \mathbf{CK}(\phi))$$

(Das letzte Axiom nennt man manchmal *Induktionsaxiom* für das Gemeinschaftswissen.)

Wir verfügen auch über die folgende Inferenzregel, die der epistemischen Necessitierung gleicht:

$$\text{aus } \vdash \phi \text{ leite } \mathbf{CK}(\phi) \text{ ab} \qquad (9.13)$$

Für das Gemeinschaftswissen läßt sich eine Semantik möglicher Welten angeben. Wir definieren für das Gemeinschaftswissen eine Zugangsrelation $c(g, w_1, w_2)$, die dann erfüllt ist, wenn die Welt

w_2 für die Gruppe G aus der Welt w_1 zugänglich ist. Für **CK** besagt die Semantik möglicher Welten, daß **CK**(G,ϕ) in der Welt w_i wahr ist, falls ϕ in allen Welten wahr ist, welche der durch G denotierten Gruppe (über c) zugänglich sind. Dabei ist es nützlich, sich einen fiktiven Wissenden (man nennt ihn manchmal *jeden Dummkopf*) vorzustellen, dessen Zugangsrelation dieselbe ist wie die der Gruppe. Das, was "jeder Dummkopf" weiß, kann man dann als (etwas schwächeres) Gemeinschaftswissen betrachten. (Weil aus dieser Definition nicht das Induktionsaxiom des Gemeinschaftswissen folgt, ist diese Formulierung etwas schwächer.)

Man kann sich fragen, warum im Wise-Men-Rätsel der König den weisen Männern mitteilen mußte, daß mindestens einer von ihnen einen weißen Punkt auf der Stirne hatte. Immerhin hatten ja alle drei einen weißen Punkt und jeder konnte den anderen sehen. Für jeden war es damit offensichtlich, daß es mindestens einen weißen Punkt geben mußte! Dies ist eine subtile, aber wichtige Frage, und ihre Beantwortung soll uns das Verständnis der Bedeutung des Gemeinschaftswissens erleichtern.

Zeile 2 wurde im Wise-Men-Rätsel aus der Tatsache abgeleitet, daß der König in Gegenwart aller sagte, es gäbe mindestens einen weißen Punkt. Obwohl Agent **A** (aus seinen Beobachtungen) weiß, daß es mindestens einen weißen Punkt gibt, wüßte **A** dennoch nicht, daß auch Agent **B** dies weiß –– wenn der König es nicht in Gegenwart aller gesagt hätte. Mit der Definition von **EK** konnte aus **EK**^{2}[Weißer_Punkt(**A**) $\vee$ Weißer_Punkt(**B**)] Zeile 2 abgeleitet werden. Auf ähnliche Weise können wir in der k-Wise-Men-Fassung zeigen, daß wir **EK**^{k} benötigen. Wenn wir voraussetzen, daß die Aussage des Königs den weisen Männern das *Gemeinschaftswissen* vermittelt, es gebe mindestens einen weißen Punkt, so genügt für **EK** der k-te Grad.

Der Begriff des Wissens einer Agentengruppe spielt eine zentrale Rolle bei Schlußfolgerungen über die Auswirkungen der Kommunikation von Agenten untereinander. Tatsächlich ist es so, daß die meiste Kommunikationen zwischen Agenten ihren Zweck darin hat, in "der Hierarchie" des Gruppenwissens aufzusteigen. Diese Gedanken fanden ihre Anwendung bei der Analyse verteilter Computersysteme und beim Verständnis natürlichsprachlicher Kommunikation zwischen Menschen. In letzterem Fall geht man davon aus, daß eine Äußerung in Gegenwart anderer Agenten dazu führt, daß diese Agenten anschließend das gemeinsame Wissen über den Inhalt dieser Äußerung besitzen.

9.12 GLEICHHEIT, QUANTIFIKATION UND WISSEN

Als nächstes wollen wir untersuchen, wie wir mit dem Modell der möglichen Welten einige der schon früher im Zusammenhang mit der Diskussion unseres aussagenorientierten Modells erörterten Probleme behandeln können. Eines dieser Probleme betraf die Substitution innerhalb von Wissensaussagen. D.h. wir wollen aus (Cronus = Saturn), (Jupiter = Zeus) und $K(A, Vater\_von(Jupiter, Saturn))$ nicht logisch $K(A, Vater\_von(Zeus, Cronus))$ folgern. Betrachten wir nun die Darstellung dieser logischen Folgerung in der Semantik möglicher Welten. In der aktualen Welt w_0 ist die gegebene Aussage wahr. Mit dem Wissensaxiom (Axiom 9.2) wissen wir, daß $Vater\_von(Zeus, Cronus)$ in w_0 wahr ist und daher auch $Vater\_von(Jupiter, Saturn)$ wahr ist. Ist $K(A, Vater\_von(Jupiter, Saturn))$ in der aktualen Welt w_0 wahr, so bedeutet dies, daß $Vater\_von(Jupiter, Saturn))$ in allen für A aus w_0 zugänglichen Welten den Wert wahr besitzen muß. Dies ist aber nur dann möglich, wenn (Cronus=Saturn) und (Jupiter=Zeus) in allen für A aus w_0 zugänglichen möglichen Welten jeweils den Wert wahr besitzt. Damit diese Aussagen den Wert wahr haben können, muß A sie allerdings wissen. Wir können also nur dann auf $K(A, Vater\_von(Jupiter, Saturn))$ schließen, wenn

A diese Gleichheit weiß, ansonsten können wir dies nicht tun. (Bei dieser Analyse haben wir vorausgesetzt, daß die Relationskonstante "=" in allen möglichen Welten die Identitätsrelation denotiert.)

Eine Analyse der Semantik möglicher Welten hilft uns auch beim Verständnis der Bedeutung quantifizierter Wissensformeln. Bei Formeln wie $K(A,(\exists x\ \text{Vater\_von}(Zeus,x)))$ haben wir keinerlei Schwierigkeiten. Damit $(\exists x\ \text{Vater\_von}(Zeus,x))$ (in w_0) wahr ist, muß es in allen möglichen Welten wahr sein, die für A aus w_0 heraus zugänglich sind. D.h. in jeder dieser Welten muß es *irgendjemanden* geben, der der Vater von Zeus ist. Es braucht nicht einmal derselbe zu sein — eine milde Bedingung, nicht wahr? Da der Vater von Zeus in jeder der Welten von A ein anderer sein kann, würde es aber keinen Sinn geben, zu sagen, A *wüßte, wer* der Vater von Zeus sei. Er weiß bloß, daß es ein Indiviuum gibt, das der Vater von Zeus ist, und dies ist auch alles, was $K(A,(\exists x\ \text{Vater\_von}(Zeus,x)))$ aussagt.

Wie können wir aber nun ausdrücken, daß A weiß, wer der Vater von Zeus ist? Dies würde ja bedeuten, daß in jeder der für A aus w_0 heraus zugänglichen Welten der Vater von Zeus dasselbe Individuum sein müßte. In der Semantik möglicher Welten entspricht dem aber genau die Formel $(\exists x\ K(A,(\text{Vater\_von}(Zeus,x)))$ (falls man die naheliegende Denotation von Vater_von und von Zeus voraussetzt.) Wir geben jetzt eine semantische Beschreibung dieser Formel. In der Domäne gibt es ein Objekt k, so daß in jeder Welt w, die für A aus w_0 heraus zugänglich ist, die Formel $\text{Vater\_von}(Zeus,C_w)$ den Wert wahr hat, wobei C_w die Objektkonstante ist, die k in w zugeordnet ist. Obwohl k in jeder Welt verschiedene Namen haben kann, (in der einen könnte es Saturn, in der anderen könnte es Cronus sein), denotieren diese Namen in allen Welten dasselbe Objekt. Daher scheint es vernünftig, daß A weiß, *wer* der Vater von Zeus ist.

Bis jetzt ist es aber noch nicht einsichtig, warum überhaupt eine Objekt-, Funktions- oder Relationskonstante in verschiedenen

Welten unterschiedliche Denotationen besitzen soll. Damit $K(A,$ Weiß(Schnee)) ausdrücken kann, daß A weiß, daß in w_0 Schnee weiß ist, müssen wir sicherstellen, daß Schnee und Weiß in allen für A aus w_0 zugänglichen möglichen Welten dieselbe Denotation besitzen. Lassen wir nun in verschiedenen Welten verschiedene Denotationen für einen Term zu, so können wir Agenten modellieren, die über verschiedene Vorstellungen und Vokabulare verfügen. Diese Flexibilität erschwert aber andererseits auch die Notation und manchmal ist es einfacher anzunehmen, daß in allen Welten die Denotation der Terme dieselbe ist.

Falls in allen möglichen Welten die Interpretation eines Terms dieselbe ist, so nennt man diesen Term einen *starren Designator* (engl. *rigid designator*). Konstantensymbole, die starre Designatoren sind, sind Kandidaten für *Standardnamen* von Objekten — für Namen, die universal gebraucht und von allen Wissenden universal verstanden werden. Bei der Semantik der möglicher Welten wird angenommen, daß ein Agent weiß, wer oder was durch einen starren Designator denotiert wird. Normalerweise verstehen wir Ziffern wie 3 und π als starre Designatoren für die sie denotierten Zahlen. Plus(1, 2) braucht aber kein starrer Designator sein, außer, es hätte dieselbe Interpretation in allen möglichen Welten. Zum Beispiel können wir aus $K(A,(TN(Michael)=8540449))$ schließen, daß A die Telefonnummer von Michael weiß, falls 8440449 ein starrer Designator ist. Wenn aber A bloß weiß, daß Michaels Telefonnummer dieselbe ist wie die von Lennie (d.h. $K(A,(TN(Michael)=TN(Lennie)))$, so können wir nicht unbedingt schließen, daß A auch die Telefonnummer von Michael weiß. (In verschiedenen möglichen Welten könnten die Interpretationen von TN(Michael) ja verschieden sein.)

9.13 LITERATUR UND HISTORISCHE BEMERKUNGEN

In der philosophischen Logik und innerhalb der KI haben Schlußfolgerungen über das Wissen von Agenten eine lange Tradition. Innerhalb der Logik baut vieles auf Kripkes Semantik möglicher Welten auf [Kripke 1963, Kripke 1971], die er für die Modallogik für Möglichkeit und Notwendigkeit entwickelt hat. Kripke zeigte den Zusammenhang zwischen den verschiedenen Axiomensystemen und den Bedingungen für die Zugangsrelation. Die Mengen möglicher Welten und die Zugangsrelationen zwischen ihnen werden oft *Kripkestrukturen* genannt. Modallogiken haben zahlreiche Anwendungen gefunden: so gibt es epistemische (Wissens-) und doxastische (Glaubens-)Logiken, modale Zeitlogiken, modale deontische Logiken (die Pflichten beschreiben), modale dynamische Logiken (sie werden zur Untersuchung der Semantik von Computerprogrammen eingesetzt) und viele andere mehr. [Hughes 1968] ist ein klassischer Text über Modallogiken.

(Über den ontologischen Status von möglichen Welten — ob also diese wirklich existieren oder nicht — gab es viele Diskussionen. Da wir den Standpunkt einnehmen, daß das was "existiert", genau die von uns *erfundenen*, für unsere Konzeptualisierung als sinnvoll erachteten Objekte sind, betrachten wir viele der philosophischen Argumentationen über mögliche Welten als bedeutungslos. Für einen Querschnitt der bei diesen Diskussionen angeschnittenen Themen vgl. [Stalnaker 1985].)

In seinen Modallogiken über Wissen und Überzeugung verwendete Hintikka [Hintikka 1962, 1971] ähnliche Begriffe wie Kripke in seiner Semantik möglicher Welten. Sie bilden die Grundlage für unseren Abschnitt 9.8. Moore [Moore 1979, 1985a] zeigte dann, wie sich diese Semantik in der herkömmlichen (nicht-modalen) Logik erster Stufe verstehen ließ. Das wesentliche Ergebnis von Moore war, daß er zeigte, wie diese Methoden des Schlußfolgerns über Wissen sich mit ähnlichen Techniken des Schlußfolgerns über Aktionen kombinieren lassen. Appelt [Appelt 1985a, 1985b] setzte die Methode von Moore in einem Planungssystem für die Erzeugung natürlichsprachlicher Sätze ein. Diese Sätze waren dabei von einem "Sprecher" so berechnet worden, daß sie einen bestimmten Einfluß auf die "kognitive Struktur" eines "Hörers" ausüben sollten.

Halpern [Halpern 1985, 1987] konzentrierte sich auf die Semantik möglicher Welten und bot einen sorgfältigen Überblick über die Modallogiken von Wissen und Überzeugung. Halpern und Moses diskutierten die Anwendungen dieser Logiken in verteilten Systemen [Halpern 1984]. Unsere Darstellung des gemeinsamen Wissens beruht auf der von Moses [Moses 1986].

Uns sagt die aussagenorientierte Semantik einer Logik von Überzeugungssätzen mehr zu als die Semantik der möglichen Welten. Sie entspricht eher unserer Auffassung, daß das Wissen eines Agent

wirklich aus deklarativen Sätzen besteht und sie läßt sich auch
gut auf die Modellierung von Schlußfolgerungen mit endlichen Kapazitäten übertragen. Unsere Darstellung der Satzsemantik und der
Beweismethoden ist den Arbeiten von Konolige [Konolige 1984, 1985]
entnommen (Er beschreibt auch Bedingungen, unter denen seine Satzlogik den Modalsystemen K, T, $S4$, und $S5$ entspricht.)

Haas [Haas 1986] gab eine alternative (nicht-modale) Satzlogik
für Wissen und Überzeugung an, die auf der sogenannten *Zitatkon-
vention* beruht. Ein Agent A glaubt P genau dann, wenn A unter
Sätzen eine Zeichenkette besitzt, die P denotiert. In Haas' Konvention denotiert "P" P. BEL(A, 'P') hat dann die intendierte Bedeutung: "Der durch A denotierte Agent glaubt die durch "P"
denotierte Proposition". Wir werden diese Konvention in Kapitel 10
verwenden. Vergleichen Sie hierzu auch [Perlis 1987].

Schlußfolgerungen über das eigene Wissen können uns auch zur
Untersuchung selbstbezüglicher Formeln und zu Versuchen führen,
die Wahrheit und Konsistenz dieser Formeln in der jeweiligen For-
melsprache zu beschreiben. Perlis hat auf diesem Gebiet eine sehr
interessante Arbeit vorgelegt [Perlis 1985].

Levesque [Levesque 1984] und Fagin [Fagin 1985] schlugen unabhängig voneinander Modifikationen der Semantik möglicher Welten
vor, die versuchten, Schlußfolgerungen mit endlichen Kapazitäten
zu berücksichtigen.

Die Quantifikation in modale Kontexte hinein war in der Logik
lange ein kontroverses Thema. Quine [Quine 1971] vertrat die Auffassung, daß Quantifikation in modale Kontexte hinein sinnlos sei,
obwohl wir der Ansicht sind, daß es (bei einer angemessenen Interpretation) durchaus verwendet werden kann, um auszudrücken, daß
jemand weiß oder glaubt, *etwas* sei der Fall, ohne daß wir angeben,
was der Fall. Moore [Moore 1979, 1985a] und Konolige [Konolige
1984, 1985] gaben gute Darstellungen dieses Begriffes für die Semantik möglicher Welten bzw. für die Aussagenlogik. Kripke [Kripke
1972] prägte den Begriff *starrer Designator* für solche Terme, die
in allen möglichen Welten dieselbe Denotation besitzen. Moore ver-
band die Standardnamen mit den starren Designatoren; er sagte: "Es
scheint unvermeintlich zu sein, daß Standardnamen starre Designatoren sind. Wenn von einem Agenten ein bestimmter Ausdruck zur
Identifikation eines Referenten für eine anderen Agenten verwendet
wird, dann darf es keine Möglichkeiten geben, daß sich der Ausdruck auf etwas anderes beziehen könnte. Anderenfalls könnte der
erste Agent nicht sicher sein, daß der zweite Agent in der Lage
wäre, diese Bedingungen auszuschließen" [Moore 1985a, S.332].

Der Bullet-Operator wurde von Konolige [Konolige 1984] vorgeschlagen. Geissler und Konolige [Geissler 1986, Konolige 1986] mo-
difizierten einen Resolutionstheorembeweiser für Theorembeweise in
der modalen Aussagenlogik von Überzeugungssätzen (die den Bullet-
Operator enthielten).

Es sind auch andere Ansätze zur Repräsentation von Aussagen

über Wissen und Überzeugung vorgeschlagen worden. McCarthy [McCarthy 1979a] zeigte, wie man verschiedene Probleme des Wissens und Glaubens lösen kann, indem man in seine Konzeptualisierung der Welt sowohl die *Konzepte* der alltäglichen Objekte als auch diese selbst aufnimmt.

Rosenschein und Kaelbing [Rosenschein 1986] schlugen die Verwendung einer modalen Sprache (die auf der Semantik möglicher Welten basiert) vor, um auszudrücken, was ein Entwickler einen Agenten wissen (oder glauben) lassen möchte. Anstatt dann diese Aussagen direkt für die Konstruktion der deklarativen Wissensbasis des Agenten zu verwenden, zeigten sie, wie man diese Beschreibungen als ein Finite-State-Modell des Agenten einsetzen kann. Auch wenn man in diesem Fall nicht mehr sagen würde, der Agent verfügte in seiner Implementation über einen bestimmten *Satz*, so kann man dennoch sagen, daß er dies oder jenes *glaubt*. McCarthy [McCarthy 1979b] hat ebenfalls Bedingungen diskutiert, unter denen man sagen könnte, eine Maschine *glaube* (auch eine ganz einfache) Dinge.

Ein von Halpern [Halpern 1986] herausgegebener Sammelband enthält verschiedene Aufsätze über die Repräsentation von und Schlußfolgerungen mit Wissen und Überzeugung.

ÜBUNGEN

1. *Man kann nicht zugleich ϕ und $\neg\phi$ wissen.* Beweisen Sie

$$K_\alpha(\phi) \implies \neg K_\alpha(\neg\phi)$$

2. *Resolution.* Zeigen Sie, daß eine Logik, die das Axiom 9.1 und die Regel 9.5 enthält auch die folgende Regel zuläßt:

$$(K_\alpha(L_1 \vee L_2) \wedge K_\alpha(\neg L_1)) \implies K_\alpha(L_2) \ ,$$

L_1 und L_2 positive Atome sind dabei. D.h. ein Agent kann sowohl die *Resolution* als auch Modus Ponens benützen.

3. *Konjunktion.* Beweisen Sie

$$K(\alpha,\phi) \wedge K(\alpha,\psi) \iff K(\alpha,(\phi \wedge \psi))$$

4. *Brouwer-Axiom.* Beweisen Sie im System *S5* das Brouwer-Axiom:

$$\neg K_\alpha(\neg K(\phi)) \implies \phi$$

Welche Axiome sind für den Beweis nötigt?

5. *Regel 9.7.* Beweisen Sie das Metatheorem aus Regel 9.7.

6. *Sam und John.* Angenommen, wir haben die folgenden Sätze:

$$B_J(B_S(P) \lor B_S(Q))$$

(John glaubt, daß Sam P glaubt oder daß Sam Q glaubt.)

$$B_J(B_S(P \Rightarrow R))$$

(John glaubt, daß Sam P $\Rightarrow$ R glaubt.)

$$B_J(B_S(\neg R))$$

(John glaubt, daß Sam $\neg$R glaubt.)

   a. Beweisen Sie $B_J(B_S(Q))$ mit der Attachment-Regel. Welche Annahmen haben Sie über die Inferenzfähigkeiten der Agenten
   gemacht?

   b. Ersetzen Sie **B** durch **K** in der gegebenen Formel und beweisen
   Sie $K_J(K_S(Q))$. Welche Axiome über die Eigenschafte von
   Wissen und welche Inferenzregeln haben Sie benützt?

7. *Eigenschaften der Zugangsrelation.*

   a. Beweisen Sie, daß eine reflexive Zugangsrelation zwischen
   möglichen Welten das Wissensaxiom $K_\alpha(P) \Rightarrow P$ impliziert.

   b. Beweisen Sie, daß eine transitive Zugangsrelation das positive Introspektionsaxiom impliziert.

   c. Beweisen Sie, daß eine euklidische Zugangsrelation das negative Introspektionsaxiom impliziert.

   d. Beweisen Sie, daß eine symmetrische Zugangsrelation das
   Brouwer-Axiom impliziert.

   e. Zeigen Sie, daß Axiom 9.1 aus dieser Aussage über die
   Semantik möglicher Welten folgt: Ist ϕ wahr in jeder für α
   aus w zugänglichen Welt, so ist $K(\alpha,\phi)$ wahr in w.

8. *Brouwer und Überzeugungssätze.* Ist die Geltung des Brouwer-
   Axioms auch bei Überzeugungssätze sinnvoll? Diskutieren Sie es.

9. *Ein Schwede zu Besuch.* Betrachten Sie den Satz "John glaubt,
   daß ein Schwede ihn besuchen wird." Für diesen Satz gibt es

zwei mögliche Interpretationen. In der einen glaubt John, daß ein bestimmtes Individuum ihn besuchen werde (vielleicht ist es ihm gar nicht bewußt, daß dies ein Schwede ist) und der Sprecher verwendet die Phrase "ein Schwede" zur Beschreibung dieses Individuum. Diese Interpretation nennen wir *de re* Lesart des Satzes.

In der anderen Interpretation, der *de dicto* Lesart des Satzes, glaubt John, daß irgend ein Schwede ihn besuchen werde (vielleicht weiß er nicht, wer diese Person ist). In diesem Fall ist "ein Schwede" Johns Beschreibung der Person, die ihn besuchen wird.

Formulieren Sie mit dem **B**-Operatordie *de re* und die *de dicto* Lesart des Satzes .

KAPITEL 10
META-WISSEN UND META-INFERENZ

MIT DEN IN KAPITEL 9 EINGEFÜHRTEN Begriffe können wir zwar Aussagen über die logischen Eigenschafen von Wissen und Überzeugungen machen, für eine Formalisierung des Inferenz*prozesses* eignen sie sich dagegen nicht. Für diesen Zweck müssen wir Ausdrücke, Teilausdrücke und Mengen von Ausdrücken als eigenständige Objekte unserer Diskurswelt behandeln können, so daß wir auch deren Manipulation und Umformungen im Verlauf einer Inferenz darstellen können. In diesem Kapitel stellen wir eine dafür geeignete Konzeptualisierung und ein Vokabular des Prädikatenkalküls vor. Wir werden zeigen, wie man dieses Vokabular für eine Beschreibung des Inferenzprozesses verwenden kann, und wir werden auch mehrere Verwendungsmöglichkeiten dieser Beschreibungen besprechen.

Eine formale Beschreibung des Inferenzprozesses ist aus dem Grund so wichtig, weil wir mit ihr Überzeugungssätze besser darstellen können. Wie wir schon in Kapitel 9 erwähnten, ist es unsinnig, anzunehmen, ein intelligenter Agent glaube auch den logischen Abschluß der Sätze seiner Datenbasis. Statt dessen ist es angebrachter, die Überzeugungen eines Agenten als diejenigen Sätze zu definieren, die er in einer vorgegebenen Zeit mit Inferenzprozeduren ableiten kann. Unsere Konzeptualisierung des Inferenzprozesses wird uns gestatten, diesen Begriff von Überzeugungen formal zu definieren. Als Ergebnis können wir dann Agenten konstruieren, die in der Lage sind, detailliert über die inferentiellen Fähigkeiten und Überzeugungen anderer Agenten zu schlußfolgern.

Eine weitere wichtige Anwendung unserer Konzeptualisierung und unseres Vokabulars ist die sogenannte Introspektion. Ein intelligenter Agent sollte in der Lage sein, seinen eigenen Problemlösungsprozeß beobachten und beschreiben zu können. Wenn andere Agenten ihm zu der Problemlösung Hinweise geben, sollte er diese auch verstehen können. Er sollte über seine eigenen Leistungen beim Problemlösen schlußfolgern können, d.h. die Vor- und Nachteile einer bestimmten Lösungsmethode bestimmen oder sie mit Alternativen vergleichen können. Ein intelligenter Agent müßte die Ergebnisse dieses Nachdenkens direkt zur Kontrolle der sich daraus resultierenden Inferenzen anwenden. All diese Fähigkeiten erfordern einen geeigneten Formalismus, in dem sich Informationen über die Inferenzen darstellen lassen.

Eine Warnung an den Leser sei für dieses Kapitel vorausgeschickt: Im Laufe der Diskussion werden wir über einzelne Ausdrücke unserer Sprache mit Hilfe einer bestimmten Syntax sprechen. Dabei kann leicht der Eindruck entstehen, wir implizierten, daß diese Ausdrücke explizit im "Geist" eines Agenten existieren würden. Dies ist aber nicht unsere Absicht. Vielmehr betrachten wir eine Abstraktion der Überzeugungen des Agenten. Deren physikalische Repräsentation kann ganz verschieden sein von den Sätzen, die wir beschreiben. Allerdings ist es sinnvoll, den Inferenzprozeß eines Agenten so zu beschreiben, *als ob* der Agent Sätze dieser Art manipulieren würde.

10.1 METASPRACHE

Bei der Formalisierung des Inferenzprozesses werden wir eine Konzeptualisierung verwenden, bei der die Ausdrücke der Sprache, Teilausdrücke und Folgen dieser Ausdrücke Objekte unserer Diskurswelt sind und in der für diese Objekte geeignete Funktionen und Relationen existieren. In dieser Hinsicht gleicht die Darstellung unserer Sprache der von Kapitel 2. Der wesentliche Unterschied ist aber, daß wir in Kapitel 2 Sätze der Umgangssprache zur Beschreibung unserer Konzeptualisierung benützten, während wir in diesem Kapitel den Prädikatenkalkül dazu verwenden werden. Dies ist insofern bedeutsam, als wir jetzt eine formale Sprache zur Beschreibung einer anderen formalen Sprache einsetzen. In diesem Fall ist letztere eine formale Sprache, deren Syntax mit der der Beschreibungssprache übereinstimmt.

Die Symbole und Operatoren behandeln wir in unserer Konzeptualisierung der Ausdrücke dieser Sprache wie primitive Objekte. Es gibt zwei Typen von Symbolen: Variablen und Konstanten. Konstanten werden weiter klassifiziert als Objekt-, Funktions- und Relationskonstanten.

Komplexe Ausdrücke konzeptualisieren wir als Folgen von Teilausdrücken. Insbesonders fassen wir jeden komplexen Ausdruck als eine Sequenz seiner unmittelbaren Teilausdrücke auf. Das Literal $\neg P(A+B+C, D)$ ist beispielsweise eine aus dem Operator $\neg$ und dem atomaren Satz $P(A+B+C, D)$ bestehende Folge. Der atomare Satz ist eine aus der Relationskonstanten P und den Termen $A+B+C$ und D bestehende Folge. Der erste dieser Terme besteht aus der Funktionskonstanten $+$ und den Objektkonstanten A, B und C.

Hierbei ist wichtig zu beachten, daß wir Ausdrücke *nicht* als Zeichenfolgen konzeptualisieren. Dies hat zwar den Nachteil, daß wir nicht bestimmte Details der Syntax wie Klammern und Leerzeichen beschreiben können. In diesem Kapitel werden wir wir uns aber mit dem Inferenzprozeß befassen und solche Details sind dabei unwichtig.

Die Namensgebung ist der zentrale Punkt bei der Beschreibung. Angenommen, uns liegen Sätze über eine Person namens John vor. Der Satz Groß(John) besagt zum Beispiel, daß John groß ist. Nehmen wir weiter an, wir wollten etwas über das Symbol John aussagen, beispielsweise, es sei ein kleines Symbol. Wie können wir uns auf dieses Symbol beziehen, um diese Eigenschaft auszudrücken? Natürlich können wir nicht einfach das Symbol selbst verwenden, denn dann würden wir ja den widersprüchlichen Satz Klein(John) erhalten.

Verwenden wir aber bei der Beschreibung der Ausdrücke zur Referenz auf die Symbole Terme, die von den Termen verschieden sind, welche wir zur Referenz auf diejenigen Objekte benützt haben, für die diese Symbole stehen, so lassen sich solche Widerspüche lassen glücklicherweise vermeiden. Obwohl wir dies ohne eine Erweiterung unsere Sprache realisieren könnten, erleichtert aber eine kleine Erweiterung der Sprache die Benennung von Ausdrücken enorm. Wir nehmen einfach in unsere Sprache unendlich viele neue Objektkonstanten auf. Jede von ihnen ist ein in Anführungszeichen stehender zulässiger Ausdruck. Das Ziel ist dabei, daß jedes dieser Symbole den in den Anführungszeichen stehenden Ausdruck denotiert. Das Symbol "John" steht also für das Symbol John und das Symbol "Vater(John)" bezeichnet den Ausdruck Vater(John).

Mit dieser Erweiterung bekommen wir das oben genannte Problem in den Griff. Wenn wir etwas über die Person mit Namen John sagen wollen, so benützen wir das Symbol John. Wollen wir aber etwas über das Symbol John sagen, so verwenden wir das Symbol "John".

> Groß(John)
>
> Klein("John")

Beachten Sie, daß wir durch die Einbettung zitierter Ausdrücke in mehrfache Anführungszeichen über zitierte Symbole und über Ausdrücke sprechen können, die wiederum zitierte Symbole enthalten. Tatsächlich läßt sich eine ganze Hierarchie solcher Sprachen definieren, bei denen die Sätze auf jeder Ebene die Sätze der tieferen Ebenen beschreiben. In diesem Kapitel konzentrieren wir uns nur auf zwei Ebenen.

Leider reicht diese Zitaterweiterung für unsere Zwecke nicht aus. Denn oftmals müssen wir ja auch Meta-Sätze schreiben, in denen über Teilausdrücke quantifiziert wird. Dies können wir aber nicht mit dieser Erweiterung allein durchführen. Wir könnten ja beispielsweise sagen wollen, daß John und Mary sich darüber einig sind, wie Bills Telefonnummer lautet. Nachstehend finden Sie einen Formalisierungsversuch. Das Symbol **Bel** soll hier die zwischen einem Indivduum und dem von ihm geglaubten Satz geltende Relation bezeichnen.

$$\exists n \; \text{Bel}(\text{John}, \text{"Telefonnummer(Bill)=n"}) \; \wedge$$
$$\text{Bel}(\text{Mary}, \text{"Telefonnummer(Bill)=n"})$$

Das Problem besteht darin, daß in den zitierten Ausdrücken die Variable n wörtlich verstanden wird. So wie der Satz formuliert ist, besagt er, daß John den Satz **"Telefonnummer(Bill)= n"** glaubt, und daß dies auch für Mary gilt. Was wir aber eigentlich hatten sagen wollen, war, daß es eine spezielle Nummer gibt, und daß sowohl John als auch Mary diese Bill zuordnen. Das ist ja der Sinn des außen stehenden Quantors. Auf die Konstituenten der zitierten Ausdrücke haben Quantoren aber keinen Einfluß. Wir hätten also auch genau so gut einen anderen Quantor oder eine andere Variable verwenden können. Ja, wir hätten sogar den Quantor ganz weglassen können.

Zur Lösung dieses Problems verwenden wir bei der Namensgebung für die Ausdrücke eine andere Technik. Da in unserer Konzeptualisierung die Ausdrücke der Sprache Folgen von Teilausdrücken sind, ist es zweckmäßig, anstelle der Anführungszeichen zur Bezeichnung des Ausdrucks eine besondere Schreibweise für diese Folge zu ver-

wenden. Wir können also den Ausdruck ¬P(A+B+C,D) entweder durch
das zitierte Symbol "¬P(A+B+C,D)" oder durch die Liste ["¬", "P(A+
B+C,D)"] bezeichnen. Den Ausdruck P(A+B+C,D) können wir entweder
durch das zitierte Symbol "P(A+B+C,D)" oder durch die Liste ["P",
"(A+B+C,D)"] bezeichnen. Den Ausdruck (A+B+C,D) können wir entweder durch das zitierte Symbol "A+B+C" oder durch die Liste ["A",
"+","B","+","C"] bezeichnen.

Dieser neue Ansatz für die Namensgebung erlaubt uns, das Problem mit der Telefonnummer zu lösen. Wir sagen einfach, daß es ein
numerisches Symbol n gibt, und daß sowohl John als auch Mary glauben, daß die ihm korrespondiere Nummer Bills Telefonnumer sei.

$$\exists n \; Bel(John, ["=","Telefonnummer(Bill)",n]) \; \land$$
$$Bel(Mary, ["=","Telefonnummer(Bill)",n])$$

Obwohl wir die Struktur eines komplexen Ausdrucks durch die
Verwendung von Listen bis ins kleinste Detail beschreiben können,
ist sie doch auch ziemlich unhandlich. Einer Liste wie ["=", "Te-
lefonnummer(Bill)",n] sieht man ja wohl nicht gerade an, daß sie
ein Satz ist. Diese Schwierigkeit können wir glücklicherweise beseitigen, indem wir eine geeignete Konvention zur "Tilgung" des
Zitats fordern. Anstelle der Listennotation schreiben wir bei der
Bezeichnung von Ausdrücken den Ausdruck in Anführungszeichen und
klammern jeden Teilausdruck, der nicht wörtlich verstanden werden
soll, mit den Tilgungszeichen < und > ein. Anstatt des obigen Beispiels schreiben wir also den Ausdruck "Telefonnummer(Bill) =
<n>". Mit dieser Konvention lautet unsere Aussage über die Über-
zeugungen von John und Mary:

$$\exists n \; Bel(John, "Telefonnummer(Bill)=<n>") \; \land$$
$$Bel(Mary, "Telefonnummer(Bill)=<n>")$$

Neben unserem Vokabular zur Bezeichnung von Ausdrücken auf der
Metaebene soll unsere Sprache auch noch die Relationskonstanten

Objconst, Funconst, Relconst und Variable zur Bezeichnung der entsprechenden Eigenschaften enthalten. Die folgenden Sätze sind Beispiele für die Verwendung dieser Konstanten.

$$\text{Variable("x")}$$
$$\text{Objconst("John")}$$
$$\text{Funconst("Vater")}$$
$$\text{Relconst("Groß")}$$

Genau wie in unserer Sprache auf der untersten Ebene Sätze über Äpfel und Orangen, Kinderbauklötzchen und digitale Schaltkreise gebildet werden können, so können wir mit diesem Vokabular und dieser Semantik jetzt auch beliebige Sätze über Ausdrücke formulieren. Der nächste Abschnitt bietet einige Beispiele hierzu.

10.2 DIE KLAUSELFORM

Mit dieser Metasprache können wir jetzt auch andere Sprachen definieren. In diesem Abschnitt definieren wir zum Beispiel die Syntax der Klauselform. Wie in den Kapiteln 2 und 4 beginnt der Axiomatisierungsprozeß bei den einfachen Ausdrücken, und geht dann nach und nach zu komplexeren über.

Eine *Konstante* ist entweder eine Objektkonstante, eine Funktionskonstante oder eine Relationskonstante.

$$\forall x\ \text{Constant}(x) \iff \text{Objconst}(x) \lor \text{Funconst}(x) \lor \text{Relconst}(x)$$

Ein *Term* ist entweder eine Objektkonstante, eine Variable oder ein funktionaler Ausdruck.

$$\forall x\ \text{Term}(x) \iff \text{Objconst}(x) \lor \text{Variable}(x) \lor \text{Funexpr}(x)$$

Eine *Termliste* ist eine geordnete Liste von Termen.

$$\forall l\ \text{Termlist}(l) \iff (\forall x\ \text{Member}(x,l) \implies \text{Term}(x))$$

Ein *funktionaler Ausdruck* ist ein Ausdruck, der aus einer Funktionskonstanten und einer Termliste besteht. In unserer Definition lassen wir die Stelligkeit der Funktionskonstanten weg.

$$\forall f \forall 1 \ \text{Funexpr}(f.1) \iff (\text{Funconst}(f) \land \text{Termlist}(1))$$

Ein *atomarer Satz* besteht aus einer Relationskonstanten und einer geeigneten Termliste. Auch hier lassen wir wieder die Stelligkeit beiseite.

$$\forall r \forall 1 \ \text{Atom}(r.1) \iff (\text{Relconst}(r) \land \text{Termlist}(1))$$

Ein *Literal* ist entweder ein atomarer Satz oder die Negation eines atomaren Satzes.

$$\forall x \ \text{Literal}(x) \iff (\text{Atom}(x) \lor (\exists z \ x="\neg<z>" \land \text{Atom}(z)))$$

Gewöhnlich wird eine *Klausel* als Literalmenge definiert, in der es nicht auf die Reihenfolge ankommt. Um uns allerdings die Definition der geordneten Resolution zu erleichtern, definieren wir hier die Klauseln als eine geordnete Liste von Literalen.

$$\forall c \ \text{Clause}(c) \iff (\forall x \ \text{Member}(x,c) \implies \text{Literal}(x))$$

Eine *Datenbasis* wird oft als ungeordnete Klauselmenge definiert. Um die weiteren Erklärungen einfacher zu halten, definieren wir aber eine Datenbasis als eine geordnete Klauselliste.

$$\forall d \ \text{Database}(d) \iff (\forall x \ \text{Member}(x,d) \implies \text{Clause}(x))$$

Nachdem wir die Klauselform definiert haben, wenden wir uns jetzt der Definition des Resolutionsprinzips zu.

10.3 RESOLUTIONSPRINZIP

Aus Kapitel 4 wissen wir, daß das Resolutionsprinzip eine Inferenzregel für die Ableitung einer Konklusion aus einem Prämissen-

paar ist. In diesem Abschnitt formalisieren wir das Resolutionsprinzip als eine dreistellige Relation, die für drei Klauseln genau dann gilt, wenn die dritte Klausel die Resolvente der ersten
beiden Klauseln ist.

Grundlage der Resolution ist die Unifikation, die wiederum auf
dem Substitutionsbegriff basiert. Mit unserem Formalismus repräsentieren wir eine Substitution als eine Liste von Paaren. Jedes
Paar ordnet einer Variablen ihre Ersetzung zu. Der folgende Term
bezeichnet daher die Substitution, die der Variablen **x** den Ausdruck F(z) und der Variablen **y** den Ausdruck B zuordnet.

$$[\ "x"/"F(z)"\ ,\ "y"/"B"\ ]$$

Die zweistellige Funktionskonstante **Subst** bezeichnet eine Funktion, die einen Ausdruck und eine Substitution auf denjenigen Ausdruck abbildet, der durch die Substitution aus dem entsprechenden
Ausdruck entsteht. Das Ergebnis der leeren Substitution auf einen
Ausdruck ist gerade der Ausdruck selbst. Ist der Ausdruck eine
Konstante, so hat die Substitution keine Wirkung. Handelt es sich
bei dem Ausdruck um eine Variable, die in der Substitution Bindungen besitzt, so erhalten wir nach der Substitution den Ausdruck mit der zugeordneten Variablen zurück. Handelt es sich bei
dem Ausdruck um einen komplexen Ausdruck, so ist das Ergebnis ein
Ausdruck, der durch die Anwendung der Substitution auf die einzelnen Teilausdrücke entsteht.

$\forall x\ Subst(x,[\,])=x$

$\forall x\forall s\ Constant(x) \implies Subst(x,s)=x$

$\forall x\forall z\forall s\ Variable(x) \implies Subst(x,x/z).s)=z$

$\forall x\forall y\forall z\forall z\forall s\ Variable(x) \wedge y\neq x \implies Subst(x,(y/z).s)=Subst(x,s)$

$\forall x\forall l\forall s\ Subst(x.l,s)=Subst(x,s).Subst(l,s)$

Die Substitution können wir erweitern, um auch Bindungen von
neuen Variablen zuzulassen. Dafür setzen wir den Wert in die Va-

riablenbindungen der Ausgangssubstitution ein und addieren die
neue Variablenbindung zu der alten Substitution.

$\forall x \forall z$ Extend([ ],x,z)=[x/z]

$\forall u \forall v \forall x \forall z \forall s$ Extend((u/v).s,x,z)=(u/Subst(v,[x/z])).Extend(s,x,z)

Zwei Substitutionen lassen sich miteinander kombinieren, indem
inkrementell die eine durch die Elementen der anderen erweitert
wird.

$\forall s$ Combine(s,[ ])=s

$\forall s \forall t \forall x \forall z$ Combine(s,(x/z).t) = Combine(Extend(s,x,z),t)

Die dreistellige Relationskonstante **Mgu** benützen wir zur Bezeichnung der zwischen zwei Ausdrücken und ihrem allgemeinsten
Unifikator bestehenden Relation — falls dieser existiert. Der
allgemeinste Unifikator zweier identischer Ausdrücke ist die leere
Liste. Ist einer der Ausdrücke eine Variable, die in dem anderen
Ausdruck nicht enthalten ist, dann ist der allgemeinste Unifikator
die einelementige Substitution, mit der die Variable an den anderen Ausdruck gebunden wird. Der allgemeinste Unifikator zweier
komplexer Ausdrücke ist der allgemeinste Unifikator ihrer Teilausdrücke.

$\forall x$ Mgu(x,x,[ ])

$\forall x \forall y$ Variable(x) $\wedge$ ¬Among(x,y) $\Longrightarrow$ Mgu(x,y,[x/y])

$\forall x \forall y$ ¬Variable(x) $\wedge$ Variable(y) $\wedge$ ¬Among(y,x) $\Longrightarrow$ Mgu(x,y,[y/x]

$\forall x \forall y \forall l \forall m \forall s \forall t$ Mgu(x,y,s) $\wedge$ Mgu(Subst(l,s),Subst(m,s),t)

$\qquad \Longrightarrow$ Mgu(x.l,y.m,Combine(s,t))

Schließlich verwenden wir die **Mgu**-Relation noch zur Definition
des Resolutionsprinzips. Es ist einfacher, die geordnete Resolution zu definieren als den allgemeinen Fall. Wir definieren sie
daher zuerst. Beginnt eine Klausel mit einem Literal **x** und eine
zweite Klausel mit einem negativen Literal, dessen Argument mit **x**
unifiziert, so erhält man eine Resolvente der beiden Klauseln

durch die Einsetzung des Unifikators in die aus den restlichen Klauseln gebildete Klausel.

$$\forall x \forall y \forall s \; \text{Mgu}(x, y, s)) \iff$$
$$\text{Resolvent}(x.1, "\neg <y>".m, \text{Subst}(\text{Append}(1, m), s))$$

Für den allgemeinen Fall lassen wir die Resolution für jedes Literal der beiden Klauseln zu. Ist ein Literal **x** ein Element der einen Klausel und ist ¬**y** ein Element der anderen Klausel und gibt es einen allgemeinsten Unifikator für **x** und **y**, so wird die Resolvente der beiden Klauseln durch Entfernen der komplementären Literale, durch Anhängen der verbleibenden Literale und die Anwendung des Unifikators gebildet. Um ganz genau zu sein, sollten wir auch die Namen der verbleibenden Variablen abändern. Aus Gründen der einfacheren Darstellung haben wir aber auf dieses Detail verzichtet.

$$\forall c \forall d \forall x \forall y \forall s \; \text{Member}(x, c) \wedge \text{Member}("\neg <y>", d) \wedge \text{Mgu}(x, y, s)) \iff$$
$$\text{Resolvent}(c, d, \text{Subst}(\text{Append}(\text{Delete}(x, c), \text{Delete}("\neg <y>", d)), s))$$

Im nächsten Abschnitt benützen wir diese Definition des Resolutionsprinzips für die Formalisierung der verschiedenen Resolutionsstrategien.

10.4 INFERENZPROZEDUREN

In Kapitel 3 definierten wir eine Inferenzprozedur als eine Funktion, die eine Ausgangsdatenbasis und eine positive Integerzahl n auf die Datenbasis des n-ten Inferenzschrittes über Δ abbildet. Im folgenden verwenden wir zur Bezeichnung einer beliebigen Inferenzprozedur die Funktionskonstante **Step**.

Eine Markov-Inferenzprozedur ist eine Funktion, die eine Datenbasis auf die direkt nachfolgende Datenbasis abbildet. Mit anderen

Worten, die Wahl einer Datenbasis ist vollständig durch die Datenbasis des letzten Schrittes bestimmt, und alle weiteren Informationen über die Ableitungsgeschichte sind vernachlässigbar. Mit einer Markov-Inferenzprozedur **Next** können wir sehr leicht die zugehörige Inferenzprozedur definieren. Der Funktionswert des ersten Schritts ist einfach die Ausgangsdatenbasis. In allen anderen Fällen ist der Wert das Resultat der Anwendung von **Next** auf die nachfolgende Datenbasis.

$\forall$d Step(d,1)=d

$\forall$d$\forall$n n>1 $\Longrightarrow$ Step(d,n)=Next(Step(d,n-1))

Obwohl eine Markov-Inferenzprozedur nicht explizit von ihrer Ableitungsgeschichte abhängt, kann man dennoch Prozeduren definieren, die durch ihre Ableitungsgeschichte determinert sind, indem man die implizit in der Form und der Reihenfolge des Datenbasisinhaltes steckenden Informationen über die Ableitungsgeschichte ausnutzt.

Betrachten wir als Beispiel die depth-first, statisch geprägte (*static biased*) und geordnete Resolution. Wenn wir uns auf Datenbasen mit rückwärts gerichteten Horn-Klauseln beschränken, bei denen zudem noch die Anfragen auf Konjunktionen positiver Literale beschränkt sind, so läßt sich diese Prozedur ganz leicht definieren.

Dafür definieren wir zuerst die Funktion **concs**, die eine Klausel und eine Datenbasis auf die Liste aller Resolventen abbildet, für die die gegebene Klausel eine Elternklausel und das andere Elternteil ein Element der gegebenen Datenbasis ist.

$\forall$c Concs(c,[])=[]

$\forall$c$\forall$d$\forall$e$\forall$l Resolvent(c,d,e) $\Longrightarrow$ Concs(c,d,e.l)=e.Concs(c,l)

$\forall$c$\forall$d$\forall$ex$\forall$l ¬Resolvent(c,d,e) $\Longrightarrow$ Concs(c,d,e.l)=Concs(c,l)

Die Ausgangsdatenbasis erhalten wir, indem wir die aus der Negation der Anfrage resultierende Klausel (eventuell zusammen mit

einem Antwortliteral) an den Anfang der aus den rückwärts gerichteten Horn-Klauseln bestehenden Datenbasis anfügen. Diese Prozedur
entfernt bei jedem Schritt das erste Element der Datenbasis und
fügt die in jedem Schritt gewonnenen Konklusionen an den Rest der
Datenbasis hinten an.

$$\text{Next}(d)=\text{Append}(\text{Concs}(\text{Car}(d),d),\text{Cdr}(d))\ ^{[1]}$$

Die nachstehende Folge von Datenbasen zeigt diese Prozedur in
Aktion. Das Ziel besteht darin, zu zeigen, daß ein z existiert,
für das R(z) wahr ist. Der erste Schritt entfernt die Zielklausel
und ersetzt sie durch zwei Teilziele. Im zweiten Schritt wird das
erste davon zu einem weiteren Teilziel reduziert. Dieses Teilziel
resolviert mit der Unit-Klausel und erzeugt die leere Klausel.

	[¬P(z)]	[¬M(z)]	[]
[¬R(z)	[¬Q(x)]	[¬Q(z)]	[¬Q(z)]
[M(A)]	[M(A)]	[M(A)]	[M(A)]
[P(x),¬M(x)]	[P(x),¬M(x)]	[P(x),¬M(x)]	[P(x),¬M(x)]
[Q(x),¬N(x)]	[Q(x),¬N(x)]	[Q(x),¬N(x)]	[Q(x),¬N(x)]
[R(x),¬P(x)]	[R(x),¬P(x)]	[R(x),¬P(x)]	[R(x),¬P(x)]
[R(x),¬Q(x)]	[R(x),¬Q(x)]	[R(x),¬Q(x)]	[R(x),¬Q(x)]

Diese Prozedur ist insofern interessant, weil wir uns die
Depth-first-Suche gewöhnlich als ein Suchverfahren vorstellen, das
Informationen über seine Vorgeschichte benötigt. Tatsächlich funk-
tioniert die Prozedur auch nur, weil die benötigten Informationen
über die Ableitungsgeschichte implizit in der Reihenfolge der
Datenbasis gespeichert sind.

---

[1] Die Namen der Funktionskonstanten Car() und Cdr() sind von den
     Autoren analog zu den entsprechenden LISP-Primitiven gewählt.
     In der Programiersprache LISP dienen die Befehle CAR und CDR
     der Listenmanipulation. CAR liefert das erste Atom der Argu-
     mentliste, CDR den Rest der Liste. [Anm.d.Übers.]

10.5 ABLEITBARKEIT UND ÜBERZEUGUNGEN

In diesem Abschnitt definieren wir mit der in den vergangenen Abschnitten vorgestellten Formalisierung den Begriff der sogenannten Resolutionsableitbarkeit. Wir stellen zwei nicht äquivalente Definitionen vor. In beiden Fällen betrachten wir die Ableitbarkeit als eine zweistellige Relation zwischen einer Datenbasis und einem einzelnen Satz.

Gemäß unserer frühreren Definition läßt sich ein Satz genau dann aus einer Datenbasis ableiten, wenn er entweder in der Datenbasis enthalten ist oder durch die Anwendung einer Inferenzregel auf, andere aus der Datenbasis ableitbare, Sätze als deren Konsequenz entsteht. Mit der früher definierten Resolvent-Relation können wir diese Definition wie folgt formalisieren.

$\forall d \forall r$ Derivable(d,r) $\Longleftrightarrow$

    Member(r,d) $\vee$

    ($\exists p \exists q$ Derivable(d,p) $\wedge$ Derivable(d,q) $\wedge$ Resolvent(p,q,r))

Dies ist äquivalent zu der Aussage, daß für einen Satz ein Beweis aus der Datenbasis mit dem Resolutionsprinzips existiert. Für die Anwendung der Resolutionsregel oder für die Reihenfolge der Anwendungen bestehen keinerlei Beschränkungen. D.h. es kann Sätze geben, die zwar gemäß dieser Definition ableitbar sind, aber nicht durch Resolutionsprozeduren, welche eine spezielle Anwendung oder eine bestimmte Anwendungsreihenfolge durchführen, abgeleitet werden können.

Zur Lösung dieses Problems führen wir den Begriff der *beschränkten Ableitbarkeit* ein. Wir sagen genau dann, ein Satz sei mit der Resolutionsprozedur **Step** ableitbar aus einer Ausgangsdatenbasis, wenn **Step** in einem beliebigen Ausführungsschritt eine Datenbasis erzeugt, die diesen Satz enthält.

$\forall d \forall r$ Derivable(d,r) $\Longleftrightarrow$ ($\exists n$ Member(p,Step(d,n)))

Wie wir schon in Kapitel 4 erwähnt hatten, ist die Resolution bezüglich der *Generierung* von Sätzen unvollständig. Sie ist aber *widerlegungsvollständig*. Der Begriff der Ableitbarkeit hängt allerdings mit der Generierung der Sätze, nicht mit deren Widerlegung zusammen. Wir brauchen also einen anderen Begriff. Aus diesem Grund sagen wir, ein Satz sei genau dann durch eine Resolutionsprozedur beweisbar, wenn die Prozedur die leere Klausel aus der Datenbasis und aus der Klauselform des negierten Satzes ableitet.

$$\forall d \forall p \ \text{Provable}(d,p) \iff \text{Derivable}(\text{Append}(\text{Clauses}("\neg <p>"),d),[\,])$$

Die Funktion **Clauses** gibt für einen Satz eine Liste aller Klauseln seiner Klauselform zurück. Die Definition verläuft entsprechend unserer Beschreibung — Die genau Formulierung sei dem Leser überlassen.

Und schließlich können wir auch den Begriff der Beweisbarkeit für eine Definition dessen verwenden, was es für einen Agenten bedeutet, einen Satz zu glauben. Dabei setzen wir voraus, es gebe eine Funktion **Data**, die für einen Agenten die Liste der in seiner Datenbasis explizit gespeicherten Sätze liefert. Wir definieren dann den Glauben bzw. die Überzeugung als eine zweistellige Relation, die zwischen einem Agenten und dem Satz genau dann gilt, wenn mit der Datenbasis des Agenten der Satz beweisbar ist.

$$\forall a \forall p \ \text{Bel}(a,p) \iff \text{Provable}(\text{Data}(a),p)$$

Wie auch schon der aussagenorientierte Überzeugungsbegriff, so hängt auch diese Charakterisierung der Überzeugung von der Inferenzprozedur des beschriebenen Agenten ab. In Kapitel 9 nahm diese Abhängigkeit die Form eines Glaubensoperator an, der mittels semantic attachment definiert worden war. Die Darstellung in diesem Kapitel hat dagegen den Vorteil, daß sie eine deklarative Beschreibung der Inferenzprozedur des Agenten ermöglicht — ein Ansatz, der eher mit der vorliegenden Linie dieses Buches übereinstimmt.

10.6 SCHLUSSFOLGERUNGEN AUF METAEBENEN

Einer der Vorteile der Codierung von Meta-Wissen mittels Sätzen
des Prädikatenkalküls besteht darin, daß wir für die Beantwortung
von Fragen über den derart beschriebenen Inferenzprozeß automatisierte Inferenzprozeduren einsetzen zu können. Weil dabei ge-
wissermaßen auch Inferenzen über Inferenzen durchgeführt werden,
sprechen wir von *Inferenzen auf einer Metaebene* oder auch einfach
nur von sogenannten *Meta-Inferenzen*.

Die bisher in diesem Buch vorgestellten automatisierten Inferenzprozeduren eignen sich leider nicht so ohne weiteres zur
Durchführung von Meta-Inferenzen. Wir haben nämlich die Definitionen der fundamentalen Typrelationen **Variable, Objconst, Funconst**
und **Relconst** bei unserer Formalisierung von Wissen durch Inferenzprozeduren vorausgesetzt und auch eine Beziehung zwischen den zitierten Symbolen und den Listen von zitierten Symbolen benutzt.
Beispielsweise waren wir davon ausgegangen, daß der Ausdruck **Vari-
able("x")** wahr ist und daß das Symbol "P(A,B)" den gleichen Term
bezeichnet wie das Symbol ["P","A","B"]. Obwohl wir in unsere Metasprache solche Informationen mit aufnehmen können, bleibt aber
immer noch ein Problem bestehen. Da es unendlich viele Symbole
gibt und wir nicht über Teile von Symbole quantifizieren können,
würden wir für eine vollständige Definition dieser Beziehungen unendlich viele Axiome benötigen. Glücklicherweise können wir aber
das gleiche Ziel auch durch minimale Veränderungen unserer automatisierten Inferenzprozeduren erreichen.

Betrachten wir als Beispiel hierzu eine auf der Resolution basierende Prozedur für die Durchführung von Meta-Inferenzen. In
dieser Prozedur codieren wir durch geeignetes procedurale attachment implizit die Informationen über die fundamentalen Typrelationen und berücksichtigen durch eine Veränderung des Unifikators
die Gleichheit zwischen den zitierten Symbolen sowie zwischen den
Listen der zitierten Symbole.

```
Recursive Procedure Mgu (x,y)

   Begin x=y ==> Return(),

             Variable(x) ==> Return(Mguvar(x,y)),
             Variable(y) ==> Return(Mguvar(y,x)),
             Quoted(x) ==> Return(Match(y,Part(x,2))),
             Quoted(y) ==> Return(Match(x,Part(y,2))),
             Constant(x) or Constant(y) ==> Return(False),
             Not(Length(x)=Length(y)) ==> Return(False),
             Begin i <- 0,
                   g <- [],
             Tag   i=Length(x) ==> Return(g),
                   s <- Mgu(Part(x,i),Part(y,i)),
                   s=False ==> Return(False),
                   g <- Compose(g,s),
                   x <- Substitute(x,g),
                   y <- Substitute(y,g),
                   i <- i+1,
                   Goto Tag
             End
   End


Recursive Procedure Match (x,y)

   Begin  Variable(x) ==> Return([x/"y"]),

             Quoted(x) ==> (Explode(x)=y ==> Return()),
             Constant(x) or Constant(y) ==> Return(False),
             Not (Length(x)=Length(y)) ==>  Return(False),
             Begin i <- 0,
                   g <- [],
             Tag   i=Length(x) ==> Return(g),
                   s <- Match(Part(x,i),Part(y,i)),
                   s=False ==> Return(False),
                   g <- Compose(g,s),
                   x <- Substitute(x,g),
                   i <- i+1,
                   Goto Tag
             End
   End
```

Abb.10.1 Prozedur zu Berechnung des allgemeinsten
         Unifikators

Die procedurale attachments der vier Relationen sind einander ziemlich ähnlich. Als Beispiel betrachten wir eine Klausel, die ein Literal der Form **Variable("ν")** enthält. (Der griechische Buchstabe ν bezeichnet hier jeden beliebigen Ausdruck unserer Sprache. Das Symbol ν, das ja kein Ausdruck unserer Sprache ist, interpretieren wir nicht wörtlich.) Ist ν eine Variable, so ist das Literal wahr, und die Klausel kann aus der Datenbasis entfernt werden (weil sie zur Ableitung der leeren Klausel nicht verwendet werden kann). Ist ν keine Variable, sondern irgendetwas anderes, so ist das Literal falsch und kann ebenfalls aus der Datenbasis entfernt werden. Für Klauseln, die ein Literal der Form ¬**Variable("ν")** enthalten, sind die Ergebnisse gerade vertauscht.

Der entsprechend modifizierte Unifikator (vgl. Abb. 10.1) berücksichtigt die Äquivalenz zwischen den zitierten Symbolen und den Listen von zitierten Symbole. Die Prozedur ist die gleiche wie aus Kapitel 4. Trifft diese modifizierte Prozedur auf einen zitierten Ausdruck, so ruft sie die Hilfsprozedur **Match** auf übergibt ihr den zitierten Ausdruck und die Liste der Symbole des zitierten Ausdrucks, um zu prüfen, ob letzterer durch ersteren korrekt beschrieben ist. Durch eine rekursive Analyse der beiden Ausdrücke stellt die **Match**-Prozedur dies fest (mittels der **Explode**-Prozedur, die die zitierten Symbole in ihre Bestandteile auflöst) und gibt, falls sie einander entsprechen, die passende Bindungsliste zurück. Rufen wir diese Prozedur beispielsweise mit den Ausdrücken **"P(A, B)"** und **["P",x,"B"]** auf, so gibt sie die Bindungsliste **[x/"A"]** zurück.

Zur Demonstration der Funktionsweise der gesamten Inferenzprozedur erinnern wir an die in Abschnitt 10.5 gegebene Definition der Ableitbarkeit. Wir betrachten die folgende Problemstellung, bei der die leere Klausel aus der aus den beiden Klauseln [Q] und [¬Q] bestehenden Datenbasis abgeleitet werden soll. Die folgende Klauselfolge ist eine gekürzte Stützmengenableitung.

1. [¬Derivable("[[Q],[¬Q]]",[])]

2. [¬Derivable("[[Q],[¬Q]]",p),

   ¬Derivable("[[Q],[¬Q]]",q),¬Resolvent(p,q,[])]

3. [¬Member(p,"[[Q],[¬Q]]"),¬Derivable("[[Q],[¬Q]]",q),

   ¬Resolvent(p,q,[])]

4. ¬Derivable("[[Q],[¬Q]]",q),¬Resolvent("[Q]",q,[])]

5. [¬Member(q,"[[Q],[¬Q]]"),¬Resolvent("[Q]",q,[])]

6. [¬Member(q,"[[¬Q]]"),¬Resolvent("[Q]",q,[])]

7. ¬Resolvent("[Q]","[¬Q]",[])]

8. [¬Mgu("Q","Q",s)]

9. []

Gemäß der Definition aus Abschnitt 10.5 ist eine Klausel genau
dann ableitbar, wenn sie die Resolvente zweier ebenfalls ableit-
barer Klauseln ist. Diese Tatsache nutzten wir zu Beginn unserer
Ableitung für die Reduktion des Ziels der ersten Klausel auf das
Teilziel der zweiten Klausel aus. Aus der Definition können wir
auch entnehmen, daß eine Klausel aus einer Datenbasis abgeleitet
werden kann, wenn sie ein Element dieser Datenbasis ist. Dies erlaubt uns, die zweite Klausel auf die dritte zu reduzieren. An
dieser Stelle setzen wir die eben beschriebene Mgu-Prozedur ein,
zur Unifikation des Literals Member(p,"[[Q],[¬Q]]") aus Klausel 3
mit dem Literal Member(x,x.1) aus der Definition der Member-Rela-
tion. Das erste Element der zitierte Liste ersetzen wir durch p,
lassen das erste Literal dieser Klausel weg und erhalten so Klausel 4. Die Behandlung der anderen Ableitungsziele verläuft entsprechend und führt schließlich zu Klausel 7. Über die Definition
der geordneten Resolution und des allgemeinsten Unifikators können
wir dann die leere Klausel erzeugen.

Arbeitet man sich durch ein solches Beispiel durch, so wird das
Problem der Meta-Inferenzen offensichtlich: Sie können unter Umständen sehr aufwendig werden. Eine Inferenz über einen einzigen

Schritt einer Deduktion auf der Basisebene kann auf der Metaebene
zu zahlreichen Deduktionsschritten führen.

10.7 PARALLELE SCHLUSSFOLGERUNGEN AUF ZWEI DEDUKTIONSEBENEN

Die Inferenzen auf der Basisebene (engl. *baselevel reasoning*) und
die Meta-Inferenz (engl. *metalevel reasoning*) verlaufen beide jeweils insofern *eindimensional*, als sie jeweils Sätze nur eines
einzigen Typs, d.h. entweder Sätze der Basis- oder der Metaebene
verarbeiten. In diesem Abschnitt besprechen wir nun Techniken für
zweidimensionale Inferenzen, die bei Datenbasen anwendbar sind,
die also sowohl Basis- als auch Meta-Sätze enthalten können.

Eine *zweidimensionale Datenbasis* ist eine Datenbasis, die
Basis- und/oder Meta-Sätze enthält. Jede dieser Mengen kann leer
sein, doch dann ist die Situation nicht allzu interessant. Beachten Sie bitte, daß in einer zweidimensionalen Datenbasis jeder
Satz entweder ein Basis-Satz oder ein Meta-Satz sein muß. Gemischte Sätze sind nicht zugelassen. Es sind auch keine Meta-Meta-Sätze
erlaubt.

Für unsere Darstellung nehmen wir hier einmal an, wir könnten
jeden Satz einer zweidimensionalen Datenbasis eindeutig als Basis-
oder Meta-Satz identifizieren. Eine zweidimensionale Datenbasis
können wir also in zwei disjunkte Listen aufspalten: in eine, die
nur Basis-Sätze, und eine zweite, die nur Meta-Sätze enthält. Mit
der Funktion *data* greifen wir dann auf diese Teilmengen zu. Ist Ω
eine solche zweidimensionale Datenbasis, so sei *data*$(\Omega, 1)$ die
Menge der Basis-Sätze in Ω und *data*$(\Omega, 2)$ die Menge der Meta-Sätze.

Die einfachste Form einer zweidimensionalen Inferenzprozedur
ist die, bei der die Basis- und Meta-Datenbasis getrennt betrachtet werden. Nehmen wir beispielsweise einmal an, wir besäßen für

eine eindimensionale Datenbasen eine Markov-Inferenzprozedur *next*.
Diese Prozedur können wir für zweidimensionale Datenbasen erweitern, indem wir sie auf die zwei Teilmengen getrennt anwenden und
dann die Resultate zusammenfügen. (Um eine Verwechslung zwischen
unserer informellen Beschreibung dieser zweidimensionalen Prozedur
und der informellen Beschreibung der Basis-Prozedur in einer Meta-
Datenbasis zu vermeiden, kehren wir hier wieder zu unserer informellen mathematischen Sprechweise zurück).

$$next(\Omega) = append(next(data(\Omega,2)),next(data(\Omega,1))$$

Die Situation wird allerdings sehr viel interessanter, wenn
zwischen den beiden Datenbasen eine Verbindung besteht. Oftmals
benützen wir ja bei der Formulierung einer zweidimensionalen Datenbasis Meta-Sätze, um die Basis-Datenbasis zu beschreiben und um
Basis-Inferenzen vorzuschreiben oder einzuschränken.

Als Beispiel betrachten wir die folgende zweidimensionale Datenbasis. Seien P, Q und R Relationskonstanten in der Basisebene.
Die Umformungen der Basis-Sätze fordern wir in dieser Datenbasis
durch die **Next**-Funktion.

[Next("[[P],[¬P,Q],[¬P,R]]")="[[P],[¬P,Q],[¬P,R],[Q]]"]

[P]

[¬P,Q]

[¬P,R]

Wir interpretieren hier **Next** präskriptiv —— können also sicher
sein, daß unsere Inferenzprozedur die folgende Datenbasis auch erzeugt. Die Basisebene entspricht dabei exakt der durch den Meta-
Satz vorgeschriebenen Datenbasis.

[Next("[[P],[¬P,Q],[¬P,R]]")="[[P],[¬P,Q],[¬P,R],[Q]]"]

[P]

[¬P,Q]

[¬P,R]

[Q]

Andererseits wären wir aber mit einer Prozedur, die die folgende Datenbasis erzeugen würde, wenig zufrieden. R ist zwar auch
eine logische Konsequenz der oben genannten Basis-Sätze, die Addition von R zur Basis-Datenbasis steht aber in Widerspruch mit der
von der Metaebene vorschriebenen Datenbasis.

[Next("[[P],[¬P,Q],[¬P,R]]")="[[P],[¬P,Q],[¬P,R],[Q]]"]

[P]

[¬P,Q]

[¬P,R]

[R]

Diese intuitive Betrachtungen von Markov-Inferenzprozeduren
lassen sich folgendermaßen formalisieren. Wir sagen genau dann,
eine zweidimensionale Markov-Inferenzprozedur *next* sei für eine
Datenbasis Ω *introspektiv wahrheitsgetreu* (engl. *introspektively
faithful*), wenn die Prozedur bei jedem Schritt eine Datenbasis erzeugt, die durch *data*$(\Omega,2)$ (falls dieses existiert) vorgeschrieben ist und wenn sie niemals eine Basis-Datenbasis erzeugt, die
durch *data*$(\Omega,2)$ verboten ist (dies ist für Inferenzschritte wichtig, bei denen keine Datenbasis vorgeschrieben ist).

$$(data(\Omega,2) \vDash (next("data(\Omega,1)")="\Delta"))$$
$$\text{impliziert} \quad data(next(\Omega,1),1) = \Delta$$
$$(data(\Omega,2) \vDash (next("data(\Omega,1)")\neq"\Delta"))$$
$$\text{impliziert} \quad data(next(\Omega,1),1) \neq \Delta$$

Die informellen mathematischen Ausdrücke innerhalb der Anführungszeichen stehen für Datenbasen. Sie dürfen also nicht wörtlich
verstanden werden. D.h. "*data*$(\Omega,1)$" bezeichnet das aus der in Anführungszeichen angeführten Datenbasis *data*$(\Omega,1)$ gebildete Symbol.

In unserer zweidimensionalen Beispiel-Datenbasis existierte genau ein Meta-Satz, und dieser diktierte für genau einen Inferenzschritt eine Basis-Datenbasis. Für diesen Fall kann man also
leicht eine Inferenzprozedur definieren. Tatsächlich gibt es un

endlich viele von ihnen, die alle im ersten Schritt übereinstimmen. Wie unser Beispiel also zeigt, sind nicht alle Prozeduren introspektiv wahrheitstreu.

Die Existenz introspektiv wahrheitstreuer Inferenzprozeduren für bestimmte Datenbasen wirft nun die Frage auf, ob es auch Inferenzprozeduren gibt, die für alle Datenbasen introspektiv wahrheitstreu sind. Leider lautet die Antwort darauf nein.

THEOREM 10.1 *Es gibt keine Inferenzprozedur, die für alle Datenbasen introspektiv wahrheitstreu ist.*

BEWEIS: Jede inkonsistente Meta-Datenbasis impliziert logisch, daß alle Basis-Datenbasen für jeden Inferenzschritt sowohl vorgeschrieben als auch verboten sind. Für eine solche Datenbasis kann natürlich keine Prozedur unsere Definition der introspektiven Wahrheitstreue erfüllen. □

Beschränken wir uns aber auf eine bestimmte Teilmenge von Datenbasen, so sehen die Dinge schon viel besser aus. Wir sagen, eine Meta-Datenbasis sei *introspektiv vollständig*, wenn sie für jede Ausgangsdatenbasis und für jeden Basis-Inferenzschritt eine Basis-Datenbasis diktiert.

Betrachten Sie die folgendermaßen definierte Inferenzprozedur: In jedem Inferenzschritt ist die zweidimensionale Datenbasis die Vereinigung der Anfangs-Meta-Datenbasis mit der Revision der Basis-Datenbasis. Die revidierte Basisebene ist die Basis-Datenbasis des gegenwärtigen Inferenzschrittes nach der Resolution in der Anfangs-Meta-Datenbasis.

$$data(\Omega,2) \vdash (next("data(\Omega,1)")="\Delta")$$
$$\text{impliziert}$$
$$next(\Omega) = append(data(\Omega,2),\Delta)$$

Zwar können wir effizientere Versionen dieser Inferenzprozedur definieren, aber diese ist besonders einfach zu analysieren. In Anbetracht ihrer Neigung, bei jedem Inferenzschritt über Inferenzen zu inferieren, nennt man diese Methode *zwanghafte Introspektion* (engl. *compulsive introspection*).

THEOREM 10.2 *Die zwanghafte Introspektion ist für jede konsistente und introspektiv vollständige Datenbasis introspektiv wahrheitstreu.*

BEWEIS: Wir betrachten die Ausgangsdatenbasis Ω. Sei Ω introspektiv vollständig. Dann impliziert $data(\Omega,2)$ logisch eine neue Basis-Datenbasis Δ. Weil die Resolution vollständig ist, fordert die zwanghafte Introspektion, daß Δ die nächste Basis-Datenbasis ist. Weil sowohl die Resolution als die Datenbasis konsistent sind, kann Δ nicht verboten und keine andere Datenbasis vorgeschrieben sein. Damit sind beide Forderungen der Definition für introspektive Wahrheitstreue erfüllt. □

Bei Datenbasen, die nicht introspektiv vollständig sind, bricht diese Garantie leider zusammen. Unter Umständen terminiert nämlich der Resolutionsprozeß bei einem Inferenzschritt nicht, in dem keine Basis-Datenbasis vorgeschrieben ist. Mit anderen Worten, die zwanghafte Introspektion ist für solche Datenbasen nicht berechenbar. Sie ist keine wohldefinierte Inferenzprozedur.

Die introspektive Wahrheitstreue stellt bestimmte Anforderungen an die Art der Transformationen, die eine Inferenzprozedur über einer zweidimensionalen Datenbasis ausführen darf. Diese Randbedingungen sind die Grundlage für den als "introspektive Implikation" bekannten Ableitungsbegriff.

Eine zweidimensionale Datenbasis Ω *impliziert introspektiv ge*-

nau dann einen Basis-Satz ϕ, wenn es eine Prozedur *next* gibt, die in Ω introspektiv wahrheitstreu ist und wir ϕ aus Ω mit *next* ableiten können.

In unserem Beispiel impliziert offensichtlich die Ausgangsdatenbasis introspektiv Q, denn es gibt eine Inferenzprozedur, die introspektiv wahrheitstreu für diese Datenbasis ist und mit der wir Q ableiten können. In der Tat können wir mit allen Inferenzprozeduren Q ableitbar.

Obwohl es nicht so offensichtlich ist, impliziert die Anfangsdatenbasis auch introspektiv R. Auch wenn es zwar keine introspektiv wahrheitstreue Inferenzprozedur gibt, mit der wir R im ersten Schritt ableiten können, hindert uns nichts, dies in einem der nachfolgenden Schritte zu tun.

Würden wir andererseits in unserer Meta-Datenbasis den folgenden Satz und die das **Member**-Prädikat definierenden Axiome hinzufügen, so wäre R nicht mehr introspektiv impliziert, weil alle Inferenzprozeduren ausgeschlossen wären, die Basis-Datenbasen diktieren, welche R enthalten.

$$\forall d \quad \neg \text{Member}(\text{"R"}, \text{Next}(d))$$

Wie dieses Beispiel zeigt, folgt aus der logischen Implikation nicht unbedingt auch die introspektive Implikation. Ein Meta-Satz kann die Ableitung eines Satzes ausschließen, auch wenn dieser durch die Datenbasis logisch impliziert wird.

Gleichzeitig folgt aber auch aus der introspektiven Implikation nicht die logische Implikation. Beispielsweise kann ein Meta-Satz eine Inferenzprozedur diktieren, die nicht konsistent ist. Es erscheint zwar nicht wünschenswert, ist aber in den Fällen sinnvoll, wo wir verschiedene Erweiterungen der logischen Implikation wie analoges oder nicht-monotones Schließen betrachten. Außerdem sei noch erwähnt, daß wir, falls keine konsistente Inferenz vorgeschrieben ist, die logische Folgerung aber immer erzwingen können,

wenn wir zu unserer Meta-Datenbasis einen Satz hinzufügen, der die
logische Implikation definiert.

10.8 REFLEKTION[*]

Oftmals ist es in einem Problemlösungsprozeß sinnvoll, nicht so
sehr über das Problem, als vielmehr über die Problemlösung nachzu-
denken. Dabei kommen wir eventuell zu dem Entschluß, daß unsere
Lösungsmethode falsch oder vielleicht eine andere Methode erfolg-
reicher sein könnte. Diesen Vorgang, den Inferenzprozeß zu unter-
brechen und über den Prozeß selbst zu schlußfolgern, um dann das
Ergebnis zur Kontrolle weiterer Inferenzen zu verwenden, bezeichnet man als *Reflektion*.

Wir betrachten die mehrdimensionale Inferenzprozedur *next* und
eine mehrdimensionale Datenbasis Ω. Wir sagen genau dann, *next* er-
zeuge in der Datenbasis Ω auf der Ebene *k* einen *Übergang*, wenn in
next(Ω) die Daten der Ebene *k* von den Daten auf Ebene *k* in Ω verschieden sind.

$$data(next(\Omega),k) \neq data(\Omega,k)$$

Step kann bei jedem einzelnen Operationsschritt auf jeder beliebigen Ebene oder aber auch in mehreren Ebenen innerhalb der
Metaebenenhierarchie einen Übergang herbeiführen. Wir definieren
die *Ebene* eines gegebenen Inferenzschrittes als die unterste
Ebene, in der ein Übergang auftritt.

Schließlich sagen wir, eine mehrdimensionale Inferenzprozedur
sei *reflektiv* genau dann, wenn sie in verschiedenen Datenbasen
eine Inferenz auf verschiedenen Ebenen diktiert. Zum Beispiel kann
eine Prozedur einige Basis-Inferenzschritte diktieren, auf die
einige Meta-Inferenzen folgen, um dann anschließend wiederum
Basis-Inferenzen durchzuführen.

Um den Vorgang der Reflektion etwas interessanter zu gestalten, nehmen wir an, es existiere zwischen den Datenbasen und Inferenzen auf der einen Ebene und denen der nächst höheren Ebene eine irgendwie geartete *kausale Verknüpfung*. Beispielsweise kann die Inferenz auf der höheren Ebene von dem Inhalt der Datenbasis auf der niederen Ebene abhängen und die auf der niederen Ebene nachfolgenden Inferenzen können wiederum durch die in der höheren Ebene erreichten Konklusionen bedingt sein.

Ein besonders interessanter Typ reflektiven Verhaltens ist das sogenannte *universal subgoaling*. Man versteht darunter die Aufteilung eines Zieles in separate Teilzeile. Obwohl diese Idee ursprünglich im Rahmen des allgemeinen Problemlösens eingeführt wurde, läßt sie sich jedoch auch bei Deduktionen einsetzen — was wir jetzt im folgenden zeigen möchten.

Betrachten wir einmal eine Inferenzprozedur, die bei bestimmten Datenbasen für einzelne Schritte nicht definiert ist, weil man sie zum Beispiel nicht hinreichend definieren kann. Beispielsweise schreibt die Prozedur vielleicht keine weiteren Inferenzen vor oder es existieren vielleicht zu viele Alternativen. Mit universal subgoaling kann man nun diese nicht definierten Fälle durch Reflektion lösen.

Als Anwendungsbeispiel betrachten wir eine Variante der in Abschnitt 10.4 eingeführten Markov-Inferenzprozedur. Bei fünf oder weniger Nachfolgern der Klausel am Anfang der Datenbasis stimmt unsere Variante mit der alten Prozedur überein; in allen anderen Fällen ist sie dagegen nicht definiert.

$$length(concs(car(\Omega),\Omega)) \leq 5$$

impliziert

$$next(\Omega) = append(concs(car(\Omega),\Omega),cdr(\Omega))$$

Mit universal subgoaling können wir diese Definition vervollständigen, indem wir für diese anderen Fälle eine Reflektion verlangen.

$$length(concs(car(\Omega),\Omega)) > 5$$

impliziert

$$next(\Omega) = reflect(\Omega)$$

Die reflektive Inferenz liegt hier in der Meta-Inferenz, welche Basis-Datenbasis als nächste erzeugt werden soll. Der Reflektionsschritt steuert diese Inferenzen, indem er die Datenbasis durch Addition der passenden negierten Meta-Anfrage und einer passenden Satzmenge (hier Θ genannt) abändert. Wir erinnern daran, "Ω" bezeichnet das Symbol, das aus den in Anführungszeichen eingeschlossenen Sätzen von Ω gebildet wird.

$$reflect(\Omega) = [\text{Next}("\Omega") \neq d, \text{Ans}(d)].\Theta$$

Wenden wir unsere reflektive Prozedur auf diese Meta-Datenbasis an, so leitet sie eine Antwort dieser Meta-Anfrage ab. Wenn eine Antwort abgeleitet wurde, befiehlt die Prozedur die Rückkehr zur Basis-Datenbasis, indem sie die Datenbasis der Antwort auf die Frage anpaßt.

$$[\text{Ans}("\Delta")] \in \Omega \qquad \text{impliziert} \qquad next(\Omega) = \Delta$$

Bei unserer Definition fehlt noch die Spezifizierung der bei der Ableitung dieser Antwort verwendeten Meta-Datenbasis Θ. Nachstehend finden Sie eine Teilmenge der nötigen Sätze. Die von diesen Sätze beschriebene Prozedur ist für den Fall, daß fünf oder weniger Nachfolger vorliegen, identisch mit unserer Basis-Datenbasis. Existieren aber mehr als fünf Nachfolger, so weicht die durch die Sätze beschriebene Prozedur von der Basis-Prozedur insofern ab, als daß sie die Nachfolger ihrer Länge nach ordnet, bevor sie sie zu der Datenbasis addiert.

$$\text{Length}(\text{Concs}(\text{Car}(d),d)) \leq 5 \Longrightarrow$$
$$\text{Next}(d)=\text{Append}(\text{Concs}(\text{Car}(d),d),d)$$
$$\text{Length}(\text{Concs}(\text{Car}(d),d)) \leq 5 \Longrightarrow$$
$$\text{Next}(d)=\text{Append}(\text{Order}(\text{Concs}(\text{Car}(d),d)),d)$$

```
Order([])=[]

Order(x.1)=Add(x,Order(1))

Add(x,[])=[x]

Length(x)<Length(y)  ⟹  Add(x,y.1)=x.y.1

Length(x)≥Length(y)  ⟹  Add(x,y.1)=Add(x,1)
```

Angenommen, wir würden unsere reflektive Inferenzprozedur auf folgende Datenbasis anwenden. Beachten Sie, daß die erste Klausel mit sechs Klauseln resolviert, die alle keine Unit-Klauseln sind.

```
[¬S(z),Ans(z)]

[S(x),¬P1(x),¬Q1(x)]

[S(x),¬P2(x),¬Q2(x),¬R2(x)]

[S(x),¬P3(x)]

[S(x),¬P4(x,y),¬Q4(y)]

[S(x),¬P5(x,y),¬Q5(x,z)]

[S(x),¬P6(x),¬Q6(x),¬R6(x)]

[P3(A)]
```

Da es sechs Nachfolger gibt, trifft die Reflektionsbedingung zu und es entsteht die aus den folgenden Klauseln und den Klauseln von Θ zusammensetzte Datenbasis.

```
Next("[[¬S(z),Ans(z)],

     [S(x),¬P1(x),¬Q1(x)],
     [S(x),¬P2(x),¬Q2(x),¬R2(x)],

     [S(x),¬P3(x)],

     [S(x),¬P4(x,y),¬Q4(y)],

     [S(x),¬P5(x,y),¬Q5(x,z)],

     [S(x),¬P6(x),¬Q6(x),¬R6(x)],

     [P3(A)]]")≠d,

Ans(d)]
```

Weil diese Klauseln nur mit zwei Klauseln aus Θ resolvieren, diktiert die Prozedur eine nicht-reflektive Inferenz. Einige Zyklen

lang wird diese Inferenz durchgeführt und schließlich leitet der
Agent seine Antworten auf die Anfrage ab.

```
Ans("[[¬P3(z),Ans(z)],
       [¬P1(z),¬Q1(z),Ans(z)],
       [¬P4(z,y),¬Q4(y),Ans(z)],
       [¬P5(z,y),¬Q5(z,z),Ans(z)],
       [¬P2(z),¬Q2(z),¬R2(z),Ans(z)],
       [¬P6(z),¬Q6(z),¬R6(z),Ans(z)],
       [S(x),¬P1(x),¬Q1(y)],
       [S(x),¬P2(x,y),¬Q2(y),¬R2(x)],
       [S(x),¬P3(x)],
       [S(x),¬P4(x,y),¬Q4(y)],
       [S(x),¬P5(x,y),¬Q5(x,z)],
       [S(x),¬P6(x),¬Q6(x),¬R6(x)],
       [P3(A)]]")]
```

Die Bedingung, zur Basisebene zurückzukehren, ist durch die
Existenz des Antwortliterals in der Datenbasis erfüllt, so daß die
Prozedur jetzt an dieser Stelle die folgende abgeleitete Daten-
basis aufbaut.

```
[¬P3(z),Ans(z)]
[¬P1(z),¬Q1(z),Ans(z)]
[¬P4(z,y),¬Q4(y),Ans(z)]
[¬P5(z,y),¬Q5(z,z),Ans(z)]
[¬P2(z),¬Q2(z),¬R2(z),Ans(z)]
[¬P6(z),¬Q6(z),¬R6(z),Ans(z)]
[S(x),¬P1(x),¬Q1(y)]
[S(x),¬P2(x,y),¬Q2(y),¬R2(x)]
[S(x),¬P3(x)]
[S(x),¬P4(x,y),¬Q4(y)]
[S(x),¬P5(x,y),¬Q5(x,z)]
[S(x),¬P6(x),¬Q6(x),¬R6(x)]
[P3(A)]
```

Ein Punkt, den man bei dieser Prozedur beachten sollte ist, daß ihre Meta-Inferenz mit der Basis-Inferenz übereinstimmt. Würde die Prozedur beim Meta-Schlußfolgern an irgendeiner Stelle mit einem Literal konfrontiert werden, das mehr als fünf Nachfolger hätte, so würde sie in der Tat auf einer Meta-Metaebene weiter reflektieren. Obwohl dies bei den Axiomen der Metaebene von Θ niemals vorkommen kann, kann dies aber eventuell bei einer anders strukturierten Axiomenmenge auftreten. Beim Design einer reflektiven Prozedur muß man daher gewährleisten, daß die Reflektion nicht unbegrenzt weitergeht.

Ein weiterer Punkt, den man beachten sollte ist, daß bei der Definition von *next* die Menge der Meta-Axiome festliegt. Bei einer festen Menge von Meta-Axiomen, ist die Definition einer nicht-reflektiven Prozedur, die sich genauso wie die Basis-Axiome der Datenbasis verhält, sehr einfach. Warum entwicklen wir also überhaupt eine Prozedur für Meta-Inferenzen? Sie ist doch sicherlich zwangsläufig nicht so effizient und sicherlich auch komplizierter.

Im vorliegenden Fall haben wir mit diesem Ansatz tatsächlich auch nur einen minimalen Vorteil erzielt. Nehmen wir aber an, wir haben eine kompliziertere Situation vorliegen, bei der die mit der Inferenzprozedur verbundene Datenbasis zur Einschränkung der Basis-Inferenzprozedur nicht nur Basis-Sätze, sondern auch Meta-Sätze enthält. In dieser Situation hätten wir gerne eine Inferenzprozedur, die bei der Entscheidung, welche Basis-Inferenz durchzuführen sei, auch diese Meta-Sätze berücksichtigen würde.

Beispielsweise könnten wir für Axiome sorgen, die eine Prozedur beschreiben, bei der die Klauseln auf der Basis ihrer Literale, anstatt aufgrund ihrer Länge angeordnet sind. Dazu nehmen wir in unsere erste Datenbasis außer den Klauseln, die **Add** definieren, auch alle Klauseln von Θ auf. **Add** definieren wir dann über die Ordnungsrelation **Better**. Abschließend nehmen wir noch geeignete Aussagen für **Better** hinzu.

$$\mathbf{Add(x,[\,])=[x]}$$

$$\mathbf{Better(x,Y) \implies Add(x,y.1)=x.y.1}$$

$$\mathbf{\neg Better(x,y) \implies Add(x,y.1)=y.Add(x,1)}$$

$$\mathbf{Among("P1),c) \wedge Among("P2",d) \implies Better(c,d)}$$

Wir können leicht eine Prozedur definieren, die Meta-Sätze dieser Art benützt. Wie oben ist *next* für den Fall, daß es fünf oder weniger Literale gibt, nicht-reflektiv definiert.

$$length(concs(car(\Omega),\Omega)) \leq 5 \quad \text{impliziert}$$

$$next(\Omega) = append(concs(car(\Omega),\Omega),cdr(\Omega))$$

Bei mehr als fünf Literalen fordert *next* die Reflektion.

$$length(concs(car(\Omega),\Omega)) > 5$$

$$\text{impliziert}$$

$$next(\Omega) = reflect(\Omega)$$

Bei einer zweidimensionalen Datenbasis Ω erzeugt *reflect* aus den Meta-Axiomen der alten Datenbasis und dem Ziel, die Nachfolger der Basis-Sätze dieser Datenbasis zu bestimmen, eine neue Datenbasis. Beachten Sie, daß wir unter der Voraussetzung, die Axiome aus Θ seien in der Ausgangsdatenbasis enthalten, diese nicht hinzugenommen haben.

$$reflect(\Omega) = [\mathbf{Next}("data(\Omega,1)")\neq d, \mathbf{Ans(d)}].data(\Omega,2)$$

Sobald eine Antwort gefunden wurde, fordert *next* die Rückkehr zur Basisebene. Aus der Meta-Datenbasis werden zuerst alle Klauseln mit einem Antwortliteral abgezogen, und dann wird die abgeleitete Datenbasis angehängt.

$$[\mathbf{Ans("\Delta")}] \in \Omega$$

$$\text{impliziert}$$

$$next(\Omega) = append(delete(answers(\Omega),\Omega),\Delta)$$

Diese Prozedur hat die angenehme Eigenschaft, daß ihr Verhalten auf der Basisebene mit der in ihrer Meta-Datenbasis enthaltenen

Beschreibung übereinstimmt —— zumindest, wenn mehr als fünf Nachfolger existieren. Wenn es allerdings fünf oder noch weniger Nachfolger gibt, so diktiert die Prozedur leider unabhängig davon, was die Meta-Datenbasis auch diktieren mag, ihre normalen Inferenzschritte.

Ein Weg, um zu gewährleisten, daß in einer mehrdimensionalen Datenbasis die Axiome der höheren Ebenen zur Kontrolle des Inferenzverlaufs in den niederen Ebenen angewendet werden, ist die *zwanghafte Reflektion*. Die zwanghafte Reflektion ist zwar rechenintensiver als das universal subgoaling, sie ist dafür aber auch zuverlässiger.

In unserer Definition der zwanghaften Reflektion gingen wir von der Voraussetzung aus, in der Ausgangsdatenbasis neben den Meta-Axiomen, die das gewünschte Inferenzverhalten definieren, auch eine passende Klausel zur Steuerung ihrer Meta-Inferenzen enthalten sei. Diese Klausel entsteht durch die Anwendung der Funktion *newmeta* auf die erste Basis-Datenbasis.

$$newmeta(\Delta) = [\text{Next}("\Delta") \neq d, \text{Ans}(d)]$$

Solange auf die Anfrage von **Next** keine Antwort gefunden wurde, schreibt die Prozedur die Inferenzen über den Meta Klauseln der Datenbasis vor. Es entsteht kein Übergang zur Basis-Datenbasis.

$$[\text{Ans}("\Delta")] \notin \Omega \qquad \text{impliziert}$$
$$next(\Omega) = append(concs(car(data(\Omega,2)),data(\Omega,2)),data(\Omega,1))$$

Ist eine Antwort gefunden, so wird der Basisteil der Datenbasis entsprechend revidiert. Gleichzeitig werden die Antwortliterale der Meta-Datenbasis entfernt und die Meta-Datenbasis wird für die neue Datenbasis vorbereitet.

$$[\text{Ans}("\Delta")] \in \Omega \qquad \text{impliziert}$$
$$next(\Omega) = append(data(\Omega,2) -$$
$$answers(data(\Omega,2)), newmeta(\Delta),\Delta)$$

Die zwanghafte Reflektion ist nahezu identisch mit der zwanghaften Introspektion. Der einzige Unterschied besteht darin, daß bei der zwanghaften Introspektion jeder Schritt ein Inferenzschritt in der Basis-Datenbasis ist (die Meta-Inferenzen werden also zwischen den Schritten ausgeführt), während bei der zwanghaften Reflektion die einzelnen Schritte der Meta-Inferenzen zur gesamten Inferenzprozedur gehören. Diese Unterscheidung ist bei Prozeduren wichtig, die über mehrere verschiedenen Ebenen hinweg reflektieren können.

Obwohl unsere Definition der zwanghaften Reflektion auf zweidimensionale Datenbassen beschränkt ist, können wir aber auch genau so gut eine Version für Datenbasen mit drei, vier oder mehr Ebenen definieren. Wir können sogar eine Version für n-Ebenen definieren, die auf Datenbasen mit Sätzen arbeitet, die sich über beliebig viele Ebenen spannen. Die Prozedur führt die Inferenzen in der Datenbasis auf der obersten Satzebene durch und kontrolliert so die Inferenzen auf der nächst niederen Ebene. Diese Inferenz kontrolliert dann wieder die Inferenz auf der tieferen Ebene, usw. Eine Version einer zwanghaften Reflektion mit n-Ebenen ermöglicht uns also, Sätze auf der n-ten Ebene zu formulieren, die die Reflektionen auf den n unteren Ebenen kontrollieren.

In diesem Abschnitt zeigten wir, wie man eine Prozedur definiert, die in der Lage ist zu reflektieren. Im Augenblick ist noch wenig darüber bekannt, unter welchen Umständen eine Prozedur reflektieren sollte. Auf diesem Gebiet bleibt noch viel zu forschen.

10.9 LITERATUR UND HISTORISCHE BEMERKUNGEN

Eine Beschreibung eines Inferenzprozesses durch Sätze einer formalen Metasprache wird seit den frühen 70-er Jahren ausgiebig diskutiert. In einer frühen Arbeit stellte Hayes [Hayes 1973b] eine

Sprache zur Formulierung von Inferenzregeln und zur Spezifikation von Randbedingungen für die Ausführung dieser Regeln vor. Er zeigte, daß man durch minimale Änderungen der Randbedingungen deutlich von einander verschiedene Methoden beschreiben kann. Er schlug ein System GOLUX vor, das auf einer solchen Sprache aufgebaut war, aber niemals realisiert wurde.

Einige Jahre später sprachen sich Davis und Buchanan [Davis 1977] in einer beeindruckenden, informellen Arbeit im Zusammenhang mit der Entwicklung von Expertensystemen für den Nutzen einer Metasprache aus. In seiner Diplomarbeit beschrieb Davis [Davis 1976] eine Implementierung verschiedener Meta-Fähigkeiten des MYCIN-Systems [Shortliffe 1976], die Erklärungen, Fehlersuche (Debugging) und die Analyse neuer Regeln umfaßten. Bei dem Entwurf eines tutoriellen Systems für den Unterricht in medizinischer Diagnose in der Anwendungsdomäne von MYCIN analysierte Clancey [Clancey 1983] die MYCIN-Regeln. Dabei schlug er eine Trennung zwischen dem medizinischen Basiswissen und dem Metawissen über die Diagnosestrategie vor.

Weyhrauchs Arbeit über FOL [Weyhrauch 1980] war die erste umfassende Darstellung der Reflektion. FOL war das erste Programm, das semantic attachment und Reflektionsprinzipien wirklich anwendete.

In den frühen 80-er Jahren veröffentlichten zahlreiche Forscher Entwürfe für Programme, die Einschränkungen und Randbedingungen auf der Metaebene zur Kontrolle ihrer Inferenzen verwenden konnten. Doyle beschrieb ein System, genannt SEAN, [Doyle 1980], deKleer und andere beschrieben AMORD [deKLeer 1977] und Genesereth beschrieb ein System, genannt MRS, [Genesereth 1983]. Kowalski [Kowalski 1974] zeigte, wie man in PROLOG Meta- und Basis-Inferenzen vereinigen kann [Clocksin 1981]. Brian Smith beschrieb einen LISP-Interpreter, der Reflektionen auf verschiedenen Ebenen durchführen konnte [Smith 1982]. Laird, Rosenbloom und Newell beschrieben eine Architektur, SOAR, für reflektive Problemlösungen [Laird 1986]. Der Gedanke des universal subgoaling stammt aus dieser Arbeit. [Maes 1987] bietet einen Überblick über Meta-Architekturen und Reflektion.

Die aktuellste Entwicklung auf diesem Gebiet ist die formale Analyse von Architekturen zum Meta-Schließen. Die Begriffe der introspektiven Wahrheitstreue und der introspektiven Implikation sind aus diesen Forschungen hervorgegangen [Genesereth 1987a].

ÜBUNGEN

1. *Syntax*. Geben Sie eine formale Definition der Syntax logischer und quantifizierter Sätze des Prädikatenkalküls an.

2. *Inferenzregeln*. Definieren Sie Modus Ponens.

3. *Restrikitionsstrategien*. Formalisieren Sie die folgenden Resolutionsstrategien.

   a. Subsumption.

   b. Stützmengenresolution. Hinweis: Setzen Sie voraus, daß die
   Stützmengenresolution aus Ausdrücken besteht, die aus der
   Negation des Ziels stammen und denken Sie daran, daß Ant-
   wortliterale nur zu Zielklauseln addiert werden.

   c. Lineare Resolution.

4. *Ordnungsstrategien*. Formalisieren Sie die in Kapitel 5 vorge-
stellte Regel-des-geringsten-Aufwands-zuerst.

5. *Reflektion*. Eine *dreidimensionale* Datenbasis ist eine Datenbasis, die vollständig aus Basis-, Meta- und Meta-Meta-Sätzen
besteht. Bezeichne die Meta-Meta-Funktionskonstante **Next** die
Funktion, die eine zweidimensionale Datenbasis auf ihren zweidimensionalen Nachfolger abbildet. Erweitern Sie die Definition
der introspektiven Wahrheitstreue für derartige Datenbasen und
definieren Sie eine reflektive Prozedur, welche die Definition
der auf der Metaebene konsistenten und introspektiv vollständigen Datenbasen erfüllt. Beachten Sie: Im allgemeinen kann
keine dreidimensionale Datenbasis gleichzeitig auf allen Ebenen
introspektiv wahrheitstreu sein.

KAPITEL 11

ZUSTÄNDE UND ZUSTANDSWECHSEL

BIS JETZT WAREN WIR bei unseren Überlegungen immer davon ausgegangen, daß sich die zu konzeptualisierende Welt nicht verändert. Fakten behandelten wir so, als seien sie für alle Zeiten wahr oder falsch. Etwaigen Veränderungen der Welt, bei denen neue Fakten wahr oder falsch werden, schenkten wir keine Beachtung. In diesem Kapitel zeigen wir nun, wie man Informationen über Weltzustände ausdrücken und Aussagen über Weltzustände verändernde Aktionen bilden kann.

11.1 ZUSTÄNDE

In den meisten Konzeptualisierungen der physikalischen Welt ist der Begriff des Zustands ein zentraler Begriff. Ein *Zustand* oder eine *Situation* (engl. *state*) ist ein momentaner Ausschnitt der

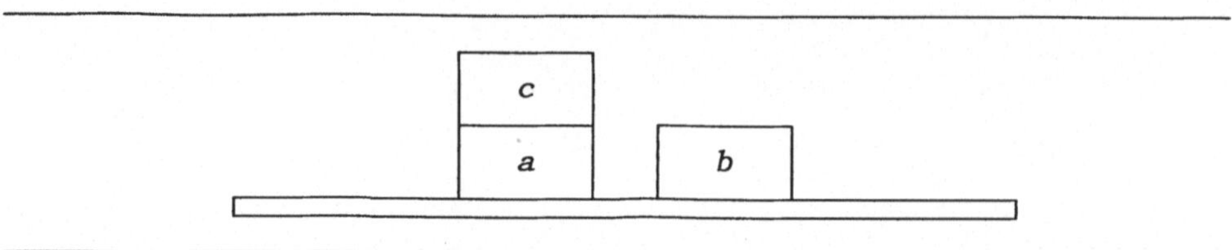

Abb.11.1 Eine Szene der Klötzchenwelt

Welt zu einem festen Zeitpunkt. Zu verschiedenen Zeitpunkten kann sich die Welt in verschiedenen Zuständen befinden.

Dieser Gedanke läßt sich recht gut im Kontext eines Mikrokosmos wie der Klötzchenwelt verdeutlichen. Betrachten wir einmal eine solche Welt, in der genau es drei Klötzchen gibt. Jedes Klötzchen kann sich irgendwo auf dem Tisch oder genau auf einem anderen Klötzchen befinden. Verschiedene Zustände entsprechen dabei unterschiedlichen Klötzchenkonfigurationen.

Ein solcher Zustand ist in Abb. 11.1 gezeigt. Klötzchen c steht auf Klötzchen a, Klötzchen a steht auf dem Tisch und Klötzchen b steht ebenfalls auf dem Tisch. Abb. 11.2 zeigt einen anderen Zustand derselben Welt. Jetzt sind alle Klötzchen übereinander gestapelt. Klötzchen a steht auf Klötzchen b, b steht auf c und c steht auf dem Tisch.

Für eine Klötzchenwelt mit drei Klötzchen gibt es 13 mögliche Zustände. Abb. 11.3 zeigt alle verschiedenen Möglichkeiten. Es

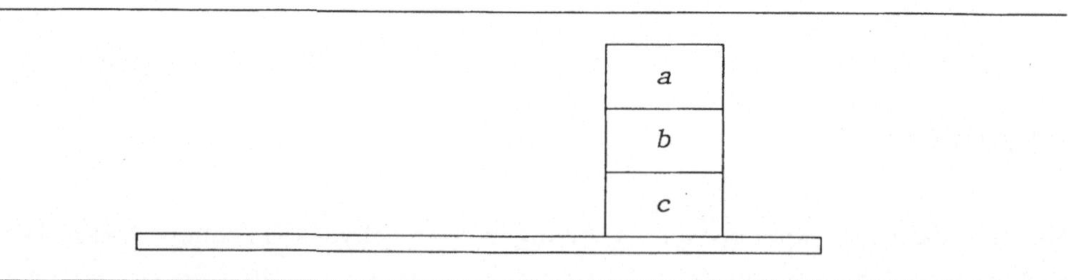

Abb.11.2 Eine andere Szene der Klötzchenwelt

Abb. 11.3 Zustandsraum der Klötzchenwelt

gibt zum Beispiel einen Zustand, bei dem jedes Klötzchen auf dem Tisch steht. Es gibt außerdem sechs Zustände, mit jeweils einem Stapel von zwei Klötzchen —— wobei es jeweils drei Alternativen für das oberste Klötzchen und zwei Alternativen für die unteren Klötzchen gibt. Es gibt, nochmal sechs Zustände, die einen Stapel aus drei Klötzchen enthalten, mit wiederum sechs Möglichkeiten für das oberste Klötzchen, zwei Alternativen für das mittlere Klötzchen und nur einer Alternative für das unterste Klötzchen.

Beachten Sie, daß die Konzeptualisierung der Zustände nicht eindeutig sein muß. Beispielsweise berücksichtigt der Zustandsraum in Abb. 11.3 die vertikale Beziehung zwischen den Klötzchen, vernachlässigt aber ihre horizontale Relation zueinander.

Der Vorteil des Zustandsbegriffs ist, daß wir mit ihm sich verändernde Welten beschreiben können. Bei der Konzeptualisierung einer sich verändernden Welt betrachten wir die Zustände unserer Diskurswelt als eigenständige Domänenobjekte und entwerfen Funktionen und Relationen, die von ihnen abhängen. Mit dieser Konzeptualisierung formulieren wir dann Sätze darüber, in welchen Zuständen welche Objekte welche Relationen erfüllen.

Die Benennung der Zustände mit Namen ist einfach. Da die Zustände eigenständliche Objekte der Diskurswelts sind, verwenden wir einfach geeignete Objektkonstanten, zum Beispiel S1 und S2. Später werden wir zur Bezeichnung von Zuständen komplexere Terme benützen. Einen Term, der einen Zustand bezeichnet, nennen wir einen *Zustandsdesignator* (engl. *state designator*).

Die Tatsache, daß ein Objekt ein Zustand ist, drücken wir durch eine einstellige Relationskonstante aus. Der Satz **State(S1)** besagt zum Beispiel besagt, daß das durch S1 bezeichnete Objekt ein Zustand ist.

Die einfachste Zustandsbeschreibung ist die Verwendung von Funktions- oder Relationskonstanten für jede einzelne Information über den Zustand. Bei der Beschreibung einer Szene der Klötzchenwelt können wir das dreistellige Relationssymbol **Auf** für die Aussage verwenden, daß in einem bestimmten Zustand ein Klötzchen direkt auf einem anderen Klötzchen steht. Die zweistellige Relation **Frei** besagt, daß in einem bestimmten Zustand kein Klötzchen über einem Klötzchen steht. Die zweistellige Relation **Tisch** besagt, daß in einem bestimmten Zustand ein Klötzchen direkt auf dem Tisch steht. Beispielsweise beschreiben die folgenden Sätze die in Abb. 11.1 und Abb. 11.2 dargestellten Zustände.

$$\text{Auf}(C, A, S1) \qquad\qquad \text{Auf}(A, B, S2)$$
$$\text{Frei}(C, S1) \qquad\qquad \text{Auf}(B, C, S2)$$
$$\text{Frei}(B, S1) \qquad\qquad \text{Frei}(A, S2)$$
$$\text{Tisch}(A, S1) \qquad\qquad \text{Tisch}(C, S2)$$
$$\text{Tisch}(B, S1)$$

Im folgenden werden wir allerdings einen anderen Weg einschlagen. Zustandsabhängige Eigenschaften konzeptualisieren wir als zustandsunabhängige Funktionen, die Objekte auf die Mengen derjenigen Zustände abbilden, in denen die Objekte diese zustandsabhängigen Eigenschaften besitzen. Zum Beispiel verwenden wir Auf als zweistellige Funktionskonstante und schreiben den Term Auf(A, B) zur Bezeichnung der Menge von Zuständen, in denen Klötzchen A auf Klötzchen B steht. Diesen Term nennen wir einen *Zustandsdeskriptor* (engl. *state descriptor*) und die Zustandsmenge, die er bezeichnet, den *Zustandsfluß* (engl. *fluent*).

Zur Formulierung zustandsabhängiger Sätze und zur Darstellung, daß in einem bestimmten Zustand eine bestimmte Eigenschaft gilt, benützen wir die zweistellige Relation T. Zum Beispiel schreiben wir T(Auf(A,B),S2) und meinen damit, daß im Zustand S2 Klötzchen A auf Klötzchen B steht. D.h. der Zustand S2 ist ein Element der Menge der durch Auf(A,B) bezeichneten Zustände. Mit diesem Ansatz können wir die in den Abb. 11.1 und Abb. 11.2 abgebildeten Zustände folgendermaßen beschreiben:

$$\text{T}(\text{Auf}(C, A, S1)) \qquad\qquad \text{T}(\text{Auf}(A, B, S2))$$
$$\text{T}(\text{Frei}(C, S1)) \qquad\qquad \text{T}(\text{Auf}(B, C, S2))$$
$$\text{T}(\text{Frei}(B, S1)) \qquad\qquad \text{T}(\text{Frei}(A, S2))$$
$$\text{T}(\text{Tisch}(A, S1)) \qquad\qquad \text{T}(\text{Tisch}(C, S2))$$
$$\text{T}(\text{Tisch}(B, S1))$$

Da die Zustandsdeskriptoren Zustandsmengen bezeichnen, können wir auch Kompositionen von Zustandsdeskriptoren betrachten, die

die Komplemente, die Vereinigungs- und die Schnittmengen dieser
Mengen bezeichnen. Diese Kompositionen könnten wir mit den herkömmlichen mengentheoretischen Operatoren beschreiben. Statt dessen wollen wir aber Symbole verwenden, die mit den logischen Operatoren identisch sind, um so die Intuition zu unterstreichen, daß
die Deskriptoren Zustandseigenschaften beschreiben. Wir verwenden
also den Negationsoperator zur Darstellung des Komplements eines
Zustandsdeskriptors, den Disjunktions- und Konjunktionsoperator,
um die Schnitt- bzw. Vereinigungsmenge darzustellen und den Implikationsoperator, um auszusagen, daß das Antezedenz eine Teilmenge
des Konsequenz ist. Mit diesen Konventionen ist wohl der wechsel-
seitige Zusammenhang mit den logischen Operatoren hinreichen ge-
klärt. Die nachstehenden Axiome formalisieren noch einmal diese
Eigenschaften.

$$\forall p \forall s \; T(\neg p, s) \;\; \Longleftrightarrow \;\; \neg T(p, s)$$

$$\forall p \forall q \forall s \; T(p \wedge q, s) \;\; \Longleftrightarrow \;\; (T(p,s) \wedge T(q,s))$$

$$\forall p \forall q \forall s \; T(p \vee q, s) \;\; \Longleftrightarrow \;\; (T(p,s) \vee T(q,s))$$

$$\forall p \forall q \forall s \; T(p \Longrightarrow q, s) \;\; \Longleftrightarrow \;\; (T(p,s) \Longrightarrow T(q,s))$$

Beachten Sie, daß nicht jede Funktion und nicht jede Relation
von den Zuständen abhängig sein muß. Beispielsweise bleibt in
unserer Version der Klötzchenwelt die Eigenschaft unverändert, ein
Klötzchen zu sein. Wenn ein Objekt in einem Zustand ein Klötzchen ist, so ist es auch in allen anderen Zuständen ein Klötzchen.
Diese Information könnten wir durch eine Konzeptualisierung ausdrücken, in der wir diese Eigenschaften als zustandsabhängige
Funktionen und Relationen konzeptualisieren und sie in geeigneten allquantifizierten Sätzen formulieren. Es ist allerdings einfacher, diese Eigenschaften als zustandsunabhängige Funktionen und
Relationen zu konzeptualisieren, und Sätze zu bilden, die den Zustand überhaupt nicht erwähnen. Die Eigenschaft, ein Klötzchen zu
sein, können wir einfach als eine einstellige, für alle Klötzchen
unserer Diskurswelt geltende Relation konzeptualisieren.

Einige Fakten sind also in allen Zuständen wahr, obwohl sie zustandsabhängige Funktionen oder Relationen enthalten. Solche Fakten nennen wir *Zustandsrestriktionen* (engl. *state constraints*). Die folgenden dienen als Beispiele für Zustandsrestriktionen in der Klötzchenwelt.

$$\forall x \forall s \; T(\text{Tisch}(x),s) \iff \neg \exists y \; T(\text{Auf}(x,y),s)$$

$$\forall y \forall s \; T(\text{Frei}(y),s) \iff \neg \exists x \; T(\text{Auf}(x,y),s)$$

$$\forall x \forall y \forall z \forall s \; T(\text{Auf}(x,y),s) \implies T(\text{Auf}(x,z) \iff y{=}z,s)$$

Der erste Satz besagt, daß ein Objekt direkt auf dem Tisch steht, wenn es nicht auf einem anderen Objekt steht. Der zweite Satz gibt an, daß ein Objekt genau dann unbedeckt ist, wenn nichts auf ihm steht. Der letzte Satz sagt aus, daß ein Objekt höchstens auf einem anderen Objekt stehen kann.

11.2 AKTIONEN

Während hinter dem Begriff des Zustands die Vorstellung der Dauer steht, beruht der Begriff der Aktion auf dem Gedanken der Veränderung. Die Welt verharrt in einem Zustand nur solange, bis eine *Aktion* ausgeführt wird, die sie in einen neuen Zustand überführt.

Wie schon die Zustände, so konzeptualisieren wir auch Aktionen als Objekte unsere Diskurswelt. Die Aktion, das Klötzchen *c* von Klötzchen *a* auf Klötzchen *b* zu stellen, läßt sich als ein sehr spezieller Objekttyp auffassen. Die Aktion, *c* von *a* herunterzunehmen und auf den Tisch zu stellen, ist ein anderes solches Objekt. Die Aktion, *b* auf zu nehmen und auf Klötzchen *c* zu stellen, ist eine weitere Möglichkeit. Schließlich existiert auch noch die Aktion, nichts zu tun.

Um die Gemeinsamkeiten einzelner Aktionen zu berücksichtigen, ist es sehr oft sinnvoll, neben den primitiven Aktionen auch

Operatoren in die Konzeptualisierung aufzunehmen. Ein *Operator* ist eine Funktion aus der Menge der Objekte in die Menge der Aktionen. Er bildet eine Gruppe von Objekten auf eine einheitliche Form der Manipulation dieser Objekte ab. In der Klötzchenwelt läßt sich die generische Aktion, ein Klötzchen von einem Klötzchen auf ein anderes zu bewegen, als Operator konzeptualisieren. Dieser bildet die drei dabei betroffenen Klötzchen auf die zugehörige Aktion *Move* ab. Entsprechend läßt sich die generische Aktion, ein Klötzchen von einem anderen Klötzchen herunter auf den Tisch zu stellen, als eine zweistellige Funktion auffassen, die die zwei dabei betroffenen Klötzchen auf die Relation *Unstack* abbildet. Die generische Aktion, ein Klötzchen aufzunehmen und auf ein anderes zu stapeln, läßt sich als zweistellige Funktion auffassen, die zwei Klötzchen auf die Relation *Stack* abbildet. Die im Bereich eines Operators liegenden Aktionen nennt man oft die *Instanzen* des Operators.

Wenn wir also voraussetzen, daß in unserer Konzeptualisierung der Klötzchenwelt alle Aktionen Instanzen der Operatoren *Move*, *Unstack*, *Stack* oder der Null-Aktion sind, so müssen wir zu unserer Diskurswelt 19 neue Objekte hinzunehmen. Es gibt sechs verschiedene Möglichkeiten, ein Klötzchen von einem zweiten auf ein drittes zu stellen. Für das zu bewegende Klötzchen existieren drei Alternativen. Ist die Wahl getroffen, so verbleiben noch zwei Möglichkeiten, wohin man das Klötzchen bewegt kann. Sobald diese Wahl getroffen ist, kann nur das restliche Klötzchen das Ziel sein. Nimmt ein Klötzchens von einem anderen herunter, so gibt es ebenfalls sechs Möglichkeiten. Es gibt auch wiederum sechs Alternativen, die Klötzchen aufeinander zu stapeln. Und zum Schluß gibt es genau eine Null-Aktion.

Zur Beschreibung der Operatoren und Aktionen müssen wir sie zuerst bei ihrem Namen nennen. Das dreistellige Funktionssymbol **M** verwenden wir im weiteren zur Bezeichnung des Operators *Move*, das

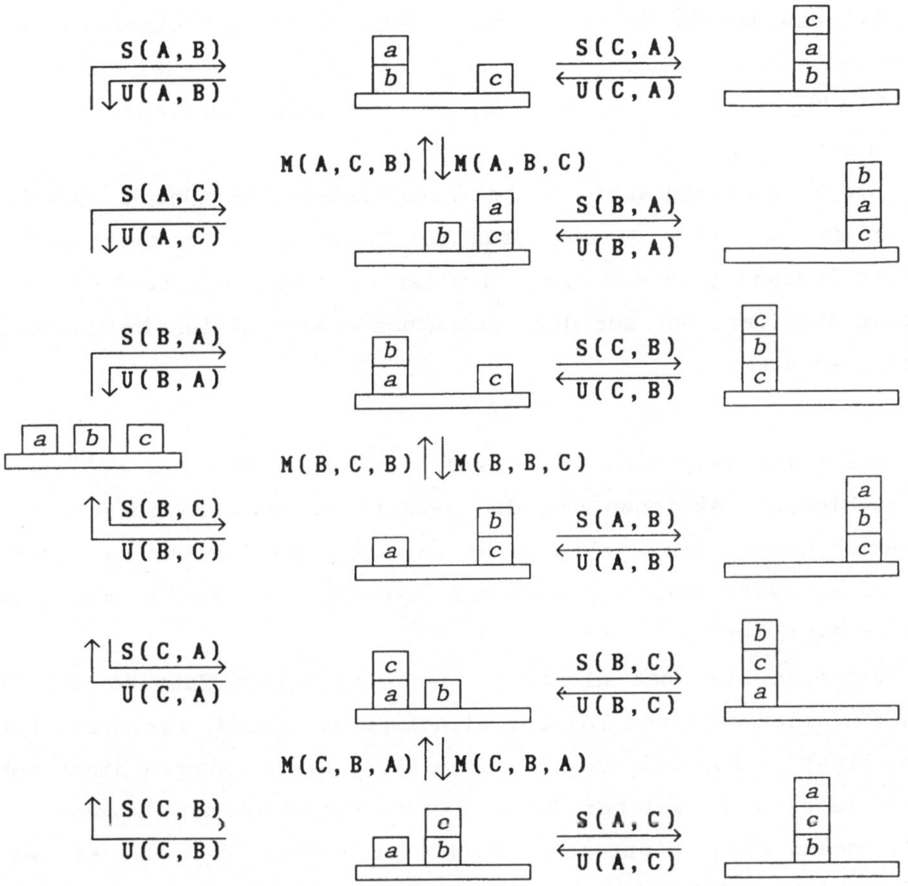

S(A,B) → / U(A,B) ↓   a / b   c   S(C,A) → / ← U(C,A)   c / a / b

M(A,C,B) ↑↓ M(A,B,C)

S(A,C) → / U(A,C) ↓   b   a / c   S(B,A) → / ← U(B,A)   b / a / c

S(B,A) → / U(B,A) ↓   b / a   c   S(C,B) → / ← U(C,B)   c / b / c

a   b   c

↑ S(B,C) → / U(B,C)   a   b / c   S(A,B) → / ← U(A,B)   a / b / c

↑ S(C,A) → / U(C,A)   c / a   b   S(B,C) → / ← U(B,C)   b / c / a

M(C,B,A) ↑↓ M(C,B,A)

↑ S(C,B) → / U(C,B)   a   c / b   S(A,C) → / ← U(A,C)   a / c / b

Abb. 11.4 Wirkungen von Aktionen in der Klötzchenwelt

zweistellige Funktionssymbol U, um den Operator *Unstack* zu bezeichnen, das zweistellige Funktionssymbol S für die Bezeichnung
des Operator *Stack* und die Konstante **Noop** für die Null-Aktion. Mit
diesem Vokabular können wir einzelne Aktionen benennen. Beispielsweise bezeichnet der Term **M(C,A,B)** die Aktion, das Klötzchen *c* von
a nach *b* zu bewegen. Einen solchen Term nennen wir *Aktionsdesignator*.

Wie bei Zuständen, so drücken wir auch bei Aktionen die Tatsache, daß ein Objekt eine Aktion ist, durch eine einstellige Relationskonstante aus. So besagt beispielsweise der Satz Action(M(C,A,B)), daß das durch den Term M(C,A,B) bezeichnete Objekt eine Aktion ist.

Die Wirkung von Aktionen konzeptualisieren wir durch eine Funktion do, die eine Aktion (aus der Menge A aller Aktionen) und einen Zustand (aus der Menge S aller Zustände) auf denjenigen Zustand abbildet, der aus der Ausführung dieser Aktion im ersten Zustand entsteht.

$$do: A \times S \longrightarrow S$$

Abb. 11.4 zeigt die do-Funktion für alle von der Null-Aktion verschiedenen Aktionen und die jeweiligen Zustände innerhalb der Klötzchenwelt. Die Pfeile geben die Zustandsüberführungen (engl. *state transitions*), die Beschriftungen an den Pfeilen die jeweiligen Aktionen an.

Beachten Sie, daß nicht für jeden einzelnen Zustand die Wirkungen aller Aktionen in Abb. 11.4 angegeben sind. Der Grund hierfür liegt darin, daß für bestimmte Fälle die Wirkungen nicht wohldefiniert sind. Welcher Zustand entsteht nach der Bewegung des Klötzchens c von Klötzchen a nach Klötzchen b, wenn das Klötzchen c gar nicht auf Klötzchen a drauf steht? Welcher Zustand entsteht, wenn Klötzchen c auf Klötzchen a steht, aber Klötzchen b auf Klötzchen c steht? In der folgenden Diskussion fassen wir do einfach als partielle Funktion auf und schließen solche Fälle aus.

Zur Beschreibung der Resultate von gleichzeitig ausgeführten Aktionen müssen wir unsere Funktion do derart erweitern, daß sie auch alle gleichzeitig stattgefundenen Aktionen beinhaltet, denn die Wirkung jeder einzelnen Aktion kann ja von der Ausführung einer anderen Aktion abhängen. Versuchen wir zum Beispiel, ein Klötzchen mit der einen Hand aufzuheben, während wir es mit der anderen Hand niederdrücken, so wird das Ergebnis sicherlich ein anderes sein, als wenn nur eine der Aktionen alleine durchgeführt wird. Diese Möglichkeit wollen wir aber ebenfalls aus unseren folgenden Betrachtungen ausklammern.

Bei der Beschreibung der Wirkungen von Aktionen und Operatoren verwenden wir zur Bezeichnung der Funktion *do* die zweistellige Funktionskonstante **Do**. Der Term **Do(M(C,A,B), S15)** bezeichnet also den Zustand, der aus der Ausführung der Aktion **M(C,A,B)** im Zustand **S15** resultiert.

Der folgende Satz beschreibt die Wirkung des Operators **M**. Das Axiom gilt für alle Klötzchen **x**, **y** und **z** und alle Zustände **s**. (Zur Vereinfachung der Schreibweise lassen wir den Allquantor im weiteren weg.) Falls im Zustand **s** das Klötzchen **x** auf Klötzchen **y** steht, wenn die Klötzchen **x** und **z** beide unbedeckt sind und **x** und **z** verschieden sind, dann hat die Aktion **M(C,A,B)** die durch die Konsequenz der Implikation angegebene Wirkung. In dem aus dieser Aktion resultierenden Zustand steht Klötzchen **x** auf Klötzchen **z** und Klötzchen **y** ist unbedeckt.

$$T(\text{Auf}(x,y),s) \wedge T(\text{Frei}(x),s) \wedge T(\text{Frei}(z),s) \wedge x \neq z \Longrightarrow$$
$$T(\text{Auf}(x,z),\text{Do}(M(x,y,z),s)) \wedge$$
$$T(\text{Frei}(y),\text{Do}(M(x,y,z),s))$$

Der folgende Satz beschreibt den Operator **U**. Steht im Zustand **s** das Klötzchen **y** auf Klötzchen **x**, und ist **x** unbedeckt, so steht nach der *Unstack* Operation das Klötzchen **x** auf dem Tisch und **y** ist unbedeckt.

$$T(\text{Auf}(x,y),s) \wedge T(\text{Frei}(x),s) \Longrightarrow$$
$$T(\text{Tisch}(x),\text{Do}(U(x,y),s)) \wedge$$
$$T(\text{Frei}(y),\text{Do}(U(x,y),s))$$

Zum Schluß betrachten wir noch den Operator **S**. Steht Klötzchen **x** auf dem Tisch und sind die Klötzchen **x** und **z** beide unbedeckt, sowie **x** und **y** verschieden, dann steht nach der Operation *Stack* das Klötzchen **x** auf Klötzchen **y**.

$$T(\text{Tisch}(x),s) \land T(\text{Frei}(x),s) \land$$
$$T(\text{Frei}(y),s) \land x \neq y \implies$$
$$T(\text{Auf}(x,y),\text{Do}(S(x,y),s))$$

Mit diesen Operatorbeschreibungen und den Zustandsrestriktionen der beteiligten Relationen können wir nun auch Fakten ableiten, die nach der Ausführung einer der Aktionen falsch sind. Beispielsweise können wir zeigen, daß die Aktion *Stack* das Klötzchen in ihrem zweiten Argument nicht unbedeckt läßt, weil kein Klötzchen, auf dem ein anderes Klötzchen steht, unbedeckt ist.

11.3 DAS FRAME-PROBLEM

Leider sind diese Operatorbeschreibungen nicht vollständig. Sie beschreiben die Fakten, die als Resultat der Durchführung einer Instanz jedes Operators wahr werden, und damit beschreiben sie auch indirekt die Fakten, die falsch werden. Sie geben aber nicht die Fakten an, die vorher wahr oder falsch waren und auch nach Ausführung der Aktion wahr bzw. falsch geblieben sind.

Als Beispiel betrachten wir die Szene der Klötzchenwelt aus Abb. 11.1 Klötzchen *b* steht in diesem Zustand auf dem Tisch, und es steht auch in dem Zustand auf dem Tisch, der aus der Bewegung von Klötzchen *c* von *a* nach *b* entstanden ist. Mit unserer Operatorbeschreibung von *Move* können wir dies allerdings nicht beweisen.

Das Problem, die Merkmale eines Zustandes zu beschreiben, der durch eine Aktion nicht verändert worden ist, nennt man das *Frame-Problem*. Der Name rührt von einer vagen Analogie zu den Zeichentrickfilmen her. Beim Drehen einer Szene zeichnen Trickfilmer zuerst den sich im Laufe der Szene nicht verändernden Hintergrund. Danach kopieren sie ihn und legen die Handlung im Vordergrund darüber. Das Frame-Problem besteht nun darin, den durch die Handlung unveränderten Hintergrund von dem wechselnden Vordergrund zu trennen. Eine Möglichkeit liegt in der Formulierung spezieller *Frame-Axiome*, die die Eigenschaften, die bei jeder Aktion unverändert bleiben, angeben.

Als Beispiel betrachten wir die folgenden Frame-Axiome für den Operator U. Das erste Axiom drückt aus, daß nach der Aktion U ein Klötzchen unbedeckt ist, wenn es vor der Aktion unbedeckt war. Entsprechend besagt das zweite Axiom, daß ein Klötzchen nach der Aktion U auf dem Tisch steht, wenn es schon vorher auf dem Tisch gestanden ist. Im Falle von Auf ist es etwas komplizierter, denn eine Aktion U macht die Relation Auf rückgängig. Das entsprechende Axiom besagt, daß nach der Aktion U ein Klötzchen auf einem anderen steht, vorausgesetzt, es war schon vorher auf diesem Klötzchen *und* es ist nicht das Klötzchen, das auf dem Tisch steht.

$$T(Frei(u),s) \implies T(Frei(u),Do(U(x,y),s))$$
$$T(Tisch(u),s) \implies T(Tisch(u),Do(U(x,y),s))$$
$$T(Auf(u,v),s) \wedge u \neq x \implies T(Auf(u,v),Do(U(x,y),s))$$

Die folgenden Axiome sind die Frame-Axiome des Operators S. Ein Objekt bleibt solange unbedeckt, wie es kein Zielobjekt der Aktion S ist. Ein Objekt bleibt solange auf dem Tisch, bis es nicht auf ein anderes Objekt obenauf gestellt wird. Ein Objekt, das vor einer Aktion S auf einem anderen Objekt gestanden ist, steht auch nachher noch dort.

$$T(Frei(u),s) \wedge u \neq y \implies T(Frei(u),Do(S(x,y),s))$$
$$T(Tisch(u),s) \wedge u \neq y \implies T(Tisch(u),Do(S(x,y),s))$$
$$T(Auf(u,v),s) \implies T(Auf(u,v),Do(S(x,y),s))$$

Die Frame-Axiome für M lauten wie folgt: Alle Objekt bleiben nach der Aktion M unbedeckt, außer sie sind Ziel der Aktion. Alle auf dem Tisch stehenden Objekte bleiben auf dem Tisch stehen. Bis auf das zu bewegende Objekt bleibt jedes Objekt, das auf einem anderen Objekt steht, auf diesem stehen.

$$T(Frei(u),s) \land u{\neq}z \implies T(Frei(u),Do(M(x,y,z),s))$$

$$T(Tisch(u),s) \implies T(Tisch(u),Do(M(x,y,z),s))$$

$$T(Auf(u,v),s) \land u{\neq}x \implies T(Auf(u,v),Do(M(x,y,z),s))$$

Schließlich gibt es auch noch Frame-Axiome für die Null-Aktion. Definitionsgemäß verändert die Null-Aktion nichts. Alles, was vorher wahr war, ist auch nachher wahr.

$$T(Frei(u),s) \implies T(Frei(u),Do(Noop,s))$$

$$T(Tisch(u),s) \implies T(Tisch(u),Do(Noop,s))$$

$$T(Auf(u,v),s) \implies T(Auf(u,v),Do(Noop,s))$$

Normalerweise ist die Anzahl der Frame-Axiome proportional zum Produkt der Anzahl der Relationen mit der Anzahl der Operatoren unserer Konzeptualisierung. Im vorliegenden Fall handelt es sich nur um 12 Frame-Axiome. Was das Frame-Problem aber erst zum eigentlichen Problem macht, ist, daß in Welten mit einer realistischen Komplexität noch sehr viel mehr Aktionen und Relationen existieren und deshalb eine große Zahl von Axiomen nötig sind. Außerdem verändern die meisten Aktionen in der Welt nur einige wenige Fakten. Es ist also mehr als ärgerlich, so viele Axiome formulieren zu müssen, nur um darzustellen, was alles *nicht* passiert. Eine ökonomische Lösung des Frame-Problems wird wohl nicht-monotones Schließen erfordern. Das Problem ist schwierig und Gegenstand laufender aktueller Forschungen.

11.4 DIE REIHENFOLGE VON AKTIONEN

Nachdem wir einzelne Aktionen betrachtet haben, wenden wir uns jetzt zusammengesetzten Aktionen zu. Der Einfachheit halber nehmen

wir an, daß die Aktionen nacheinander stattfinden und sich nicht
überlappen. Bei der Analyse solcher Fälle liegt der Schlüssel in
der Reihenfolge der einzelnen Aktionen. Wir untersuchen in diesem
Abschnitt zwei Formalisierungsmöglichkeiten: Aktionsblöcke und sequentielle Prozeduren.

Ein *Aktionsblock* ist eine endliche Folge von Aktionen. Da es
keine obere Grenze für die Zahl der Aktionen eines Aktionsblocks
gibt, können wir aus jeder nicht-leeren Menge von Aktionen unendlich viele dieser Objekte bilden.

Das Resultat der Ausführung eines Aktionsblocks ist derjenige
Zustand, der durch sukzessives Ausführen der Einzelaktionen aus
einem Ausgangszustand heraus entsteht. Im Ausgangszustand wird die
erste Aktion ausgeführt, die zweite Aktion wird in dem daraus entstehenden Zustand durchgeführt usw. Zwischen den im Block aneinander angrenzenden Aktionen werden keine weiteren Aktionen ausgeführt.

Die einfachste Darstellung eines Aktionsblocks ist eine Liste
von Termen, bei der jeder Term eine Aktion oder einen weiteren Aktionsblock bezeichnet. Die folgende Liste stellt zum Beispiel den
aus den Aktionen U(C,A), S(B,C) und S(A,B) bestehenden Block dar.

$$[U(C,A),S(B,C),S(A,B)]$$

Um Aussagen über den aus der Ausführung eines Aktionsblocks resultierenden Zustands machen zu können, erweitern wir die in Abschnitt 11.3 eingeführte Funktion Do, so daß sie sowohl auf Aktionsblöcke als auch auf einzelne Aktionen anwendbar ist. Do bildet
einen Aktionsblock und einen Zustand auf den durch die Ausführung des ganzen Aktionsblocks im gegebenen Zustand entstehenden
Zustand ab. Die Anwendung des leeren Aktionsblocks auf den Zustand
s erzeugt gerade wieder s. Das Ergebnis der Ausführung eines
nicht-leeren, aus der Anfangsaktion a und dem Aktionsblock l bestehenden Aktionsblocks im Zustand s, ist derjenige Zustand, der

nach der Ausführung von l in dem nach Ausführen von **a** entstandenen Zustands entsteht.

$$Do([],s)=s$$
$$Do(a.l,s)=Do(l,Do(a,s))$$

Beachten Sie, daß wir bei dieser Definition die syntaktische Reihenfolge der Aktionsterme vertauscht haben. Die Terme **Do([a,b], s)** und **Do(b,Do(a,s))** bezeichnen zum Beispiel dengleichen Zustand.

Obige Aussagen beschreiben das Resultat des jeweiligen Aktionsblocks mittels den aus der Ausführung eines Aktionsblocks entstehenden Endzustand. Diese Wirkung können wir aber auch durch die Eigenschaften der Endzustände beschreiben. Die folgenden Sätze benutzen für diese alternative Darstellungsform die Relation T.

$$T(p,s) \iff T(p,Do([],s))$$
$$T(p,Do(l,Do(a,s))) \iff T(p,Do(a.l,s))$$

Natürlich sind diese Sätze auch aus den oben beschriebenen Definitionen ableitbar. Diese Schreibweise haben wir aber eingeführt, um zu betonen, daß man die Betrachtung der Resultate von Aktionsblöcken auf die Betrachtung der Resultate der einzelnen Aktionen innerhalb der Aktionsblöcke zurückführen kann.

Betrachten wir nun die Beschreibung unendlicher Aktionsfolgen. Offensichtlich können wir nicht zur Bezeichnung eines solchen Objekts die Listenschreibweise verwenden, denn man kann nicht unendliche Liste niederschreiben. Die Lösung hierfür liegt in einer anderen Konzeptualisierung der Reihenfolge von Aktionen. Unter einer *sequentiellen Prozedur* verstehen wir eine Funktion aus den positiven ganzen Zahlen in die Menge der Aktionen, die jede positive ganze Zahl auf diejenige Aktion abbildet, die in dem jeweiligen Schritt einer unendlichen Aktionsfolge ausgeführt wird.

$$f: N \longrightarrow A$$

Mit der Beschreibung einer sequentiellen Prozedur ist auch implizit die entsprechende Aktionsfolge gegeben. Beispielsweise definieren die folgenden Sätze eine sequentielle Prozedur, die die obigen drei Aktionen zusammen mit unbegrenzt vielen Noop-Aktionen vorschreibt.

$$F(1) = U(C,A)$$
$$F(2) = S(B,C)$$
$$F(3) = S(A,B)$$
$$n>3 \implies F(n)=Noop$$

Mit dem Begriff der sequentiellen Prozedur wollten wir zwar unendliche Aktionsfolgen formalisieren, aber diese Konzeptualisierung eignet sich aber auch genauso gut für endliche Folgen — vorausgesetzt, wir verwenden eine allgemeinere Definition, um eine partielle, auf den ersten positiven Integerzahlen definierte Funktion mit hinzuzunehmen.

11.5 KONDITIONALIÄT

Ein weiterer Aspekt der Beschreibung von Aktionen ist die Konditionalität. Oft möchten wir über Aktionen sprechen, die nur dann ausgeführt werden, wenn bestimmte Bedingungen eingetreten sind. In diesem Abschnitt stellen wir drei Ansätze zur Formalisierung von Konditionalität vor: Bedingte Aktionen, Produktionssysteme und Markov-Prozeduren.

Eine *bedingte Aktion* setzt sich aus einer Bedingung (d.h. aus einer Zustandsmenge) und aus zwei Aktionen zusammen. Erfüllt der Zustand, in dem die bedingte Aktion ausgeführt wird, die Bedingungen (d.h. ist er ein Element der angegebenen Zustandsmenge), so wird die erste Aktion, anderenfalls die zweite Aktion ausgeführt.

Eine bedingte Aktion bezeichnen wir durch einen *Konditionalausdruck*, d.h. durch einen Term der Art $If(\phi,\alpha,\beta)$, wobei If eine dreistellige Funktionskonstante, ϕ ein Zustandsdeskriptor und α, β Aktionen sind. Der folgende Term ist zum Beispiel ein Konditional- ausdruck; wenn Klötzchen **A** auf Klötzchen **B** steht, diktiert die durch diesen Ausdruck bezeichnete bedingte Aktion die Aktion M(A, B,C), anderenfalls befiehlt sie die Aktion S(A,C).

$$If(Auf(A,B),M(A,B,C),S(A,C))$$

Das Resultat der Ausführung einer bedingten Aktion läßt sich durch die nachstehenden Sätze beschreiben. Erfüllt der Zustand, in dem die Aktion ausgeführt wird, die Bedingung, so ist das Ergebnis der durch das Konsequenz der ersten Alternative beschriebene Zu- stand. Anderenfalls ist es der in der zweiten Alternative be- schriebene Zustand.

$$T(p,s) \implies Do(If(p,a,b),s)=Do(a,s)$$
$$T(\neg p,s) \implies Do(If(p,a,b),s)=Do(b,s)$$

Durch eingebettete Konditionalausdrücke können wir auch be- dingte Aktionen mit mehr als einer Bedingung und mehr als zwei Ak- tionen bezeichnen. Zum Beispiel beschreibt der folgende Term in Abhängigkeit von der Position des Klötzchens **A** eine dreifach be- dingte Aktion.

$$If(Tisch(A),S(A,C),If(Auf(A,B),M(A,B,C),Noop))$$

Obwohl dieser Ansatz sehr allgemein gehalten ist, ist er doch in Situationen mit sehr vielen Bedingungen und Aktionen unprak- tisch. Dieser Nachteil läßt sich aber weitgehend durch eine Kon- zeptualisierung der Konditionalität mit Hilfe des Begriffs der Produktionssysteme beheben.

Eine *Produktionsregel* ist ein aus einer Bedingung (d.h. aus einer Zustandsmenge) und aus einer Aktion bestehendes Paar. Ein *Produktionssystem* ist eine endliche Folge von Produktionsregeln.

Die Ausführung eines Produktionssystems in einem Anfangszustand kann unter Umständen sehr viele Schritte nachsichziehen. In jedem

einzelnen Schritt der Folge wird als Aktion der Aktionsteil der
ersten Produktionsregel, deren Bedingung erfüllt ist, ausgeführt.
Die Ausführung terminiert genau dann, wenn es keine weitere Produktionsregel gibt, deren Bedingung erfüllt ist.

Eine beliebige Produktionsregel bezeichnen wir durch einen Aus-
druck der Form $\phi \longrightarrow \alpha$, wobei ϕ ein Zustandsdeskriptor und α ein
Aktionsdesignator ist. (Der Infixoperator $\longrightarrow$ ist nicht unbedingt
notwendig, aber es ist zweckmäßig und entspricht auch der ge-
bräuchlichen Schreibweise von Produktionsregeln.) Da die Folge der
Regeln in einem Produktionssystem von endlicher Länge ist, können
wir als Spezifikationssprache unsere Listenschreibweise benützen.

Zur Formalisierung des Resultats der Ausführung eines Produktionssystems definieren wir zuerst die durch **Dictates** bezeichnete
Relation, die genau dann für ein Produktionssystem, einen Zustand
und eine Aktion gilt, wenn das Produktionssystem im angegebene Zustand die angegebene Aktion diktiert.

$$T(p,s) \implies Dictates((p \longrightarrow a).l,s,a)$$
$$\neg T(p,s) \wedge Dictates(l,s,b) \implies Dictates((p \longrightarrow a).l,s,b)$$

Mit dieser Definition definieren wir jetzt die Wirkung eines
Produktionssystems. (Wir erweitern die Funktion **Do** für die Anwendung auf Produktionssysteme.) Diktiert ein Produktionssystem für
einen Ausgangszustand keine Aktion, so ist das Resultat wieder der
Ausgangszustand. Anderenfalls ist das Resultat dasjenige Ergebnis,
das nach der Ausführung des Produktionssystems in dem durch die
Ausführung der diktierten Aktion entstandenen Endzustand entsteht.

$$(\neg \exists a\ Dictates(p,s,a)) \implies Do(p,s)=s$$
$$Dictates(p,s,a) \implies Do(p,s)=Do(a,s))$$

Als Beispiel für ein Produktionssystem betrachten wir die folgende Liste von Regeln. Wird in einem beliebigen Zustand dieses

System ausgeführt, so erzeugt es einen Endzustand, in dem das durch **A** bezeichnete Klötzchen auf dem Klötzchen **B** steht und das Klötzchen **B** auf dem Klötzchen **C** steht.

$$[\text{Frei}(C) \wedge \text{Auf}(C,z) \longrightarrow U(C,z),$$
$$\text{Auf}(A,C) \wedge \text{Frei}(A) \longrightarrow U(A,C),$$
$$\text{Auf}(B,C) \wedge \text{Auf}(C,A) \longrightarrow U(B,C),$$
$$\text{Frei}(B) \wedge \text{Auf}(B,A) \longrightarrow U(B,A),$$
$$\text{Frei}(A) \wedge \text{Auf}(A,B) \wedge \text{Tisch}(B) \longrightarrow U(A,B),$$
$$\text{Tisch}(A) \wedge \text{Tisch}(B) \wedge \text{Tisch}(C) \longrightarrow S(B,C),$$
$$\text{Tisch}(A) \wedge \text{Auf}(B,C) \wedge \text{Tisch}(C) \longrightarrow S(A,B)]$$

Um nun zu sehen, wie das Produktionssystem zu diesem Ergebnis gelangt, betrachten wir, was passiert, wenn das System in dem in Abb. 11.1 abgebildeten Zustand S1 ausgeführt wird. Im Ausgangszustand ist das Antezedenz der ersten Produktionsregel erfüllt, somit wird die entsprechende Aktion $U(C,A)$ vorgeschrieben. Nachdem diese Aktion ausgeführt worden ist, stehen alle Klötzchen auf dem Tisch. In diesem Zustand ist nur die sechste Regel ausführbar, das System diktiert daher die Aktion $S(B,C)$. Nun kann die siebte Regel angewendet werden und die Aktion $S(A,C)$ wird ausgeführt. Schließlich erreichen wir einen Zustand, in dem keine weitere Regel mehr ausführbar ist. Es wird daher auch keine weitere Aktion vorgeschrieben und die Ausführung bricht ab.

Beachten Sie, daß bei diesem System die zu den einzelnen Produktionsregeln gehörenden Bedingungen disjunkte Zustandsmengen beschreiben. In jedem einzelnen Zustand kann man also mindestens eine Regel anwenden. Obwohl dies eine angenehme Eigenschaft ist, ist sie aber nicht unbedingt notwendig. Wir erinnern uns, unsere Definition von **Dictates** verlangte ja, daß wir immer die *erste* anwendbare Regel ausführen. Mehrdeutigkeiten, die aus sich überschneidenden Zustandsmengen entstehen, sind damit ausgeschlossen. Zwar ist die hier beschriebene Strategie die am häufigsten benutzte, aber einige Produktionssysteminterpreter verwenden für diese sogenannte *Konfliktauflösung* (engl. *conflict resolution*) auch andere Strategien.

Eine willkommene Konsequenz unserer Konfliktauflösungsstrategie ist, daß wir durch die Reihenfolge der Regeln auch die Spezifikation des Produktionssystems vereinfachen können. Wissen wir nämlich, daß ein bestimmter Teil der Bedingung einer Regel wahr sein muß, weil in den vorgegangenen Regeln alle Bedingungen schon fehlgeschlagen sind, so können wir diesen Teil der Bedingung auch ganz weglassen.

Als Beispiel betrachten wir das folgende Produktionssystem. Dieses System diktiert dieselben Aktionen wie das vorherige System, es besitzt aber weniger Konjunkte. Die Bedingung in den letzten beiden Regeln, daß Klötzchen C auf dem Tisch stehen muß, ist nämlich überflüssig, weil C schon auf dem Tisch stehen mußte, damit die vorherigen Regeln überhaupt fehlschlagen konnten.

$$[\text{Frei}(C) \wedge \text{Auf}(C,z) \longrightarrow U(C,z),$$
$$\text{Auf}(A,C) \wedge \text{Frei}(A) \longrightarrow U(A,C),$$
$$\text{Auf}(B,C) \wedge \text{Auf}(C,A) \longrightarrow U(B,C),$$
$$\text{Frei}(B) \wedge \text{Auf}(B,A) \longrightarrow U(B,A),$$
$$\text{Frei}(A) \wedge \text{Auf}(A,B) \wedge \text{Tisch}(B) \longrightarrow U(A,B),$$
$$\text{Tisch}(A) \wedge \text{Tisch}(B) \longrightarrow S(B,C),$$
$$\text{Tisch}(A) \wedge \text{Auf}(B,C) \longrightarrow S(A,B)]$$

Die letzte der hier vorgestellten Methoden für den Umgang mit Konditionalität ist eine Verallgemeinerung des Begriffs des Produktionssystems. Eine *Markov-Prozedur* f ist eine Funktion von der Menge der Zuständen in die Menge der Aktionen. In jedem Weltzustand diktiert sie die Ausführung einer einzelnen Aktion. (Ein Produktionssystem ist ein Spezialfall der Markov-Prozeduren.) Verschiedene Markov-Prozeduren schreiben in unterschiedlichen Zuständen verschiedene Aktionen vor.

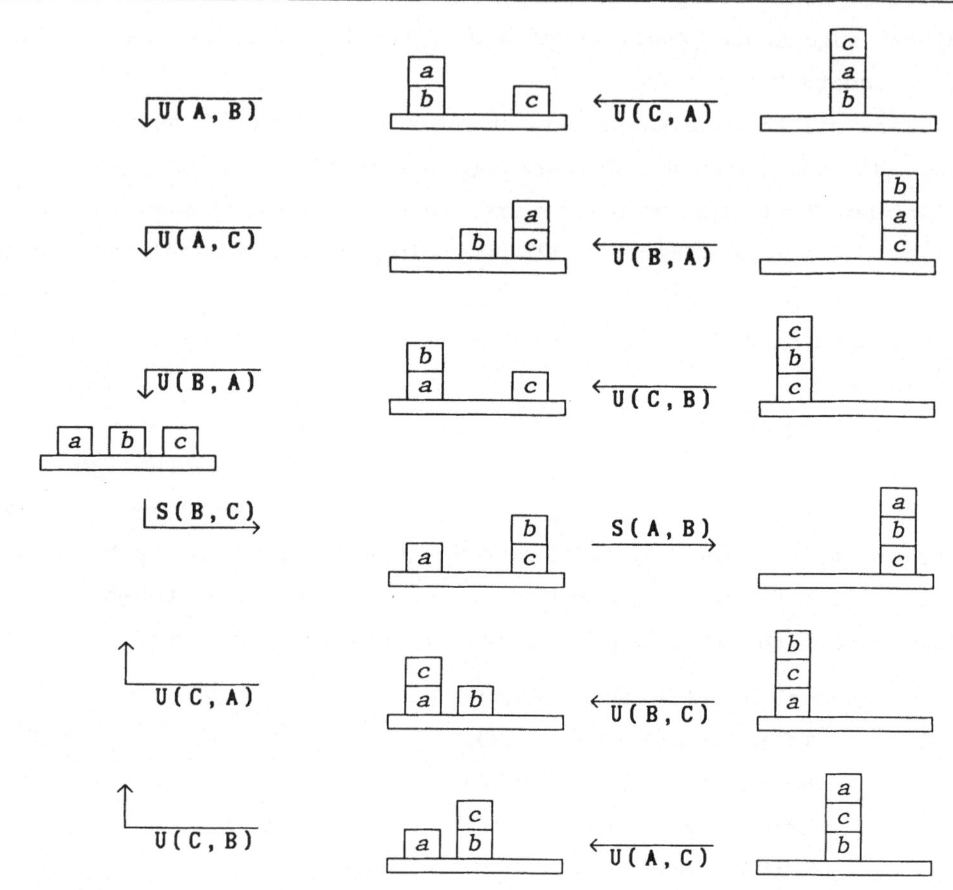

Abb. 11.5 Prozedur, um die Klötzchen a, b und c
aufeinander zu stapeln

$$f : S \longrightarrow A$$

Abb. 11.5 zeigt eine zu obigem Produktionssystem gehörende
Markov-Prozedur. Der ausgezeichnete Zustand dieser Prozedur ist
der, wo alle drei Klötzchen auf dem Tisch stehen. Von diesem Zustand aus diktiert die Prozedur die Aktion, das Klötzchen B auf
Klötzchen C zu stapeln. Von hier ausgehend, befiehlt sie die Aktion, A auf B zu stellen. In allen anderen Zuständen schreibt sie
geeignete Aktionen zum Erreichen dieses zentralen Zustands vor.

Natürlich ist dies nicht die einzige Markov-Prozedur zur Lösung des Problems. Beispielsweise können wir in dem Zustand, wo Klötzchen B auf Klötzchen A und Klötzchen C auf dem Tisch stehen, auch B direkt auf C stellen, anstatt es zuerst auf dem Tisch zu stellen.

Allerdings sind auch nicht alle Teile dieser Prozedur völlig willkürlich. Zum Beispiel schreibt jede Prozedur, die den Endzustand erzeugt, die Aktion vor, Klötzchen A auf Klötzchen B zu stellen, falls Klötzchen B auf Klötzchen C und Klötzchen A auf dem Tisch steht.

Ein *Markov-Programm* ist die Beschreibung einer Markov-Prozedur in einer formalen Programmiersprache. Zur Formulierung eines Markov-Programms verwenden wir als deskriptive Sprache den Prädikatenkalkül. Ein Markov-Programm besteht also aus einer Funktionskonstante π, welche die Prozedur und die Menge Δ von Sätze des Prädikatenkalküls bezeichnet, die diese Prozedur beschreiben.

Ein Markov-Programm ist genau dann *vollständig*, wenn es in jedem Zustand genau eine Aktion vorschreibt. Natürlich ist nicht jedes Markov-Programm vollständig. Sogar wenn die durch das Programm beschriebene Prozedur in jedem Zustand nur eine einzige Aktion vorschreibt, so kann doch zumindest diese Beschreibung unvollständig sein. Und in anderen Situationen existiert eine Beschreibung, die zwar die Menge der Aktionen einschränkt, aber keine bestimmte Aktion eindeutig festlegt. In bestimmten Fällen mag das Programm zwar für einige Zustände die Aktionen angeben, aber für andere Zustände dagegen nicht. Für KI-Anwendungen sind solche *partiellen Programme* charakteristisch.

Die folgenden Sätze sind ein partielles Programm (P1 genannt) der in Abb. 11.5 abgebildeten Prozedur. Im vorliegenden Fall ist das Programm eine einfache syntaktische Variante des schon oben vorgestellten Produktionssystems.

$$T(Frei(C),s) \land T(Auf(C,z),s) \implies P1(s)=U(C,z)$$

$$T(Auf(A,C),s) \land T(Frei(A),s) \implies P1(s)=U(A,C)$$

$$T(Auf(B,C),s) \land T(Auf(C,A),s) \implies P1(s)=U(B,C)$$

$$T(Frei(B),s) \land T(Auf(B,A),s) \implies P1(s)=U(B,A)$$

$$T(Frei(A),s) \land T(Auf(A,B),s) \land T(Tisch(B),s) \implies P1(s)=U(A,B)$$

$$T(Tisch(A),s) \land T(Tisch(B),s) \land T(Tisch(C),s) \implies P1(s)=S(B,C)$$

$$T(Tisch(A),s) \land T(Auf(B,C),s) \land T(Tisch(C),s) \implies P1(s)=S(A,B)$$

Ein Markov-Programm heißt genau dann *lokal*, wenn (1) jeder Satz mindestens einen oder mehrere zustandsdenotierende Terme enthält, und wenn (2) jeder Zustandsdesignator (falls er existiert) eine allquantifizierte Zustandsvariable ist. Die Anwesenheit von Zustandsdeskriptoren (zur Bezeichnung von Zustandsmengen) verletzt diese Definition nicht. Der Nutzen dieser Eigenschaft liegt darin, daß die für jeden Zustand durch ein lokales Programm befohlene Aktion allein aus den Merkmalen dieses Zustands bestimmbar ist. Das oben beschriebene Programm ist ein Beispiel für ein lokales Programm.

Das obige Programm ist aber auch in anderer Hinsicht bemerkenswert. Die Konklusion jeder Implikation ist eine Gleichung, die eine bestimmte Aktion vorschreibt. Die Antezedenzen jedes Satzes sind Bedingungen an die mit der Relation T ausgedrückten Zustände.

Ist ein Programm lokal und hat es diese zusätzlichen Eigenschaften, so kann man es leicht in ein Produktionssystem verwandeln. Dazu stellen wir zuerst eine Liste der Sätze des Programmes zusammen. Von jedem Satz lassen wir dann den Namen der Prozedur, alle Relationen T und alle Zustandsvariablen weg. Zum Schluß ersetzen wir den Implikationsoperator $\implies$ durch den Operator $\longrightarrow$ der Produktionsregel.

Andererseits läßt sich aber auch nicht jedes Markov-Programm in dieser Weise umschreiben. Es treten immer dann Probleme auf, wenn ein Programm Sätze enthält, die keine Werte ableiten, für die die

Prozedur definiert ist, oder die Konklusion nicht positiv ist, oder wenn mehrfache distinkte Zustandsterme auftreten.

Als Beispiel für die erstgenannte Schwierigkeit betrachten wir die folgende Aufgabe, bei der in einer Welt mit einer beliebigen Anzahl von Klötzchen das Klötzchen **A** auf das Klötzchen **B** gestellt werden soll. Die ersten Sätze definieren die Relation **über**. Die weiteren Sätze diktieren mit dieser Relation geeignete Relationen, die dafür sorgen, daß **A** und **B** vor dem Aufeinanderstapeln unbedeckt sind. Wegen den **über** enthaltenden Sätzen gibt es hier keine einfache Möglichkeit, dieses Programm in ein Produktionssystem zu überführen.

$$T(\text{Auf}(x,y),s) \implies T(\text{Über}(x,y),s)$$

$$T(\text{Über}(x,y),s) \land T(\text{Über}(y,z),s) \implies T(\text{Über}(x,z),s)$$

$$T(\neg\text{Auf}(A,B),s) \land T(\text{Über}(x,A),s) \land T(\text{Auf}(x,y),s) \land$$
$$T(\text{Frei}(x),s) \implies P2(s)=U(x,y)$$

$$T(\neg\text{Auf}(A,B),s) \land T(\text{Frei}(A),s) \land T(\text{Über}(x,B),s) \land$$
$$T(\text{Auf}(x,y),s) \land T(\text{Frei}(x),s) \implies P2(s)=U(x,y)$$

$$T(\text{Auf}(A,y),s) \land T(\text{Frei}(A),s) \land T(\text{Frei}(B),s) \implies P2(s)=M(A,y,B)$$

$$T(\text{Tisch}(A),s) \land T(\text{Frei}(A),s) \land T(\text{Frei}(B),s) \implies P2(s)=S(A,B)$$

$$T(\text{Auf}(A,B),s) \implies P2(s)=\text{Noop}$$

Als ein weiteres Beispiel eines Markov-Programms, das sich nicht als Produktionssystem schreiben läßt, betrachten wir die folgende einfache Randbedingung. Sie gibt uns nur einen negativen Hinweis, für das, was zu tun sei. Die Sätze besagen, daß jede Aktion, die ausgeführt werden, keine Instanz des Operators **M** sein soll.

$$P3(s) \neq M(x,y,z)$$

Und schließlich gibt es auch noch Markov-Prozeduren, die mehrere distinkte Zustandsterme enthalten. Beispielsweise besagt

das folgende Markov-Programm, daß jede Aktion ausgeführt werden
muß, die einen Zustand herbeiführt, in dem Klötzchen **A** auf Klötzchen **B** steht.

$$T(Auf(A,B),Do(k,s)) \implies P4(s)=k$$

Die einzige Möglichkeit, ein solches Markov-Programm in ein
Produktionssystem umzuwandeln, ist, daß wir zu unserer Konzeptualisierung noch zusätzliche Informationen über den Weltzustand hinzufügen und noch weitere Aktionen bereitsstellen, die diesen zusätzlichen Zustand verändern.

11.6 LITERATUR UND HISTORISCHE BEMERKUNGEN

Der Vorschlag, die Zustände zu den in einer Konzeptualisierung
existierenden Objekten mitaufzunehmen, stammt von McCarthey [Mc-
Carthy 1963]. Die Idee wurde weiter in [McCarthy 1969] diskutiert.
Green [Green 1969a] war der erste, der ein großes, funktionieren-
des Programm für Schlußfolgerungen über Aktionen und Zustände entwickelte. Kowalski [Kowalski 1979b] nahm *Propositionen* als Objekte
und eine zwischen Propositionen und Situationen bestehende Relation *holds* hinzu. Dies vereinfachte die Formulierung der Frame-
Axiome sehr stark. Die Formulierungen von Aktionen und deren Auswirkungen auf Zustände im Prädikatenkalkül sind auch *Situations-
kalkül* (engl. *situation calculus*) genannt worden.
   Das Frame-Problem ist in der Literatur ausführlich diskutiert
worden. Einige der wichtigsten Arbeiten sind [Hayes 1973a, Raphael
1971, Sandewall 1972]. In diesem Zusammenhang sind mehrere unterschiedliche Ansätze verfolgt worden. In ihrem System STRIPS repräsentierten Fikes und Nilsson [Fikes 1971] Aktionen durch eine
einfache Vorschrift für die sich ändernden Zustandsdeskriptoren
und sie ließen diejenigen Deskriptoren, deren Änderung nicht besonders vorgeschrieben war, unverändert. Hayes [1979b, Hayes
1985b] stellte den Begriff der *Ableitungsgeschichte* (engl. *histo-
ries*) vor, um eine Konzeptualisierung zu definieren, in der das
Frame-Problem nicht auftaucht. McCarthy [McCarthy 1986] und Reiter
[Reiter 1980a] sprachen sich bei der Behandlung des Frame-Problems
für die Vorteile des nicht-monotonen Schließens aus. Hanks und
McDermott [Hanks 1986] zeigten, daß eine direkte Anwendung der
Zirkumskription (in der herkömmlichen Formulierung des Situations-

kalküls) keine Resultate liefert, die zur Lösung des Frame-Problems ausdrucksstark genug sind. Lifschitz [Lifschnitz 1986c] führte eine Variante, punktuelle Zirkumskription genannt, ein, die ausdrucksstark genug ist. Er schlug auch eine neue Konzeptualisierung von Aktionen und deren Wirkungen vor, die den Gebrauch der herkömmlichen Zirkumskription zur Lösung des Frame-Problems und des Problems der zahlreichen Vorbedingungen (qualification problem) ermöglicht. Shoham [Shoham 1986a] schlug eine alternative Minimalisierungsmethode vor, die mit der Zirkumskription verwandt ist und *chronological ignorance* genannt wird.

Das klassische, in diesem Kapitel beschriebene, Zustands-Aktions-Modell läßt sich noch in drei Richtungen verallgemeinern. Zuerst können wir versuchen, direkt über die Zeit zu schlußfolgern. (In der herkömmlichen Formulierung der Zuständen wird die Zeit nicht explizit erwähnt, obwohl es offensichtlich eine implizite Verbindung gibt.) Zweitens können wir mit einer Konzeptualisierung, die die Zeit berücksichtigt, auch kontinuierliche Aktionen betrachten. Drittens, können wir uns zusätzlich zu den in strikter Reihenfolge auftretenden Aktionen auch noch mit simultanen Aktionen beschäftigen.

Verschiedene KI-Forscher haben sich mit temporalen Schlußfolgerungen befaßt. Einige nahmen ein Zeitargument direkt in ihre Relationen auf, andere machten von einer modalen Zeitlogik Gebrauch. Shoham [Shoham 1986b] gab einen guten Überblick über diese Forschungen. Vergleichen Sie hierzu auch die Arbeiten von McDermott [McDermott 1982b], Allen [Allen 1983, 1984, 1985a], Allen und Hayes [Allen 1985b] sowie Shoham [1986c]. Van Benthem [Van Benthem 1983] schrieb ein ausgezeichnetes Buch über Zeitlogik.

Dem Problem der kontinuierlichen Aktionen ist bisher wenig Aufmerksamkeit geschenkt worden. Die Arbeit von Hendrix [Hendrix 1973] ist ausgezeichnet. Einige der Arbeiten über "qualitative reasoning" [Bobrow 1984, deKleer 1984] behandeln kontinuierliche physikalische Prozesse.

Georgeff und seine Kollegen entwickelten zur Darstellung simultaner Aktionen erweiterte Modelle des Situationskalküls [Georgeff 1984, 1985, 1987c]. Das Problem der Modellierung von Effekten gleichzeitiger, simultaner Aktionen ist natürlich auch ein Problem in der parallelen Programmierung.

ÜBUNGEN

1. *Seiteneffekte*. Ein symbolischer Ausdruck in LISP *(S-expr* genannt), läßt sich als ein aus zwei Teilen zusammengesetztes Objekt konzeptualisieren. Die zustandsabhängige Funktion **Car** be-

zeichnet einen Teil und die zustandsabhängige Funktion **Cdr** den anderen Teil. Die Aktion **Rplaca(x,y)** ändert den ersten Teil von **x** zu **y** ab. Entsprechend ersetzt die Aktion **Rplacd(x,y)** den zweiten Teil von **x** durch **y**. Formulieren Sie Sätze des Prädikatenkalküls, welche die Wirkung dieser beiden Operatoren beschreiben.

2. *Simulation*. Beweisen Sie mit einem Resolutionsbeweis, daß das Klötzchen **B** nach der Ausführung des Aktionsblocks [U(C,A), S(B,C),S(A,B]] auf Klötzchen **C** steht, falls im Ausgangszustand **C** auf **A**, **A** auf dem Tisch und **B** auf dem Tisch stehen.

3. *Indeterminismus*. Angenommen, unsere Sprache enthält Terme der Form **ND**(α,β), wobei α und β beliebige Aktionen sind. Die Idee dabei ist, solche Terme für die Darstellung einer nicht-deterministischen Wahlmöglichkeit zwischen der durch α und der durch die β bezeichneten Aktion zu verwenden. D.h. die Ausführung dieses Programmes wird durch die Ausführung eines der beiden herbeigeführt. Geben Sie Sätze an, welche die Semantik von **ND** in der Art und Weise der Abschnitte 11.4 und 11.5 definieren.

4. *Das Wassereimer-Problem*. Stellen Sie sich vor, Sie ständen vor einem mit Wasser gefüllten 5-Liter Eimer und vor einem leeren 2-Liter Eimer. In den 2-Liter sollen Sie genau 1 Liter Wasser füllen. Sie dürfen zwar Wasser von einem in den anderen Eimern umfüllen und es auch verschütten, sie haben kein zusätzliches Wasser zum Nachgießen zur Verfügung.

   a. Wie sieht der Zustandsraum für dieses Problem aus?

   b. Wie lauten die Operatoren?

   c. Formulieren Sie für die Operatoren passende Beschreibungen und Frame-Axiome.

   d. Beschreiben Sie einen Aktionsblock zur Lösung des Problems.

   e. Zeigen Sie mit einem Resolutionsbeweis, daß ihr Programm auch das leistet, was es leisten soll.

5. *Das 8-Puzzle*. Das 8-Puzzle besteht aus einer Menge von acht numerierten und einem unbeschrifteten Plättchen, die in einem 3×3 Raster angeordnet sind. Das Ziel ist, von einem Zustand, in dem die Plättchen durcheinander gewürfelt sind, (vgl. linken Kasten), einen Zustand zu erreichen, in dem die Plättchen im Uhrzeigersinn angeordnet sind (vgl. rechten Kasten). Die einzigen zulässigen Zustandsüberführungen sind Bewegungen des unbeschrifteten Plättchens nach oben, unten, rechts und nach links.

2	8	3		1	2	3
---	---	---		---	---	---
1		4	$\Longrightarrow$	8		4
7	6	5		7	6	5

a. Wie sieht der Zustandsraum für dieses Problem aus?

b. Wie lauten die Operatoren?

c. Formulieren Sie für die Operatoren passende Beschreibungen und Frame-Axiome.

d. Beschreiben Sie einen Aktionsblock zur Lösung des Problems.

e. Zeigen Sie mit einem Resolutionsbeweis, daß das Plättchen Nummer 8 nach der Ausführung Ihrer zusammengesetzten Aktion auch in der richtigen Position liegt.

6. *Thermostat*. Schreiben Sie ein Produktionssystem für einen Thermostaten, der einen Ofen kontrolliert. Der äußere Zustand des Thermostaten besteht aus einer (eingestellten) Temperatvorgabe (in Grad), aus einer Temperaturskala (in Grad) und aus Zustandssensoren für den Ofen (entweder ein- oder ausgeschaltet). Der Thermostat führt drei Aktionen aus: den Ofen einschalten, den Ofen ausschalten, oder nichts tun. Liegt die Umgebungstemperatur fünf Grad unter der eingestellten Temperatur, so schaltet er den Ofen ein, liegt die Umgebungstemperatur fünf Grad über der eingestellten Temperatur, so schaltet er den Ofen aus. Ansonsten führt er keine Aktion aus.

KAPITEL 12
PLANEN

DIE FÄHIGKEIT, VORAUSZUPLANEN IST ein zentraler Aspekt intelligenten Verhaltens. Mit dem Wissen um die Konsequenzen unserer Handlungen können wir bestimmte Ziele verwirklichen, Gefahren vermeiden und mit unseren Resourcen haushalten. So wissen wir beispielsweise, daß es beim Überqueren einer verkehrsreichen Straße wenig sinnvoll ist, es mit einem heranpreschenden Auto aufzunehmen. Wenn wir wir beim Einkaufen vorher darüber nachdenken, was wir einkaufen müssen und eine geeignete Einkaufsroute zusammenstellen, können wir Zeit und Energie sparen.

Bei Planungprozessen gehen wir von den gewünschten Eigenschaften aus und versuchen, einen Plan zu konstruieren, der in einem Zustand mit den gewünschten Eigenschaften endet. Diesen Vorgang können wir uns anhand von Abb. 12.1 veranschaulichen. Als Eingabedaten verwendet der Planer einen Ausgangszustandsdesignator σ, einen Zieldesignator ρ, eine Menge Γ aus Aktionsdesignatoren und eine Datenbasis Ω mit Sätzen über den Ausgangszustand, über das Ziel und über die möglichen Aktionen. Als Ausgabe liefert er

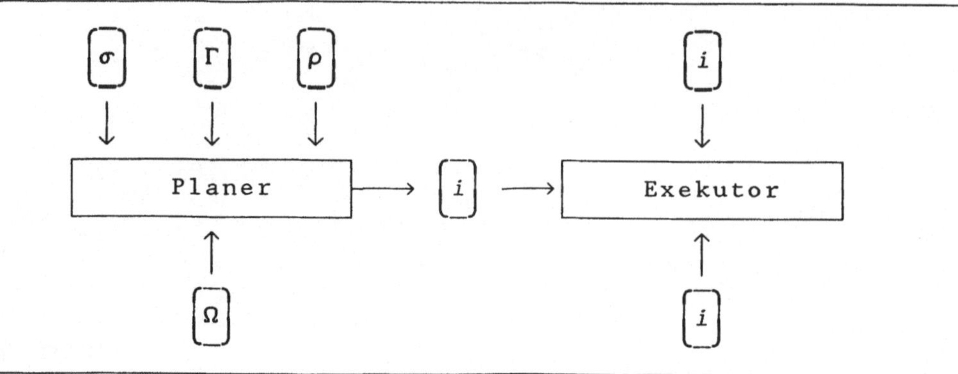

Abb. 12.1 Planung und Ausführun

einen Term γ, der eine Aktion bezeichnet, die in einem die Anfangszustandsbeschreibung erfüllenden Zustand i ausgeführt, einen Zustand g erzeugt, der die Beschreibung des Zielzustands erfüllt.

In diesem Kapitel diskutieren wir zuerst die Eingaben für einen solchen Planungsprozeß. Danach sehen wir uns eine Methode zur Planung von Aktionen innerhalb der Klötzchenwelt an. Zum Schluß diskutieren wir dann eine Reihe von Techniken, wie sich die Effizienz von Planungsprozessen verbessern läßt.

12.1 ANFANGSZUSTÄNDE

Der *Anfangszustand* eines Planungsproblems ist derjenige Zustand, in dem der Planer seine Aktion beginnt. Den Anfangszustandsdesignator benützen wir als Namen für diesen Zustand und verwenden ihn zur Bildung von Sätzen über den Anfangszustand.

Betrachten wir als Beispiel den Zustand der Klötzchenwelt, in dem Klötzchen C auf Klötzchen A steht und die Klötzchen A und B beide auf dem Tisch stehen. Nennen wir diesen Zustand S1, so sind die folgenden Sätze eine Beschreibung dieses Anfangszustands.

$$T(\text{Unbedeckt}(C), S1)$$

$$T(\text{Auf}(C, A), S1)$$

$$T(\text{Tisch}(A), S1)$$

$$T(\text{Unbedeckt}(B), S1)$$

$$T(\text{Tisch}(B), S1)$$

Beachten Sie, daß der Anfangszustand nicht unbedingt vollständig sein muß. Werden einige Informationen ausgelassen, so bedeutet dies einfach nur, daß mehr als ein Zustand die Beschreibung erfüllen kann und der Planer sich daher absichern muß, ob der Plan auch für alle diese Zustände geeignet ist.

12.2 ZIELE

Allgemein ausgedrückt, stellt jeder beliebige gewünschte Zustand ein Ziel dar. Bei einigen Planungsproblemen gibt es genau einen Zielzustand. In der Klötzchenwelt könnten wir beispielsweise einen Zustand herbeiführen wollen, in dem alle Klötzchen auf dem Tisch stehen. Bei anderen Problemen kann aber auch mehr als ein Zielzustand auftreten. Zum Beispiel könnten wir einen Zustand herbeiführen wollen, bei dem aus drei Klötzchen ein Stapel entstehen und die Reihenfolge der Klötzchen im Stapel unerheblich sein soll. In einer Welt aus drei Klötzchen ist diese Bedingung in jedem der sechs Zustände erfüllt.

Diese verschiedenen Möglichkeiten führen uns zu einer Konzeptualisierung der Ziele als einstellige Relationen über den Zuständen. Wir sagen daher, ein Zustand sei ein *Zielzustand* (engl. *goal*) genau dann, wenn er diese Zielrelation erfüllt. Bei der Beschreibung der Ziele benützen wir die einstellige Relationskonstante **Goal** zur Bezeichnung der Zielrelation. Betrachten wir hierzu die folgenden Beispiele.

Der folgende Satz besagt, daß jeder Zustand ein Zielzustand
ist, solange nur Klötzchen A auf Klötzchen B und Klötzchen B auf
Klötzchen C steht. Es existiert genau ein Zustand, für den dies
zutrifft.

$$T(\mathrm{Auf}(A,B),t) \;\wedge\; T(\mathrm{Auf}(B,C),t) \quad \Longleftrightarrow \quad \mathrm{Goal}(t)$$

In der nun folgenden Beschreibung des Ziels lassen wir jeden
Zustand zu, wo Klötzchen A auf Klötzchen B steht. Um das Klötzchen
C kümmern wir uns überhaupt nicht. Es könnte also auf A, unter B
oder auch ganz wo anders auf dem Tisch stehen. Es gibt drei Zustände, die diese Zielrelation erfüllen.

$$T(\mathrm{Auf}(A,B),t) \quad \Longleftrightarrow \quad \mathrm{Goal}(t)$$

Verwenden wir Variablen, so können wir die Klötzchenkonfigurationen beschreiben, ohne die Klötzchen einzeln zu benennen. Beispielsweise beschreibt der folgende Satz ein Ziel, in dem drei
Klötzchen in beliebiger Reihenfolge übereinander gestapelt sind.
Es existieren sechs Zielzustände.

$$T(\mathrm{Auf}(x,y),t) \;\wedge\; T(\mathrm{Auf}(y,z,t) \quad \Longleftrightarrow \quad \mathrm{Goal}(t)$$

Aus didaktischen Gründen waren unsere Beispiele sehr einfach
gehalten. Realistische Zielbeschreibungen sind dagegen oft sehr
viel komplexer.

12.3 AKTIONEN

Die Menge der Aktionsdesignatoren enthält bei einem Planungsproblem Terme für jede primitive oder komplexe Aktion, die sich für
die Überführung des Anfangszustands in einen die Zielbeschreibung
erfüllenden Zustand eignet. Auch wenn es nur endlich viele primitive Aktionsdesignatoren gibt, können in dieser Menge unendlich
viele komplexe Aktionsdesignatoren vorkommen. In diesen Fällen
können wir diese Menge nicht mehr an unseren Planer als Eingabe-

argument übergeben, sondern wir müssen eine berechenbare Meta-Relation angeben, die nur für die Terme dieser Menge und dabei auch für jeden einzelnen der Terme wahr ist.

Der Grund, weshalb wir diese Information zu der Eingabe des Planers hinzunehmen, liegt darin, daß sich auf diese Weise die vom Planer produzierten Pläne auf solche einschränken lassen, die auch von dem von uns vorgesehenen Exekutor ausgeführt werden können. Es ist beispielsweise sinnlos, den Zustandsdesignator Farbe(A,Blau) zuzulassen, wenn wir wissen, daß der Exekutor die Farben der Klötzchen überhaupt nicht feststellen kann. Wir sind damit gezwungen, alle Terme, die diese Bedingung enthalten, aus unserer Aktionsmenge auszuschliessen.

Bei einem Planungsproblem verfügen wir neben den Elementen der Menge der Aktionsdesignatoren auch über entsprechende Aktionsdeskriptoren. Diese enthalten Operatorbeschreibungen, Frame-Axiome für primitive Aktionen, Zustandsrestriktionen, d.h. Beziehungen, die von keiner Aktion verändert werden, und auch die herkömmlichen Definitionen komplexer Aktionen, wie zum Beispiel Aktionsblöcke oder bedingte Aktionen, .

Aus Kapitel 11 wissen wir zum Beispiel, daß die folgenden Sätze die Resultate der Operatoren U und S beschreiben.

$$T(\text{Auf}(x,y),s) \land T(\text{Unbedeckt}(x),s) \implies$$
$$T(\text{Tisch}(x),\text{Do}(U(x,y),s))) \land T(\text{Unbedeckt}(x),\text{Do}(U(x,y),s)))$$

$$T(\text{Tisch}(x),s) \land T(\text{Unbedeckt}(x),s) \land T(\text{Unbedeckt}(y),s) \land x \neq y \implies$$
$$T(\text{Auf}(x,y),\text{Do}(S(x,y),s))$$

Die folgenden Frame-Axiome beschreiben die von diesen Operatoren unveränderten Zustandsmerkmale. Wir haben noch ein Frame-Axiom für die Operation Noop hinzugenommen.

$$T(\text{Tisch}(u),s) \implies T(\text{Tisch}(u),\text{Do}(U(x,y),s))$$
$$T(\text{Unbedeckt}(u),s) \implies T(\text{Unbedeckt}(u),\text{Do}(U(x,y),s))$$
$$T(\text{Auf}(u,v),s) \land u \neq v \implies T(\text{Auf}(u,v),\text{Do}(U(x,y),s))$$

$$T(\text{Tisch}(u),s) \;\wedge\; u{\neq}x \;\Longrightarrow\; T(\text{Tisch}(u),\text{Do}(S(x,y),s))$$
$$T(\text{Unbedeckt}(u),s) \;\wedge\; u{\neq}y \;\Longrightarrow\; T(\text{Unbedeckt}(u),\text{Do}(S(x,y),s))$$
$$T(\text{Auf}(u,v),s) \;\Longrightarrow\; T(\text{Auf}(u,v),\text{Do}(S(x,y),s))$$
$$T(p,s) \;\Longrightarrow\; T(p,\text{Do}(\text{Noop},s))$$

Aus Kapitel 11 haben wir auch die nachstehenden Axiome zur Definition der Resulate der Aktionsblöcke übernommen. Das Resultat der Ausführung einer leeren Folge in einem Zustand ist gerade wieder der Ausgangsustand. Jede Eigenschaft, die in diesem Zustand gilt, gilt somit auch in dem durch die Ausführung der leeren Folge resultierenden Zustand. Gilt eine Eigenschaft in einem Zustand, der durch die Ausführung der Folge 1 in einem durch die Ausführung der Aktion **a** resultierten Zustand entstanden ist, so gilt diese Eigenschaft auch in dem durch die Ausführung der Folge a.1 entstehenden Zustand.

$$T(p,s) \;\Longleftrightarrow\; T(p,\text{Do}([\,],s))$$
$$T(p,\text{Do}(1,\text{Do}(a,s))) \;\Longleftrightarrow\; T(p,\text{Do}(a.1,s))$$

Aus dem letzten Kapitel stammt auch die Definition für die Wirkungen bedingter Aktionen. Die erste Aussage besagt, daß wenn die Bedingung erfüllt ist, die Ausführung einer bedingten Aktion das Resultat der ersten Alternative ist. Der zweite Satz sagt, daß, wenn die Bedingung nicht erfüllt ist, das Resultat das Ergebnis der Ausführung der anderen Alternative ist.

$$T(p,s) \;\wedge\; T(q,\text{Do}(a,s)) \;\Longrightarrow\; T(q,\text{Do}(\text{If}(p,a,b),s))$$
$$\neg T(p,s) \;\wedge\; T(q,\text{Do}(a,s)) \;\Longrightarrow\; T(q,\text{Do}(\text{If}(p,a,b),s))$$

Schließlich fügen wir noch zu unserer Datenbasis Zustandsrestriktionen hinzu, die solche Eigenschaften ausdrücken, die in allen Zuständen wahr sind. In der Klötzchenwelt sind dies

$$T(\text{Tisch}(x),s) \;\Longleftrightarrow\; \neg\exists y\; T(\text{Auf}(x,y),s)$$
$$T(\text{Unbedeckt}(y),s) \;\Longleftrightarrow\; \neg\exists x\; T(\text{Auf}(x,y),s)$$
$$T(\text{Auf}(x,y),s) \;\wedge\; y{\neq}x \;\Longleftrightarrow\; \neg T(\text{Auf}(x,z),s)\,.$$

Natürlich braucht wieder keine dieser Beschreibungen vollständig zu sein. Wir wir noch sehen werden, ist es auch manchmal möglich, aus unterbestimmten Informationen garantiert funktionierende Pläne zu erzeugen. Allerdings kann dies unter Umständen die Verwendung bedingter Aktionen erfordern.

12.4 PLÄNE

Wie wir schon in der Einleitung zu diesem Kapitel gesagt haben, besteht ein *Planungsproblem* aus einem Designator σ für einen Anfangszustand, aus einem Designator ρ für die Zielrelation, aus einer Menge Γ von Aktionsdesignatoren sowie aus einer Datenbasis Ω, welche die Sätze enthält, die den Anfangszustand, den Zielzustand, die Zielrelation und die zur Verfügung stehenden Aktionen beschreiben.

Ein Aktionsdesignator γ ist genau dann ein *Plan* für ein solches Planungsproblem, wenn er die folgenden Bedingungen erfüllt:

(1) Der Aktionsdesignator muß ein Element der Menge der Aktionsdesignatoren sein, d.h. $\gamma \in \Gamma$.

(2) Aus Ω müssen wir beweisen können, daß im Zustand σ die Ausführung von γ einen Zustand herbeiführt, der ρ erfüllt. D.h. $\Omega \vDash (\rho(\mathrm{Do}(\gamma,\sigma)))$.

Als Beispiel für diese Definition wollen wir das folgende Planungsproblem betrachten, bei dem S1 der Designator des Anfangszustands und **Goal** der Name der Zielrelation ist. Wir nehmen dabei an, daß Γ auch Namen für alle unsere herkömmlichen primitiven Aktionen der Klötzchenwelt sowie endliche Folgen derselben enthält. Unsere Beschreibung des Anfangszustands besagt nun, daß das Klötzchen mit Namen C auf dem Klötzchen mit Namen A und die Klötzchen A und B auf dem Tisch stehen. Unsere Zielbeschreibung besagt, daß

ein Zustand als Ziel genau dann in Frage kommt, wenn Klötzchen A
auf Klötzchen B und Klötzchen B auf Klötzchen C steht.

Der Term [U(C,A),S(B,C),S(A,B)] ist ein Plan zur Lösung dieses
Problems. Er ist eindeutig ein Element von Γ. Außerdem können wir
mit den Informationen aus Ω sehr leicht zeigen, daß dieser Plan
zum Ziel führt, d.h. wir können den folgenden Satz ableiten.

$$\text{Goal(Do([U(C,A),S(B,C),S(A,B)],S1))}$$

Der Leser sei an dieser Stelle aufgefordert, für diesen Satz
eine Ableitung zu finden.

Nachdem wir also gesehen haben, wie man mit Beweismethoden
prüfen kann, ob ein Plan ein gegebenes Ziel erreicht, wenden wir
uns jetzt dem Problem zu, einen Plan, der das Ziel erreicht, zu
konstruieren.

12.5 DIE METHODE VON GREEN

Die *Methode von Green* ist eine Planungsprozedur, die auf der Resolution basiert. Als Argumente benützt sie den Term des Anfangszustands, eine einstellige Relationskonstante für die Zielrelation,
ein durch einen ausführbaren Plan erfülltes Prädikat und eine Datenbasis mit Fakten über den Anfangszustand, über die Zielrelation
und über die zur Verfügung stehenden Operatoren.

Der zentrale Gedanke bei dieser Methode ist, zum Beweis der
Existenz eines Planes die Einsetzungsresolution zu verwenden. Mit
diesem Beweis erhalten wir dann als Nebeneffekt einen korrekten
Plan. Sind ein Term σ für den Anfangszustand und eine Konstante ρ
für die Zielrelation gegeben, so können wir versuchen, die folgende *Planexistenzaussage* zu beweisen.

$$\exists v \; \rho(\text{Do}(v,\sigma))$$

Mit dem Prädikat, das die Ausführbarkeit des Planes beschreibt, prüfen wir sofort jede einzelnen Antwort, die von diesem Prozeß zurückgeben wird. Finden wir auf diese Weise eine das Prädikat erfüllende Antwort, geben wir diesen Term als Antwort des gesamten Planungsproblems zurück. Finden wir keine, fahren wir mit der Aufzählung der Lösungen fort.

Da die Methode von Green auf der Resolution basiert, können wir einige Aussagen über ihre Leistungsfähigkeit machen. Die Methode ist insofern konsistent, als sie nur korrekte Pläne erzeugt. Sie ist auch vollständig, weil sie garantiert immer einen korrekten Plan erzeugt, sofern dieser existiert. Für die Form des Planes besteht keine Einschränkung. Die nächsten zwei Abschnitte zeigen, wie sich diese Methode bei der Konstruktion von Aktionsblöcken und von bedingten Aktionen verwenden läßt.

Wie alle Planungsprozeduren ist auch die Methode von Green leider sehr ineffizient. Nach unserer Diskussion der Anwendung der Greenschen Methode zur Erzeugung von Aktionsblöcken und von bedingten Aktionen wenden wir uns einigen Methoden zur Effizienzverbesserung zu.

12.6 AKTIONSBLÖCKE

Die einfachste Anwendung der Green'schen Methode liegt im Entwurf geeigneter Aktionsblöcken. Für das folgende Beispiel benützen wir die Sätze aus Abschnitt 12.3. Als Anfangszustand nehmen wir den Zustand S1, bei dem Klötzchen A auf Klötzchen B und Klötzchen B auf Klötzchen C steht.

$$T(\text{Unbedeckt}(A),S1)$$
$$T(\text{Auf}(A,B),S1)$$
$$T(\text{Auf}(B,C),S1)$$
$$T(\text{Tisch}(C),S1)$$

Das Ziel besteht darin, einen Zustand zu erreichen, wo Klötzchen A
auf dem Tisch steht.

$$T(Tisch(A),t) \iff Goal(t)$$

Wir beginnen den Planungsprozeß mit der Negation der Planexistenzaussage. Diese wandeln wir in die Klauselform um und fügen ein geeignetes Antwortliteral hinzu. Auf diese Weise erhalten wir die
ersten Klauseln der nachstehenden Ableitung.

1. $\{\neg Goal(Do(a,S1)), Ans(a)\}$
2. $\{\neg T(Tisch(A), Do(a,S1)), Ans(a)\}$
3. $\{\neg T(Auf(A,y),S1), \neg T(Unbedeckt(A),S1), Ans(U(A,y))\}$
4. $\{\neg T(Unbedeckt(A),S1), Ans(U(A,B))\}$
5. $\{Ans(U(A,B))\}$

Zuerst leiten wir mit der Zielbeschreibung die Klausel in Zeile
2 ab. Mit der Beschreibung des Operators U führen wir dieses Ziel
dann auf das Teilziel von Zeile 3 zurück. Als Ergebnis dieser Reduktion wissen wir, daß die Ausführung von U(A,y) in Zustand S1
zum Ziel führt, wenn wir ein Klötzchen y finden können, so daß A
in S1 auf y steht und A unbedeckt ist. Beide Bedingungen sind natürlich erfüllt, falls y B ist. Mit den entsprechenden Fakten aus
der Beschreibung des Anfangszustands erhalten wir daher die endgültige Antwort.

Als ein etwas komplizierteres Beispiel stellen wir uns ein Planungsproblem mit dem gleichen Anfangszustand und den gleichen Operatoren, aber einem etwas anders lautendem Ziel vor. Von dem Anfangszustand aus wollen wir zu einem Zielzustand gelangen, in dem
sowohl A als auch C auf dem Tisch stehen. Die eben abgeleitet Lösung eignet sich auch zur Lösung dieses Problems. Wir führen
diesen Fall hier nur an, weil er zeigt, welche Rolle die Frame-
Axiome spielen können.

$$T(Tisch(A),t) \land T(Tisch(C),t) \iff Goal(t)$$

Wie oben beginnen wir auch hier den Prozeß mit der Negation der

Planexistenzaussage, wandeln diese in ihre Klauselform um und addieren ein geeignetes Antwortliteral hinzu. Wie oben ersetzen wir mit Hilfe der Zielbeschreibung diese Klausel durch die Klausel 2 und führen mit der Beschreibung des Operators U dieses Ziel auf das Teilziel in Zeile 3 zurück. Im jetzt vorliegenden Fall besteht das Teilzeil aus zwei Restriktionen für den Zustand S1 und aus einer Restriktion für den Zustand $Do(U(A,y),S1)$. Wir ersetzen es, wie in Zeile 4 gezeigt, mit Hilfe des erstens Frame-Axioms für den Operator U durch eine Restriktion für Zustand S1. Weil im Anfangszustand C auf dem Tisch steht, können wir diese Bedingung entfernen. Der Rest der Ableitung verläuft dann genauso wie oben.

1. $\{\neg Goal(Do(a,S1)), Ans(a)\}$

2. $\{\neg T(Tisch(A), Do(a,S1)), \neg T(Tisch(C), Do(a,S1)), Ans(a)\}$

3. $\{\neg T(Auf(A,y), S1), \neg T(Unbedeckt(A), S1),$
   $\neg T(Tisch(C), Do(U(A,y), S1)), Ans(U(A,y))\}$

4. $\{\neg T(Auf(A,y), S1), \neg T(Unbedeckt(A), S1),$
   $\neg T(Tisch(C), S1), Ans(U(A,y))\}$

5. $\{\neg T(Auf(A,y), S1), \neg T(Unbedeckt(A), S1), Ans(U(A,y))\}$

6. $\{\neg T(Unbedeckt(A), S1), Ans(U(A,B))\}$

7. $\{Ans(U(A,B))\}$

Als letztes Beispiel betrachten wir eine Variante des gleichen Anfangszustands, aber mit dem Ziel, das Klötzchen B auf den Tisch zu stellen. Weil zur Erreichung des Zieles zwei Aktionen durchgeführt werden müssen, ist diese Problemstellung schwieriger als die vorherige. Der folgende Satz definiert das Ziel.

$$T(Tisch(B), t) \iff Goal(t)$$

Die Zeilen 1 und 2 der folgenden Ableitung erhält man wie oben. Die Axiome, die den Aktionsblock beschreiben, werden dann zur Ableitung der Zeilen 3 bis 5 ausgenutzt. In diesen Zeilen wird die Aktionsvariable zu einem zweielementigen Aktionsblock erweitert. Mit der Beschreibung des Operators U führen wir dann das Ziel auf

das Teilziel zurück, eine Aktion zu finden, die einen Zustand erzeugt, in dem das Klötzchen **B** auf irgendeinem Klötzchen **y** steht
und **B** unbedeckt ist. Beachten Sie, daß wir bei der Durchführung
dieser Reduktion die zweite Aktion an das Antwortliteral binden.
An dieser Stelle können wir jetzt wieder mit der Operatorbeschreibung das Ziel, **B** frei zu machen, auf die Teilziele zurückzuführen, daß im Zustand S1 ein unbedecktes Klötzchen **x** auf **B** stehen
muß. Mit diesen Axiomen binden wir die andere Aktion im Antwortliteral. Mit dem Frame-Axiom von U reduzieren wir dann das Ziel,
zu beweisen, daß nach dieser Aktion **B** auf einem **y** steht, auf das
Teilziel, daß dies schon vorher in S1 wahr gewesen ist. Der Rest
der Ableitung ist dann ganz einfach.

1. $\{\neg Goal(Do(a,S1)), Ans(a)\}$

2. $\{\neg T(Tisch(B), Do(a,S1)), Ans(a)\}$

3. $\{\neg T(Tisch(B), Do(1, Do(b,S1))), Ans(b.1)\}$

4. $\{\neg T(Tisch(B), Do(m, Do(c, Do(b,S1)))), Ans(b.(c.m))\}$

5. $\{\neg T(Tisch(B), Do(c, Do(b,S1))), Ans([b,c])\}$

6. $\{\neg T(Auf(B,y), Do(b,S1)), \neg T(Unbedeckt(B), Do(b,S1)), Ans([b, U(B,y)])\}$

7. $\{\neg T(Auf(B,y), Do(U(x,B), S1)), \neg T(Auf(x,B), S1),$
   $\neg T(Unbedeckt(x), S1), Ans([U(x,B), U(B,y)])\}$

8. $\{\neg T(Auf(B,y), S1), \neg T(Auf(x,B), S1),$
   $\neg T(Unbedeckt(x), S1), Ans([U(x,B), U(B,y)])\}$

9. $\{\neg T(Auf(x,B), S1), \neg T(Unbedeckt(x), S1), Ans(U(x,B), U(B,C)])\}$

10. $\{\neg T(Unbedeckt(A), S1), Ans([U(A,B), U(B,C)])\}$

11. $\{Ans([U(A,B), U(B,C)])\}$

Bei den Ableitungen aus diesem Kapitel ist es wichtig, sich zu
vergegenwärtigen, daß sie Resolutionsableitungen und nicht Traces
derselben sind. Alternative Deduktionen sind hier nicht mit aufgeführt. Dies erweckt den Anschein, als ob Planen recht einfach sei.
Tatsächlich gibt es zu jedem Plan zahlreiche Alternativen. Planen
ist daher im allgemeinen ein sehr aufwendiger Prozeß.

12.7 BEDINGTE PLÄNE

Wenn zur Planungszeit bestimmte Informationen fehlen, läßt sich manchmal kein Aktionsblock bestimmen, der einen Zielzustand auch garantiert herbeiführt. Probleme dieser Art können wir glücklicherweise durch bedingte Aktionen lösen.

Als Beispiel für die Anwendung der Green'schen Methode betrachten wir ein Planungsproblem, bei dem uns nur bekannt ist, daß im Anfangszustand Klötzchen A unbedeckt ist, uns aber sonst keine weiteren Informationen gegeben sind. wir haben also die folgende Beschreibung des Anfangszustands.

$$T(Unbedeckt(A),S1)$$

Unser Ziel ist, das Klötzchen A auf den Tisch zu stellen.

$$T(Tisch(A),t) \iff Goal(t)$$

Da Klötzchen A schon auf dem Tisch oder auf dem Klötzchen B oder auf dem Klötzchen C stehen könnte, ist das Problem unterbestimmt. Wegen dieser Unsicherheit gibt es keine Aktionsfolge, die das Problem garantiert löst. Wie die folgenden Sätze zeigen, können wir aber zur Problemlösung sehr wohl ein konditionales Programm konstruieren.

1. $\{\neg Goal(Do(a,S1)),Ans(a)\}$

2. $\{\neg T(Tisch(A),Do(a,S1)),Ans(a)\}$

3. $\{\neg T(p,S1),\neg T(Tisch(A),Do(a,S1)),Ans(If(p,a,b))\}$

4. $\{\neg T(p,S1),\neg T(Tisch(A,y),S1),\neg T(Unbedeckt(A),S1),$
   $\quad Ans(If(p,U(A,y),b))\}$

5. $\{\neg T(p,S1),\neg T(Auf(A,y),S1),Ans(If(p,U(A,y),b))\}$

6. $\{\neg T(Auf(A,y),S1),Ans(If(Auf(A,y),U(A,y),b))\}$

7. $\{T(p,S1),\neg T(Tisch(A),Do(b,S1)),Ans(If(p,a,b))\}$

8. $\{T(p,S1),\neg T(Tisch(A),S1),Ans(If(p,a,Noop))\}$

9. $\{T(p,S1),T(Auf(A,K),S1),Ans(If(p,a,Noop))\}$

10. $\{T(\text{Auf}(A,K),S1),\text{Ans}(\text{If}(\text{Auf}(A,K),a,\text{Noop}))\}$

11. $\{\text{Ans}(\text{If}(\text{Auf}(A,K),a,\text{Noop})),\text{Ans}(\text{If}(\text{Auf}(A,K),U(A,K),b))\}$

12. $\{\text{Ans}(\text{If}(\text{Auf}(A,K),U(A,K),\text{Noop}))\}$

Zuerst führen wir die Zielaussage auf ihre Definition zurück. Das Ergebnis resolvieren wir dann mit den zwei Axiomen für die Bedingungen, was uns zu den Klausel 3 und 7 führt. Mit der Operatorbeschreibung von U reduzieren wir die Klausel 3 auf Klausel 4. Zur Erzeugung von Klausel 5 benützen wir die Tatsache, daß A im Anfangszustand unbedeckt ist. Durch Faktorisierung entsteht Klausel 6. Beachten Sie, daß wir diese in die Bedingung für die Antwort einsetzen können. Auf die gleiche Weise verwenden wir das Frame-Axiom für Noop, um Klausel 7 auf Klausel 8 zurückzuführen. Diesmal benützen wir aber zur Erzeugung von Klausel 9 die erste der in Abschnitt 12.3 abgedruckten Zustandsrestriktionen. Beachten Sie an dieser Stelle, daß das Symbol K eine Skolemkonstante der in der Zustandsrestriktion enthaltenen existenzquantifizierten Variable ist. Eine Faktorisierung bricht wiederum die Literale auf und liefert die Einsetzung für die Bedingung. Die Ergebnisse der zwei Deduktionsstränge resolvieren wir jetzt, faktorisieren noch einmal und erhalten die Antwort. Wir generalisieren dann in unserer Antwort die Skolemkonstante K und erhalten das gewünschte Programm.

Beachten Sie auch, daß wir für die Ableitung der Antwort die Faktorisierung benötigen. Die Erzeugung bedingter Pläne ist ein wichtiges Gebiet, für das diese Inferenzregel anscheinend unverzichtbar ist.

12.8 PLANUNGSRICHTUNG

Die Richtung eines Planungsprozesses ist für die Effizienz der Planungen ausschlaggebend. In einigen Fällen ist es besser, vom Anfangszustand weg zu planen; in anderen Fällen ist es wiederum besser vom Ziel aus rückwärts zu planen. In wieder anderen Fällen ist eine gemischte Strategie sinnvoller.

Bei resolutionbasierten Plänen kann man die Planungsrichtung durch eine leicht modifizierte Stützmengenresolution beeinflussen, indem wir die Voraussetzung nicht so eng fassen, daß das Komplement der Stützmenge erfüllt sein muß. Verwenden wir als Stützmenge die aus der negierten Planexistenzaussage abgeleitete Klausel, so erhalten wir eine vorwärtsorientiertes Planung (Vorwärts-Planung, engl. *forward planing*). Nehmen wir die den Anfangszustand beschreibenden Sätze als Stützmenge, so erhalten wir ein rückwärtsorientiertes Planen (Rückwärts-Planen, engl. *backward planing*). Verwenden wir als Stützmenge die Vereinigung dieser beiden Mengen, so liegt eine gemischte Strategie vor.

Alle Ableitungen in den vorangegangenen Abschnitten waren Beispiele für Rückwärts-Planungen. Wir begannen immer mit der negierten Zielaussage, führten dieses Ziel auf Teilziele zurück usf. bis wir endlich die Bedingungen für den Anfangszustand erhielten.

Als Beispiel für eine Vorwärts-Planung betrachten wir die nachstehend abgedruckte, gekürzte Ableitung. Die Problemstellung lautet hier, aus einem Anfangszustand, in dem A auf B steht und B auf C steht, das Klötzchen B auf den Tisch zu stellen. Die Beschreibung des Anfangszustands in den Klauseln 1 bis 4 haben wir etwas abgeändert, damit man sich von der Ableitung leichter ein Bild machen kann. Wie immer, ist uns die negierte Planexistenzaussage gegeben, allerdings setzen wir sie diesmal erst ganz am Ende der Ableitung ein. Die Klauseln 6 bis 10 leiten wir aus den Klauseln 1 bis 5 mit Hilfe der Operatorbeschreibungen und der Frame-Axiome für U(A,B) ab. Aus diesen Klauseln, aus den Operatorbeschreibungen und aus den Frame-Axiome für U(B,C) leiten wir dann die Klauseln 11 bis 16 ab. Mit den Axiomen, die die Resultate der Aktionsblöcke definieren, leiten wir die Klauseln 17 bis 20 ab. Zum

Schluß leiten wir mit der Zielbeschreibung die Klausel 21 ab, die
mit der negierten Zielanfrage resolviert und die Antwort liefert.

1. {T(Unbedeckt(A),S1)}

2. {T(Auf(A,B).S1)}

3. {T(Auf(B,C).S1)}

4. {T(Tisch(C),S1)}

5. {¬Goal(Do(a,t)),Ans(a)}

6. T(Unbedeckt(A),Do(U(A,B),S1))}

7. T(Tisch(A),Do(U(A,B),S1))}

8. T(Unbedeckt(B),Do(U(A,B),S1))}

9. T(Auf(B,C),Do(U(A,B),S1))}

10. T(Tisch(C),Do(U(A,B),S1))}

11. {T(Unbedeckt(A),Do(U(B,C),Do(U(A,B),S1)))}

12. {T(Tisch(A),Do(U(B,C),Do(U(A,B),S1)))}

13. {T(Unbedeckt(B),Do(U(B,C),Do(U(A,B),S1)))}

14. {T(Tisch(B),Do(U(B,C),Do(U(A,B),S1)))}

15. {T(Unbedeckt(C),Do(U(B,C),Do(U(A,B),S1)))}

16. {T(Tisch(C),Do(U(B,C),Do(U(A,B),S1)))}

17. {T(Tisch(B),Do(U(B,C),Do(U(A,B),S1)))}

18. {T(Tisch(B),Do([],Do(U(B,C),Do(U(A,B),S1))))}

19. {T(Tisch(B),Do([U(B,C)],Do(U(A,B),S1)))}

20. {T(Tisch(B),Do([U(A,B),(U(B,C)],S1))}

21. {Goal(Do([U(A,B),U(B,C)],S1))}

22. {Ans([U(A,B),U(B,C)])}

Bei der Implementierung von Vorwärts-Planungen durch die Stütz-
mengenstrategie entsteht ein Problem dadurch, daß diese Strategie
nicht immer vollständig ist. Betrachten wir hierzu das folgende
Planungsproblem, bei dem über den Anfangszustand keinerlei Informationen bekannt sind, es aber eine Aktion gibt, die in einem beliebigem Zustand ausgeführt, das Ziel herbeiführen kann. Zwar können wir in dieser Situation einen Plan durch Rückwärts-Planung ab-

leiten, aber es gibt keine Vorwärts-Deduktionen. In vielen Anwendungen sind aber Vorwärts- und Rückwärts-Planungen gleich effizient.

Andererseits gibt es aber auch Situationen, in denen Rückwärts-
Planungen ungeeignet sind. Nehmen wir zum Beispiel die Aufgabe,
eine Schachpartie zu gewinnen. Zumindest prinzipiell können wir,
um unseren nächsten Zug zu bestimmen, von einer bekannten gewinn-
versprechenden Spielposition rückwärts ausgehen. Das Problem liegt
aber darin, daß dieses Vorgehen im allgemeinen so aufwendig ist,
daß es einfach nicht mehr durchführbar ist. Unser Ausweg besteht
nun darin, einige Züge vorwärts zu planen, und dann das Ziel, die
Partie zu gewinnen, durch das Ziel zu ersetzen, einen bestimmten
Wert einer geeigneten Zustandsbewertungsfunktion zu erreichen.

In Situationen, in denen sowohl Vorwärts- als auch Rückwärts-
Planungen zweckmäßig ist, richtet sich die Wahl der Planungsrichtung gewöhnlich nach bestimmten Effizienzkriterien. Überschreitet
bei Vorwärts-Planungen die Zahl der zu untersuchenden Alternativen
die der Rückwärts-Planung, so ist Rückwärts-Planung vorzuziehen.
Überschreitet dagegen bei Rückwärts-Planungen die Zahl der zu untersuchenden Alternativen die der Vorwärts-Planung, so ist Vorwärts-Planung zweckmäßiger.

Um im weiteren mit dem Gros der Literatur über Planungen über-
einzustimmen, gehen wir in den folgenden Abschnitten immer von
Rückwärts-Plänen aus.

12.9 ELIMINIERUNG DER UNERREICHBAREN PLANUNGSALTERNATIVEN

Eine Ursache einer möglichen Verschwendung von Rechenleistungen
bei Rückwärts-Planungen ist die Verarbeitung von Klauseln, die Zustände beschreiben, welche niemals erreicht werden. Zum Beispiel

können wir prinzipiell keinen Zustand erreichen, bei dem Klötzchen
A auf Klötzchen B steht und bei dem gleichzeitig Klötzchen B unbedeckt ist. Haben wir also einmal während einer Rückwärts-Planung
mit der Resolution die nachstehende Klausel erzeugt, so können wir
sie aus den weiteren Betrachtungen weglassen, weil sie ja schon
gültig ist (d.h. ihre Negation inkonsistent ist).

$$\{\neg T(\text{Auf}(A,B), \text{Do}(a,S1)), \neg T(\text{Unbedeckt}(B), \text{Do}(a,S1))\}$$

Eine Möglichkeit zur Aufdeckung solcher Fälle liegt im Aufbau
eines Teilprozesses, der Klauseln während der Resolution auf ihre
Gültigkeit hin überprüft. Zeigt dieser Test, daß eine Klausel gültig ist, so wird diese Klausel aus den weiteren Betrachtungen entfernt. Diese Deletionsstrategie nennt man manchmal die *Eliminierung der unerreichbaren Alternativen* (engl. *unachievability
pruning*). Die Gültigkeit einer Klausel überprüfen wir durch einen
Konsistenztest der negierten Klausel.

Bei einem solchen Konsistenztest besteht die Datenbasis aus (1)
den Zustandsrestriktionen des Planungsproblems, und (2) den Klauseln, die durch die Negierung der betreffenden Klausel und deren
Umwandlung in ihre Klauselform entstanden sind. Für die oben gestellte Aufgabe benützen wir die Zustandsrestriktionen aus Abschnitt 12.3 und die folgenden Klauseln. Beachten Sie, daß die
Variable a hier durch die Skolemkonstante K ersetzt wurde.

$$T(\text{Auf}(A,B), \text{Do}(K,S1))$$
$$T(\text{Unbedeckt}(B), \text{Do}(K,S1))$$

In diesem Beispiel läßt kann sich natürlich ganz leicht die Inkonsistenz zeigen. Die Tatsache, daß A auf B steht, bedeutet, daß B
nicht unbedeckt ist, was aber der Voraussetzung widerspricht, B
sei unbedeckt.

Bei vielen Datenbasen können wir zeigen, daß dieser Resolutionsprozeß garantiert mit Konsistenz oder Inkonsistenz terminiert. Es gibt allerdings auch Fälle, bei denen es unmöglich ist,

zu wissen, ob dies eintritt. Dies kann zu Problemen führen, wenn der eigentliche Resolutionsprozeß darauf wartet, daß der zweite Resolutionsprozeß terminiert. Hier kann eine Beschränkung der für den Konsistenztest zur Verfügung stehenden Rechenzeit weiter- helfen. Eine andere Möglichkeit ist, den Konsistenztest direkt mit dem Planungsprozeß zu verbinden.

12.10 LINEARE ZUSTANDSORDUNG (STATE ALIGNMENT)

Im Laufe eines Planungsprozesses werden wir manchmal mit der Situation konfrontiert, daß in einem einzigen Zustand mehrere Be- dingungen erfüllt sein müssen. Wenn wir dann zur Erfüllung einer der Bedingungen ein Axiom einer Operatorbeschreibung anwenden, so kann daraus ein Teilproblem entstehen, bei dem im ersten Zustand die Vorbedingungen des Operators erfüllt werden müssen, während die restlichen Bedingungen aber erst in einem nachfolgenden Zu- stand erfüllt werden können.

Im folgenden Beispiel drückt die erste Klausel das Ziel aus, Klötzchen A auf Klötzchen B und Klötzchen B auf den Tisch zu stellen. Nachdem wir für die Reduktion der einen Bedingung auf den den Zustand $Do(a,S1)$ die Operatorbeschreibung von U benützt haben, erhalten wir eine Klausel, die für den Zustand $S1$ zwei und für den Zustand $Do(a,S1)$ eine Bedingung enthält. Es ist wohl klar, daß dieses Teilzeil niemals erreicht werden kann. Weil die Zustände aber nicht aufeinander folgen, können wir die unerreichbaren Al- ternativen nicht einfach wegschneiden.

1. $\{\neg T(Auf(A,B),Do(a,S1)), \neg T(Tisch(B),Do(a,S1))\}$

2. $\{\neg T(Auf(A,B),Do(U(B,y),S1)), \neg T(Auf(B,y),S1),$

    $\neg T(Unbedeckt(B),S1)\}$

An dieser Stelle stehen wir vor der Wahl, zum einen die Bedingungen für den Zustand S1, oder aber die restlichen Bedingungen für Do(U(B,y),S1) weiter zu reduzieren.

Eine *lineare Zustandsordnung* (engl. *state alignment*) ist nun eine Restriktionsstrategie, die für ein Literal mit dem Zustandsterm σ jegliche Resolution ausschließt, wenn es in derselben Klausel ein weiteres Literal gibt, das den Zustandsterm $Do(\alpha,\sigma)$ enthält. Die zentrale Idee dabei ist, in einem Zustand Reduktion der Bedingungen des Zustands zu vermeiden, falls in einem Nachfolgezustand noch andere reduzierbare Bedingungen existieren.

Führen wir das state alignment gemeinsam mit der Eliminierung der unerreichbaren Alternativen durch, so kann dies die Effizienz deutlich verbessern. Bei einer linearen Anordung der Bedingungen einer Klausel für einen Zustand können wir manchmal auch inkonsistente Bedingungen aufdecken, die wir anders nicht finden würden. Diese Klausel können wir dann entfernen und so Arbeit einsparen. Beispielsweise können wir in obiger Deduktion die zweite Klausel weglassen, denn es ist unmöglich, einen Zustand zu erreichen, in dem B unbedeckt ist und A auf B steht. Dies wäre aber nicht entdeckt worden, wenn wir die unerreichbaren Alternativen in der ersten Klausel einfach abgeschnitten hätten.

Es sollte wohl klar sein, daß bei beliebigen Axiomenmengen das state alignment die Vollständigkeit der Greenschen Methode zerstören kann. Wenn allerdings die Axiome so wie in diesem und dem vorherigen Kapitel alle in Form von Operatorbeschreibungen und als Frame-Axiome formuliert sind, kann dies nicht passieren.

12.11 DIE UNTERDRÜCKUNG VON FRAME-AXIOMEN

Oft muß im Verlaufe eines Planungsprozesses beim Beweis, daß ein Zustand einer bestimmten Bedingung genügt, eine Aktionsvariable mit dem Wert einer passenden Aktion versorgt werden. Diesen Wert können wir durch ein Axiom einer Operatorbeschreibung vorgeben, wir können dafür aber auch ein Frame-Axiom benützen.

Arbeiten wir beispielsweise mit dem ersten Literal der folgenden Klausel, so können wir ein Axiom der Operatorbeschreibung von U verwenden, um diese Bedingung auf die Bedingungen von Zustand S1 zurückzuführen. Die Aktionsvariable a wird mit U(A,y) instantiiert. Andererseits können wir bei einer Aktion wie S(C,B) auch ein Frame-Axiom anwenden, um die Bedingungen auf andere Bedingungen für S1 reduzieren und die Variable zu instantiieren.

$$\{\neg T(Tisch(A), Do(a, S1)), \neg T(Tisch(B), Do(a, S1))\}$$

In dieser Situation ist die Anwendung von Frame-Axiomen eine schlechte Lösung, denn das Problem, eine Bedingung zu erfüllen, wird dabei nur auf das Problem zurückführt, die Bedingung in einem früheren Zustand zu erfüllen. Unter Umständen liefert das ausgewählte Frame-Axiom sogar eine zu einer ganz anderen Zustandsrestriktion derselben Klausel passende Aktion. Dies tritt allerdings sehr selten ein, denn in den meisten Anwendungsfällen gibt es mehr Möglichkeiten, eine bestehende Restriktion einzuhalten, als die geforderte Einhaltung zu erfüllen. Mit anderen Worten, es ist wahrscheinlicher, daß die Wahl des Frame-Axioms falsch statt richtig ist, und wir später gezwungen wären, sie zu revidieren.

Als Beispiel betrachten wir die folgenden Resolutionen, bei denen wir alle Reduktionen des ersten Literals der obigen Klausel aufgelistet haben. Die Konklusion in der zweiten Zeile ist aus der Operatorbeschreibung von U(A,y) die anderen Konklusionen sind aus Frame-Axiomen abgeleitet. Von den drei Reduktionen der Frame-Axiome läßt sich nur eine anwenden.

1. $\{\neg T(Tisch(A), Do(a, S1)), \neg T(Tisch(B), Do(a, S1)), Ans(a)\}$

2. $\{\neg T(Auf(A, y), S1), \neg T(Unbedeckt(A), S1), \neg T(Tisch(B),$
   $Do(U(A, y), S1)), Ans(U(A, y))\}$

3. $\{\neg T(Tisch(A), S1), \neg T(Tisch(B), Do(U(x, y), S1)), Ans(U(x, y))\}$

4. $\{\neg T(\text{Tisch}(A),S1), A \neq x, \neg T(\text{Tisch}(B),\text{Do}(S(x,y),S1)),$
   $\text{Ans}(S(x,y))\}$

5. $\{\neg T(\text{Tisch}(A),S1), \neg T(\text{Tisch}(B),\text{Do}(\text{Noop},S1)), \text{Ans}(\text{Noop})\}$

Die *Unterdrückung der Frame-Axiome* (engl. *frame-axiom sup pres-sion*) ist eine Restriktionsstrategie, bei der jede Resolution verboten wird, wenn ein Frame-Axiom als Randbedingung einer Aktionsvariable verwendet wird. D.h. die Resolution wird unterdrückt, falls die Klausel, auf die resolviert werden soll, eine Bedingung für den durch einen Term der Form $\text{Do}(\nu,\sigma)$ bezeichneten Zustand ist (ν ist dabei eine Variable).

Mit der Unterdrückung von Frame-Axiomen können wir die Reduktion in Zeile 2 durchführen, während gleichzeitig aber die Erzeugung der Klauseln 3, 4 und 5 verhindert wird. Bei einer Welt, in der mehr Aktionen und damit auch mehr Frame-Axiomen vorkommen, wären die Einsparungen drastischer. Sobald die Reduktion in Zeile 2 durchgeführt wird, ist das Frame-Axiom von $U(A,y)$ für die Reduktion des zweiten Literals nicht mehr anwendbar, denn die Aktionsvariable hat dann ja schon einen Wert erhalten.

Wie wir schon bei der Analyse der bedingten Pläne gesehen hatten, ist es manchmal zweckmäßig, die Aktion Noop mit zu den Pläne aufzunehmen. Dies wird aber durch die Unterdrückung von Frame-Axiomen verhindert. Um nun auch solche Pläne zu erzeugen, müssen wir für diese Regel eine Ausnahme machen und den Gebrauch der Frame-Axiome zur Einführung der Aktion Noop extra zulassen. Für andere Regeln ist dies nicht nötig. Mit dieser Ergänzung können wir zeigen, daß die Unterdrückung von Frame-Axiomen bei Axiomenmengen der Form, wie wir sie in diesem und den vorherigen Kapitel benützt haben, auf die Vollständigkeit keinen Einfluß hat.

12.12 ZIELREGRESSION

Es ist Ihnen vielleicht aufgefallen, daß die Operatorbeschreibungen in unseren bisherigen Beispielen alle interessanterweise
eine besonders einfache Form hatten. Die Wirkung jedes einzelnen
Operators lassen sich nämlich durch einen einzigen Satz beschreiben (die Zustandsrestriktionen und Frame-Axiome nicht mitge-
zählt). In jedem dieser Fälle war dieser Satz eine Implikation,
das Antezedenz gab dabei für den Operator die nötigen Bedingungen
an, damit dieser die im Konsequenz beschriebene Wirkung herbei-
führte. Die Quintessenz ist also: Immer wenn uns eine derartige
Operatorbeschreibung vorliegt, können wir eine sehr einfache, aber
auch sehr leistungsfähige Planungsstrategie anwenden, die unter
dem Namen *Zielregression* (engl. *goal regression*) bekannt ist.

Hierzu schreiben wir unsere Operatorbeschreibung zuerst in eine
äquivalente, aber einfachere Form um. Genauer gesagt, beschreiben
wir jede Instanz eines Operators durch die Menge der Vorbedingungen, durch die Menge der positiven und durch die Menge der negativen Resultate. Die Vorbedingungen **Pre(a)** einer Aktion **a** sind
die Bedingungen, die wahr sein müssen, damit **a** das gewünschte Resultat herbeiführt. Die positiven Resultate **Add(a)** sind solche Bedingungen, die nach der Ausführung der Aktion wahr werden. Die negativen Resultate **Del(a)** sind die Bedingungen, die dabei falsch
werden.

Als Beispiel wollen wir einmal eine solche Transformation für
unserer Beschreibung des Operators U zeigen. Schauen wir uns die
Operatorbeschreibung an, so stellen wir fest, daß in den Bedingungen einer Instanz von U(x,y) die Zustandsdeskriptoren **Unbe-**
deckt(x) und **Auf(x,y)** enthalten sind. Die positiven Resultate enthalten **Tisch(x)** und **Unbedeckt(y)**. Es existiert nur ein negatives
Resultat: **Auf(x,y)**.

$$Pre(U(x,y))=\{Auf(x,y),Unbedeckt(x)\}$$

$$\text{Add}(U(x,y))=\{\text{Tisch}(x),\text{Unbedeckt}(y)\}$$
$$\text{Del}(U(x,y))=\{\text{Auf}(x,y)\}$$

Mit dieser Formulierung definieren wir die *Zielmenge* (engl. *goal set*) als eine Menge von Zustandsmengen, so daß jeder Zustand in der Schnittmenge dieser Mengen erfüllt ist. Beispielsweise beschreibt die folgende Zielmenge die Menge der Zustände, in denen Klötzchen **A** und Klötzchen **B** beide auf dem Tisch stehen.

$$\{\text{Tisch}(A),\text{Tisch}(B)\}$$

Der wesentliche Schritt bei der Zielregression ist die Reduktion eines Ziels auf ein Teilziel mit Hilfe einer Aktionsbeschreibung. Bei dieser Reduktion muß die Ausführung der beschriebenen Aktion in einem Zustand, der das Teilziel erfüllt, auch einen Zustand erzeugen, der das Ziel erfüllt. Mit obigen Definitionen ist ersichtlich, daß das Teilziel **Reg(q,a)**, welches aus der *Regression* von **q** *auf* die Aktion **a** entstanden ist, aus den Vorbedingungen von **a** und den Elementen von **q** besteht, die nicht im Bereich der positiven Resultate von **a** liegen. Damit die Aktion auch ausführbar ist, dürfen sich die negativen Resultate der Aktion und die Bedingungen des Zielzustands nicht überschneiden.

$$(q \cap \text{Del}(a))=\{\} \quad \Longrightarrow \quad \text{Reg}(q,a)=\text{Pre}(a) \cup (q-\text{Add}(a))$$

Führt man beispielsweise eine Regression dieser Zielmenge durch die Aktion **U(A,B)** aus, so erhält man die nachstehende Zielmenge. Keines der Elemente der ursprünglichen Zielmenge ist ein negatives Resultat dieser Aktion, so daß wir unsere Definition anwenden können. Die Menge der Teilziele besteht aus den Vorbedingungen von **U(A,B)** (d.h. aus **Unbedeckt(A)** und **Auf(A,B)**) sowie aus dem einen Ziel, das nicht in den positiven Resultaten der Aktion enthalten ist.

$$\{\text{Unbedeckt}(A),\text{Auf}(A,B),\text{Tisch}(B)\}$$

Als nächstes definieren wir die dreistellige Relation **Plan**, die für alle Zielmengen genau dann wahr ist, wenn ein Zustand, der

durch die Ausführung einer Aktionsfolge im gegebenen Zustand entsteht, in der Zielmenge enthalten ist.

$$\text{Plan}(q,s,l) \iff T(q,\text{Do}(l,s))$$

Schließlich können wir mit der Regression auch verschiedene Bedingungen angeben, die notwendig sind, damit eine Aktionsfolge
überhaupt ein Plan ist. Im Zustand **s** ist die leere Folge ein Plan
für die Zielmenge **q**, wenn **s** die Elemente von **q** erfüllt. Die Folge
a.l ist ein Plan für die Zielmenge **q**, falls (1) **a** eine Aktion ist,
deren positives Resultat ein Element von **q** enthält, und, falls (2)
l ein Plan ist, der die Zielmenge durch die Regression von **q** auf **a**
herbeiführt.

$$T(a,s) \implies \text{Plan}(q,s,\{\})$$
$$(q \cap \text{Add}(a)) \neq \{\} \wedge \text{Plan}(\text{Reg}(q,a),s,l) \implies \text{Plan}(q,s,a.l)$$

Nehmen wir jetzt einmal an, wir hätten ein Planungsproblem mit
dem Anfangszustandsdeskriptor σ und mit dem Zieldeskriptor ψ. Die
Zielregression ist nun die Problemstellung, ein γ zu bestimmen,
so daß $\text{Plan}(\psi,\sigma,\gamma)$ wahr ist.

Als Beispiel einer Zielregression betrachten wir die folgende
Aufgabenstellung. Im Anfangszustand steht Klötzchen **C** auf Klötzchen **A** und die Klötzchen **A** und **B** stehen auf dem Tisch. Das Ziel
ist, einen solchen Zustand zu erreichen, in dem Klötzchen **A** auf
Klötzchen **B** steht und Klötzchen **B** auf Klötzchen **C** steht. Abb. 12.2
bietet einen graphischen Überblick über die einzelnen Teile des
Zustandsraums.

Es gibt zwei Aktionen, die als positive Resultate die Elemente
unseres Ziels enthalten. Die Aktion **S(A,B)** erzeugt **Auf(A,B)** und
die Aktion **S(B,C)** ergibt **Auf(B,C)**. Die aus der Regression des
Ziels auf diese beiden Aktionen entstehende Menge von Teilziele
ist unterhalb des Ziels abgebildet und die nötigen Aktionen sind
durch die Beschriftungen an den Kanten dargestellt.

Das Teilziel der rechten Seite können wir fallen lassen. Es

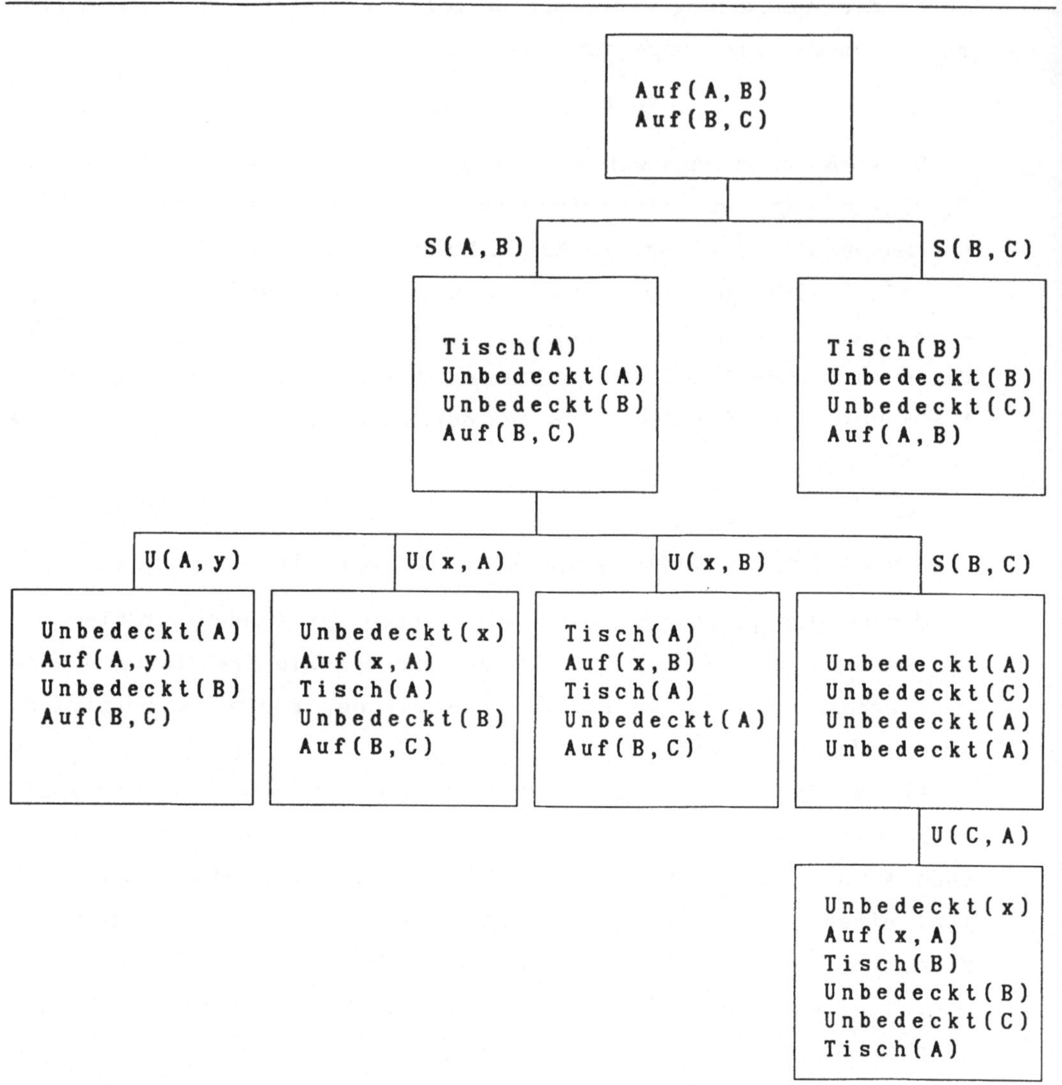

Abb. 12.2 Planung mithilfe von Zielregression

setzt voraus, daß B unbedeckt ist und daß A gleichzeitig auf B steht. Es ist daher unerreichbar.

Das linke Teilziel hat vier mögliche Teilziele. Davon ist das ganz links stehende ebenfalls unerreichbar. Die Variable y kann nicht den Wert **A** haben, weil kein Klötzchen auf sich selbst stehen kann. Sie kann aber auch nicht den Wert **B** haben, weil **B** unbedeckt sein muß. Den Wert **C** kann sie aber auch nicht haben, weil **B** auf **C** steht. In ähnlicher Weise ist das zweite und das dritte Teilziel inkonsistent und kann jeweils weggelassen werden.

Das letzte Teilziel entspricht der Aktion S(B,C) und ist konsistent. Neben anderen Zielen enthält es das abgebildete Teilziel und ist im Anfangszustand wahr, falls **x** den Wert **C** hat. Einen korrekten Plan können wir jetzt durch einfaches Ablesen der Aktionen im Baum in umgekehrter Reihenfolge erstellen: Nehme zuerst **C** von **A** herunter, stelle dann **B** auf **C** und stelle schließlich **A** auf **B**.

Obwohl die Zielregression von den oben erörterten Planungsstrategien grundverschieden zu sein scheint, zeigt jedoch eine kurze Analyse, daß sie sich ähneln. Verwendet man sie zusammen mit der linearen Zustandsordnung und der Frame-Axiom-Unterdrückung, so ist die Zielregression sogar äquivalent zu der Methode von Green.

12.13 ZUSTANDSDIFFERENZEN

Restriktionsstrategien können zwar alle Suchalternativen eliminieren, dies kommt aber sehr selten vor. Wir werden also mit dem Problem allein gelassen, die Reihenfolge der von der Strategie erlaubten Resolution zu bestimmen. Eine weit verbreitete Technik für diese Auswahl ist die Anwendung eines Maßes für Zustandsunterschiede.

Eine *Zustandsdifferenzfunktion* (engl. *state-difference-function*) ist eine zweistellige Funktion über den Zuständen. Sie liefert als Maß für die Ähnlichkeit zweier Zustände eine Zahl. Je größer dieser Wert ist, desto mehr weichen die Zustände von einander ab. Der Wert Null gibt die Gleichheit zweier Zustände an.

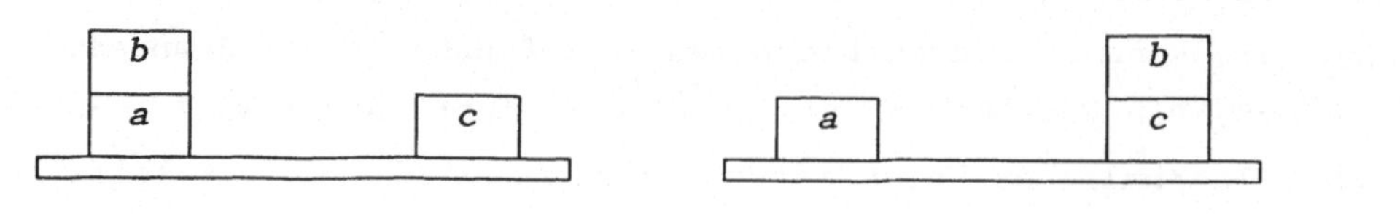

Abb. 12.3 Zwei Zustände in der Klötzchenwelt

Als Beispiel aus der Klötzchenwelt betrachten wir die folgendermaßen definierte Zustandsdifferenzfunktion. Der Gesamtwert der
Funktion ist die Summe des Ortsunterschieds und des Unterschieds
in der Unbedecktheit eines jeden einzelnen Klötzchens. Wenn in
zwei Zuständen ein Klötzchen an verschiedenen Orten steht, ist die
Ortsdifferenz gleich Eins, anderenfalls ist sie gleich Null. Steht
ein Klötzchen in dem einen Zustand auf einem Klötzchen und in
einem anderen Zustand auf einem anderen Klötzchen oder auf dem
Tisch, so ist die Ortsdifferenz ebenfalls gleich Eins. Unterscheiden sich die beiden Zustände dadurch, daß ein Klötzchen einmal unbedeckt und einmal bedeckt ist, dann ist die Differenz der
Unbedecktheit gleich Eins. In einer Welt mit drei Klötzchen gibt
es also maximal sechs verschiedene Werte dieser Zustandsdifferenzfunktion.

Gemäß dieser Differenzfunktion gleicht der in Abb. 12.3 abgebildete Zustand dem Zustand, in dem Klötzchen A auf Klötzchen B
steht und Klötzchen B auf Klötzchen C. In dem links abgebildeten
Zustand steht A am falschen Platz und sollte unbedeckt sein. Auch
B steht an der falschen Stelle und sollte bedeckt sein. C steht
zwar am richtigen Platz, sollte aber ebenfalls bedeckt sein. Die
Differenz beträgt daher 5. Im rechten Zustand ist A wie gewünscht
unbedeckt, steht aber an der falschen Stelle. B steht zwar an der
richtige Stelle, sollte aber bedeckt sein, und C steht genau richtig. In diesem Fall beträgt die Differenz also nur 2.

Das *Ordnen der Zustände* (engl. *state ordering*) ist eine Resolutionsstrategie, bei der die Reihenfolge der Resolutionen über den

durch state aligment vorgegebenen Klauseln von den Werten einer Zustandsdifferenzfunktion abhängen. Bei Vorwärts-Planungen wird die Resolution zuerst für den Zustand ausgeführt, der dem Zielzustand am ähnlichsten ist. Beim Rückwärts-Planen wird die Resolution zuerst auf der Klausel ausgeführt, die einen Zustand beschreibt, der dem Anfangszustand am ähnlichsten ist.

Als Beispiel für das Ordnen der Zustände bei Vorwärts-Planungen betrachten wir die Aufgabenstellung, daß im Anfangszustand alle Klötzchen auf dem Tisch stehen und der Zielzustand darin besteht, Klötzchen B auf Klötzchen C und Klötzchen A auf Klötzchen B zu stellen. Eine Vorwärts-Planung führt uns hier vom Anfangszustand sowohl zu dem in Abb. 12.3 dargestellten, als auch noch zu vier weiteren Zuständen. Die Ordnung der Zustände weist für den rechts abgebildeten Zustand eine Präferenz auf, die uns auch schnell ans Ziel führt.

Im Zusammenhang mit unserer Aufgabenstellung ist diese Strategie allerdings bei der Vorwärts-Planung des erstens Schrittes nicht sehr effektiv, denn es existiert nur ein Zustand, der dem Ziel vorausgeht: der Zustand, in dem A auf dem Tisch und B auf C steht. Allerdings gibt es drei Zustände, die diesem Zustand vorangehen können: den Anfangszustand (mit Differenz 0), den Zielzustand (Differenz 4) und den Zustand, wo B auf A steht und B und C auf dem Tisch stehen (Differenz 2). Die Zustandsordnung schreibt jetzt die Verarbeitung der den Ausgangszustand beschreibenden Klausel vor.

Damit eine Zustandsdifferenzfunktion die Effizienz der Planung auch wirkungsvoll verbessern kann, muß ein Zusammenhang zwischen der Zustandsdifferenzfunktion und dem Planungsaufwand bestehen.

Wächst im Extremfall die Zustandsdifferenzfunktion monoton mit dem Planungsaufwand, so können wir als Suchprozedur das sogenannte

Hill-Climbing[1] verwenden. Beachten Sie, daß aber für die oben definierte Zustandsdifferenzfunktion diese Bedingung nicht zutrifft. Angenommen, wir würden einen Anfangszustand wählen, in dem A auf B, B auf dem Tisch und C auf dem Tisch steht, und einen Zielzustand, in dem A auf B und B auf C steht, so betrüge die Differenz zwischen Anfangs- und Zielzustand 2. Zum Erreichen des Zielzustands wäre es nötig, Klötzchen A von Klötzchen B zu nehmen, also einen Zwischenzustand mit der Differenz 4 zu durchlaufen.

Verhält sich eine Zustandsdifferenzfunktion nicht-monoton im Planungsaufwand, so müssen wir zu einer Strategie wie zum Beispiel der Best-First-Suchmethode[2] zurückkehren, bei der die Zwischenzustände gespeichert werden können. Aber auch dann müssen wir vorsichtig sein, denn ein unendlicher Suchraum kann zusammen mit einer schlechten Ordnungsfunktion verhindern, daß der Planer eine Lösung findet.

Obwohl wir hier nur über die Probleme von Plangungsprozessen gesprochen haben, ist es auch allgemein üblich, neben den Zustandsdifferenzen noch ein Maß für die Kosten des Plans aufzusummieren, um auf diese Weise eine komplexere Ordungsregel zu erhalten. Verwendet man dann in einer Best-First-Suchprozedur dieses kombinierte Maß, so erhält man das als A^* bekannte Suchverfahren.

---

[1] *Hill-Climbing* ist ein Verfahren zur Bestimmung des Extremwertes einer (Bewertungs-)Funktion. Beim Hill-Climbing wird die lokale (oder auch die weitere) Umgebung des aktuellen Zustands durch eine Expansion des zugehörigen Knotens im Suchraum untersucht und dann derjenige Schritt ausgeführt, der (für ein Maximum) den stärksten Anstieg bzw. (für ein Minimum) den stärksten Abstieg verspricht. [Anm.d.Übers.]

[2] *Best-First-Suche* ist ein Suchverfahren, das nach dem Prinzip, "das Beste zuerst", vorgeht, d.h. nach Möglichkeit denjenigen Knoten im Suchraum zuerst untersucht, der für den Erfolg der Suche gemäß der Bewertungsfunktion am vielversprechsten erscheint. Dies kann einmal der Knoten sein, der dem Ziel am nächsten scheint (A^*- und AO^*-Algorithmus), aber auch derjenige, dessen Untersuchung voraussichtlich die Suche am ehesten terminieren läßt (B^*-Algorithmus). [Anm.d.Übers.]

Ein mit der hier angegebenen Definition der Zustandsordnung zu-
sammenhängendes Problem liegt darin, daß wir vorausgesetzt haben,
eine Klausel enthalte (entweder explizit oder nach einer Vervollständigung durch Zustandsrestriktionen) jeweils vollständige
Informationen über jeden einzelnen Zustand. Diesen Nachteil können
wir durch eine Erweiterung des Begriffs der Zustandsdifferenz auf
Zustandsmengen beheben. Die Differenz läßt sich allein über die
allen Elementen gemeinsamen Eigenschaften definieren. Wir können
sie aber auch über die Größe der Schnittmenge zweier Zustandsmengen definieren. Die letztere Möglichkeit scheint besser zu
sein, sie ist aber im Rechenaufwand aufwendiger als die erstere.
An dieser Stelle ist es nicht klar, welche Methode vorzuziehen
ist, oder ob vielleicht eine ganz andere Methode den beiden überlegen ist.

12.14 LITERATUR UND HISTORISCHE BEMERKUNGEN

Green [Green 1969a] entwickelte einen resolutionsbasierten Planer,
der Pläne für einen simulierten Roboter konstruieren konnte. Fikes
und Nilsson [Fikes 1971] schlugen zur Lösung des Frame-Problems
eine Methode vor, bei der die Resultate einer Aktion durch Angaben
beschrieben wurden, wie eine Theorie geändert werden müsse, damit
sie den Weltzustand nach der Ausführung der Aktion beschreiben
könne. Das mit dieser Idee realisierte Planungssystem hieß STRIPS.
Eine gute Beschreibung von STRIPS findet sich auch in [Nilsson
1980]. Formale Beschreibungen von STRIPS gaben Pednault [Pednault
1986] und Lifschnitz [Lifschnitz 1987a]. STRIPS wurde am SRI als
Planungssystem für den mobilen Roboter SHAKEY eingesetzt. Die sogenannte PLANNER-Sprache folgte einem ähnlichen Ansatz, um eine
Theorie revidieren und der vollzogenen Aktion Rechnung tragen zu
können [Hewitt 1969, Sussman 1970, Hewitt 1972, Bobrow 1974, Rulifson 1972]. Viele der Vorteile des Ansatzes von STRIPS lassen sich
mit Hilfe des Situationskalküls und durch lineare Zustandsordnung
sowie durch Unterdrückung der Frame-Axiome erreichen. Vergleichen
Sie hierzu auch [Warren 1974].
   Sacerdoti zeigte, wie sich STRIPS modifizieren läßt (zu einer

Version, die er ABSTRIPS nannte), um hierarchische Pläne zu erzeugen. Dabei wird als erstes die wichtigste Aktion berechnet und
weitere Details nachträglich eingefügt [Sacerdoti 1974]. Sein spä-
teres System NOAH arbeitete bei hierarchischen Planungen systema-
tischer und erzeugte auch *nicht-lineare Pläne*, d.h. Pläne, die aus
partiell geordneten Aktionsfolgen bestanden [Sacerdoti 1977]. Tate
[Tate 1976, 1977] arbeitete an einem ähnlichen Planungssystem.

Stefik untersuchte die Idee, bei der Generierung von Plänen
Randbedingungen auszunutzen [Stefik 1981a]. Er beschrieb auch
Techniken für *Meta-Planungen*, um Inferenzen darüber, wie ein Planungsprozeß effizienter ausgeführt werden könnte, durchzuführen,
[Stefik 1981b]. Das SIPE-System von Wilkins läßt sich als hierar-
chischer Planer auffassen, dessen Schlußfolgerungen durch explizite Berücksichtigung der Resourcen für die Durchführung alterna-
tiver Pläne gesteuert wird [Wilkins 1983, Wilkins 1985]. Mit demselben methodischen Ansatzes hat Chapman [Chapman 1985] ein ver-
bessertes Planungssystem entwickelt, TWEAK genannt.

Rosenschein benutzte zur Formalisierung von Planungen und zur
Untersuchung der Problemen hierarchischen und nicht-linearen Planens eine propositionale dynamische Logik [Rosenschein 1981]. Um
beim Erreichen konjunkiver Ziele Widersprüche zu vermeiden, führte
Waldinger die Regression zur Umordung linearer Pläne ein [Wal-
dinger 1977]. McDermott [McDermott 1985] entwickelte ein Planungssystem mit einer begrenzten Fähigkeit, über den Planungsprozeß
selbst zu schlußfolgern (zusätzlich zu seiner Fähigkeit, über die
Resultate der geplanten Aktionen zu schlußfolgern). Feldman und
Sproull [Feldman 1977] untersuchten bei Planungssystemen für Roboter die mit Unsicherheiten verbundenen Probleme und empfahlen die
Verwendung eines entscheidungstheoretischen Modells.

Die in diesem Kapitel im Zusammenhang mit der Best-First-Suche
über dem Zustandsraum erwähnte A^*-Suchmethode wurde in [Hart 1968]
vorgeschlagen und ist in [Nilsson 1980, Pearl 1984] beschrieben.

Eine interessante und möglicherweise bedeutende Anwendung von
Planungsprozessen liegt bei der Erzeugung "kommunikativer Akte".
Ähnlich wie physikalische Aktionen sind auch Kommunikationshand-
lungen (wie die Informationssuche, das Sich-Informieren, um Hilfe
bitten) bewußt geplant, um das jeweilige Ziel zu erreichen. Cohen,
Perrault, Allen und Appelt haben auf diesem Gebiet bedeutende Arbeit geleistet [Cohen 1979, Perrault 1980, Appelt 1985a].

Für einen detaillierten Überblick über die KI-Methoden für
Planungen vergleiche man den von Georgeff [Georgeff 1987a] heraus-
gegebenen Sammelband mit verschiedenen Arbeiten über Planungs-
prozesse.

ÜBUNGEN

1. *Ziele.* Betrachten Sie das Spiel Tick-Tack-Toe. Einen Spielzustand können wir durch eine 4-stellige Relation beschreiben. Markiert(i,j,z,s) bedeutet, daß im Zustand s in der i-ten Zeile und der j-ten Spalte die Markierung z (entweder X oder O) steht. Natürlich kann eine Markierung nur jeweils ein Quadrat pro Zustand belegen. Das Ziel des mit X spielenden Spielers ist, drei Xs in eine Reihe zu legen, horizontal, diagonal oder vertikal. Formalisieren Sie dies durch Sätze, welche die Goal-Relation des X-Spielers beschreiben. Sie können dabei die herkömmlichen arithmetischen Operatoren verwenden und auch ein neues Vokabular einführen.

2. *Bedingte Pläne.* Betrachten Sie eine Variante der Klötzchenwelt, wo die herkömmlichen Aktionen des Aufstapeln und Herunternehmens durch zwei neue Aktionen ersetzt werden. Die Aktion F(x, y) vertauscht zwei Klötzchen x und y, vorausgesetzt, daß x auf y steht. Die Aktion L(x,y) linearisiert x und y, d.h. sie erzeugt einen Zustand, in dem das eine auf dem anderen steht. Der Haken ist, daß das Ergebnis einer Aktion L ungewiß ist. Nach der Ausführung von L(x,y) kann Klötzchen x auf Klötzchen y stehen, die Klötzchen können aber auch anders herum gestapelt sein. Formulieren Sie entsprechende Sätze zur Beschreibung der Resultate dieser Operatoren und verwenden Sie die Greensche Methode zur Konstruktion eines bedingten Plans, um in einem Zustand, in dem beide Klötzchen auf dem Tisch stehen, Klötzchen A auf Klötzchen B zu stellen. Außer für die Beziehung zwischen A und B können Sie bei der Beschreibung des Operators F die An- oder Abwesenheit von Klötzchen auf A oder B vernachlässigen.

3. *Das Wassereimer-Problem.* Konstruieren Sie in der Formalisierung aus Kapitel 11 mit der Resolution einen Aktionsblock zur Lösung des Wassereimer-Problems.

KAPITEL 13
ARCHITEKTUR INTELLIGENTER AGENTEN

DAMIT EINE THEORIE DER Intelligenz vollständig ist, darf sie nicht nur das äußere Verhalten eines intelligenten Agenten beschreiben, sondern muß auch dessen innerer Struktur (d.h. seiner Architektur) Rechnung tragen. In diesem Kapitel definieren wir verschiedene Architekturen intelligenter Agenten und erörtern ihre Eigenschaften.

Obwohl sich in der KI viele Arbeiten mit multiplen Agenten und deren Interaktionen in einer Welt befassen, haben wir bis jetzt immer eine Welt vorausgesetzt, in der nur ein einziger Agenten existiert und die sich, außer durch die Aktionen des Agenten, nicht verändert. Diese Vereinfachung erleichtert erheblich die Darstellung vieler zentraler Aspekte von Systemarchitekturen. Auch wenn die abgeleiteten Ergebnisse nicht allgemeingültig sind, so lassen sie sich dennoch in vielen Situationen anwenden, und gelten auch für Welten mit multiplen Agenten.

13.1 TROPISTISCHE AGENTEN

Als *Tropismus* bezeichnet man die Tendenz eines Tieres oder einer Pflanze, auf einen externen Stimulus zu reagieren. In diesem Abschnitt werden wir eine Klasse von Agenten, die sogenannten *tropistischen Agenten* (engl. *tropistic agents*) untersuchen, deren Verhalten zu einem Zeitpunkt vollständig durch ihre momentane Umgebung bestimmt ist.

Bei unserer Diskussion tropistischer Agenten gehen wir von der Annahme aus, daß die Welt eines Agenten sich in einem der Zustände einer Zustandsmenge S befindet. Im nächsten Abschnitt werden wir Agenten betrachten, die interne Zustände (d.h. ein Gedächnis) besitzen. Hier wollen wir diese Möglichkeit zuerst aber noch beiseite lassen.

Bedingt durch die Grenzen seiner eigenen sensorischen Wahrnehmungsmöglichkeiten kann natürlich nicht jeder Agent jeden einzelnen externen Zustand von den anderen externen Zuständen unterscheiden. Verschiedene Agenten besitzen also unterschiedliche Wahrnehmungsfähigkeiten. Beispielsweise kann ein Agent die Farbe der Klötzchen wahrnehmen, während ein anderer Agent keine Farben sehen, dafür aber Gewichte messen kann. Zur Beschreibung der sensorischen Fähigkeiten eines Agenten unterteilen wir die Menge S der externen Zustände in eine Menge T disjunkter Teilmengen, so daß der Agent zwar die Zustände verschiedener Partitionen, aber nicht die Zustände innerhalb einer Partition unterscheiden kann.

Um die Zustände aus S mit der Partition T verknüpfen zu können, definieren wir eine Funktion *see*, die jeden Zustand aus S auf die Partition abbildet, der er angehört. Eine derartige Funktion nennen wir eine *Wahrnehmungsfunktion*.

$$see: S \longrightarrow T$$

Verschiedene Agenten können sich nicht nur in ihren sensorischen

Fähigkeiten, sondern auch in ihren Handlungsmöglichkeiten unterscheiden. Ein Agent kann zum Beispiel Klötzchen anstreichen, ein anderer kann sie bewegen, aber nicht deren Farbe verändern. Zur Beschreibung dieser unterschiedlichen Handlungsmöglichkeiten gehen wir von einer Menge A der von dem entsprechenden Agenten ausführbaren Aktionen aus.

Zur Beschreibung der Resultate der Aktionen definieren wir eine Funktion *do*, die eine Aktion und einen Zustand auf den Endzustand abbildet, der durch die Ausführung dieser Aktion im jeweiligen Zustand entsteht. Eine solche Funktion wollen wir *Handlungsfunktion* nennen.

$$do: A{\times}S \longrightarrow S$$

Um die Aktivität eines Agenten zu beschreiben, definieren wir eine Funktion *action*, die Zustandspartitionen auf diejenige Aktion abbildet, die der Agent immer dann ausführt, wenn er sich in einem Zustand dieser Partition befindet.

$$action: T \longrightarrow A$$

Und schließlich definieren wir einen *tropistischen Agenten* in einer Umgebung durch das folgende 6-Tupel. Die Menge S enthält alle externen Weltzustände, T ist die Menge der Partitionen von S, A ist eine Menge von Aktionen, *see* ist eine Funktion, die S auf T abbildet, *do* ist eine Funktion von $A{\times}S$ nach S, und *action* ist eine Funktion von T nach A.

$$\langle S,T,A,see,do,action \rangle$$

Die Handlungsweise eines tropistischen Agenten läßt sich also wie folgt zusammenfassen: Bei jedem Zyklus befindet sich die Umgebung des Agenten in einem Zustand s. Der Agent beobachtet die zu *see(t)* gehörende Partition t. Mit *action* bestimmt er die zu t gehörende Aktion a. Diese Aktion führt er dann aus und erzeugt so einen Zustand *do(a,s)*. Danach wiederholt sich dieser Zyklus.

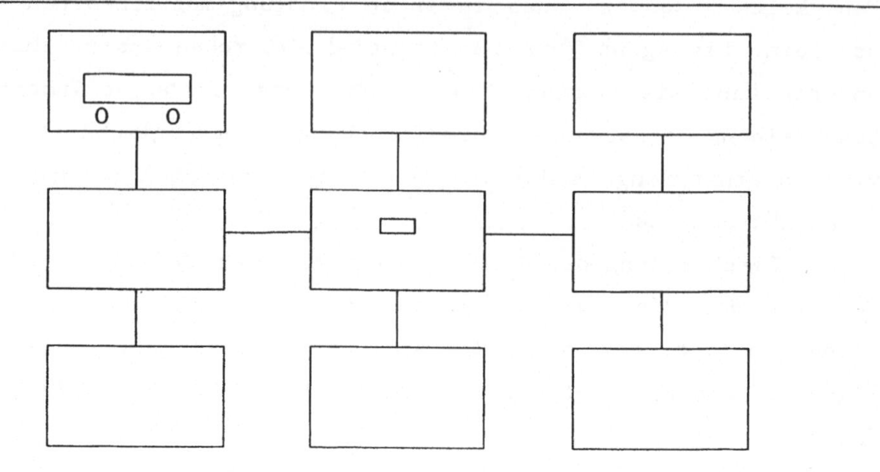

Abb. 13.1 Ein Zustand in der Labyrinth-Welt

Wir verdeutlichen die anhand einer als Labyrinth-Welt bekannten
Problemstellung. Die Labyrinth-Welt besteht aus einer Menge von
Zellen, die untereinander mit Wegen verbunden sind. Die Zellen
sind auf einem rechtwinkligen Gitter ausgelegt, jede Zelle ist mit
ihrer Nachbarzelle verbunden. In einer der Zellen befindet sich
ein kleiner Karren und in einer anderen Zelle liegen einige
Goldbarren.

Abb. 13.1 zeigt einen Zustand der Labyrinth-Welt. Der Karren
ist in der ersten Zelle der ersten Spalte, das Gold befindet sich
in der zweiten Zelle der zweiten Spalte. Abb. 13.2 zeigt einen
anderen Zustand der Labyrinth-Welt. Der einzige Unterschied zwischen den beiden Zuständen besteht im Standort des Karrens und der
Position des Goldes. Beide befinden sich jetzt in der dritten Zelle der dritten Spalte.

Für eine Labyrinth-Welt mit 3×3 Zellen gibt es 90 verschiedene
mögliche Zustände. Der Karren kann in jeder der neun Zellen sein
(9 Möglichkeiten) und das Gold kann sich sowohl in einer der neun
Zellen als auch im Karren befinden (im Ganzen sind dies 10 Möglichkeiten).

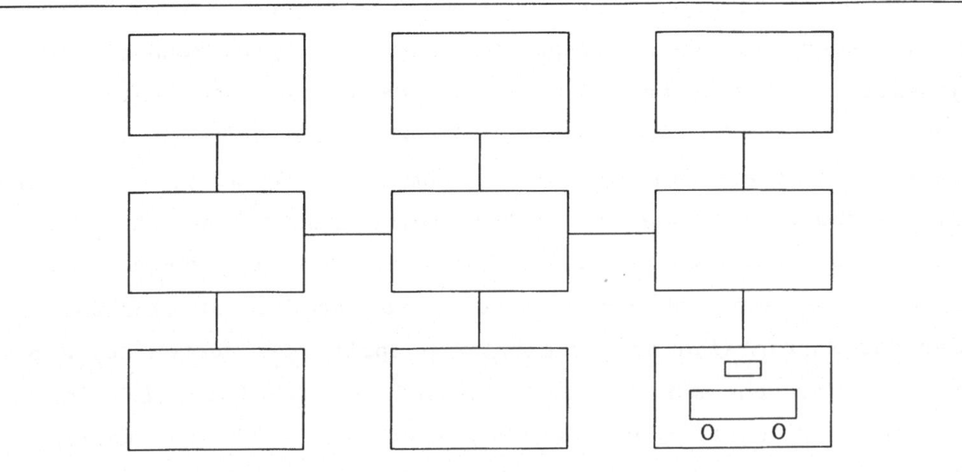

Abb. 13.2 Ein anderer Zustand der Labyrinth-Welt

Von *unserem* Standpunkt aus lassen sich alle Zustände voneinander unterscheiden. Betrachten wir aber zum Vergleich einmal
einen mit Sensoren ausgestatteten, mit dem Karren festverbundenen
intelligenten Agenten. Er kann nur seine eigene Position bestimmen
und angeben, ob das Gold sich im Karren, in derselben Zelle wie er
oder irgendwo sonst befindet.

Diese Wahrnehmungsrestriktionen spalten die Menge der 90 möglichen Zustände in 27 Teilmengen auf. Innerhalb jeder dieser Teilmenge stimmen die Zustände bezüglich der Position des Karrens
überein. Sie stimmen auch bezüglich der Lage des Golds relativ zum
Karren überein. Befindet sich das Gold aber in einer anderen Zelle
als der Karren, so weichen sie in der Position des Golds ab.

Zusätzlich zu diesen sensorischen Restriktionen ist auch der
Wirkungskreis des Agenten eingeschränkt. Beispielsweise kann der
Agent nicht mit einem einzigem Schritt den in Abb. 13.1 abgebildeten Zustand in den in Abb. 13.2 dargestellten Zustand überführen. Er kann aber den Karren von Zelle zu Zelle bewegen und er
kann auch das Gold bewegen, falls dieses sich in derselben Zelle
oder im Karren befindet.

Die Handlungsmöglichkeiten des Agenten können wir durch sieben verschiedene Aktionen konzeptualisieren. Der Agent kann den Wagen jeweils eine Zelle nach der anderen nach oben, nach unten, nach rechts oder nach links bewegen. Er kann das Gold in den Wagen legen oder es aus dem Wagen herausnehmen. Der Agent kann aber auch nichts tun. Nehmen wir an, *do* beschreibe die herkömmlichen Resultate dieser Aktionen. Wird der Karren zum Beispiel von der oberen linken Ecke aus nach rechts bewegt, so entsteht ein Zustand, in dem der Karren sich in der mittleren Spalte der oberen Zeile befindet. Versucht man in einem Zustand, wo das Gold sich in der gleichen Zelle befindet wie der Karren, dieses in den Karren zu legen, so erzeugt dies einen Zustand, in dem sich das Gold im Karren befindet. Um die Aufgabenstellung einfach zu halten, nehmen wir an, daß die Durchführung einer Aktionen in einem ungeeigneten Zustand keine Wirkung hat. So ist der Versuch, von der äußersten rechten Spalte nach rechts zu gehen, wirkungslos. Das Gold in den Wagen zu legen oder aus diesem herauszunehmen ist wirkungslos, wenn das Gold ganz wo anders ist.

Für einen Agenten mit diesen Einschränkungen entwerfen wir nun eine Aktionsfunktion. Nehmen wir an, daß sich im Startzustand der Karren in der oberen linken Ecke des Labyrinths befindet. Unser Ziel sei, das Gold, unabhängig davon, wo es liegt, zum Ausgang — d.h. zu der rechten unteren Zelle — zu bringen.

Die Grundidee unserer Definition ist wie folgt. Falls der Karren am Ausgang ist und das Gold sich in derselben Zelle befindet, so führt der Agent keine Aktion aus. Steht der Karren am Ausgang und ist das Gold im Karren, so entlädt der Agent den Karren. Ist der Karren mit dem Gold irgendwo anders in derselben Zelle, so lädt der Agent das Gold in den Karren. Liegt das Gold im Karren und ist der Karren nicht am Ausgang, so fährt der Agent den Karren zum Ausgang. In allen anderen Fällen fährt der Agent den Karren solange systematisch durch den Irrgarten, bis er das Gold gefunden

Zeile	Spalte			
1	1	rechts	beladen	rechts
1	2	rechts	beladen	rechts
1	3	unten	beladen	unten
2	1	rechts	beladen	unten
2	2	rechts	beladen	links
2	3	unten	beladen	links
3	1	rechts	beladen	rechts
3	2	rechts	beladen	rechts
3	3	entladen	noop	

Abb. 13.3 Aktionsfunktion eines tropistischen Agenten

hat. Dabei führt er den Karren zuerst die erste Zeile entlang, dann nach unten zur dritten Zelle in der zweiten Zeile, entlang der zweiten Zeile nach links, wieder herunter und die dritte Zeile entlang nach rechts.

Die zu dieser Prozedur gehörende Aktionsfunktion ist in der Tabelle in Abb. 13.3 abgebildet. Die Zeilen entsprechen der Position des Karrens, die Spalten der des Golds relativ zum Karren. Jeder Eintrag stellt eine durch Zeile und Spalte definierte, für die Zustandspartition passende Aktion dar. Für die Situation, daß der Karren sich am Ausgang, das Gold aber irgendwo im Labyrinth befindet, haben wir keinen Wert vorgesehen, weil dies unmöglich ist.

Natürlich ist diese Prozedur nicht die einzige Lösung der Aufgabenstellung. Anstelle den Karren zuerst in die Spalte und dann in die Zeile zu fahren, in der der Ausgang liegt, kann man ihn auch zuerst in die entsprechende Zeile und dann in die zugehörige Spalte bewegen.

Allerdings gibt es auch hier wieder einige Aspekte, die nicht völlig beliebig sind. Falls der Karren am Ausgang und das Gold im Karren ist, muß beispielsweise jede das Problem lösende Prozedur eine Entladeaktion vorschreiben.

13.2 HYSTERETISCHE AGENTEN

Die im vorigen Abschnitt eingeführten Agenten hatten eine sehr einfachen Struktur. Da sie keinen internen Zustand besaßen, waren sie gezwungen, ihre Aktionen allein auf der Basis ihrer Beobachtungen auszuführen — sie konnten keinerlei Informationen über externe Zustände speichern und diese zu einem späteren Zustand für die Wahl ihrer Aktion verwenden. Während bei unserem einfachen Beispiel ein interner Zustand nicht notwendig war, so ist doch im allgemeinen die Möglichkeit, Informationen speichern zu können, sehr nützlich. In diesem Abschnitt präzisieren wir nun unsere Definitionen aus dem vorigen Abschnitt, so daß sie auch für Agenten mit einem internen Zustand, im weiteren *hysteretische Agenten*[1] genannt, gelten.

Zur Beschreibung eines hysteretischen Agenten setzen wir voraus, daß sich der Agent in einem Zustand der Zustandsmenge I befindet. Dabei nehmen wir an, daß der Agent die internen Zustände voneinander unterscheiden kann und wir deshalb keine Partition einzelner Teilmengen von I und auch keine Definition einer Wahr-

---

[1] Im engl. Original wird die Formulierung *hysteretic agent* benützt. Wir übersetzen dies analog zu dem physikalischen Begriff der *Hysteresis*, der die Abhängigkeit eines physikalischen Zustandes in einem Meßobjekt von vorangegangenen Zuständen beschreibt, wie zum Beispiel das Magnetisierungsverhaltens eines Metalles. Analog bezeichnet dieser Begriff die Abhängigkeit eines Agenten von seiner Vorgeschichte. [Anm.d. Übers.].

nehmungsfunktion benötigen. Wir wollen auch voraussetzen, daß der Agent die Menge I mit einem einzigen Schritt in jedes ihrer Element überführen kann. (Obwohl die Untersuchung von Agenten mit internen Wahrnehmungs- und Handlungsrestriktionen interessant ist, sind diese Komplikationen für unsere Behandlung von Agenten in diesem Kapitel jedoch nicht bedeutsam.)

Ein wesentlicher Unterschied zwischen einem tropistischen und einem hysteretischen Agenten besteht darin, daß bei der Spezifikation der Aktionen eines hysteretischen Agenten die Aktionsfunktion sowohl die internen Zustände als auch die Beobachtungen der Außenwelt berücksichtigt.

$$action: I{\times}T \longrightarrow A$$

Ein hysteretischer Agent verfügt auch über eine Revisionsfunktion für sein Gedächnis, die einen internen Zustand und eine Beobachtung auf den nächsten internen Zustand abbildet.

$$internal: I{\times}T \longrightarrow I$$

Wir definieren einen *hysteretischen Agenten* in einer Umgebung durch das folgende 8-Tupel. Die Menge I ist die Menge der internen, S ist die Menge der externen Zustände, T ist die Menge der Partitionen von S, A ist eine Menge von Aktionen, *see* ist eine Funktion von S nach T, *do* ist eine Funktion von $A{\times}S$ nach S, *internal* ist eine Funktion von $I{\times}T$, und *action* ist eine Funktion von T nach A.

$$\langle I,S,T,A,see,do,internal,action \rangle$$

Als Beispiel für die Bedeutung der Existenz eines Gedächnisses betrachten wir die folgende Variation der Labyrinth-Welt, in der jetzt ein Agent zwar die relative Position des Goldes, aber nicht mehr seine eigene Position feststellen kann. Wie vorhin setzen wir voraus, daß der Agent von der linken oberen Ecke des Labyrinths aus startet.

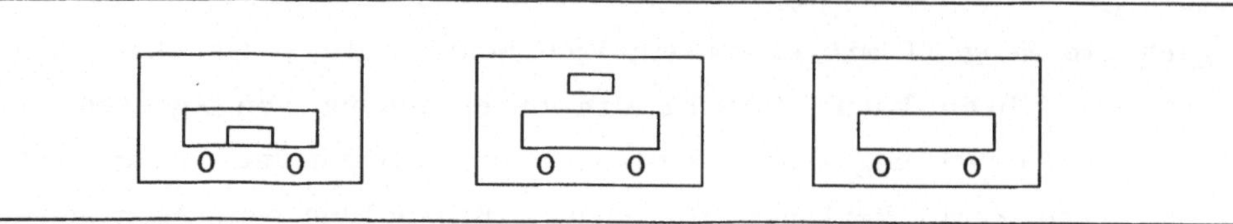

Abb.13.4 Drei Partitionen der Labyrinth-Welt

Die Wahrnehmungsrestriktionen des Agenten teilen die Menge der
90 Zustände in drei Teilmengen. Die erste Partition entspricht den
neun Zuständen, in denen das Gold im Karren liegt. Die zweite
Partition entspricht den neun Zuständen, in denen das Gold sich
zwar in der gleichen Zelle, nicht aber im Karren befindet. Die
dritte Partition besteht aus den 72 Zuständen, wo das Gold irgendwo anders ist (Für jeden Zustand existieren neun Positionen für
den Karren und acht Positionen für das Gold.) Im folgenden setzen
wir voraus, daß jeder dieser Zustände durch die Funktion *see* auf
die entsprechende Partition abgebildet wird.

Diese drei Partitionen können wir anhand von Abb. 13.4 illustrieren. Das links abgebildete Diagramm gibt die Menge der Zustände an, in denen das Gold im Karren liegt. Das mittlere Diagramm steht für die Menge der Zustände, in denen das Gold sich in
der gleichen Zelle befindet während das rechte Diagramm die Menge
der Zustände bezeichnet, wo das Gold irgendwo anders im Labyrinth
liegt.

Weil nun unser Agent seine eigene Position nicht wahrnehmen
kann, muß diese Information in einem internen Zustand des Agenten
gespeichert werden. Zu diesem Zweck definieren wir die Menge der
internen Zustände als die Menge der ganzen Zahlen von 1 bis 9,
jede Zahl bezeichnet eine spezielle Zelle im Labyrinth. Die Zahl 1
bezeichnet also die erste Zelle in der ersten Zeile, die 2 bezeichnet die zweite Zelle in der erste Zeile, die 3 bezeichnet die
dritte Zelle, die 4 bezeichnet die erste Zelle in der zweiten

Interner Zustand			
1	rechts	beladen	rechts
2	rechts	beladen	rechts
3	unten	beladen	unten
4	rechts	beladen	unten
5	rechts	beladen	links
6	unten	beladen	links
7	rechts	beladen	rechts
8	rechts	beladen	rechts
9	entladen	noop	

Abb. 13.5 Aktionsfunktion eines hysteretischen Agenten

Zeile usw. Da wir wissen, daß der Agent in der linken oberen Ecke mit seinen Operationen beginnt, richten wir es so ein, daß die 1 dessen interner Ausgangszustand ist.

Die zu dieser Prozedur gehörende Aktionsfunktion ist in der Tabelle in Abb. 13.5 und die zugehörige Funktion zur Revision der internen Zustände in Abb. 13.6 angegeben. Die Zeilen in den Tabellen entsprechen den internen Zuständen und die Spalten den Wahrnehmungen. In der Aktionstabelle gibt jeder Eintrag die ausgeführte Aktion an und in der Revisionstabelle der internen Zustände zeigt jeder Eintrag einen neuen Zustand an. Auch bei diesen Tabellen haben wir wieder keinen Wert für die Situation angeben, daß der Karren am Ausgang, aber das Gold irgendwo anders ist, weil diese Situation nicht eintreten kann.

Interner Zustand			
1	2	1	2
2	3	2	3
3	6	3	6
4	5	4	7
5	6	5	4
6	9	6	5
7	8	7	8
8	9	8	9
9	9	9	

Abb.13.6 Funktion zur Revision des internen
Zustands eines hysteretischen Agenten

13.3 WISSENSORIENTIERTE AGENTEN

Mit der Konzeptualisierung der vorangegangenen Abschnitten können
wir einen Agenten beliebig detailliert beschreiben. Das Problem
liegt allerdings darin , daß ein Design auf solch einer detaillierten Stufe wie zum Beispiel in Form einer neuronalen Karte des
menschlichen Gehirns oder eines Schaltplans für einen elektro-
nischen Computer für die Zwecke der KI ungeeignet ist. Intelligenz
scheint ein Phänomen zu sein, das über die Implementationsformen
wie Biologie oder Elektronik hinausgeht. Wir wollen daher ein Design anstreben, das von physikalischen Details absieht.

In diesem Abschnitt untersuchen wir die Konzeptualisierung
einer Klassen von Agenten, die wir *wissensorientiert* (engl. *knowledge level agent*) nennen möchten. Alle unnötigen Details sind dabei weggelassen. Ein interner Zustand eines Agenten besteht in
dieser Konzeptualisierung vollständig aus einer Datenbasis von
Sätzen des Prädikatenkalküls. Auf dieser Beschreibungsebene geben

wir weder an, wie die Glaubenseinstellungen und Überzeugungen physikalisch gespeichert sind, noch beschreiben wir die Implementation der Inferenzen des Agenten.

Die Aktionsfunktion *action* eines wissensorientierten Agenten bildet eine Datenbasis Δ und eine Zustandspartition t auf die von dem Agenten mit der Datenbasis Δ in einem Zustand ausgeführte Aktion und auf die beobachtete Zustandspartition t ab.

$$action: \mathcal{D} \times T \longrightarrow A$$

Die Funktion *database* für die Revision der Datenbasis bildet die Datenbasis Δ und die Zustandspartition t auf die neue interne Datenbasis ab.

$$database: \mathcal{D} \times T \longrightarrow \mathcal{D}$$

Ein wissensorientierter Agent in einer Umgebung ist das folgende 8-Tupel. In diesem Tupel ist die Menge $\mathcal{D}$ eine Menge beliebiger Datenbasen des Prädikatenkalküls, S ist die Menge der externen Zustände, T ist die Menge der Partitionen von S, A ist eine Menge von Aktionen, *see* ist eine Funktion von S nach T, *do* ist eine Funktion von $A \times S$ nach S, *database* ist eine Funktion von $\mathcal{D} \times T$ nach $\mathcal{D}$ und *action* ist eine Funktion von T nach A:

$$\langle \mathcal{D}, S, T, A, see, do, database, action \rangle$$

Aus dieser Definition sollte wohl ersichtlich sein, daß jeder wissensorientierte Agent ein hysteretischer Agent ist. Es zeigt sich nun, daß wir für jeden hysteretischen Agenten (unabhängig davon, ob er wissensorientiert ist oder nicht) einen wissensorientierten Agenten mit dem gleichen externen Verhalten definieren können.

Als Beispiel betrachten wir den im letzten Abschnitt definierten hysteretischen Agenten. Den zugehörigen wissensorientierten Agenten können wir definieren, indem wir die internen Zustände des Agenten von Integerzahlen zu Datenbasen abändern und die Aktions- und Revisionsfunktion des internen Zustands entsprechend anpassen.

Datenbasis			
{Karren(AA)}	rechts	beladen	rechts
{Karren(AB)}	rechts	beladen	rechts
{Karren(AC)}	unten	beladen	unten
{Karren(BA)}	rechts	beladen	unten
{Karren(BB)}	rechts	beladen	links
{Karren(BC)}	unten	beladen	links
{Karren(CA)}	rechts	beladen	rechts
{Karren(CB)}	rechts	beladen	rechts
{Karren(CC)}	entladen	noop	

Abb. 13.7. Aktionsfunktion eines wissensorientierten Agenten

Wir führen die folgenden Begriffe ein. Die neun Zellen des Labyrinths bezeichnen wir mit den Symbolen AA, AB, AC, BA, BB, BC, CA, CB und CC. Die drei möglichen Zustandspartitionen nennen wir IK (im Karren), GZ (in der gleichen Zelle) und IW (irgendwo sonst). Das Relationssymbol Karren steht für eine einstellige Relation, die für diejenige Zelle erfüllt ist, in der sich der Karren befindet. Das einstellige Relationssymbol Gold soll die einstellige Relation bezeichnen, die zwischen der Zustandspartition gilt, die der Position des Golds entspricht.

Anstatt mit der Integerzahl 1 wie im Ausgangszustand unseres Agenten, beginnen wir mit der folgenden einelementigen Menge.

$${\rm \{Karren(AA)\}}$$

Da sich die internen Zustände verändert haben, muß die Aktionsfunktion des Agenten neu definiert werden, damit sie die Datenbasis und nicht die Integerzahlen berücksichtigt. Abb. 13.7 zeigt die neuen Definitionen.

Außerdem müssen wir eine neue Datenbasisfunktion definieren, die die Datenbasen und Zustandspartitionen auf diejenige Daten-

Datenbasis			
{Karren(AA)}	{Karren(AB)}	{Karren(AA)}	{Karren(AB)
{Karren(AB)}	{Karren(AC)}	{Karren(AB)}	{Karren(AC)
{Karren(AC)}	{Karren(BC)}	{Karren(AC)}	{Karren(BC)
{Karren(BA)}	{Karren(BB)}	{Karren(BA)}	{Karren(CA)
{Karren(BB)}	{Karren(BC)}	{Karren(BB)}	{Karren(BA)
{Karren(BC)}	{Karren(CC)}	{Karren(BC)}	{Karren(BB)
{Karren(CA)}	{Karren(CB)}	{Karren(CA)}	{Karren(CB)
{Karren(CB)}	{Karren(CC)}	{Karren(CB)}	{Karren(CC)
{Karren(CC)}	{Karren(CC)}	{Karren(CC)}	

Abb. 13.8. Datenbasisfunktion eines wissensorientierten Agenten

basis abbildet, die der Integerzahl des jeweiligen Zustands des oben definierten Agenten entspricht. Vergleichen Sie hierzu Abb. 13.8.

Bei diesem Agententyp ist es wichtig, zu beachten, daß er in seinen Fähigkeiten extrem eingeschränkt ist. Obwohl sich sein Verhalten mit der Position des Golds ändert, führt er doch eine fest vorgeschriebene Suche durch, um das Gold zu finden, und wenn er das Gold gefunden hat, folgt er einem festgelegten Pfad zum Labyrinthausgang. In bestimmen Fällen ist es aber sinnvoll, das Verhalten des Agenten zu verändern. Beispielsweise könnten wir es vorziehen, daß der Agent die Suche von oben nach unten durchführt, anstatt die Reihen von vorne bis hinten abzusuchen. Wir könnten aber auch die Prozedur so abändern wollen, daß der Karren von einer anderen Zelle aus losfährt.

Leider lassen sich solche Modifizierungen nicht durchführen, ohne für den Agenten ganz neue Funktionen zu definieren. Wenn diese Funktionen direkt in der Hardware des Agenten implementiert sind, und wir einen physikalischen Agenten derart ändern wollen,

so kann dies unter Umständen sehr aufwendig werden. Eine Lösung
liegt in der Definition eines flexibleren Agententyps, der durch
Änderungen der Sätze in seiner Datenbasis *programmierbar* wäre.

Zur Erläuterung dieses Gedankens benötigen wir ein erweitertes
Vokabular unserer Sprache. Wir verwenden die Symbole R, L, O und
U, die für die Aktionen stehen, sich nach rechts, links, oben oder
unten zu bewegen. Die Symbole I und O stehen für die Aktionen, den
Karren mit dem Gold zu be- bzw. entladen. Das Symbol N bezeichnet
die Null-Aktion. **Must** schließlich bezeichnet die Aktion, die wir
von unserem Agenten in einer gegebenen Situationen ausgeführt
sehen wollen.

Mit diesem Vokabular und dem folgenden Typ von Sätzen beschreiben wir nun das Verhalten des vorigen Agenten. Eine prägnantere
Version erreichen wir, wenn wir komplizitertere Sätze bilden. Für
den Augenblick wollen wir aber annehmen, daß sich alle unsere Sätze in dieser einfachen Form schreiben lassen.

$$
\begin{aligned}
\text{Karren(AA)} \wedge \text{Gold(IK)} &\implies \text{Must=R} \\
\text{Karren(AA)} \wedge \text{Gold(GZ)} &\implies \text{Must=I} \\
\text{Karren(AA)} \wedge \text{Gold(IW)} &\implies \text{Must=R} \\
&\ \ \vdots \\
\text{Karren(CC)} \wedge \text{Gold(IK)} &\implies \text{Must=O} \\
\text{Karren(CC)} \wedge \text{Gold(IK)} &\implies \text{Must=N}
\end{aligned}
$$

Wie oben, so nehmen wir auch hier an, daß der erste interne Zustand sowohl die Sätze unseres Programmes als auch den folgenden
Satz, der die Position des Karrens im Ausgangszustand beschreibt,
enthält.

$$\text{Karren(AA)}$$

Um nun die Aktionen und Datenbasisfunktionen anzugeben, definieren wir eine Namensfunktion e für die Zustandspartitionen und
die Aktionen. Die Namen unserer drei Partitionen stehen auf der
linken Seite, die Namen der Aktionen auf der rechten Seite der
folgenden Definitionen.

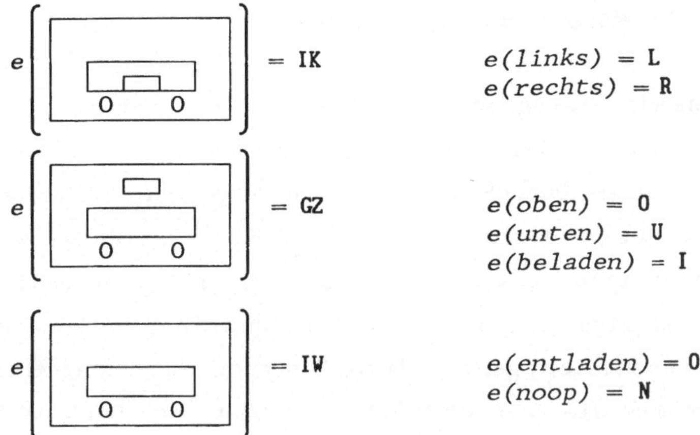

$$e\left(\ \fbox{\ }\ \right) = \text{IK} \qquad\qquad e(links) = L$$
$$e(rechts) = R$$

$$e(oben) = 0$$
$$e(unten) = U$$
$$e(beladen) = I$$

$$e(entladen) = 0$$
$$e(noop) = N$$

Mit dieser Namensfunktion definieren wir jetzt für unseren programmierbaren Agenten eine Aktionsfunktion. Wann immer die Datenbasis Δ den Satz $\text{Karren}(\sigma)$ sowie $\text{Karren}(\sigma) \wedge \text{Gold}(e(t)) \Longrightarrow \text{Must=}$ $e(t)$ enthält, führt der Agent die Aktion a aus.

$$action(\Delta, t) = a$$

Die Datenbasisfunktion diktiert unter den im vergangenen Paragraphen beschriebenen Bedingungen eine neue Datenbasis, die — außer dem einen Satz, der die Position des Karren beschreibt —, alle Sätze der alten Datenbasis enthält, und sie (durch die Funktion *next*) gemäß der neuen Position revidiert.

$$database(\Delta, t) = (\Delta - \{\text{Karren}(\sigma)\}) \cup \{\text{Karren}(next(\Delta, t))\}$$

Man sieht leicht, daß dieser Agent die in seiner Ausgangsdatenbasis beschriebene Prozedur auch ausführt. Wir können deshalb die Prozedur auch einfach durch eine Änderung der Datenbasis verändern. Obwohl das Format der Sätze innerhalb der Beschreibung noch irgendwie starr ist, können wir auch einen Agenten definieren, der mit einem flexibleren Satzformat umgehen kann. Dies werden wir in einem späteren Abschnitt noch tun.

13.4 ITERATIV WISSENSORIENTIERTE AGENTEN

Betrachten wir die Agenten aus dem letzten Abschnitt, so läßt sich festhalten, daß beide Typen nicht-monoton sind. Manchmal werden Sätze aus deren Datenbasis entfernt oder auch hinzugefügt. Der Grund dafür liegt darin, daß die einzelnen Zustände, wie zum Beispiel die Position des Karrens, in unserer Konzeptualisierung der zustandsabhängigen Relationen gar nicht selbst vorkommen. Jede Datenbasis beschreibt genau einen Zustand. Ist eine Aktion ausgeführt, so muß die Beschreibung abgeändert werden, damit sie dem aus dieser Aktion resultierenden Zustand entspricht.

Es stellt sich nun die Frage, ob es nicht auch möglich ist, einen monotonen Agenten zu entwerfen, bei dem Sätze zu der internen Datenbasis zwar hinzugefügt, aber nicht mehr entfernt werden. Dies ist auch tatsächlich möglich, wir müssen dazu nur einige wenige Änderungen vornehmen.

Der erste Schritt ist der Übergang zu einer zustandsbasierten Konzeptualisierung wie der aus den Kapiteln 11 und 12. Dabei verwenden wir zur Beschreibung der Eigenschaften einzelner Zustände die Relation T. Relationale Symbole wie **Karren** überführen wir in funktionale Symbole und wir verwenden das einstellige Funktionssymbol **Ext** zur Bezeichnung einer Funktion, die bei jedem Zyklus einer Aktion des Agenten die positive Integerzahl auf denjenigen externen Zustand abbildet, der dieser ganzen Zahl entspricht. Beachten Sie, daß **Ext** eine Integerzahl auf einen externen Zustand, nicht aber auf eine Zustandspartition abbildet. Der Agent hat für jeden seiner externen Zustände einen Namen, auch wenn er nicht genau weiß, um welchen Zustand es sich handelt.

Mit diesem Vokabular können wir einen externen Zustand aus der Perspektive unseres Labyrinth-Welt-Agenten wie folgt beschreiben. Natürlich ist diese Beschreibung nicht vollständig, weil sie keine Aussage darüber macht, wo sich das Gold befindet.

$$T(Karren(AA, Ext(1)))$$

Mit unserem Vokabular können wir die Sätze neu formulieren, die die Prozedur des Agenten beschreiben. Im vorliegenden Fall verwenden wir dazu die Variable n, die über die Zyklen einer Operation des Agenten läuft, und wandeln die Objektkonstante Must in eine Funktionskonstante um.

$$T(Karren(AA), Ext(n)) \land T(Gold(IK), Ext(n)) \implies Must(n)=R$$

$$T(Karren(AA), Ext(n)) \land T(Gold(GZ), Ext(n)) \implies Must(n)=I$$

$$T(Karren(AA), Ext(n)) \land T(Gold(IW), Ext(n)) \implies Must(n)=R$$

$$\vdots \qquad\qquad \vdots \qquad\qquad \vdots$$

$$T(Karren(CC), Ext(n)) \land T(Gold(IK), Ext(n)) \implies Must(n)=O$$

$$T(Karren(CC), Ext(n)) \land T(Gold(GZ), Ext(n)) \implies Must(n)=N$$

Leider erreiche wir mit diesen Änderungen immer noch kein nicht-monotones Verhalten. Damit der Agent auch die in seiner Datenbasis verzeichneten Informationen nutzen kann, muß er jetzt noch wissen, welchen Zustand er gerade ausführt. Die Informationen über den aktuellen Zyklus kann er aber nicht in seiner Datenbasis aufbewahren, weil diese Information sich nach jeder Aktion ändert. Eine Alternative hierzu ist nun, einen neuen Typ von wissensorientiertem Agenten zu definieren, bei dem der interne Zustand neben der Datenbasis der Sätze noch über einen zusätzlichen Zähler verfügt.

Ein *iterativ wissensorientierter Agent* (engl. *stepped knowledge-level agent*) in einer Umgebung ist das folgende 8-Tupel. Die Menge $\mathcal{D}$ in diesem Tupel ist eine beliebige Menge von Datenbasen des Prädikatenkalküls, S ist eine Menge externer Zustände, T ist eine Menge von Partitionen von S, A ist eine Menge von Aktionen, *see* ist eine Funktion von S nach T, *do* ist eine Funktion von $A{\times}S$ nach S, *database* ist eine Funktion von $\mathcal{D}{\times}N{\times}T$ nach $\mathcal{D}$ und *action* ist eine Funktion von $\mathcal{D}{\times}N{\times}T$ nach A:

$$\langle \mathcal{D}, S, T, A, see, do, database, action \rangle$$

Beachten Sie, daß der einzige Unterschied zwischen einem iterativ wissensorientierten Agenten und einem herkömmlichen wissensorientierten Agenten in der Abhängigkeit der Datenbasis von der Zyklusnummer des Agenten liegt. Falls die Zyklenzahl außerhalb der Datenbasis aufbewahrt wird, braucht diese Information nicht in der Datenbasis selbst gespeichert zu sein. Die oben beschriebenen Forderungen sind also erfüllt.

Es ist eine einfache Sache, die Aktions- und Datenbasisfunktion des programmierbaren Agenten aus dem vorangegangenen Abschnitt so abzuändern, daß sie dieser Definition genügen und das gewünschte Verhalten erzeugen. Beide Funktionen werden nur etwas komplizierter, weil sie die in der Datenbasis enthaltenen Variablen berücksichtigen müssen. Ansonsten ändern sich aber nichts. Wir überlassen diese Änderung dem Leser als Übung. In einem späteren Abschnitt werden wir dann noch eine flexiblere Form von iterativ wissensorientierten Agenten definieren, der auch mit beliebigen Datenbasen umgehen kann. Wir wollen aber zuerst einige neue Begriffe einführen, die uns bei der Formalisierung des möglichen Verhaltens eines iterativen wissensorientierten Agenten helfen werden.

Aus Analysegründen ist es oftmals sinnvoll, die Veränderung der internen und externen Zustände, der Beobachtungen und der Aktionen eines iterativ wissensorientierten Agenten in Abhängigkeit von den Zyklusnummern zu beschreiben. Die Funktion $int_{\Delta,s}$ bildet hierbei eine Integerzahl n auf denjenigen internen Zustand ab, der als Resultat im externen Ausgangszustand s aus dem n-ten Aktivitätszyklus eines wissensorientierten Agenten mit der Datenbasis Δ entsteht. Die Funktion $ext_{\Delta,s}$ bildet eine Integerzahl n auf denjenigen externen Zustand ab, der aus dem n-ten Aktivitätszyklus entsteht. Die Funktion $obs_{\Delta,s}$ bildet eine Integerzahl n auf diejenige Zustandsmenge ab, die von einem Agenten bei dem n-ten Aktivitätszyklus beobachtet wird. Die Funktion $act_{\Delta,s}$ bildet eine Integerzahl *n* auf diejenige Aktion ab, die von einem Agenten im *n*-ten Aktivitätszyklus ausgeführt wird.

Wir geben gleich die Anfangswerte dieser Funktionen an. Im ersten Zyklus der Handlung eines Agenten besteht der interne Zustand aus der Ausgangsdatenbasis des Agenten. Der externe Zustand im ersten Zyklus besteht aus dem externen Ausgangszustand. Die erste Beobachtung des Agenten ist durch die Anwendung der Funktion *see* auf den externen Ausgangszustand definiert. Die erste Aktion des Agenten ist durch dessen Ausgangsdatenbasis, durch die Zyklusnummer 1 und durch die Anfangsbeobachtungen des Agenten bestimmt.[2]

$$int_{\Delta,s}(1) = \Delta$$
$$ext_{\Delta,s}(1) = s$$
$$obs_{\Delta,s}(1) = see(s)$$
$$act_{\Delta,s}(1) = action(\Delta,1,see(s))$$

Nach dem ersten Zyklus lauten die Definitionen dieser Funktionen wie folgt. In jedem Zustand ist der interne Zustand das Resultat der Anwendung der Gedächnisfunktion des Agenten auf den vorherigen internen Zustand, auf die vorangegangene Zyklusnummer und auf die Beobachtungen des Agenten des vorherigen externen Zustands. Der externe Zustand ist das Ergebnis der Ausführung der durch den vorherigen Zyklus bestimmten Aktion im vorangegangenen externen Zustand. Die Beobachtung des Agenten ist die den externen Zustand enthaltende Zustandspartition. Die auszuführende Aktion entsteht aus der Anwendung der Funktion *action* auf den gegenwärtigen internen Zustand, auf die gegenwärtige Zyklusnummer und auf die Beobachtungen des Agenten von dem gegenwärtigen externen Zustand.

---

[2]   Die Funktionsnamen *int*, *ext*, *obs*, *act* stammen von den engl. Bezeichnungen *internal*, *external*, *observation*, *action*. [Anm. d.Übers.]

$$int_{\Delta,s}(n) = database(int_{\Delta,s}(n-1),n-1,obs_{\Delta,s}(n-1))$$
$$ext_{\Delta,s}(n) = do(act_{\Delta,s}(n-1),ext_{\Delta,s}(n-1))$$
$$obs_{\Delta,s}(n) = see(ext_{\Delta,s}(n))$$
$$act_{\Delta,s}(n) = action(int_{\Delta,s}(n),n,obs_{\Delta,s}(n))$$

Ein wissensorientierter Agent mit der Ausgangsdatenbasis Δ und
dem externen Ausgangszustand s ist genau dann *konsistent*, wenn
seine Datenbasis in jedem Zyklus konsistent ist.

$$int_{\Delta,s}(n) \not\models \{\}$$

Ein wissensorientierter Agent ist genau dann *datenbasiskonservativ*, (engl. *database retentiv*) wenn seine Datenbasis nach dem
ersten Zyklus in jedem weiteren Zyklus logisch die Datenbasis des
vorherigen Zyklus impliziert.

$$int_{\Delta,s}(n) \models int_{\Delta,s}(n-1)$$

Der einfachste Typ eines datenbasiskonservativen Agenten ist
der, bei dem alle Sätze von $int_{\Delta,s}(n-1)$ in $int_{\Delta,s}(n)$ enthalten
sind. Unsere Definition ist anstatt mit der mengentheoretischen
Elementeigenschaft mit der logischen Implikation formuliert. Damit
werden auch Inferenzen zugelassen, die komprimierte Datenbasen mit
einer äquivalenten oder einer mächtigeren implikativen Kraft erzeugen können.

13.5 WIEDERGABETREUE[*]

Betrachten wir den im letzten Abschnitt beschriebenen Agententyp
näher, so läßt sich festhalten, daß zu jedem Zyklus die Datenbasis
unter der herkömmlichen Interpretation der Symbole des Vokabulars
dieses Agenten die externe Umgebung korrekt beschreibt. Bewegt
sich der Agent im Ausgangszustand nach rechts, so befindet sich

der Karren wie in der Datenbasis für diesen Zyklus angegebenen,
auch in der Zelle AB.

Allerdings wird diese Korrespondenz durch nichts in der Definition des Agenten notwendig erzwungen. Würden wir die Datenbasis
systematisch permutieren und entsprechend auch die Datenbasis- und
Aktionsfunktionen des Agenten verändern, so würde der Agent die
Aufgabe genau so gut lösen, aber unter der herkömmlichen Interpretation wären die Sätze der Datenbasis falsch.

Andererseits wollen wir aber bei der Analyse eines wissensorientierten Agenten oft auch Aussagen über sein Verhalten hin-
sichtlich einer bestimmten Interpretation oder einer partiellen
Interpretation der Sätze in seiner Datenbasis machen. Im allge-
meinen können wir aber nicht erwarten, daß ein Agent an unserer
Interpretation *aller* Symbole seines Vokabulars festhält. Es ist
allerdings auch interessant, sich einmal die Eigenschaften des
Agenten unter der Voraussetzung anzusehen, daß er nur in *einigen*
Symbolen seines Vokabulars mit uns übereinstimmt. Die folgenden
Korrespondenzen sind dabei besonders nützlich.

Die Funktion *obsrecord* bildet eine positive Integerzahl n und
eine Zustandspartition t auf die Menge der Sätze ab, die besagen,
daß der externe Zustand im Zyklus n ein Element der Partition t
ist. Im obigen Beispiel ist die Beobachtung des ersten Zyklus und
die der Zustandspartition, bei der sich das Gold irgendwo anders
befindet, die Datenbasis mit dem einzelnen Satz T(Gold(IW),Ext(1))

$$obsrecord\left[1,\ \boxed{\quad}\ \right] = \{\,T(Gold(IW),Ext(1))\,\}$$

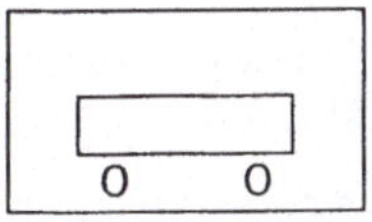

Zur Codierung von Befehlen in der Datenbasis eines Agenten benötigen wir ein Vokabular, das diejenigen Aktionen beschreibt, die
der Agent ausführen *soll*. Die Funktion *mustrecord* bildet eine Integerzahl n und eine Aktion a auf eine Menge von Sätzen ab, die

besagen, daß im Zyklus *n* ein Agent auch die Aktion *a* ausführt. Zum Beispiel können wir codieren, daß ein Agent sich im ersten Zyklus nach rechts bewegen soll.

$$mustrecord(1,rechts) = \{Must(1)=R\}$$

Die Funktion *mustnotrecord* bildet eine positive Integerzahl *n* und eine Zustandspartition *t* auf die Menge der Sätze ab, die besagt, daß ein Agent im Zyklus *n* die Aktion *a* vermeiden soll. Zum Beispiel können wir die Tatsache codieren, daß ein Agent sich im ersten Zyklus nicht nach rechts bewegen darf.

$$mustnotrecord(1,rechts) = \{Must(1)\neq R\}$$

Die Funktion *actrecord* bildet eine positive Integerzahl *n* und eine Aktion *a* auf die Menge der Sätze ab, die besagen, daß im Zyklus *n* ein Agent die Aktion *a* auch *wirklich* ausführt. Wir können beispielsweise mit dem Satz Act(1)=R die Tatsache codieren, daß der Agent sich im ersten Zyklus nach rechts bewegt.

$$actrecord(1,rechts) = \{Act(1)=R\}$$

Für die verschiedenen Aspekte der Handlungen eines Agenten ist es zweckmäßig Funktionen zu konzeptualisieren, die Verzeichnisse der Beobachtungen und Aktionen des Agenten definieren. Wir definieren die Funktion $obsrec_{\Delta,s}$, die eine Zyklusnummer auf ein Beobachtungsverzeichnis für den *n*-ten Aktivitätszyklus eines wissensbasierten Agenten mit der Ausgangsdatenbank Δ und dem externen Ausgangszustand *s* abbildet. Mit der Terminologie des letzten Abschnittes können wir diese Funktionen wie folgt definieren.

$$obsrec_{\Delta,s}(n) = obsrecord(n,obs_{\Delta,s}(n))$$
$$actrec_{\Delta,s}(n) = actrecord(n,act_{\Delta,s}(n))$$

Wir sagen genau dann, ein Agent sei *beobachtungskonservativ* (engl. *observation retentiv*), wenn er in jedem Zyklus seine Beobachtungen in seiner Datenbasis verzeichnet. D.h. nach dem ersten

Zyklus impliziert in allen weiteren Zyklen die Datenbasis des
Agenten logisch das Beobachtungsverzeichnis aus dem jeweils vorausgegangenen Zyklus.

$$int_{\Delta,s}(n) \vDash obsrec_{\Delta,s}(n - 1)$$

Ein Agent ist genau dann *aktionskonservativ* (engl. *action retentiv*), wenn er in jedem Zyklus seine Aktion in seiner Datenbasis verzeichnet. D.h. nach dem ersten Zyklus impliziert in allen
weiteren Zyklen die Datenbasis des Agenten logisch das Aktions-
verzeichnis aus dem jeweils vorausgegangenen Zyklus.

$$int_{\Delta,s}(n) \vDash actrec_{\Delta,s}(n - 1)$$

Mit der oben definierten Korrespondenzfunktion können wir überprüfen, ob sich ein Agent entsprechend seiner Datenbasis verhält
oder nicht. D.h., ob er diejenigen Aktionen durchführt, die von
seiner Datenbasis vorgeschrieben werden und ob er diejenigen Aktionen vermeidet, die verboten sind.

Wir sagen genau dann, eine Datenbasis *schreibe* im Zyklus *n* der
Handlung eines Agenten eine Aktion *a* vor (geschrieben als $P(\Delta,n,$
$a)$), wenn Δ logisch impliziert, daß diese Aktion *a* in Schritt *n*
ausgeführt werden muß.

$$\Delta \vDash mustrecord(n,a)$$

Mit dieser Schreibweise können wir nun definieren, was es
heißt, eine Aktion sei verboten. Wir sagen genau dann, daß Δ im
n-ten Schritt der Handlung eines Agenten die Aktion *a* *verbietet*
(geschrieben als $F(\Delta,n,a)$), wenn Δ logisch impliziert, daß die
Aktion *a* in Schritt *n* nicht ausgeführt werden soll.

$$\Delta \vDash mustnotrecord(n,a)$$

Ein wissensorientierter Agent ist genau dann *lokal wahrheitstreu* (engl. *locally faithful*), wenn er in jedem Zyklus seiner

Handlung übereinstimmend mit der Datenbasis dieses Zyklus handelt.
D.h. er erfüllt die folgenden Bedingungen:

(1) Der Agent führt jede Aktion aus, die durch seine Datenbasis
und seine Beobachtungen des gegenwärtigen Zustands vorgeschrieben wird:

$$P(int_{\Delta,s}(n) \cup obsrec_{\Delta,s}(n),n,a) \implies act_{\Delta,s}(n) = a$$

(2) Der Agent vermeidet jede Aktion, die durch seine Datenbasis
und seine Beobachtungen des gegenwärtigen Zustands verboten
wird:

$$V(int_{\Delta,s}(n) \cup obsrec_{\Delta,s}(n),n,a) \implies act_{\Delta,s}(n) \neq a$$

Beachten Sie: für einige wissensorientierte Agenten sind diese
Bedingungen redundant. Stellen Sie sich beispielsweise eine Datenbasis des Agenten vor, die Axiome enthält, welche nur eine einzige
vorgeschriebene Aktion angeben, und verschiedene andere Aktionen
als unangemessen charakterisieren. Wenn nun die Datenbasis für
einen Zyklus eine Aktion vorschreibt, so verbietet sie alle anderen; verbietet sie aber außer einer Aktion alle übrigen, so
schreibt sie notwendigerweise diese verbleibende Aktion vor.

Andererseits sind diese Bedingungen aber auch nicht immer redundant. Die an die verbotenen Aktionen geknüpften Bedingungen
können wir nicht so einfach weglassen, denn es kann ja Datenbasen
geben, die zwar Aktionen verbieten, aber keine anderen Aktionen
vorschreiben und wir daher sicherstellen müssen, daß der Agent
nicht eine der verbotenen Aktionen wählt. Entsprechend kommen wir
auch nicht ohne die an die vorgeschriebenen Aktionen geknüpften
Bedingung aus, denn es kann Datenbasen geben, die zwar Aktionen
vorschreiben, aber keine anderen Aktionen verbieten. Dabei wollen
wir aber nicht zulassen, daß ein Agent irgendeine nicht verbotene
Aktion durchführt, wenn es vorgeschriebene Aktionen gibt.

Die sogenannte lokale Wiedergabetreue (engl. *local fidelity*)
ist eine strenge Forderung. Sie wird nicht durch die Kombination

der Konsistenz mit der Konservativität garantiert. Wir erhalten allerdings das folgende Ergebnis.

THEOREM 13.1 *Konsistenz ist eine notwendige Bedingung für die lokale Wiedergabetreue.*

BEWEIS: Falls in irgendeinem Zyklus ein Agent eine Inkonsistenz in seine Datenbasis einführt, so ist für diesen Zyklus jede beliebige Aktion sowohl vorgeschrieben als auch verboten. In diesem Zyklus ist es dem Agenten daher unmöglich, die Definition der lokalen Wiedergabetreue zu erfüllen. □

Auch wenn die Forderung der lokalen Wiedergabetreue stärker ist als alle anderen Bedingungen wie zum Beispiel Konsistenz und die Konservativität, so ist sie dennoch insofern eine schwache Forderung, als sie nur auf den Informationen über den gegenwärtigen Zustand des Agenten beruht. Idealerweise würden wir deshalb einen wissensorientierten Agenten vorziehen, der sowohl seine Ausgangsdatenbasis als auch Informationen über die vergangenen Zustände berücksichtigen kann. Der Begriff der globalen Wiedergabetreue basiert auf dieser Vorstellung.

Die Menge der Beobachtungs- und Aktionsverzeichnisse des aktuellen und aller vorherigen Schritte bildet für einen bestimmten Handlungsschritt Handlung eines Agenten ein *Verzeichnis der Vorgeschichte* (engl. *history record*). Die Funktion *histrec* bildet die Nummer eines Schrittes auf das entsprechende Verzeichnis der Vorgeschichte ab.

$$
histrec_{\Delta,s}(n) = \begin{cases} \{\} & , n = 0 \\ histrec_{\Delta,s}(n-1) \cup obsrec_{\Delta,s}(n) \\ \qquad\qquad \cup\ actrec_{\Delta,s}(n) & , sonst \end{cases}
$$

Beachten Sie: Enthält die Datenbasis eines Agenten Informationen über seine Vorgeschichte, so kann der Agent sehr oft aus ihnen Schlüsse ziehen, die er ohne sie nicht hätte ziehen können. Hat unser Labyrinth-Welt-Agent zum Beispiel schon festgestellt, daß das Gold nicht in Zelle AA ist und befindet er sich danach in der Zelle AB, so kann er dann daraus ableiten, daß das Gold sich nicht in Zelle AA befindet, obwohl er diese Tatsache nicht mehr direkt beobachten kann.

Ein bewußt handelnder Agent ist genau dann *global wahrheitstreu* (engl. *global faithful*), wenn er in jedem Zyklus seiner Handlung in Übereinstimmung mit seiner Ausgangsdatenbasis, seiner Vorgeschichte und seinen Beobachtungen handelt, d.h., wenn er den folgenden Bedingungen genügt:

(1) Der Agent führt jede Aktion aus, die durch seine Ausgangsdatenbasis, seine Vorgeschichte und seine Beobachtungen des gegenwärtigen Zustands vorgeschrieben wird:

$$P(\Delta \cup histrec_{\Delta,s}(n-1) \cup obsrec_{\Delta,s}(n),n,a)$$
$$\implies act_{\Delta,s}(n) = a$$

(2) Der Agent vermeidet jede Aktion, die durch seine Ausgangsdatenbasis, seine Vorgeschichte und seine Beobachtungen des gegenwärtigen Zustands verboten ist:

$$P(\Delta \cup histrec_{\Delta,s}(n-1) \cup obsrec_{\Delta,s}(n),n,a)$$
$$\implies act_{\Delta,s}(n) \neq a$$

Es ist wohl offensichtlich, daß ein lokal wahrheitstreuer Agent durch die Konservativitätsbedingung auch global wahrheitstreu wird.

THEOREM 13.2 *Datenbasiskonservativität, Beobachtungskonservativität, Aktionskonservativität und lokale Wiedergabetreue implizieren globale Wiedergabetreue.*

BEWEIS: Wir betrachten den Zyklus n. Ist der Agent datenbasis-, beobachtungs- und aktionskonservativ, so muß die Datenbasis $int_{\Delta,s}(n)$ die Anfangsdatenbasis und die Vorgeschichte implizieren. Wenn also eine Aktion durch die Ausgangsdatenbasis und die Vorgeschichte vorgeschrieben wird, so wird sie auch von $int_{\Delta,s}(n)$ vorgeschrieben. Ist der Agent lokal wahrheitstreu, so muß er auch diese Aktion ausführen. Ist entsprechend eine Aktion durch die Ausgangsdatenbasis und Vorgeschichte verboten, so ist sie auch von $int_{\Delta,s}(n)$ verboten, und der Agent muß daher diese Aktion vermeiden. □

In Zusammenhang mit dem Begriff der globalen Wiedergabetreue ist es wichtig, in Erinnerung zu behalten, daß dieser Begriff auf der Vorgeschichte des Agenten, nicht aber auf dessen vollständigem Wissen beruht. Wir verlangen also nicht, daß der Agent Aktionen ausführt, die aufgrund vollständigen Wissens über seine Umwelt vorgeschrieben sind. Er braucht nur diejenigen Aktionen durchzuführen, die durch seine Beobachtungen, Aktionen und seine Ausgangsdatenbasis vorgeschrieben werden. Entsprechend fordern wir auch nicht, daß ein Agent die Aktionen vermeidet, die mit dem vollständigen Wissen über die Umwelt inkonsistent sind. Er braucht nur diejenigen Aktionen zu vermeiden, die durch seine Beobachtungen, Aktionen und seine Ausgangsdatenbasis verboten sind.

Werden allerdings nicht alle Informationen berücksichtigt, so entstehen in einigen Situationen seltsame Effekte. Besitzt nämlich ein Agent nicht alle Informationen, so hat er eventuell auch keine vorgeschriebene Aktion. Er kann daher eine Aktion wählen, die weder direkt vorgeschrieben noch direkt verboten ist. In den darauf folgenden Zuständen kann der Agent dann unter Umständen Informationen erhalten, die sich auf den früheren Zustand beziehen und die zusammen mit Sätzen der Datenbasis des Agenten jetzt für diesen früheren Zustand eine ganz andere Aktion vorschreiben als der Agent sie in der Vergangenheit durchgeführt hatte.

Betrachten wir doch einmal einen Agenten, der glaubt, daß es besser ist, Wertpapiere und keine Aktien zu kaufen, wenn der Bundeskanzler im Bundestag ist. Eines Tages weiß der Agenten nun nicht, wo sich der Bundeskanzler befindet. Er kauft also Aktien. Wenn der Agent nun am nächsten Tag erfährt, daß der Bundeskanzler am Vortag im Bundestag war, so weiß er, daß er besser hätte Wertpapiere kaufen sollen.

Dies führt nun aber nicht unbedingt zu Inkonsistenzen oder impliziert direkt eine globale Wiedergabeuntreue (engl. *infidelity*). Es bedeutet einfach nur, daß der Agent nicht die Aktion durchgeführt hat, die er in Kenntnis weiterer Informationen hätte durchführen sollen. Trotzallem ist diese Möglichkeit aber irgendwie verwirrend.

Diese anomale Situation tritt natürlich nur dann auf, wenn die Datenbasis des Agenten Sätze enthält, die mehrere Zustände umspannen und die es dem Agenten ermöglichen, Schlüsse über einen Zustand aus den Informationen über anderer Zustände zu ziehen. Sind dagegen die Sätze in der Datenbasis wirklich nur lokal, wie in Kapitel 11 so definiert, dann tritt diese Anomalie nicht auf.

13.6 BEWUSST HANDELNDE AGENTEN[*]

In diesem Abschnitt definieren wir eine spezielle Klasse von global wahrheitstreuen, wissensorientierten Agenten. Die zentrale Idee bei der Definition eines Agenten dieser Klasse ist, zur Ableitung eines Satzes, der in jedem Zyklus die geforderte Aktion beschreibt, eine automatisierte Inferenzmethode wie die Resolution einzusetzen. Ein solcher Agent *handelt* insofern *bewußt* (engl. *de-*

```
Procedure  CD  (DB)
     Begin  CYCLE  ←— 1,
       Tag  OBS  ←—  OBSERVE(CYCLE),
            DB  ←—  APPEND([T(OBS,Ext(CYCLE))],DB),
            ACT  ←—  FIND(k,Must(CYCLE)=k,DB),
            EXECUTE(ACT),
            DB  ←—  APPEND([Act(CYCLE)=ACT],DB),
            CYCLE  ←—  CYCLE+1,
            GOTO  Tag
     End
```

Abb. 13.9   Ein bewußt handelnder Agent

liberate), als er in jedem Zyklus überlegt, welche externe Aktion auszuführen ist.

Die Aktionsfunktion eines bewußt handelnden Agenten läßt sich wie folgt definieren. Wenn im Zyklus n der Satz *mustrec*(n,a) aus der gegenwärtigen Datenbasis und dem Beobachtungsverzeichnis durch die Resolution oder eine andere Inferenzprozedur beweisbar ist, dann führt der Agent die Aktion a aus. Den Fall, wo ein solcher Satz nicht beweisbar ist, werden wir in diesem Abschnitt später besprechen.

$$action(\Delta,n,t) = a$$

immer wenn $\quad \Delta \cup obsrecord(n,t) \vdash mustrec(n,a)$

Die Datenbasis des Agenten wird zur Aufnahme der Beobachtungen und des Aktionsverzeichnisses dieses Zyklus entsprechend revidiert.

$$database(\Delta,n,t) = \Delta \cup obsrecord(n,t) \cup actrec(n,a)$$

immer wenn

$$\Delta \cup obsrecord(n,t) \vdash mustrec(n,a)$$

Abb. 13.9 zeigt eine Beschreibung eines bewußt handelnden Agenten durch ein Programm in einer traditionellen Programmiersprache. Als Eingabeargument nimmt das Programm CD eine Ausgangsdatenbasis.

Es arbeitet mit vier Variablen: CYCLE ist die Nummer des gegenwärtigen Zyklus, OBS ist ein Zustandsdeskriptor, DB enthält die Ausgangsdatenbasis und ACT ist der Name der auszuführenden Aktion.

Die sensorischen Fähigkeiten des Agenten sind in dem einfachen Unterprogramm OBSERVE implementiert. Wird im Zustand s das Programm OBSERVE mit der Zyklusnummer n als Eingabeparameter aufgerufen, so liefert es als Rückgabewert $obsrecord(n, see(s))$. Das effektive Handlungsvokabular des Agenten ist im Unterprogramm EXECUTE implementiert. Als Eingabeparameter verwendet dieses Unterprogramm einen Aktionsdesignator und gibt die entsprechende Aktion zurück. Das Programm verwendet den Theorembeweiser FIND. Die Übergabeparameter an FIND sind als erstes Argument eine Variable, als zweites Argument ein Satz und als drittes Argument eine Datenbasis. FIND gibt dann im zweiten Argument einen Satz zurück, der nach der Einsetzung der Variablen in den an FIND übergebenen Satz logisch durch die im dritten Eingabeparameter übergebene Datenbasis impliziert wird.

Der Code definiert eine einfache Endlosschleife, in der der Agent jedesmal einen Zyklus seiner Geschichte durchläuft. Zuerst wird die Umwelt beobachtet und ein entsprechender Beobachtungssatz zu der Datenbasis hinzugefügt. Danach führt der Agent so lange eine Inferenz über seiner Datenbasis durch, bis er eine Aktion ableiten kann, die er auch ausführen kann. Diese Aktion führt er dann aus und revidiert seine Datenbasis und die Zyklusnummer. Anschließend wiederholt sich dann der Prozeß.

An dieser Definition sieht man leicht, daß ein bewußt handelnder Agent beobachtungskonservativ, aktionskonservativ und datenbasiskonservativ ist. Wir können also das folgende Ergebnis festhalten.

THEOREM 13.3 *Jeder planende Agent mit einer konsistenten und vollständigen Theorembeweisprozedur ist auch global wahrheitstreu.*

Das Problem bei dieser Definition eines bewußt handelnden Agenten liegt darin, daß nichts darüber ausgesagt wird, was in einem Zyklus passiert, für den keine vorgeschriebene Aktion existiert. Wie wir früher schon erwähnten, wäre es uns lieb, wenn der Agent in einer solchen Situation irgendeine beliebige Aktion ausführte, die nicht verbotenen ist.

Für einige Datenbasen können wir glücklicherweise unsere Definition sehr einfach in dieser Richtung erweitern. Der Agent muß einfach nur mit einem Theorembeweiser jede seiner Aktionen auf Inkonsistenz prüfen. Wenn er eine Inkonsistenz nachweisen kann, dann geht er zu der nächsten Aktion über. Wenn dieser Versuch fehlschlägt, d.h., wenn die Prozedur keine neuen Konklusionen ableiten, so ist die entsprechende Aktion konsistent und kann ruhig ausgeführt werden. Im allgemeinen Fall bietet dieses Vorgehen aber auch einige Probleme, denn der Beweis auf Inkonsistenz kann unter Umständen nicht terminieren.

13.7 LITERATUR UND HISTORISCHE BEMERKUNGEN

Ein relativ großer Bereich der KI-Forschung ist dem Design von Agenten gewidmet, die komplexe Schlußfolgerungen durchführen können/sollen. Wir haben dies in früheren Kapiteln dieses Buches schon ausführlich erörtert. Im Gegensatz dazu befaßte sich dieses Kapitel mit Fragen der Architekturprinzipien, die beim Entwurf von Maschinen auftreten, die mit ihren physikalischen Umgebungen interagieren können/sollen.

Obwohl es in dem Bereich des maschinellen Planens beachtliche Arbeiten gibt, liegt verhältnismäßig wenig über die Schwierigkeiten vor, die bei der Verknüpfung von Planungsprozesses mit Wahrnehmungsprozessen und der Ausführung von Aktionen entstehen. Forschungen haben sich auf Techniken zur Steuerung der Planausführung konzentriert, [Fikes 1982]. Der Begriff *wissensorientiert* wurde erstmals von Newell [Newell 1982] zur Bezeichnung eines von der Implementation unabhängigen Ansatzes für das Wissen eines Agenten verwendet. Rosenschein hat zwei methodische Ansätze zur Konstruktion intelligenter Agenten unterschieden. Entsprechend der *grand tactique* werden Sätze des Prädikatenkalküls als Datenstruk-

turen im Gedächnis des Agenten eingesetzt. In der *grand stratégie*
wird der Prädikatenkalkül zur Beschreibung des Wissens eines Agenten benützt, er wird aber nicht unbedingt zur Implementation eingesetzt. Bewußt planende Agenten sind also sowohl mit der grand
tactique als auch mit der grand stratégie kompatible. Erst kürz-
lich haben Brooks [Brooks 1985] und Rosenschein und Kaelbling
[Rosenschein 1986] spezielle Architekturen für reaktive intelligente Agenten vorgeschlagen. Ein Ansatz, über Aktionen in Echtzeit
zu schlußfolgern, wird in [Drapkin 1986] erörtert. Die Formalisierung der Agenten und ihrer Eigenschaften in diesem Kapitel sind
in [Genesereth 1987b] vorgestellt worden.

ÜBUNGEN

1. *Labyrinth-Welt*. Betrachten Sie einen Agenten der Labyrinth-
   Welt, der seine eigene Position und die relative Position des
   Goldes (im Karren, in der gleiche Zelle oder anderswo) genau
   bestimmen kann. Entwerfen Sie einen Ausgangszustand, eine Aktionsfunktion und eine Funktion zur Revision der internen Zustände für einen hysteretischen Agenten zur Lösung des Laby-
   rinth-Welt-Problems, falls er in einem *beliebigen* Zustand ge-
   startet wird.

2. *Turing-Maschinen*. Betrachten Sie die Klasse der Turing-Maschinen, die aus einem einzelnen Schreib/Lesekopf und einem
   einzelnen Band bestehen. Eine Maschine dieser Klasse kann das
   auf das Band geschriebene Bit unter seinem Kopf erkennen und in
   diesem Bereich ein Bit auf das Band schreiben, nach links und
   nach rechts gehen, oder an der Stelle stehen bleiben. Nehmen
   Sie an, daß der Kopf am linken Ende des Bandes startet. Definieren Sie den externen Zustandsraum, eine Zustandspartition,
   eine Aktionsmenge, sowie Wahrnehmungs- und Handlungsfunktion
   für Maschinen dieser Klasse, welche die Bits auf ihrem Band
   invertieren. Arbeiten diese Maschinen mit einem Endlosband, so
   halten sie natürlich niemals

3. *Planen*. Betrachten Sie einen wissensorientierten Agenten, dessen Datenbasis, wie in Kapitel 12 beschrieben, aus Operatorbeschreibungen, Frame-Axiomen, Zustandsrestriktionen und Zielbeschreibungen besteht. Definieren Sie eine Aktionsfunktion für
   einen solchen Agenten, die garantiert, daß der Agent den Zielzustand, sofern dies möglich ist, immer erreicht. Beschreiben
   Sie dabei die Aktionsfunktion des Agenten durch eine semi-ent-
   scheidbare Inferenzprozedur.

LÖSUNGEN DER ÜBUNGSAUFAGBEN

A.1 EINFÜHRUNG

1. *Struktur und Verhalten.*

   a. Vom externen Standpunkt betrachtet ist ein Thermostaten ein
   Gerät mit drei Eingaben: eine Temperaturvorgabe, eine Umgebungstemperatur und ein Stromanschluß. Als Ausgabe dient im
   allgemeinen die mit der Heizung verbundene Stromleitung.
   Der Strom fließt immer dann, wenn die Temperatur sozusagen
   als "Antwort" auf den Temperaturverlust einige Grad unter
   den voreingestellten Wert fällt. Wenn als Reaktion auf die
   Heizung die Umgebungstemperatur einige Grade über die Vorgabe steigt, hört der Strom auf zu fließen.

   Vom internen Standpunkt aus gesehen enthält ein Thermostat eine Bimetallspirale, die in Abhängigkeit von der Umgebungstemperatur ihre Position verändert. Die Spirale besitzt elektrische Kontakte, über die in einer bestimmten
   Position der elektrische Strom aus dem Thermostat fließt.
   Der Einstellknopf für die Temperaturvorgabe verändert die
   Lage der Bimetallspirale.

   Fällt die Temperatur, so ändert die Bimetallspirale ihre

Lage, dabei schließt sie eventuell einen Kontakt und sendet den elektrischen Strom zur Heizung. Wenn die Temperatur steigt, so ändert die Bimetallspirale ihre Lage in die andere Richtung und unterbricht eventuell den Kontakt.

b. Nein. Im allgemeinen können wir den Zweck eines künstlichen Gegenstands nicht aus seinem Verhalten erschließen. Das Ticken alter Uhren war ein Nebeneffekt ihres Mechanismus und nicht ein Bestandteil ihres Zweckes.

c. Ein Wecker weiß die aktuelle Zeit und er kennt die Stunde, für die der Alarm eingestellt ist. Er wünscht, die korrekte Uhrzeit auf dem Zifferblatt anzuzeigen und er wünscht, zu der Zeit, auf die er eingestellt ist, ein lautes irritierendes Geräusch vonsichzugeben.

2. *Missionare und Kannibalen.*

a.
Schritt	Links	Boot	Rechts
1.	MMMKKK		
2.	MMMK	KK→	
3.	MMMK	←K	K
4.	MMM	KK→	K
5.	MMM	←K	KK
6.	MK	MM→	KK
7.	MK	←MK	MK
8.	KK	MM→	MK
9.	KK	←K	MMM
10.	K	KK→	MMM
11.	K	←K	MMMK
12.		KK→	MMMK
13.			MMMKKK

b. Die Zahl der Annahmen ist unbegrenzt. Zum Beispiel hat der Fluß Wasser, das Boot schwimmt, der Fluß hat eine endliche Breite.

A.2 DEKLARATIVES WISSEN

1. *Granularität*. Für die Verbindungen zweier Geräten benötigen
   wir eine Relation. Zum Beispiel: erste Eingabe verbunden mit
   erster Eingabe; zweite Eingabe verbunden mit zweiter Eingabe;
   erste Ausgabe verbunden mit erster Eingabe; erste Ausgabe verbunden mit erster Ausgabe, etc.

2. *Reifikation*. Wir konzeptualisieren die Die Verbindungen als
   Diskursobjekte. Für den Schaltkreis aus Abb. 2.3 führen wir 12
   neue Objekte ein. Die Verbindung konzeptualisieren wir dann
   als eine dreistellige Relation, die für zwei Ports und eine
   Verbindung genau dann wahr ist, wenn die angegebene Verbindung
   zwischen den angegebenen Ports existiert.

3. *Syntax*.
   a. Legal.
   b. Legal.
   c. Illegal. **p** und **q** sind keine Sätze.
   d. Illegal. Ein Satz kann kein Argument einer Relation sein.
   e. Legal.
   f. Legal.
   g. Legal.
   h. Legal.
   i. Illegal. Variablen können nicht an Positionen von Rela-
      tionen auftreten.
   j. Legal.

4. *Gruppen*. Aus Gründen der Einfachheit nehmen wir an, der Diskursbereich enthalte nur die Gruppenelemente und auch nur diese. Zur Bezeichnung der Funktion verwenden wir das Symbol +
   und zur Bezeichnung der Identität das Symbol 0.
   a. $\forall x \forall y \exists z \quad x+y=z$
   b. $\forall x \forall y \forall z \quad x+(y+z)=(x+y)+z$
   c. $\forall x \quad x+0=x \land 0+x=x$
   d. $\forall x \exists y \quad x+y=0$

5. *Listen.* Die folgende Definition verwendet die im Text definierte Funktion **Append**.

$$\text{Reverse}([\,])=[\,]$$

$$\text{Reverse}(x.l)=\text{Append}(\text{Reverse}(l),[x])$$

6. *Übersetzungen.*

    a. ¬∃x Männlich(x) ∧ Metzger(x) ∧ Vegetarier(x)

    b. ∀x∀y Männlich(x) ∧ ¬Metzger(x) ∧ Vegetarier(y) ⟹ Liebt(x,y)

    c. ∀x Vegetarier(x) ∧ Metzger(x) ⟹ Weiblich(x)

    d. ¬∃x∃y Männlich(x) ∧ Weiblich(y) ∧ Vegetarier(y) ∧ Liebt(x,y)

    e. ¬∃x∃y∃z Weiblich(x) ∧ Männlich(y) ∧ Vegetarier(z)

    ¬Liebt(y,z) ∧ Liebt(x,y)

7. *Rückübersetzung.*

    a. Wer zögert, verliert.

    b. "There's no business like show business".

    c. Nicht alles, was glänzt ist Gold.

    d. Es gibt Leute, die kann man die ganze Zeit veräppeln.

8. *Interpretation und Erfüllbarkeit.*

    a. Sei **2** das World Trade Center, **3** das Empire State Building und **>** sei die Relation *größer_als*.

    b. Sei **P** die 0-stellige Relation, die besagt, daß draußen die Sonne scheint, und **Q** sei eine 0-stellige Relation, die besagt, daß es draußen warm ist. Der Satz sagt dann aus, daß es draußen nicht warm ist, wenn die Sonne nicht scheint.

    c. Sei **R** die leere Relation. Dann ist die linke Seite der Implikation niemals erfüllt und damit ist die Implikation als Ganzes immer erfüllt.

9. *Interpretation und Erfüllbarkeit.* Betrachten Sie den aus den drei Elementen *a*, *b* und *c* bestehenden Diskursbereich.

    a. **A** sei *a*, **B** sei *b* und **P** sei eine Relation mit folgender Extension. Die Relation ist nicht transitiv, so daß der erste Satz nicht erfüllt ist. Der zweite Satz ist trivialerweise erfüllt, weil es keine zwei Objekte gibt, die miteinander wechselseitig in Beziehung stehen. Der dritte Satz ist erfüllt, weil **P(x,B)** für alle Objekte im Diskursbereich wahr ist.

$$\{\langle a,b\rangle,\langle b,b\rangle,\langle c,b\rangle\}$$

b. A sei *a*, B sei, *b* und P sei eine Relation mit der folgenden Extension. Die Relation ist offensichtlich transitiv, so daß der erste Satz erfüllt ist. Jedes Element ist mit *b* durch die Relation verbunden, so daß der dritte Satz erfüllt ist. Allerdings gibt es distinkte Objekte *a* und *c*, die über die Relation miteinander in Beziehung stehen. Somit ist der zweite Satz nicht erfüllt.

$$\{\langle a,a\rangle,\langle a,b\rangle,\langle a,c\rangle,\langle b,b\rangle,\langle c,a\rangle,\langle c,b\rangle,\langle c,c\rangle\}$$

c. A sei *a*, B sei, *b* und P sei eine Relation mit der folgenden Extension. Die Relation ist offensichtlich transitiv, sodaß der erste Satz erfüllt ist. Jedes Objekt ist nur mit sich selbst kommutativ, so daß der zweite Satz erfüllt ist. Der dritte Satz ist allerdings nicht erfüllt, weil es ein Objekt gibt, das zu *a* in Beziehung steht, aber nicht alle Objekte stehen mit *b* in Beziehung. Zufälligerweise ist diese Interpretation analog zu den Relationen *größer_als* oder *kleiner_ als* für Intergerzahlen.

$$\{\langle a,a\rangle,\langle b,b\rangle,\langle c,c\rangle,\langle a,b\rangle,\langle b,c\rangle,\langle a,c\rangle\}$$

10. *Erfüllbarkeit.*

    a. Gültig.   b. Erfüllbar.

    c. Erfüllbar.   d. Unerfüllbar.

    e. Gültig.

11. *Definierbarkeit.*

$\forall x \forall z$ Über(x,z) $\Longleftrightarrow$ (Auf(x,x) $\vee$ $\exists y$ Über(x,y) $\wedge$ Über(y,z))

$\forall x \forall z$ Auf(x,z) $\Longleftrightarrow$ (Über(x,z) $\wedge$ $\neg \exists y$ Über(x,y) $\wedge$ Über(y,z))

12. *Tabellen.* Die Tabelle aus dem besprochenen Text können nicht zur Darstellung der Informationen der beiden Abbildungen

verwendet werden, weil keine der Relationen zweistellig ist.
Allerdings können wir eine etwas andere Tabellensprache definieren, die zweckmäßiger ist.

Jede Tabelle bezeichnet eine binäre Relation. Die Beschriftungen an den Zeilen und Spalten bezeichnen Objekte der Diskursbereich. Der Unterschied liegt darin, daß wir nicht die
Namen der Diskursobjekte als Einträge in die Tabelle schreiben, sondern statt dessen entweder ein X eintragen oder den
Raum freilassen. Das X steht dafür, daß die durch die Tabelle
bezeichnete Relation zwischen den entsprechenden Objekten besteht. Ein fehlendes X zeigt an, daß die Relation nicht gilt.

a. Wir geben die Tabelle für die Isa-Relation an. Die Tabellen
für die anderen Relationen lauten entsprechend.

I s a	S t a d t	L a n d	S p r a c h e
Paris	X		
Frankreich		X	
Französisch			X

b. Die einstelligen Funktionen in den Frames der Beispiele im
Text sind auch zweistellige Relationen; sie können also
auch als Beispiele für semantische Netze betrachtet werden.

13. *Frames*.

a. Die Slots der Frames bezeichnen einstellige Funktionen; in
diesem Fall ist die Funktion aber zweistellig.

b. Der folgende Frame gibt alle Informationen wieder, die in
den Pfeilen enthalten sind, welche von dem Knoten **Paris** des
semantischen Netzs ausgehen.

Paris
Isa: Stadt Part: Frankreich

Die Frames für die Konzepte **Französisch**, **Frankreich Stadt**,
Land und **Sprache** lauten entsprechend.

14. *Kuchendiagramme und Stapelbalken.*

   a. Ein Kuchendiagramm drückt den Anteil eines jeden Elements innerhalb einer Aufspaltung einer Gesamtmenge am Ganzen aus. Es stellt aber nicht die Größe der Gesamtmenge anderen Mengen vergleichend gegenüber. Die Stapelbalken geben dagegen beide Informationen wieder.

   b. Diesen Nachteil können wir beheben, indem wir Kuchen, d.h. Kreise unterschiedlicher Größe verwenden, bei denen der Durchmesser oder die Fläche die Größe der Gesamtmenge wiedergeben und die Kuchenstücke die Bruchteile dieser Menge angeben.

A.3 INFERENZ

1. *Ableitbarkeit.* Der Satz Verkauft(x,y,z) bedeutet, daß x y an z verkauft hat. Der Satz Nicht_regist(y) bedeutet, daß y ein nicht registriertes Gewehr ist. Der Satz Kriminell(x) besagt, daß x ein Krimineller ist. Der Satz Besitzt(x,y) bedeutet, daß x y besitzt.

   1. $\forall x \forall y \forall z$ Verkauft(x,y,z) $\wedge$ Nicht_regist(y)

      $\Longrightarrow$ Kriminell(x) Δ

   2. $\exists y$ Besitzt(Red,y) $\wedge$ Nicht_regist(y) Δ

   3. $\forall y$ Besitzt(Red,y) $\wedge$ Nicht_regist(y) Δ

      $\Longrightarrow$ Verkauft(Lefty,y,Red)

   4. Besitzt(Red,Winchester) $\wedge$ Nicht_regist(Winchester)   2,$\exists$E

   5. Besitzt(Red,Winchester) $\wedge$ Nicht_regist(Winchester)   3,$\forall$E

      $\Longrightarrow$ Verkauft(Lefty,Winchester,Red)

   6. Verkauft(Lefty,Winchester,Red)   5,4,MP

   7. Nicht_regist(Winchester)   4,UB

   8. Verkauft(Lefty,Winchester,Red)   1,$\forall$E

      $\wedge$ Nicht_regist(Winchester)

      $\Longrightarrow$ Kriminell(Lefty)

9. Verkauft(Lefty,Winchester,Red)   6,7,UE

    ∧ Nicht_regist(Winchester)

10. Kriminell(Lefty)   8,9,MP

2. *Inferenzprozeduren.* Wir beginnen mit der Definition der Funktion *concs*, die einen Satz und eine Datenbasis auf die Liste der Konklusionen abbildet, die aus dem Satz und einem Element der Datenbasis gebildet werden können.

$$concs(\phi,\Delta) = \begin{cases} [\,] & ,\ \Delta = [\,] \\ append([\chi],concs(\phi,rest(\Delta))), & mp(\phi,first(\Delta),\chi) \\ concs(\phi,rest(\Delta)) & ,\ sonst \end{cases}$$

Mit *concs* können wir nun eine Funktion *peripherie* definieren, die eine Ausgangsdatenbasis und eine positive Integerzahl auf die Liste der Sätze abbildet, die zwar abgeleitet, aber bisher nicht "benutzt" worden sind. Der Anfangswert von *peripherie* ist gerade die Menge aller Sätze der Ausgangsdatenbasis.

$$peripherie(\Delta,n) = \begin{cases} \Delta & ,\ \Delta = [\,] \\ append(concs(first(peripherie(\Delta,n-1)), \\ \qquad step(\Delta,n-1)), \\ \qquad rest(peripherie(\Delta,n-1))), & sonst \end{cases}$$

Bei jedem Schritt fügt die Prozedur das erste Element von *peripherie* an das Ende der Datenbasis an:

$$new(\Delta,n) = \big[first(peripherie(\Delta,n))\big]$$

Schließlich definieren wir *step* über die Funktion *new*:

$$step(\Delta,n) = \begin{cases} \Delta & ,\ n = 1 \\ append(step(\Delta,n-1),new(\Delta,n)) & ,\ sonst \end{cases}$$

Beachten Sie bitte, daß im Gegensatz zu der im Text beschriebenen Prozedur, bei dieser Prozedur in jedem Schritt die gesamte Datenbasis durchforstet werden muß, um die zu *peripherie* zu addierenden Elemente zusammenzustellen.

3. *Verschiedenes und Verwirrendes.*

    a. P $\Longrightarrow$ Q ist ein Satz des Prädikatenkalküls. Er wird von einer Interpretation und einer Variablenzuordnung nur dann erfüllt, wenn P nicht erfüllt oder Q erfüllt ist.

b. $P \vDash Q$ ist eine Aussage über einen Satz des Prädikatenkalküls. Sie besagt, daß P logisch Q impliziert. D.h. jede Interpretation und Variablenzuordnung, die P erfüllt, erfüllt
   auch Q.

c. $P \vdash Q$ besagt, daß es einen formalen Beweis von Q aus P
   gibt. Wie bei b., so ist dies ein Faktum über die Sätze P
   und Q des Prädikatenkalküls und nicht ein Satz des Prädikatenkalküls.

4. *Beweise*. Im folgenden Beweis schreiben wir P anstelle von
   P(x), Q anstelle von Q(x) und R anstelle von R(x).

   1. $(\forall x \ (P \Rightarrow Q))$ Δ

   2. $(\forall x \ (Q \Rightarrow R))$ Δ

   3. $(\forall x \ ((Q \Rightarrow R) \Rightarrow (P \Rightarrow (Q \Rightarrow R))))$ IE

   4. $(\forall x \ ((Q \Rightarrow R) \Rightarrow (P \Rightarrow (Q \Rightarrow R)))) \Rightarrow$
      $((\forall x \ (Q \Rightarrow R)) \Rightarrow (\forall x \ (P \Rightarrow (Q \Rightarrow R))))$ UD

   5. $(\forall x \ (Q \Rightarrow R)) \Rightarrow (\forall x \ (P \Rightarrow (Q \Rightarrow R)))$ 3,4

   6. $(\forall x \ (P \Rightarrow (Q \Rightarrow R)))$ 2,5

   7. $(\forall x \ ((P \Rightarrow (Q \Rightarrow R)) \Rightarrow ((P \Rightarrow Q) \Rightarrow$
      $(P \Rightarrow R))))$ ID

   8. $(\forall x \ ((P \Rightarrow (Q \Rightarrow R)) \Rightarrow ((P \Rightarrow Q) \Rightarrow$
      $(P \Rightarrow R)))) \Rightarrow ((\forall x \ (P \Rightarrow (Q \Rightarrow R)))$
      $\Rightarrow (\forall x \ ((P \Rightarrow Q) \Rightarrow (P \Rightarrow R))))$ UD

   9. $(\forall x \ (P \Rightarrow (Q \Rightarrow R))) \Rightarrow (\forall x \ ((P \Rightarrow Q) \Rightarrow$
      $(P \Rightarrow R)))$ 7,8

   10. $(\forall x \ ((P \Rightarrow Q) \Rightarrow (Q \Rightarrow R)))$ 6,9

   11. $(\forall x \ ((P \Rightarrow Q) \Rightarrow (Q \Rightarrow R)) \Rightarrow (\forall x \ ((P \Rightarrow Q))$
       $\Rightarrow (\forall x \ ((P \Rightarrow R)))$ UD

   12. $(\forall x \ (P \Rightarrow Q)) \Rightarrow (\forall x \ (P \Rightarrow R))$ 10,11

   13. $(\forall x \ P \Rightarrow R)$ 1,12

5. *Substitution*. Der Beweis ist ein einfacher Induktionsbeweis
   bezüglich der Einbettungstiefe von ϕ in χ. Ist die Einbet

tungstiefe 0 (d.h. $\chi = \phi$), so gilt $\chi_{\phi/\psi} = \psi$, und die Behauptung folgt sofort. Nehmen wir daher an, das Ergebnis gelte für alle Sätze mit einer Einbettungstiefe von ϕ kleiner oder gleich n. Sei nun χ ein Satz mit der Einbettungstiefe $n{+}1$ für ϕ. Die Behauptung ist für alle Satztypen unserer Sprache beweisbar. Sei χ ein Satz des Typs $\neg\theta$. Mit der Induktionsannahme können wir zeigen, daß $\theta_{\phi/\psi} \Rightarrow \theta$ und wir können zeigen, daß $\lambda \Rightarrow \lambda_{\phi/\psi}$. Wegen der Transitivität folgt dann aber $\theta_{\phi/\psi} \Rightarrow \lambda_{\phi/\psi}$. Die Beweise für Sätze mit anderen Operatoren verlaufen entsprechend.

6. *Generalisierung von Konstanten.* Falls $\Delta \vdash \phi$, so gibt es einen Beweis von ϕ aus Δ. Sei $\phi_1, \ldots, \phi_n$ ein solcher Beweis, mit $\phi = \phi_n$. Setzen wir, um die Folge ϕ'_k zu bilden, in jedem der ϕ_k für α ν ein, so ist dann die Folge $\phi'_1, \ldots, \phi'_n$ ein Beweis von ϕ'. Die Argumentation ist jetzt ganz leicht. Falls $\phi_k \in \Delta$, so kommt nach Voraussetzung α nicht in ϕ_k vor und daher gilt $\phi_k = \phi'_k$. Wenn ϕ_k ein logisches Axiom ist, so ist auch ϕ'_k eines, was wir durch eine Untersuchung der der logischen Axiomesschemata zeigen können. Und wenn ϕ_k durch die Anwendung von Modus Ponens auf ϕ_j und $\phi_j \Rightarrow \phi_k$ entstanden ist, so erhält man aus ϕ'_j und $\phi'_j \Rightarrow \phi'_k$ mit Hilfe von Modus Ponens ϕ'_k. Weil ν nicht in Δ vorkommt und es einen Beweis von ϕ' aus Δ gibt, so folgt mit dem Generalisierungstheorem, daß es einen Beweis von $\forall\nu\phi'$ aus Δ gibt.

7. *Existeneinsetzung.* Wenn $\Delta \cup \{\phi\} \vdash \psi$, so gilt mit dem Kontrapositionstheorem, $\Delta \cup \{\neg\psi\} \vdash \neg\phi$. Wenn α nicht in Δ oder ψ vorkommt, so gilt mit dem Ergebnis aus Übung 6, $\Delta \cup \{\neg\psi\} \vdash \forall\nu\neg\phi$ für eine neue Variable. Natürlich ist dies äquivalent zu $\Delta \cup \{\neg\psi\} \vdash \neg\exists\nu\phi$. Aber dann gilt wieder mit dem Kontrapositionstheorem, $\Delta \cup \{\exists\nu\phi\} \vdash \psi$.

A.4 RESOLUTION

1. *Klauselform.*

   a. $\{\neg P(x,y), Q(x,y)\}$

   b. $\{Q(x,y), \neg P(x,y)\}$

   c. $\{\neg P(x,y), \neg Q(x,y), R(x,y)\}$

   d. $\{\neg P(x,y), \neg Q(x,y), R(x,y)\}$

   e. $\{\neg P(x,y), Q(x,y), R(x,y)\}$

   f. $\{\neg P(x1,y1), Q(x1,y1)\}$
      $\{\neg P(x2,y2), R(x2,y2)\}$

   g. $\{\neg P(x1,y1), R(x1,y1)\}$
      $\{\neg Q(x2,y2), R(x2,y2)\}$

   h. $\{\neg P(x,F(x)), Q(x,F(x))\}$

   i. $\{\neg P(A,y), Q(A,y)\}$

   j. $\{\neg P(x), P(B)\}$

2. *Unifikation.*

   a. $\{x/\text{Tweety}, y/\text{Gelb}\}$.

   b. Nicht unifizierbar, weil x nicht gleichzeitig zwei Werte haben kann.

   c. $\{y/\text{Postbote}, x/\text{Blau}\}$.

   d. $\{y/F(x), z/B\}$.

   e. $\{x/F(B), y/B\}$.

   f. $\{x/F(F(A)), y/F(A), v/F(A)\}$.

   g. $\{x/y\}$.

3. *Resolution.* Die folgenden Axiome beschreiben die Situation. Wenn die Münze mit Kopf nach oben fällt, gewinne ich; fällt sie mit der Zahl nach oben, verlieren Sie. Fällt die Münze nicht mit dem Kopf nach oben, so fällt sie mit der Zahl nach oben. Fällt sie mit der Zahl nach oben, so verlieren Sie. Fällt sie nicht mit der Zahl nach oben, so fällt sie mit dem Kopf nach oben. Wenn Sie verlieren, so gewinne ich.

   $$\text{Kopf} \implies \text{Gewinnen(Ich)}$$
   $$\text{Zahl} \implies \text{Verlieren(Sie)}$$
   $$\neg\text{Kopf} \implies \text{Zahl}$$
   $$\text{Verlieren(Sie)} \implies \text{Gewinnen(Ich)}$$

   Überführen wir dies in die Klauselform, so erhalten wir die ersten vier Axiome des nachfolgenden Beweises. Das fünfte Axiom stammt aus der Negation des Ziels Gewinnen(Ich).

1. $\{\neg Kopf, Gewinnen(Ich)\}$ Δ

2. $\{\neg Zahl, Verlieren(Sie)\}$ Δ

3. $\{Kopf, Zahl\}$ Δ

4. $\{\neg Verlieren(Sie), Gewinnen(Ich)\}$ Δ

5. $\{\neg Gewinnen(Ich)\}$ Γ

6. $\{\neg Zahl, Gewinnen(Ich)\}$ 2,4

7. $\{Zahl, Gewinnen(Ich)\}$ 1,3

8. $\{Gewinnen(Ich)\}$ 6,7

9. $\{\}$ 5,8

4. *Resolution.* Wir beginnen mit den folgenden Axiomen. Für jeden Kurs und jeden Studenten gilt, wenn der Kurs zu Ende geht und der Student den Kurs belegt hat, dann ist der Student nicht zufrieden. Für jeden Kurs gilt, wenn der Kurs leicht ist, dann gibt es einen Studenten, der den Kurs belegt hat nicht zufrieden ist.

$$\forall k \forall s \; Ende(c) \wedge Belegt(s,k) \implies \neg Zufrieden(s)$$

$$\forall k \; Leicht(c) \implies \exists s \; Belegt(s,k) \wedge \neg Zufrieden(s)$$

Das Ziel läßt sich wie folgt ausdrücken:

$$\forall k \; Ende(k) \implies \neg Leicht(s)$$

Die Umwandlung der Axiome in die Klauselform ergibt die ersten drei der folgenden Axiome. Die Skolemfunktion G bezeichnet einen zufriedenen Studenten in jedem leichten Kurs. Das negierte Ziel steuert das vierte und fünfte Axiom bei. CS223 bezeichnet einen zu Ende gehenden Kurs, von dem angenommen wird, er sei leicht.

1. $\{\neg Ende(k), \neg Belegt(s,k), \neg Zufrieden(s)\}$ Δ

2. $\{\neg Leicht(k), Belegt(G(k),k)\}$ Δ

3. $\{\neg Leicht(k), Zufrieden(G(k))\}$ Δ

4. $\{Ende(CS223)\}$ Γ

5. $\{Leicht(CS223)\}$ Γ

6. $\{Belegt(G(CS223), CS223)\}$ 2,5

7. $\{Zufrieden(G(CS223))\}$ 3,5

8. $\{\neg\text{Belegt}(s, \text{CS223}), \neg\text{Zufrieden}(s)\}$ 1,4

9. $\{\neg\text{Zufrieden}(G(\text{CS223}))\}$ 6,8

10. $\{\}$ 7,9

5. *Resolution.* Der Schlüssel zur Lösung liegt darin, die Aussagen der Verdächtigen als Konditionale ihrer Unschuld zu formulieren. (Vgl. Sie die folgenden Axiome.) Die ersten zwei Axiome besagen, daß Bertram Viktors Freund war und Carleton Viktor nicht leiden konnte, falls Arthur unschuldig ist. Dies hatte Arthur ausgesagt. Das dritte und vierte Axiom enthält Bertrams Behauptung, daß er nicht in der Stadt gewesen sei und Viktor nicht gekannt habe. Das fünfte und sechste Axiom geben Carletons Bericht wieder, daß Arthur und Bertram am Tag des Mords mit Viktor zusammen gewesen seien. Die nächsten drei Axiome enthalten die allgemeinen Fakten, daß jeder, der mit Viktor am Mordtag zusammen war, auch in der Stadt gewesen sein muß, daß jemand denjenigen kennt, mit dem er befreundet ist, und daß jemand, der jemanden mag, diesen kennen muß. Die letzten drei Axiome drücken die Fakten aus, daß nur einer der Verdächtigen schuldig ist.

$$\text{Unschuldig}(A) \implies \text{Befreundet}(B, V)$$

$$\text{Unschuldig}(A) \implies \neg\text{Mögen}(C, V)$$

$$\text{Unschuldig}(B) \implies \neg\text{In\_Stadt}(B)$$

$$\text{Unschuldig}(B) \implies \neg\text{Kennen}(B, V)$$

$$\text{Unschuldig}(C) \implies \text{Zusammen}(A, V)$$

$$\text{Unschuldig}(C) \implies \text{Zusammen}(B, V)$$

$$\text{Zusammen}(x, V) \implies \text{In\_Stadt}(x)$$

$$\text{Befreundet}(x, y) \implies \text{Kennen}(x, y)$$

$$\text{Mögen}(x, y) \implies \text{Kennen}(x, y)$$

$$\text{Unschuldig}(A) \lor \text{Unschuldig}(B)$$

$$\text{Unschuldig}(A) \lor \text{Unschuldig}(C)$$

$$\text{Unschuldig}(B) \lor \text{Unschuldig}(C)$$

Wandeln wir dies in die Klauselform um, so erhalten wir die

ersten der 12 nachstehenden Axiome. Klausel 13 ist das negierte und in die Klauselform überführte sowie mit einem Antwortliteral kombinierte Zielklausel ¬Unschuldig(x).

1.	{¬Unschuldig(A),Befreundet(B,V)}	Δ
2.	{¬Unschuldig(A),¬Mögen(C,V)}	Δ
3.	{¬Unschuldig(B),¬In_Stadt(B)}	Δ
4.	{¬Unschuldig(B),¬Kennen(B,V)}	Δ
5.	{¬Unschuldig(C),Zusammen(A,V)}	Δ
6.	{¬Unschuldig(C),Zusammen(B,V)}	Δ
7.	{¬Zusammen(x,V),In_Stadt(x)}	Δ
8.	{¬Befreundet(x,y),Kennen(x,y)}	Δ
9.	{¬Mögen(x,y),Kennen(x,y)}	Δ
10.	{Unschuldig(A),Unschuldig(B)}	Δ
11.	{Unschuldig(A),Unschuldig(C)}	Δ
12.	{Unschuldig(B),Unschuldig(C)}	Δ
13.	{Unschuldig(x),Ans(x)}	Γ
14.	{¬Unschuldig(A),Kennen(B,V)}	1,8
15.	{¬Unschuldig(C),In_Stadt(B)}	6,7
16.	{¬Unschuldig(A),¬Unschuldig(B)}	4,14
17.	{¬Unschuldig(C),¬Unschuldig(B)}	3,15
18.	{Unschuldig(C),¬Unschuldig(B)}	11,16
19.	{Unschuldig(B)}	17,18
20.	{Ans(B)}	13,19

6. *Logische Axiome.*

a. *Implikationseinführung* P ⟹ (Q ⟹ P)

1.	{¬P}	Γ
2.	{¬Q}	Γ
3.	{P}	Γ
4.	{}	1,3

b. *Implikationsdistribution.*

(P ⟹ (Q ⟹ R)) ⟹ ((P ⟹ Q) ⟹ (P ⟹ R))

1.	{¬P,¬Q,R}	Γ
2.	{¬P,Q}	Γ

   3. {P}   Γ

   4. {¬R}   Γ

   5. {¬P,R}   1,2

   6. {R}   3,5

   7. {}   4,6

c. *Widerspruchsrealisierung.* $(Q \Rightarrow \neg P) \Rightarrow ((Q \Rightarrow P) \Rightarrow \neg Q)$

   1. {¬Q,¬P}   Γ

   2. {¬Q,P}   Γ

   3. {Q}   Γ

   4. {¬Q}   1,2

   5. {}   3,4

d. *Universaldistribution*

   $(\forall x\ P(x) \Rightarrow Q(x)) \Rightarrow ((\forall x\ P(x)) \Rightarrow (\forall x\ Q(x)))$

   1. {¬P(x),Q(x)}   Γ

   2. {P(x)}   Γ

   3. {¬Q(A)}   Γ

   4. {Q(x)}   1,2

   5. {}   3,4

e. *Universalgeneralisation.* $P \Rightarrow \forall x\ P$

   1. {P}   Γ

   2. {¬P}   Γ

   3. {}   1,2

f. *Universaleinsetzung.* $(\forall x\ P(x)) \Rightarrow P(A)$

   1. {P(x)}   Γ

   2. {¬P(A)}   Γ

   3. {}   1,2

A.5   RESOLUTIONSSTRATEGIEN

1. *Deletionsstrategien.*

   a. Tautologien sind als solche gekennzeichnet und werden natürlich bei den weiteren Deduktionen nicht benützt.

1.	{P,Q}	Δ	
2.	{¬P,Q}	Δ	
3.	{P,¬Q}	Δ	
4.	{¬P,¬Q}	Δ	
5.	{Q}	1,2	
6.	{P}	1,3	
7.	{Q,¬Q}	2,3	Tautologie
8.	{P,¬P}	2,3	Tautologie
9.	{Q,¬Q}	1,4	Tautologie
10.	{P,¬P}	1,4	Tautologie
11.	{¬P}	2,4	
12.	{¬Q}	3,4	
13.	{P}	3,5	
14.	{¬P}	4,5	
15.	{Q}	2,6	
16.	{¬Q}	4,6	
17.	{Q}	1,11	
18.	{¬Q}	3,11	
19.	{}		

b. Jede subsumierte Klausel ist durch eine Zahl gekennzeichnet, die angibt, durch welche Klausel sie subsumiert wird.

1.	{P,Q}	Δ	Subsumiert durch 5
2.	{¬P,Q}	Δ	Subsumiert durch 5
3.	{P,¬Q}	Δ	Subsumiert durch 6
4.	{¬P,¬Q}	Δ	Subsumiert durch 6
5.	{Q}	1,2	
6.	{¬Q}	3,4	
7.	{}	5,6	

2. *Lineare Resolution.*

1.	{P,Q}	Δ
2.	{Q,R}	Δ
3.	{R,W}	Δ

4.	{¬R,¬P}	Δ
5.	{¬W,¬Q}	Δ
6.	{¬Q,¬R}	Δ
7.	{Q,¬R}	1,4
8.	{Q}	2,7
9.	{¬W}	5,8
10.	{R}	3,9
11.	{¬Q}	6,10
12.	{}	8,11

3. *Kombinierte Strategien.* Aus den folgenden Klauseln läßt sich die leere Klausel über die Unit-Resolution ableiten; sie ist aber nicht ableitbar, wenn man die geordnete Resolution mit der Unit-Resolution kombiniert.

$$\{P,Q\}$$
$$\{¬P,Q\}$$
$$\{¬Q\}$$

4. *Kombinierte Strategien.* Die folgenden drei Klauseln sind unerfüllbar. Falls aber die letzte Klausel das einzige Element der Stützmenge ist, dann ist aus diesen Klauseln die leere Klausel mit einer Kombination der Stützmengenresolution und der geordneten Resolution nicht ableitbar.

$$\{P,Q\}$$
$$\{¬P\}$$
$$\{¬Q\}$$

5. *Karten kolorieren.* Die Randbedingungen für die Farben sind in der folgenden Datenbasis zusammengestellt. Die Symbole **Rot**, **Gelb**, **Grün** und **Blau** stehen für die Farben, rot, gelb, grün bzw. blau. Die mit **N** bezeichnete Rotelation gilt für zwei Farben genau dann, wenn diese benachbarte Gebiete einfärben.

N(Rot,Gelb)	N(Gelb,Rot)	N(Grün,Rot)	N(Blau,Rot)
N(Rot,Grün)	N(Gelb,Grün)	N(Grün,Gelb)	N(Blau,Gelb)
N(Rot,Blau)	N(Gelb,Blau)	N(Grün,Blau)	N(Blau,Grün)

Das Ziel formulieren wir wie folgt. Jede der Variablen entspricht einer der Region auf der Karte und der Buchstabe N spiegelt die Geometrie wieder.

$$N(r1,r2) \land N(r1,r3) \land N(r1,r5) \land N(r1,r6) \land$$

$$N(r2,r3) \land N(r2,r4) \land N(r2,r5) \land N(r2,r6) \land$$

$$N(r3,r4) \land N(r3,r6) \land N(r5,r6)$$

A.6 NICHT—MONOTONES SCHLIESSEN

1. *Idempotenz.* Das folgende Argument zeigt, daß die Theorien nicht nur in dem Sinne übereinstimmen, daß sie die gleichen Theoreme erzeugen. Sie besitzen vielmehr die gleichen Axiome. Jedes Axiom von CWA[CWA[Δ]], das kein Axiom von CWA[Δ] ist, ist die Negation eines Grundatoms A, das in CWA[Δ] nicht beweisbar ist. Ein solches Atom A ist aber in Δ nicht beweisbar, so daß seine Negation auch CWA[Δ] enthalten ist.

2. *Unempfindlichkeit gegenüber negativen Klauseln.* Vgl. [Reiter 1978]. Sei Δ^- ein Δ, bei dem eine beliebige negative Klausel Ψ entfernt ist. Sei $\mathcal{A}[\Delta]$ die Menge der Grundatome von $\mathcal{T}[\Delta]$. Wir beweisen zuerst das folgende Lemma.

LEMMA A.1 $\mathcal{A}[\Delta] = \mathcal{A}[\Delta^-]$.

BEWEIS: Es gilt $\mathcal{A}[\Delta] \supseteq \mathcal{A}[\Delta^-]$, weil alles, was aus Δ^- ableitbar ist, auch aus Δ beweisbar ist.

Betrachten wir nun ein beliebiges $A \in \mathcal{A}[\Delta]$. Weil A aus Δ folgt, existiert ein Resolutionsbeweis der leeren Klausel aus $\Delta \land \neg A$. In diesem Beweis hat die erste Klausel mindestens ein positives Literal, denn $\Delta \cup \neg A$ ist Horn. Danach wächst die Zahl der positiven Literale nicht weiter, denn die Resolution mit einer negativen Horn-Klausel entfernt ein positives Literal und bei der Resolution mit einer beliebigen Horn-Klausel bleibt die Zahl der positiven Literale erhalten. Daraus folgt, daß im Beweis mindestens eine negative Klausel verwendet wird. Diese negative Klausel ist sogar $\neg A$, denn sonst würde der Beweis ergeben, daß aus einem konsistenten Δ die leere Klausel ableitbar wäre. D.h. in dem Beweis werden keine weitere negative Klausel, Ψ eingeschlossen, benützt. Weil der Beweis aber auch auf die gleiche Weise aus Δ^- geführt werden könnte, gilt also $\mathcal{A}[\Delta^-] \supseteq \mathcal{A}[\Delta]$. □

Beachten Sie nun, daß

$$
\begin{aligned}
CWA[\Delta] &= \mathcal{I}[\Delta \cup \Delta_{vssg}] \\
&= \mathcal{I}[\Delta^- \cup \Psi \cup \Delta_{vssg}] \\
&= \mathcal{I}[\Delta^- \cup \Delta_{vssg}],
\end{aligned}
$$

weil $\Psi = \neg P_1 \vee ... \vee \neg P_n$ durch irgendein negatives Literal $\neg P_i$ aus Δ_{vssg} subsumiert werden muß (sonst gilt nämlich $\Delta \vDash P_i$ für alle i, was Ψ widerspricht und Δ inkonsistent werden läßt).

$$
\begin{aligned}
&= \mathcal{I}[\Delta^- \cup \Delta^-_{vssg}], \qquad \text{weil } \Delta_{vssg}^- = \Delta^-_{vssg} \text{ gemäß Lemma.} \\
&= CWA[\Delta^-]
\end{aligned}
$$

3. *Inkonsistenzen.* Weil $\Delta \wedge \neg L_1 \wedge \neg L_2$ Horn ist, gibt es eine Widerlegung durch die Input-Resolution, die die Inkonsistenz von $\Delta \wedge \neg L_1 \wedge \neg L_2$ zeigt. (Dieses Ergebnis ist in [Chang 1973] bewiesen.) Diese Widerlegung enthält entweder $\neg L_1$ oder $\neg L_2$ oder alle beide, denn sonst gäbe es eine Widerlegung allein aus Δ, Δ ist aber laut Voraussetzung konsistent. Nehmen wir an, das erste (höchste) Vorkommen von entweder $\neg L_1$ oder $\neg L_2$ in der Widerlegung sei $\neg L_1$. Die aus der Anwendung von $\neg L_1$ entstandene Resolvente enthält nur negative Literale, denn alle anderen Elternklauseln dieser Resolventen besitzen nur eine einzige positive Klausel (Δ ist ja Horn), die dann bei der Resolution mit $\neg L_1$ wegfällt. Außerdem hat keiner der Vorfahren dieser Resolvente irgendwelche positiven Literale. Daher kann keiner von ihnen mit $\neg L_2$ resolvieren und $\neg L_2$ kommt in der gesamten Widerlegung nicht vor. Die gleiche Widerlegung zeigt in diesem

Fall auch, daß $\Delta \wedge \neg L_1$ inkonsistent ist. Der Beweis verläuft entsprechend, wenn $\neg L_2$ das erste Vorkommen von $\neg L_1$ oder $\neg L_2$ ist.

4. *Gerade und Ungerade.* Ersetzen Sie die angegebenen Formeln durch die folgenden äquivalenten Formeln.

$$\forall y \ (\exists x \ \text{Ungerade}(x) \wedge x{>}0 \wedge y{=}\text{Succ}(x)) \ \Longrightarrow \ \text{Gerade}(x))$$

$$\forall y \ (\exists x \ \text{Ungerade}(x) \wedge x{>}0 \wedge y{=}\text{Pred}(x)) \ \Longrightarrow \ \text{Gerade}(x))$$

In Normalform geschrieben

$$\forall y \ (\exists x \ \text{Ungerade}(x) \wedge x{>}0 \wedge y{=}\text{Succ}(x)) \vee$$
$$(\exists x \ \text{Ungerade}(x) \wedge x{>}0 \wedge y{=}\text{Pred}(x)))$$
$$\Longrightarrow \text{Gerade}(y)$$

Die Vervollständigung von **Gerade** ist dann

$$\text{Gerade}(y) \Longleftrightarrow (\exists x \ \text{Ungerade}(x) \wedge x{>}0 \wedge (y{=}\text{Succ}(x) \vee \text{Pred}(x)))$$

5. *Integerzahlen.* $\text{Int}(x) \Longleftrightarrow (\exists y \ x{=}\text{Succ}(y) \wedge \text{Int}(y)) \vee x{=}0$.

6. *Beschränkte Prädikatvervollständigung.* Verwenden Sie die taxonomische Hierarchie und die definierten Eigenschaften aus unserem Beispiel über fliegende Vögel. Machen Sie nun die Aussage, daß Oswald ein Strauß ist. Mit einer taxonomischen Vervollständigung leiten Sie nun ab, daß Oswald nicht fliegen kann. Behaupten Sie nun, daß Oswald die (nicht-taxonomische) Eigenschaft hat, gewichtslos zu sein (d.h. **Gewichtslos(Oswald)**). Behaupten Sie nun, daß alles was gewichtslos ist, fliegen kann (dies ist wiederum nicht-taxonomisch). Dies ist nicht inkonsistent mit Δ, denn immerhin kann Oswald ein fliegender Strauß sein oder auch eine Anormalität vom Typ 3 besitzen.

7. *Vervollständigung.*

$$\forall y \ P(y) \ \Longleftrightarrow$$
$$(\exists x \ y{=}F(x) \wedge Q1(x) \wedge Q2(x)) \vee (\exists x \ y{=}G(x) \wedge Q3(x))$$

8. *Gibt es ein Q, das kein P ist?* Würde man Q in P<Q zirkumskribieren, so würde dies die Extension von Q derart ein-

schränken, daß es genau ein Objekt gibt, das zwar die Extension von Q erfüllt, aber gleichzeitig die Extension von P nicht erfüllt. (Können Sie dies auch im Prädikatenkalkül ausdrücken?)

9. *Parallele Zirkumskription.* Schreiben Sie mit Theorem 6.10:

$$CIRC[(\forall x\ Q(x) \implies P1(x) \lor P2(x)); P1, P2]$$

$$\equiv CIRC[(\forall x\ Q(x) \implies P1(x) \lor P2(x)); P1]$$

$$\land CIRC[(\forall x\ Q(x) \implies P1(x) \lor P2(x)); P2]$$

$$\equiv (\forall x\ Q(x) \land \neg P2(x) \iff P1(x))$$

$$\land (\forall x\ Q(x) \land \neg P1(x) \iff P2(x))$$

$$\equiv \forall x\ Q(x) \land \neg P2(x) \iff P1(x)$$

10. *Ritter und Spitzbuben.*

a. Schreiben Sie Δ als:

$$N(\text{Lügner}) \land \forall x\ (x=\text{Mork} \lor \text{Spitzbube}(x)) \implies \text{Lügner}(x)$$

Wobei $N(\text{Lügner}) \equiv$

$$(\forall x\ \text{Ritter}(x) \implies \text{Person}(x)) \land$$

$$(\forall x\ \text{Spitzbube}(x) \implies \text{Person}(x)) \land$$

$$\text{Spitzbube}(\text{Bork}) \land$$

$$(\exists x\ \neg \text{Lügner}(x) \land \neg \text{Spitzbube}(x))$$

Mithilfe von Theorem 6.5 schreiben Sie CIRC[Δ; Lügner] als:

$$(\forall x\ \text{Ritter}(x) \implies \text{Person}(x)) \land$$

$$(\forall x\ \text{Spitzbube}(x) \implies \text{Person}(x)) \land$$

$$\text{Spitzbube}(\text{Bork}) \land$$

$$(\exists x\ \neg(x=\text{Mork}) \lor \neg \text{Spitzbube}(x)) \land$$

$$(\forall x\ x=\text{Mork} \lor \text{Spitzbube}(x) \iff \text{Lügner}(x))$$

b. Schreiben Sie Δ als

$$N(\text{Lügner}, \text{Spitzbube}) \land (\forall x\ x=\text{Bork} \implies \text{Spitzbube}(x)) \land$$

$$(\forall x\ x=\text{Mork} \lor \text{Spitzbube}(x) \implies \text{Lügner}(x))$$

wobei $N(\text{Lügner}, \text{Spitzbube}) \equiv$

$$(\forall x\ \text{Ritter}(x) \implies \text{Person}(x)) \land$$

$$(\forall x\ \text{Spitzbube}(x) \implies \text{Person}(x)) \land$$

$$(\exists x\ \neg \text{Lügner}(x) \land \neg \text{Spitzbube}(x))$$

Mit Theorem 6.11 schreiben Sie dann CIRC[Δ;Lügner,Spitzbube] als:

$$(\forall x \ \text{Ritter}(x) \implies \text{Person}(x)) \ \wedge$$

$$(\forall x \ x{=}\text{Bork} \implies \text{Person}(x)) \ \wedge$$

$$(\exists x \ \neg(x{=}\text{Mork}) \vee (x{=}\text{Bork})) \ \wedge$$

$$(\forall x \ \text{Spitzbube}(x) \iff x{=}\text{Bork}) \ \wedge$$

$$(\forall x \ \text{Lügner}(x) \iff x{=}\text{Mork}) \vee x{=}\text{Bork})$$

11. *AND-Gatter.*

a. Wir können die Formel mit An schreiben als $Q \wedge R \wedge \neg U \implies \text{An}(A)$. Überführt man diese Formel in Normalform, so erhält man

$$Q \wedge R \wedge \neg U \wedge x{=}A \implies \text{An}(A)$$

Mit Theorem 6.5 erhält man die Zirkumskriptionsformel

$$\forall x \ \text{An}(x) \iff Q \wedge R \wedge \neg U \wedge x{=}A$$

Im unserem Fall ist uns U als wahr gegeben. Damit reduziert sich die linke Seite zu falsch, und führt zu $(\forall x \ \text{An}(x) \iff F)$, welches logisch äquivalent ist zu $\neg(\exists x \ \text{An}(x))$. D.h. es gibt nichts, was anormal wäre.

b. In vorliegende Fall sind uns Q und R als wahr und U als falsch gegeben. Damit reduziert sich die Formel auf $(\forall x \ \text{An}(x) \iff (x{=}A))$. Mit anderen Worten, A ist der einzige anormale Gegenstand.

12. *Sowohl P als auch Q.* Mit dem angegebenen Hinweis berechnen wir CIRC[Δ;An;(P,Q)] für die erweiterte Datenbasis Δ, die aus den folgenden Formeln besteht

$$\forall x \ R(x) \implies P(x)$$

$$\forall x \ R(x) \implies Q(x)$$

$$\forall x \ P(x) \wedge Q(x) \implies \text{An}(x).$$

Δ läßt sich in der Form $N(P,Q) \wedge (E_1 \leq P) \wedge (E_2 \leq Q)$ schreiben, wobei

$$N(P,Q) \equiv \forall x \ P(x) \wedge Q(x) \implies \text{An}(x)$$

$$E_1 \equiv R$$

$$E_2 \equiv R.$$

In $N(P,Q)$ kommt weder P noch Q positiv vor; in E_1 kommt P nicht vor und in E_2 kommt Q nicht vor. Wir können also Theorem 6.12 anwenden und berechnen

$$CIRC[\Delta;An;(P,Q)] \equiv \Delta \wedge CIRC[(\forall x\ R(x)\wedge R(x) \implies An(x));An]$$

$$\equiv \Delta \wedge (\forall x\ An(x) \implies R(x))$$

Mit der Definition von An und der Zirkumskription können wir

$$\forall x\ P(x) \wedge Q(x) \implies R(x)$$

ableiten.

A.7 INDUKTION

1. *Konzeptbildung.*

   a. Zulässig.

   b. Charakteristisch.

   c. Diskriminant.

   d. Charakteristisch.

   e. Diskriminant.

2. *Grenzmengen.* Ohne die Angabe der oberen und unteren Grenzen können wir nicht mehr in endlicher Zeit feststellen, ob ein gegebenes Konzept innerhalb des Versionsraums liegt.

3. *Unabhängigkeit.*

   a. Nicht unabhängig, denn die aus einigen Relationen, welche die Typen angeben und der *Gerade-* und *Ungerade*-Relation gebildete Schnittmenge ist leer.

   b. Unabhängig, denn es gibt mindestens eine gerade numerierte, mindestens eine ungerade numerierte, mindestens eine gerade Bildkarte und mindestens eine ungerade Bildkarte.

4. *Experimenterzeugung.*

   a. Pik-Bube.

   b. Pik-Zwei.

A.8 SCHLUSSFOLGERUNGEN MIT UNSICHEREN ÜBERZEUGUNGEN

1. *Eine Ungleichung.*

$$p(P) = p(P\wedge Q) + p(P\wedge\neg Q)$$

$$= p(P|Q)p(Q) + p(P\land\neg Q).$$

Falls $p(P|Q) = 1$, so gilt

$$p(P) = p(Q) + p(P\land\neg Q) \geq p(Q),$$

weil $p(P\land\neg Q) \geq 0$.

2. *Poker.* C steht für 'Sam zwinkert mit den Augen', D für 'Sam steigt aus'.

$$p(C|D) = 0.9$$
$$p(D) = 0.5$$
$$p(C) = 0.6$$
$$p(D|C) = p(C|D) * p(D)/p(C)$$
$$= (0.9)(0.5)/(0.6) = 0.75$$

3. *Biologie.* Mit dem Vokabular

- **A**   bedeutet, "Die Person bekommt eine Eins"
- **B**   bedeutet, "Die Person hat ein Vordiplom in Biologie"
- **H**   bedeutet, "Die Person erledigt alle Hausarbeiten"

Bekannt ist

$$p(A) = 0.25$$
$$p(H|A) = 0.80$$
$$p(H|\neg A) = 0.60$$
$$p(B|A) = 0.75$$
$$p(B|\neg A) = 0.50$$

$$O(A|H) = \frac{p(A|H)}{p(\neg A|H)} = \frac{p(H|A)p(A)}{p(H|\neg A)p(\neg A)} = \frac{(0.8)(0.25)}{(0.6)(0.75)} = 0.4444$$

$$O(A|B\land H) = \frac{p(A|B\land H)}{p(\neg A|B\land H)} = \frac{p(B\land H|A)p(A)}{p(B\land H|\neg A)p(\neg A)} = \frac{p(B|A)p(H|A)p(A)}{p(B|\neg A)p(H|\neg A)p(\neg A)}$$

$$= \frac{(0.75)(0.8)(0.25)}{(0.5)(0.6)(0.75)} = 0.6667$$

4. *Umrechnung von Wahrscheinlichkeiten.*

$$p(P \Longrightarrow Q) = p(\neg P \lor Q)$$
$$= 1 - p(P\land\neg Q)$$

$$= 1 - p(P|\neg Q)p(\neg Q)$$
$$= 1 - 0.4p(\neg Q)$$

also,

$$p(P) = p(P \wedge Q) + p(P \wedge \neg Q)$$
$$= p(P|Q)p(Q) + p(P|\neg Q)p(\neg Q)$$
$$= 0.2p(Q) + 0.4p(\neg Q)$$

daher,

$$p(\neg Q) = 5p(P) - 1$$

und

$$p(P \Longrightarrow Q) = 1.4 - 2p(P)$$

5. *Noch eine Ungleichung*. Die konsistenten Wahrheitswerte der drei Sätze P, Q und $\neg(P \Leftrightarrow Q)$ lauten

P	Q	$\neg(P \Leftrightarrow Q)$
0	0	0
0	1	1
1	0	1
1	1	0

Die Wahrscheinlichkeit der vier durch obige Zeilen konsistenter Wahrheitswerte definierten Welten seien P_1, P_2, P_3 und P_4. Aus der Matrixgleichung $\Pi = \mathbf{VP}$ folgen

$$p(P) = P_3 + P_4$$
$$p(Q) = P_2 + P_4$$
$$p(\neg(P \Leftrightarrow Q)) = P_2 + P_3$$

Aus diesen Gleichungen erhalten wir:

$$p(P) + p(Q) = P_2 + P_3 + 2P_4$$
$$p(\neg(P \Leftrightarrow Q)) = P_2 + P_3$$

Da $P_4 \geq 0$, folgt, daß $p(\neg(P \Leftrightarrow Q)) \leq p(P) + p(Q)$, was gesucht war.

6. *Folgerung*. Verwenden Sie die Methode der semantischen Bäume und zeichnen Sie ein Diagramm.

7. *Unabhängigkeit*. Die Lösung mit maximaler Entropie für dieses Problem lautet:

$$\mathbf{V}' = \begin{bmatrix} 1 & 1 & 1 & 1 \\ 1 & 1 & 0 & 0 \\ 1 & 0 & 1 & 0 \end{bmatrix} \qquad \mathbf{\Pi}' = \begin{bmatrix} 1 \\ \pi_2 \\ \pi_3 \end{bmatrix}$$

$$p_1 = a_1 a_2 a_3$$
$$p_2 = a_1 a_2$$
$$p_3 = a_1 a_3$$
$$p = a_1$$

Mit $\mathbf{\Pi}' = \mathbf{V}'\mathbf{P}'$ erhalten wir

$$a_1 a_2 a_3 + a_1 a_2 + a_1 a_3 + a_1 = 1$$
$$a_1 a_2 a_3 + a_1 a_2 = \pi_2$$
$$a_1 a_2 a_3 + a_1 a_3 = \pi_3$$

Auflösen nach a ergibt

$$a_2 = \frac{\pi_2}{1 - \pi_2}$$

$$p(P \wedge Q) = p_1 = a_1 a_2 a_3$$

$$= \frac{\pi_3 a_2 a_3}{a_2 a_3 + a_3}$$

$$= \frac{\pi_3}{1 + \dfrac{1}{a_2}}$$

Und damit, $p(P \wedge Q) = \pi_2 \pi_3 = p(P) p(Q)$. (Maximale Entropie tritt auf, wenn P und Q voneinander unabhängig sind!)

Lösung mit der Methode der Approximation von Projektionsvektoren: Die Darstellung von $P \wedge Q$ als Zeilenvektor ist $[1,0, 0,0]$. Seine Projektion auf den durch die Zeilenvektoren von $\mathbf{V}'$ definierten Teilraum ist $[\frac{3}{4}, \frac{1}{4}, \frac{1}{4}, -\frac{1}{4}]$ (d.h. die Summe der zwei orthogonalen Vektoren $[\frac{3}{4}, \frac{1}{4}, \frac{1}{4}, -\frac{1}{4}]$ und $[\frac{1}{4}, -\frac{1}{4}, -\frac{1}{4}, \frac{1}{4}]$. $[\frac{3}{4}, \frac{1}{4}, \frac{1}{4}, -\frac{1}{4}]$ ist eine Linearkombination der Zeilenvektoren von $\mathbf{V}'$ und $[\frac{1}{4}, -\frac{1}{4}, -\frac{1}{4}, \frac{1}{4}]$ ist zu allen Zeilenvektoren von $\mathbf{V}'$ orthogonal). Die Koeffizienten c_i sind gegeben durch: $c_1 = -\frac{1}{4}$, $c_2 = \frac{1}{2}$, $c_3 = \frac{1}{2}$. Mit ihnen berechnet sich der "approximierte Wert" für $p(P \wedge Q)$

als $-\frac{1}{4}\,\pi_1 + \frac{1}{2}\,\pi_2 + \frac{1}{2}\,\pi_3$, was identisch ist mit $\frac{1}{2}(p(P)+p(Q)-\frac{1}{2})$. Die zwei Ergebnisse für $p(P{\wedge}Q)$, zum einen über die maximale Entropie und zum anderen über die Projektionsmethode berechnet, sind also offensichtlich nicht gleich.

8. *Nicht notwendig das gleiche.*

$$
\begin{array}{cccccc}
P & Q & P \Rightarrow Q & P \wedge Q & \\
0 & 0 & 1 & 0 & P_1 \\
0 & 1 & 1 & 0 & P_2 \\
1 & 0 & 0 & 0 & P_3 \\
1 & 1 & 1 & 1 & P_4
\end{array}
$$

$$
\begin{aligned}
p(P \Rightarrow Q) &= P_1 + P_2 + P_4 \\
&= 1 - P_3 \\
p(Q|P) &= p(P{\wedge}Q)/p(P) \\
&= P_4/(P_3 + P_4)
\end{aligned}
$$

Daher, $p(P \Rightarrow Q) = p(Q|P)$, inbesondere, wenn

$$
\begin{aligned}
1 - P_3 &= P_4/(P_3 + P_4) \\
(P_3 + P_4)(1 - P_3) - P_4 &= 0 \\
P_3(1 - P_4 - P_3) &= 0
\end{aligned}
$$

$P_3 = 0$ oder $P_3 + P_4 = 1$. Mit anderen Worten, wenn $p(P \Rightarrow Q) = 1$ oder, wenn $p(P) = 1$.

A.9 WISSEN UND ÜBERZEUGUNGEN

1. *Man kann nicht ϕ und $\neg\phi$ gleichzeitig wissen.* Formen Sie $K_\alpha(\phi) \Rightarrow \neg K_\alpha(\neg\phi)$ zu $\neg K_\alpha(\phi) \vee \neg K_\alpha(\neg\phi)$ um. Führen Sie nun einen Widerlegungsbeweis durch. Setzen hierzu $\neg(K_\alpha(\phi) \vee \neg K_\alpha(\neg\phi))$ oder $K_\alpha(\phi) \wedge K_\alpha(\neg\phi)$ voraus. Mit Axiom 9.2 (setzen Sie die Reflexivität der Zugangsrelation voraus) erhalten wir $\phi \wedge \neg\phi$. Daher muß die Formel, von der wir ausgingen, wahr sein.

2. *Resolution.* Mit Regel 9.5 schließen wir auf $K_\alpha(L_1 \vee L_2 \Rightarrow \neg(L_1 {\Rightarrow} L_2))$. Mit $K_\alpha(L_1 \vee L_2)$ und Axiom 9.1 leiten wir $K_\alpha(L_1 \Rightarrow$

L_2) ab. Mit $K_\alpha(\neg L_1)$ und Axiom 9.1 können wir dann $K_\alpha(L_2)$ deduzieren.

3. *Konjunktion.* $K(\alpha,\phi)$ und $K(\alpha,\psi)$ implizieren, daß ϕ und ψ in allen für α zugänglichen Welten wahr sind. Daher ist $\phi \wedge \psi$ auch in allen für α zugänglichen Welten wahr und es gilt $K(\alpha, \phi \wedge \psi)$.

   $K(\alpha,\phi \wedge \psi)$ impliziert, daß $\phi \wedge \psi$ in allen für α zugänglichen Welten wahr ist. Daher sind ϕ und ψ in allen für α zugänglichen Welten wahr. Damit gelten $K(\alpha,\phi)$ und $K(\alpha,\psi)$.

4. *Brouwer-Axiom.* Mit *P2* läßt sich zeigen, daß das Brouwer-Axiom (symmetrisch) aus Axiom 9.2 (reflexiv) und Axiom 9.4 (euklidisch) folgt.

5. *Regel 9.7.* Ist $\phi \implies \psi$ ein Theorem, so erhalten wir Necessitierung $K(\alpha,\phi \implies \psi)$. Die Inferenz folgt dann mit der Alternative von Axiom 9.1.

6. *Sam und John.*

   1. $B_J(B_S(P) \vee B_S(Q))$
   2. $B_J(B_S(P \implies R))$
   3. $B_J(B_S(\neg R))$

Teil a.

   Zuerst beweisen wir $B_J(B_S(\neg P))$. Setzen wir also voraus, daß

   4′. $\neg B_J(B_S(\neg P))$

2, 3 und 4′ enthalten einen Widerspruch (durch Resolution zeigbar), falls

$$B_S(P \implies R \wedge B_S(\neg R) \vdash_J B(\neg P)$$

Wenn J über die Attachment-Regel und J, S über die Resolution verfügen, so ist diese Deduktion durchführbar und daher gilt

   4. $B_J(B_S(\neg P))$

Nehmen wir nun die Negation dessen an, was wir zu zeigen versuchen:

5'. $\neg B_J(B_S(Q))$

1, 4 und 5' enthalten einen Widerspruch (durch Resolution), falls

$$B_S(P) \vee B_S(Q)) \wedge B_S(\neg P) \vdash_J B(Q)$$

Um in J's System $B(Q)$ aus $B_S(P) \vee B_S(Q)) \wedge B_S(\neg P)$ zu beweisen, konstruieren wir für J das folgende Widerlegungsproblem:

$$B_S(P) \vee B_S(Q))$$
$$B_S(\neg P)$$
$$\neg B_S(Q)$$

Falls J über Attachment verfügt und falls $B_S(P)$ und $B_S(\neg P)$ für J widersprüchlich sind, so läßt sich zeigen, daß für J die obige Klauseln zu einem Widerspruch führen. Setzen wir voraus, daß $\neg P$ und P für J und S einen Widerspruch enthalten, so ist $B_J(B_S(Q))$ bewiesen.

Teil b.

4. $K_J(K_S(\neg R \Longrightarrow \neg P))$		2
5. $K_S(\neg R \Longrightarrow \neg P)$		4, Axiom 9.2
6. $K_S(\neg R)$		3, Axiom 9.2
7. $K_S(\neg P)$		5,6 Axiom 9.1
8. $\neg K_S(P)$		7, Übung 1
9. $K_J(\neg K_S(P))$		2,3,5,6,8, Regel 9.6
10. $K_J(K_S(Q))$		1,9, Axiom 9.1

7. *Eigenschaften der Zugangsrelation*. Wir beweisen die Gültigkeit jedes einzelnen Axioms für eine beliebige Welt w_0.

a. Sei $k(\alpha, w_0, w_0)$ gegeben und setzen wir $K_\alpha(P)$ in w_0 voraus, dann können wir (aus der Semantik möglicher Welten) schließen, daß P in w_0 wahr ist (weil es in *allen* möglichen für α aus w_0 zugänglichen Welten wahr ist). Daher ist $K_\alpha(P)$ $\Rightarrow P$ in w_0 wahr.

b. Wir setzen $K_\alpha(P)$ in w_0 voraus und nehmen an, daß, $K_\alpha(K_\alpha(P))$ in w_0 *nicht* gilt (bei gegebener Transitivität von *k*). Aus der Semantik möglicher Welten folgt dann, daß es eine für α aus w_0 zugängliche Welt gibt, in der $K_\alpha(P)$ nicht wahr ist. Nennen wir diese Welt w^*. Wegen der Semantik möglicher Welten muß es daher eine aus w^* zugängliche Welt w' geben, in der P nicht wahr ist. Wenn aber *k* transitiv ist, so ist w' aus w_0 zugänglich, und weil P in w' nicht wahr ist, kann $K_\alpha(P)$ auch in w_0 nicht wahr sein — was unserer Voraussetzung widerspricht. Damit ist aber $K_\alpha(P) \Rightarrow K_\alpha(K_\alpha(P))$ bewiesen.

c. Dieser und Teil 7d lassen sich mit Methoden beweisen, die denen aus Teil 7a und 7b ähneln.

e. Wir beweisen die Gültigkeit von Axiom 9.1 für eine beliebige Welt w_0. Setzen wir in w_0 $K_\alpha(\phi)$ und $K_\alpha(\phi \Rightarrow \psi)$ voraus, so gewährleistet die Semantik möglicher Welten, daß ϕ und $\phi \Rightarrow \psi$ in allen aus w_0 zugänglichen Welten wahr ist. Die herkömmliche propositionale Semantik zeigt dann, daß ψ in all diesen Welten wahr ist. Mit der Behauptung dieser Übungen folgt dann, daß $K(\psi)$ wahr in w ist.

8. *Brouwer und Glaubensaussagen*. Höchstwahrscheinlich nicht, weil grundsätzlich ein Faktum ϕ nicht unabhängig vom Glauben eines Agenten wahr ist.

9. *Ein Schwede zu Besuch*.

   de re: $\exists x$ Schwede(x) $\land$ B(John,Wird_Besuchen(x))

   de dicto: B(John,$\exists x$ Schwede(x) $\land$ Wird_Besuchen(x))

A.10 META-WISSEN UND META-INFERENZ

1. *Syntax*. Zuerst definieren wir die Negation (Neg), die Konjunk-

tion (Conj), die Disjunktion (Disj), die Implikation (Imp), die umgekehrte Implikation (Rimp) und die Äquivalenz (Bimp).

$$\forall p \ Sent(p) \Longleftrightarrow Neg(["\neg",p])$$

$$\forall p \forall q \ Sent(p) \wedge Sent(q) \Longleftrightarrow Conj(["\wedge",p,q])$$

$$\forall p \forall q \ Sent(p) \wedge Sent(q) \Longleftrightarrow Disj(["\vee",p,q])$$

$$\forall p \forall q \ Sent(p) \wedge Sent(q) \Longleftrightarrow Imp(["\Longrightarrow",p,q])$$

$$\forall p \forall q \ Sent(p) \wedge Sent(q) \Longleftrightarrow Rimp(["\Longleftarrow",p,q])$$

$$\forall p \forall q \ Sent(p) \wedge Sent(q) \Longleftrightarrow Bimp(["\Longleftrightarrow",p,q])$$

Dies sind alle und nur alle logische Sätze:

$$\forall p \ Logical(p) \Longleftrightarrow$$

$$Neg(p) \vee Conj(p) \vee Disj(p) \vee Imp(p) \vee Rimp(p) \vee Bimp(p)$$

All- und existenzquantifizierte Sätze:

$$\forall p \forall v \ \ Sent(p) \wedge Variable(v) \Longleftrightarrow Univ(["\forall",v,p])$$

$$\forall p \forall v \ \ Sent(p) \wedge Variable(v) \Longleftrightarrow Exist(["\exists",v,p])$$

Dies sind sowohl quantifizierte als auch die einzigen quantifizierten Sätze:

$$\forall p \ Quant(p) \Longleftrightarrow Univ(p) \vee Exist(p)$$

Schließlich definieren wir die Sätze allgemein:

$$\forall p \ Sent(p) \Longleftrightarrow Atom(p) \vee Logical(p) \vee Quant(p)$$

2. *Inferenzregeln.* Wir definieren Modus Ponens als eine dreistellige Satzrelation wie folgt.

$$\forall p \forall q \ MP(["\Longrightarrow",p,q],p,q)$$

3. *Restriktionsregeln.* Alle Strategien basieren auf einer gemeinsamen Definition.

$$\forall d \ Step(d,1)=d$$

$$\forall d \forall n \ Step(d,n)=Append(Step(d,n-1),New(d,n))$$

$$\forall d \forall n \forall p \forall q \forall r \ Res(d,n)=[p,q,r] \Longrightarrow New(d,n)=[r]$$

a. Subsumption.

$$\forall p \forall q \ Subsumes(p,q) \Longleftrightarrow \exists s \ Subset(Subst(p,s),q)$$

$$\forall d \forall n \forall a \forall b \forall c \ (\exists s \ Member(s,Step(d,n-1)) \wedge Subsumes(s,a))$$

$$\Longrightarrow (Res(d,n)\neq[a,b,c] \wedge Res(d,n)\neq[b,a,c])$$

b. Stützmenge.

Ansliteral("Ans".1)

$\forall c$ ($\exists p$ Member(p,c) $\wedge$ Ansliteral(p)) $\iff$ Ansclause(c)

$\neg$Ansclause(a) $\wedge$ $\neg$Ansclause(b) $\implies$ Res(d,n) $\neq$ [a,b,c]

c. Lineare Resolution.

$\forall d \forall n \forall a \forall b \forall c$ Res(d,n)=[a,b,c]

   $\implies$ (Member(a,d) $\vee$ Ancestor(a,b,d,n) $\vee$

      (Member(b,d) $\vee$ Ancestor(b,a,d,n))

$\forall b \forall c \forall d \forall n$ Ancestor(b,c,d,n) $\iff$

   (b=c $\wedge$ ($\exists m$ m<n $\wedge$ Res(d,m)=[s,t,c] $\wedge$

        (Ancestor(b,s,d,m) $\vee$ Ancestor(b,t,d,m))))

4. *Ordnungsstrategien*. Axiome wie oben, sowie die folgenden.

$\forall d \forall n \forall p \forall q \forall r$ Res(d,n)=[p,q,r] $\implies$ Ordered(r)

Ordered([])

$\forall p$ Ordered([p])

Ordered(q.1) $\wedge$ Numsol(p)$\leq$Numsol(q) $\implies$ Ordered(p.q.1)

Ordered(q.1) $\wedge$ Numsol(p)>Numsol(q) $\implies$ Ordered(p.q.1)

5. *Reflektion*.

Ans("Δ")] $\in$ $data(\Omega,3)$ impliziert

$next(\Omega)$ =

   $append(data(\Omega,3) - answers(data(\Omega,3)),newsmeta(\Delta),\Delta)$

A.11 ZUSTÄNDE UND ZUSTANDSWECHSEL

1. *Nebeneffekte*. Die eigentliche Wirkung dieser Aktionen kann man wie folgt beschreiben.

$$T(Car(a)=y,Do(Rplaca(a,y),s))$$

$$T(Cdr(a)=y,Do(Rplacd(a,y),s))$$

Uns liegen also die folgenden Frame-Axiome vor.

T(Cdr(a)=x,s) $\implies$ T(Cdr(a)=x,Do(Rplaca(a,y),s))

T(Car(b)=x,s) $\wedge$ a$\neq$b $\implies$ T(Car(b)=x,Do(Rplaca(a,y),s))

T(Car(a)=x,s) $\implies$ T(Car(a)=x,Do(Rplaca(a,y),s))

$$T(Cdr(b)=x,s) \land a{\neq}b \implies T(Cdr(b)=x,Do(Rplaca(a,y),s))$$

2. *Simulation*. Wir beweisen die Behauptung mit der Stützmengen-resolution. Die Zielklausel ist das einzige Element der ersten Stützmenge.

{T(Frei(C),S1)}

{T(Auf(C,A,S1)}

{T(Tisch(A),S1)}

{T(Frei(B),S1)}

{T(Tisch(B),S1)}

{¬T(Auf(B,C),Do([U(C,A),S(B,C),S(A,B)],S1))}

{¬T(Auf(B,C),Do([S(B,C),S(A,B)],Do(U(C,A),S1)))}

{¬T(Auf(B,C),Do([S(A,B)],Do(S(B,C),Do(U(C,A),S1))))}

{¬T(Auf(B,C),Do([],Do(S(A,B),Do(S(B,C),Do(U(C,A),S1)))))}

{¬T(Auf(B,C),Do(S(A,B),Do(S(B,C),Do(U(C,A),S1))))}

{¬T(Auf(B,C),Do(S(B,C),Do(U(C,A),S1)))}

{¬T(Tisch(B),Do(U(C,A),S1)),¬T(Frei(B),Do(U(C,A),S1)),

  ¬T(Frei(C),Do(U(C,A),S1)),B=C}

{¬T(Tisch(B),S1),¬T(Frei(B),Do(U(C,A),S1)),

  ¬T(Frei(C),Do(U(C,A),S1)),B=C}

{¬T(Frei(B),Do(U(C,A),S1)),

  ¬T(Frei(C),Do(U(C,A),S1)),B=C}

{¬T(Frei(B),S1),¬T(Frei(C),Do(U(C,A),S1)),B=C}

{¬T(Frei(C),Do(U(C,A),S1)),B=C}

{¬T(Frei(C),S1),B=C}

{B=C}

{}

3. *Nicht-deterministisch*. Den aus der Ausführung einer nicht-deterministischen Aktion entstehenden Zustand können wir durch eine Disjunktion beschreiben.

$$\forall a \forall b \forall s \quad (Do(ND(a,b),s)=Do(a,s) \lor Do(ND(a,b),s)=Do(b,s))$$

Die Beschreibung mit Hilfe von Zustandsdeskriptoren ist etwas komplizierter.

$$\forall p \forall a \forall b \forall s \; T(p, Do(a, s)) \; \wedge \; T(p, Do(b, s)) \; \Longrightarrow \; T(p, Do(ND(a, b), s))$$

$$\forall p \forall a \forall b \forall s \; T(p, Do(ND(a,), s)) \; \Longrightarrow \; (T(p, Do(a, s)) \; \vee \; T(p, Do(b, s)))$$

4. *Das Wassereimer-Problem.*

   a. Wir konzeptualisieren 18 Zustände, sechs mögliche Mengenangaben für den großen und drei für den kleinen Eimer. Nicht alle dieser Zustände sind unbedingt auch erreichbar, aber wir können sie uns zumindest vorstellen.

   b. Es gibt vier Aktionen: den kleinen Eimer ausleeren, E; den großen Eimer ausleeren, F; Wasser von dem kleinen Eimer in den großen umschütten, L; und Wasser von dem großen in den kleinen Eimer schütten, S. Die Aktion *Umschütten* füllt Wasser von dem einen Behälter in den anderen, bis ersterer leer oder letzterer voll ist — je nachdem, was zuerst eintritt. Die Aktion *Ausleeren* endet mit dem Verlust von Wasser im jeweiligen Behälter.

   c. Von der Struktur dieses Problems her können wir einen Lösungsansatz verwenden, der keine eigenständigen Frame-Axiome benötigt. Wir verwenden einen einzelnen Zustandsdeskriptor $Quant(m, n)$, zur Angabe der Quantitäten der zwei Eimer. Die ersten beiden Axiome beschreiben die Wirkung der Leerungsaktion. Die anderen zwei Axiome beschreiben die Wirkung der Aktion des Umschüttens von Wasser von dem großen in den kleinen Eimer. Die Axiome für die umgekehrte Aktion lautet dann entsprechend.

$$T(Quant(m, n), s) \; \Longrightarrow \; T(Quant(0, n), Do(F, s))$$

$$T(Quant(m, n), s) \; \Longrightarrow \; T(Quant(m, 0), Do(E, s))$$

$$T(Quant(m, n), s) \; \wedge \; m \geq 2-n \; \wedge \; p = m+n-2 \Longrightarrow T(Quant(p, 2), Do(L, s))$$

$$T(Quant(m, n), s) \; \wedge \; m < 2-n \; \wedge \; q = 2-n-m \; \Longrightarrow \; T(Quant(0, p), Do(L, s))$$

   d. $[L, E, L, E, L]$.

   e. Der Beweis verläuft wie folgt. Zur Durchführung arithmetischer Berechnungen durchführen zu können, setzen wir procedurale attachment voraus.

$$\{\,T(Quant(5,0),S1)\,\}$$
$$\{\,\neg 5 \geq 2 - 0, \neg p = 5 + 0 - 2, T(Quant(p,2),Do(L,S1))\,\}$$
$$\{\,\neg p = 5 + 0 - 2, T(Quant(p,2),Do(L,S1))\,\}$$
$$\{\,T(Quant(3,2),Do(L,S1))\,\}$$
$$\{\,T(Quant(3,0),Do(E,Do(L,S1)))\,\}$$
$$\{\,\neg 3 \geq 2 - 0, \neg p = 3 + 0 - 2, T(Quant(p,2),Do(L,Do(L,Do(E,Do(L,S1)))))\,\}$$
$$\{\,\neg p = 3 + 0 - 2, T(Quant(p,2),Do(L,Do(E,Do(L,S1))))\,\}$$
$$\{\,T(Quant(1,2),Do(L,Do(E,Do(L,S1))))\,\}$$
$$\{\,T(Quant(1,0),Do(E,Do(L,Do(E,Do(L,S1)))))\,\}$$
$$\{\,\neg 1 < 2 - 0, q = 2 - 0 - 1, T(Quant(0,q),Do(L,Do(E,Do(L,Do(E,Do(L,S1))))))\,\}$$
$$\{\,\neg q = 2 - 0 - 1, T(Quant(0,q),Do(L,Do(E,Do(L,Do(E,Do(L,S1))))))\,\}$$
$$\{\,T(Quant(0,1),Do(L,Do(E,Do(L,Do(E,Do(L,S1))))))\,\}$$
$$\{\,T(Quant(0,1),Do([\,],Do(L,Do(E,Do(L,Do(E,Do(L,S1)))))))\,\}$$
$$\{\,T(Quant(0,1),Do([L],Do(E,Do(L,Do(E,Do(L,S1))))))\,\}$$
$$\{\,T(Quant(0,1),Do([E,L],Do(L,Do(E,Do(L,S1)))))\,\}$$
$$\{\,T(Quant(0,1),Do([L,E,L],Do(E,Do(L,S1))))\,\}$$
$$\{\,T(Quant(0,1),Do([E,L,E,L],Do(L,S1)))\,\}$$
$$\{\,T(Quant(0,1),Do([L,E,L,E],S1))\,\}$$

5. *Das 8-Puzzle.*

a. Da es für jedes Plättchen auf dem Gitter eine Konfiguartion existiert, gibt es 9! Zustände. Interessanterweise kann man die Zustände in zwei Teilmengen aufspalten, so daß keine Konfiguration aus der einen Teilmenge in eine Konfiguration der anderen Teilmenge überführen läßt.

b. Wir können vier Aktionen konzeptualisieren: das unbeschriftete Plättchen nach oben, nach unten, nach rechts und nach links zu schieben.

c. Die folgenden Axiome beschreiben die Aktion Up, das unbeschriftete Plättchen ein Quadrat nach oben zu schieben. Die Axiome für die anderen Axiome lauten entsprechend.

$$T(Loc(Blank,m,n),s) \wedge p = m - 1 \implies T(Loc(Blank,p,n),Do(Up,s))$$
$$T(Loc(t,m,n),s) \wedge p = m + 1 \implies T(Loc(t,p,n),Do(Up,s))$$

$$T(Loc(Blank,m,n),s) \ \wedge \ T(Loc(t,p,q),s) \ \wedge \ (m{\neq}p{+}1 \ \vee \ n{\neq}q)$$
$$\implies T(Loc(t,p,q),Do(Up,s))$$

d. [Up, Left, Down, Right].

e. Der Beweis verläuft wie folgt. Zur Durchführung arithmetischer Berechnungen setzen wir procedurale attachment voraus.

$\{T(Loc(2,1,1),S1)\}$

$\{T(Loc(8,1,2),S1)\}$

$\{T(Loc(1,2,1),S1)\}$

$\{T(Loc(Blank,2,2),S1)\}$

$\{\neg p{=}2{-}1, T(Loc(Blank,p,2),Do(Up,S1))\}$

$\{T(Loc(Blank,1,2),Do(Up,S1))\}$

$\{\neg p{=}1{+}1, T(Loc(8,p,2),Do(Up,S1))\}$

$\{T(Loc(8,2,2),Do(Up,S1))\}$

$\{\neg p{=}2{-}1, T(Loc(Blank,1,p),Do(Left,Do(Up,S1)))\}$

$\{T(Loc(Blank,1,1),Do(Left,Do(Up,S1)))\}$

$\{\neg T(Loc(t,p,q),Do(Up,S1)),1{=}p,$
$\quad T(Loc(t,p,q),Do(Left,Do(Up,S1)))\}$

$\{1{=}2, T(Loc(8,2,2),Do(Left,Do(Up,S1)))\}$

$\{T(Loc(8,2,2),Do(Left,Do(Up,S1)))\}$

$\{\neg p{=}1{+}1, T(Loc(Blank,p,1),Do(Down,Do(Left,Do(Up,S1))))\}$

$\{T(Loc(Blank,2,1),Do(Down,Do(Left,Do(Up,S1))))\}$

$\{\neg T(Loc(t,p,q),Do(Left,Do(Up,S1))),1{=}q,$
$\quad T(Loc(t,p,q),Do(Down,Do(Left,Do(Up,S1))))\}$

$\{1{=}2, T(Loc(8,2,2),Do(Down,Do(Left,Do(Up,S1))))\}$

$\{T(Loc(8,2,2),Do(Down,Do(Left,Do(Up,S1))))\}$

$\{\neg p{=}2{-}1, T(Loc(8,2,p),Do(Right,Do(Down,Do(Left,Do(Up,S1)))))\}$

$\{T(Loc(8,2,1),Do(Right,Do(Down,Do(Left,Do(Up,S1)))))\}$

$\{T(Loc(8,2,1),Do(\{\,\},Do(Right,Do(Down,Do(Left,Do(Up,S1))))))\}$

$\{T(Loc(8,2,1),Do(\{Right\},Do(Down,Do(Left,Do(Up,S1)))))\}$

$\{T(Loc(8,2,1),Do(\{Down,Right\},Do(Left,Do(Up,S1))))\}$

$\{T(Loc(8,2,1),Do(\{Left,Down,Right\},Do(Up,S1)))\}$

$\{T(Loc(8,2,1),Do(\{Up,Left,Down,Right\},S1))\}$

6. *Thermostat*. Der Ausdruck **Vorgabe=x** beschreibt die Menge der
   Zustände, wo die Vorgabe für den Thermostaten **x** ist. Der Ausdruck **Temp=x** beschreibt die Zustände, wo die Umgebungstemperatur **x** ist. Der Ausdruck **Ein** beschreibt die Zustände, wo
   der Ofen eingeschaltet und der Ausdruck **Aus** beschreibt die Zustände, wo der Ofen ausgeschaltet ist. Es gibt drei Aktionen:
   Start, Stop, Noop.

$$\text{Aus} \wedge \text{Vorgabe=g} \wedge \text{Temp=t} \wedge t < g-5 \longrightarrow \text{Start}$$
$$\text{Ein} \wedge \text{Vorgabe=g} \wedge \text{Temp=t} \wedge t > g+5 \longrightarrow \text{Stop}$$
$$1=1 \longrightarrow \text{Noop}$$

A.12 PLANEN

1. *Ziele*. Zuerst definieren wir Relationen, um das Spiel auf verschiedene Weise zu gewinnen. Anschließend trennen wir sie, um
   das Ziel zu definieren.

$$\text{Markiert}(i,1,x,s) \wedge \text{Markiert}(i,2,x,s) \wedge \text{Markiert}(i,3,x,s)$$
$$\Longleftrightarrow \text{Horizontal}(x,s)$$
$$\text{Markiert}(1,j,x,s) \wedge \text{Markiert}(2,j,x,s) \wedge \text{Markiert}(3,j,x,s)$$
$$\Longleftrightarrow \text{Vertikal}(x,s)$$
$$\text{Markiert}(1,1,x,s) \wedge \text{Markiert}(2,2,x,s) \wedge \text{Markiert}(3,3,x,s)$$
$$\Longleftrightarrow \text{Diagontal1}(x,s)$$
$$\text{Markiert}(1,3,x,s) \wedge \text{Markiert}(2,2,x,s) \wedge \text{Markiert}(3,1,x,s)$$
$$\Longleftrightarrow \text{Diagontal2}(x,s)$$
$$\text{Horizontal}(X,s) \vee \text{Vertikal}(X,s) \vee \text{Diagonal1}(X,s)$$
$$\vee \text{Diagonal2}(X,s)$$
$$\Longleftrightarrow \text{Goal}(s)$$

2. *Bedingte Pläne*. Die folgenden Axiome beschreiben die Wirkung
   der zwei Operatoren.

$$T(\text{Auf}(x,y),s) \Longrightarrow T(\text{Auf}(y,x),\text{Do}(F(x,y),s))$$
$$T(\text{Auf}(x,y),\text{Do}(L(x,y),s)) \vee T(\text{Auf}(y,x),\text{Do}(L(x,y),s))$$

Im Ausgangszustand stehen beide Klötzchen auf dem Tisch und
sind unbedeckt.

$$T(Frei(A),S1)$$

$$T(Tisch(A),S1)$$

$$T(Frei(B),S1)$$

$$T(Tisch(B),S1)$$

Das Ziel ist, Klötzchen **A** auf Klötzchen **B** zu stellen.

$$T(Auf(A,B),s) \iff Goal(s)$$

Die Ableitung verläuft folgendermaßen

$\{\neg Goal(Do(a,S1)),Ans(a)\}$

$\{\neg T(Auf(A,B),Do(a,S1)),Ans(a)\}$

$\{\neg T(Auf(A,B),Do(1,Do(a,S1))),Ans(a.1)\}$

$\{\neg T(Auf(A,B),Do(1,Do(b,Do(a,S1)))),Ans(a.(b.1))\}$

$\{\neg T(Auf(A,B),Do(b,Do(a,S1))),Ans([a,b])\}$

$\{\neg T(p,Do(a,S1)),\neg T(Auf(A,B),Do(c,Do(a,S1))),Ans([a,If(p,c,d)])\}$

$\{\neg T(p,Do(a,S1)),\neg T(Auf(B,A),Do(a,S1)),Ans([a,If(p,F(B,A),d)])\}$

$\{\neg T(Auf(B,A),Do(a,S1)),Ans([a,If(Auf(B,A),F(B,A),d)])\}$

$\{T(p,Do(a,S1)),\neg T(Auf(A,B),Do(d,Do(a,S1))),Ans([a,If(p,c,d)])\}$

$\{T(p,Do(a,S1)),\neg T(Auf(A,B),Do(a,S1)),Ans([a,If(p,c,Noop)])\}$

$\{T(p,Do(L(A,B),S1)),T(Auf(B,A),Do(L(A,B),S1)),$
  $Ans([L(A,B),If(p,c,Noop)])\}$

$\{T(Auf(B,A),Do(L(A,B),S1)),Ans([L(A,B),If(Auf(B,A),c,Noop)])\}$

$\{Ans([L(A,B),If(Auf(B,A),F(B,A),d)]),$
  $Ans([L(A,B),If(Auf(B,A),c,Noop)])\}$

$\{Ans([L(A,B),If(Auf(B,A),F(B,A),Noop)])\}$

3. *Wassereimer-Problem.* Obwohl wir bei der Lösung des Problems
   auch Backward-Planen einsetzen könnten, benutzen wir bei der
   folgenden Lösung Forward-Planen. Dies ist keine schlechte Strategie, denn bei diesem Problem ist die Anzahl der zu durchsuchenden Suchzweige (der sog. *Branching-Faktor*) sehr klein.

   $\{T(Quant(5,0),S1)\}$

   $\{Goal(Do(a,S1)),Ans(a)\}$

$\{\neg 5 \geq 2 - 0, \neg p = 5 + 0 - 2, T(Quant(p, 2), Do(L, S1))\}$

$\{\neg p = 5 + 0 - 2, T(Quant(p, 2), Do(L, S1))\}$

$\{T(Quant(3, 2), Do(L, S1))\}$

$\{T(Quant(3, 0), Do(E, Do(L, S1)))\}$

$\{\neg 3 \geq 2 - 0, \neg p = 3 + 0 - 2, T(Quant(p, 2), Do(L, Do(L, Do(E, Do(L, S1)))))\}$

$\{\neg p = 3 + 0 - 2, T(Quant(p, 2), Do(L, Do(E, Do(L, S1))))\}$

$\{T(Quant(1, 2), Do(L, Do(E, Do(L, S1))))\}$

$\{T(Quant(1, 0), Do(E, Do(L, Do(E, Do(L, S1)))))\}$

$\{\neg 1 < 2 - 0, q = 2 - 0 - 1, T(Quant(0, q), Do(L, Do(E, Do(L, Do(E, Do(L, S1))))))\}$

$\{\neg q = 2 - 0 - 1, T(Quant(0, q), Do(L, Do(E, Do(L, Do(E, Do(L, S1))))))\}$

$\{T(Quant(0, 1), Do(L, Do(E, Do(L, Do(E, Do(L, S1))))))\}$

$\{T(Quant(0, 1), Do([\,], Do(L, Do(E, Do(L, Do(E, Do(L, S1)))))))\}$

$\{T(Quant(0, 1), Do([L], Do(E, Do(L, Do(E, Do(L, S1))))))\}$

$\{T(Quant(0, 1), Do([E, L], Do(L, Do(E, Do(L, S1)))))\}$

$\{T(Quant(0, 1), Do([L, E, L], Do(E, Do(L, S1))))\}$

$\{T(Quant(0, 1), Do([E, L, E, L], Do(L, S1)))\}$

$\{T(Quant(0, 1), Do([L, E, L, E, L], S1))\}$

$\{\neg T(Quant(m, 1), Do(a, S1)), Ans(a)\}$

$\{Ans([L, E, L, E, L])\}$

A.13 ARCHITEKTUREN INTELLIGENTER AGENTEN

1. *Labyrinth-Welt*. Die Handlungen des Agenten lassen sich in zwei
   Phasen einteilen. Die erste Phase betrifft den Versuch, den
   Karren in die linke obere Ecke zu bringen, um von dort die
   Suche nach dem Gold zu beginnen. Die zweite Phase betrifft die
   Suche nach dem Gold und den Versuch, es zum Ausgang zu trans-
   portieren. Der interne Zustand des Agenten ist eine Zahl, die
   die jeweilige Phase angibt. Die *action* und *internal* Funktionen
   sind in den folgenden Tabellen zusammengefaßt. Fehlende Tabel-
   leneinträge sind ausgeschlossen.

| Zeile | Spalte | Phase = 1 | | Phase = 2 | | |
		Gleiche Zelle	Irgendwo sonst	Im Karren	Gleiche Zelle	Irgendwo sonst
1	1	2	2	2	2	2
1	2	2	1	2	2	2
1	3	2	1	2	2	2
2	1	2	1	2	2	2
2	2	2	1	2	2	2
2	3	2	1	2	2	2
3	1	2	1	2	2	2
3	2	2	1	2	2	2
3	3	1	1	2	2	

| Zeile | Spalte | Phase = 1 | | Phase = 2 | | |
		Gleiche Zelle	Irgendwo sonst	Im Karren	Gleiche Zelle	Irgendwo sonst
1	1	beladen	noop	rechts	beladen	rechts
1	2	beladen	links	rechts	beladen	rechts
1	3	beladen	links	unten	beladen	unten
2	1	beladen	oben	rechts	beladen	unten
2	2	beladen	oben	rechts	beladen	links
2	3	beladen	oben	unten	beladen	links
3	1	beladen	oben	rechts	beladen	rechts
3	2	beladen	oben	rechts	beladen	rechts
3	3	noop	oben	entladen	noop	

2. *Turing-Maschinen*. Unterstreichungen in einer Bit-Kette geben die Position des Schreib-/Lese-Kopfes an.

$$I = \{0\}$$

$$S = \{b_1 \ldots b_{i-1} \underline{b_i} b_{i+1} \ldots\}$$

$$T = \{0, 1\}$$

$$A = \{0L, 0R, 1L, 1R\}$$

$$see(b_1 \ldots b_{i-1} \underline{b_i} b_{i+1} \ldots) = b_i$$

$$do(0L, b_1 \ldots b_{i-1} \underline{1} b_{i+1} \ldots) = \underline{b_{i-1}} \ldots 0 b_{i+1} \ldots$$

$$action(0, 0) = 1R$$

$$action(0, 1) = 0R$$

$$internal(0, b) = 0$$

3. *Planen*.

$$action(\Delta, n, t) \in \{a \mid \Delta \cup obsrecord(n, t)$$

$$\vdash \mathrm{Goal}(\mathrm{Do}(e(a), \mathrm{Ext}(e(n))))\}$$

LITERATURVERZEICHNIS

[AAAI 1980]   *Proceedings of the First Annual National Conference on Artificial Intelligence.* Stanford University, 1980. Los Altos, CA: Morgan Kaufmann, 1980.

[AAAI 1982]   *Proceedings of the National Conference on Artificial Intelligence.* Pittsburgh, PA, 1982. Los Altos, CA: Morgan Kaufmann, 1982.

[AAAI 1983]   *Proceedings of the National Conference on Artificial Intelligence.* Washington, DC, 1983. Los Altos, CA: Morgan Kaufmann, 1983.

[AAAI 1984]   *Proceedings of the National Conference on Artificial Intelligence.* University of Texas at Austin, 1984. Los Altos, CA: Morgan Kaufmann, 1984.

[AAAI 1986]   *Proceedings of the National Conference on Artificial Intelligence.* University of Pennsylvania, 1986. Los Altos, CA: Morgan Kaufmann, 1986.

[Adams 1975]   Adams, E.W. und Levine, H.F.: "On the Uncertainties Transmitted from Premises to Conclusions in Deductive Inferences". *Synthese,* 30: 429-460, 1975.

[Allen 1983]   Allen, J.F.: "Maintaining Knowledge About Temporal Intervals". *Communications of the Association on Computing Machinery,* 26(11): 832-843, 1983.

[Allen 1984]   Allen, J.F.: "Towards a General Theory of

Action and Time". *Artifical Intelligence*, 23(2): 123-154, 1984.

[Allen 1985a]   Allen, J.F. und Kautz,H.: "A Model of Naive Temporal Reasoning". In: Hobbs, J.R. und Moore, R.C. (Hrsg.): *Formal Theories of the Commonsense World*. Norwood, NJ: Ablex, 1985, pp. 251-268.

[Allen 1985b]   Allen, J.F. und Hayes, P.J.: "A Common-Sense Theory of Time". *Proceedings of the Ninth International Joint Conference on Artifical Intelligence*. Los Angeles, CA, 1985. Los Altos, CA: Morgan Kaufmann, 1985, pp. 528-531.

[Anderson 1973]   Anderson, J. und Bower, G.: *"Human Associative Memory*. Washington, DC: Winston, 1973. (*2.Aufl. 1974.)

[Angluin 1983]   Angluin, D. und Smith, C.: "Inductive Inference: Theory and Methods". *Cognitive Science* 15(3): 237-269, 1983.

[Appelt 1985a]   Appelt, D.: "Planning English Referring Expressions". *Artificial Intelligence*, 26(1): 1-33, 1985. (Auch erschienen in: Grosz, B., Jones, K.: und Webber, B. (Hrsg.): *Readings in Natural Language Processing*. Los Altos, CA: Morgan Kaufmann, 1986, pp. 501-517.)

[Appelt 1985b]   Appelt, D.: *Planning English Sentences*. Cambridge, UK: Cambridge University Press, 1985 (Ph.D. Dissertation).

[Ballantyne 1977] Ballantyne, A.M. und Bledsoe, W.W.: "Automatic Proofs of Theorems in Analysis Using Non-Standard Techniques". *Journal of the Association for Computing Machinery*, 24(3): 353-374, 1977.

[Barr 1982]   Barr, A. und Feigenbaum, E. (Hrsg.): *The Handbook of Artificial Intelligence*. Bd. I und II. Reading, MA: Addison-Wesley, 1981 und 1982. (Bd. I rezensiert von F.Hayes in: *Artificial Intelligence*, 18(3): 369-371, 1982.)

[Bledsoe 1977]   Bledsoe, W.W.: "Non-Resolution Theorem Proving". *Artificial Intelligence*, 9(1): 1-35, 1977. (Auch erschienen in: Webber, B.L. und Nilsson, N.J. (Hrsg.): *Readings in Artifi-*

cial Intelligence. Los Altos, CA: Morgan Kaufmann, 1981.)

[Bobrow 1974] Bobrow, D. und Raphael, B.: "New Programming Languages for Artificial Intelligence Research". *Association for Computing Machinery Surveys*, 6: 153-174, 1974.

[Bobrow 1977] Bobrow, D. und Winograd, T.: "Overview of KRL, a Knowledge Representation Language". *Cognitive Science*, 1(1): 3-46, 1977. (Auch erschienen in: Brachman, R. und Levesque, H. (Hrsg.): *Readings in Knowledge Representation*. Los Altos, CA: Morgan Kaufmann, 1985.)

[Bobrow 1979] Bobrow, D. und Winograd, T.: "KRL: Another Perspective". *Cognitive Science*, 3(1): 29-42, 1979.

[Bobrow 1980] Bobrow, D.: *Special Volume on Non-Monotonic Reasoning. Artificial Intelligence*, 13(1-2), 1980.

[Bobrow 1984] Bobrow, D.: *Special Volume on Qualitative Reasoning about Physical Systems. Artificial Intelligence*, 24(1-3), 1984. (Ebenso veröffentlicht als Bobrow, D.: *Qualitative Reasoning about Physical Systems*. Cambridge, MA: MIT Press, 1985.)

[Bobrow 1985] Bobrow, D. und Hayes, P.J.: "Artificial Intelligence — Where Are We?. *Artificial Intelligence*, 25(3): 375-415, 1985.

[Boden 1977] Boden, M.A.: *Artificial Intelligence and Natural Man*. New York: Basic Books, 1977.

[Boyer 1971] Boyer, R.S.: *Locking: A Restriction of Resolution*. Austin, TX: University of Texas at Austin, 1971. (Ph.D. Dissertation).

[Boyer 1979] Boyer, R.S. und Moore, J.S.: *A Computational Logic*. New York: Academic Press, 1979.

[Brachman 1979] Brachman, R.: "On the Epistemological Status of Semantic Networks". In: Findler, N. (Hrsg.): *Associative Networks: Representation and Use of Knowledge by Computers*. New York: Academic Press, 1979, pp. 3-50. (Auch erschienen in: Brachman, R. und Levesque, H. (Hrsg.): *Readings in Knowledge Representa-*

	tion. Los Altos, CA: Morgan Kaufmann, 1985.)
[Brachman 1983a]	Brachman, R.: Fikes, R. und Levesque, H.: "KRYPTON": A Functional Approach to Knowledge Representation". *IEEE Computation*, 16(10): 67-73, 1983. (Auch erschienen in: Brachman, R. und Levesque, H. (Hrsg.): *Readings in Knowledge Representation*. Los Altos, CA: Morgan Kaufmann, 1985.)
[Brachman 1983b]	Brachman, R.: Fikes, R. und Levesque, H.: "KRYPTON": Integrating Terminology and Assertion". *Proceedings of the National Conference on Artificial Intelligence*, Washington, DC, 1983. Los Altos, CA: Morgan Kaufmann, 1983, pp. 31-35.
[Brachman 1983c]	Brachman, R.: "What Is-a Is and Isn't: An Analysis of Taxonomic Links in Semantic Networks". *IEEE Computation*, 16(10): 30-36, 1983.
[Brachman 1985a]	Brachman, R.: Gilbert, V.: und Levesque, H.: "An Essential Hybrid Reasoning System: Knowledge and Symbol Level Accounts of KRYPTON". *Proceedings of the Ninth International Conference of Artificial Intelligence*. Los Altos, CA: Morgan Kaufmann, 1985, pp. 532-539.
[Brachman 1985b]	Brachman, R. und Levesque, H.: *Readings in Knowledge Representation*. Los Altos, CA: Morgan Kaufmann, 1985.
[Brachman 1985c]	Brachman, R. und Schmolze, J.: "An Overview of the KL-ONE Knowledge Representation System". *Cognitive Science*, 9(2): 171-216, 1985.
[Brooks 1985]	Brooks, R.: "A Robust Layered Control System for a Mobile Robot". Memo 864. Cambridge, MA: Massachusetts Institute of Technology, Artificial Intelligence Laboratory, 1985.
[Brownston 1985]	Brownston, L.: et al.: *Programming Expert Systems in OPS5: An Introduction to Rule-Based Programming*. Reading, MA: Addison-Wesley, 1985.
[Buchanan 1976]	Buchanan, B.G.: "Scientific Theory Formation by Computer". In: Simon, J.C. (Hrsg.):

Computer Orientied Learning Processes. Leyden: Noordhoff, 1976.

[Buchanan 1984]   Buchanan, B.G. und Shortliffe, E.H.: *Rule-Based Expert Systems: The MYCIN Experiments of the Stanford Heuristic Programming Project.* Reading, MA: Addison-Wesley, 1984. (Rezensiert von W.R. Swartout in: *Artificial Intelligence,* 26(3): 364-366, 1985.)

[Campbell 1982]   Campbell, A.N.: et al.: "Recognition of a Hidden Mineral Deposit by an Artificial Intelligence Program". *Science,* 217(4563): 927-929, 1982.

[Carnap 1950]   Carnap, R.: "The Two Concepts of Probability". In: Carnap, R.: *Foundations of Probability.* Chicago, IL: University of Chicago Press, 1950, pp. 19-51.

[Chang 1973]   Chang, C.L. und Lee, R.C.T.: *Symbolic Logic and Mechanical Theorem Proving.* New York: Academic Press, 1973.

[Chang 1979a]   Chang, C.L. und Slagle, J.R.: "Using Rewriting Rules for Connection Graphs to Prove Theorems". *Artificial Intelligence,* 12(2): 159-178, 1979. (Auch erschienen in: Webber, B.L. und Nilsson, N.J. (Hrsg.): *Readings in Artificial Intelligence.* Los Altos, CA: Morgan Kaufmann, 1981.)

[Chang 1979b]   Chang, C.L.: "Resolution Plans in Theorem Proving". *Proceedings of the Sixth International Conference of Artificial Intelligence.* Los Altos, CA: Morgan Kaufmann, 1979, pp. 143-148.

[Chapman 1985]   Chapman, D.: "Planning for Conjunctive Goals". Technical Report 83-85. Cambridge, MA: Massachusetts Institute of Technology, Artificial Intelligence Laboratory, 1985 (M.S. Thesis).

[Charniak 1979]   Charniak, E.: Riesbeck, C. und McDermott, D.: *Artificial Intelligence Programming.* Hillsdale, NJ: Lawrence Erlbaum Associates, 1979.

[Charniak 1984]   Charniak, E. und McDermott, D.: *Introduction to Artificial Intelligence.* Reading, MA: Addison-Wesley, 1984.

[Cheeseman 1983]   Cheeseman, P.: "A Method of Computing Generalized Bayesian Probability Values for Expert Systems". *Proceedings of the Eighth International Joint Conference of Artificial Intelligence.* Karlsruhe, 1983. Los Altos, CA: Morgan Kaufmann, 1983, pp. 198-202.

[Clancey 1983]   Clancey, W.J.: "The Advantages of Abstract Control Knowledge in Expert System Design". *Proceedings of the National Conference on Artificial Intelligence.* Washington, DC, 1983. Los Altos, CA: Morgan Kaufmann, pp. 74-78.

[Clancey 1984]   Clancey, W.J. und Shortliffe, E.H. (Hrsg.): *Readings in Medical Artificial Intelligence: The First Decade.* Reading, MA: Addison-Wesley, 1984.

[Clark 1978]   Clark, K.: "Negation as Failure". In: Gallaire H. und Minker J. (Hrsg.): *Logic and Data Bases.* New York: Plenum Press, 1978, pp. 293-322.

[Clocksin 1981]   Clocksin, M. und Mellish, C.: *Programming in PROLOG.* New York: Springer-Verlag, 1981. (*3.rd. rev.and ext. ed. 1987.)

[Cohen 1979]   Cohen, P.R. und Perrault, C.R.: "Elements of a Plan-Based Theory of Speech Acts". *Cognitive Science*, 3(3): 177-212, 1979, (Auch erschienen in: Webber, B.L. und Nilsson, N.J. (Hrsg.): *Readings in Artificial Intelligence.* Los Altos, CA: Morgan Kaufmann, 1981. Auch erschienen in: Grosz, B.: Jones, K.: und Webber, B. (Hrsg.): *Readings in Natural Language Processing.* Los Altos, CA: Morgan Kaufmann, 1986, pp. 423-440.)

[Cohen 1982]   Cohen, P.R. und Feigenbaum, E.A. (Hrsg.) *The Handbook of Artificial Intelligence*, Bd. III. Reading, MA: Addison-Wesley, 1982.

[Collins 1967]   Collins, N.L. und Michie, D. (Hrsg.): *Machine Intelligence 1.* Edinburgh, UK: Edinburgh University Press, 1967.

[Colmerauer 1973]   Colmerauer, A.: et al.: "Un Système de Communication Homme-Machine en Français". Research Report. Frankreich: Université Aix-Marseille II, Groupe d'Intelligence Artificielle, 1973.

[Dale 1968]   Dale, E. und Michie, D. (Hrsg.) *Machine Intelligence 2*. Edinburgh, UK: Edinburgh University Press, 1968.

[Davis 1960]   Davis, M. und Putnam, H.: "A Computing Procedure for Quantification Theory". *Journal of the Association for Computing Machinery*, 7(3): 201-215, 1960.

[Davis 1976]   Davis, R.: "Applications of Meta-Level Knowledge to the Construction, Maintenance and Use of Large Knowledge Bases". Memo 283. Stanford, CA: Stanford University, Artificial Intelligence Laboratory, 1976 (Ph.D. Dissertation).

[Davis 1977]   Davis, R. und Buchanan, B.: "Meta-Level Knowledge: Overview and Applications". *Proceedings of the Fifth International Joint Conference of Artificial Intelligence*. MIT, Cambridge, MA, 1977. Los Altos, CA: Morgan Kaufmann, 1977, pp. 920-927. (Auch erschienen in: Brachman, R. und Levesque, H. (Hrsg.): *Readings in Knowledge Representation*. Los Altos, CA: Morgan Kaufmann, 1985.)

[Davis 1980]   Davis, M.: "The Mathematics of Non-Monotonic Reasoning". *Artificial Intelligence*, 13(1-2): 73-80, 1980.

[DeFinetti 1974]   DeFinetti, B.: *Theory of Probability*. Bd. I und II. New York: John Wiley and Sons, 1974.

[deKleer 1984]   deKleer, J. und Brown, J.S.: "A Qualitative Physics Based on Confluences". *Artificial Intelligence*, 24(1-3): 7-83, 1984. (Auch erschienen in: Hobbs, J.R. und Moore, R.C. (Hrsg.): *Formal Theories of the Commonsense World*. Norwood, NJ: Ablex, 1985.)

[Deliyani 1979]   Deliyani, A. und Kowalski, R.: "Logic and Semantic Networks". *Communications of the Association for Computing Machinery*, 22(3): 184-192, 1979.

[Dempster 1968]   Dempster, A.P.: "A Generalization of Bayesian Inference". *Journal of the Royal*

Statistical Society, Series B, 30(2):205-247, 1968.

[Dennett 1986]   Dennett, "Cognitive Wheels: The Frame Problem of Artificial Intelligence". In: Hookway, C. (Hrsg.): *Minds, Machines, and Evolution*. Cambridge, UK: Cambridge University Press, 1986.

[Doyle 1980]   Doyle, J.: "A Model of Deliberation, Action, and Introspection". Technical Report TR-581. Cambridge, MA: Massachusetts Institute of Technology, Artificial Intelligence Laboratory, 1980.

[Drapkin 1986]   Drapkin, J. und Perlis, D.: "Step Logics: An Alternative Approach to Limited Reasoning". *Proceedings of the Seventh European Conference on Artificial Intelligence*. Brighton, UK. London, UK: Conference Services Limited, 1986, pp. 160-163.

[Dreyfus 1972]   Dreyfus, H.L.: *What Computers Can't Do: A Critique of Artificial Reason*. New York: Harper & Row, 1972, (Eine überarbeitete Fassung von "Alchemy and Artificial Intelligence". Paper P-3244. The RAND Corporation, 1965.) (*Dtsch. Übers.: Was Computer nicht können: Die Grenzen der künstlichen Intelligenz. Königstein: Athenäum, 1985.)

[Dreyfus 1981]   Dreyfus, H.: "From the Micro-Worlds to Knowledge Representation: AI an Impasse". In: Haugeland, J. (Hrsg.): *Mind Design*. Cambridge, MA: MIT Press, 1981, pp. 161-204. (Auch erschienen in: Brachman, R. und Levesque, H. (Hrsg.): *Readings in Knowledge Representation*. Los Altos, CA: Morgan Kaufmann, 1985.)

[Dreyfus 1986]   Dreyfus, H.L. und Dreyfus, S.E.: *Mind Over Machine: The Power of Human Intuition and Expertise in the Era of the Computer*. New York: The Free Press, 1986. (*Dtsch. Übers.: Künstliche Intelligenz. Von den Grenzen der Denkmaschine und dem Wert der Intuition. Reinbek b. Hamburg: Rowohlt, 1987.)

[Duda 1976]   Duda, R.O.: Hart, P.E. und Nilsson, N.J.: "Subjective Bayesian Methods for Rule-Based

Inference Systems". *Proceedings 1976 National Computer Conference*. Bd. 45, Arlington, VA: American Federation of Information Processing Societies, 1976, pp. 1075-1082. (Auch erschienen in: Webber, B.W. und Nilsson, N.J. (Hrsg.): *Readings in Artificial Intelligence*. Los Altos, CA: Morgan Kaufmann, 1981, pp. 192-199.)

[Duda 1978]   Duda, R.O.: et al.: "Semantic Network Representations in Rule-Based Inference Systems". In: Waterman, D. and Hayes-Roth, F. (Hrsg.): *Pattern-Directed Inference Systems*. New York: Academic Press, 1978, pp. 203-221.

[Duda 1984]   Duda, R.O. and Reboh, R.: "AI and Decision Making: The PROSPECTOR Experience". In: Reitman, W. (Hrsg.): *Artificial Intelligence Applications for Business*. Norwood, NJ: Ablex, 1984, pp. 111-147.

[Elcock 1977]   Elcock, E. und Michie, D. (Hrsg.): *Machine Intelligence 8: Machine Representations of Knowledge*. Chichester, UK: Ellis Horwood, 1977.

[Enderton 1972]   Enderton, H.B.: *A Mathematical Introduction to Logic*. New York: Academic Press, 1972.

[Erman 1982]   Erman, L.D.: et al.: "The Hearsay-II Speech-Understanding Systems: Integrating Knowledge to Resolve Uncertainty". (Auch erschienen in: Webber, B.W. und Nilsson, N.J. (Hrsg.): *Readings in Artificial Intelligence*. Los Altos, CA: Morgan Kaufmann, 1981, pp. 349-389.

[Etherington 1985] Etherington, D.: Mercer, R. und Reiter, R.: "On the Adequacy of Predicate Circumscription for Closed-World Reasoning". *Computational Intelligence*, 1(1): 11-15, 1985.

[Etherington 1986] Etherington, D.: *Reasoning with Incomplete Information*. Vancouver, BC: University of British Columbia, 1986 (Ph.D. Dissertation).

[Fagin 1985]   Fagin, R. und Halpern, J.: "Belief, Awareness and Limited Reasoning". *Proceedings of the Ninth International Joint Conference of Artificial Intelligence*. Los

Angeles, 1985. Los Altos, CA: Morgan Kaufmann, 1985, pp. 491-501.

[Feigenbaum 1963]   Feigenbaum, E. und Feldman, J. (Hrsg.): *Computers and Thought*. New York: McGraw-Hill, 1963.

[Feldman 1977]   Feldman, J.A. und Sproull, R.F.: "Decision Theory and Artificial Intelligence II: The Hungry Monkey". *Cognitive Science*, 1(2): 158-192, 1977.

[Fikes 1971]   Fikes, R.E und Nilsson, N.J.: "STRIPS: A New Approach to the Application of Theorem Proving to Problem Solving". *Artificial Intelligence*, 2(3-4): 189- 208, 1971.

[Fikes 1972]   Fikes, R.E.: Hart, P.E. und Nilsson, N.J.: "Learning and Executing Generalized Robot Plans". *Artificial Intelligence*, 3(4): 251-288, 1972. (Auch erschienen in: Webber, B.W. und Nilsson, N.J. (Hrsg.): *Readings in Artificial Intelligence*. Los Altos, CA: Morgan Kaufmann, 1981.)

[Filman 1984]   Filman, R.E. und Friedman, D.P.: *Coordinated Computing: Tools and Techniques for Distributed Software*. New York: McGraw-Hill, 1984.

[Findler 1979]   Findler, N.V. (Hrsg.): *Associative Networks —— The Representation and Use of Knowledge in Computers*. New York: Academic Press, 1979.

[Forgy 1981]   Forgy, C.L.: "The OPS5 Users Manual". Technical Report CMU-CS-79-132. Pittsburgh, PA: Carnegie-Mellon University, Computer Science Department, 1981.

[Frege 1879]   Frege, G.: "Begriffsschrift, a Formula Language Modelled upon that of Arithmetic, for Pure Thought". (1879), in: van Heijenoort, J. (Hrsg.): *From Frege to Gödel: A Source Book In Mathematical Logic, 1873-1931*. Cambridge, MA: Harvard University Press, 1967, pp. 1-82.

(*In Dtsch. erschienen in: Frege, G.: *Begriffsschrift und andere Aufsätze*. Hrsg. von Angelleli, I. Olms, 2. Aufl. 1971.)

[Gallaire 1978]   Gallaire, H. und Minker, J. (Hrsg.): *Logic and Databases*. New York: Plenum Press, 1978.

[Galler 1970]   Galler, B. und Perlis, A.: *A View of Programming Languages*. Reading, MA: Addison-Wesley, 1970.

[Gardner 1982]   Gardner, M.: *Logic Machines and Diagrams* (2.Aufl.). Chicago, IL: University of Chicago Press, 1982.

[Garvey 1981]   Garvey, T.: Lowrance, J. und Fischler, M.: "An Inference Technique for Integrating Knowledge from Disparate Sources". *Proceedings of the Seventh International Joint Conference of Artificial Intelligence*. Vancouver, 1981. Los Altos, CA: Morgan Kaufmann, 1981, pp. 319-325. (Auch erschienen in: Brachman, R. und Levesque, H. (Hrsg.): *Readings in Knowledge Representation*. Los Altos, CA: Morgan Kaufmann, 1985.)

[Geissler 1986]   Geissler, C. und Konolige, K.: "A Resolution Method for Quantified Modal Logics of Knowledge and Belief". In: Halpern, J.Y. (Hrsg.): *Theoretical Aspects of Reasoning About Knowledge*. Los Altos, CA: Morgan Kaufmann, 1986.

[Gelfond 1986]   Gelfond, M.: Przymusinska, H.: Przymusinski, T.: "The Extended Closed-World Assumption and Its Relationship to Parallel Circumscription". *Proceedings of the Association for Computing Machinery SIGACT-SIGMOD Symposium on Principles of Database Systems*. New York: Association for Computing Machinery, 1986, pp. 133-139.

[Genesereth 1979]   Genesereth, M.R.: "The Role of Plans in Automated Consultation". *Proceedings of the Sixth International Joint Conference of Artificial Intelligence*. Los Altos, CA: Morgan Kaufmann, 1979, pp. 311-319.

[Genesereth 1982]   Genesereth, M.R.: "An Introduction to MRS for AI Experts". Technical Report HPP-82-27. Stanford, CA: Stanford University, Department of Computer Science, Heuristic Programming Project, 1982.

<table>
<tr><td>[Genesereth 1983]</td><td>Genesereth, M.R.: "An Overview of Metalevel Architecture". Proceedings of the National Conference on Artificial Intelligence, Washington, DC, 1983. Los Altos, CA: Morgan Kaufmann, 1983, pp. 119-123.</td></tr>
<tr><td>[Genesereth 1984]</td><td>Genesereth, M.R.: "The Use of Design Descriptions in Automated Diagnosis". Artificial Intelligence, 24(1-3): 411-436, 1984.</td></tr>
<tr><td>[Genesereth 1987a]</td><td>Genesereth, M.R.: "Introspective Fidelity". Technical Report Logic-87-1. Stanford, CA: Stanford University, Logic Group, 1987.</td></tr>
<tr><td>[Genesereth 1987b]</td><td>Genesereth, M.R.: Deliberate Agents". Technical Report Logic-87-2. Stanford, CA: Stanford University, Logic Group, 1987.</td></tr>
<tr><td>[Georgeff 1984]</td><td>Georgeff, M.P.: "A Theory of Action for Multi-Agent Planning". Proceedings of the National Conference on Artificial Intelligence, Austin, TX. Los Altos, CA: Morgan Kaufmann, 1984, pp. 121-125.</td></tr>
<tr><td>[Georgeff 1985]</td><td>Georgeff, M.P. und Lansky, A.L.: "A System for Reasoning in Dynamic Domains: Fault Diagnosis on the Space Shuttle". Technical Note 375. Menlo Park, CA: SRI International, Artificial Intelligence Center, 1985.</td></tr>
<tr><td>[Georgeff 1987a]</td><td>Georgeff, M.P. und Lansky, A. (Hrsg.): Reasoning About Actions and Plans. Los Altos, CA: Morgan Kaufmann, 1987.</td></tr>
<tr><td>[Georgeff 1987b]</td><td>Georgeff, M.P.: "Planning". In: Annual Review of Computer Science (im Druck).</td></tr>
<tr><td>[Georgeff 1987c]</td><td>Georgeff, M.P.: "Actions, Processes, and Causality". In: Georgeff, M.P und Lansky, A. (Hrsg.): Reasoning About Actions and Plans. Los Altos, CA: Morgan Kaufmann, 1987, pp. 99-122.</td></tr>
<tr><td>[Gödel 1930]</td><td>Gödel, K.: "Die Vollständigkeit der Axiome des Logischen Funktionenkalküls". Monatshefte für Mathematik und Physik, 37: 349-360, 1930.</td></tr>
<tr><td>[Gödel 1931]</td><td>Gödel, K.: "Über Formal Unentscheidbare Sätze der Principia Mathematica und Verwandter Systeme I". Monatshefte für Mathematik und Physik, 38: 173-198, 1931. (Für</td></tr>
</table>

eine verständliche Einführung vgl. Nagel, E. und Newman, J.: *Gödels Proof*. New York: New York University Press, 1958.)

[Goldstein 1979]   Goldstein, I.P. und Roberts, R.B.: "Using Frames in Scheduling". In: Winston, P.H. und Brown, R.H. (Hrsg.): *Artificial Intelligence: An MIT Perspective*, Bd. I. Cambridge, MA: MIT Press, 1979, pp. 251-284.

[Green 1969a]   Green, C.: "Application of Theorem Proving to Problem Solving". *Proceedings of the Firsth International Joint Conference of Artificial Intelligence*. Washington, DC, 1969. Los Altos, CA: Morgan Kaufmann, 1969, pp. 219-239. (Auch erschienen in: Webber, B.W. und Nilsson, N.J. (Hrsg.): *Readings in Artificial Intelligence*. Los Altos, CA: Morgan Kaufmann, 1981.)

[Green 1969b]   Green, C.: "Theorem-Proving by Resolution as a Basis for Question-Answering System". In: Metzer, B. und Michie, D. (Hrsg.): *Machine Intelligence 4*. Edinburgh, UK: Edinburgh University Press, 1969, pp. 183-205.

[Grosof 1984]   Grosof, B.N.: "Default Reasoning as Circumscription". *Proceedings of the Workshop on Non-Monotonic Reasoning*, New Paltz, NY, 1984. Menlo Park, CA: AAAI, 1984.

[Grosof 1986a]   Grosof, B.N.: "An Inequality Paradigm for Probabilistic Knowledge". In: Kanal, L.N. und Lemmer, J.F. (Hrsg.): *Uncertainty in Artificial Intelligence*. New York: North-Holland, 1986, pp. 259-275.

[Grosof 1987b]   Grosof, B.N.: "Evidential Confirmation as Transformed Probability". In: Kanal, L.N. und Lemmer, J.F. (Hrsg.): *Uncertainty in Artificial Intelligence*. New York: North-Holland, 1986, pp. 153-166.

[Grosz 1986]   Grosz, B.J.: Jones, K.S. und Webber, B.L.: (Hrsg.): *Readings in Natural Language Processing*. Los Altos, CA: Morgan Kaufmann, 1986.

[Haas 1986]   Haas, A.R.: "A Syntactic Theory of Belief

and Knowledge". *Artificial Intelligence*, 28(3): 245-292, 1986.

[Halpern 1983] Halpern, J.Y. und Rabin, M.: "A Logic to Reason About Likelihood". Research Report RJ 4136 (45774). IBM Corporation, 1983. (Auch erschienen in: *Proceedings of the Fifteenth Annual ACM Symposium on Theory of Computing*, Boston, MA, 1983 (ACM Order No. 508830), pp. 310-319. (Demnächst in: *Artificial Intelligence*).)

[Halpern 1984] Halpern, J.Y. und Moses, Y.O.: "Knowledge and Common Knowledge in a Distributed Envi-ronmet". *Proceedings of the Third Association for Computing Machinery Conference on Principles of Distributed Computing*. New York: Association for Computing Machinery, 1984.

[Halpern 1985] Halpern, J.Y. und Moses, Y.: "A Guide to the Modal Logics of Knowledge and Belief". *Proceedings of the Ninth International Joint Conference of Artificial Intelligence*. Los Angeles, 1985. Los Altos, CA: Morgan Kaufmann, 1985, 479-490.

[Halpern 1986] Halpern, J.Y.: (Hrsg.): *Theoretical Aspects of Reasoning About Knowledge*. Los Altos, CA: Morgan Kaufmann, 1986.

[Halpern 1987] Halpern, J.Y.: "Using Reasoning about Knowledge to Analyze Distributed Systems". *Annual Review of Computer Science*. (Im Druck).

[Hanks 1986] Hanks, S. and McDermott, D.: "Default Reasoning, Nonmonotonic Logics and the Frame Problem". *Proceedings of the Fifth International Joint Conference of Artificial Intelligence*, University of Pennsylvania, 1986. Los Altos, CA: Morgan Kaufmann, 1986.

[Hart 1968] Hart, P.E.: Nilsson, N.J. und Raphael, B.: "A Formal Basis for the Heuristic Determination of Minimum Cost Paths". *IEEE Transactions on Systems Science and Cybernetics*, SSC-4(2): 100-107, 1968.

[Hayes-Roth 1978] Hayes-Roth, F. und McDermott, J.: "An Interference Matching Technique for Inducing Abstractions". *Communications of the Asso-

	ciation for Computing Machinery, 21(5): 401-410, 1978.
[Hayes-Roth 1985]	Hayes-Roth, B.: "A Blackboard Architecture for Control". *Artificial Intelligence*, 26(3): 251-321, 1985.
[Hayes 1973a]	Hayes, P.J.: "The Frame Problem and Related Problems in Artificial Intelligence". In: Elithorn, A. und Jones, D. (Hrsg.): *Artificial and Human Thinking*. San Francisco, CA: Jossey-Bass, 1973, pp. 45-49. (Auch erschienen in: Webber, B.W. und Nilsson, N.J. (Hrsg.): *Readings in Artificial Intelligence*. Los Altos, CA: Morgan Kaufmann, 1981.)
[Hayes 1973b]	Hayes, P.J.: "Computation and Deduction". *Proceedings of the Second Symposium on Mathematical Foundations of Computer Science*. Tscheoslowakei: Tscheoslowakische Akademie der Wiss.,1973, pp. 105-118.
[Hayes 1977]	Hayes, P.J.: "In Defense of Logic". *Proceedings of the Fifth International Joint Conference of Artificial Intelligence*. MIT, Cambridge, MA, 1977. Los Altos, CA: Morgan Kaufmann, 1977, pp. 559-565.
[Hayes 1979a]	Hayes, P.J.: "The Logic of Frames". In: Metzing, D. (Hrsg.): *Frame Conception and Text Understanding*. Berlin: de Gruyter, 1979, pp. 46-61. (Auch erschienen in: Webber, B.W. und Nilsson, N.J. (Hrsg.): *Readings in Artificial Intelligence*. Los Altos, CA: Morgan Kaufmann, 1981. Auch erschienen in: Brachman, R. und Levesque, H. (Hrsg.): *Readings in Knowledge Representation*. Los Altos, CA: Morgan Kaufmann, 1985.)
[Hayes 1979b]	Hayes, P.J.: "The Naive Physics Manifesto". In: Michie, D. (Hrsg.): *Expert Systems in the Micro-Electronic Age*. Edinburgh, UK: Edinburgh University Press, 1979, pp. 242-270.
[Hayes 1979c]	Hayes, P.J.: Michie, D. und Mikulich, L.I. (Hrsg.): *Machine Intelligence 9: Machine Expertise and the Human Interface*. Chichester, UK: Ellis Horwood, 1979.

[Hayes 1985a]   Hayes, P.: "Naive Physics I: Ontology for
                     Liquids". In: Hobbs, J.R. und Moore, R.C.
                     (Hrsg.): *Formal Theories of the Commonsense
                     World*. Norwood NJ: Ablex, 1985, pp. 71-107.

[Hayes 1985b]   Hayes, P.: "The Second Naive Physics Mani-
                     festo". In: Hobbs, J.R. und Moore, R.C.
                     (Hrsg.): *Formal Theories of the Commonsense
                     World*. Norwood NJ: Ablex, 1985, pp. 1-36.
                     (Auch erschienen in: Brachman, R. und
                     Levesque, H. (Hrsg.): *Readings in Knowledge
                     Representation*. Los Altos, CA: Morgan Kauf-
                     mann, 1985.)

[Heckerman 1986]   Heckerman, D.: Probalistic Interpretation
                     for MYCIN's Certainty Factors". In: Kanal,
                     L.N. und Lemmer, J.F. (Hrsg.): *Uncertainty
                     in Artificial Intelligence*. New York: North-
                     Holland, 1986, pp. 167-196.

[Hempel 1965]   Hempel, C.G.: "Studies in the Logic of
                     Confirmation". In: Hempel, C.G.: *Aspects of
                     Scientific Explanation and Other Essays in
                     the Philosophy of Science*. New York: The
                     Free Press, 1965, pp. 3-51.

[Hendrix 1979]   Hendrix, G.: "Encoding Knowledge in Parti-
                     tioned Networks". In: Findler, N. (Hrsg.):
                     Associative Networks. New York: Academic
                     Press, 1979, pp. 51-92.

[Herbrand 1930]   Herbrand, J.: "Recherches sur la Théorie de
                     la Démonstration". *Travaux de la Société des
                     Sciences et de Lettres de Varsovie, Classe
                     III Sci. Math. Phys.*, 33, 1930.

[Hewitt 1969]   Hewitt, C.: "PLANNER: A Language for Proving
                     Theorems in Robots". *Proceedings of the In-
                     ternational Firsth International Joint Con-
                     ference of Artificial Intelligence*, Washing-
                     ton, DC, 1969. Los Altos, CA: Morgan Kauf-
                     mann, 1969, pp 295-301.

[Hewitt 1972]   Hewitt, C.: "Description and Theoretical
                     Analysis (Using Schemata) of PLANNER: A
                     Language for Proving Theorems and Manipula-
                     ting Models in a Robot". Report AI-TR-258.
                     Cambridge, MA: Massachusetts Institute of
                     Technology, Artificial Intelligence Labora-
                     tory, 1971 (Ph.D. Dissertation).

[Hintikka 1962]   Hintikka, J.: *Knowledge and Belief: An Introduction to the Logic of the Two Notions.* Ithaca, NY: Cornell University Press, 1971.

[Hintikka 1971]   Hintikka, J.: "Semantics for Propositional Attitudes". In: Linsky, L. (Hrsg.): *Reference and Modality.* London, UK: Oxford University Press, 1971, pp. 145-167.

[Hobbs 1985a]   Hobbs, J.R.: "Commonsense Summer: Final Report". Report CSLI-85-35. Stanford, CA: Stanford University, Center for the Study of Language and Information, 1985.

[Hobbs 1985b]   Hobbs, J.R. und Moore, R.C. (Hrsg.): *Formal Theories of the Commonsense World.* Norwood, NJ: Ablex, 1985.

[Hobbs 1985c]   Hobbs, J.R.: "Granularity". *Proceedings of the Ninth International Joint Conference of Artificial Intelligence*, Los Angeles, 1985. Los Altos, CA: Morgan Kaufmann, 1985

[Hoel 1971]   Hoel, P.G.: Port, S.C und Stone, C.J.: *Introduction To Provability Theory.* Boston, MA: Houghton Mifflin, 1971.

[Horvitz 1986]   Horvitz, E.J. und Heckerman, D.E.: "A Framework for Comparing Alternative Formalisms for Plausible Reasoning". *Proceedings of the Fifth National Conference on Artificial Intelligence*, University of Pennsylvania, 1986, 1986. Los Altos, CA: Morgan Kaufmann, 1986, pp. 219-214.

[Hughes 1968]   Hughes, G.E. und Cresswell, M.J.: *An Introduction to Modal Logic.* London, UK: Methuen and Co. Ltd.: 1968. (Dtsche Übers.: *Einführung in die Modallogik.* Heidelberg/New York: de Gruyter, 1978.)

[Hunt 1966]   Hunt, E.B.: Marian, J.: und Stone, P.T.: *Experiments in Induction.* New York: Academic Press, 1966.

[IJCAI 1969]   *Proceedings of the Firsth International Joint Conference of Artificial Intelligence*, Washington, DC, 1969. Los Altos, CA: Morgan Kaufmann, 1969.

[IJCAI 1971]   *Advanced Papers, Second International Joint*

Conference of Artificial Intelligence, Washington, DC, 1971. Los Altos, CA: Morgan Kaufmann, 1971.

[IJCAI 1973]   *Advanced Papers, Third International Joint Conference of Artificial Intelligence*, London, UK, 1973. Los Altos, CA: Morgan Kaufmann, 1973.

[IJCAI 1975]   *Advanced Papers, Fourth International Joint Conference of Artificial Intelligence*, Bd. I und II, Tbilisi, Georgia, UdSSR, 1975. Los Altos, CA: Morgan Kaufmann, 1975.

[IJCAI 1977]   *Proceedings of the Fifth International Joint Conference of Artificial Intelligence*, Bd. I und II, MIT, Cambridge, MA, 1977. Los Altos, CA: Morgan Kaufmann, 1977.

[IJCAI 1979]   *Proceedings of the Sixth International Joint Conference of Artificial Intelligence*, Vols. I and II, Tokyo, 1979. Los Altos, CA: Morgan Kaufmann, 1979.

[IJCAI 1981]   *Proceedings of the Seventh International Joint Conference of Artificial Intelligence*, Vols. I and II, Vancouver, 1981. Los Altos, CA: Morgan Kaufmann, 1981.

[IJCAI 1983]   *Proceedings of the Eighth International Joint Conference of Artificial Intelligence*, Vols. I und II, Karlsruhe, 1983. Los Altos, CA: Morgan Kaufmann, 1983.

[IJCAI1985]   *Proceedings of the Ninth International Joint Conference of Artificial Intelligence*, Vols. I and II, Los Angeles, 1985. Los Altos, CA: Morgan Kaufmann, 1985.

[Imielinski 1985]   Imielinski, T.: "Results on Translating Defaults to Circumscription". *Proceedings of the Ninth International Joint Conference of Artificial Intelligence*. Los Angeles, 1985. Los Altos, CA: Morgan Kaufmann, 1985, pp. 114-120.

[Israel 1983]   Israel, D.: "The Role of Logic in Knowledge Representation". *IEEE Computation*, 16(10): 37-42, 1983.

[Konolige 1982]   Konolige, K.G.: "An Information-Theoretic Approach to Subjective Bayesian Inference in

Rule-Based Systems". Working Paper. Menlo Park, CA: SRI Interational, 1982. (Überarbeitete Fassung von "Bayesian Methods for Updating Probabilities". Anhang D in: Duda, R.O.: et al.: "A Computer-Based Consultant for Mineral Exploration". Grant AER 77-04499 Final Report. Menlo Park, CA: SRI International, 1979.)

[Konolige 1984]   Konolige, K.: *A Deduction Model of Belief an Its Logics*. Stanford University, 1984 (Ph.D. Dissertation). (Auch erschienen als "A Deduction Model of Belief an Its Logics". Technical Note 326. Menlo Park, CA: SRI International, Artificial Intelligence Center, 1984.

[Konolige 1985]   Konolige, K.: Belief and Incompleteness". In: Hobbs, J.R. und Moore, R.C. (Hrsg.): *Formal Theories of the Commonsense World*. Norwood, NJ: Ablex, 1985, pp. 359-404.

[Konolige 1986]   Konolige, K.: "Resolution and Quantified Modal Logics". Draft Paper, 1986.

[Konolige 1987]   Konolige, K.: "On the Relation Between Default Theories and Autoepistemic Logic". Working Paper. Menlo Park, CA: SRI International, Artificial Intelligence Center, 1987.

[Kowalski 1970]   Kowalski, R.: "Search Strategies for Theorem-Proving". In: Meltzer, B. und Michie, D. (Hrsg.): *Machine Intelligence 5*. Edinburgh, UK: Edinburgh University Press, 1970, pp. 181-201.

[Kowalski 1971]   Kowalski, R. und Kuehner, D.: "Linear Resolution with Selection Function". *Artificial Intelligence*, 2(3-4): 227- 260, 1971.

[Kowalski 1972]   Kowalski, R.: "AND/OR Graphs, Theorem- Proving Graphs, and Bidirectional Search". In: Meltzer, B. und Michie, D, (Hrsg.): *Machine Intelligence 7*. Edinburgh, UK: Edinburgh University Press, 1972, pp. 167-194.

[Kowalski 1974]   Kowalski, R.: "Predicate Logic as a Programming Language". In: Rosenfeld, J.L.: (Hrsg.)

	Information Processing, 1974, Amsterdam: North-Holland, 1974, pp. 569-574.
[Kowalski 1975]	Kowalski, R.: "A Proof Procedure Using Connection Graphs". *Journal the Association for Computing Machinery,* 22(4): 572-595, 1975.
[Kowalski 1979a]	Kowalski, R.: "Algorithm = Logic + Control". *Communications of the Association for Computing Machinery,* 22(7): 424-436, 1979.
[Kowalski 1979b]	Kowalski, R.: *Logic for Problem Solving.* New York: North-Holland, 1979.
[Kripke 1963]	Kripke, S.: "Semantical Analysis of Modal Logic". *Zeitschrift für Mathematische Logik und Grundlagen der Mathematik,* 9: 67-96, 1963.
[Kripke 1971]	Kripke, S.: "Semantical Considerations on Modal Logic". In: Linsky, L. (Hrsg.): *Reference and Modality.* London, UK: Oxford University Press, 1971, pp. 63- 72.
[Kripke 1972]	Kripke, S.: "Naming and Necessity". In: Davidson, D. und Harmon, G. (Hrsg.): *Semantics of Natural Language,* Dordrecht, Holland: Reidel, 1972, pp. 253-355. (*Dtsche. Übers.: *Name und Notwendigkeit.* Frankfurt/M.: 1985.)
[Laird 1986]	Laird, J.E.: Newell, A. und Rosenbloom, P.: "SOAR: An Architecture for General Intelligence". *Artificial Intelligence,* (Im Druck).
[Laird 1987]	Laird, P.: Bradshaw, G.L. und Simon, H.A.: "Rediscovering Chemistry with the Bacon System". In: Michalski, R.S.: Carbonell, J. und Mitchell, T.M. (Hrsg.): *Machine Learning: An Artificial Intelligence Approach.* Los Altos, CA: Morgan Kaufmann, 1983.
[Larson 1977]	Larson, J.: *Inductive Inference in the Variable Valued Predicate Logic System VL21: Methodology and Computer Implementation.* Champagne-Urbana, IL: University of Illinois, 1977 (Ph.D. Dissertation).
[Lee 1972]	Lee, R.C.T.: "Fuzzy Logic and the Resolution Principle". *Journal of the Association for Computing Machinery,* 19(1): 109-119, 1972.
[Lehnert 1979]	Lehnert, W. und Wilks, Y.: "A Critical Pers-

pective on KRL". *Cognitive Science*, 3(1): 1-28, 1979.

[Lemmer 1982a]   Lemmer, J.F. und Barth, S.W.: "Efficient Minimum Information Updating for Bayesian Inferencing in Expert Systems". *Proceedings of the National Conference on Artificial Intelligence*, Pittsburgh, PA, 1982, Los Altos, CA: Morgan Kaufmann, 1982, pp. 424-427.

[Lemmer 1982b]   Lemmer, J.F.: "Generalized Bayesian Updating if Incompletely Specified Distributions". Working Paper. New Hartford, NY: Par Technology Corporation, 1982.

[Lemmon 1986]   Lemmon, H.: COMAX: An Expert System for Cotton Management". *Science*, 233 (4759): 29-33, 1986.

[Lenat 1976]   Lenat, D.B.: "AM: An Artificial Intelligence Approach to Discovery in Mathematics as Heuristic Search". Report STAN-CS-76-570. Stanford, CA: Stanford University, Department of Computer Science, 1976.

[Lenat 1982]   Lenat, D.B.: "The Nature of Heuristics". *Artificial Intelligence*, 19(2): 189-249, 1982.

[Lenat 1983a]   Lenat, D.B.: "Theory Formation by Heuristic Search. The Nature of Heuristics, II: Background and Examples". *Artificial Intelligence*, 21 (1-2): 31-59, 1983.

[Lenat 1983b]   Lenat, D.B.: "EURISKO: A Program that Learns New Heuristics and Domain Concepts. The Nature of Heuristics, III: Program Design and Results". *Artificial Intelligence*, 21(1-2): 61-98, 1983.

[Lenat 1986]   Lenat, D.B.: Prakash, M.: und Sheperd, M.: "CYC: Using Commonsense Knowledge to Overcome Brittleness and Knowledge Acquistion Bottlenecks". *AI Magazine*, 6(4): 65-85, 1986.

[Levesque 1984]   Levesque, H.: "A Logic of Implicit and Explicit Belief". *Proceedings of the National Conference on Artificial Intelligence*, University of Texas at Austin, 1984. Los Altos, CA: Morgan Kaufmann, 1984, pp. 198-202.

[Levesque 1986]   Levesque, H.: "Knowledge Representation and Reasoning". *Annual Review of Computer Science*, 1: 255- 288, 1986.

[Lifschitz 1985a]   Lifschitz, V.: Computing Circumscripton". *Proceedings of the Fifth National Conference on Artificial Intelligence*. Los Altos, CA: Morgan Kaufmann, 1985, pp. 121- 127.

[Lifschitz 1985b]   Lifschitz, V.: "Closed-World Databases and Circumscription". *Artificial Intelligence*, 27(2): 229-235, 1985.

[Lifschitz, 1986a]   Lifschitz, V.: *Mechanical Theorem Proving in the USSR: The Leningrad School*. Falls Church, VA: Delphic Associates, 1986.

[Lifschitz 1986b]   Lifschitz, V.: "On the Satisfiability of Circumscription". *Artificial Intelligence*, 28(1): 17-27, 1986.

[Lifschitz 1986c]   Lifschitz, V.: "Pointwise Circumscription: Preliminary Report". *Proceedings of the Fifth National Conference on Artificial Intelligence*, University of Pennsylvania, 1986, Bd. I. Los Altos, CA: Morgan Kaufmann, 1986, pp. 406-410.

[Lifschitz 1986d]   Lifschitz, V.: "Formal Theories of Action: Preliminary Report". Working Paper, Stanford, CA: Standford University, Department of Computer Science, 1986.

[Lifschitz 1987a]   Lifschitz, V.: "On the Semantics of STRIPS". In: Georgeff, M. und Lansky, A. (Hrsg.): *Reasoning about Actions and Plans*. Los Altos, CA: Morgan Kaufmann, 1987.

[Lifschitz 1987b]   Lifschitz, "Rules for Computing Circumscription". (In Vorbereitung).

[Lindsay 1980]   Lindsay, R.K. et at.: *Applications of Artificial Intelligence for Organic Chemistry: The Dendral Project*. New York: McGraw-Hill, 1980.

[Loveland 1978]   Loveland, D.W.: *Automated Theorem Proving: A Logical Basis*. New York: North-Holland, 1978.

[Loveland 1983]   Loveland, D.W.: "Automated Theorem Proving: A Quarter Century Review". In: Bledsoe, W.W. und Loveland, D.W.: (Hrsg.): *Automated*

Theorem Proving: After 25 Years. Special Session on Automated Theorem Proving, Denver, CO, 1983. Providence, RI: American Mathematical Society, 1984.

[Lowrance 1982]   Lowrance, J.D. und Garvey, T.D.: "Evidential Reasoning: A Developing Concept". *Proceedings of the International Conference on Cybernetics and Society*. New York: IEEE, 1982, pp. 6-9.

[Lowrance 1983]   Lowrance, J.D. und Garvey, T.D.: "Evidential Reasoning: An Implementation for Multisensor Integration". Menlo Park, CA: SRI International, Artificial Intelligence Center, 1983.

[Lucas 1961]   Lucas, J.R.: "Minds, Machines and Gödel". *Philosophy*, 36: 112-127. (Auch erschienen in: Anderson, A.R. (Hrsg.): *Minds and Machines*. Englewood Cliffs, NJ: Prentice-Hall, 1964, pp. 43-59.

[Luckham 1971]   Luckham, D.C. und Nilsson, N.J.: "Extracting Information from Resolution Proofs Trees". *Artificial Intelligence*, 2(1): 27-54, 1971.

[Lukasiewicz 1970]   Lukasiewicz, J.: "Logical Foundations of Probability Theory". In: Berkowski, L. (Hrsg.): *Jan Lukasiewicz, Selected Works*. Amsterdam: North-Holland, 1970, pp. 16-43.

[Maes 1987]   Maes, P. und Nardi, D.: *Metalevel Architecture and Reflection*. Amsterdam: North-Holland, 1987.

[Malone 1985]   Malone, T.W.: et al.: "Toward Intelligent Message Routine Systems". Working Paper, August, 1985.

[Manna 1979]   Manna, Z. und Waldinger, R.: "A Deductive Approach to Program Synthesis". *Proceedings of the Sixth International Joint Conference of Artificial Intelligence*. Tokyo, 1979. Los Altos, CA: Morgan Kaufmann, 1979, pp. 542-551. (Auch erschienen in: Webber, B.W. und Nilsson, N.J. (Hrsg.): *Readings in Artificial Intelligence*. Los Altos, CA: Morgan Kaufmann, 1981. Sowie in: Rich, C. und Waters, R.C. (Hrsg.): *Readings in Artificial*

Intelligence and Software Engineering. Los Altos, CA: Morgan Kaufmann, 1986.)

[Margenau 1956]　Margenau, H. und Murphy, G.M.: *The Mathematics of Physics and Chemistry*, (2.Aufl.). New York: Van Nostrand, 1956.

[Markov 1954]　Markov, A.: *A Theory of Algorithms*. UdSSR: National Academy of Science, 1954.

[McCarthy 1958]　McCarthy, J.: "Programs with Common Sense". *Mechanisation of Thought Processes*, *Proceedings of the Symposium of the National Physics Laboratory*. Bd. I. London, UK: Her Majesty's Stationary Office, 1958, pp. 77-84. (Auch erschienen in: Minsky, M. (Hrsg.): *Semantic Information Processing*. Cambridge, MA: MIT Press, 1968, pp. 403-410. Sowie in: Brachman, R. und Levesque, H. (Hrsg.): *Readings in Knowledge Representation*. Los Altos, CA: Morgan Kaufmann, 1985.)

[McCarthy 1960]　McCarthy, J.: "Recursive Functions of Symbolic Expressions and Their Computation by Machine". *Communications of the Association for Computing Machinery*, 3(4): 184-195, 1960.

[McCarthy 1963]　McCarthy, J.: "Situations, Actions and Causal Laws". Memo 2. Stanford, CA: Stanford University, Artificial Intelligence Project, 1963. (Auch erschienen in: Minsky, M. (Hrsg.): *Semantic Information Processing*. Cambridge, MA: MIT Press, 1968, pp. 410-418.

[McCarthy 1969]　McCarthy, J.: and Hayes, P.: "Some Philosophical Probelms from the Standpoint of Artificial Intelligence". In: Meltzer, B. und Michie, D. (Hrsg.): *Machine Intelligence 4*. Edinburgh, UK: Edinburgh University Press, 1969, pp. 463-502. (Auch erschienen in: Webber, B.W. und Nilsson, N.J. (Hrsg.): *Readings in Artificial Intelligence*. Los Altos, CA: Morgan Kaufmann, 1981.)

[McCarthy 1979a]　McCarthy, J.: "First Order Theories of Individual Concepts and Propositions". In: Hayes, J.: Michie, D. und Mikulich, L. (Hrsg.): *Machine Intelligence 9*. Chichester, UK: Ellis Horwood, 1979, pp. 129-147. (Auch erschienen in: Brachman, R. und Levesque, H.

                          (Hrsg.): *Readings in Knowledge Represen-
                          tation*. Los Altos, CA: Morgan Kaufmann,
                          1985.)

[McCarthy 1979b]   McCarthy, J.: "Ascribing Mental Qualities to
                          Machines". Technical Report STAN-CS-79-725,
                          AIM-326. Stanford, CA: Standford University,
                          Department of Computer Science, 1979.

[McCarthy 1980]   McCarthy, J.: Circumscription —— A Form of
                          Non-Monotonic Reasoning". *Artificial Intel-
                          ligence*, 13(1-2): 27-39, 1980. (Auch er-
                          schienen in: Webber, B.W. und Nilsson, N.J.
                          (Hrsg.): *Readings in Artificial Intelli-
                          gence*. Los Altos, CA: Morgan Kaufmann,
                          1981.)

[McCarthy 1986]   McCarthy, J.: "Applications of Circumscrip-
                          tion to Formalizing Commonsense Knowledge".
                          Artificial Intelligence, 28(1): 89-116,
                          1986.

[McCorduck 1979]   McCorduck, P.: *Machines Who Think*. San
                          Francisco, CA: W.H. Freeman, 1979.

[McDermott 1980]   McDermott, D.: und Doyle, J.: "Non-Monotonic
                          Logic I". *Artificial Intelligence*, 13(1-2):
                          41-72, 1980.

[McDermott 1982a]   McDermott, D.: "Non-Monotonic Logic II: Non-
                          Monotonic Modal Theories". *Journal of the
                          Association for Computing Machinery*, 29(1):
                          33-57, 1982.

[McDermott 1982b]   McDermott, D.: "A Temporal Logic for Rea-
                          soning About Processes and Plans". *Cognitive
                          Science*, 6(2): 101-155, 1982.

[McDermott 1985]   McDermott, D.: "Reasoning About Plans" in
                          Hobbs, J.R. und Moore, R.C. (Hrsg.): *Formal
                          Theories of the Commonsense World*. Norwood,
                          NJ: Ablex, 1985.

[McDermott 1987a]   McDermott, D.: "A Critique of Pure Reason".
                          Computational Intelligence, (with open peer
                          commentary) (Im Druck).

[McDermott 1987b]   McDermott, D.: "Logic, Problem Solving, and
                          Deduction". *Annual Review of Computer
                          Science*. (Im Druck).

[Meltzer 1969]   Meltzer, B. und Michie, D. (Hrsg.): *Machine*

Intelligence 4. Edinburgh, UK: Edinburgh
University Press, 1969.

[Meltzer 1970]   Meltzer, B. und Michie, D. (Hrsg.): *Machine
                      Intelligence* 5. Edinburgh, UK: Edinburgh
                      University Press, 1970.

[Meltzer 1971]   Meltzer, B. und Michie, D. (Hrsg.): *Machine
                      Intelligence* 6. Edinburgh, UK: Edinburgh
                      University Press, 1971.

[Meltzer 1972]   Meltzer, B. und Michie, D. (Hrsg.): *Machine
                      Intelligence* 7. Edinburgh, UK: Edinburgh
                      University Press, 1972.

[Mendelson 1964]   Mendelson, E.: *Introduction to Mathematical
                      Logic*. Princeton, NJ: Van Nostrad, 1964
                      (3.Aufl.: 1987).

[Michalski 1980]   Michalski, R.S.: "Pattern Recognitin as
                      Rule-Guided Inductive Inference". *Trans-
                      actions on Pattern Analysis and Machine In-
                      telligence*, PAMI-2(2-4): 349-361, 1980.

[Michalski 1983a]   Michalski, R.S.: Carbonell, J. und Mitchell,
                      T.M. (Hrsg.): *Machine Learning: An Arti-
                      ficial Intelligence Approach*. Los Altos, CA:
                      Morgan Kaufmann, 1983.

[Michalski 1983b]   Michalski, R.S. und Stepp, R.E.: "Learning
                      from Observation: Conceptual Clustering".
                      In: Michalski, R.S.: Carbonell, J. und
                      Mitchell, T.M. (Hrsg.): *Machine Learning: An
                      Artificial Intelligence Approach*. Los Altos,
                      CA: Morgan Kaufmann, 1983, pp. 331-363.

[Michalski 1986]   Michalski, R.S.: Carbonell, J. und Mitchell,
                      T.M. (Hrsg.): *Machine Learning: An Arti-
                      ficial Intelligence Approach*. Bd. II. Los
                      Altos, CA: Morgan Kaufmann, 1986.

[Michie 1968]   Michie, D.: (Hrsg.): *Machine Intelligence 3*.
                      Edinburgh, UK: Edinburgh University Press,
                      1968.

[Minker 1973]   Minker, J.: Fishman, D.H.: und McSkimin,
                      J.R.: "The Q^* Algorithm — A Search Strategy
                      for a Deductive Question Answering System".
                      Artificial Intelligence 4(3-4): 225-244,
                      1973.

[Minker 1979]   Minker, J. und Zanon, G.: "Lust Resolution
                      with Arbitrary Selection Function". Research

Report TR-736. College Park, MD: University of Maryland, 1979.

[Minker 1984]   Minker, J. und Perlis, D.: "Protected Circumscription". *Proceedings of the Workshop on Non-Monotonic Reasoning*, New Paltz, NY, 1984, Menlo Park, CA: AAAI, 1984, pp. 337-343.

[Minsky 1975]   Minsky, M.: "A Framework for Representing Knowledge". In: Winston, P.H. (Hrsg.): *The Psychology of Computer Vision*. New York: McGraw-Hill, 1975, pp. 211-277. (Auch erschienen in: Haugeland, J. (Hrsg.): *Mind Design*. Cambridge, MA: MIT Press, 1981, pp. 95-128. (Sowie in: Brachman, R. und Levesque, H. (Hrsg.): *Readings in Knowledge Representation*. Los Altos, CA: Morgan Kaufmann, 1985.)

[Minsky 1986]   Minsky, M.: *The Society of Mind*. New York: Simon and Schuster, 1986.

[Mitchell 1978]   Mitchell, T.M.: *Version Spaces: An Approach to Concept Learning*. Stanford, CA: Standford University, 1978 (Ph.D. Dissertation). (Auch erschienen als Stanford Technical Report STAN-CS-78-711, HPP-79-2.)

[Mitchell 1979]   Mitchell, T.M.: "An Analysis of Generalization as a Search Problem". *Proceedings of the Sixth International Joint Conference of Artificial Intelligence*. Tokyo, 1979. Los Altos, CA: Morgan Kaufmann, 1979, pp. 577-582.

[Mitchell 1982]   Mitchell, T.M.: "Generalization as Search". *Artificial Intelligence*, 18(2): 203-226, 1982.

[Mitchell 1986]   Mitchell, T.M.: Carbonell, J.G. und Michalski, R.S.: *Machine Learning: A Guide to Current Research*. Hingham, MA: Kluwer Academic Publishers, 1986.

[Moore 1975]   Moore, R.C.: "Reasoning from Incomplete Knowledge in a Procedural Deduction System". Technical Report AI-TR-347. Cambridge, MA: Massachusetts Institute of Technology, Artificial Intelligence Laboratory, 1975. (Auch erschienen als Moore, R.C.: *Reasoning from Incomplete Knowledge in a Procedural Deduction System*, New York: Garland Publishing, 1980.)

[Moore 1979] Moore, R.C.: "Reasoning About Knowledge and Action". Technical Note 191. Menlo Park, CA: SRI International, Artificial Intelligence Center, 1979 (Ph.D. Dissertation).

[Moore 1982] Moore, R.C.: "The Role of Logic in Knowledge Representation and Commonsense Reasoning". *Proceedings of the National Conference on Artificial Intelligence*, Pittsburgh, PA, 1982, Los Altos, CA: Morgan Kaufmann, 1982, pp. 428-433. (Auch erschienen in: Brachman, R. und Levesque, H. (Hrsg.): *Readings in Knowledge Representation*. Los Altos, CA: Morgan Kaufmann, 1985.)

[Moore 1985a] Moore, R.C.: "A Formal Theory of Knowledge and Action" in: Hobbs, J.R und Moore, R.C. (Hrsg.): *Formal Theories of the Commonsense World*. Norwood, NJ: Ablex, 1985.

[Moore 1985b] Moore, R.C.: "Semantical Considerations on Nonmonotonic Logic". *Artificial Intelligence*, 25(1): 75-94, 1985.

[Moore 1986] Moore, R.C.: "The Role of Logic in Artificial Intelligence". In: Benson, I. (Hrsg.): *Intelligence Machinery: Theory and Practice*. Cambridge, UK: Cambridge University Press, 1986.

[Moses 1986] Moses, Y.: *Knowledge in a Distributed Environment*. Stanford, CA: Stanford University, 1986 (Ph.D. Dissertation).

[Newell 1972] Newell, A. und Simon, H.A.: *Human Problem Solving*. Englewood Cliffs, NJ: Prentice-Hall, 1972.

[Newell 1973] Newell, A.: "Production Systems: Models of Control Structures". In: Chase, W.G. (Hrsg.): *Visual Information Processing*. New York: Academic Press, 1973, pp. 463-526.

[Newell 1976] Newell, A. und Simon, H.A.: "Computer Science as Empirical Inquiry: Symbols and Search". *Communications of the Association* for Computing Machinery, 19(3): 113-126, 1976.

[Newell 1982]   Newell, A.: "The Knowledge Level". *Artificial Intelligence*, 18(1): 87-127, 1982.

[Nilsson 1965]   Nilsson, N.J.: *Learning Machines: Foundations of Trainable Pattern-Classifying Systems*. New York: McGraw-Hill, 1965.

[Nilsson 1971]   Nilsson, N.J.: *Problem-Solving Methods in Artificial Intelligence*. New York: McGraw-Hill, 1971.

[Nilsson 1980]   Nilsson, N.J.: *Principles of Artificial Intelligence*. Los Altos, CA: Morgan Kaufmann, 1980. (Rezensiert von J. McDermott in: *Artificial Intelligence*, 15(1-2): 127-131, 1980.)

[Nilsson 1984]   Nilsson, N.J.: "Shakey the Robot". Technical Report 323. Menlo Park, CA: SRI International, Artificial Intelligence Center, 1984.

[Nilsson 1986]   Nilsson, N.J.: "Probabilistic Logic". *Artificial Intelligence*, 28(1): 71-87, 1986.

[Nonmonotonic 1984] *Proceedings from the Workshop on Non-Monotonic Reasoning*, New Paltz, NY, 1984. Menlo Park, CA: AAAI, 1984.

[Paterson 1968]   Paterson, M. und Wegman, M.: "Linear Unification". *Journal of Computer and System Science*, 16, 1968.

[Pearl 1984]   Pearl, J.: *Heuristics*. Reading, MA: Addison-Wesley, 1984.

[Pearl 1986a]   Pearl, J.: "Fusion, Propagation, and Structuring in Belief Networks". *Artificial Intelligence*, 29(3): 241- 288, 1986.

[Pearl 1986b]   Pearl, J.: "On Evidential Reasoning in a Hierarchy of Hypotheses". *Artificial Intelligence*, 28(1): 9-15, 1986.

[Pearl 1987]   Pearl, J.: "Search Techniques". *Annual Review of Computer Science*. (Im Druck).

[Pednault 1986]   Pednault, E.: *Toward a Mathematical Theory f Plan Synthesis*. Stanford, CA: Standford Uni-

<table>
<tr><td></td><td>versity, Department of Electrical Engineering, 1986 (Ph.D. Dissertation).</td></tr>
<tr><td>[Perlis 1985]</td><td>Perlis, D.: "Languages with Self-Reference, I: Foundation". Artificial Intelligence, 25(3): 301-322, 1985.</td></tr>
<tr><td>[Perlis 1986]</td><td>Perlis, D. und Minker, J.: "Completeness Results for Circumscription". Artificial Intelligence, 28(1): 29-42, 1986.</td></tr>
<tr><td>[Perlis 1987]</td><td>Perlis, D.: "Languages with Self-Reference, II: Knowledge, Belief, and Modality". Artificial Intelligence, (im Erscheinen).</td></tr>
<tr><td>[Perrault 1980]</td><td>Perrault, C.R. und Allen, J.F.: "A Plan-Based Analysis of Indirect Speech Acts". American Journal of Computational Linguistics, 6(3): 167-182, 1980.</td></tr>
<tr><td>[Pospesel 1976]</td><td>Pospesel, H.: Introduction to Logic: Predicate Logic. Englewood Cliffs: NJ, Prentice Halls, 1976.</td></tr>
<tr><td>[Post 1943]</td><td>Post, E.L.: "Formal Reductions of the General Combinatorial Problem". American Journal of Mathematics, 65: 197-268, 1943.</td></tr>
<tr><td>[Prawitz 1960]</td><td>Prawitz, D.: An Improved Proof Procedure". Theoria, 26: 102-139, 1960.</td></tr>
<tr><td>[Przymusinski 1986]</td><td>Przymusinski, T.: "A Deciable Query Answering Algorithm for Circumscriptive Theories". Working Paper. El Paso, TX: University of Texas, Department of Mathematical Sciences, 1986.</td></tr>
<tr><td>[Quillian 1968]</td><td>Quillian, M.: "Semantical Memory". In: Minsky, M. (Hrsg.): Semantic Information Processing. Cambridge, MA: MIT Press, 1968, pp. 216-270.</td></tr>
<tr><td>[Quine 1971]</td><td>Quine, W.V.O.: "Quantifiers and Propositional Attitudes". In: Linsky, L. (Hrsg.): Reference and Modality. London, UK: Oxford University Press, 1971, pp. 101-111.</td></tr>
<tr><td>[Quinlan 1983]</td><td>Quinlan, J.R.: "Learning Efficient Classification Procedures and Their Application to Chess End Games". In: Michalski, R.S.: Carbonell, J. und Mitchell, T.M. (Hrsg.): Mach-</td></tr>
</table>

ine Learning: An Artificial Intelligence Approach. Los Altos, CA: Morgan Kaufmann, 1983.

[Raphael 1971]   Raphael, B.: "The Frame Problem in Problem Solving Systems". In: Findler, N. und Meltzer, B. (Hrsg.): *Artificial Intelligence and Heuristic Programming*. New York: American Elsevier, 1971, pp. 159-169.

[Raulefs 1978]   Raulefs, P.: et al.: "A Short Survey on the State of the Art in Matching and Unification Problems". *AISB Quarterly*, No. 32: 17-21, 1978.

[Reboh 1986]   Reboh, R. und Risch, T.: "Syntel^{TM}: Knowledge Programming Using Functional Representation". *Proceedings of the Fifth National Conference on Artificial Intelligence*, University of Pennsylvania, 1986. Los Altos, CA: Morgan Kaufmann, 1986, pp. 1003-1007.

[Reiter 1978]   Reiter, R.: "On Closed World Data Bases". In: Gallaire, H. und Minker, J. (Hrsg.): *Logic and Data Bases*. New York: Plenum Press, 1978, pp. 55-76. (Auch erschienen in: Webber, B.W. und Nilsson, N.J. (Hrsg.): *Readings in Artificial Intelligence*. Los Altos, CA: Morgan Kaufmann, 1981, pp. 199-140.)

[Reiter 1980a]   Reiter, R.: "A Logic for Default Reasoning". *Artificial Intelligence*, 13(1-2): 81-132, 1980.

[Reiter 1980b]   Reiter, R.: "Equality and Domain Closure in First-Order Databases". *Journal of the Association for Computing Machinery*, 27(2): 235-249, 1980.

[Reiter 1982]   Reiter, R.: "Circumscription Implies Predicate Completion (Sometimes)". *Proceedings of the National Conference on Artificial Intelligence*, Pittsburgh, PA, 1982. Los Altos, CA: Morgan Kaufmann, 1982, pp. 418-420.

[Reiter 1983]   Reiter, R. und Criscuolo, G.: "Some Re- presentational Issues in Default Reasoning". *Interational Journal of Computers and Mathematics. Special Issue on Computational Linguistics*, 9(1): 15-27, 1983.

[Reiter 1987a]   Reiter, R.: "A Theory of Diagnosis Fram First Principles". *Artificial Intelligence*, 32(1): 57-95, 1987.

[Reiter 1987b]   Reiter, R.: "Nonmonotonic Reasoning". *Annual Revies of Computer Science* (im Druck).

[Reitman 1984]   Reitman, W. (Hrsg.): *Artificial Intelligence Applications for Business*. Norwood, NJ: Ablex, 1984.

[Rich 1983]   Rich, E.: *Artificial Intelligence*. New York: McGraw-Hill, 1983. (Rezensiert von R. Rada in: *Artificial Intelligence*, 28(1): 119-121, 1986.) (*Dtsche. Übers.: *Künstliche Intelligenz*. McGraw-Hill, 1988.)

[Rich 1986]   Rich, C. und Waters, R.C.: (Hrsg.): *Readings in Artificial Intelligence and Software Engineering*. Los Altos, CA: Morgan Kaufmann, 1986.

[Roach 1985]   Roach, J.W.: et al. "POMME: A Computer-Based Consultation System for Apple Orchard Management Using PROLOG". *Expert Systems*, 2(2): 56-69, 1985.

[Robinson 1965]   Robinson, J.A.: "A Machine-Oriented Logic Based on the Resolution Principle". *Journal of the Association for Computing Machinery*, 12(1): 23-41, 1965.

[Robinson 1979]   Robinson, J.A.: *Logic: Form and Function*. New York: North-Holland, 1979.

[Rosenschein 1981]   Rosenschein, S.: "Plan Synthesis: A Logical Perspective". *Proceedings of the Seventh International Joint Conference of Artificial Intelligence*. Vancouver, 1981. Los Altos, CA: Morgan Kaufmann, 1981, pp. 331-337.

[Rosenschein 1986]   Rosenschein, S.J. und Kaelbling, L.P.: "The Synthesis of Machines with Provably Epistemic Properties". In: Halpern, J.F. (Hrsg.): *Proceedings of the 1986 Conference on Theoretical Aspects of Reasoning about Knowledge*. Los Altos, CA: Morgan Kaufmann, 1986, pp. 83-98.

[Rulifson 1972]   Rulifson, J.F.: Derksen, J.A. und Waldlinger, R.J.: "QA4: A Procedural Calculus for Intuitive Reasoning". Technical Note 73.

Menlo Park, CA: SRI International, Artificial Intelligence Center, 1972.

[Rumelhart 1986]   Rumelhart, D.E.: et al. *Parallel Distributed Processing: Explorations in the Microstructure of Cognition*. Bd.I: *Foundations*. Bd.II: *Psychological and Biological Models*. Cambridge, MA: MIT Press, 1986.

[Sacerdoti 1974]   Sacerdoti, E.D.: "Planning in a Hierarchy of Abstraction Spaces". *Artificial Intelligence*, 5(2): 115- 135, 1974.

[Sacerdoti 1977]   Sacerdoti, E.D.: *A Structure for Plans and Behavior*. New York: Elsevier, 1977.

[Sandewall 1972]   Sandewall, E.: "An Approach to the Frame Problem and Its Implementation". In: Meltzer, B. und Michie, D. (Hrsg.): *Machine Intelligence 7*. Edinburgh, UK: Edinburgh University Press, 1972.

[Schubert 1976]   Schubert, L.K.: "Extending the Expressive Power of Semantic Networks". *Artificial Intelligence*, 7(2): 163-198, 1976.

[Searle 1980]   Searle, J.R.: "Minds, Brains, and Programs". *The Behavioral and Brain Sciences*, 3:417-457, 1980 (with open peer commentary). (Wieder abgedruckt in: Hofstadter, D.R.: und Dennett, D.C. (Hrsg.): *The Minds's Eye: Fanatasies and Reflections on Self and Soul*. New York: Basic Books, 1981, pp. 351-373.) (Auch erschienen in: *Minds, Brains and Science. The Reith Lectures*. Published by the British Broadcasting Corporation, 1984.) (*Dtsche. Übers.: Geist, Hirn und Wissenschaft: die Reith lectures 1984. Frankfurt/M., Suhrkamp: 1984.)

[Shafer 1979]   Shafer, G.A.: *Mathematical Theory of Evidence*. Princeton, NJ: Princeton University Press, 1979.

[Shankar 1986]   Shankar, N.: *Proof-Checking Metamathematics*. Austin, TX: The University of Texas at Austin, 1986 (Ph.D. Dissertation).

[Shapiro 1987]   Shapiro, S.C. (Hrsg.): *Encylopedia of Artificial Intelligence*. New York: John Wiley and Sons, 1987.

[Shepherdson 1984]   Shepherdson, J.C.: "Negation as Failure: A
                        Comparison of Clarks's Completed Data Base
                        and Reiter's Closed World Assumption". *Logic
                        Programing*, 1(1): 51-79, 1984.

[Shieber 1986]   Shieber, S.: *An Introduction to Unification-
                        Based Approaches to Grammar*, CSLI Lec- ture
                        Notes No.4. Stanford, CA: Standford Uni-
                        versity, Center for the Study of Language
                        and Information, 1986.

[Shoham 1986a]   Shoham, Y.: "Chronological Ignorance: Time,
                        Nonmonotonicity and Necessity". *Proceedings
                        of the Fifth National Conference on Artifi-
                        cial Intelligence*, University of Pennsyl-
                        vania, 1986. Los Altos, CA: Morgan Kaufmann,
                        1986, pp. 389-393.

[Shoham 1986b]   Shoham, Y.: "Temporal Reasoning". In: Sha-
                        piro, S.C. (Hrsg.): *Encylopedia of Artifi-
                        cial Intelligence*. New York: John Wiley and
                        Sons, 1987.

[Shoham 1986c]   Shoham, Y.: *Reasoning About Change: Time and
                        Causation from the Standpoint of Artificial
                        Intelligence*. New Haven, CT: Yale Uni-
                        versity, 1986 (Ph.D. Dissertation).

[Shortcliffe 1976]   Shortcliffe, E.H.: *Computer-Based Medical
                        Consultations:* MYCIN. New York: Elsevier,
                        1976.

[Sickel 1976]   Sickel, S.: "A Search Technique for Clause
                        Interconnectivity Graphs". *IEEE Transactions
                        on Computers*, C-25(8): 823-835, 1976.

[Siekmann 1983a]   Siekmann, J. und Wrightson, G. (Hrsg.): *Au-
                        tomation of Reasoning: Classical Papers on
                        Computational Logic*. Bd. I: 1957-1966. New
                        York: Springer-Verlag, 1983.

[Siekmann 1983b]   Siekmann, J. und Wrightson, G. (Hrsg.): *Au-
                        tomation of Reasoning: Classical Papers on
                        Computational Logic*. Bd. II: 1967-1970. New
                        York: Springer-Verlag, 1983.

[Simmons 1973]   Simmons, R.F.: "Semantic Networks: Their
                        Computation and Use for Understanding Eng-
                        lish Sentences". In: Schank, R. und Colby,
                        K. (Hrsg.): *Computer Models of Thought and
                        Language*. San Francisco, CA: W.H. Freeman,
                        1973, pp. 63-113.

[Simon 1983]   Simon, H.A.: Search and Reasoning in Problem
                    Solving" *Artificial Intelligence*, 21(1-2):
                    7-29, 1983.

[Smith 1982]   Smith, B.C.: *Reflection and Semantics in a
                    Procedural Language*. Cambridge, MA: Massa-
                    chusetts Institute of Technology, 1982,
                    (Ph.D. Dissertation)

[Smith 1985]   Smith, D.E. und Genesereth, M.R.: "Ordering
                    Conjunctive Queries". *Artificial Intelli-
                    gence*, 26(3): 171-215, 1985.

[Smith 1986]   Smith, D.E.: Genesereth, M.R. und Ginsberg,
                    M.L.: "Controlling Recursive Inference" *Ar-
                    tificial Intelligence*, 30(3): 343-389, 1986.

[Smullyan 1968]   Smullyan, R.M.: *First-Order Logic*. New York:
                    Springer-Verlag, 1968.

[Stalnaker 1985]   Stalnaker, R.: "Possible Worlds". Kapitel 13
                    in: Stalnaker, R.: *Inquiry*. Cambridge, MA:
                    MIT Press, 1985.

[Stefik 1979]   Stefik, M.: "An Examination of a Frame-
                    Structured Representation". *Proceedings of
                    the Sixth International Joint Conference of
                    Artificial Intelligence*. Tokyo, 1979. Los
                    Altos, CA: Morgan Kaufmann, 1979, pp.
                    845-852.

[Stefik 1981a]   Stefik, M.: "Planning with Constraints
                    (MOLGEN: Part 1),". *Artificial Intelligence*,
                    15(2):111-140, 1981.

[Stefik 1981b]   Stefik, M.: "Planning and Meta-Planning
                    (MOLGEN: Part 2)". *Artificial Intelligence*,
                    16(2): 141-170, 1981. (Auch erschienen in:
                    Webber, B.W. und Nilsson, N.J. (Hrsg.): *Rea-
                    dings in Artificial Intelligence*. Los Altos,
                    CA: Morgan Kaufmann, 1981.)

[Stefik 1986]   Stefik, M. und Bobrow, D.: "Object-Oriented
                    Programming: Themes and Variations". *AI
                    Magazine*, 6(4): 40-64, 1986.

[Sterling 1986]   Sterling, L. und Shapiro, E.: *The Art of
                    PROLOG: Advanced Programming Techniques*.
                    Cambridge, MA: MIT Press, 1986. (*Dtsche.
                    Übers.: Prolog. Fortgeschrittene Program-
                    miertechniken. Addison-Wesley, 1988.)

[Stickel 1982]   Stickel, M.A.: "A Noncausal Connection-Graph
                        Resolution Theorem-Proving Program". *Procee-
                        dings of the National Conference on Artifi-
                        cial Intelligence*, Pittsburgh, PA, 1982. Los
                        Altos,   CA: Morgan   Kaufmann,   1982,   pp.
                        229-233. (Auch erschienen als Stickel, M.E.:
                        "A   Noncausal   Connection-Graph   Resolution
                        Theorem-Proving   Program".   Technical   Note
                        268. Menlo Park, CA: SRI International, Ar-
                        tificial Intelligence Center, 1982.)

[Stickel 1985]   Stickel, M.E.: "Automated Deduction by Theo-
                        rem Resolution". *Proceedings of the Ninth
                        International Joint Conference of Artificial
                        Intelligence*. Los Angeles, 1985. Los Altos,
                        CA: Morgan Kaufmann, 1985, pp 1181-1186.
                        (Auch erschienen in: *Journal of Automated
                        Reasoning*, 1(4): 333-355, 1985.)

[Stickel 1986]   Stickel, M.E.: "Schubert's Steamroller Pro-
                        blem: Formulations and Solutions". *Journal
                        of Automated Reasoning*, 2(1): 89-101, 1986.

[Subramanian 1986]   Subramanian, D. und Feigenbaum, J.: "Facto-
                        rization in Experiment Generation". *Procee-
                        dings of the Fifth National Conference on
                        Artificial Intelligence*, University of Penn-
                        sylvania, 1986. Los Altos, CA: Morgan Kauf-
                        mann, 1986.

[Suppes 1966]   Suppes, P.: "Probabilistic Inference and the
                        Concept of Total Evidence". In: Hintikka, J.
                        und Suppes, P. (Hrsg.): *Aspects of Inductive
                        Logic*. Amsterdam: North-Holland, 1966, pp.
                        49-65.

[Sussman 1970]   Sussman, G.: Winograd, T.: und Charniak, E.:
                        "Micro-Planner Reference Manual". Memo 203a.
                        Cambridge, MA: MIT Massachusetts Institute
                        of Technology, Artificial Intelligence La-
                        boratory, 1970.

[Tate 1976]   Tate, A.: "Project Planning Using a Hiera-
                        rchic Non-Linear Planner". Research Report
                        25. Edinburgh, UK: Edinburgh, Department of
                        Artificial Intelligence, 1976.

[Tate 1977]   Tate, A.: "Generating Project Networks".
                        *Proceedings of the Fifth International Joint
                        Conference of Artificial Intelligence*. MIT,

Cambridge, MA, 1977. Los Altos, CA: Morgan Kaufmann, 1977, pp. 888-893.

[Trappl 1986]   Trappl, R. (Hrsg.): *Impacts of Artificial Intelligence*. Amsterdam: North-Holland, 1986

[Treitel 1987]   Treitel, R. und Genesereth, M.R.: "Choosing Directions for Rules" *Journal of Automated Reasoning*. (Im Druck).

[Uncertain 1985]   *Proceedings of the Workshop on Uncertainty and Probability in Artificial Intelligence*. Los Angeles, CA. Menlo Park, CA: AAAI, 1985. (Die Artikel dieser *Proceedings* sind zusammen mit anderen Aufsätzen auch in: Kanal, L.N. und Lemmer, J.E. (Hrsg.): *Uncertainity in Artificial Intelligence*. New York: North-Holland, 1986, erschienen.)

[Uncertain 1986]   *Proceedings of the Workshop on Uncertainty in Artificial Intelligence*, University of Pennsylvania. Menlo Park, CA: AAAI, 1986.

[Van Benthem 1983] Van Benthem, J.: *The Logic of Time*. Hingham, MA: Kluwer Academic Publishers, 1983.

[Vere 1975]   Vere, S.A.: "Introduction of Concepts in the Predicate Calculus". Los Altos, CA: Morgan Kaufmann, 1975.*Proceedings of the Fourth International Joint Conference of Artificial Intelligence*. Los Altos, CA: Morgan Kaufmann, 1975, pp. 281-287.

[Vere 1978]   Vere, S.A.: "Inductive Learning of Relational Productions". In: Waterman, D.A: und Hayes-Roth, F. (Hrsg.): *Pattern-Directed Inference Systems*. New York: Academic Press, 1978.

[Waldinger 1977]   Waldinger, R.J.: "Achieving Several Goals Simultaneously". In: Elcock, E. und Michie, (Hrsg.): *Machine Intelligence 8: Machine Representation of Knowledge*. Chichester, UK: Ellis Horwood, 1977, pp. 94-136. (Auch erschienen in: Webber, B.W. und Nilsson, N.J. (Hrsg.): *Readings in Artificial Intelligence*. Los Altos, CA: Morgan Kaufmann, 1981.)

[Walther 1985]   Walther, C.: "A Mechanical Solution of Schubert's Steamroller by Many-Sorted Resolution". *Artificial Intelligence*, 26(2): 217-224, 1985.

[Warren 1974]   Warren, D.H.D.: "WARPLANE: A System for Generation Plans". Memo 76. Edinburgh, UK: Edinburgh University, School of Artificial Intelligence, Department of Computational Logic, 1974.

[Warren 1977]   Warren, D.H.D. und Pereira, L.M.: "PROLOG — The Language and Its Implementation Compared with LISP". *Proceedings of the Symposium on Artificial Intelligence and Programming Languages*, *SIGPLAN Notices*, 12(8) und *SIGARTT Newsletter*, No.64: 109-115, 1977.

[Webber 1981]   Webber, B.W. und Nilsson, N.J. (Hrsg.): *Readings in Artificial Intelligence*. Los Altos, CA: Morgan Kaufmann, 1981.

[Weizenbaum 1976] Weizenbaum, J.: *Computer Power and Human Reason: From Judgement to Calculation*. San Francisco, CA: W.H. Freeman, 1976. (Rezensionen von B. Kuipers und J. McCarthey sind zusammen mit einer Antwort von Weizenbaum erschienen in: *SIGART Newsletter*, No.58: 4-13, 1976) (*Dtsche. Übers.: Die Macht der Computer und die Ohnmacht der Vernunft. Frankfurt/M.: Suhrkamp, 1978)

[Weyrauch 1980]   Weyrauch, R.: "Prolegomena to a Theory of Mechanized Formal Reasoning". *Artificial Intelligence*, 13(1-2): 133-170, 1980. (Auch erschienen in: Webber, B.W. und Nilsson, N.J. (Hrsg.): *Readings in Artificial Intelligence*. Los Altos, CA: Morgan Kaufmann, 1981. Auch in: Brachman, R. und Levesque, H. (Hrsg.): *Readings in Knowledge Representation*. Los Altos, CA: Morgan Kaufmann, 1985.)

[Wilkins 1983]   Wilkins, D.E.: "Representation in a Domain-Independent Planner". *Proceedings of the Eighth International Joint Conference of Artificial Intelligence*. Karlsruhe, 1983. Los Altos, CA: Morgan Kaufmann, 1983, pp. 733-740.

[Wilkins 1984]   Wilkins, D.E.: "Domain-Independent Planning: Representation und Plan Generation". *Artificial Intelligence*, 22(3): 269-301, 1984.

[Wilkins 1985]   Wilkins, D.E.: "Recovering from Execution

Errors in SIPE". *Computational Intelligence*, 1(1): 33- 45, 1985.

[Winker 1982]   Winker, S.: "Generation and Verification of Finite Models and Counterexamples Using an Automated Theorem Prover Answering Two Open Questions". *Journal of the Association for Computing Machinery*, 29(2): 273-284, 1982.

[Winograd 1975]   Winograd, T.: "Frame Representations and the Declarative/Procedural Controversy". In: Bobrow, D. und Collins, A. (Hrsg.): *Representation and Understanding: Studies in Cognitive Science*. New York: Academic Press, 1975, pp. 185-210. (Auch erschienen in: Brachman, R. und Levesque, H. (Hrsg.): *Readings in Knowledge Representation*. Los Altos, CA: Morgan Kaufmann, 1985.)

[Winograd 1980]   Winograd, T.: "Extended Inference Models in Reasoning by Computer Systems". *Artificial Intelligence*, 13(1-2: 5-26, 1980.

[Winogad 1986]   Winogad, T. und Flores, F.: *Understanding Computers and Cognition: A New Foundation for Design*. Norwood, NJ: Ablex, 1986. (Vier Rezensionen sind zusammen mit einer Antwort erschienen in: *Artificial Intelligence*, 31 (2): 213-261, 1987, erschienen.)

[Winston 1975]   Winston, P.: "Learning Structural Descriptions from Examples". In: Winston, P. (Hrsg.): *The Psychology of Computer Vision*. New York: McGraw-Hill, 1975, pp. 157-209. (Auch erschienen in Brachman, R. und Levesque, H. (Hrsg.): *Readings in Knowledge Representation*. Los Altos, CA: Morgan Kaufmann, 1985.)

[Winston 1977]   Winston, P.H.: *Artificial Intelligence*. Reading, MA: Addison-Wesley, 1977 (2.Aufl. 1984). (Die 2.Aufl. wurde rezensiert von D. Reese in: *Artificial Intelligence*, 27(1): 127-128, 1985.) (*Dtsche. Übers.: *Künstliche Intelligenz*. Addison-Wesley, 1987.)

[Winston 1984]   Winston, P.H. und Prendergast, K.A, (Hrsg.): *The AI Business: The Commercial Uses of Artificial Intelligence*. Cambridge, MA: MIT Press, 1984. (Rezensiert von L.B. Elliot in:

	Artificial Intelligence, 26(3): 361-363, 1985; sowie von M.J. Stefik in: *Artificial Intelligence*, 28(3): 347-348, 1986.)
[Woods 1975]	Woods, W.: "What's in a Link: Foundations for Semantic Networks". In: Bobrow, D. und Collins, A. (Hrsg.): *Representation and Understanding: Studies in Cognitive Science*. New York: Academic Press, 1975, pp. 35-82. (Auch erschienen in: Brachman, R. und Levesque, H. (Hrsg.): *Readings in Knowledge Representation*. Los Altos, CA: Morgan Kaufmann, 1985.)
[Wos 1984a]	Wos, L. et al.: *Automated Reasoning: Introduction and Applications*. Englewood Cliffs, NJ: Prentice-Hall, 1984.
[Wos 1984b]	Wos, L.: et al.: "A New Use of an Automated Reasoning Assistant: Open Questions in Equivalential Calculus and the Study of Infinite Domains". *Artificial Intelligence*, 22(3): 303-356, 1984.
[Wos 1985]	Wos, L.: et al.: "An Overview of Automated Reasoning and Related Fields". *Journal of Automated Reasoning*, 1(1): 5-48, 1985.
[Zadeh 1975]	Zadeh, L.A.: "Fuzzy Logic and Approximate Reasoning". *Synthese*, 30: 407-428, 1975.
[Zadeh 1983]	Zadeh, L.A.: "Commonsense Knowledge Representation Based on Fuzzy Logic". *IEEE Computation*, 16(10): 61-66, 1983.

VERZEICHNIS DER ENGLISCHEN FACHGEBRIFFE

qualification problem............Problem der zahlreichen
                                 Vorbedingungen
qualification...................Vorbedingung

resolution refutation...........Resolutionswiderlegung
resolution trace................Resolutionsspur
rigid designator................starrer Designator
rule of Entailment..............Modus Pones

satisfaction....................Erfüllbarkeit
scope of a quantifier...........Geltungsbereich eines
                                           Quantors
semantic attachment.............semantische Aus-
                                     wertung
sequentiell constraint satisfaction...sequentielle Erfüllung von
                                     Randbedingungen
set of support..................Stützmenge
set of support deduction........Stützmengendeduktion
set of support refutation.......Widerlegung aus der
                                        Stützmenge
set of support resolution.......Stützmengenresolution
situated automata
situation calculus..............Situationskalkül
sound inference procedure.......konsistente Inferenz-
                                          prozedur
soundness.......................Konsistenz
state...........................Zustand
state alignment.................Zustand
state descriptor................Zustandsdeskriptor
state designator................Zustandsdesignator
state ordering..................Zustandsordnung
state transition................Zustandsüberführung
state-difference-function.......Zustandsdifferenz-
                                         funktion
static biased...................statisch vorbelastet

theoretical bias................theoretisches Vorwissen
top clause......................Start-Klausel

unachievability pruning.........Streichen der unerreich-
                                     baren Alternativen
unique-name assumption..........Annahme der eindeutigen
                                     Namensverwendung
universe of discourse...........Diskurswelt

version graph...................Versionsgraph
version space...................Versionsraum
wellformed formula (wff)........wohlgeformte Formel

STICHWORT-VERZEICHNIS

U

UNA 171ff.
Unabhängigkeit, zweier Versionsräume 242
unachievability pruning 430
Und-Beseitigung 64
    -Einführung 64
Unerfüllbarkeit 122ff.
Unifikator 95, 357ff.
    allgemeinster 95ff., 356ff.
    Prozedur zur Berechnung des
    allgemeinsten 363
Unifizierbarkeit 95
unique-name assumption 171
Unit-Deduktion 139
Unit-Klausel 139
Unit-Klausel 139, 360, 376
Unit-Resolution 139
Unit-Resolvente 139
Unit-Widerlegung 139
UNITS 57
universal subgoaling 373ff.
universe of discourse 14
Universelle Distribution 80
Universelle Einsetzung 80
Universelle Generalisierung 80, 85
Universelle Instantiierung 65ff., 80

Unsicherheit 264
Unterdrückung, von Frame-Axiomen 434ff.
Unwissenheit 293, 409
Übergang, zwischen zwei Reflektions-
    ebenen 372ff.
Überzeugung 8
Überzeugung, eingebettete 310
Überzeugungsatom 302
Überzeugungsmenge 168
Überzeugungssatz 251

V

Variable 20
    allquantifizierte - und
      Bullet-Operator 318
    allquantifizierte - und
      Skolemisierung 166
    freie 27, 66, 80, 109,
      299, 310
    freie und Erfüllbarkeit 35
    gebundene 27
    Skolemisierung der existenz-
      quantifizierten 92
Variablen standardisieren 92
Variablenzuordnung 33ff.
Variation eines Prädikats 210ff.
Vererbung 184
    in Taxonomien 182ff.
    Regel zur Annullierung der 184
    von Eigenschaften 220
Verknüpfung, kausale 373
version graph 233
version space 233
Versionsgraph 234
    primer 243ff., 271

Versionsraum 233
    unabhängiger 242
    wohlstrukturierter 237
Vervollständigung eines Prädikats 174
    eines Prädikats,
      beschränkte 187ff.
    parallele 180ff.
Vervollständigungsformel 174
Verzeichnis der Vorgeschichte,
    eines Agenten 473ff.
Vollständigkeit, der Attachment-Regel 308
    der lineraren Resolution 143
    introspektive 369
    und Frame-Axiome 432ff.
Vollständigkeitstheorem,
    für Grundklauseln 124
    allgemein 126
Vorbedingung 166, 408, 435
    einer Aktion 435
    Problem der 166, 220, 408
Vorfahre, direkter 142
Vorgeschichte, eines Agenten 473
Vorkommen, negatives eines
      Prädikats 195ff.
    positives eines
      Prädikats 195, 211
Vorwissen, konzeptuelles 229f.
    logisches 229
    theoretisches 228
Vorwärtsplanen 427

W

Wahr/Falsch-Fragen 107f.
Wahrheit 34ff.
Wahrheitstreue, introspektive 368, 381
Wahrheitswert, probabilistischer 279
Wahrnehmungsfunktion, eines Agenten 448
Wahrscheinlichkeit 251ff.
    einer Proposition 252
    subjektive 252
Wahrscheinlichkeitsgrenze, obere und
    untere 293
Wahrscheinlichkeitsverteilung, gemeinsame
    zweier Propositionen 252
wellformed formula (wff) 24
Welt, Abgeschlossenheit der 168, 220
    aktuale 271, 275f.
    mögliche 322ff., 342ff.
    zu einem Agenten assoziierte 324
Widerlegung 107
    lineare 142ff.
Widerlegungstheorem 84ff., 107
Widerlegungsvollständigkeit 122, 146, 362
    der Resolution 122, 126, 132, 362
Wiedergabetreue, lokale 471ff.
Wiedergabeuntreue 476
Wissen 298
    deklaratives 4, 55
    implizites 4
    prozedurales 4f., 55
Wissensaxiom 327ff., 334ff., 345